U0279496

赛鸽全书

（第二版）

陈仲铭　编著

上海科学技术出版社

图书在版编目(CIP)数据

赛鸽全书 / 陈仲铭编著. —2 版. —上海：上海
科学技术出版社，2016.4（重印 2024.1）
ISBN 978 - 7 - 5478 - 2990 - 5

Ⅰ.①赛…　Ⅱ.①陈…　Ⅲ.①信鸽–驯养　Ⅳ.
①S836

中国版本图书馆 CIP 数据核字(2016)第 026102 号

赛鸽全书（第二版）
陈仲铭　编著

上海世纪出版（集团）有限公司
上 海 科 学 技 术 出 版 社　出版、发行
（上海市闵行区号景路159弄A座9F-10F）
邮政编码 201101　www.sstp.cn
上海中华商务联合印刷有限公司印刷
开本 889×1194　1/32　印张 13.75　插页 4
字数 450 千字
2010 年 10 月第 1 版
2016 年 4 月第 2 版　2024 年 1 月第 10 次印刷
ISBN 978 - 7 - 5478 - 2990 - 5/G·667
定价：48.00 元

本书为赛鸽方面的大全和工具书。内容包括概论、遗传育种篇、参赛训翔篇、饲养管理篇、饲料营养篇、疾病防治篇、疾病诊疗篇，共 7 部分。内容系统、科学、实用，对广大赛鸽爱好者颇有指导作用。

鸽——和平天使，是世界和平、国家繁荣、社会和谐、人民幸福、生活富裕、神明圣洁的象征。毕加索画中的和平鸽口衔橄榄枝，告诉人们洪水已经退却，从此鸽成为给世界带来和平的天使。

鸽是世界上饲养数量最多的鸟类，人类的养鸽文明史可以追溯到 5 000 多年以前。我国是历史悠久的养鸽发源地之一，《鸽经》是世界上最早的养鸽专著；我国拥有信鸽协会会员 30 多万，赛鸽公棚 200 余家，年足环发行量达到 1 000 多万枚，是世界上最多的国家；我国地域宽广，具有得天独厚的多条远程、超远程黄金赛线；育成了世界各国公认的远程、超远程优良赛鸽群体。

伴随着现代通信技术的高速发展，信鸽传递书信任务的淡出，改革开放的春风又将我国赛鸽事业推向一个前所未有的全盛时代；国家体委将信鸽竞翔活动列入体育运动之范畴，列为全运会竞赛项目之一。伴随着新赛制的导入，国家赛、公棚赛、特比环赛、多关赛、百日赛、幼鸽赛、大奖赛等众多赛事的推出，赛鸽舍、会员鸽舍 GPS 卫星定位技术的应用，声讯电话和电子足环扫描报到技术的引入，网络信息实时报到显示技术的成熟，1 000 千米赛当日归巢已成为常事，赛事分速竞争已经达到百分之一秒之差，上千羽鸽报到名额不到 20 分钟就可以报满，足见赛鸽竞翔之激烈均已达到空前程度。

赛鸽事业迈出国门与国际接轨已不再是空话。我国自 1997 年参加国际鸽联（F. C. I）以来，在短短的几年里就已经取得令世界鸽坛瞩目的优异成绩，不少国际重要赛事活动的重心已逐步移向我国。

　　赛鸽作为"特殊运动员",面对竞争异常激烈的赛事,对赛鸽的培育和饲养管理提出更严苛要求。运动员培养要从幼儿期抓起,而赛鸽的培育需要从选种、培育抓起;饲主要结合自己的鸽舍硬件设施、经济实力、时间、精力投入等综合条件,进行赛事定位、品系选择,然后是涉及种鸽优选、合适配对、胎卵种精的孕育,才能做到优生优育。其中,涉及精卵营养的保证和运动营养的合理调节等,这些都需要饲料营养专业知识的有机动态组合;此外,赛鸽还面临着健康养护和营养保健品、饲料添加剂的合理应用等一系列问题,其中无不揭示了赛鸽饲养与养禽、观赏鸽和肉用鸽饲养之间的显著差异。

　　鸽界谚语"赛鸽乃赛人",赛鸽的饲养管理离不开鸽舍强化管理、参赛鸽的选优汰劣、配对技巧、家飞强训课程、临赛前巅峰调节等诸多方面的精力投入,其中还掺杂着竞翔参赛秘籍和参赛鸽的巧妙运用。可谓"养鸽容易,赛鸽难"。其中涵盖有大量的专业学科知识,如生物学、遗传学、物理学、运动学、气象学、地理学、天体物理学和空气动力学等;在疾病防治中还涉及医学、药学、营养学、免疫学、细胞学、生理学和解剖病理学等学科的基础理论知识。要求参赛种子选手能在智能、体能和赛能等方面有所突破,在无微不至的呵护培育下,然后才能在赛事中脱颖而出,获得成功。

　　鸽友们急切期盼有一本实用性强的科学养鸽书籍来充实自己的养鸽知识,指导自己的养鸽实践,将世界先进经验与国人悠久而丰富的养鸽秘诀传输给鸽友,融会贯通、发扬光大,于此希望《赛鸽全书》能为您提供助益。

　　《赛鸽全书》是一本工具书,汇集了古今中外丰富的科学养鸽知识,引用了大量的科研数据、文献资料、先进的养鸽与赛鸽实践技术,是一本专业性强、内容丰富、技术先进、简化而通俗的普及型专著。本书涉及鸽的起源和文化史及名种名系、遗传育种、参赛训翔、饲养管理、饲料营养、疾病防治、诊疗技术等方面,基础知识具有一定的深度、广度,并结合当代高新科技,融入大量的新科技、新知识、新概念,以迎合不同层次读者之需求。而在某些方面仍保留两种不同的认识和观点,以供读者自悟自酌;同时,也提供科学研究工作者进行深入探讨研究。

在本书编写过程中,得到了不少鸽友的支持和帮助。尤其是,笔者多年来深受鸽界前辈顾澄海老师的厚爱,启蒙教育就拜读于他的著作、文章,感受影响颇深,至此不忘师承之恩。

本书在修订时,对部分章节进行调整,并对有些内容进行增补或删减,目的是为了更加实用,指导性更强。但由于笔者水平所限,书中难免有欠妥之处,敬请读者指出,不胜感激。

陈仲铭

2016 年 3 月

目录

一、概　论

（一）概　述

　　鸽是世界上饲养数量最多、最为广泛的家养鸟类。

　　鸽，象征和平、国家繁荣、社会和谐、人民幸福。由于鸽雌雄成双成对相敬如宾，共飞、共栖、共孵、共育，且能与相邻鸽群和睦相处而互不侵扰，真乃是和平、和谐典范之鸟。

　　鸽的祖先是野生原鸽。它们早在几万年前，就已经成群结队地翱翔在海岸边，在岩洞的峭壁营巢、栖息、繁衍它们的子孙后代。

　　在大自然环境条件下，鸽需要外出觅食生存，回归巢穴完成繁衍子孙后代的重任，在艰难的生存环境下，锻炼并造就了它的先天特殊本能——恋巢欲和归巢能力。鸽的这种本能在被人们捕获饲养的过程中被认识，从而由无意识圈养发展到有意识地作为家禽饲养，驯养成为今天的家鸽。

　　世界各大洲都发现有各自的野生鸽和家养鸽，它们共同汇集成一个庞大的"鸽"种族。现在全世界究竟有多少种鸽？众说纷纭。日本《动物的大世界百科》介绍，地球上鸽有 5 个种群，250 多种；美国《国际大百科全书》则称有 290 种；日本《万有百科大事典》记载，鸠鸽科鸟类多达 550 种。从原始野生原鸽开始进化到如今家鸽，都说明家鸽是一种多源性进化的禽鸟。

　　鸽在自然环境条件下生存，它们先从原始鸟类开始逐渐进化，从而形成各具不同特点的鸽种品系。它们各自处于地球的不同经纬线上，在各自不同的地理位置、生存环境、气候条件下，受到不同因素的制约而向着不同的方向进化，它们的适应能力不一，进化程度不一，从而形成各自特征、体貌、外形不同的品种和名目繁多的品系。

　　然而，它们应自野生原鸽时代开始就一路分道扬镳，各自向着赛鸽、肉用鸽和千奇百怪的各种观赏鸽进化；还有一些野生原鸽，继续流落于荒郊野外、独来独往，过着野外生活，成为当今鸽种考古溯源的历史见证。还有一些已进化进入赛鸽行列的失败者，如迷路鸽、放路鸽，流落于他乡，混迹于原鸽、广场鸽群体，而又与原鸽、广场鸽配对成亲，它们的后代补充到野生原鸽、广场鸽的种群中去,彻底"回归大自然"。

(二) 鸽的起源

1. 岩鸽与原鸽

野生原鸽是家鸽的祖先,这是目前比较统一的观点。300 年前,我国明代张万钟所著《鸽经》曰:"野鸽逐队成群,海宇皆然。"这里指的野鸽,就是指未经驯化的野生原鸽。

我国是世界野生原鸽的原产地之一。在我国北方地区,有栖息在岩石上的岩鸽和栖息在树林中的林鸽。在长江流域有一种俗称"水咕咕"的鸽,也属野生林鸽。在我国台湾南投县的鹿谷乡,有个"野鸽谷"的地方,至今野鸽成群结队,其中有许多野石鸽、花斑鸽、尼古巴鸽和林鸽等。

(1) 岩鸽 也称山石鸽。体型比原鸽稍大,雄鸽体长 35 厘米。易于驯养,羽色属雨点,复羽底色为深色,杂有白色斑点。产于欧洲南部到地中海沿岸、中东,以及印度、朝鲜和我国东北、内蒙古中东部等地。

英国博物学家达尔文在《物种起源》中指出:"多种多样的家鸽品种起源于一个共同祖先岩鸽。"

野生岩鸽生活在海岸边的岩崖上,在岩石上或中间缝隙中衔树枝、草棍筑巢繁衍生息,饥择食草籽,渴饮海水赖以生存。它们的这种习性

在家养赛鸽身上得到延续,如它们不喜欢在树上栖身,即使为它们准备了柔软的草窝,它们仍爱再衔些枯枝、草棍,甚至小石块铺在草窝中产蛋孵化。它的嗜盐爱好至今毫无改变迹象,成为养鸽管理中不可忽略的重要事项。这也为达尔文的"进化论"提供了有力的佐证。

(2) 原鸽 家鸽的原种。体型和如今的家鸽相仿。羽色大多为瓦灰色,翅膀上有两条黑色横楞,颈胸毛颜色较深,并有红色和绿色金属光泽。原鸽有许多亚种,分布于欧亚大陆,包括伊朗、印度、中国等地。

2. 野鸽与家鸽

(1) 野鸽 指未经驯化的野生鸽,分布在世界各地。按栖息特点,将它们分为岩栖鸽和林栖鸽两大类。我国也属于世界鸽原产地之一。

野生鸽大致有林鸽、岩鸽、北美旅行鸽、雪鸽、斑鸠等多种品种,其中有的已经灭绝。雨点斑鸠、斑尾林鸽和欧鸽等仍可与家鸽杂交繁育新的鸽系品种。

① 斑尾林鸽:野生鸽种系。体型比家鸽大而重,在树上筑巢。羽色为黑色,翅膀边缘有白羽,颈部羽毛夹有白羽。喙黄色,眼睛淡黄色。主要分布在欧洲。不易驯养,但可与家鸽进行杂交。

② 雪鸽:野生鸽种系。产于我

国西藏地区,因生长在雪山下而得名。羽色多呈白色(保护色),也有的呈瓦灰色。还有西藏雪鸽,是至今发现的最小鸽种,与麻雀相似。军绿色的羽毛,背上配有白色点点雪花似的羽毛。其生活习性、繁育呕雏习性都与家鸽相似。

③ 欧鸽:野生鸽种系。生活在森林中,筑巢于树穴。体型略小于家鸽,羽色为深灰色,翅膀上有两条不明显的黑色横楞,眼睛黑色。可与家鸽进行杂交,但雏鸽多数在2周龄左右夭折;存活的杂交后代雄鸽能继续与家鸽返交,而雌鸽却为骡鸽,没有生育能力。

④ 旅鸽:又称漂鸽。野生鸽种系。有学者认为,最早的野鸽原本就是一种候鸟,在漫长的进化岁月中,演变成如今的留鸟,而惟独旅鸽至今还保持着迁徙或半迁徙的习性。其迁飞距离相对较短,鸟类学上称其为"旅鸟"。由于人为的原因,旅鸽在20世纪已经灭绝。如北美旅鸽在20世纪前,其数量以"亿"计算,但仅1896年就捕杀750万羽之多,而至1914年,世界上仅存的最后1羽旅鸽,也在美国辛辛那提市动物园死去。

⑤ 点斑鸽:又称斑点鸽。野生鸽种系。原产非洲西部和东北部。羽色呈铁锈红色,翅膀上杂有黄白色三角形斑点。颈羽分叉。可与普通家鸽杂交,但后代为骡鸽。

⑥ 雀鸽:野生鸽种系。外形像麻雀,故名。产于墨西哥和秘鲁。体型小巧玲珑,背部羽色为灰褐色,头部到胸部为茶灰色,背部有黑褐色小斑点。

⑦ 斑鸠:也称鹁鸠、鸠鸽。野生鸽种系。亚种甚多,其体型大小、羽毛色彩因种类而异。多栖居于平原和山地的灌木林中,在我国分布较广的有棕背斑鸠、珠颈斑鸠等。棕背斑鸠亦称金背斑鸠或山斑鸠。还有新疆亚种、云南亚种、台湾亚种。珠颈斑鸠亦称珍珠鸠或花斑鸠,分布于我国东部、南部至西藏东部。东汉文字学家许慎在《说文解字》中将"鸽"字解释为"与鸠同类"。因而在汉、晋、唐的诗词、散文中,鸠与鸽是经常混用的。就连日本的信鸽协会也称"鸠鸽协会(或会社)"。

如今饲养的家鸽,是由原鸽经2 000～3 000年的驯化、定向培育而成的。世界上不同地区的野生鸽种经不断驯化、选种、育种而形成不同的家鸽品种。且在定向培育和驯化过程中,不仅发展强化了这些高超的飞翔本领,同时也强化和提升了它们的定向归巢能力。尚且将这些后天获得性遗传转化成先天获得性遗传因子,再通过显性或隐性遗传基因的形式,代代、隔代或多代遗传下去,形成如今五花八门的种群。如超大体型的肉用鸽、五彩缤纷的观赏鸽及具特技翻飞的筋斗鸽等。

以上足以说明现代的家鸽是一个"多种源"进化造就的种群，是通过不断进化所形成的新物种，它将继续伴随着人类的意愿不断进化下去，派生出更多、更新颖、更具特色的新种源。

(2) 家鸽 这里讲的"家鸽"，是指过去民间家居、厅堂、客堂所饲养的鸽，故又称"堂鸽"。这些堂鸽也在庙宇、祠堂大批饲养。在欧洲的天主教教堂、东正教教堂等场所至今仍饲养着大批的鸽群。人们都将这些鸽子比作神圣不可侵犯的"神鸟"，它们终身陪伴着佛祖神灵普度天下苍生；鸽也为香客、朝圣者、参拜者和旅游观光者的光临惠顾增添一片生气。在我国杭州的灵隐寺、上海的城隍庙过去都曾养过堂鸽；在北京的紫禁城内，清王朝的天安门城楼等处都养过鸽；还有古印度土王门禁宫饲养的"神鸽"等，都属于堂鸽之列。

鸽历来被世界各国视为美好、和平的象征，因而在世界各国许多著名大城市的公共广场等场所养鸽，作为休闲旅游景点之点缀。在法国巴黎的凯旋门前广场、俄罗斯莫斯科的红场、英国的伦敦广场、波兰的华沙广场、日本的广岛和平公园、瑞士的日内瓦湖边等著名的广场都饲养着大量的鸽子。这些供游客玩赏的鸽子，人们将它们命名为"广场鸽"，论其性质自然应归属于堂鸽家族。

(3) 观赏鸽 又称"玩赏鸽"。顾名思义，指一种专供人们休闲玩赏的鸽。它是鸽家族中的庞大种族，目前全世界玩赏鸽有 600 多个品种。它们大致可划分为几个主要种族或品系，这里不赘述了。

(4) 信鸽 又称通信鸽、竞翔鸽。通信鸽包括航海通信、商业通信、新闻通信、民间通信等。继而专职用于军事通信而成为"军用鸽"，然后再发展成为如今民间饲养的信鸽。人们利用信鸽快速定向归巢的本能，来进行竞翔比赛寻找刺激，从而形成当今的赛鸽。随着人们精神与物质生活的日益丰富，赛鸽运动广泛开展，赛鸽的竞翔内容也越来越丰富，赛事也日趋频繁。为此，我国的信鸽竞翔活动已被列为群众性体育运动项目，各级信鸽组织归属于体育总会领导，人们将养鸽者视为赛鸽"教练员"，将赛鸽作为特殊"运动员"。人们又按照不同赛程，将擅长飞 300 千米的赛鸽称短程鸽；500～700 千米的赛鸽称中程鸽；1 000 千米的赛鸽称长程鸽；1 500千米以上的赛鸽称超长程鸽。

3. 基因测序研究

鸽是目前为数不多的已完成基因测序的鸟类之一。之前研究发现，部分家鸽起源于中东地区，而另一些品种可能起源于印度。此外，还发现野鸽和赛鸽之间存在一定的亲缘关系。大量基因组学数据发现，伊朗地区鸽与印度地区鸽存在很多遗传共性，这个结论也与历史上这些地区之间贸易往来频繁相吻合。研究认为，主要家鸽品种均起源于中东地区。此外，基因测序还支持目前野鸽种群主要来源于赛鸽的观点。

（三）鸽文化发展史

养鸽，泛指饲养肉鸽、观赏鸽、信鸽（即赛鸽）。饲养肉鸽属于农业、畜牧业、特禽生产范畴，饲养观赏鸽乃是为了丰富业余休闲文化生活，信鸽却是人类利用自然界这一天然独特生物所具有的灵性，进行一种以为人类服务为起始点，继而发展成为人类文化娱乐、体育竞翔活动和科学研究服务。

人类先期捕捉野鸽仅仅是为食用，然后在圈养时，将特别漂亮而奇特的留下继续饲养，且选优繁殖后代，随后发现有的鸽放出去后还会回家，可天天进行家飞归巢育雏，继而又发现其中有些鸽具有超凡的本领，即迁移或送给亲属的鸽，竟然还能飞回来，继而又发展到用来携带传递纸条信息……因而可以说鸽伴随着历史的发展而演变进化，携带着原鸽、野鸽的基因进行自然分化而成为今天的肉用鸽、观赏鸽、送信

参赛鸽三个主要领域，分道扬镳，形成不同特点的鸽种——品系。

至于信鸽和赛鸽，可以说是同一用途的孪生兄弟。信鸽是用来传递书信，而赛鸽则是用来比赛。信鸽史与赛鸽史两者之间，虽应说是信鸽史在先，赛鸽史在后，前者倾向于为人类服务的工作型，而后者却偏重于满足人类休闲的娱乐型。而赛鸽这一名词的逐渐强化推出，也只是近几年来才被广泛应用。伴随人类信息时代的迅速发展，信鸽传递信息的功能逐渐淡出，继而随人类社会精神、物质生活的提升，人们精神文化生活的发展，推波助澜而将赛鸽、观赏鸽事业孕育发展成一个新兴产业。

1. 世界鸽文化的自然兴起

据史料记载，早在 5 000 年前，埃及和希腊人已将野生鸽驯养成为家鸽了。公元前 3000 年左右，埃及人就开始用鸽来传递书信。英国达尔文的《物种起源》中就介绍：在公元前 2000 多年，埃及的第五王朝就已经驯养鸽子；公元前1600 多年印度的权贵阶层极爱养鸽，他们在宫廷内饲养着各种各样的鸽子达 2 万余羽；到了公元前1000 多年，埃及人已开始举行公开的鸽竞赛，贵族们都以养鸽为乐，甚至于还用鸽来作为陪葬品，由此可见对其已爱之极深；公元 200 年，巴勒斯坦人已十分

普遍地饲养鸽了,以后再将鸽传输到英国、法国、德国、比利时、意大利及亚非各国,流传于世界各地,导致世界鸽文化的兴起。

2. 中国是历史悠久的养鸽古国

我国是养鸽古国,有着悠久的历史,据史料记载,至今至少已有3 000多年。据《越绝书》记载:"蜀有苍鸽,状如春花。"在从长沙马王堆汉墓出土的帛书《相马经》中相马眼文字中就提及"欲如鸽目,鸽目固具五彩"。按该帛书语调推测,春秋战国时代的我国南方已有了目色不同的鸽。秦汉时期,宫廷和民间都已醉心于鸽的饲养和管理。

(1) 两汉时期的信鸽记载

① 鹁鸽井:在河北省石家庄市南,有一口"鹁鸽井"。《畿辅通志》在追溯这口井名时,引出了一个有趣的故事,说的是西楚霸王项羽追杀汉王刘邦时,刘邦藏匿于这口枯井中,楚军追至,见井口上站着两羽鸽子,就以为井中不可能会有人而未加搜查,刘邦因此而脱险。我国台湾信鸽著作家周廷模考证认为,这两羽鸽应是"粉灰鸽"。其理由是,中国粉灰鸽体型小而轻盈,当时汉军完全可能选用它来作为随军使用的通信鸽。

② 陶楼房:有许多人推测汉代张骞通西域、班超征西域时,都曾用过通信鸽传递书信。

在四川芦山县芦阳镇西江村出土的一座汉墓"陶楼房",是一幢南方特有的民间杆栏式楼房(俗称"吊脚楼")。楼上的里间和外间是主人的卧室和客厅,楼下的空屋用于饲养牲畜,堆放器具,山墙上有一个鸽舍,与整幢楼房比例适度,鸽舍里还有两羽鸽。这座陪葬的陶楼房,经文物部门鉴定,被认为是汉代民间饲养信鸽的实物证据。另据考证,汉代的驿站只传递官方的文书信件,不传民间书信,那些出门赶考、经商人,为了与家人通信,除靠亲友往来时捎信外,就是采用信鸽来作为传递书信的工具。这座出土的陶楼房就足以说明我国在两汉时期,民间就已普遍采用信鸽传递书信。

③ 白鸽、堂鸽、庙宇鸽和广场鸽:据《宋书·符瑞志》记载,晋武帝泰始二年,"白鸽见酒泉延寿,延寿长王音以献",将白鸽作为贡品进献皇上,说明在当时的白鸽曾被视为上品稀罕之物。

原先上海的城隍庙、苏州的玄妙观、北京的天安门都曾经养过鸽子,历史上一些古老的庙宇与近代的天主教堂也都有养鸽的历史,其中有的作为神鸟来慕拜,也有的作为放生鸟,其规模已相当于如今的广场鸽。

(2) 唐宋时期的传书鸽与军用鸽记载

① 白鸽信使:据考证,在隋唐

时期,我国南方的广东等地就有饲养信鸽的记载,已开始使用鸽子进行通信。在《唐国史补》一书中就有"南海舶,外国船也,每岁至安南、广州,舶发之后,海路必养白鸽为信使,舶设,则鸽虽数千里亦能归"。这说明在海上的中外船员已经在利用鸽子来传递书信,向家人报平安。

② 军用信使:其一,宋仁宗庆历年间,派桑怿出征元昊,在行军道旁看到几只银色的盒子,听到其中有跳跃的响声,军士们不敢开启,总管任福命军士打开,只见百余羽悬鸽哨的鸽子由银盒中奋力飞出,盘旋于宋军上空。霎时,埋伏在周围的夏军从四面八方包围而来,结果是任福力战不敌而致全军覆没(《宋史·夏国传》)。

其二,宋泾原都统曲端,他的叔父在他部下当偏将,在一次作战中大败而归。曲端为严肃军纪将他斩首,然后为他发丧,祭文上写着:"呜呼!斩将者泾原统制也,祭叔者侄曲端也。尚享!"军内无不畏服他的纪律严明。魏公听到这一消息后却不甚相信,意要视察曲端的军队。当他来到军中却不见一兵一卒,魏公感到诧异,命曲端点兵。曲端有5支军队,魏公命他点其中一支军队。曲端打开鸽笼,放出一羽鸽,只见一支军队很快来到。魏公愕然,就要5支军队全部出动,曲端将余下4羽鸽全部放出,只见4支军队

顷刻即到(《齐东野语》)。

③ 养鸽盛行:唐宋时期,养鸽之风已极为盛行,在当时杭州一带,以养鹁鸽为乐,在鸽腿上系上风铃,数百羽群起而飞,望之若锦,风力振铃,铿如云间之佩。当时不但民间好养鸽,皇室也不例外,唐末(公元907年)的南剑牧海,在家就养鸽千羽之多。

到南宋时期养鸽达极盛,不仅从民间到军队,连宋高宗赵构也很迷恋养鸽,他在皇宫内院养了一大群鸽,甚至不理朝政,故当时就流传有一首脍炙人口的谏诗:"万鸽飞翔绕帝都,暮收朝放费工夫;何如养取云边雁,沙漠能传二圣书。"(《古杭杂记》)这是一群大学士担心皇上玩物丧志所写的劝谏诗,宋高宗阅后龙颜大悦,即予嘉奖加官。宋代的信鸽从民间到军营,再进入皇宫,其质量得到明显提高。据记载,我国名系"中国粉灰鸽"距今已有700多年历史,推算也正当是在这个时期。养鸽盛行的唐宋时期,欲说能培养出一些名品鸽系,也应说是相辅行事而已。

(3) 明清时期的赛鸽、赛鸽组织

① 早期的赛鸽竞赛活动:明朝时期,我国的养鸽已具有相当规模与水平,也逐渐将传信鸽移作比赛鸽。由于宋代信鸽数量的大量增加,其中真正用于传送书信的还只是少数,而大多数人饲养是供作玩

赏。鸽主在用鸽传书时,时有发生传信鸽迷失而不能归巢的事,从而萌发两三羽,甚至多羽同时放飞的设想,其结果自然是有率先而归,也有姗姗来迟和杳无音信之差别,于是就萌发了相互之间进行比赛谁的鸽速度快的构想,我国早期的赛鸽竞赛活动就此应运而生。

② 相当高的竞翔水平:据《鸽经》记载,明朝正统年间(公元1436~1449)在苏北淮阴,一天正当风雨交加,有一羽鸽子坠落在主人屋顶上,显得十分困乏。当屋主捉住后,正准备杀而食之之时,忽见鸽足上缠绕着一用油纸封裹的信件。看了信封上面所题之字,知道该鸽来自京师,算来仅只有3天时间。从这段记载可以看出,从京师到淮阴空距700多千米,只飞了3天,就此可见当时的信鸽已有相当高的竞翔水平了。

③ 早期的鸽文化交流:如果说在唐宋时期我国已开始与国外开展了鸽文化交流,那么在明朝郑和下西洋时期,我国的航海事业已经高速发展到一定程度,在强大的通商商务船队形成的情况下,在输出种鸽的同时也引进了大批优良种鸽品系。这些鸽文化交流活动为近代鸽系的育成奠定了基础。

④ 松散的帮会型赛鸽组织:清朝时期,养鸽更为繁荣兴旺,也可以说是我国历史上信鸽发展成赛鸽的转折时期。发展最早的地区首推广东省一带,当时广东佛山的"飞鸽会"、广东的"赛鸽会"和"鹁鸽会"就是一种松散型帮会式赛鸽组织,他们还建有完备的赛鸽活动章程。这些都与今天的信鸽比赛有许多类似之处。

广东番禺人屈大均(1630～1696)所著《广东新语》(卷二十"鸽"):"广人有放鸽之会,岁五六月始放鸽。鸽人各以其鸽至,立者验其鸽,为调四、调五、调六、调七也,则以印半嵌入翼,半嵌于册以识之。凡六鸽为一号,有一人而印一二号至十号百号者,有数人而合百号者。每一鸽出金二钱,立者贮以为赏。放之日,主者分其二,一在佛山曰内主者,一在会场曰外主者。于是内主者出教,以清远之东林寺为初场,飞来寺为二场,英德之横石驿为三场,期以自近而远。鸽人则以其鸽往,既至场外,主者复印其翼乃放鸽。一日自东林(寺)而归者,内主者验其翼印不谬,则书于册曰:'某日某时某人鸽至',是为初场中矣。一日飞来(寺)而归,一日自横石(驿)而归,皆如前验印书于册,是为二场。三场皆中,乃于三场皆中之中,内主者择其最先归者,以花红缠其鸽颈,而觞鸽人以大白,演伎乐相庆。越数日分所贮金,某人当日归鸽若干,则得金若干。有一人而归鸽数十者,有十人千鸽而只归一二者。当日归者甲之,次日归者乙之,是为放鸽会。"

⑤ 早期的赛鸽鸽友会:清乾隆年间,苏州也有放鸽会,有"脚鸟跟人飞,碧云照凤凰翔"之说,姑苏人常用这样的话语来形容养鸽人和放鸽会的情景交融。那里的养鸽者将信鸽和观赏鸽混养在一起,常见的有"银底白"、"紫球"、"白丝筋"和"白砂"等观赏鸽,一些"铁砂"、"浙江灰"和"点子"等飞翔鸽作为名贵鸽种,每到五六月期间举行放鸽友会,届时养鸽者聚集在一起,开笼放鸽。蓝天中白顶紫羽,五彩缤纷,鸽主登高览望,赏心悦目。

⑥ 明末清初的赛鸽活动主要在南方较为盛行,而《鸽经》却产生于黄河岸边的山东。由此可以推断,当时的养鸽、赛鸽之风已经遍及祖国神州大地。当时的山东,养鸽之盛,有资料佐证。山东曲阜孔子的大弟子颜回四十八世孙颜清甫,久病卧床,他的幼子偶然弹伤一鸽,想给父亲补养身体,在宰杀时发现鸽羽毛中有一封书信,上曰:"题云家书付男郭禹",这是郭禹的父亲写给他儿子的信。郭禹原是山东曲阜的地方官,此时已调任去远平府上任。颜清甫命儿子将死鸽和信件一起送到远平府郭禹处。郭禹见鸽和信件凄然叹道:"畜此鸽已十七年矣,凡有家音,虽隔数千里,亦能传至。"说罢就命家人将鸽厚葬之。于

今天来分析,这是一羽通信鸽,千里是指当时的华里(相当于 500 千米)且是指步行路程计里(不是现在的空距计里),十七年亦是指年虚岁,也完全有可能是因此鸽年事已高,路途栖息致祸。不过它确实是不可多得的优良信鸽。

⑦ 最早的养鸽著作:《鸽经》作者山东省邹平县张万钟。据考证,他生卒于 1592~1644 年,成书时间约 1622 年。据国外资料记载,世界上最早的养鸽著作始见于 1780 年,而《鸽经》却早于国外养鸽著作 158 年。

(4) 近代信鸽活动的兴衰

新中国成立后,我国的信鸽活动进入了一个全新的局面,信鸽组织逐渐增加、扩大,活动的地区和普及面也逐渐扩大,虽然赛鸽活动不断举行,而信鸽组织却长期处于自发自主的松散状态之下。

① 中国近代信鸽发源地:上海作为中国近代史上最早开放的通商口岸之一,也敦促其成为中国信鸽近代发展史上最早开展鸽文化交流的"信鸽发源地"。

当时在上海的"中国胜利信鸽协会"已一分为二,成立了"中国信鸽协会"和"上海信鸽协会",其时先后又成立有"华东信鸽协会"、"和平信鸽协会"、"标准信鸽协会"、"联合信鸽协会"和"沪西信鸽协会"7 个信鸽协会组织。1963 年在当时上海市副市长石英的指示下,筹建了

"上海信鸽协会",统一集中归口由上海市花木公司领导。

②"文革"后信鸽的生机:在"文革"时期,一切信鸽活动都被迫停止。直至1976年"文革"结束,在国家实行改革开放的鼓舞下,人们翘首以待的信鸽活动热情才得以充分释放,为各地信鸽活动带来新的生机。北京、上海、武汉、杭州、南京、无锡、苏州、广州、重庆、郑州、昆明、乌鲁木齐等大中城市,纷纷建立了信鸽协会,开展信鸽竞翔活动。

③全国性信鸽组织的成立:由于没有一个全国性统一的信鸽组织,各地信鸽组织的归口不一,有的信鸽协会归入花木公司领导,也有的归口于体育运动委员会领导。无锡市信鸽协会首先主动争取市体育运动委员会领导,将信鸽活动纳入体育运动竞赛范围。不久,上海、北京等地的信鸽协会也相继归属于国家体委领导。信鸽协会需要有全国性的统一组织,这是广大信鸽爱好者的共同愿望,也是迎合开展现代信鸽运动的需要。

1979年9月,第四届全国体育运动会在首都北京举行,国家体委指示上海市信鸽协会送鸽赴京参加放飞比赛。这为全国信鸽协会划归属于体育运动委员会领导和筹建全国性信鸽组织创造了一个良好的契机。上海市信鸽协会在市体育总会的带领下,组织了这次北京信鸽放飞活动。在此期间与国家体委和北京市信鸽协会等,共商筹建全国信鸽组织事宜,经国家体委、体总批示:"同意筹建全国性的信鸽爱好者组织——中国信鸽协会。"于是1984年12月6日,中国信鸽协会正式在上海诞生。

中国信鸽协会成立的消息犹如春风般吹遍了祖国神州大地。全国各省、自治区、直辖市先后都成立了信鸽协会,全国上百个省、市、县、区和大型工矿也都先后成立了信鸽协会,中国信鸽协会会员数也从几万人发展到了30多万,成为世界上信鸽协会会员最多的国家,也为我国的信鸽发展史展开了最辉煌的一页。它的成立,使全国的信鸽活动逐步走上正轨,国内的信鸽活动也逐步与国际信鸽活动接轨。

仅2015年中国信鸽协会举办比赛92 628场,参赛人数39万次。年足环销售量2 200万枚;全国信鸽公棚632家,公棚收鸽总数307万羽;公棚奖金28多亿。比赛规模、参赛羽数、信鸽产业总量世界第一。

信鸽国家赛参赛信鸽达到12万羽,中国作为国际鸽联的重要成员,正向信鸽职业化、国际化水平发展,占据国际鸽坛半壁江山的中国信鸽,已成为中国对外开放的窗口、中国对外文化交流合作的纽带。

（四）赛鸽名种名系简介

1. 著名古老竞翔型赛鸽

（1）戴笠鸽　又称戴老头、老方丈。中国著名古老竞翔型赛鸽品系鸽种之一。原产地中国北京。头顶部有少许白羽，就好似戴了一顶白笠帽，故名。体型壮硕，圆头巨额，颈项强劲，挺胸短脚，翅膀有力，趾宽。颈部两旁有白色斑羽。羽色有灰二线、纯黑、深灰、深雨点、浅雨点、白尾、白条等。成鸽可分中型和细型两类。体格适中，不胖不瘦，羽紧肌强，双眼炯炯有神。

一羽健康而训练有素的戴笠鸽，应有"三不"优点：一不中途降落；二不入他人鸽舍；三不落网陷阱。每次开笼放飞，它们都会毫不犹豫盘旋而升空，直线加速，一羽当先。其善于运用高空快速气流，中止拍翅而收翅滑翔，上下盘旋，充分运用空气层流进行升降滑翔。升降自如，以逸待劳，盘旋翱翔。年长的北京鸽友对此鸽之性能了如指掌而留恋至今。

欧美自18世纪引进中国戴笠鸽后，首次由美国人凡俄尔在伦敦参加1 200千米远程赛，参赛鸽有2 860羽，凡俄尔的鸽子以压倒群雄之势一鸣惊人，荣获本次1 200千米远程赛冠军。在世界鸽坛，中国名系赛鸽"戴笠鸽"的地位屹立之

后，荷兰、比利时、德国、法国鸽界都无比惊讶，纷纷引进该鸽种，掺入各路品系鸽血统之中。

现在的戴笠鸽经美国鸽界的改良，与欧洲名系贺姆传书鸽杂交，飞行速度加快，体形和羽毛已接近贺姆鸽，更名为其他名系也是理所当然的事。至于纯系戴笠鸽，也早已濒临灭绝之边缘。

（2）粉灰鸽　又称中国粉灰鸽、松江灰、嘉兴灰、夜游灰、东莞白、塘沽白。中国著名古老竞翔型赛鸽品系鸽种之一。以它银灰色的羽毛与地方名命名，故各地对它的称呼也不尽相同。广东省和港澳地区称"夜游灰"或"东莞白"，上海、江苏地区称"松江灰"，福建、浙江则称"嘉兴灰"，京、津、唐一带则称"塘沽白"。体型健壮轻小，雄鸽体重只有400～420克。嘴尖眼圆，眼环全黑色，眼砂多姿多彩，有紫桃红砂、艳红砂、金砂、黑紫桃花砂、枯鸡黄砂或浅鸡黄砂等。玉色的双脚托起一身灰白色的羽装。羽色有蓝灰、灰二楞，也有少数淡雨点、灰二楞的纹色以暗黑色居多，呈略带茶色的垃圾灰。

粉灰鸽飞翔时安静无声，拍翅轻盈敏捷，鼓动翅膀时"嘘嘘"作响。它不仅能吃苦耐劳，且善飞耐翔，据称放飞归途中绝不落地打野。可是它的致命缺点是归巢性能较差，种蛋的受精率和孵化率也较低，平均

年产5对雏鸽就算是极其难能可贵的了,其仅及普通鸽的一半还不到,可见其饲养的数量也不可能会是很多。

某些世界名鸽谱记录中,中国粉灰鸽曾经占有相当重要的历史地位。

目前,原始型粉灰鸽已极其难觅,就是改良品种也不多见。传说我国香港及马来西亚常引进此鸽,又有传说现在的粉灰鸽是由日本通过改良后培育而成的新品种。

(3) 蓝鸽 又称中国蓝鸽。中国著名古老竞翔型赛鸽品系鸽种之一。蓝鸽的祖先是蓝色野生岩鸽,至今已有700多年的历史。蓝鸽是封建帝王的宫廷宠禽,后宫的贵族、弄臣、嫔妃、宦官之间,也常相互切磋鸽经,交流互访戏翔,由于蓝鸽能高飞、远翔而得宠,盛极一时。当时在北京城内民间也普遍饲养中国蓝鸽,其数量甚至比北京点子鸽还要多,比红血蓝眼鸽还要普遍。它的特点是:粗脸、短嘴、大眼、圆身、腿壮、双白翅,体型较小,重450克左右。因它与现在的贺姆传书鸽具有很近的血缘,因而贺姆传书鸽的外形仍然保留有蓝鸽的相似之处。

蓝鸽是有名的高飞鸽和翻飞鸽,在世界名鸽中享有很高声誉。经过训练的蓝鸽,可培养成竞翔鸽或高飞筋斗鸽。据传说,它一天可飞20个小时以上而不着地,在当时的竞翔比赛中,凡有蓝鸽参赛,其结果往往是群鸽失色,无不败在它的翅下。它飞翔时不急于展翅拍翼争先,而是扶摇直上,成为星星点点,然后再取道归巢,善于运用顺风气流层快速飞行。当其他鸽还处于高山旁、云层下缓缓推进之时,蓝鸽早已翱翔在千米高空,径直向目的地奋力冲刺。蓝鸽在英美鸽界尚未闻名之时,德国鸽友就早已将其视为至宝引入鸽舍。

目前我国蓝鸽也已不多见,海外鸽界繁殖的也并不多见。不过在40多年前,在我国北京等地鸽群中,还能见到有蓝鸽的踪迹,可是如若究其血统,可能已经是杂而难纯的了。

(4) 红血蓝眼鸽 中国著名古老竞翔型赛鸽品系鸽种之一。原产地福建海龙县。红血蓝眼鸽具有一双特殊的眼睛,充满着神秘的虹彩。因血红色的面砂和纯蓝色的底砂而命名。专家学者分析评估认为,它之所以能在黑夜中飞翔自如,其奥秘就在于它的眼睛。红血蓝眼鸽的这种眼睛可能具有接受红外线的特异视觉功能。红血蓝眼鸽与戴笠鸽、蓝鸽一起被鸽界誉为"中国三杰"。

据说至今在我国台湾省的部分鸽舍里,还饲养着不少的红血蓝眼鸽,并仍作为优良赛鸽参加比赛,但不知这种古老的名系鸽,是否还能继续保持这一独特血统的优点。

(5) 中国枭　又称中国亚姨鸽。中国著名古老竞翔型赛鸽品系鸽种之一。原产地中国北京。最初是由皇宫、皇室养着作为玩耍飞翔的中国亚姨鸽。后来传入美国和西班牙,培育成为亚姨鸽才称之为"中国枭"。鸽界共识:如今著名的"非洲枭"(即"非洲亚姨")源自中国枭。

(6) 飞行鸽　又称中国飞行鸽。中国古老飞翔赛鸽品系鸽种之一。可分为广东土鸽、浙江土鸽、福建土鸽和台湾土鸽。其外形与贺姆鸽相似,但目前的种群已经是良莠混杂,无论是哪一名系鸽种,也必须在人类的优选劣汰进程中不断改良、提纯、优化,否则就必然面临退化、灭绝的可能,这也是任何生物进化或退化的规律所在。

(7) 青猫鸽　又称小青毛、中国青猫鸽。中国古老竞翔型赛鸽品系鸽种之一。原产于浙江一带,其含有红血蓝鸽、流砂鸽及铁流鸽血统。据民国初期文献记载,该鸽善飞行、速度快,喜高飞、耐翔,但飞行范围不广。其眼皮(眼睑)宽大,呈奶白色,眼皮内缘外层漆黑,次层白色底,浮带有紫黑砂;初凝视呈深黑大眼圈。嘴属中型,颈略长。羽毛多为黑色,翅膀上有更深的两道黑楞,显得明朗而可爱。中国青猫鸽目前已濒临绝种,据传在东南亚和我国安徽省尚有稀少留存。

(8) 铁流鸽　又称中国铁流鸽。中国古老竞翔型赛鸽、观赏鸽两用品系鸽种之一。其与青猫鸽相似,惟在形状及颜色上略有差异。翅膀更富有弹性,属一种短程快速鸽。眼皮和眼睛的颜色相同,嘴属中型,鼻后端有一束花冠。羽色浅黑,翅膀也有明显的两道黑楞。其站立时姿势威武。

饲养此鸽主要供竞翔,但亦可供玩赏,是一种竞翔玩赏兼用鸽。现已属稀有鸽系,将濒临灭绝。

(9) 邮鸽　又称竞翔贺姆鸽、贺姆传书鸽。外国竞翔型赛鸽品系鸽种之一。贺姆(Homer)是英语"通信鸽"的译音。比利时、美国于19世纪前已经育成,由司墨尔、屈缪莱、卡里欧(邮鸽)、特拉贡、霍斯曼等鸽种杂交而育出。羽色以雨点和灰色为主,几乎已具备现在竞翔鸽标准体形的所有特征。其以飞行速度快而著称。

1819 年 11 月 20 日,32 羽鸽从英国伦敦放飞返回比利时,全程 1 710 千米,其飞行时速已达到 44 千米。因而在 19 世纪初期,在比利时安特卫普等城市和港口,邮鸽已作为商业通信鸽,用于布鲁塞尔、伦敦、巴黎等城市之间快速而可靠的通信鸽使用。

(10) 安特卫普鸽　外国竞翔型赛鸽品系鸽种之一。原产于比利时,育成于英国。其含小宝德、屈缪莱、司墨尔、卡里欧、特拉贡、霍斯曼等鸽种血统。体型比列日鸽和竞翔贺姆鸽略大。有短脸、长脸和介于其间的中长脸型;胸前有卷曲的皱毛,全身白羽,翅膀部位黑色。它有耐饥饿和飞翔力持久等特性。其属远程赛鸽种。现今世界上不少竞翔成绩斐然的名系鸽种,其或多或少都含有这种鸽的一些血统。

(11) 列日鸽 又称烈日鸽、列日邮鸽。外国古老竞翔型赛鸽品系鸽种之一。原产于 19 世纪初比利时的列日。体型略小,格子纹,短脸,襞胸,具有快速飞翔鸽的特点。此鸽的育成要早于安特卫普鸽,两者同被美称为"鸽中王子"。德国引进此鸽后称为"列日邮鸽"。在比赛记录中曾提到它的外形、短喙、襞胸、体格强健,眼睛、羽色均黑色,此血统描写却类似于大嚓鸽的特征。分析其含有阿乌尔、卡姆斯、筋斗鸽和司墨尔等鸽系血统。现代比利时优秀赛鸽品系中,基本上都含有此品系鸽的血统。

(12) 美国飞行鸽 外国竞翔型赛鸽品系鸽种之一。1881 年初育成于美国。是以喜鹊鸽与长面荷兰鸽杂交而成,并含有白尾筋斗鸽的血统,还保留有德国汉奴佛白眼筋斗鸽的白瞳孔遗传因子。1909 年美国高飞鸽协会正式宣布"美国飞行鸽"改良成功。1928 年曾创下高空连续飞翔 10 小时的纪录。体型和体重与贺姆鸽基本相似。嘴细长,后颈有竖毛,眼睑细薄,外有一黑色眼圈,反应灵敏。其能高飞插入云霄,时而又滑翔急转直下,且还能突转、急转、冲天扶摇直上。瞳孔纯白色,胫、足光滑无毛。羽色有白、灰、绛、黄、褐或黑等多种。

(13) 白云鸽 外国相当古老的竞翔型赛鸽品系鸽种之一。是法国育成的高飞鸽品种,在英国被称为"白云鸽"。其具有英国翻飞鸽和贺姆鸽的血统,耐翔力惊人,每天可飞翔达 10 个小时左右。

(14) 特来根鸽 外国相当古老的竞翔型赛鸽品系鸽种之一。是英国在 200 多年前育成的飞行鸽,其主要由加利亚鸽和球胸鸽培育而成,也含有筋斗鸽血统。头大而颈粗,嘴短而肥厚,鼻瘤发达,眼睑粗厚,腿爪粗壮,外貌十分雄伟,体形似贺姆鸽,其飞翔耐力显著,好于争斗。可作为竞翔、食用、观赏多用途鸽饲养。羽色有白、灰、红、黄、黑等多种。其缺点是眼皮、鼻瘤会随着年龄的增长而增厚,因而也容易引起眼炎。

(15) 比利时赛鸽 外国竞翔型赛鸽品系鸽种之一。在 19 世纪还没有电报和电话等通信工具时,比利时就已用赛鸽传递信息。当时的列日鸽可从布鲁塞尔、伦敦、巴黎等地放飞,将各种消息很快带回,因此一时间信鸽成了主要的通信工具,后来曾被称作"列日邮递员"。

因而比利时人都喜欢饲养信鸽,他们采取不同的品种进行杂交,培育出许多新的品种。如用列日鸽、安特卫普鸽与英国当时的名系鸽汉逊、特来根和加利亚等鸽杂交,于1850年培育而成"比利时赛鸽"。

(16)麻烦鸽 外国竞翔型赛鸽品系鸽种之一。羽色有黑、白、红、黄、灰和褐色等多种。鸽界多用它来改良培育喜鹊鸽、法国八达鸽,其配育的后代基本上都是纯色鸽。美国也曾用麻烦鸽来进行改良各种赛鸽,如加利亚、贺姆等竞翔鸽,但其效果都不甚理想。

(17)紫金砂 中国竞翔型赛鸽品系鸽种之一。原产地不详。它有一双漂亮的紫金色眼砂,因此而得名。羽色有雨点、灰、绛色,以深雨点居多。20世纪初期,在南京、杭州、武汉、上海等地均有饲养,是当时赛场上的主力品系鸽种,后因长期近交而逐渐退化,大多数鸽已飞不到300千米而自然灭绝。

(18)流砂 中国竞翔型赛鸽品系鸽种之一。原产地不详。其他鸽的眼砂都是固定的,惟有此鸽的眼砂会在虹膜上慢慢流动,故而得名。羽色有灰和雨点等。流砂鸽原本在长江中下游地区饲养者甚多,是当时参赛鸽的主力品系。据称此鸽还能在夜间飞行。后因长期近交而品系退化,如今已难见其踪影。

(19)白砂 中国竞翔型赛鸽品系鸽种之一。原产地不详。其他鸽的眼砂或多或少都能见到一些血色,而惟独此鸽的眼砂却是雪白,无一丝杂色,而眼砂颗粒清澈可见,故而得名。有灰、黑、雨点等多种羽色。此鸽能飞善翔。原本在苏、浙、沪、闽等沿海地区均有饲养,而现今已遭灭绝。

2. 近代赛鸽名系

赛鸽的名系,即"品系鸽"。赛鸽的品系鸽与观赏鸽的品系鸽有着本质上的不同,赛鸽的不同品系之间,虽也有它们的头形、眼砂、体型、体态等外观特定特征,但人们却无法单纯从其外观表现特征上来鉴别和确定它的确实品系。此外,它们之间还存在着外形、外表特征基本相同,却属两个完全不相关的品系;当然也存在着有外形、外表特征不甚相同,却属于同一品系的鸽系。这与"一鸽育九雏,个个不同样"及"天下没有二片相同的树叶"的原理一样,而只是这些种群品系间的差异,尚未偏离其种群之范畴而已。

赛鸽的品系基本上都是以培育、饲养者人名来进行命名的。虽说一个品系鸽系的命名,没有专门的命名机构,但赛鸽的品系遗传性能确实是存在的。

近代赛鸽的名人名系众多,而且是动态的。国内外新名人名系的不断涌现,且青出于蓝而胜于蓝,每年世界各国重大赛事中都会涌现大量的养鸽新手,此正说明了赛鸽后继有人,因此本书也就不可能将其全部收纳,于此笔者也就不再耗费读者的时间和精力,恭请读者查阅各赛鸽杂志为捷径。

3. 赛鸽中的军用鸽品系

军用鸽并不是一个独立的品系,但毋庸置疑的是,军用鸽总是汇集了各国的优良品系鸽种群。军用鸽的饲养,都具有专职经验丰富的饲养管理人员,建有严格的管理制度,具有优越的饲养环境和饲养条件。惟独不同的是,它们虽都具有神秘而保密的血统记录、严谨的种鸽配对登记造册,但由于这些都属于部队机要档案,往往难以获得,鸽友也无从知悉。

对于流落于民间和民间偶尔获得的军用鸽系,一般只能凭借自己的眼力、经验和运气,采取模糊血统选配的方法进行育种,在鸽界获得成功者也不胜枚举,而销声匿迹者也难以统计,如今在名家名系的民间鸽系血统中,也不乏留有军用鸽血统的后代。

二、遗传育种篇

在人们开始饲养驯化鸽的同时，也开始对鸽的自然配对模式进行定向培育方面的干预，使鸽分别转向传递信息、观赏和肉用3个方面发展并得到强化，使鸽的品种品系发生了重大的变化。对于传递信息的信鸽，在快速定向归巢、飞翔能力等方面得到反复强化，从而成为当今的赛鸽。伴随着赛鸽事业的迅猛发展，赛鸽在世界各国的深入拓展，继而再延伸出多种赛制的形成，相应的品种、品系层出不穷、数不胜数。赛鸽、观赏鸽的品种、品系从古到今，真可谓是百花齐放。

（一）遗传学基础

遗传学是研究生物的遗传与变异的科学。无论何种生物，动物还是植物，高等还是低等，复杂的如人类，简单的如细菌和病毒，都会表现出子代、亲代之间的类同或相似。同时，子代与亲代、子代与子代个体之间，存在不同程度的差异。这种遗传与变异现象在生物界是普遍存在的，也是生命活动的基本特征之一。如果说没有变异，也就没有进化与退化，遗传只能是简单的重复。没有遗传，变异就无法累积，变异也就失去其意义，生物于是也就无法进化。因此，研究生物遗传与变异现象，深入研究探讨遗传学本质，充分利用遗传学原理，掌握遗传学规律性，被动或主动灵活地应用遗传学规律改造自己的种鸽群。

下面叙述的是生物遗传学的理论、学说和规律性。鸽属生物体，因而鸽的遗传规律也绝对脱离不了这些生物遗传的规律。

1. 达尔文进化论

达尔文进化论与鸽早已结下了不解之缘，从原鸽时代到野鸽、赛鸽、观赏鸽与肉鸽，无不揭示了鸽的"进化论"。

历史上最早提出生物进化论的是法国的博物学家拉马克（1744～1829）。然而，局限于当时的科学发展水平，他还无法拿出足够令人信服的事实来论证生物的进化。直至相隔10多年之后，英国博物学家查尔斯·达尔文（1809～1882）第一次用大量的事实和逻辑推理来论证生物的进化理论，取得了伟大的历史性成就。

(1) 达尔文与拉马克的生物进化论　拉马克认为地球已经具有悠久的历史,地球环境也在悠久的历史进程中不断进行着演变;生物物种也必然需要随着生存环境的演变而发生相应的变化,以适应变化的环境,于是一种生物就逐渐会演变成为另一种生物。在拉马克的进化论中,有两个重要的论点。其一,器官经常使用就会越来越发达,而不用就会逐渐退化。这些都属于在后天生存环境下所获得的性状,称"获得性进化"。其二,后天获得的这些性状是可以遗传的。这就是拉马克的"用进废退"、"获得性遗传"理论。这种理论为"进化论学说"奠定了基础。但是他认为生物天生就具有向前发展的趋同,以及动物的意志和欲望也会在进化中发生作用,此论点被认为是不符合实际的,因而也是错误的。

达尔文基本上接受了拉马克的进化论理论。他解剖了家鸭和野鸭,家鸭的骨骼与野鸭的骨骼相比,发现家鸭的翅膀骨重量减轻而腿骨的重量却加重。他认为这是由于家鸭少飞翔而多走路长期负重的结果,并证实这种"用进废退"的变异是可以遗传的。

(2) 达尔文的《物种起源》150 多年前的 1859 年 11 月 24 日,英国博物学家、进化论奠基人查尔斯·达尔文的巨著《物种起源》得以出版。该书系统阐述了达尔文的进化论思想,极大地冲击了"神创论",引起教会激烈反对,但也得到许多有识之士的赞赏和维护。此后,达尔文学说得以全球传播。

《物种起源》系统阐述了进化论思想。其一,一般进化论。物种是可变的,现有物种由别的物种演变而来,这是已被科学界普遍认可的观点。其二,共同祖先说。目前,分子生物学已发现所有生物都使用同一路遗传密码。其三,自然选择说。其四,渐变论,即物种是通过微小的优势变异逐渐改进的。

《物种起源》发表 6 年后,德国学者海克尔依据进化思想画了一棵"生命之树"来描绘生物进化历程。然而,"生命之树"还难以表达出复杂的生物进化全貌。现在科研人员可以通过 DNA 序列比较,来研究不同生物之间的进化关系,构建"进化树"。

达尔文进化论的一处重要观点是渐变论,即物种突变是极少的。但令达尔文困惑的是,寒武纪物种大爆发,证实了几乎所有动物的祖先都曾经站在同一起跑线上。说明生物的进化并非总是渐进式的,而是渐进与跳跃的并存过程。

达尔文较多地推崇自然选择,认为生物进化中有害突变的出现比较多,有利的突变出现很少。但近代的研究发现,物种突变是"橄榄形"的,即有害和有利突变都不是很多,而多的是介于两者之间的中性突变。

达尔文通过地理分布、古生物化石、种系杂交等多方面来宏观论述和展示他的自然选择理论。"鸽家族谱系图"等只是他描述引证的极小一部分。达尔文自己也有一个鸽舍,进行了一些有趣的研究。所以说达尔文也是咱们鸽友中的一员。

(3)达尔文的鸽缘 达尔文还用家鸽进行实验,发现短嘴的鸽脚小,长嘴的鸽脚就大。他解释为,生物体的器官是彼此相互密切联系的,即生物体在生存环境中,如果有一个器官发生变异,那么也可引起另一器官的变异,这就是"相关变异"。他的进化论变异规律中,除"用进废退"、"相关变异"外,还有"延续性变异"等很多重要论点。

此外,达尔文还提出了"自然选择"学说。认为生物进化的主导力量是自然选择,即由遗传、变异与选择三种因素综合作用的过程。在自然选择的作用下,新的物种、进化的物种,新的比较高级的生物类型必然会产生出来。还认为不同的物种,可不妨碍地在同一地点产生。由此在同一地点可以产生两种甚至于两种以上的物种。这就是在相同的环境条件下,由于自然选择的结

果,而培育出不同性能的鸽系。但此观点长久以来,受到许多生物学家的质疑,他们认为不同物种的产生需要有"地理屏障"的存在。

(4)达尔文的"遗传学理论"达尔文在对家鸽进行的育种实验中,发现创造新品种的关键在于选择,就是指人类对变异的选择。他曾广泛地总结了当时科学工作者进行的杂交实验,认识到"杂种优势"现象。所谓杂种优势就是指两个不同品种的生物进行杂交,所产生的后代具有比较强的生物活力。因而他赞同杂交有益,自交有害。并且指出杂交可使退化变异消失,但是也可能成为新变异产生的原因。他认为杂交可将父母双方的遗传性融合在一起,使得双方原有的变异消失,而产生新的属于中间型的性状。这种"融合遗传"理论,也是当时最流行的一种遗传学说。

达尔文理论还认识到"返祖遗传现象"。他从许多家鸽中,观察到偶然也会出现具有岩鸽祖先特征的蓝色鸽。

达尔文进化论对于鸽界的影响是比较深远而广泛的,但是他的变异理论还是不够完善的,甚至有部分是错误的。达尔文进化论的观点,在大部分鸽友心中仍具有深刻的影响。如有些鸽友采用一羽大体型的鸽配一羽小体型的鸽,期望育出中等体型的后代。运用一羽归巢

性能好的鸽配一羽速度快的鸽，期望育出既有归巢性又有归巢速度的子代鸽，这些都是运用达尔文"融合遗传论"的论点。但是融合的结果并非完全能如愿以偿，因为生物遗传是染色体基因重新排列组合所致，其中既有中性的后代，也有大体型和小体型的后代。

"分子遗传学"理论否定了"融合遗传"和"获得性遗传"理论。例如，黑色人种的皮肤是黑色的，而其他人种长期暴露在紫外线阳光照射下也会变成黑色皮肤，可是他的后代绝不可能变成黑色人种。因为晒黑了的皮肤丝毫不会引起基因遗传的变化。同样，冠军的上代必然有冠军，这是由于先天良好的血统加上后天良好的饲养管理所获得。良好的血统是由遗传获得的，而良好的饲养管理是后天所赐予获得的。

达尔文的遗传理论（泛生学说），以及他的"融合遗传"和"获得性遗传"理论，虽然已经被现代分子遗传学所否定，但是以"自然选择"为中心的"进化论学说"在推动现代生物学的进展方面曾起到巨大的作用。

20世纪50年代，苏联生物学家米丘林是"融合遗传论"和"获得性遗传论"的信奉者，它在植物杂交和育种方面做出卓越贡献。但是在以后30多年的实践生涯中，他与美国的摩尔根学派相比，就相形见绌了。

2. 孟德尔定律

赛鸽的遗传育种理论离不开孟德尔定律。为此有必要进行简略介绍。

格雷格·孟德尔（1822～1884）是奥地利修士，是生物科学领域中第一位提出遗传学理论的学者。他通过分析豌豆杂交试验的结果，以分离现象为基础，从而揭示了"分离定律"和"自由组合定律"两条遗传学基本规律。

(1) 分离定律　是指一对相对性状的分离，实质上是二倍体生物的一对基因，分离后进入不同的配子，带有这种相对性状的配子，在不同的个体中表现出来。即生物在生殖细胞形成时，成对的因子彼此分离，分别进入各自的生殖细胞。他用纯种圆滑豌豆和皱褶豌豆进行杂交，发现杂交后的下一代（F_1）都是圆滑豌豆，而皱褶豌豆的这一性状似乎全部消失了。然而他再将 F_1 代自行授粉，产生子二代（F_2），所结出的豌豆多数是圆滑豌豆，但也有少数皱褶豌豆，两者的比例大致是 3：1。孟德尔对这些现象的解释是：

① 每个生殖细胞都有控制遗传性状的（基因）因子，它是遗传性状的决定者。

② 在繁殖体细胞内，这些因子是成对存在的。

③ 在生殖细胞成熟的过程中，成对的因子进行分离，各自进入一个生殖细胞之中，结果只是每个生殖

细胞都得到成对因子中的一个因子。

④ 受精时精子与卵子结合,精子与卵子各自带有一个因子,这两个因子结合的繁殖体细胞,又恢复成一对,两个。

孟德尔进一步假设,结合在一起的两个成对因子,可以是相同的,也可以是不相同的,相同的称"纯合子",不相同的称"杂合子"。这对因子又可分为"显性"与"隐性"两种。显性因子无论是纯合子还是杂合子总能表现出来,而隐性因子的表现就不同,在纯合子的情况下它就能显性表现出来,因为它没有其他因子的干扰;而在杂合子的情况下,它的作用常被隐性因子覆盖而不能表现出来。

将分离定律运用到鸽上,红(绛)色鸽作为显性羽色,而黑色、灰色以及这两种混杂的雨点鸽作为隐性羽色。而当红色鸽与其他羽色鸽相遇时,红色的显性因子将会遮盖其他羽色的隐性因子,从而表现红色的子代羽色。

为便于理解,可用生物学符号来表示。雄鸽体细胞的性染色体为XX,用 XR 表示具有红色因子的 X 性染色体;而仍以 XX 代表不具有红色因子的其他羽色因子性染色体。如此羽雄鸽具有纯合子的红色因子,则可表示为XRXR;如这羽雄鸽是具有杂合子的红色因子,则表示为XRXr。具有 XR 的雄鸽产生的精子只有 XR 性染色体,如它与

其他羽色雌鸽交配,那么它们的后代,将由于 R 因子的显性作用,而出生的子代无论雌雄都是红(绛)色羽。而当 XRXr 杂合子雄鸽与其他非红色雌鸽(Xry)交配时,它们的子代羽色就将会有不同的表现。由于这种情况下,雄鸽的精子可有 XR 及 Xr 两种,而雌鸽的卵子也有 Xr 与 y 两种,它们的子代就可能会有如下 4 种表现形式。

XRXr 相遇:育出红色雄鸽,但它的羽色因子组合为杂合子。

XRr 相遇:育出红色雌鸽。

XrXr 相遇:育出雨点、灰色、黑色其他羽色的雄鸽。

Xry 相遇:育出雨点、灰色、黑色其他羽色的雌鸽。

再说,如将一羽灰色雄鸽与一羽红(绛)色雌鸽交配,它们的后代就更为有趣。一羽灰色雄鸽体细胞的性染色体为 XrXr,它精子的表现只有 Xr 一种,而红色雌鸽的性染色体为 XRy,所以它的卵子有 XR 和 y 两种。因此,它们的后代组合只有两种表现:XrXR 相遇育出红色雄鸽,Xry 相遇育出红色雌鸽。

因而区分一羽红(绛)雄鸽是否是纯合子,只要观察它的后代,如若它的后代只出红色鸽那么就是纯合子,否则就是杂合子。

(2) 自由组合定律　又称"独立分配定律"。是指两对(或两对以上)相对性状分离后,又随机组合,

在子二代中出现 9∶3∶3∶1 的比例。即生物在生殖细胞形成时,不同成对的等位因子可机会均等地进行自由组合于不同的配子中。

孟德尔用两对性状不同的生物细胞进行杂交时,发现一个新的现象。即用黄色圆滑豌豆与绿色皱褶豌豆进行杂交,其中黄色、圆滑是显性,而绿色、皱褶是隐性。它们的子代 F_1 得到的全都是黄色圆滑豌豆,这两个显性性状都表现出来,而两个隐性性状却都没有表现出来,这基本上符合孟德尔第一定律即"分离定律"。但是如果让 F_1 自花授粉时,产生的 F_2 就出现了一个新的现象,即不但有黄色圆滑豌豆和绿色皱褶豌豆,还出现了两种新的类型,即绿色圆滑豌豆和黄色皱褶豌豆,且也占有一定的比例,这就是孟德尔第二定律即"自由组合定律"。

孟德尔对于这两种新类型的产生解释为:假定圆滑为 R,皱褶为 r,这是一对性状;黄色为 Y,绿色为 y,这又是一对性状。因此,圆滑、黄色(纯合子)为 RRYY,皱褶、绿色(纯合子)为 rryy。这两个亲本杂交,圆滑黄色形成的配子均为 RY,皱褶绿色的配子均为 rY,两者结合组成的合子 (F_1)为 RrYy。这个 F_1 是黄色圆滑的,因为 r 在有 R 时不表现出来,y 在有 Y 时也并不表现出来。

但是重要的是,假如 F_1 自行交配时,Rr 和 Yy 这两对决定性状的因子可自由组合时,R 不一定与 Y 在一起,r 也不一定与 y 在一起。这就是由于生殖细胞在形成时,不同对的等位因子可自由组合,因此产生了(RY,Ry,rY,及 ry)4 种不同配子,且它们的数量是相等的。

因为在杂交 F_2 中,出现了新的类型(组合变异),这就为培育新的品种开辟了新的途径。例如,将一羽翔速快,但归巢不稳定的鸽和一羽翔速并不快、却归巢性能相对稳定的鸽进行杂交,它们在自由组合定律的 F_2 中,就可培育出翔速性能既快、归巢性能又稳定的鸽。

自由组合定律在赛鸽育种实践方面的应用,具有十分重要的意义。在杂交育种上,可使两个亲本的优良性状结合在一起,产生所需要的优良品种,这就是目前所共识的"杂交出优势"。

当然在此所举的例子在实践中也是极少应用的,因为赛鸽的优良遗传和育种,并非是某一个定律就能包罗万象地包含一切,能轻易地完成或解决所有的育种问题。谁都知晓不可能会有哪一位鸽友,会去做明放着的强强联合"黄金配对"、可以优势互补的配对组合之路不走,却非得去寻找那些缺陷互补的鸽来求取良鸽。也只有在育种条件有限的情况下,或在事后从理论上进行追溯时,才会联想到运用"孟德尔自由组合定律"来进行论证。

因为赛鸽的定向、归巢、飞翔、也不是单纯从其外观、羽毛、羽色、骨骼、肌肉、翅膀等某一器官的功能显性表现来决定其归巢的分速和赛绩的。

3. 基因学说

基因学说即"基因遗传学说"，以往又称"染色体遗传学说"。这是由美国遗传学家摩尔根对孟德尔学说的进步和发展。他运用果蝇做了大量的实验，提出了位于细胞染色体上的遗传因子，并将这些因子称为"基因"。

染色体广泛地存在于每一个细胞的细胞核中，它是以染色质形态均匀地分布在细胞核的核浆中。由于人们在进行细胞形态观察和研究的同时，首先需对组织切片进行细胞染色，而将这些在细胞核染色中最易被染上颜色的颗粒状物质称"染色质"。而当细胞在进行分裂时，染色质便会浓集而形成粗短的杆状结构称"染色体"。因而染色体实际上是染色质浓集所形成的。

人们对于染色体的进一步微观研究，观察到的是一种紧密卷曲的螺旋形链状结构，丝状螺旋形结构上还黏附有呈串状的珠子样结构。这些串状珠子中记录着每个生物体的所有遗传信息密码（生物信息密码），这些密码中涵盖有一系列"碱基"结构称"基因"。基因中记录着所有的遗传性状，成为遗传的基本单位。

每一种动物都有它独特的染色体，且不同数目、不同形状和不同结构。而染色体在细胞内是成对存在的，各种动物都有其特定数目的染色体，不同种属有各自的特征。因而人们可以此来分辨不同动物种属的组织细胞。如人的染色体为 46 条（23 对），而鸽的染色体是 80 条（40 对），也有说是 62 条（31 对）。

细胞进行分裂前，细胞内的染色体、细胞核等所有的物质都将平均分裂成两个部分，这些成对的染色体称"同源染色体"。同源染色体的两条染色体的形状、大小都应完全是一致的；但却并非全部都那么一致，有时成对的同源染色体中的某一条染色体，可能会比另一条染色体多出一个（也可缺少）或一个以上碱基——基因。这种一个基因的二价形式即称"对偶基因"。

在一个同源染色体对中，其中一条来自雄性鸽亲代，而另一条则来自雌性鸽亲代。因此，每一个性状都由两个不同的个体所控制。如这两个基因完全相同，那么这对基因则为"同合子"，或称"纯合子"；如同属于对偶基因而不相同，便成为"异合子"，或称"非纯合子"。

一个异合子基因对，可以不同的方式去影响个体的性状表现。如其中的某一个基因表现强于另一个基因，那么对于基因组合而言，会表现这个强势基因,而形成显性基因,而对于弱势基因而言,则成为隐性基因。以牛为例,用纯种黑色公牛与纯种红色母牛进行杂交,其子代的毛色都是黑色,那么黑色就是显性基因,而红色即为隐性基因。然而在子一代(F_1)的染色体中,隐性基因虽受到显性基因的压制,而没有能进行表现,但它仍存在于它的染色体中。而在进行子一代(F_1)彼此之间杂交时,会在孙代(F_2)中表现出来,即可使孙代(F_2)个体中出现红色个体。从而也说明了隐性基因并没有完全消失,而只是被暂时隐匿而呈压制状态。而在其他形式的杂交配种时,也可能会出现与两个亲代都不同的毛色,而是介于两个亲代毛色之间的两个亲代混合型毛色。

(1)性细胞学说　雄性和雌性个体性细胞和体细胞的染色体数目是不同的。前文所述鸽的体细胞染色体有80条(40对),而性细胞的染色体只有体细胞的1/2。在性细胞尚未成熟时,它和其他体细胞一样也是拥有40对同源染色体。而是在成熟前一次细胞分裂时,它的染色体不再进行分裂,而是同源染色体彼此之间进行分离,从而对等分别分配到2个性生殖细胞之中。因而,成熟的性细胞只有正常体细胞染色体的一半。上述这种细胞的分裂方式称"减数分裂"。

当性生殖细胞在受精时,一个有40条染色体的精子和有40条染色体的卵细胞相互融合,从而组合成一个完整的有80条(40对)正常染色体的新生命体(受精卵)。

在性细胞减数分裂过程中,如果说雄鸽的精细胞中,所有40条染色体都来自这羽雄鸽的母亲,也可能全部都来自这羽雄鸽的父亲,这种机会应说也是对等的。而雌鸽的卵细胞在减数分裂中,细胞内染色体的组合方式仍是随机组合。一般而言,即是鸽的精细胞和卵细胞中的染色体组成,大多数都是一部分来自它的父亲,而另一部分来自它的母亲。这种组合方式的概率相对而言要高得多,而完全继承父亲或母亲某一方遗传概率,却相对而言要少得多。但值得注意的是,这种可能性毕竟还是存在的。因而对于一羽鸽的遗传基因(血统书)追溯,应要从它的父母、祖父母、外祖父母代中进行,而它们之间的基因遗传概率统计(计算),却存在着概率从零到100%的差异。

实际上,雄鸽将遗传物质通过精子细胞传递给它的后代,可能有几次方(数百万种)不同的遗传组合形式;而雌鸽同样也存在着有几次方(数百万种)相类似的不同遗传组合形式。也就是说,在"遗传基因信息传递"时,由于基因的数量十分庞大,因此其任何一种组合形式都有可能会发生。至今关于基因遗传的传递方式，仍停留在"分离定律"和"自由组合定律"之间。

在性细胞减数分裂过程中，另一个影响性细胞遗传组成的因素是性染色体互换的发生。同源染色体中的一对形状大小相同，而分别来自父方和母方亲代的两条染色体之间，有时也会发生有一段染色体彼此之间互相易位互换的情况，因而使得染色体的组合方式继而出现更大的变异。也正由于以上种种极为复杂因素的存在，而鸽也和其他生物体一样，彼此之间绝对不可能存在有两羽完全相同的鸽，包括现代"克隆"技术培育的生物，虽然它们在外形上彼此可完全相像，它们的基因组合也彼此较为近似，但绝对不可能是完全相同一致的。

鸽友们只要稍微用心观察一下自己的鸽，就会发现上述这些遗传理论会在这些鸽群中得到兑现，且是十分吻合的。在育种实践中，冠军配冠军并不一定就是冠军，也完全有可能育出一羽庸鸽。但是毕竟是冠军配冠军所育出的鸽，应说它们的基因内或多或少都会保留一些优秀的性状基因，其必定要比那些"平庸之辈"所育出的鸽要强得多。

（2）性染色体学说 在一对同窝雏幼鸽中，为什么多数是一雌一雄，而双雌双雄就较少呢？这个问题必须要用性染色体学说来进行解释。

在染色体中，必定会存在一对染色体是性染色体，简写为"X"。在雌性哺乳动物体内所有的细胞中，都有数目相同而成对排列的染色体，其中必定包括有一对是性染色体，性染色体通常用"XX"表示。而在雄性哺乳动物的体细胞中的两个性染色体则不相同，其中一个是和雌性相同的 X 染色体；而另一个染色体形态上要比 X 染色体略小，称"Y"染色体。因此，雄性哺乳动物的性染色体组合成"XY"染色体，雌性哺乳动物的性染色体是"XX"。

而鸟类的性染色体组合方式与哺乳动物却完全相反。雄性鸽的性染色体组合为"XX"，而雌性鸽的性染色体组合为"XY"。雄性鸽的性细胞染色体一共有 40 条，即有 1 条是性染色体 X 染色体，39 条是其他染色体；雌性鸽的性细胞，卵细胞染色体也有 40 条，但其中有一半的卵细胞具有的染色体，是由 1 条性染色体 X 染色体，39 条是其他染色体组成；而另一半的卵细胞具有的染色体，是由 1 条性染色体 Y 染色体，39 条是其他染色体组成。因此，雌鸽有两种不同类型的卵细胞。如一个精细胞（1X）与另一个携带有 X 的卵子细胞结合，就会产生一羽有两条 X 染色体的鸽，孵出的是雄鸽。如是一个精子细胞与另一个携带有 Y 染色体的卵子细胞结合，就会孵出一羽有 XY 染色体的雌鸽。正由于这种雌鸽产生的卵子携带有 X 染色体或 Y 染色体的机会各半，因而育出的雄性鸽和雌性鸽后代的概率也就各占 50％，即一羽雌一羽雄。

（二）选配与育种

鸽的选配与育种是一项看起来十分简单，而实际上却是极为复杂的育种工程。如只凭自己的感觉随意抓上一羽雄鸽和一羽雌鸽放在一起进行配对育雏就能获得成功，这仅仅是已获得成功的名家谦逊搪塞之言。

育种就是选育优良种群的过程。世界上有众多的赛鸽家几乎同时是育种家，正因为他们具有丰富的育种经验，掌握了育种的技巧才获得成功。对于鸽友而言，就需学习掌握一些遗传学方面的知识，要选择配对的双方及配对的方式和时间。所谓"育种"，就是要求在人们的调节控制下，育出一代胜出一代的赛鸽。育种的目标要求，一是"超越"；二是"可控"。超越是指所育出的后代（无论是子代、孙代或若干代后），必须超越本代或上代。而可控则是指在挑选雄雌鸽进行配对之前，必须对往后育出的后代有一个充分的评估，而作出评估的惟一标准则必然是要求一代胜出一代。那么，就从现代科学的发展水平而言，如要做到

"超越"恐怕还不算太难，而要求做到"可控"却并不是那么容易。如今赛事中的"特比环"赛、"公棚赛"等，都是针对育种的"超越"与"可控"应运而生的新赛制。因此将赛鸽的选配和育种，比喻为一项极为复杂、变数众多的系统工程并不为过。

选配和育种的全过程，始终贯穿着"选留"和"淘汰"两项内容。对于育出的那些不合格、不尽如人意的鸽，以及优良遗传性能不强的鸽给予无情的"淘汰"。其中确有不少的鸽友，由于太过于喜爱鸽了，明知此鸽有这样或那样的缺陷，却老是怕"错杀无辜"而一再挽留。还振振有词地解释说，"鸽子是飞出来的"，一次飞不好，还有下次表现，下次还有下次，对其抱有无限的寄托和期望。这些鸽友们势必会拥有庞大的鸽群团队，但赛绩却平平而已。

选配和育种的过程，应是选配—育种—淘汰—选配—育种—淘汰的过程。定向培育就是要贯彻实施"杀掉好的，留下最好的"名言。有的赢家在介绍经验秘诀时说："我的鸽子是'杀'（淘汰）出来的。"这条经验确实是真实的肺腑之言，正是当今选配育种获得成功之"捷径"。

1. 配对与拆对

鸽的成熟期早晚，随其品系、季节、饲养环境条件的不同而有较大差异。成熟期晚的品系鸽一般要到

9月龄时,少数品系甚至于1岁龄才会有所表现。在热带、温带和寒带等不同地区,它们成熟和发情期出现的早晚有较大差异,其育龄期恰逢春意盎然的繁殖季节时,往往会有所提前。通常在3月龄时,雄鸽已开始有追雌的发情表现,而雌鸽的发情表现则要稍晚一些。过早配对,鸽的机体发育尚未完全成熟,往往是有害而无益的,一般不宜过早配对。也有人主张,应在幼鸽期就实行雌雄分舍饲养,而多数鸽友却主张任其自然,因为即使它们早早地配上对,也要在2个月之后才会生蛋,因而不主张过多地人为干预,人为加入反而会干扰其内分泌的自然生理平衡。

不少学者认为,赛鸽繁殖应采纳肉鸽饲养场种用鸽的配对繁殖常规,主张6月龄配对。由于肉鸽饲养场往往需进行成本核算,种用鸽饲养期越长饲养成本就越高,因而6月龄给予交配应说是最低限度。但多数鸽友却主张任其自然,尤其对早熟鸽,认为早配对还有利于培养早熟鸽系,有利于选拔培育"百日幼鸽赛"种群。

配对与拆对是培养种赛鸽梯队之必需,只是在配对前需先行拆对,即将原来已配成对的鸽拆开饲养在另一环境(或鸽笼)中,然后与另一羽鸽进行组合配对。

对于实行"寡居制"、"鳏居制"的鸽舍,一般是在秋冬季将雄雌鸽分舍饲养,等来春育种期间再行配对,一般都能一撮即合。只要有足够的配对笼和配对窝格,只需在2周左右时间即可完成整个鸽舍的配对工作,接下来是尽快让它们能熟悉自己的新家——窝格。不然的话,到了进入产蛋孵化期,就易发生因误闯窝格而斗殴,造成孵化蛋的损失。而对不选择或没有条件实行寡居制、鳏居制的鸽舍,尤其对小型鸽舍应因地制宜,只要掌握拆对与配对的基本技巧,照样也能灵活运用,配对自如。

在整个配对和拆对过程中,雄鸽始终处于主导地位,而雌鸽也须具备在情欲处于旺盛状态下,方能一蹴而就,使配对和拆对更易获得成功。拆对时,有条件的鸽舍最好能将原配鸽分舍或分窝格饲养。在整个配对与拆对过程中,决不允许它们再次相互见面,更不能相互接触,最好能连呼唤声也不能相闻,不然会延长配对期,甚至前功尽弃,还得从头开始。

至于拆对的性欲培养(隔离)期,随季节、气温、鸽龄、环境、品系、个性等影响,每羽鸽之间存在着较大的差异。一般春季配对最易获得成功,而以换羽期间、秋冬季(由于此时的机体新陈代谢和性激素水平都已处于最低谷时期)为配对和拆对最为困难的时期。一般以天气晴朗、气温暖和时配对成功率最高。刚进入性成熟期的鸽最易配对成

27

功,而老龄鸽配对进展相对较为迟缓。鸽的个性差异也极大,有的鸽就是很"黏糊",配对、拆对非常困难,尤其新引进或易棚后鸽,甚至会有极少数的鸽始终难以获得成功配对,这也是鸽舍中常有的事情。也有的原对鸽在引进之后,就是始终不肯生儿育女。

鸽最易配对的生理时期是"待产期",即产蛋期前 1～2 周的孕卵期。此时体内雌激素水平最高,也有鸽友通俗地戏曰:由于它急需寻找共同完成孵化任务的伴侣,而愿委曲求全低嫁夫君。因而快速配对拆对法是用假蛋孵化 6～7 天后,即抽蛋后 7～8 天进行拆对,接着隔离培养感情,一般用不了 1 个月就能获得拆对、配对的成功。不过这样一来它们的第一窝蛋,虽大多数是后配雄的后代,但也可能会是前雄的后代,因而一般是弃之而不用的。待等第 2 窝蛋产出,毫无疑义应是后雄的后代了。

常用配对、拆对方法是将雄、雌鸽先置于配对笼或配对巢箱中,使它们相互能见而不能接触对方,必要时可隔天相互交换一下位置,这样可明显加速感情的培养,获得配对的成功。经隔离感情培养一定时期后,等到雄见雌就反复打欢求爱,而雌鸽对于雄鸽的求爱呼唤也应答点头应诺之时,就可选择在晴好的天气,正当雄欢雌迎时,将隔离栅抽去,

让雄、雌合笼,一般就能很快配对成功。如若雄、雌鸽相遇,即发生打斗甚至穷追猛打,往往易发生互啄损伤。这就说明还得继续分开,采取可视而不可就的形式,再继续培养感情数天后,伺机再行试配。一般而言,配对成功是以交配成功为标准,雄鸽频频打欢求爱,雌鸽点头舞迎,相互呼应完成"接吻——换气",继而交配,说明配对初步获得成功,然后只要关注 1～2 天不发生特殊恋情变故,就说明配对已完全获得成功。

在配对过程中也存在"假配"现象,即雌鸽会去和其他雄鸽交配,尤其在饲养密度高、窝格相对狭小的鸽舍最易发生。对这种情况,只要让它们孵上一窝蛋,就会得到自然纠正。

2. 种鸽要求与条件

严格选择种鸽是每一位养鸽家成功的必经之路。要想自己的鸽群经久不衰、连续创造佳绩,就得先从引进种鸽开始。首先需按照自己所适应参赛的赛程(短程、中程、远程)与鸽舍所处的地理环境位置,根据自己的经济实力作出选择不同的品系进行种群定位。

有了优良的种鸽,还得看种鸽的遗传性能如何,即它是否能"好种出好苗",将其优良遗传性状在它的后代中尽量显性表现发挥出来。

"遗传"一般是指亲代的性状又

在下代表现的现象。在遗传学上，是指遗传物质从上代传给后代的现象。父母鸽的外形、内质平均地传递给下一代，称"平等遗传"。父母鸽一方的外形、内质单一地传递给子代，称"特异遗传"。父母鸽各自的外形、内质融合一体传递给子代，称"融合遗传"。此外，还存在有一个更为关键的问题，即2羽分别都有优良遗传性状的鸽，未必就一定能培育出优良的赛鸽，这就是鸽友经常讨论的还存在"适配"的问题。

有的育种行家鸽友说，走进任何一家鸽友的鸽舍，都能看到好鸽，可就是难以寻觅到适配的，即所谓的"黄金配对"。如您的鸽舍里确实有一对黄金配对，那么就会足够您和您周围的鸽友们玩上大半辈子了。否则，即便您飞出了一羽冠军，也只能"昙花一现"。

但凡养鸽人都想拥有一对黄金配对，正如不想拿冠军的养鸽人也算不上真正的养鸽人，但毕竟每一次比赛只能产生一个"冠军"，如若真正到了每一次比赛都是您一个人"冠军独揽"，那么无论是您自己，还是参赛的其他鸽友，都会感觉到赛鸽竞赛运动已经乏味了。而事实上，每次赛事必然是"几家欢乐几家愁"，赢家毕竟总是少数，而大多数鸽友因长期难觅黄金配对，而与冠军无缘。

种鸽的要求和条件并没有固定

的公式。首先须有优良的血统，这是当今世界各地一致公认的基本要求。赛鸽没有过硬的血统，就不可能在竞争异常激烈的赛事中夺取胜利。对种鸽外形和体质方面的要求，前文已有所述，总之是不求十全，只要关键项合乎要求就可以了。至于存在的那些缺陷项，如只有2~3项时，只要求其配偶不存在共同的缺陷项就可以了。因这些缺陷完全可通过优势互补，从而培育出几乎完美的后代。反之，如这羽配对鸽的后代始终保留着它的缺陷，经更换配偶后仍挥之不去，那就得考虑该鸽的种用价值了。

在遗传过程中，还存在变异现象，即指在同一起源的个体间的性状差异。主要指子代与亲代在外形、内质上的差异。在一种生物类群中，亲代和子代之间、子代的个体之间，均存在着不同程度的差异。在生物进化上，只有可遗传的变异才是自然选择的材料。没有变异，也就没有新的品种、品系涌现。

3. 早育与晚育

鸽从交配、产蛋、孵化、出壳、育雏到雏鸽出舍独立生活的全过程，称第一繁殖时期。其中从交配到产蛋为8~12天，孵化期为17~18天，育雏期为25~30天，总共50天左右。

当一羽"叽叽"叫的鸽转变成"咕咕"叫，然后发育到会"咕噜"（表明此鸽已进入青年期),需3～6个月。一般早熟品系鸽大致在3个月左右进入青年期,而晚熟品系鸽则大致需6～9个月才能进入青年期。

频频点头和咕噜声的出现,是求偶行为的开端,鸽界称"起阳"。这种示爱行为的出现,表示它性腺器官的发育已基本成熟,如若原本同窝时就是一雄一雌,那么此时它们会自然凑合在一起,有时也会有相互交配的性行为,但暂时还不会生育。

鸽的最佳生育期,大致在6月龄到10岁龄左右。其也随饲养条件和生存环境的影响而有较大差异。绝大多数人认为应顺其自然,待性器官发育成熟,自然而然就可交配繁殖,其育出的后代及对亲鸽自身健康的影响,也并不如想象的那样明显。相反,凡哺育过雏鸽的鸽会显得更加成熟,体态也发育得更为丰满而强健。另一种观点则认为,欲以等待它们的性器官完全发育成熟后再行配对为好。持此种观点的鸽友主张在1岁龄左右配对繁殖为宜,只有在亲鸽身强力壮、精力充沛时才能育出体质强健的后代。

至于老龄鸽的最长育龄期,也存在不同观点。欧洲鸽友认为,一般5岁龄以上鸽的繁殖能力已开始下降,种鸽繁殖场普遍将5岁龄以上种鸽列为淘汰名录而降价出售,因而有鸽友专程去挑选5岁龄以上优良种鸽,引进后作种鸽进行育种,

同样也能培育出优良的后代。此外,有鸽友认为,8岁龄以上的鸽已属老龄鸽了,虽它们有性要求,但毕竟年老体弱,常出现无精蛋,种蛋也逐渐变小,育出的子代个体往往偏小,已失去繁殖做种的价值了。

不过,如果是一对黄金配对的话,相信谁也不可能让它们停止出雏,多数会采取保姆鸽代孵育雏法。鸽界也有12～13岁高龄鸽所出的雏照样能夺冠的报道。因而育雏能力的强弱虽说与鸽龄有关,但更重要的是,看此鸽的显性遗传基因表现如何,通常采取的做法:一是老少配;二是留雏作种,留下它的血脉。

4. 自由配

有的鸽友赞赏自然配,其理论基础是,鸽自己也懂得"门当户对",即平民找百姓,皇室配贵族。那么您也别忘了,您的鸽舍里至少也得有皇室和贵族,如若不然的话,在整个"贫民窟"中,何以还能飞出什么"金凤凰"呢?

有的鸽友提倡随机配,并引经据典地数举某某大名家采取"电脑配对"获得成功。笔者在此推测妄断,所言者之电脑配对,也正是由于他在输入大量数据信息条件的基础上,采取由电脑按所输入的数据,结合信息资料,运用预先设定的公式软件进行计算,从而获得最佳的数

据配对,再通过本人的甄别,最终方能得以真正实施。电脑永远也只能是重复着人脑的智慧和劳动(数据输入和软件制作),从某种程度上而言,电脑确实是胜于人脑,但电脑永远也不可能取代人脑或超越人脑。

配对有多种组合形式,"自由配",不外乎有杂交配和近亲配两种形式。由于鸽出雏时,同窝雏往往是一雄一雌,它们一起长大,一起出棚家飞、栖息,在没有干扰的情况下,长大成熟后,绝大多数都会自然进行兄妹配或姐弟配,这样育出的后代必然会是弱势群(个)体,因而这里所指的自由配,并不是指自然配。

鸽是富有情感的动物,人们常常将鸽的一夫一妻制配对组合比喻为忠贞不渝、终身相守,虽这是一种理念上的误解,但在自然生存的情况下,除非有其他外力因素的干扰,否则一般会终身相约而不会轻易变更的。

所谓"自由配",是指通过选择,在所约定的范围内挑选几对种鸽,雌雄鸽彼此单独饲养一个时期,等待双方体能都已达到良好状态时,让它们自由组合,选择适宜的配偶。此外,也有个别鸽友在拥有种鸽群过剩的情况下,将挑剩下的种鸽队伍任其自由组合,采取自由配。有时的确会出现意想不到的收获。

不过主张自然配的鸽友们所倡导的是在已有所选择的优良种群范围内的自由选择配,自由配绝不是杂乱无章的杂乱配。自由配也需有一个先决条件,就是种鸽群内必须全部是上乘的优良种鸽,其中同样得避免近亲相配,尤其同窝配、上下窝兄妹配。另外,在选配种群中不能有原配对鸽存在,否则原配对会很快组合在一起,这样也就失去"自由配"的原意了,算不上是"自由配"了。

自由配自然是种群中身体素质最为强壮的个体,即性欲最为旺盛的雄雌鸽之间相配。这正是生物自由选择、自然进化的客观规律,这样育出的后代势必是该种群中最为强健的后代。

自由配的确可以使您获得意外的"惊喜",但毕竟"幸运之神"是可遇而不可求的,因而"自由配"不是惟一的配对首选项。养鸽的乐趣除参赛外,还在配对选择之中。初入门养鸽者不妨先多学习一些相关育种的基础理论知识,然后请育种老手进行育种指导,才能掌握育种、选配的基本要领,通过自己的实践获得配对的"真知秘诀"。

5. 杂系配

杂系配是指有选择地将两个不同品系的种鸽进行杂交,从而获得杂种优势,培育出自己的新品系。这是遗传学上常采取的一条普遍规律,也是鸽友们经常使用且运用得最多的配对方法。

行家们常说养鸽不能太杂。天下的优秀品系鸽、好鸽实在太多了。一般鸽友只要拥有 2～3 个相互合配的品系种群就可以了，要求宁精勿滥，整个鸽群在眼砂、羽色、体型等方面保持近似一致或别具一格。对于种鸽的选汰，则要求能针对自己种群的特点进行缺陷互补，对于优势特征不妨稍微放宽，宁可任其杂一些。如既有黄眼，也有砂眼；既有深砂，也有浅砂；既有粗砂，也有细砂。羽色上最好也稍微能选择 1～2 种主羽色，如既有灰，又有雨点；或既有灰、雨点，又有红楞、红雨点。这样对于配对会留有较大的选择余地。至于体形方面不妨要求严格一些，要按照自己的品系特征要求选汰，按照自己鸽系的缺陷，针对性地引进外血以补充一些新的血统。只有这样才能在"优势互补"的基础上，有更多的选择余地。

在遗传性能方面，杂系配易于产生基因重组突变，易使子代获得优良性状。在众多的冠军鸽、优胜鸽中，多数是采取由 2 羽血缘无关的鸽系配对育成的。

杂系配也属一种选择配，而绝不应是"拉郎配"、"凑合配"。种鸽必须具备各自的优良性状特征，对于雌雄种鸽所存在的劣质缺陷，必须能进行优势互补；对有相同劣质缺陷的两羽种鸽，是不适宜组合配对的，否则劣质缺陷必然会出现在子代鸽身上。如果两羽种鸽本身都不具备优良的性状，那么也就不可能指望在其后代身上显现优良性状，除非它们双方的祖代都已具备这些优良性状显性遗传，但出现这种现象的可能性是可遇而不可求的。

在通常情况下，最好采取两羽纯品系鸽，通过提纯复壮进行杂交；或一羽纯品系鸽配一羽杂交鸽。如将两羽杂交鸽再进行杂交，这样育出的子代鸽就成为杂杂交，就无从查实杂到哪里去了，自然也很难获得成功。

无论纯纯杂交、纯杂杂交都得查阅记录准确的血统书，如记录不全或缺失，而只是凭肉眼从外形、羽色、眼砂等方面来鉴别，显然是不足为信的。因为外形、羽色、眼砂相同的鸽并不一定就是同一品系；反之，同一品系的鸽也可以有不同的外形、羽色、眼砂。

杂系配的不足之处就是子代的稳定性不强，即便子代鸽飞出了赛绩，在被引进作种鸽时，往往由于其遗传基因谱上存在部分"乱码"，而产生遗传基因变化多端，即存在遗传性状不稳定的问题。

世界上众多名门望族所培育的大铭鸽，多数不是采取杂系配培育出来的，而是采取近系配，然后经提纯复壮培育出有名家自己特色的名系鸽。当然这些育种名家都是通过多年的辛勤努力,坚持遵循自己独特的"育种秘诀"培育而成自己的鸽系。

6. 近亲配

近亲配又称嫡系配。近亲配可使优良赛鸽保持纯正,创立自己特色的新品系,或使已建立起来的优良品系得到提纯复壮。缺点是要防止品系的退化。品系退化的衡量标准是劣质后代的出现频率增多。相反,优质后代的不断显现、赛绩的突出表现、种群的不断提升,则是提纯复壮目标的兑现。

近亲配可有效提高后代纯合子基因出现的概率,它与杂系配相比较,具有较高的纯合子基因,将上代的优点传承下来。相反,近亲配也常可抑制一些优良的显性基因,而使隐性的劣质基因在后代身上表现出来。这是在近亲配中需要极其关注和避免的重要问题。

近亲配即运用一对优良的基础种鸽,培育出第一代子代鸽(F_1),再进行兄妹配、姐弟配或父女配、母子配。这些嫡系配育出的第二代(F_2),一般不作竞翔鸽使用,从中再挑选出集祖代、父母优点于一身,且仍有优良遗传特性的鸽,作为种鸽与原始基础祖代鸽或第一代(F_1)交配(通常是祖孙配),这种祖孙配或叔侄配、姨甥配育出的第三

代回血鸽(F_3),可再次作为参赛鸽投入参赛,留下既有赛绩又有优良遗传特性的鸽。

这种嫡系组合配对方式,始终保持在包括第五代在内的五代之内,又称"内交"。目的是要保留种群的优良遗传特性,创造自己的优良种群品系。在整个配对育种过程中,要始终毫不含糊地坚持保留种群的"优良遗传特性"和"赛绩"这两项基本原则,优良遗传特性至少要包括其外形特点,但不必强求于羽色、眼砂色素等千篇一律,还要严格淘汰不符合条件的劣质鸽,如劣质遗传的个体、健康素质差的和有明显缺陷的鸽。"严于淘汰"是实行近亲配的基本手段,如其疏于一漏则会面临功亏一篑,这也是多少育种家们之所以半途而废之症结所在。

近亲配采取原配鸽系中同宗同源之间选配的方法,同一族谱中鸽交叉、重复配对,运用两羽基础种鸽繁育出共同血系的优良种群。不过近亲嫡系配也并非是完全不允许掺杂的,具体掺杂方法,必须在条件十分苛刻而严谨的范围内进行。鸽友们通常采取直接引进赛绩鸽掺入,此法看来较现实且简便,但其效果却往往不尽如人意。因直接引进的赛绩鸽通常是杂交鸽,这样容易将原本已提纯复壮的种鸽血系再次冲乱冲垮。而应是引进同样有优良遗传特性,且能优势互补,而不存在相

同缺陷,包括隐性基因存在种群中的佼佼者。至于隐性基因的调查,则需根据它血系中的上下三代血统书记录,而更重要的是要察看它旁系族谱鸽的特性,当然不一定是自身赛绩鸽,而可以是其主要族系中的兄弟或姐妹鸽。

至于掺杂雄鸽还是雌鸽,名家似各持己见,见仁见智。但历史上确实有不少名系鸽,是引入掺杂雄鸽血系而获得成功的。

世界上有不少的优良品系都是采取近亲配对法所建立起来的。因而没有近亲配对法也就没有新品系的诞生。从而延伸出,如没有近亲配对法所育出的纯血统品系鸽,那么也就谈不上品系鸽的引进,参赛鸽的杂交配也就无从谈起。

7. 老少配

老少配指不同年龄的种鸽进行组合配对,有老雄配少雌和少雄配老雌两种形式。目的是延长老龄种鸽的育种生涯,以维持老龄种鸽能继续培育出优良的后代种群。

由于老龄鸽的精力、体能和脏器生理功能等已日趋衰退,因而采取老少配对法可弥补此不足,而育种成功的实例确证此法是切实而可行的。不过一般老少配鸽每年只任其孵育一窝雏鸽,其余种蛋都委托保姆鸽代孵代呕,有的鸽友长年不给它们育雏,这样反会不利于老龄

鸽的正常生理代谢及内分泌功能的运转和调整。

对于刚刚起棚的养鸽新手来说,尽量不要去引进老龄种鸽,也不要去采取老少配,因老龄种鸽的遗传基因已开始逐渐退化,老少配后代的基因组合不仅不稳定,而且变化莫测,往往易偏向于少年鸽,这都是老少配所不希望产生的。

老少配的子代究竟能不能参赛?各家看法不一。一般认为,老少配原本是让老龄鸽再度“发挥余热”,因而老少配的子代鸽,基本上已是舍中的“镇舍之宝”,都应留作种鸽用。但老少配的子代在赛事中具有出色表现、夺取桂冠者确也不少,这主要是仔细观察老少配所出雏的体能活力究竟是维持还是提升?凡提升者自然是不仅可以育种,而且也能出赛;维持且已有所下降者,自然也就不予参赛,甚至取消育种资格。

8. 赛绩配

赛绩配就是按照赛绩采取优胜配优胜的育种方法。赛绩配对法是对赛鸽种群进行选优汰劣,促使赛鸽快捷进化所采取的必要手段,也是国内外鸽友普遍采用的基本育种方法。

赛绩配并不等于单纯地将“冠军配冠军”育出的就必定是“冠军”。冠军配冠军的后代,既有飞出好赛绩的,也可能是刚训放了几站,处于初训期就丢失了的。这是因为赛鸽

竞翔活动和其他体育竞技比赛活动一样,并不具备可复性,且赛绩再稳定的鸽,也完全有可能在某一次赛事中折翅戳砂。因此,大多数高名次鸽载誉归来后从此不再让它上阵,永禁笼舍,担负起养儿育女,专司传宗接代、培育后代"精英"之重任。

训放和参赛的过程,无论对参赛鸽本身和它的上代种鸽都是一种考核。在整个训赛过程中,始终贯彻赛绩分速第一的原则。赛绩和分速是考核评定该鸽综合素质的惟一标准,于是人们就按照赛绩这一标准实施逐代选汰,进行着一代又一代的定向培育,方能逐步育成现代分速赛绩的鸽系。从我国的赛鸽竞翔发展史来看,最初 300 千米的赛鸽是凤毛麟角,20 世纪 30 年代李梅龄的冠军鸽,天津—上海空距900 千米,隔日归巢,而如今赛鸽1 000 千米当日归巢已不再稀奇。2 000 千米超远程赛已列入每年的常规赛事,向 3 000 千米冲刺多次获得成功也已成为历史。500、600千米赛事,分速已达到 1 300 米/分以上,1 000 个报到名次,能在不到半个小时全部报满,这些都是在前几年不可想象的事,如今却已能轻松地得到兑现,且还正在向更高层次攀登。这些都是在坚持以赛绩为标准,采取选优汰劣定向培育下所取得的丰硕成果。

赛绩配也并不是不论品系、不论适配性等条件"拉在篮里就是菜"的配对法,更不是在鸽舍里随意寻觅 2 羽优胜鸽就可培育出冠军了。相反,前面所讨论的品系配,也绝不是只讲品系而不论赛绩的,而是在品系的基础上,再按照它们的赛绩表现进行组合配对,两者必须进行有机组合,不可偏废其一。

9. 异砂配与异质配

异砂配即异色眼砂选配法。用两种不同虹膜色素的鸽进行配对,即鸽友们俗称"黄眼配砂眼"或"砂眼配黄眼"。异砂配是目前鸽界普遍应用的配对法。

从遗传学角度而言,异砂配也是一种杂交形式。因黄眼与砂眼是两种完全不同的遗传性状,黄眼属显性遗传,而砂眼是一种隐性遗传。无论是同一品系内杂交,还是不同品系间杂交,前者的杂交变异系数肯定会小于后者,而后者的杂种优势却明显地强于同一品系的内杂交。

异砂配并不等于说相同色素眼砂的鸽之间不能配对,而相同色素眼砂的鸽之间也可采取异质配,即同砂不同质的配对,通俗地讲是粗砂配细砂、紧砂配疏砂(致密厚实眼砂的鸽配稀疏露底稍平坦眼砂的鸽)等。还有瞳孔收缩快的配有放射纹瞳孔收缩略逊一筹的等。而主要是看其后代是否能超越上代,凡能超越上代者,即说明配对获得成功。

以虹膜睫状体的色素来进行适配选择,是鸽友们在配对实践中常用的方法。任何一位鸽友绝对不会将异砂配与异质配作为适配选择的主要依据。因黄眼配黄眼育出砂眼的后代,砂眼配砂眼育出黄眼的后代,也是鸽舍中常出现的事,因而异砂配与异质配也只能是综合适配选择的辅助参考依据。再者,眼砂与赛绩及眼砂与品系间的关系,本身就是一种不确定因素。因相同的品系可有不同的眼砂;而相同的眼砂也可出现在不同品系中。

10. 羽色配

羽色配在观赏鸽中运用得最多,也是赛鸽最为普遍的配对方式。赛鸽的羽色虽说通常不作为选择配对的依据,而实际上又是每位育种者在择配时必须面对的问题。在自然界中,鸽通常采取自由配对,不受品种和羽色的左右,如此则会产生有遗传又有变异。这种遗传性和变异性,其中有平等遗传、特异遗传和返祖遗传。平等遗传,就是两种性能和性状同时表现或融合显现出来。如白色雄鸽与黑色雌鸽交配育出有白色、黑色和黑白相间的花色鸽,此时若出现灰色鸽,则为融合显现。特异遗传,就是两种性能和性状中的某一方面单纯地显现出来。如白色雄鸽与黑色雌鸽交配育出全

部是黑色幼鸽,其只是显现了某一方面特性,而隐藏了另一方面的性能和性状特性。返祖遗传,是指它们祖先的性能和形状特性,在若干代之后又显现出来。如一对白色的鸽却育出了全黑色的鸽,这是隐藏在亲本体内的基因在一定条件下又重新获得显现的结果。

生物体在一般情况下都能将本身的遗传基因(性能和性状特性)绵延不断地向后代传递下去,使后代具有和上代相同的性状。但也有例外,即两个生物个体育出的后代,既不是返祖现象,又不是复制重现,而是别的另外性状,这称"变异现象"。

以实例说明,有一黑一白两羽雌鸽,将其中一羽白色鸽与两头乌雄鸽交配,育出了一对非常漂亮的纯白身体、花头花尾一模一样的两头花雄鸽。这对幼鸽同时显现了双方亲鸽的性能和性状特性,属平等遗传。于是又拿这羽白雌鸽与一羽瓦灰雄鸽交配,育出一对纯黑色雌鸽,而这对黑色雌鸽只是在尾羽根部仅留下几根小白羽毛,这是返祖遗传现象,说明此白鸽的祖代必然有黑色鸽。接下来又用子一代黑色雌鸽与它的子一代花头花尾雄鸽交配,却育出了4种花色的鸽:一羽纯白色鸽(返祖遗传现象)、一羽黑白相间的花色鸽(平等遗传现象)、一羽黑色身体白尾巴的玉尾鸽(变异遗传现象)、一羽纯黑色鸽(显性

遗传现象）。这些对于培育观赏鸽和培育新品系赛鸽具有一定的参考价值，是选择育种配对前需予充分预计的。

对于羽色的选配：

黑色×灰色　一般可育出浅雨点、中花雨点、深雨点鸽。

黑色×雨点　一般可育出黑色、雨点或瓦灰鸽。

黑色×红绛　一般可育出纯瓦灰（深浅两色）或部分黑鸽。

瓦灰×红绛　一般可育出云灰（红中带灰—垃圾绛）鸽。

云灰×黑色　可育出纯灰鸽。

瓦灰×雨点　可还原育出瓦灰鸽。

雨点×红绛　可育出红雨点鸽。

红雨点×黑色　可育出纯灰鸽。

黑色×白色　可育出黑色、白色和花鸽。

白花×其他　可育出白色鸽。

白色×红绛　可育出灰色雨点鸽。

杂花×杂花　可育出白色鸽。

瓦灰　是基本色，与任何羽色鸽相配都可能育出瓦灰羽色鸽。

红绛　是显性羽色，与任何羽色鸽相配都可能育出红绛羽色鸽。

11. 眼志配

热衷于眼志论的鸽友认为，眼志是种鸽的必备条件。眼志论将眼志分为种鸽型与赛鸽型两种类型。种鸽型眼志是全圈型眼志，也可参赛，其大多数是同质结合的纯合型眼志，特点是遗传性状较稳定；赛鸽型眼志是非全圈型眼志，有半圈型和1/4圈不等。眼志又分为立眼志、卧眼志和混合型，它们不能作为种鸽用，因它们大多数是非同质结合的杂合型眼志，特点是其遗传性状不稳定。

眼志论鸽友认为，作为种鸽选配时，其中须有一羽鸽的眼志是种鸽型的，且是以向嘴喙端靠近的立眼志处宽阔为上乘。这项理论在我国培育超远程赛鸽的实践中得到了充分印证，取得了不少成绩，所以至今国内不少鸽友仍坚持奉行这一育种理念。

当然眼志论也和其他理论一样并不是万能的，不可能是所有全圈型眼志种鸽都能育出优良的子代，而只能说优良赛鸽的上代往往会有一羽全圈型眼志的种鸽，因而全圈型眼志就成为挑选种鸽的基本要求之一。一般而论，一羽种鸽型眼志和一羽赛鸽型眼志相配，育出的子代较适宜于参赛。

眼志除结构方面的不同外，还有眼志色素不同的选择。如用两羽不同色素的眼志相配，那么它们的子代不仅可参赛竞翔，且还可留作种鸽用。如用两羽赛鸽型眼志的鸽相配,那么它们子代的参赛成功率就较低。如将两羽色素相同的种鸽型眼志鸽相配,它们的子代只适宜留作种鸽用。

眼志论的风行鼎盛时期在20世纪40～50年代,当时国外的"眼志论"曾达到登峰造极的程度。"眼志论"一度成为养鸽人的经典著作,该书经由国人带入后,鸽友们如获至宝,作为"养鸽秘诀"争相传诵,甚至有请人临摹成"眼志图",而广泛流传至今。然而,随着彩色印刷水平和彩色摄影技术的发展,已制作出版有图文并茂的100个眼睛的"百眼图",供鸽友们欣赏和研究。

12. 品性圈配

品性圈又称"内线口"或"线口"。位于瞳孔边缘和眼志的内侧。它是由虹膜睫状体的前角(前岬)和后角(后岬)之间的间隙所组成。间距越宽品性圈越厚实,它与虹膜睫状体的丰满发达程度有关。

眼志论者认为,赛鸽的品性圈会随着杂种出优势的遗传规律,通过杂交而得到更为厚实的优质品性圈。追溯很多获胜鸽优质品性圈的血统资料,这些厚实品性圈的获得,几乎都是通过父母双亲间不同质的品性圈选配所获得。

品性圈有7种类型和功能:

① 细线型:既无竞翔能力,又无留种价值。

② 全圈型:只宜参加中、短程竞翔,不宜作远程、超远程竞翔,留种效果不佳。

③ 阔圈型:属于赛鸽型。

④ 半波纹型:竞翔性能次于阔圈型,有时也可作为种鸽。

⑤ 全波纹型:属于优秀种鸽。

⑥ 不规则多棱型:竞翔性能极佳,又是最优秀的种鸽。

⑦ 不规则多棱小角型:属于超级种鸽。

资料统计:远程和超远程归巢鸽中,品性圈大多数属阔圈型,它们的双亲多数是全波型、不规则多棱型和不规则多棱小角型。因而主张这三种品性圈型间相配,即种鸽型间相配;或这三种品性圈型和阔圈型相配,即种鸽型和赛鸽型相配,能培育成品性圈杂交的种群优势。

13. 基因配

基因配首先知道什么是基因?这在前面有所叙述:基因存在于鸽机体组织细胞核的染色体上,鸽细胞染色体有80条(40对),雄雌鸽双方的生殖细胞基因各只有40条。在每条染色体螺旋形结构链的串珠上,黏附记录着具有生物个体遗传信息密码的结构物质,也是生物遗传的基本单位——基因。

基因是一种极其错综复杂的结构物质,原来认为世界上不可能存在两个基因完全相同的生物个体。

而近年来随着基因工程的进展，克隆技术的诞生，这个过于原始的论点已被现实所打破，基因已不仅可进行破译、转移、接种，而且能进行复制——克隆。生物克隆技术采用无性生殖，而直接采用组织细胞复制培育出新的生物个体。仍以鸽为例，即可直接取用有 80 条（40 对）染色体的鸽细胞克隆出同样基因型的鸽生命体。可是通过国内外克隆成功的动物个体来看，也不仅完全是如此，从同一个动物体（以羊为例）、同一组织取得的几个细胞，所克隆成功的动物（克隆羊），尽管它们具有相同的基因，可是仅从毛色上就会发现同一批克隆动物（克隆羊）中，几乎完全不一样。因而有鸽友肯定地认为："冠军克隆鸽就必定能飞冠军"，关于此论点的正确答案，于此也无须再过多详释了吧！

因而生物体的基因除上述性别基因外，应还包括羽色基因、体形基因、眼志基因、眼砂基因、疾病基因、定向基因、记忆基因等所有基因。总之，应该说基因是无所不在、"包罗万象"的。于是在此暂且就简化而论，那么究竟哪一条是定向基因呢？又哪一条是归巢基因呢？以及与竞翔分速有关的基因到底有几条呢？当然也绝不可能是单一基因所决定，应是由综合基因的汇总所决定的。这些简直太复杂了，还是留待于科学工作者通过不懈努力来破译吧！

因而我们目前只能从基因的显性表现来进行推测，而这些所表现的显性基因也只能从该鸽的赛绩或后代的赛绩来推断，因而讨论了半天又转回到了上面所叙述的各种配对法上，所有优良基因的表现和选配，也仍是几个世纪以来鸽友们长期探索的奥秘，也就是优良赛种鸽的种种和赛绩有关的显性表现。

14. 提纯复壮

提纯复壮是每位鸽友所关心的热门话题，也是每位鸽友天天在琢磨和思索着的鸽舍育种管理头等大事。为了说清楚"提纯复壮"这一育种原理，不妨将其分为"提纯"和"复壮"两个部分来进行阐述。

（1）提纯　当长期进行种群内交会出现种群的退化现象，以及遗传基因缺陷的显露，使种群的繁殖性能下降，亚健康个体增多，免疫抗病能力下降等种种弊病。当然鸽如长期进行内交的话，同样会出现群势弱化的现象。而这里说的内交血系提纯是指不超越 6 代之内的有限内交。于是，进行提纯复壮的前提是主力血系鸽须有完整而可靠的血统书或血系记录，事先了解主力鸽系的血统在曾祖辈、祖辈、父母辈 3 代之内没有任何血系关联。如一旦出现有上代的血系关联，那么血系提纯就应从这一代算起，这样可省略血系提纯配对操作的前几步,然而这些都必须计算在 6 代血系范围之内。

提纯复壮是指在已建立的一个品系的基础上,为保持和强化这一种群所采取的一种有限掺入外血,随后再通过内交进行提纯复壮的育种方法。其先决条件是,须在有优良种群的基础上,引进一羽绝对优良的外血纯系鸽作为基础种鸽进行内交提纯复壮。另外,通过杂交育种,在已获得杂种优势种群的情况下,再采取通过内交进行提纯复壮的育种方法。

提纯复壮的具体培育方法:A、B 分别表示来自两个不同品系的主力雄雌鸽,或分别来自两个不同品系的杂种优势雄雌鸽。

第一代(F_1)A 与 B 配对育出 AB 鸽与 BA 鸽,它们分别含 A 和 B 血系 50%。

第二代(F_2)AB、BA 与 A 配对育出 A^2B、BA^2 鸽,它们分别含 A 血系 75% 和 B 血系 25%。

第三代(F_3)A^2B 与 A 配对育出 A^3B、BA^3 鸽,它们分别含 A 血系 87.5% 和 B 血系 12.5%。

第四代(F_4)A^3B、BA^3 与 A 配对育出 A^4B、BA^4 鸽,它们分别含 A 血系 94% 和 B 血系 6.25%。

依此类推,这里需反复强调的是,内交控制在不得超越第六代的范围内;每一代育出的鸽须通过严谨的筛选。按照上例还可继续延伸

出好多内交提纯方法,如 A^4B 与 BA^2 配对育出 A^6B^2 鸽,它们分别含 A 血系 87.5% 和 B 血系 12.5% 等。其中凡亲本血系达到 50% (4/8)以上,即可作为"纯系"来对待。在内交配对中,除第一代、第二代外,要尽可能避免父女、母子配、兄妹、姐弟配(尤其避免同窝配),而可采取姨甥配、叔侄配、祖孙配、同父异母配和同母异父配等;A 系鸽也可选择 A_1、A_2 甚至 A_3、A_4 配等,这样一来内交选择的范围会宽广、复杂得多。

有的鸽友或许会担心鸽内交提纯会引起种群的弱化,这种担心是客观而现实的。鸽是禽类,近亲血缘相配可能会提高遗传性疾病出现的概率(注意也并非是百分之百),即使哺乳动物中,父女、母子、兄妹、姐弟配等也是常发生的现象,何况鸽天然就是同窝雏一雄一雌,在大自然状态下,多数也是同窝相配。因而,内交提纯的弱化现象也并不如想象中那样严重。内交弱化虽是客观存在的,但在 6 代之内进行有限而可控的内交,弱势现象也并不是很明显。

对于"杂交出优势"的文章较多,而对于杂交的后代,也并非个个都是绝对"优势";而杂交所出现的"劣势",或许要比纯交弱化现象要严重得多,出现概率也要多得多。

(2)复壮 在整个提纯过程

中,要特别注重且强调的是"复壮"问题。没有种群的复壮就谈不上提纯复壮,因而两者是对立的统一,两者不可偏废其一。"复壮"的措施和手段主要有以下几条。

其一,淘汰弱者。对育出的后代鸽,必须按照其健康状况、抗病能力,该种群鸽的头形、体形、骨骼、翅膀、羽毛等外观进行甄别,对不符合标准要求者严格淘汰。对体弱多病、活力不强、过于愚笨或神经质的鸽一律清除,不容留下后患。

其二,训赛淘汰。对内交后代可采取训放、参赛、试飞等进行选汰。选留的具体标准按照自己鸽舍所处的地理位置、所在地区鸽舍原来的赛绩水准、种群适应的赛程来认定。可定为 200 千米,也可定 300 千米,甚至 500 千米。至于赛绩选汰的标准,则要求能切合实际,可按该血系种群的实际实力来确定,选汰标准低至归巢即留,高到个个是"优胜"或"冠军"。

其三,选择适配。除上述避免过于直系近交,如父女、母子、兄妹、姐弟配外,选择种群血系主力雄雌种鸽,一般而言多数喜欢选取高代原始种鸽开始,而这些原始种鸽往往年事已高,是超越最佳育龄的老龄鸽,因而在整个选配过程中,尽可能选择青壮年育龄鸽,在条件许可时至少采取老少配,这样育出的后代健康素质相对要强健得多,且还

能提高提纯复壮的成功率。

其四,超越上代。在整个育种过程中,要淘汰好的,留下最好的。每一配对出生的后代必须能超越上一代,最低标准至少是能等同于父母代鸽,而特别需要注意的是,子代鸽绝对不得遗留有父母鸽相同的缺陷,不然的话,此鸽必将会将此显性缺陷遗传下去。

只要严格执行复壮标准,建立起自己的种群血系,提纯复壮的目标就能实现。但鸽友必须清醒地认识到这样一个现实问题,即提纯复壮需要长期努力、持之以恒。还要认识到,长期保持一个种群,比创造和建立一个种群要更难、更复杂。

注意:有的书籍中将血系纯度用 1/8～8/8 表示。为便于读者理解用百分比叙述为:$1/8 = 12.5\%$,$2/8 = 25\%$,$8/8 = 100\%$,依此类推。占 $50\%(4/8)$ 以上的亲本血系就可称"纯系"了。

15. 雄多雌少

这是鸽种群中普遍存在的问题。是指理想的雌鸽不多,而能被选中的雄鸽却有不少的问题。这主要与物种性别结构特点有关,是鸟类天生的性别差异。如鸳鸯、孔雀等鸟类,都是雄性体态和羽色特别漂亮,而雌性的羽色和体态往往就显得表现一般而难以匹配,这是人们无法改变的现状。此外,鸽友的

人为因素,即往往用评选雄鸽的标准要求来评选雌鸽,从而增加了选育的难度,于是造成了种鸽群中雄多雌少的局面。

改变这种局面必须事先做好性别提纯的管理模式,即在优良的种群中,通过系谱(血统记录)进行平衡。然而对那些老是出现双雄(同边雄)的种鸽进行拆对,另行选择其他雄鸽进行配对,这样或许会育出一雌一雄或双雌的后代。采取这一选育方法,即便成功率并不高(同边雄或同边雌通常决定于雌鸽),但在条件允许时不妨一试,以求能达到种群中雌雄平衡的问题,解决雄多雌少的管理难度。

16. 一雄配多雌

有时当引进或拥有一羽特别出色的雄鸽时,往往想能充分利用这羽雄鸽繁殖出更多的优良子代,此时可采取一雄配双雌或一雄配多雌的培育方法。

一雄配双雌必须在三方均已发情,情欲均处于极其旺盛的状态下进行。一般多选择在春季繁殖季节,易获得成功。由于种雄鸽经冬季较长时期的鳏居冬养,应已是体格健壮、精力充沛、性欲旺盛。此时,将所选定的雌鸽分别安置在各自的巢格内,使之能看到巢格外的雄鸽,但能见而不可遇。雄鸽放在巢格之外,任其向每羽雌鸽示爱,等

待相互已熟悉自己的巢格后,就可进行逐个配对了。

配对极其简单,只要选择阳光明媚的天气,放出一羽雌鸽来,一般相处片刻会很快配上,等配上对经交配后,大致再容其相处半天左右,随后将雌鸽关入原来的巢格,相互能见而不可遇。次日择时再放出一羽雌鸽,等待它们配上对并交配后,同样再容其相处半天左右,随后将雌鸽关入原来巢格,相互间仍能见而不可遇。待轮到第二个周期时,可以上、下午各放出一羽雌鸽,分别允许它们各相处半天。这样循环轮转一雄配多雌的配对法,一般最多可容忍1雄配6雌。如此反复循环,直到雌鸽产蛋为止,只是它们产出的蛋只能委托义鸽进行代孵了。

至于种雄鸽配对期的饲养,主要是增加蛋白质饲料,另外补充氨基酸(鸽用康飞力)和多种维生素(维他肝精)等营养添加剂。一般无须担心雄鸽种精不足和种精质量下降的问题。为提高雄鸽性欲,可同时采取妒忌法,即在配对房里分别放置几面小镜子,让它看到自己的形象,误认为情敌,这样能促使它更易获得配对成功。

当然一雄配多雌主要应用于青壮年期的种雄鸽,而不宜用于老龄种鸽。不过,有的鸽友长年保持着一雄配双雌或一雄配三雌,且能自

然轮流孵化，共同呕雏。

（三）引进与培育

1. 品种与品系

品种是指来自同一祖先，具有为人类需要的某种经济性状，基本遗传性能稳定一致，能满足人类生产物质资料及科学研究目的的一种栽培植物或家养动物的群体。品种是人类干预自然的产物。多种多样的赛鸽、玩赏鸽和食用鸽，其群体达到一定规模时即构成品种。若要培育一个鸽新品种往往需经历相当长的时间，少则几年，多则十多年甚至几十年。而培育到最后是否能获得真正成功，还得看其真实的结果。

品系是指起源于共同祖先的一个群体。鸽的品系一般指自交或近亲繁殖若干代后获得的某些遗传性状一致的后代。其包括有外形上相同的特色；有遗传稳定的特性；有一个相当的群体；得到鸽界的公认。

2. 育种与育雏

育种首先需要建立自己的种群，随后才能培育自己的品系。因此，首先得要有优良的基础种鸽。基础种鸽总是来自引进，无论是鸽友的赠送、还是拍卖获得或亲自去国外引进，总之谁也不可能妄想通过自己的努力，将一羽原鸽或野鸽培育成为赛绩优异的赛鸽。

"冠军鸽的上代必然有冠军，而冠军鸽的后代却不一定是冠军。"这就是培育赛鸽的乐趣所在。其中非常重要的一条原则，就是需经历长期的个体选择和系谱（血系）选择相结合；按照自己的既定原则，结合亲代及后代的表现来综合评定，然后再进入"选优汰劣"定向培育的历程。

3. 品系鸽的引进

开始养鸽起点必须要高，历史上不少养鸽名家都是以"黄金配对"起家的。当然每位鸽友必须要和自己的经济实力相匹配。其中也不能完全排除慧眼、机遇和缘分。

种鸽引进后，在配对模式上千万不要盲目追求"纯"，采取父女配、祖父孙女配……如此7～8代重复回血，几年下来或许只能为您留下一大堆的庸鸽。"纯血"、"纯种"与上面提到的"提纯复壮"，本质上是有明显区别的。注意要引进、培育和留下那些遗传重复性能好的鸽，坚持"淘汰好的，留下最好的"、"淘汰弱的，留下健壮的"。

（四）赛鸽优劣鉴别

什么样的鸽才是好鸽呢？这是每一位养鸽者，尤其刚刚起步养赛鸽者必须了解和掌握的要点。如何来鉴别赛鸽优劣是一项复杂而有趣的课题,这也是为什么会有那么多的鸽友迷恋于此,为夺冠而努力奋斗、百般追求。况且赛事也是不可重复的,参赛的名次会出现完全不同的排列结果,这正是鸽友们能长期追求、锲而不舍的缘故吧!

当然鉴别赛鸽的优劣,只是掌握鉴鸽的手段和规律性,绝不可能将其视同于物理定律公式化,只要照搬公式就能获取胜利。

挑选优良参赛鸽,需要按照不同赛事的要求,挑选不同标准的赛鸽参赛。目前有 300 千米、500 千米的短程赛;700~800 千米的中程赛;1 000 千米的远程赛;1 500~2 000 千米,其至 2 500~3 000 千米的超远程赛。针对不同的参赛赛程挑选不同体型的鸽。虽远程赛和超远程赛的鸽有时也能在短程赛中崭露头角,但它最适宜的赛绩表现仍是在远程赛和超远程赛赛事中。此外,对于地形如山区、丘陵、江海湖泊等;对于不同的气候、风向、气流等;对于参赛线路方向是南路还是北路;加上近年来所热门的多关赛等,这些对参赛鸽都有不同的标准和要求。

对于赛鸽的真正鉴别,最终还得依赖参赛结果来评定。因而有说"鸽子是飞出来的,而不是看出来的"。对于行家老手而言,他们在长期参赛实践中积累了丰富的经验,但也只能看个八九不离十。如参赛

名次与结果都能在赛前排定的话,那么鸽赛本身也就失去了意义。至于公棚赛何以能为众鸽友所迷恋,就因为它为优秀参赛鸽提供了公平展示赛绩的平台。

1. 血统鉴别

又称"系谱鉴别"。对血统的认识,这已是世界各地鸽界所公认的问题。而随着生物科学的发展,人们已认识到血统中真正的遗传物质是基因,而鸽友们将它俗称"一滴血"。

赛鸽有历代赛绩的血统书,有严格的品评要求,是通过人们无数代的淘汰和筛选,进行定向培育所造就的。赛鸽不仅有独特的外形结构,更为重要的是内在生理结构的适应能力和潜在性能都适应参赛竞翔,这些是我们无法在一朝一夕所能造就的。

所谓血统的引进,只不过是引进他人成功的果实。"冠军的上代必定有冠军",而"冠军的后代却不一定是冠军",这就告诉我们一旦有了"冠军鸽"的血统,还需通过辛勤的培育,自配种、孵化、育雏、开家、训放等开始,到不断地筛选淘汰,最后才能获得成功。此外,还有血统的优化组合和优化显性表现的问题。优化组合表现为"冠军配冠军的后代,并不一定都是冠军"这就是二者之间的"适配"问题。不同的配对组合形式育出的后代,就会表现

不同的结果。而优化显性表现指"优良遗传基因的显性表达"问题，即俗话说"一鸽出九雏，个个不同样"，其中涉及种种因素对种鸽的良性或恶性激化和影响。在不同的自然或人为环境条件下，育出的雏会产生不同的影响力和不同的表达形式，这或许就是"育种巅峰"与"育种谷底"之间截然不同的差异，甚至多种不同表达形式的差异。

也许有的鸽友会说：他的鸽子从来不讲血统，他的鸽子的血统来自鸽市场的地摊(指中网鸽、淘汰鸽)、天落鸟(指游棚、迷路鸽)。而实际上他正是按照血统鸽的基本要求，通过"慧眼识英雄"挑选并引进自己的鸽舍，最终走向育种成功之路，而仅仅只是不知道该鸽的真实身份和具体血统而已。

血统的鉴别主要依赖于血统书或系谱卡。鸽的外形特征只能作为该血统鸽鉴别的参考参数。正如外形特征完全相同的鸽，其未必就一定是同一血统的道理是一样的。不过需注意和提醒的是，血统书是人写的，只有可靠而真实的血统书、系谱卡才具有价值。

2. 遗传鉴别

又称"后裔鉴别"。即从该鸽后代的遗传性能显性表现来鉴别该鸽作为种鸽的价值。从它的族谱中了解此鸽的子代、孙代以及它的同代

(平辈)兄弟姐妹，它们的后代在各项比赛中的赛绩表现和育种显性表现，来鉴定该鸽作为种鸽引进或继续育种的遗传性能和价值。作为种鸽，它的后裔性能鉴别往往比血统系谱鉴别更为重要；它的遗传性能显性表现比它自身赛绩表现又更为重要。血统系谱只能说明这羽鸽可能是一羽好种鸽；而后裔性能可证明其不仅有高贵的血统系谱，还是一羽好种鸽。自身赛绩表现只能说明它的过去；而遗传性能显性表现可说明它的将来，且不是惟一的赛绩表现，可能是种群族谱的始祖。持有该鸽就意味着具有培育一个血统系谱优异种群的前程和希望。

历史上众多大铭鸽的深刻教训告诉我们，一羽优秀的赛鸽，并不一定就是优秀的种鸽。如李梅龄的天津冠军"751"，它的上代血统极为优秀，但它的后代却始终是平庸之辈，虽其自身频频出赛且赛绩优异，也只能证明它是一羽好赛鸽，却不是一羽好种鸽。在众多优胜鸽中，也有其子代赛绩平平，而其孙代却是出类拔萃的，这就是鸽友中常说的"隔代遗传"。欧洲名家们常常告诫鸽友，在引进种鸽时，要注重它的血统系谱，"宁可引进一羽没有赛绩的鸽，也不要盲目引进一羽偶尔出赛绩的鸽"。

3. 基因鉴别

运用基因工程来检测赛鸽的遗

传基因目前并不困难,而只是基因检测工作还只停留在鉴别鸽之间的血缘关系上,即鉴别2羽鸽之间是否有血缘关系和血缘关系的近远。

因赛鸽优胜赛绩的获得,取决于多方面的复杂而多变的庞大综合因素,既有其内在的可控、不可控因素,也有来自外界鸽自身无法抗拒的诸如天气、气温、地理、环境、人为干扰、天敌伤害等外在因素。如赛鸽的快速定位定向功能、超速飞翔平衡能力、综合智能的发挥、营养物质的吸收储备和利用、运动体能代谢的平衡、应激和疲劳的抗衡等,其中无不包含着许多可变和不可变因素。值得一提的是,基因工程也并非都能似想象中的那样,一通百通,万事都能迎刃而解。

4. 个体鉴别

鸽性染色体有80条(40对),在一个精子与一个卵子相互结合时,它们受到当时所处的生理状态、营养、环境等诸多变数因素的影响,同一对鸽育出的后代间也存在着极大的差异。因此,对它们作育出的后代,进行鉴别选汰是育种过程中必不可少的重要环节和手段。

引进种鸽时,主要是根据鸽主填写的书面资料和鸽主的自我介绍,其中难免会有隐恶扬善的方面,甚至遇到弄虚作假、上当受骗的事例也并不鲜见。此时就需通过触摸

和观察,按心目中的标准进行鉴别,全面评估,作出是否引进该鸽的判断。当然这个判断的正确性,还需通过其子代、孙代的赛绩验证。至于个体鉴别,主要是鉴别鸽的头面、翼与羽毛等外形,眼睛、鼻、咽喉、皮肤等感官,骨骼、肌肉和飞翔器官综合评估。既要具备良好的平衡感,又要强壮的骨架,一切有利于竞翔时飞行速度的提升。

5. 平衡感鉴别

平衡感鉴别泛指从赛鸽的外观、体态和体型等各方面外在表现,结合现代空气动力学原理进行综合评估,鉴定该鸽作为"飞行器",在飞行过程中的整体平衡素质,即"平衡感"。良好的平衡体态、匀称的综合外观和优良的形体结构,是平衡素质的基本要求,也是鸽参赛竞翔时提高飞行速度的基本平衡素质标准。空气动力学主要是研究空中运动物体的速度、升力和阻力三者之间的关系。鸽体升上天空,必须克服地心引力,升力越大,鸽体运动速度越快,相对空气阻力也越大。赛鸽参赛竞翔讲求的是速度,因而凡合乎标准的赛鸽就应上升力大、空气阻力小,这样才能让鸽体高速度推进飞翔。因而形体鉴别需要从赛鸽的头形、颈胸、肩翼、背腰、臀尾、骨骼、肌肉等多方面来综合评估。

一旦鸽握在手,首先是恐惧,尤

其有个性的鸽会拼命挣扎反抗。因而鸽握时,应先将其翼羽和尾羽理顺,进行安抚,使鸽能缓解紧张情绪,感到安全舒适。然后双手轻轻松开,即便是最烈性的鸽也会服服帖帖地伏卧于手中。用双手拇指轻轻压住鸽的背部,其余 8 个手指和手掌托起整个鸽体,头部向着自己的胸部。平衡感好的鸽,从嘴喙到尾端均呈一条直线,背部稍微隆起,腰部直挺,重心靠前,稍加压时全身没有半点扭动挣扎,且似有一股反弹力;尾巴笔直而略下塌,弯而不勾。当双手微微松开时,鸽平稳地安卧在手掌中,纹丝不动,心态平静,神情亲和,这些都说明此鸽的确有很好的平衡感,飞翔时能把阻力降低到最小;能充分抗衡高空翱翔时大气压力变化对鸽体和内脏器官压力变化的影响。

6. 体型鉴别

鸽的体型必须大小适中(相对比较而存在的)。体型大小主要指体重,但更重要的是平衡和协调,必须具备空中飞行时空气阻力最小的流线型体躯。在冠军鸽行列中,其体型有较大的,也有娇小的,但大多数参赛鸽体型是适中的。一般认为,远程赛和超远程赛鸽要有良好的飞翔耐持力,要求身体修长一些,体型稍娇小而结实些为好;而对中、短程赛鸽,由于需有强健的爆发力,

而以前胸宽阔、重心偏前的三角形者为上乘。

胸骨、双翼和尾部较长的鸽往往缺乏竞翔的爆发力,但长程滑翔飞行能力较强,适于参加远程和超远程赛;而中、短程赛鸽由于需要频繁而快速地展翅扑翼,必须有强健而发达的胸肌,因而胸骨、双翼和尾部偏短的鸽往往占有绝对优势。

赛鸽的体重,一般雄鸽为450～530 克,雌鸽为 400～480 克。鉴鸽主要凭借自己的经验,在握持一羽鸽时,将双手大拇指压在鸽的背部,其余手指把持鸽的胸腹部,鸽子的大小、轻重、胸骨长短、胸肌饱满度、腹部力度、耻骨松紧度、骨架紧凑度等一切均能感知,尽在不言中。

赛鸽有强健的胸肌,其必然有宽阔的胸部,双翼强劲而有力量。因而在落地站立时,必然是双翅平伏并紧贴于胸部两侧,正面平视双翼与胸部合成一体,呈现一个结实而饱满的球形体。但凡胸部狭窄、双侧不对称而显现瘪平或胸部凹陷的,都应视为不合格。赛鸽的前身宽度应是肩胛骨和前胸、两翼三部分宽度之总和,而后身及尾部也应是圆锥形的。

鸽体的各部分必须既结实又紧凑,腹部微凹而不弱,背部微凸而不驼,身躯呈流线型。赛鸽是靠双翼展扑向前滑翔前进的,当前面的气流通过略微凸起的背部体表和收腹

而略微凹陷的腹部时,会产生上下气流形成的上升力,加上尾羽并拢向下的压风,再迎合双翼展翅飞翔时羽条扑划产生的上升气流,此时会产生强大的向前向上的冲力。

赛鸽的身体各部分应是一个整体协调的结构,前胸宽而后身扁圆平坦,整体似滑翔体。前胸宽大,肌肉发达而富有弹性,外披丰厚紧密而能减轻气流阻力的羽毛,使飞行体有向前的滑翔力。双翼的翼下内侧翼与体之间留下了裂隙,可将迎面而来的气流吸收而引向后方,具有排解和减少前进空气阻力的作用,因而鸽友常比喻说,一羽体型良好的鸽抓握在手中,会有一种轻易就会滑脱的舒适感。

7. 头形鉴别

赛鸽的头部必须开阔,只有开阔的头部,才有发达的大脑。头部必须要前额宽阔,后脑丰满,与身体比例相协调。前额的鼻根部要求能收紧些,即俗话说要有一点"凶相",这样显得其更为聪明机灵,但也不能过于狡诈,脑门过于偏窄或突凸的鸽是不受欢迎的。在整个竞翔活动过程中,大脑需经受巨大的压力和考验,记忆、定向、天敌防范、意外伤害躲避等都离不开大脑的指挥功能。

头形也是鉴别雌雄的最明显标志之一,人们普遍偏爱"雄鸽雌相"和"雌鸽雄相"的鸽,尤其"同窝雄中的雌相鸽"或"同窝雌中的雄相鸽",因为从其赛绩来看往往会有不同凡响的表现。此外,头部还得配备有强健而灵活、长短适中而丰满匀称的颈部。这些都是赛鸽必须具备的基本条件,也是判别其遗传能力强弱的重要标识。

颈部是鸽飞行时产生空气阻力的重要部位,颈部皮下有巨大的颈气囊,飞翔时颈气囊中蓄有一定量的气体,正好将整个身躯自头部到胸部形成一个纺锤形飞行器的前半部分,将空气阻力降到最低限度。其站立时昂首挺胸,行走时昂首阔步,显示其真正的大将风度。综合其为灵活而机灵的头部,长短适中强健而丰满的颈部,颈胸部的对称性吻合,这些都是优良赛鸽的必备条件。

8. 喙与鼻鉴别

喙的角质层要坚硬而稍钝,人们普遍喜欢短喙,而钩形喙及上下咬合不良、软而不坚、粗糙畸形、残缺不整的喙是不受欢迎的。喙的前端要细,后端要粗而壮硕有力,嘴角要深,气门口要大而平整,不能过于隆起,气门开放规则、自然不急促,红润而不充血、不肿胀,闭合良好,口咽黏膜滋润而无分泌物,至于气门的形态结合后鼻腔的上颚裂隙也分为好多种,各有千秋。

鼻属呼吸器官,有人认为其鼻泡上皮有雷达般的定向"接收功能"。因而，要求鼻泡要洁白、干燥而有粉质般感觉，甚至粗糙而起毛刺。鼻有多种形式，以长、窄、紧的鼻形为佳，至于大鼻形与小鼻形，过去赛鸽以大鼻形为多，而现在多以小杏仁鼻为多。也有人认为，在高原地区饲养的鸽，经几代繁殖鼻形会增大，这是否是鸽为适应高原缺氧环境，增加有效通气量，而代偿性鼻腔容量增大，还是人为定向选择、定向培育的结果，目前还难以作出定论。

9. 鸽眼鉴别

眼睛是鸽友鉴鸽时最为重视的器官，也是赛鸽身份特征鉴别的要点，尤其在血统书记录中，是不可缺少的重要内容之一。

从眼睛可看出该鸽的健康状况，因而可以说眼睛是"健康之窗"。不仅如此，而且还可从它的眼神中判断其机敏或是迟钝，是温顺还是急躁，是沉着或是神经质，因而有说眼睛是"心灵的窗户"。

一羽优良的赛鸽，要求眼球要大一些，整个眼球能转动自如。眼球的位置要求能偏向头部的后上角，嘴角的延伸线要指向眼球的下缘，且稍偏下些，即眼球下缘要在嘴角延伸线之上，这样正说明其大脑容量大，智商必然也会高一些。另从眼神中似乎透析出其机灵和自信，不能有一种过分的恐惧或野性表现；尚且必须是明亮、干洁而清澈，不能

有一种模糊和混浊感；眼睑要紧裹着眼球（俗称老鼠眼）；瞳孔对光线强度的变化要灵敏；眼睛对外界的动态感受也要非常敏感。只有具有如此优良感官的鸽才能做到不论在天空中飞翔或是地面上静止或行走，对周围的异常动态变化，快速而及时地作出果断而有效的反应。

鸽眼决定赛鸽的质量；瞳孔决定鸽眼的质量，瞳孔的色泽要越黑越好，这样视网膜可吸收更多的图像光线。而瞳孔在阳光（强光）下要收缩得越小越好，在观察瞳孔时注意不要将优良赛鸽瞳孔周围睫状体岬部的黑色眼志圈误认为劣质鸽的大瞳孔；瞳孔在阳光（强光）下能频繁地收缩和扩张，且有合拍的节律，不能乱颤而时快时慢（神经质）；眼球的抖动往往连同瞳孔的收缩和扩张，要求必须合拍却不一定要同步，其振幅要求适中而不过于激烈；瞳孔要呈圆形，不圆整或残缺者则属失格鸽。不过在瞳孔的前下方即眼的主视方，有的会出现"荡前角"，多数鸽友认为这是优良赛鸽的特有特征。鸽在空中飞翔时，必须要时时观察地面目标，以及在地面上觅食时也需将主视力集中在前下方，即相当于时针7时至7时半处，长期注视着眼前目标物，久而久之就形成了荡前角，这种后天获得或后天已得到强化的基因，还能遗传下去，因而说荡前角是先天造就的，与遗

传性状有关。

(1) 虹膜鉴别　虹膜的色泽要鲜明而清晰；虹膜睫状体表面的肌纤维和血管网组成的面砂要有立体感；无论砂眼中的桃花眼还是黄眼中的鸡黄眼，粗砂和细砂中都有好鸽。一般认为，砂眼桃花眼要求粗一些，而黄眼、鸡黄眼则细一点为好。砂面的边缘要求能丰实些，虹膜睫状肌呈丝状隆起，结合血管网呈团块状混合堆积。丝网状睫状体的表面——砂面呈梯度（称梯度层），似爬在虹膜—砂面底板上，并向中央延伸，或黏附在虹膜—砂面上，或呈放射状（又称"放射纹"）攀在虹膜—砂面上。砂面的排列虽不要求整齐划一，但必定要层次分明。

至于虹膜的色素，普遍认为并不起决定性作用。实际上砂眼与黄眼的区别主要在于虹膜，含黄色素的则属黄眼，而不含黄色素的则属砂眼。至于牛眼，只是它的黑色素遮盖住了黄色素，使我们无法来分辨黄眼或砂眼而已，而如在强光下，还是能分辨黄眼牛眼和砂眼牛眼的。至于黄眼和砂眼对赛绩影响的表现特点，普遍认为黄眼在阳光明媚的天气下易获得较好的赛绩，而砂眼则在暗淡的阴天更易显示出它的优势。当然这也仅仅是相对而言，其道理是鸽眼并不是决定赛绩的惟一因素。

此外，还有鸳鸯眼。指虹膜的色素一半是牛眼，以及双侧眼的虹膜色素不一样。当然偶然也会出现一侧是黄眼，另一侧是砂眼的鸽。不过此种现象出现的概率并不高，因而也极为罕见。

(2) 栉膜鉴别　兴起于20世纪80年代末期。是近年来鸽界热衷于讨论的热门话题之一。栉膜又称栉膜带、栉膜体、脉络栅、梳状体、（视神经）视团、磁团、脐或杆状体。栉膜观察必须用医用眼底检眼镜。眼底镜配置的光源，通过鸽眼瞳孔直视眼底能观察到双眼的栉膜体。凡操作熟练者并不难观察到眼栉膜的表面图像和形态结构。眼栉膜是鸽眼眼底部后内侧视神经连接处的隆起组织，表面覆盖有供应其氧、营养物质的血管网组织脉络板——脉络膜，以及最外层的视网膜。因而其功能相当于人类眼底的视神经乳头。它也和人类的视神经乳头一样，"世界上没有2羽栉膜体完全相同的鸽"，即便在同一羽鸽，左右眼底栉膜体结构也只能说是同型类似，而不可能完全是一致的。

栉膜鉴别认为通过栉膜体观察其外形结构，能反映出赛鸽的内在生理特性。因而作为栉膜鉴别理论的崇拜者，已将栉膜外形图像结构的观察，作为一门鉴别赛鸽品质良莠的专项技术，并以此作为选择良种、把握赛事、繁殖育种、劣质赛鸽淘汰等的重要参考依据。因而，近年来引起鸽友们的广泛关注和认真探索。

当然,栉膜鉴别理论仍要在血统、个体体质条件都具备的前提下才会有价值和意义。

栉膜鉴别理论认为,栉膜是赛鸽用来感知外界景物,协助飞行的重要器官。它对于光谱的敏感度选择,决定了赛鸽在不同的光照条件下(即不同的天气时)飞行的适应能力,栉膜表面的颜色、形状及与它相关的一些特征,在一定程度上反映了赛鸽的品质。

栉膜观察认为,左眼看血统,右眼看赛绩。

① 栉膜体背景观察:

a. 日光色:色如温暖的阳光,明亮柔和,适应天气范围较宽,可塑性强。常见于大多数赛鸽。

b. 晚霞色:色如夏日的晚霞,呈浓烈的红、橙红色或橘红、橘黄色,适应晴好的天气飞行。常见于中短程快速赛鸽。

c. 月光色:色如清冷的月光,柔和清澈,适应天气能力极佳。常见于远程、超远程赛鸽。

② 栉膜体观察:栉膜体由栉干、栉脉、栉叶、栉头、栉尾组成。

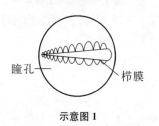

示意图 1

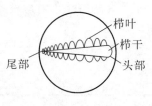

示意图 2

a. 栉干(板):整体颜色分金板、银板、铜板、铁板 4 种(以通体颜色而论);就其整体外形有宽窄、长短、平凸之别;就其感光程度有明亮、清晰、暗淡之分。

金板:通体呈橙黄色,也有酱黄、黑黄色。是非常好的赛鸽,抗恶劣天气,有耐力,意志顽强,为多关赛和公棚赛所优选。做种也很优秀,由高品质纯系鸽杂交所得。

银板:通体呈青灰色,有深有浅,只是在栉板和栉叶表面有大面积视神经外露称"挂霜"。在栉叶表面挂霜的称"圣诞树"。凡有这种特征的,是非常好的种鸽,有"种精"之称,一旦拥有,冠军辈出。由高品质的纯系鸽近交所得。

铜板:通体呈棕色,有深有浅。就通体棕色而论,赛鸽的品质较好。如板面色彩发生变化,出现铜镶金(浅黄)、铜镶银(白、灰白)、铜镶铜(棕红)、铜镶铁(灰黑)等,尤其在栉尾尖部,则品质大为改观。

铁板:通体呈灰黑色,有深有浅。一般由近亲产生,大致有铁镶银(白、灰白)、铁镶铜(棕)几种。

栉干板面的颜色对应赛鸽的品质。

黄：耐翔，意志坚定，速度较快。

白（挂霜）：遗传稳定，定向好，速度快。

棕：稳健。

棕偏红：抗恶劣天气，如阴、云、雾。

棕偏黄：抗一般恶劣天气，耐翔。

灰黑：晴天。

板面颜色单一、纯正、质地细腻：血统纯正、品质优良（即使宽一些也好），如板面色彩多且杂，为杂交鸽。

板面清晰明亮：状态健康。

板形窄、长：速度快、飞程远。

板形宽、短：稳定，速度一般、飞程近。

板面凸起或局部凸起：遗传优秀。

栉膜整体抖动频率、幅度：活力、机警、敏感。

应先观察栉膜筋干形状，再看视神经的密度。栉膜筋干弯（顶）的，最好不要做种；细长的，速度快；粗壮的，稳定。

b. 栉脉：位于栉干（板）表面，有脊（凸起）、线、星、点、霜等现象，是赛鸽品质优良的表现。板面出现脊、线、星、点、霜等现象的赛鸽（统称品质标记），有比没有的好；明显、

清晰的比模糊的好；多比少好。

脊（凸起）：在板面中线任何位置凸起，与板面浑然一体，或点或一小条，其长短、宽窄、粗细、色泽不一。有些是全通的，从头到尾没有间断；有些只在头部、中部或尾部不是连贯的；也有一种板面整体高出栉叶平面。脊是栉板内部强壮的表现。

线：有的出现在脊上，有的出现在脊的两侧；没有脊的，直接出现在板的任何位置。颜色有白、灰白、浅黄；形状有长、短、粗、细；感光程度有明亮、清晰、模糊。不同的板出现不同颜色的线时，称"金板镶银"或"铜板镶银"等。线的颜色与板面的颜色对鉴别赛鸽品质意义相同。线的位置出现在不同区域时，其价值不同。最理想的是，线出现在尾部，对竞翔十分有利。

星：直接出现在板和栉叶的任何地方，或多或少，类似天上的星星。这种情况不常见，多数出现在栉叶（视叶）上。

点：似散落在板面上一些发光的碎片，或多或少；像镜子的碎片，颜色以金黄和白色为主。点和星的区别：点较大，而星要小得多；还有星比点亮。星、点是霜雾现象在板或叶局部位置更集中（缩小范围）的表现。出现在不同区域，传达不同信息，其价值低于霜或雾。

霜：视神经外露的现象。仿佛是北方深秋清晨植物叶面上的一层

薄霜。就在板面和栉叶的表面，轻轻附着一层或淡或重，没有明显边界的物质，也有一些看起来更像是雾。霜或雾是高品质的表现，出现在板面头部或中部，育种极佳；出现在板面尾部，竞翔极佳。所以有将栉板（栉干）头部称"育种区"，中部称"综合区"，尾部称"竞翔区"。

栉膜带在黄色亮带（脉络膜、视神经乳头区）中的位置（靶子）左右应留有余地，即栉膜居中（有点像准星缺口的关系）。栉干把黄带盖满说明定向一般。栉干只露一侧说明定向不稳；栉尾似"城楼门洞"，顶部应留有余地，且这部分背景应发白发亮，能看到丝毛状的神经纤维。板不论何种颜色，色泽要纯正。板面应窄，尾形要清楚，尽量尖细直。栉脉生在尾部的比赛好，生在板面（霜）的做种好。

c. 栉叶：位于栉板的周围，类似植物的叶片，上下对称。由栉膜头部至尾部，从大到小排列，有疏散、密集之状；有发达、肥厚、软弱、瘦小之分；与板连接处有紧密结实、松散稀疏之别。大致有尖（锯齿）、圆、长圆3种形状。是鉴别赛鸽优劣的辅助手段。

尖（锯齿）形：栉叶末端呈尖状，属快速型赛鸽。其中，细密者为中远程赛鸽，粗大者为近距离赛鸽。

圆形：栉叶外形呈圆状，属一般型赛鸽。飞远距离时有优势。

长圆形：栉叶外形呈长圆状，属耐力型赛鸽。

栉叶的外形排列要匀称、整齐、有序，上下对称，与栉板连接处要紧密、结实，栉叶发达、肥厚。反之，则不够品位。栉叶颜色最好与栉板通体一色，要珍惜栉叶挂霜、带星或发光的赛鸽。栉叶由头至尾从大到小逐渐过渡，有时更像一段草绳，连接紧密，且在一直线上。大小不匀、侧歪、错开、松散的，品质要打折扣。

栉叶呈锯齿形的速度比栉叶呈圆形的要快。根据栉叶的数量可大致判断赛鸽的适飞距离：6～9个适应近距离，300～400千米；10～16个适应中距离，500～700千米；17～22个适应远距离，1 000千米以上。对于根据栉叶的数量判断赛鸽的适飞距离，其数量不必太过于苛求。

栉叶与板连接紧密，最好呈细锯齿状。栉膜筋干连接紧密、发达、匀称、不偏，说明视神经发达。

d. 栉头：位于栉膜下部（嘴角方）。这部分栉板较宽平，栉叶也相对发达、肥厚。如板面或栉叶生有霜、雾、线、星等品质标记，则预示其育种能力优秀。这部分又称"育种区"。

e. 栉尾：位于栉膜上部（脑后方）。这部分栉板较窄，最终收缩成细尖状，栉叶也随之收缩。这部分外形变化较多，是鸽友们最感兴趣的地方，因它包含很多竞翔的品质信息。这部分又称"竞翔区"。

剑尾：尾部笔直而尖细，另有一种蛇矛形。是最理想的尾形，竞翔、做种皆相宜。

鼠尾：尾部急收而细长，形如鼠尾，有时还略弯。适于竞翔，速度较快，做种差一些。

蛇尾：尾部缓收而稍弯，形如弯曲的蛇尾。有鸽友认为，像猫爪挠过一样，有不规则的形状。稳定，适于公棚竞翔，散打则差一些。

虾尾：尾部较细弯长，形如虾腰。适于竞翔，有一定速度，但不宜做种。

塔尾：尾部钝收，形如宝塔顶部。稳定，耐劳，大多为一般鸽。

栉尾处的栉叶如稀松漏底，大小不匀，则幼鸽时（2～3 条）爱游棚或训放易飞失，成熟后会好一些。栉尾处的栉叶如出现挂霜现象，则是好种鸽的先兆。栉尾尖处如出现栉脉的线、星、脊现象，则为好赛鸽。

栉尾尖处更像是沾有细砂的棒棒糖，在灰黑色细小的筋干上布满密密麻麻的小黑点和极其细微的丝毛，即为视神经。栉尾部的形状和结构用来判别赛鸽竞翔的品质至关重要。栉尾尖处的筋干，外形不能歪斜不匀，尤其不能弯（顶），否则品质要大打折扣。视神经密集的比稀疏的好，多的比少的好，周边颜色明亮的比暗淡的好。如栉叶与栉叶连接处都布满麻点时，其品质更是超群。

火柴头形做种、比赛都极其优秀；奶瓶刷形做种胜于比赛；鹿角形（树杈形）出赛一般，有时有好的表现；尖圆形是好赛鸽，稳定，距离远；细尖形是好赛鸽，快速，距离稍近。注意观察栉尾处背景光的亮度与面积，视神经的麻点和纤维，亮度高、面积大、视神经发达的品质佳。

③ 视网膜：视网膜血管分布密的比稀的好；粗的比细的翔距远；血管颜色黑的多为远程鸽，并有耐力。

④ 按照栉膜类型配对方法：在赛鸽血统、外形都过关的前提下，尽量以栉膜类型相似的配对。板型、颜色要接近，品质标记要明显，"靶"位正确，左、右眼对称，以求复制出品质相同的后代。起码有一方是全面优秀的，另一方是局部突出的，目的要使后代在某一方面强化或超越父母。例如，要抗恶劣天气，由棕板配偏黄的或偏红的；要加快速度，由剑尾或尾部带线的与一般尾形的相配。后代栉膜达不到父母水平或与期望相差太远的应尽早淘汰。别指望外观一致就是成功，这正是栉膜鉴鸽不同于其他方法鉴鸽能早期预见，且直观有效的地方。

10. 骨骼鉴别

骨骼俗称"骨架"。300 多年前张万钟就曰："放飞论骨。"骨骼是构成形体框架的基础，也是赛鸽这一特殊飞行器的框架。具有一副硬朗而紧凑、强健而柔和、坚强而富有弹性的骨架结构,是优秀赛鸽不可缺少的必备条件。

鉴鸽时,用双手的各 4 个指头托住胸腹部,将两个大拇指稍稍压在双翼的腰背部,可明显感受到其骨骼的强度和韧性,通过比较能感受到每羽鸽个体间的差异。如是一羽骨骼过于纤弱的赛鸽,必然无法承受强气流和风压的较量,绝对经受不住竞翔赛程的严峻考验。反之,骨骼过于粗犷而僵硬的赛鸽,同样也是毫无前途可言的。

11. 胸骨与耻骨鉴别

胸骨是鸽身躯最大的骨骼。鸽的脊椎结构已退化,而是以前面的胸骨作为身躯的重要支柱中心。胸骨极其坚韧而强劲,后有巨大骨板,抵托住整个胸腹腔内的所有脏器。中央有三角形板样结构的胸骨突,胸骨突两旁附着有最大的两组肌肉群,即胸大肌和胸小肌。这些肌肉群决定了它将操纵双翼的两个翅膀,在空中快速而孜孜不倦地支撑着整个身躯向前飞翔的整个运动过程。

抓鸽鉴别时,其腹部前面有一根较长的胸骨崤(胸骨突),前端稍向上弯成弧状,中部平直,后部向上收起与腹部弧度相吻合。如前后连成一条平直线,这就是鸽界所言的"铠胸骨"(指胸骨下垂),是不宜作

竞翔鸽使用的。胸骨崤也需有一定厚度,骨崤似刀背样削尖太狭或过于宽厚同样是不受欢迎的。胸骨的后端与耻骨间的距离(即腹部,俗称"蛋裆")不宜太大,一般以容纳一指到一指半宽为度,如接近或超越两横指就不可取了。

胸骨过于狭窄,它不可能提供运动肌最小容量所需"场地",此必为弱鸽;胸骨太高的鸽在飞行时破坏了身躯底线的弧度,不仅增加了空气的阻力,而更重要的是使它的平衡失衡,其原理正如在飞行器的下面安装了个舵,使它重心下移而飞行不稳,飞行时耗能增加而易疲惫;同理胸骨过于宽厚重心下移,相对而言胸肌却容量不足,握在手中往往有一种沉重感,也是难当重任之鸽。

胸骨突前后必须坚挺而平直,不能呈波形扭曲(俗称"歪龙骨"),不能有缺损或高低不平。歪龙骨现象是后天雏鸽期所造成的。好在这些缺陷并不会进入遗传基因,因而对种鸽留种并不受影响,而作为赛鸽一般影响也不是很大,历史记录中歪龙骨的大铭鸽种鸽与冠军鸽也并不少见。

耻骨是盆骨的双前耻支组成部分,是后半身躯的支持骨架。耻骨位于胸骨的后缘,尾椎泄殖孔(肛门)前的两支游离骨突称耻骨前支,两支耻骨支骨突间的距离称"耻

门"。耻骨要求强韧而富有弹性,耻骨支闭合要紧密,过于宽松而耻门下坠的鸽不是好赛鸽。但耻门是会经常改变的,尤其雌鸽在产蛋期会出现有宽松,这是一种生理现象,表现在每羽鸽之间也不全是相同,一般是在产蛋前几天,耻门逐渐开放,在产蛋后闭合;而有的鸽是在临产前1~2天才开放,产后几个小时耻门就闭合。而对雄鸽则耻骨必须闭合紧密,绝不可出现松坠。

耻骨的发育程度在时间上是有所不同的,有的雏鸽在出棚上天飞翔几天后,耻门已紧密闭合;而有的雏鸽却需在第一次换羽前才能闭合发育健全;而还有的鸽甚至需更长时间,要在第一次换羽结束时方才完成。这些都与该品系鸽的成熟期早晚有关。因而耻骨的强韧程度和耻门的松紧正是评判赛鸽良莠的重要标准。

12. 肌肉鉴别

握鸽在手,一羽标准的赛鸽,应是肌肉丰满发达而不显得笨重,就好似一个充满了气体的气球,而不同于肉鸽那样表现得沉甸甸的。由于羽毛覆盖而无法目测,肌肉的这种感受只能依靠人的双手,在其胸骨的两侧进行轻轻地按压来感受,一羽刚刚参赛归来鸽的肌肉往往显得似桨板般僵硬,而休息几个小时后,肌肉会逐渐松弛下来,最后恢复

到放飞前肌肉的那种质地。这一赛程疲惫恢复程度的观察指标,是外观表现观察之外的惟一重要指标。

鸽的胸肌有两组肌肉群——胸大肌和胸小肌,胸大肌控制着双翼的向下扑翼运动,胸小肌控制着双翼的展翼运动。我们双手感受到的主要是胸大肌,从胸大肌的丰满和强壮程度来感知和了解其他肌肉的状况。至于胸小肌的了解和感知,因位于胸大肌的深层,而要多触摸、多比较、多感知,才会熟能生巧,一旦有鸽在手触摸按压一下就能感知,做到尽在不言中。一羽通过家飞训练和多次翔训的参赛鸽,行家们可从其肌肉质地明晰分辨肌肉强弱和恢复程度,胸肌由软弱而演变为富有弹性,从而进入赛前巅峰状态,这些是参赛者必须掌握的必修课。

13. 胸肩部鉴别

胸肩要宽阔,前胸成球形。胸部必须要宽阔、柔软而润滑,覆盖丝状的羽毛。胸部与体躯成适当比例,正面看,双脚充分分开,且显得有力度;侧面看,曲线分明。赛鸽的胸部是整个身躯的底座,双翼是底座上的横梁,好比飞机的机翼,且非常灵活,能在空中时时处于动态平衡。依附于胸骨的胸肌是控制双翼的动力,胸骨担负着整个机体的重量和空中、地面动态平衡的支撑

中心。

鸽体躯骨架结构的重心也是在胸肩部,整个体躯既然成流线型,那么它在空中快速飞翔时,既要将空气阻力降到最低限度,又要充分利用体内有限的能源,使能源利用效率达到最高。

按照远程、超远程赛鸽和短程赛鸽对体形的不同要求,一般远程、超远程赛鸽属耐力型,体形偏长而胸肩部显得略微狭窄一些;而短程、超短程赛的赛鸽属爆发型鸽,体形则比耐力型鸽的胸翼部显得更为宽阔些,站立时的姿态往往重心略偏前;而耐力型赛鸽的胸翼部往往显得略微狭窄一些,站立时的姿态重心往往也略微偏后一些。不过在耐力型的鸽中也有胸翼部较为宽阔的,而在爆发型鸽中也有胸翼部略微偏于狭窄的,而并非千篇一律。

14. 腰背臀部鉴别

腰背臀要求粗犷而结实、紧凑。腰背臀部没有前面的骨架支撑而显得略微薄弱,因而只有粗犷而结实躯壳组成的后部框架,才能经受持续而耐久的翔程。鸽的整个体躯在胸椎的背嵴部微微有些隆起,紧接着腰背臀部略带弓形,而呈稍向下弯的弧度,组成鸽飞行器的后端,因而腰部以略带扁的扁圆形为佳。

腰背部的肌肉也是躯体骨骼的连接部分,虽鸽腰背肌已退化,但仍保留着有限的功能。在地面站立时需腰背肌的支撑,在交配时也需要腰背肌的运动配合,飞翔时的身躯转动、尾翼的摆动、引体向上、俯冲降落、空中停留等还需腰背部肌肉的运动。

腰背部肌肉检查方法:双手持鸽面向自己,将鸽身躯上下摆动,观察尾翼的上下摆动幅度,一羽腰背部肌肉强韧的鸽,无论是左右还是上下摆动,都有一定的反应,且是强劲而有力的。

臀部及臀后部通常为鸽友们所忽视,殊不知,优良的臀部及后臀部正是优良赛鸽的固有特征。尤其在高空飞行时,流线型的臀尾部类同于飞艇的尾部,对降低前进中飞行器尾部的负压真空带气流的补充至关重要。因而要求臀尾部宽阔、强壮,平坦而优美,呈现抛物线弧,没有凹凸或陷落。尤其单手持鸽时有一种"滑落感";手压背臀部时要富有弹性,背臀部有一种反弹感,这样才能算得上是强健而有力(注意带蛋鸽千万不能作此项检查),即鸽界俗称"后把有力"或"后把有劲";相反,即为"后把无力"或"后把无劲"之弱鸽。

15. 翼与尾鉴别

双翼是赛鸽的推进器。而有一副长度相应、翼背丰厚、翼羽平滑、宽阔而非常出色双翼的鸽的确很难寻觅,尚且还是相对比较而存在的。

粗短的翼翅虽能产生速度，但扑翼的频率越高，耗能相对也要高得多，且还难以持久，这样对参加长程赛极为不利。因而只有长度适中、结构合理且有坚韧而富有弹性羽茎的鸽，才能在翔程中操纵羽翼自由翱翔于赛途归程。

当展开翼羽时，主翼羽与副翼羽须连成一片，中间除换羽脱落羽条外，不应有任何空隙。翼羽须平滑而整齐，平坦地羽羽叠瓦相盖，表面不应留下空隙和缺陷，羽茎强壮而极富弹性。整个翼羽犹如扇子，翼背肌肉丰厚，而肱骨需稍微有一点弓形弧度，这样便于在滑翔时留住更多的上升气流。参赛鸽最好10根主翼羽完好而清洁，羽小枝不该留下任何皱襞、皱纹、蚀洞、缺损，羽杆也不该留下任何紧迫纹的痕迹。里面10根副翼羽须宽阔、强韧，且达应有的长度。

主翼羽的最后4根羽条要求并肩齐长，在翼羽尖端5厘米处要稀、留有空隙，以减少上抬羽翼时的阻力，使气流迅速沿翼羽尖空隙流向后下方，产生引体向前向上的动力。一般认为羽尖较尖者间隙要比钝圆的要大，其排除气流的性能也较好，特别在空气密度较高的地区或雾气迷漫的山谷和小雨中飞行时，双翼扑动时受到下降气流压力时，羽尖部较尖的经受压力要比钝圆的要小得多。最后的4根主翼羽（即第7至第10根翼羽）要求长度相等或相近似，或第9根略长些，使其余3根主翼羽尖部负荷均等。

双翼的肌肉也极为重要，主要是肱骨背部的翼背肌，它是控制双翼引体向上运动的肌群。当阳光明媚的凌晨放飞鸽群时，常常能看到领群的鸽在带领鸽群展翅飞翔直上蓝天时，会兴奋地击拍着双翼，响亮地发出"啪啪"的击翼背声，此外在雄雌鸽完成交配后，相继也会做出类似的动作，这就是翼背肌运动的功能表现。因而翼背肌必然是要求其丰厚才会有力。这只要在用双手展拉和突然放松鸽的双翼时，检查展翼肌群是否强劲而有力的同时，用拇指和食、中指捏一下肱骨背部的翼背肌，通过对比感受到它的丰厚程度。同时，在展拉和放松鸽翼时，要感受它展翼肌与收翼肌肌组的肌力强弱，要求在展开羽翼时，双翼要柔软而不显僵强，在松开羽翼任其自然收翼时，要求翼羽必须快速收缩到位，绝对不能收缩迟缓，或显得软弱无力，或收翅不能到位，呈现出双翼下垂，除刚参赛归巢鸽外（常见于迟归巢的脱班鸽），均属翼弱鸽之列。

尾翼的肌肉运动功能和腰背部肌肉相同，一羽腰背部肌肉强韧的鸽，其尾翼部肌肉也绝不可能是弱的。至于尾翼肌的检查方法，和腰背部肌肉检查可同步进行。

还有在展翼上抬和下压双翼的同时,要感受双肩翼关节的强弱功能,要求强韧而有力量,不能有僵强或阻力,甚至会有关节摩擦感,这往往是疾病或外伤所引起,是肩翼关节韧带撕裂性损伤造成的病理体征(往往出现在抓拿鸽时,习惯于似提拿鸡那样,将双翼背靠一起提拿)。此类鸽一般已无法出赛,而只能留作保姆鸽或种鸽用。

赛鸽的尾部要求较为丰满,否则会使它在空中飞行时重心过于偏前而难以保持平衡。

尾翼的羽毛必须柔软,紧盖并延伸至尾羽尾茎的基底部,形成一坐托。强健而发育良好的尾臀,是赛鸽生理结构的重要组成部分,尤其对种鸽选择显得更为重要。

赛鸽的尾羽不宜过长、过短或过宽,羽翼须与它的体型大小成比例。理想的翅膀主翼末端羽翼尖至尾翼的末端尾翼尖的距离称尾翼比,相当于两横指(约 2.5 厘米)。造成尾翼比小的原因,是翅膀羽翼过短或尾羽过长。除个别特殊品系鸽特征外,翅膀羽翼过短或尾羽过长均不能算为优良赛鸽。

尾羽的羽茎也必须强韧而富有弹性,不宜过脆而易折断。只有强韧而富有弹性的尾羽才能起降自如。

赛鸽的 12 根尾羽,散开时形似半月,而收拢相合像一柄折叠起的折扇,因而俗称"一"字尾。赛鸽落地时尾部略带下垂而不能拖地;上天飞翔时尾部略微上翘;滑翔时收尾持平;归巢降落时起先双翼平展,尾羽导向下滑,接近降落点时尾羽展开,双翼反扑几下便稍滞留空中而缓缓落于棚顶,这些都已充分展现出其尾部尾羽的平衡功能。

16. 羽毛鉴别

羽毛是热传导不良导体,羽毛下层是绵状羽绒,羽绒中贮备有大量的空气,这些空气组成无数的小气团,再组成大容量的小气候,起到防寒保温的功能。鸽最怕的就是逆风,逆风吹乱了它的羽毛,就等于掀起了它的保温服,扰乱了它的体温保护功能,也易着凉生病。在夏日高温酷暑季节,鸽子在烈日照射下翱翔时,羽毛又成为天然的隔热层。因而赛鸽的羽毛要求羽绒度必须品质优良,至于羽绒的疏密度,会随季节的改变而自行进行疏密调节。

赛鸽的羽毛有粗毛鸽和细毛鸽之分,这是按照不同的品系先天遗传而获得,时常会有一对粗毛鸽却育出一羽或几羽,甚至全部都是细毛鸽;或相反,也会有一对细毛鸽却育出一羽或几羽,甚至全部是粗毛鸽,这就是遗传基因显性和隐性表现的结果,当然也可偶尔出现在返祖现象中。无论粗毛鸽还是细毛鸽,与赛绩之间并没有直接的联系,其中都会有优良品系鸽出现,可多数鸽友往往偏爱于细毛鸽。

体表的羽片要求靓丽而光滑,这样能减少气流的摩擦力,同时降低飞行的阻力;羽毛的色泽要求光亮而抗水性能好;羽小钩紧密而平整;羽小枝要细如丝,薄而成片;羽杆要求无节段状紧迫纹,不易折断且富弹性;羽片片片相叠,似鱼鳞紧贴于身躯,因而赛鸽除粗毛鸽和细毛鸽之分外,还有厚毛片与薄毛片之分。鸽友们普遍喜爱薄毛片鸽。

健康而优良的鸽子羽毛应富含粉尘,一旦握持于手或触及衣裳,便会有大量的粉尘黏附于手和衣裳。羽毛的粉尘是由羽毛的鳞片脱落后形成,一旦沾染上水滴,便会伴随着水滴一起滚落。

凡羽毛蓬松粗糙、羽小钩损坏过多、粉尘不足、抗水性差等鸽均不符合要求。

17. 综合评估

优良的赛鸽是需要进行综合评估的,世界上没有两羽完全相同的鸽,自然也没有十全十美的鸽。何况在赛鸽参赛竞翔运动之中,还存在着赛事不可重复的问题,即使用相同的10羽鸽重复参赛,也不可能再现相同的名次排列和相等分速。

(1)静态观察鉴别 即指通过静态观察鸽的举止、神态、行为等表现来鉴别其优劣。每位鸽友在进入他人鸽舍时,总是想找出该舍内最好的鸽。那就需要在进入鸽舍的第一时间里,首先观察站得最高的那羽鸽。因为最强健、最聪慧、最机灵的鸽总是希望抢占鸽舍栖架或巢箱的最高层,这样它就可居高临下,舍内外的动静尽收眼底,一旦遇到外来干扰或入侵,它会在第一时间作出积极反应。当然有时也有例外,在管理良好的鸽舍及按照制式设置营造的标准鸽舍,鸽没有自己选择的余地,所占巢箱窝格位置是固定的。在这种情况下,就需结合动态来进行观察,即在进入鸽舍的一瞬间反应最敏捷、最强烈的鸽,就是您所希望寻找的鸽。

此外,在鸽笼中进行静态观察,先要看好那几羽抢占四角纹丝不动的鸽,任凭笼中其他鸽你啄我打天翻地覆,其自顾闭目养神,只要待等笼门打开,随即动若游龙夺门而出,待它早已升空而去之时,其他鸽方才如梦初醒,随群起飞,此时与前鸽已相距十万八千里了。

一羽优良赛鸽从静态观察至少必须是健康的,然后才是必备有强壮的体态,聪慧、沉着、自信的气质,独特的站相和眼神。雌鸽要秀气,雄鸽要有大将风范。站立时稳若罗汉双脚分开,脚间距要求要宽一些;脚不宜太长、过直。从正前方看,须挺直而微微叉开;从侧面看,脚踝处略带弯曲；以尾端为低点画一条底线，以眼为高点，尾端为低点画一条斜线，须在40°～50°，组成一等腰三角形，而肩部须在斜线之下，即头、胸、尾折成90°。赛鸽的体态不宜过于粗犷或细秀，也不宜过于肥胖或消瘦。

(2) 动态观察鉴别　即指观察鸽的动态行为、习性、动作表现等来鉴别其优劣。鸽的行为有先天的，也有的是后天在群体生活中模仿、学习和培养练就的。动态观察则是从它的一举一动中了解其聪慧程度和智商的高低。

动态观察主要观察3个方面表现。一看进饲。即其在听到进饲信号时的反应。当饲主手拿食盆进舍时，它早已恭候站立在食槽旁，盯住食盆，当撒食进食槽时，它早已占好餐位，似饿狼般扑向食槽，不挑拣食，专拣大粒往嘴里送，就连吃食时也眼观六路耳听八方，防范突然袭击。吃到八成饱迅速离槽，第一个走向水壶，飞上栖架。二看沐浴。看到浴盆有水即无畏无惧一跃而入，舔水振翼，水珠飞溅，眨眼挺立，精神振奋。三看家飞。幼鸽上房总是左顾右盼、东张西望，胆怯而不敢展翅，此过程以越短越好。幼鸽家飞早，说明其智商高，适应能力强。而家飞早的骨骼、肌肉、韧带、大脑等功能也能及早得到锻炼和加强。

此外，有些鸽在握持在手时尽力挣脱，反抗捉拿，这也是一种性格的特殊表现，可视为大器之才。也有鸽友认为，只有持鸽在手时温顺服帖，与人亲和，喜欢与人戏弄之鸽，才容易调教且归巢欲强。这是两种不同赛制、两种不同饲养模式下，培养出鸽不同的个性。

总之，动态观察首先需要动态平衡，而不存在强迫被动体位，按照不同的饲养管理方式和不同的品系表现，对鸽主和陌生人有着不同的亲和表现。对长程赛参赛鸽需要它能在野外度过几天的赛程，因而要求它机灵、怕人、不易被抓到，握在手中"咕咕"叫个不停，只有这样才能躲避天敌和人捕等伤害；而对短程赛参赛鸽，必须培养它对人们的依赖性和亲和性，从每天饲喂做起，一把一把地撒食，有一些胆大的鸽会跳到头顶上、肩膀上，甚至手掌上，任人摆弄，使它始终留恋着家舍，在比赛时尽力快速归巢。

① 双盲鉴别：即为避免主观臆断或先入为主而采取的鉴鸽方式。运用触摸法单纯凭感觉来鉴定鸽的优劣。事先将鸽悉数抓进鸽笼，在暗房里逐羽抓取进行优劣鉴别并分成等级，然后用这种用心感受的鉴鸽结果和原始积累的现有资料数据双盲对照，往往会达到八九不离十的地步。此外，双盲对照鉴鸽的同时提高了自己的鉴鸽水平。此法有时确实能发现那些长期隐姓

埋名的将士。只是此法对饲鸽数量不多、天天滚爬在鸽舍欣赏爱鸽的鸽友，意义就不是太大了。

② 复核鉴别：即通过反复观看、反复鉴定、反复评估、反复琢磨的方法来鉴别赛鸽的优劣。"瓜无滚圆，鸽无十全"，对优点和缺点须进行综合评估才能确定。由于鉴别的角度和鉴鸽时的心情不一样，在不同心境的驱使下，会做出不同的结论。因而复核鉴别对赛鸽综合评估有重要价值，尤其每年春季的育种配对前期，正确鉴别选择配偶鸽，对育出"黄金配对"有特别重要的现实意义。

（五）赛鸽各生理周期优劣鉴别

一羽优秀鸽在各个时期都可能表露端倪，但确实也有些鸽并不是终身守节，凡此种种，养鸽者都需细心观察，每条成功之路都会遇到曲折，这需要不断探索，去寻找和发现那些出类拔萃的将才。

对鸽在各个生理周期进行周详观察、评定和鉴定，涵盖鸽整个成长、衰老过程。下面分孵化期、呕浆期、呕饲期、启翅期、成熟期、壮年期与衰老期7个生理阶段进行叙述。

1. 孵化期鉴别

指从蛋孵化到出壳前的17～18天。蛋要求表面光洁，蛋壳均匀、厚薄适中，光照下白里透红，透过蛋壳能看清蛋黄居中而微能浮动。孵化至10天后变黑、气室增大。此时胎雏已成形，需供氧，气室大供氧足，对胎雏发育有益。孵至15～16天，胎雏发育已成熟，开始啄壳，蛋壳表面出现蛋齿，胎雏能吸到充足氧气，肺部开始充氧。然后开始转动身躯，啄出一圈齿纹，此时拿在耳边细听，能听到胎雏啄壳声频繁、有力且有节奏，说明胎雏体质强壮。迟出壳的必然体质虚弱，靠"助产"或后天"挽救"之雏，日后极少能成大器。

2. 呕浆期鉴别

指从雏鸽出壳到断乳呕浆结束，开始呕饲饲料颗粒阶段，一般为7～8天。先检查蛋壳，要求齿线整齐而有序，蛋壳内壁干净而无胎毛残留和血污，胎粪洁净。雏鸽脐眼要收得小而平整；胎毛色洁而稠密；雏鸽充满活力，小脑袋挺得越早越好，挺立时间越长越有活力。活力越强呕浆越多，体格越健壮。

3. 呕饲期鉴别

亲鸽从哺喂粒料开始，即大致在套环后，直至亲鸽停止呕雏，完全由雏鸽自己啄食独立生活而进入幼鸽期。将雏托在手掌心，会感受到其心脏强而有节奏的跳动，伴随着均匀的呼吸。叫声清脆有力,胸骨平直,皮肤滋润,肌肉红润,双腿有力,当伸手逗引时,会站起来向你示威,口内嘟嚷着向你喷鼻,稍大一些还会向你击翅。20天左右亲鸽又产下"夹窝蛋",雏鸽羽毛基本已覆盖,头上仅留几根胎羽,亲鸽的饲喂量已不能满足雏鸽的需求,此时雏鸽开始试着自己啄取食罐内的食物,其中开食越早,独立意欲越强盛者,往后表现也必然上乘。一般在23～25天(最早21天)就离开亲鸽,进入幼鸽舍独立生活,这样对锻炼和培养有用之才大有裨益。

4. 启翅期鉴别

指从出棚学飞到跟群家飞期,开始启翅进入飞翔生涯。幼鸽初出棚舍总是先伸头缩脑东张西望,待等周围环境熟悉后,会飞离瞭望台,先从几米开始逐步递增,待等翅膀有力了就会随群飞翔。对此以出棚、展翅上天飞翔越早者越好,一羽健康而高智商的幼鸽先从随群起飞,然后时常飞在鸽群的外围,待等其膀力再次长进了,有时还能脱群而充当领头鸽者,必为大有前途之好苗。

5. 成熟期鉴别

指幼鸽向青年鸽性成熟期转化的生理阶段。一般在6月龄以上,此时鸽已经历了第二次换羽,从幼鸽羽换成了成鸽羽,颈项胸毛已有鲜明的红绿色金属光泽,性器官已发育成熟,雄鸽开始开咕、寻偶、占巢,可开始配对繁殖后代了。雌鸽性成熟期一般要早于雄鸽,显示其秀丽文雅的一面,雌鸽的体型一般小于雄鸽,但偶尔也有例外,大雌小雄时而有见,尤其在出双雄或双雌时,那些雄鸽雌相、雌鸽雄相中也抑或会有之。一般早熟鸽反映其身体素质发育良好,智商表现也稍高,往往还会表现出其与众不同的固有特性,饲主要重视这些鸽。

6. 壮年期鉴别

指从发情、配对、开产第一个蛋开始,至雌鸽停止排卵(停蛋),雄鸽断精为止。即从进入成鸽期至老龄期间的成鸽生理阶段。这个年龄段大致为10～15年,此年龄段的所有特征表现在其他内容中均有阐述。

7. 衰老期鉴别

指雌鸽停止排卵、雄鸽断精后的老龄化阶段。其已意味着竞翔、育种生涯的结束,一般也只有那些业绩辉煌的功臣鸽,饲主才会给予颐养天年,一切业绩已表明并记录在案,鉴鸽原本也就毫无意义可言。可是鸽进入衰老期的年限并不是千篇一律的,按照饲养的环境、条件、地区、品系等不同而差异极大,早者7～8岁已停蛋停精,迟者甚至17～18岁还能偶尔得子。如比利时凡布利安娜的世界铭鸽"老牛号",就是在15岁时配上1羽1岁雌鸽,产下了大铭鸽"幼牛号"。在我们的鸽舍里诸如此类的事例也并不罕见,只是不如"幼牛号"这样精彩而已。

(六)赛鸽选手鸽挑选鉴别

按照不同赛项的要求,挑选合适的赛鸽参赛是鸽主(教练)的一项重要基本功。以往我国的赛制单一,每年仅春秋二次大赛,赛鸽从参加第一站训放开始,就跟着鸽会组织的竞翔大部队由始至终,一直到2000千米终点站,几乎是年复一年而一成不变,除幼龄鸽于中途撤下以备翌年再参赛外,鸽友们几乎没有选择的余地。如今随新赛制的导入,赛事安排众多,赛程项目繁多,且变化多端,可谓五花八门。

赛鸽竞翔类似于运动员,不同的运动项目需要不同类型的运动员。赛鸽并无全能冠军,有的适应于中短程赛,有的适应于超长程赛;有的适应于晴好天气参赛,而有的却见长于恶劣天气参赛;有的适应于山区赛,而有的只适应于平原赛;有的适应于西北赛线,而有的却在南路赛线表现出色等。这些都需鸽主(教练)认真选择发掘。此也正如人类运动,教练绝不可能让百米赛运动员去参加马拉松比赛,更不可能会让相扑运动员去参加体操平衡

木。而在赛鸽参赛的赛事中,盲目行事的鸽友教练却也常会发生在我们身边,凡此失误导致多年心血投入付之东流、颗粒未收是见多而不怪之常事。赛鸽教练必须针对各项赛事的基本特点要求,按照赛鸽的品系特性进行正确选择。

1. 百日赛选手鸽挑选鉴别

百日赛指参赛鸽的鸽龄,限制在雏鸽挂环后的100天以内,鸽龄最多不会超过110天。举办单位一般事先通知约定,允许鸽主事先准备种蛋,进入孵化期→出壳→呕雏≥6天。到规定日统一发放百日赛特种比赛足环(特比环),到开笼之日,严格限定在100日龄(遇特殊天气可延迟数天)。赛前组织多次由近到远的训放,决赛的赛距定为200～300千米,近年来也有组织450千米左右的百日赛。

鸽龄小、赛距短是百日赛的主要特点。因而选择早熟品系为宜,且在雏鸽期要早些断奶,一般为23～25天,甚至21天就进入幼鸽舍进行断奶,此时有的断乳鸽还不会吃食,对此鸽主只要适当喂些育雏宝等育雏添加剂,让它营养不断、饥饿不减,体质不会因此而衰减,可在地上(最好用食槽或食罐)撒些小颗粒饲料,只要有1～2羽去啄食,以老带新,很快会自己吃食饮水独立生活。此外,幼鸽出棚也尽可能

早一些,也可断奶与出棚同时进行。此时它还不会飞,任其在棚外自由活动并无害处,只是当心屋顶棚、高层鸽舍,要防意外跌落,尤其要防止其他青年鸽干扰它们,甚至将它们啄伤。紧接着是加强家飞训练、进棚训练和由近到远的舍周短距离训放。百日赛鸽与普通鸽饲养训练的不同点,就是需要不厌其烦地反复多次训放,程距要短,递增幅度减慢,可先从数百米开始,然后 3～5 千米逐步递增。方向应从四面八方到扇形延伸到 50 千米,然后逐级延伸训放,将重点放在 100～150 千米,至多 200 千米就已足够了。

2. 公棚赛选手鸽挑选鉴别

公棚赛一般要求鸽主在每年 4～5 月间,选送 35～45 日龄的幼鸽进入赛鸽公棚统一饲养,决赛约定在当年的 10 月中旬到 11 月下旬,赛距 500～600 千米。近年来也有些地区公棚有秋季送鸽、翌年春季开赛的一年二季公棚赛。我国地域宽广,各地公棚在收鸽、决赛时间方面略有调整。

由于公棚赛举行的是中短程赛事,因而一般均挑选中短程快速品系鸽育出的后代,作为选手鸽选送公棚。要求这些选手鸽有良好的血统,且有很好的爆发力,近年来普遍认为由同赛程公棚赛入选优胜拍卖鸽的后代表现出众而较为青睐。一般挑选翅膀要略小一些,副翼羽要

略短一些,第一根主翼羽长出副翼羽 1 厘米左右。主翼羽略短在飞行中势必扑打频率加快,这样在空中推进速度也随之加快,于是其必定具备强健的翅膀和发达的胸肌。同时,胸肌要富有弹性;相比之下胸骨也略微要高一些,这样才能增加胸肌的容量;此类爆发力强的鸽性格也稍偏急一些,但不能有神经质;当然这种鸽系也有它的致命伤,即经不起坏天气的考验,一旦遇到阴天或迷雾天往往难有优秀赛绩表现。于是有的鸽友就另行培育一路耐恶劣天气鸽系的鸽参赛,这样一来参赛胜出的把握会大得多。当然以上所叙述选送公棚赛的鸽,由于是刚断奶几天的幼鸽,因而主要是挑选父母鸽,或按这对种鸽以前育出鸽的表现来决定的。

再者是交送公棚幼鸽日龄调控问题,要防止幼鸽决赛时正逢第十根主翼羽长到 1/3～2/3 时,此时参加竞争激烈的赛事,受扑翅向前风压的巨大阻力,此条的羽杆易发生羽翻出血(血条),因疼痛难忍而中途败落。对此,鸽友可采取倒计时推算,即按照公棚决赛日向前推,出壳时间早于 6 个月以上,再向前推算育雏、孵化、产蛋、配对日期。这样到决赛时,它的 10 根主翼羽基本已长齐,可做到前程无忧了。

3. 中短程赛选手鸽挑选鉴别

中短程赛指空距 300～600 千

米的比赛,也是当前竞争最激烈的赛项。之所以能吸引众多鸽友参赛,主要是参赛鸽数量最多,竞争最激烈,奖金也最为丰厚,还有就是中短程赛能在当天归巢,且在几个小时,甚至不到半个小时内就决出上千个名次,赛事之激烈,鸽友的刺激兴奋状态可想而知。

中短程赛选手鸽要求爆发力强,血统要求大致和公棚赛选手鸽相似。而不同的是,由于中短程赛选手鸽是完全由鸽主自己一手培育的,亲自担任"教练",全程训练,因而对本舍参赛选手鸽优势了如指掌,在参赛时也有挑选弹性余地,按每次赛事、赛线选择不同的选手鸽参赛。一路气候一路鸽,按本舍不同品系鸽的特性,可选择品系较纯的中短程选手鸽,也可选择掺有长程选手鸽血统的杂交后代选手鸽;按气候情况可选择快速型或耐力型,或两手准备一起上路,晴雨兼备,不失为万全良策。不过不少长程赛血统的鸽偶尔也会在中短程赛中崭露头角,这只能说是"天时地利人和"助其一臂之力的结果。当然也断然不要轻易全盘否定该血统品系鸽的优异,鸽主(教练)的辛勤努力。

此外,月有缺有圆,鸽也有生物钟与生物周期,有低谷、巅峰之分。因而赛鸽参赛上笼前,鸽主(教练)还得注意事先调节选手鸽的竞翔巅峰状态。

4. 长程赛选手鸽挑选鉴别

长程赛是当今世界各国极为关注的重要赛事,欧洲许多国家、美国和我国都有长程赛的条件和优势。欧洲最著名的长程赛是每年一度的巴塞罗那国际赛,我国除各省、市协会组织举行的长程赛外,最重要的赛事就是国家赛。国内外世界级大铭鸽大都出自于长程赛。随着科学养鸽的深入,赛鸽素质的提高,过去1 000千米赛需隔夜归巢,甚至三四天后才能归巢的长程赛,已突破为当天归巢,且在分速上有极大飞越。

长程赛指空距700~1 000千米的比赛,而长程赛的赛线确定是关键问题。如我国的云南、贵州、四川等地,地处山区、高原,长程赛的飞行难度就较大。此外,如台湾、海南等地,也只能进行跨海赛线,因而并不是所有地区的鸽友都有条件参加1 000千米长程赛的。

按照我国1998年1 000千米比赛当天归巢的10羽赛鸽血统分析,基本上是"中外杂交鸽"。即用那些吃苦耐劳著称的中国超长程鸽系去配欧洲中长程鸽系的后代。长程赛赛鸽要求体型中等、身体偏修长,羽翼略大,主翼羽和副翼羽的结合呈一水平线,主翼羽较阔,羽质柔软,而羽色并不强求;骨骼硬朗,肌肉丰满而有弹性;性格温顺而不急躁。其中也有一些不成文的规则：中程赛的脱班迟到鸽（指2～3天才归巢），可用来参加长程赛；而中程赛中当天归巢的前名次鸽，如其没有长程赛血统，一般不适宜参加长程赛。当然，如突破常规参赛，中程赛血统鸽在长程赛中获得好名次也是常有的。

5. 超长程赛选手鸽挑选鉴别

超长程赛是指空距1 500～2 000千米以上的比赛。是具有中国特色的传统比赛项目。美国和加拿大也有类似的超长程赛赛事。我国超长程赛始于1959年的上海放甘肃兰州，空距1 715千米。至今全国大部分省、市每年春季仍举办一次超长程赛。由于超长程赛的选手鸽需在异地过上七八天乃至十余天是常事，它们不仅要自己在荒郊野外寻水觅食，还要躲避鹰、隼、野兽的追击和偷袭，入不敷出的能量体液需求平衡，加上烈日当空或朔风扑面，风雨交加，沙尘雾霾等的考验，尚且还得机灵地躲避贪婪之徒设下的天罗地网，以及田林农药的危害。这些是我国鸽友数十年来所精心培育而成的精华，闻名于世的中国耐力型鸽系"国血鸽"。

超长程赛鸽系的外形特征：体型中等而略偏小，身体修长，而骨架却一般，耻骨紧闭，胸骨平坦、略长；肌肉相对松软，远不如短中程鸽系那样发达；羽毛粗细皆备，羽色以深雨点为主；颈短、脚矮、眼睛干老，眼砂呈鸡黄呈粟壳色，砂眼多杨梅色，偶尔有牛眼，且以有油气为上乘；羽翼略大，扑打从容，性格随和，捉在手上发出"咕咕"叫声。这种鸽以聪慧机智者见长，又以吃苦耐劳、抗病力强而著称。能躲避陌生人、落野求生、持续飞翔、顽强拼搏是超长程鸽必备的基本要素。

6. 多关赛选手鸽挑选鉴别

多关赛创始于我国台湾地区，这主要与台湾地区四面临水的岛屿地理位置有关。至今仍是竞争最激烈的赛事，由于奖金额设置甚高，刺激性强而发展成为带有博彩性质的竞赛活动。多以赛鸽俱乐部形式进行组织，多关赛有好多种形式，按参赛次数分为二关赛、三关赛，甚至多达八关赛；按赛线方向有南线、北线或先南后北或先北后南，当然也根据俱乐部成员位置选择各个方向多条赛线。按赛程分，有500千米左右，也有300～800千米不等距或等距反复赛等。

多关赛的优点是，可检验一羽赛鸽的真正归巢能力，排除赛事中的偶然性和机遇性，还可防范赛事中诸多作弊行为。对多关赛选手鸽而言，参赛难度也较大，虽说是中短程距离赛,可就是连那些战绩辉煌的优秀赛鸽往往也难以飞到最后一关。往往第一关参赛队伍庞大至数千羽,而几关下来或许只有几十羽。于是乎,"残剩"、"伯马"等几个新名词就此而出现在赛事中。"残剩"指第几关参赛鸽残剩几羽,"伯马"指只剩一羽回归。由于多关赛司放日期是预定的,可以 7 天一次,也可 5 天一次,甚至 3 天一次,且风雨无阻。台湾地区属海洋性季风气候地区,气候多变,难免遭遇风雨,加上连续作战,体力透支,于是只有身体素质优良、体能恢复快的鸽才能接二连三地决战沙场。因此,多关赛也带动了赛鸽饲养向产业化发展,专职"赛鸽教练"应运而生,也催生了赛鸽保健品市场。

对多关赛选手鸽,有经验的鸽主一般不会挑选快速鸽上阵,反而选那些不快而归巢性能稳定的"老兵油子"出征。其虽每次不一定能拿冠军,但却能坚持到底,每站都有分可得,飞到最后总分也不见得会低多少,弄不好拿个总分冠军也说不定,而那些每次名次都很高的鸽,完全有可能会栽在最后一关而前功尽弃。不过也并非全都是如此,因为同样是多关赛,有多种计分形式,划分成众多奖项。如最普通的是每一关赛的冠亚军;也可将每次关赛的名次排列计分,最后以总分最高(赛绩名次总分最低)为总冠军;或

可每次关赛的前 30 名或 50 名(按参赛羽数的百分比约定)计分,30 名或 50 名以后就不计名次等。此外,还有雄鸽组、雌鸽组、幼鸽组、成鸽组、双鸽组、三鸽小组等,名目繁多,恕不再一一而喻。

以上所述诸赛事选手鸽挑选鉴别知识,说明赛事全本无垠,既没有定律,也没有公式。"种"、"养"、"训"三者缺一不可,全凭经验之积累,通过实践才能悟出真知。

(七)赛鸽鸽眼鉴别论

1. 眼砂

眼砂即指虹膜睫状体组织表面的结构图形。眼砂是眼球前房透过角膜所能观察到围绕在瞳孔周围与巩膜之间的虹膜睫状体上皮组织表面的结构图,即在虹膜表面不规则排列的带有色泽的小颗粒状组织图。虹膜睫状体的功能是隔绝和阻挡外来光线进入眼底,同时通过虹膜睫状体的收缩与舒张来调节瞳孔的大小,控制进入眼底的光量,通过小孔成像原理在视网膜上形成清晰图像。

天下没有两羽眼砂完全相同的鸽,即使同一鸽双侧的眼砂结构也不可能完全一致,而只能说是结构近似或差异不大而已。此外,每羽鸽随着年龄的增长会发生各个阶段的生理变化,一般 1~6 个月的幼

鸽属生长发育期,眼砂随血统、品系、成熟期的早晚不同而有前后差异,且由于眼砂的结构也正在逐渐形成之中,所以不易观察清楚,从幼鸽期进入成鸽期的这段时间是变化最大的阶段。6～12个月生长发育已成熟,眼砂的变化也已逐步趋于定型,且容易观察。进入老龄期,眼砂的变化会逐渐相对固定而减慢。而这些改变主要是指在色素成熟度方面的改变,其眼砂虹膜睫状体组织表面的结构图形就与人类和其他动物一样是终身伴随而不会改变的。

"眼志论"学说以眼砂结构图作为鉴别鸽优劣的重要依据。信奉眼砂魅力的鸽友都情有独钟,说得神乎其神;可也有的鸽友却说他从来不相信"眼志论",可当他一旦持鸽在手,却也仍忘不了要去观察眼睛。笔者在这里叙述的是,"鉴鸽需要观察研究眼睛,但也不能过于专注或迷信眼睛",既不要惟"眼志论",也不能完全排斥"眼志论"。

大致而言,眼砂分布要层次分明;各层的色泽各异而鲜明,砂粒和丝粒通透、清晰、沉积,边缘高度集中,丝粒和块状沉积在底砂上,即要求晶点落底,或砂沉积在底板上,边缘砂粒要厚,从外面边砂至里面瞳孔的砂层结构要呈梯度逐层减少,有立体感,一般是网状的梯度层,也有在梯度层砂面中有明显粗而长的丝纹或较大的团粒集结。这部分眼

砂要紧紧地镶嵌在虹膜底板上,瞳孔深凹其中,好像整个眼砂分布起到聚光作用似的。收口处是虹膜睫状肌的括约肌组织,一般呈黑色或铁锈色,不规则的圆形或新月形。眼砂色素以黄眼略细、砂眼略粗为佳。一般将眼砂分为底砂和面砂、粗砂和细砂、深砂和浅砂、满砂和稀砂等。

(1) 眼砂的色素

① 鸡黄砂:亦称"金眼"、"黄眼"、"鸡眼"。底砂为黄色、面砂为红色的眼砂,是虹膜睫状肌上皮含黄色素所致。以底砂黄如金,且金光澄亮者为佳品。鸡黄砂有淡鸡黄(浅鸡黄)、深鸡黄、枯鸡黄和老鸡黄之分。一般认为鸡黄砂适应于晴好天气飞翔。

② 桃花砂:亦称"砂眼"、"珍珠眼"、"银眼"和"西子目"。底砂为白色,面砂为红色的眼砂,是虹膜睫状体上皮缺乏黄色素所致。以底砂洁白如银、晶莹剔透者为上品。桃花砂有白桃花(白底桃花)、淡桃花(浅桃花)、紫桃花(蓝底桃花)和烟灰桃花(老桃花)之分,其中白底桃花又分粉红桃花和杨梅桃花。一般认为桃花砂适应阴天和多云天气飞翔。

③ 牛眼:亦称"血眼"、"火油眼"、"黑砂"、"葡萄眼"和"豆眼"。它的底砂与面砂被黑色素遮盖而难以辨认,是虹膜睫状体上皮黑色素过多引起,实际上也可根据是否有

黄色素而分辨为鸡黄砂和桃花砂。牛眼只能在黑色瞳孔周围看到一片暗红色的折光,故称"血眼"。有的牛眼甚至连瞳孔也难以看清楚。

葡萄眼与豆眼也有一些区别,葡萄眼瞳孔附近的一圈是茶绿色,外面紫葡萄色,再外面墨绿色,晶莹剔透如同葡萄。豆眼则比葡萄眼更接近褐色,且斑纹较多。豆眼多见于观赏鸽,亦称"血眼"。

④ 鸳鸯眼:亦称"隔棱眼"、"蛤蜊眼"。即左右眼的眼砂不同,有的一边是鸡黄,另一边是砂眼(称"鸡夹桃",又分淡鸡夹桃和深鸡夹桃、暗鸡夹桃)或是牛眼;也有一边是砂眼,另一边是鸡黄或牛眼的。其竞翔、育种、遗传均不受影响。

虹膜的色素决定于虹膜睫状肌对光谱的吸收,对于能吸收黄光谱而不能反射黄光谱的就是砂眼;相反,不能吸收黄光谱而能反射黄光谱的是黄眼;反射黑光谱的是牛眼。虹膜睫状体的表面不是光整的平面结构,而是凹凸不平、由外向里凹陷的盆地样结构。虹膜通过光线的折射形成深浅不一的结构图形。并且它还要受到虹膜睫状体基底部上皮细胞色素——底砂颜色的影响,底砂同样会反射和吸收来自不同方向的折射和漫射光线光谱的影响,产生呈色彩斑斓的各种面砂和底砂的结构图形。

(2) 底砂和面砂 底砂是指眼砂上的底板砂,即虹膜睫状体上皮组织的基底部。一般以色彩鲜明、似盆地般且有层次感,丝粒清澈透亮,砂粒沉积而略粗为佳。面砂是指底砂表面堆积的一层砂粒,即虹膜表面的睫状体与血管网状组织结构图。这些砂粒可以是粗砂,也可以是细砂,且还有丝状的。有层次感和立度感,也有平板的。对一羽瞳孔收缩良好且收缩有力的眼砂,其虹膜睫状体血管网络必然是色彩斑斓、鲜明而丰富多彩,此正说明血管血供良好,动静脉血管由于反复拉伸,收缩和舒张而显现扭转增粗、高低不平,且富立体感,似悬浮体那样悬挂在虹膜睫状体的表面。

(3) 深砂和浅砂 指虹膜睫状体血管网状结构色素的深和浅。

(4) 细砂、粗砂和块砂 细砂指较低平而致密的睫状体血管网状结构。粗砂指粗糙型虹膜睫状体血管网状结构。此外,还有一种呈团块状的虹膜睫状体血管网状结构。细砂、粗砂和块砂又分为满砂和稀砂,满砂和稀砂则是指虹膜睫状体血管网状结构排列状态的丰富和稀疏。

① 细砂:

a. 细满砂:厚满砂、薄满砂。

b. 细均匀砂:厚均匀砂、薄均匀砂。

c. 细稀砂:厚稀砂、薄稀砂。

② 粗砂:

a. 粗满砂：厚满砂、薄满砂。

b. 粗均匀砂：厚均匀砂、薄均匀砂。

c. 粗稀砂：厚稀砂、薄稀砂。

③ 块砂：

a. 块满砂：厚满砂、薄满砂。

b. 块均匀砂：厚均匀砂、薄均匀砂。

c. 块稀砂：厚稀砂、薄稀砂。

(5) 内封砂和外封砂

① 内封砂：指眼志的外圈与面砂内圈的结合区或称"结合部"，其色彩有灰、红黄多种颜色。形状以锯齿形较好。

② 外封砂：指面砂的外缘，在两眼角处最为集中和明显。鸽界对外封砂的优劣认识褒贬不一。

(6) 砂形

① 盆形砂：能清楚看到面砂、底砂、阿尔砂和瞳孔，其面砂和底砂有明显的区别。这种类型眼砂的鸽，性急、归巢快，恶劣气候条件下可能会飞错方向。

② 满砂：又称"球面形砂"。只见面砂、阿尔砂和瞳孔等，却看不到底砂。这类型鸽较能吃苦，有韧性，在恶劣气候条件下，虽飞速不快却能坚持归巢，有意外出色表现。

③ 阶梯形砂：眼中面砂、底砂、阿尔砂和瞳孔都清澈可见，且富层次感，但色泽差异不十分明显。这类型的鸽如和盆形砂或满砂的赛鸽交配，其后代也会出好成绩。

2. 眼志

亦称顺应圈。俗称阿尔砂、R砂、外圈标记。位于瞳孔的边缘（即内线口的外缘）。即虹膜睫状体前缘与瞳孔边缘的阴影组成，色泽略淡于瞳孔，且根据眼志的长度、宽度和部位、色泽不同组成不同的眼志，呈现多种色彩。但凡优秀的赛鸽都有出色的眼志，在强光下清晰可见。"鸽眼论"行家们根据眼志圈的形状和色彩来评判赛鸽型、种鸽型或混合型；又按照眼志的部位、圈型和色彩区分各种不同的眼志。

(1) 眼志的部位分类　根据眼志的部位可分为以下几种。

① 卧眼志：一种最常见的眼志。眼志圈偏重，位于在晶状体外围的下方，即瞳孔下缘，横卧在晶状体靠嘴喙缘的下方，故名。眼志的长度和宽度不会完全一致，以眼志宽厚粗糙（凹凸不平）、立体感强、色素深黑者为佳。属理想型赛鸽眼志。在每次赛事中，无论长程、超长程赛，这种类型鸽的数量也最多。如围绕瞳孔周围不足 1/4 的是劣质鸽，不宜竞翔，也不宜留种。

② 立眼志：一种最常见的眼志。眼志圈偏重，位于晶状体外围的前方，即瞳孔前缘，竖立在晶状体靠嘴喙角处外围的前面，故名。眼志的长度和宽度不会完全一致，以眼志宽厚粗糙（凹凸不平）、立体感强、色素深黑色者佳。外观坚实，不

可有破碎或断断续续的感觉。此鸽属理想型赛鸽,在长程、超长程赛事中往往有出色表现。眼志论观点认为,此眼志鸽宜留种,作种的价值要高于参赛的价值。若围绕瞳孔周围不足 1/4,则其作种的价值也相应递减。

(2) 眼志的圈形分类

① 半圈形眼志:指眼志圈仅围绕着虹膜缘外缘,即瞳孔周围的 3/4,且包括立眼志或卧眼志的片段。其价值优于立眼志和卧眼志,它的后代会出阔圈形眼志的优秀赛鸽。

② 全圈形眼志:指整圈眼志围绕着晶状体外缘(即瞳孔的四周),呈黑色,且色素要求越深越好,整圈看上去凹凸不平且立体感强。眼志圈要求越宽越浑厚越好,此方为上品,是优良的育种鸽。其价值优于立眼志和卧眼志,但不如阔圈形眼志。如眼志的色素较浅,立体感也较弱,整圈的宽度狭窄,那么相对而言要逊色一些。

③ 不全形眼志:指整圈眼志几乎围绕着晶状体外缘,即瞳孔的四周,但在瞳孔外围的下方等部位有凸起的缺口,且带脏色,因而又称破损圈。以眼志宽厚粗糙(凹凸不平)、立体感强、色素深黑色者为佳品。这种鸽是理想的参赛鸽。这种眼志为优秀长程赛鸽的标记,是一种很少见的眼志,应珍惜。

④ 阔圈形眼志:指整圈眼志几乎围绕着虹膜缘外缘,即瞳孔的四周。这种眼志宽而颜色深,色彩稳重而清晰。阔圈形眼志是理想的种鸽特征,许多冠军鸽都有这种特殊的眼志。

⑤ 锯齿形眼志:指那种眼志很宽,且能严密地围绕着瞳孔,在虹膜缘外缘呈螺纹状,类似锯齿形,在靠近虹膜虹彩的一边也为锯齿状,越接近虹彩处纹路越细洁越清澈,色素以深黑色为佳,整圈看上去凹凸不平,且立体感强,眼志圈宽度越宽越好。此类眼志较少见,凡有这种眼志的鸽,不但本身是杰出的赛鸽,而且是善于育出长距离赛鸽的种鸽。若这种眼志出现在雌鸽身上更是如此,故有"育种眼"美称。

锯齿形眼志又分多种类型,如全锯齿形、不全锯齿形、卧锯齿形和立锯齿形。此外又分外锯齿形和内锯齿形两种。

a. 外锯齿形眼志:指锯齿形眼志中只有外侧缘靠虹膜缘虹彩一边呈锯齿状,比锯齿形眼志逊色,也属理想眼志之一。有全眼志、不全眼志、卧眼志和立眼志。以全眼志育种为好;不全眼志、卧眼志以放飞为好。

b. 内锯齿形眼志:指锯齿形眼志中只有内侧缘靠晶状体一边呈锯齿状,比锯齿形眼志逊色,但比外锯齿形眼志稍好。这种眼志很少见。有全眼志、不全眼志、卧眼志和立眼志。以全眼志育种为好；不全眼志、卧眼志和立眼志以放飞为好。

（3）眼志的色彩分类　眼志的色彩可分红、黄、蓝、绿、棕、黑、白、紫等多种。

① 黄眼志：指晶状体外缘，即瞳孔的周围有一黄色的眼志圈。需注意，莫将它与虹膜背景的黄色素（鸡黄眼的黄）相混淆，两者之间应有明显"质"的区别。这里指的是眼志的色素为黄色，宽度越宽越好，立体感要强。这是一种极少见的眼志。有全圈黄眼志、不全黄眼志、卧黄眼志和立黄眼志几类。以全圈黄眼志育种最好，不全黄眼志、卧黄眼志和立眼志以放飞为好。黄眼志优于卧眼志和立眼志，但稍逊色于绿眼志。凡有黄眼志的鸽，既是优秀的长程赛鸽，又是杰出的种鸽。

② 绿眼志：指虹膜缘外缘有一绿色的眼志圈。绿眼志须有足够的宽度，立体感明显，绿色要深沉隐晦，且绿色越深越好。当以深绿色为最好，并不是指那种明显的翡翠绿或草绿色。它是一种十分罕见的优秀眼志。有全圈绿眼志、不全圈绿眼志、卧绿眼志和立绿眼志，以全圈绿眼志育种为好，不全绿眼志、卧绿眼志和立绿眼志以放飞为好。凡有绿眼志的鸽是极其优秀的种鸽。而幼鸽期呈绿色眼志的鸽，一般会随年龄的增长而逐渐变成黄色眼志，因而这里指的绿眼志是指成年鸽眼志。

③ 紫罗兰眼志：指虹膜缘外缘，即瞳孔周围有一紫罗兰色的眼志圈。眼志须有足够宽度，颜色深沉而隐晦。紫罗兰眼志只出现在砂眼中，其价值和绿眼志一样，是一种十分罕见而优秀的育种鸽眼志。

鸽友们对观察不到眼志圈或眼志极为狭窄的赛鸽，无论育种或竞翔都是不屑一顾的，其虽可出赛，但不宜留种。对看不到眼志的鸽一定要仔细观察，也不要轻易下结论，往往有些优秀的赛鸽粗看没有眼志，而在光线充足的情况下，在观察瞳孔晶状体收缩和舒张的一瞬间方能看清楚眼志，于是要避免将优秀赛鸽错当庸鸽而淘汰。鸽友们偏爱有宽而淳厚、色彩丰富眼志的鸽，认为立眼志和卧眼志的鸽适宜参赛，全眼志的鸽适宜做种，混合型的既能参赛又能做种。

眼志圈是由虹膜睫状体（即虹膜睫状肌）内侧虹膜缘组成，其宽厚决定于虹膜睫状体肌缘岬部的厚度。由于眼志圈是由虹膜睫状体岬部前角返折所形成，返折的肌纤维形态各异，而形成不同形态的眼志圈。还由于岬部肌宽厚部所处的部位不同而呈现立眼志、卧眼志和全眼志。它还随虹膜睫状肌肌缘的各种不同色素细胞和不同数量及分布部位、折光度的不同,而产生五光十色的缤纷世界。且它可通过后天获得性遗传基因遗传所获得,再通过后天培育而得到提升和加强。

3. 品性圈

亦称内线口、线口、环影圈、相关圈、内圈、内圈标记。位于瞳孔的边缘,眼志圈的内侧,即瞳孔边缘的眼志圈后面。岬部的前角和后角中间还嵌有晶状体。由晶状体的发达程度,即宽厚度不同而呈现不同宽窄程度的品性圈。由于后岬组成的延伸环略小而显露于前岬缘,因而从前面透过角膜观察形成一个立体环。它环绕着晶状体似影子似的一圈,所以又称环影圈。其色泽介于瞳孔与眼志圈之间,且总是深于眼志圈而浅于瞳孔,须借助放大镜,在适宜光线和角度下,才能观察它的存在。品性圈基本上是整圈的(也有不是整圈的),也有阔、窄、锯齿形等不同形状,国内外鸽友将它们分为7种。品性圈与赛鸽的不同性能密切相关,也是鉴别赛鸽优劣的重要标准之一。

(1) 细线形 既无竞翔能力,又没有留种价值。

(2) 全圈形 只宜作中、短程竞翔,不宜作远程和超远程竞翔,也不宜留种。

(3) 阔圈形 属赛鸽型。

(4) 半波纹形 竞翔性能次于

阔圈形,尚可作为种鸽。

(5) 全波纹形 属优秀种鸽。

(6) 不规则多棱形 竞翔性能极佳,又是优秀种鸽。

(7) 不规则多棱八角形 属超级种鸽。

品性圈有许多颜色,以黄、绿、黑色为多。品性圈不是一成不变的,随鸽的年龄增长和竞翔次数(500千米以上距离)发生变化。其变化规律:全圈环影圈→半圈强环影圈→半圈环影圈→半圈弱环影圈。一羽优良赛鸽,随年龄的增长和竞翔次数的增多(500~1 000千米距离),其品性圈没有变化,还是全圈环影圈的,普遍认为用它育种要比让它继续参赛的价值要高得多。品性圈有从小就不是全圈的,另外还有宽有窄,均与赛绩表现有关。

按照"用则进,废则退"原则,品性圈的形成是在人们的长期干预下,通过反复翔训得到提升的结果,从而产生虹膜睫状体的眼志圈和品性圈肥大、增厚,形成现在所见的赛鸽独有的眼志圈、品性圈特征。且这一特征可遗传,再通过后天培育而得到提升和加强。

4. 光圈

光圈理论认为,在鸽眼晶状体收缩的一瞬间能产生一种微电流。它是由底砂与面砂间发生摩擦而产生的一种光波和电波。在观察鸽时，能感觉到其眼中放射出一道光，这种光称"光圈"。光圈对鸽的定向归巢极为重要。鸽的光圈越强越好。鸽的光圈就像雷达一样，能起到导航的作用。鸽的眼睛既然能看到125千米左右，那么要从几百千米，甚至几千千米外归巢依靠的就一定是光圈的作用。

对光圈理论，由于其与解剖生理结构相悖，而支持信奉者也越来越少。首先，晶状体自身是透明胶体组织，它没有肌纤维、神经纤维、血管和血液供应，因而不具有自主收缩舒张功能。其次，晶状体紧密地嵌合于虹膜睫状体的前岬与后岬间，它的收缩舒张功能是通过虹膜睫状肌的收缩和舒张来完成的。再者，面砂和底砂本身就是虹膜睫状体黏膜的表层和底层的立体结构三维视图。面砂和底砂不存在平面漂移或移行活动功能，不存在相互摩擦的问题。此外，虹膜睫状肌的收缩和舒张时，的确也会产生和其他肌肉收缩、舒张时一样，产生微弱生物电流——肌电流，而这一弱电流极其微弱，至今尚无法来感应记录；再说，即便承认虹膜睫状肌存在有肌电流，而它的电流强度与它的心脏、翅膀收缩舒张等电流也无法相比。最后，至于鸽友亲眼目睹的"光圈"，在鸽身上也是绝对找不到任何理论根据的，且也是无法记录下来

的。这是鸽友在观察鸽眼时，由于人的肉眼在强光源光线刺激下，长时间单眼过于注视某一目标，产生视网膜感光区视觉疲劳发生的静电放电瞬时感光现象。这正如人患有视网膜病变时出现的"闪光"症状。

5. 荡角

指鸽眼瞳孔外圈，靠嘴角方向的前下缘，或略偏前下方有一块黑色的扩展而凸出的移位阴影称荡前角，也属眼志的组成部分。眼志学说将此作为鉴别赛鸽优劣的重要依据之一。我国许多养鸽老手对国外论著的"瞳孔要圆，瞳仁要黑"论点持相反意见，却要求赛鸽的眼要有"荡角"，即便瞳孔呈现椭圆形也是好鸽。他们认为，优良赛鸽的瞳孔原本是圆的，但在飞行过程中，为看清和寻找地面目标，视线过于集中观察前下方，相当于时钟约7时至7时半的方位，于是促使瞳孔的前下缘虹膜睫状肌的括约肌收缩强度和肌张力的提升发达，久而久之形成瞳孔外围荡向前下角，有利于视力的调节，使瞳孔成为不规则卵圆形。在远程、超远程参赛归来的赛鸽中，发现不少都是荡角鸽，且越黑越好，内圈也越厚越好，呈锯齿状或荷叶边形为最佳。所以，荡角鸽参赛经验丰富，归巢性能好，是典型的远程、超远程优良赛鸽特征。

6. 黑丝

指眼砂中的黑色丝状物。它是虹膜睫状肌表面血管的梗死段或扩张段黑色素沉着。也有的鸽友认为,黑丝的出现是血管爆裂的结果(应以栓塞解释较符合),此多见于 3～4 岁龄、参赛经验丰富的赛鸽。

7. 什子

指鸽眼的面砂里,犹如嵌在面砂里的一粒宝石,闪闪发光。什子从眼睛的底砂中生长出来,穿过面砂层镶嵌在面砂上。有多种颜色,以白色和黄色为上品。其次是红色和黑色等。什子的形状以粒子为普遍,还有三角形的。应提醒鸽友的是,不要把浮在面砂上有颜色的粒子误认为是什子。在优秀赛鸽的眼中,只要注意观察,就能发现什子。

8. 时碑

指鸽眼的面砂里,好似嵌在面砂中的一条长沟,闪闪发光。这条沟是从眼睛的底砂中生长出来,穿过面砂层镶嵌在面砂上。有多种颜色,一般以白色和黄色为上品,其次是红色和黑色等。时碑的作用与什子一样,仔细观察优秀赛鸽的眼睛中,就可发现时碑。观察什子和时碑时,将整个鸽眼像时钟那样分成 12 等份,靠近嘴喙那边为 6～12 时,靠近后脑那边为 1～6 时,那么,

时碑以长在 9～12 时为最好,其次是 6～9 时,长在 1～6 部位较前面两种要差。当然若是眼里没有时碑,那就更差。

普遍认为,最好的时碑像一条长沟穿过晶状体,犹如一道白光横穿瞳孔晶状体,从另一边钻出来。这样的时碑极为少见。

9. 型号

指在观察鸽眼的眼志时,在眼志上发现有从底砂中生长出来的,穿过眼志层镶嵌在眼志上的图形文字结构。型号有圆形、三角形、直线形,甚至还可是英文字母形。有各种颜色,如白、黄、红、黑色等。不论是何图形,以白色和黄色为最佳,其次是红色与黑色。有型号特征标记的鸽,比有什子或时碑的还要高级,其属上品鸽特殊标记。由于在鸽眼中很难发现,因而绝大多数鸽被认为缺少型号。型号很难发现的原因与没有眼志的原因相同。只有在强光下,当瞳孔在收缩与扩张的一瞬间,才能看清楚眼志中的型号,尤其在太阳光或强光的照耀下,型号能闪射出光亮。大部分鸽的型号在幼鸽期是没有的,只有到发育成熟时或放飞 500～1 000 千米后,才会显现其终身不变的型号。

10. 影血

指鸽的眼睛中,在靠近晶状体

瞳孔的前下方处有一块黑影,围绕着晶状体瞳孔会漂移浮动(只有在强光的照射下,鸽眼球调节变焦时,才会发现有这种情况),鸽友将这块会浮动的黑影称"影血"。颜色一般为灰黑色,随鸽不同也有大有小,总的来说,影血大的要比小的好。影血长在眼志的上面,不要与环影品性圈混淆。有时也能发现有的鸽影血整圈围绕着晶状体瞳孔周围。有影血的鸽作种鸽极为理想。用于竞翔的鸽,以影血长在晶状体瞳孔的前下方为最好。有影血的鸽很少见。

11. 血影

指鸽的眼睛中,在靠近晶状体瞳孔的前下方处一块黑影,基本上与影血相同,所不同的是血影围绕着晶状体瞳孔固定在相应的位置上,而不会漂移浮动。血影是深黑色的,好像是眼志的延伸,但它与眼志间有明显的差别,一般能从颜色与厚度上将两者分开。这个延伸部分是在底砂的上面,所以延伸部分是没有面砂的,且延伸部位的边缘与面砂间也有间隙。一羽有血影的鸽要比没有血影的理想。血影以长在前下方最为理想,且越靠后面越差。

12. 炭穿雾

指鸽眼的底砂中,镶嵌有均匀或粗细不等的似炭末状的黑色素颗粒,越是靠近瞳孔越是浓密。随瞳孔的收缩和舒张时显时隐。此类鸽在薄雾天参赛往往会有上好表现,且适合于穿越盆地、山区、丘陵地带等赛线。

13. 放射纹

又称放射线。指鸽眼虹膜睫状肌的表面、面砂的砂粒间出现一种以瞳孔为圆心的放射状条纹隆起。其在光线和焦距变化的刺激下,均匀而有节奏地收缩和舒张。有放射纹的鸽在阳光明媚的天气下参赛往往会有上乘的表现。因而被认为是快速型鸽。且认为收缩节奏快而紧者为爆发速度型;收缩节奏稳而均匀者为归巢平稳恒定型;节奏时快时慢者为神经质鸽和不稳定型;收缩节奏迟缓而没有力度者属拖拉机型。这些都是不受欢迎的。

14. 游砂

指透过鸽眼的角膜观察,在前房的房水中或透过晶状体后的玻璃体中,漂浮移动有棕褐色或黑色(也有黄色或乳白色)、不规则的漂浮物。观察游砂时,需反复调整观察的角度,转动它的头部方能看到游砂漂移过来又漂移而去。此漂浮物常出现于艰难赛程后,以及长程参赛优胜鸽中,因而认为是极其难得

的优秀鸽。游砂实际上是眼内所脱
落的虹膜、视网膜上皮组织、组织
块、凝血块等。

15. 距离线、速度线和归巢线

（1）距离线　指眼志和眼砂间
虹膜睫状肌的表面出现有围绕瞳孔
的环线。有距离线的赛鸽在远程和
超远程赛中吃苦耐劳，韧性大，会有
上乘表现。

（2）速度线　指鸽眼的面砂里
的一条特别显眼的线形嵴状隆起，
它与时碑恰恰相反，犹如镶嵌在面
砂上的横杠，闪闪发光。它与放射
纹的区别是，它不在放射纹线上。
鸽眼鉴赏者将此速度线的长度、平
直度和宽度进行相互对比，相对而
言，速度线宽而平直且厚实者为快
速鸽，速度线的长度则表示该参赛
鸽适宜参赛飞行的距离。速度线
有多种颜色，以白色和黄色为
上品。

（3）归巢线　指鸽眼面砂上出
现的多条特别显眼、亮丽的短线状
隆起。以归巢线的密度、均匀度和
线的宽实度进行相互比较，相对而
言，以长短接近，分布均匀厚实者
为优，说明其归巢性能稳定。有多
种颜色，以白色和黄色为上品。它
与什子不同，什子的形状是粒子状
和三角形的，而归巢线是多条短杠
形的。如一羽鸽既有归巢线，又有
速度线，那么其赛绩一定不凡。

16. 比赛区与育种区

（1）比赛区　眼志靠近嘴喙部
分，称比赛区。比赛区宽阔的鸽在
竞翔中大有作为。

（2）育种区　眼志远离嘴喙部
分，紧靠眼球的后方，称育种区。育
种区宽阔、发达的鸽是好种鸽。

总之，眼志宽阔是优良种鸽的
标志。眼志细窄是参赛型眼志，不
宜作种鸽用。对鸽眼的结构、眼砂、
眼志等命名和说法不尽一致，在各
类书、杂志上时常看到不同的讲法，
但万变不离其宗，原则上是大致雷
同的，其中有虚有实，留待读者去伪
存真、了解其真谛实意。

至于什子、时碑、型号、影血、血
影5种特征是极少见的，如有其中
的2～3种，就已是一羽优良的赛鸽
了，如5种特征一应俱全，那就相当
珍贵了。这5种特征都是由"鸽眼
论"学者围绕着虹膜虹彩和眼志通
过长期观察研究发现而产生的。什
子和时碑是虹膜睫状体上凹与凸的
两种形态三维结构图，至于其形态
结构的表现图案，就比喻为那些旅
游景区的嶙峋怪石，看啥像啥。于
是有的鸽友能将一羽鸽的型号完全
临摹下来，且将其中的外文字母
ABCD等也分解得清清楚楚，可分
解成为30多个外文字母、图形，且
还组成几个英文单词。如此钻研象
形分解眼志型号图，笔者认为似乎
是过分了些。

（八）鸽人工授精和
克隆技术

1. 鸽人工授精技术

（1）人工授精技术的应用和进展　随着现代生物科学技术和冷冻保存技术的高速发展，人工授精技术已得到普及和在各个领域的推广应用。尤其在种畜、种禽人工授精技术方面已在大型繁殖场、中小型饲养场、种畜场、动物园等单位得到广泛应用，且已作出非凡成绩。至于鸽人工授精技术，尚处于起步阶段。

（2）鸽人工授精的现况和困惑　对鸽进行人工授精技术的应用，雄鸽的采精技术和精液的保存技术等问题，目前来说已经不成问题。而问题在于鸽属于一对一配对的对偶动物，在没有配对的情况下是不会排卵生蛋的。鸽若处于配对条件下采取人工授精，必须首先要清除雌鸽体内现有配偶的精子，且还需杜绝雌鸽再次接受现有配偶鸽精子的情况。如对此雄鸽采取去势处理的话，那么雌鸽或许就可能会不排卵生蛋。因此，目前对于优良种鸽的扩群培育还停留在一对一的原始配对培育模式之下，或一雄配二雌或一雄配多雌的模式之下。

2. 克隆鸽的现实意义

鸟类的克隆技术不完全等同于哺乳动物的克隆，其最大的差别在于鸟类是"卵生"，而不是"胎生"，它的胎盘形成和胎雏发育，也尽是在蛋中形成和完成的。

克隆羊、克隆犬、克隆猴……至今就是没有克隆鸽（鸟）出现，而单纯从组织细胞培养角度而言，越是处于低等动物组织细胞培养克隆技术的难度相对会要容易得多，因而克隆鸽（鸟）或许并不是克隆技术上的难度问题，而关键是有没有这个必要的问题。

对克隆鸽是否能够克隆出冠军鸽的问题？笔者明确表示："冠军鸽"不可能被克隆。也就是说，被克隆出来的至多也只能是冠军鸽的复制品，它绝不可能再次为您在赛事中夺冠。其一，因任何一个被克隆的个体，在其被克隆机体育成的过程中也存在着变异，既然存在有变异，那么也就存在着变异系数的差异，而克隆不是绝对等同的个体。其二，冠军鸽的培养和参赛获得成功，是依赖于"种"、"养"、"训"三大要素，就算是克隆鸽被育出，而也只是获得了其中三分之一，即"种"的要素。其三，赛鸽运动本身是一项不可重复的竞翔活动。在不同的赛程、赛事、气候、环境、条件……众多因素影响下，可产生不同的冠军。试想，即便一切都是在等同的条件下，每次赛事名次的排列也绝对是不可能完全一致的。再者，就从克隆一羽冠军鸽所需投入的精力和庞大经费投入而言，也是不太现实的。

三、参赛训翔篇

（一）参赛、恋巢与归巢欲

在原鸽时代，赛鸽们勤快地往来于巢穴和园地之间，长期忙碌奔波，自然而然造就了它能快速定向归巢的本能，且能将这一自然造就赋予的本能，通过代代相传遗传至今，且在后天的人类定向选择、定向培育下，得到继续训练加以强化和巩固提升，得以不断地再度强化、巩固、稳定、遗传而来。

赛鸽的生命活动在于飞翔运动。人们饲养赛鸽的目的，就是能在各项赛事中取得良好赛绩。因而，每当赛季来临之际，赛鸽者无不摩拳擦掌，期望能在这一赛季中大显身手，夺取奖杯、奖项、荣誉。

赛鸽参加竞翔比赛活动，它在异地放飞何以能快速定向归巢？这是至今仍疑而不解之谜团，有待于继续努力来进行破解。广大赛鸽爱好者也正在通过自己的努力，在参赛的实践过程中不断摸索、学习、总结，提高训练水平，改进竞赛方法，最终提高竞翔水平。特别是近年来，随着世界鸽文化交流活动的日趋频繁，大量优良种鸽的引进，新赛制的建立，科学养鸽知识的普及，将鸽文化推向新的起点。但要破译参赛、训翔、定向归巢等的奥秘，还需要通过几代人的不懈努力。

1. 先天恋巢欲和归巢能力

赛鸽所以能快速定向归巢，正是由于它有强烈的恋巢欲。人们利用它的这个独特的个性来进行通信、竞赛活动。从某种意义而言，所有的动物（包括家畜、家禽）都有一定的恋巢欲，但所不同的是，当它们变换环境，来到一个全新而更为优越的环境时，要不了多久就会适应新的环境而继续生存下去。而赛鸽却几乎是终身留恋自己的家巢，即便是再优越的生存条件和良好环境的诱惑，也阻止不了它想回家的欲望。一般引进赛鸽成鸽是极难开家的，因而所有引进的种鸽也只能采取终身囚禁来让它生儿育女——育种。

赛鸽还具有高超的定向能力，它在异地放飞升空后，一般兜不上几个圈子，就能快速定向，径直向目的地飞去。有时近距离放飞时，几乎不需兜圈子就径直向家舍飞去，这是其他动物、禽鸟很少有的独特个性。

2. 后天培育获得性基因

赛鸽、观赏鸽、肉鸽原本都来自共同的祖先——原鸽，由于人们的长期定向培育，以及物种的自然进化与退化及多极分化的结果，从而形成3个不同用途的鸽种群。赛鸽向恋巢、定向、飞翔等方面进化，这是人们长期以来，通过定向培育而成的。在定向培育过程中，使这些先天所固有的基因特性得到进一步显现、提升、强化。这些后天获得性基因，再通过影响先天所固有的基因特性，成为新的基因再遗传给它的后代，于是先天固有的基因通过后天的代代强化、代代相传，从而培育成为今天的赛鸽。赛鸽这个种群，通过家飞、训放等强化训练，再通过参赛过程中不同赛制、赛线等的优胜劣汰考验，经人们的优选优育、定向培育，采取杂种优势、提纯复壮等育种途径，从而培育成为如今这个赛绩优异的庞大赛鸽种群。

3. 显性与隐性参赛基因

羽色基因、形体基因、翼羽（结构）基因、眼睛（眼砂、眼志、瞳孔等）基因、归巢（恋巢、定向等综合）基因等，均存在有显性遗传和隐性遗传

两种表现形式，按照其不同的配偶、不同的配对形式、不同的饲养环境条件、不同的营养结构等，可以产生不同的显性和隐性基因组合表现形式。显性基因可以表现为代代显性遗传，也可以是隔代显性遗传；可以呈现规律性显性遗传，也可以是非规律性显性遗传，还可以是伴性（性别）显性遗传，甚至返祖遗传。此外，在显性表现上，可以是单基因显性遗传，也可以是多基因显性遗传（单基因显性遗传只能在理论上成立，而实际上是不存在的）。多基因显性遗传则由于其显性表现的组合形式不同，而出现不同的显性表现个体。除显性和隐性基因表现外，还掺杂有基因的变异问题，同样基因变异也存在有显性和隐性两种表现形式。

（二）参赛与翔速

赛鸽参加比赛不仅是比归巢率，主要是比速度，追求高分速。归巢率是赛绩的保证，在世界赛鸽史上，全军覆没、一羽未归的惨痛教训真还不少，有远程赛、超远程赛，也有中、短程赛。因而，只要有了相应的归巢率，才能评比飞归的速度——分速。

关于赛鸽归速的讨论和研究，是每位鸽友最为关心的问题，也是鸽友沙龙中必提的热点话题。

1. 影响翔速的因素

鸽在参赛过程中,定位定向与飞行速度相比较,自然是前者为先,大方向错了全盘必输,因而只有在定位定向完全正确的基础上讨论飞归速度——翔速,才具有真正的现实意义。

影响飞归速度的因素很多,不外乎不利或有利两个部分。虽说组织每一次赛事,对每羽参赛鸽的机会是相等的,但也不可能是完全以想象的那样完全均等。如上笼与下笼的差异,放飞时难免发生有上笼鸽压下笼鸽的事,甚至上笼鸽会将下笼鸽击落在地,当击落鸽再起之时,其状态就完全大不一样了;再说笼前与笼后,运输车辆加速时笼后鸽被挤,而急刹车时笼前鸽受压,类似问题种种,且也无法包罗万象一一而叙,现就几个主要问题讨论如下。

(1)欲望 赛鸽参赛并不是一种主动行为,而是人们在利益和欲望的驱使下,强迫将它们抓进集鸽笼送上指定的征途,因而参赛鸽入笼是一种被动行为,它们并不喜欢挤笼,也并不喜欢远离自己的巢箱和家舍,必须清醒地认识到这一点。在整个集鸽参赛过程中,必须注意善待它们,千万不能让它们产生恐惧、惩罚、抛弃、厌恶等感觉,以此来提高它们的归巢率、归巢速度;归巢后也要让它们感受到家舍的温暖,

有吃有喝、有安宁的生存环境,只有这样才能让它们时刻思念着家舍,赶快回去尽情地享受家庭的欢乐。因而,严格地讲,应是培养它们归巢回家的欲望。因此,人们可想方设法利用水、食、巢箱、配偶、孵蛋、育雏等生存养育的精神物质来引诱它,包括生理欲望需求的满足、人鸽亲和的技巧等调节赛鸽的快速归巢欲望。

(2)训练 玉不琢,不成器;鸽不训,不成材。无论血统多么高贵,品质多么优秀,体质多么强健的赛鸽,都离不开日常训练和鸽主(教练)的调教。它们至少要做到熟悉环境,训练有素,有令必行,恋巢欲强;不急不躁,抗应激强,久飞不喘……放飞归巢到家舍附近时能加速冲刺,即刻进舍,任主报到获胜。

(3)群体影响和干扰 鸽喜结群而飞,尤其是幼年鸽,在训放路途中,如遇素飞的鸽群,往往会参与群飞,由此而延误归程,影响赛绩。因此,凡训练有素的鸽,不仅要锻炼它们能脱群单飞,而且要求能脱颖而出。习惯于群飞的鸽往往是随群而至,这样一来同一赛程的参赛鸽,空距较远的鸽舍显然就吃亏多了。

当然也有鸽友认为,鸽在参加小型群飞时,会产生你追我赶、相互竞争的情况,只是在快到家舍时,有的鸽一步领先,一举夺魁。这样空距较近的鸽舍就会占有较多的

优势。

小型群飞和单飞训练,首先取决于 50 千米左右的反复训放效果。当然对有条件的鸽友,在 50 千米以上私训时,仍可采取先群放,以后进行 3～5 羽小组放,最后进行单羽放飞,通过如此反复训练的鸽,其参赛表现必然也会与众不同。

(4) 地理和地域 鸽放飞时冲出笼箱,随即凌空展翅而起,盘旋升高,定位定向,接着便是凭借着气流风向,按照所处地形、地理位置,选择有利的气流层,奋力飞翔,你追我超,快速归巢。如仔细观察就不难发现,不同品系、不同种群会选择不同的飞行高度,但也并非绝对如此,它还和每个鸽舍所处的位置和训练情况(俗称"棚风")有关。有的鸽群必须要飞得很高,盘旋好半天才悻悻而去,而有的鸽群却一出笼就认定方向而遥遥领先飞归。不过有时也并非完全如此,盘旋半天的鸽却是早早到家,而及早定向的鸽却偏偏姗姗来迟。因而鸽界谚语曰:"鸽赛无定论,全凭一滴血"。

不同血统遗传基因鸽,不仅适应不同的赛程,而且不同血统遗传基因鸽,适应不同地形环境和不同地理位置。因而行家将不同鸽系,用山地鸽、森林鸽、海翔鸽等命名,还有按照自己的鸽舍所在地,命名为北路鸽、南路鸽等。这些鸽系的命名,实际上就是按照鸽系所适于

飞翔的地域地形和地理位置,通过适飞训练所造就的。

① 海拔影响:对于地理和地域的理解,有人认为,赛鸽在海拔高的地带放出,由于当地空气稀薄,水食难觅,迫使它们不得不向低海拔地带滑行,并将此比喻为和人类一样,即下山总要比上山省力之逻辑而认定成立。这也是在评判讨论上海和苏浙一带西北赛线优势时,所阐述的基础理论观点。

② 高山峻岭影响:赛线中对于赛鸽飞越或绕过高山峻岭是一重障碍。由于高山地区地貌复杂多变,高山气流层高,多雾,空气稀薄,气候多变,加上深山峡谷影响定向导航,阻碍视野,且鹰隼群集,各种天敌虎视眈眈,因而我国每年的超远程赛事,途经高山峡谷赛线而葬身其中者,确也不计其数。

③ 江河湖海影响:鸽天性怕水,因而凡飞越大江、大型湖泊与近年来台湾地区推崇的海翔,都是针对鸽的这一弱项所设立。没有通过训练的鸽大凡遇到大片江河、湖泊等水域,总是九转三回,尤其初次训翔参赛的幼鸽,更是胆怯而难过此关。在进行海翔时,有的参赛鸽往往会再而三地欲飞回着落于司放船舶,或就近登岛(船、灯塔等漂浮物)而久久不敢飞离。其他诸如此类的有长江、太湖、琼州海峡和台湾海峡等,都会遇到江河湖海影响的问题,

于是位于长江流域的苏浙沪地区，在每年的训放活动中，都将训放是否过江，视为衡量训放活动是否已经过关的重要节点来对待。

(5) 气象和气候　参赛鸽放飞须选择好天气，因其归巢率、赛绩与气象、气候的关系十分密切。

在竞翔参赛的整个过程中，气象和气候方面的影响，会给赛鸽带来有利或不利的因素，有时甚至是灾难性的结果。

① 晴天与高温：鸽喜欢在空气清新、阳光明媚、气温适中的凌晨进行家飞训翔，且会给赛鸽带来出色的赛绩。赛鸽不喜欢在酷暑和过于灼热的阳光下飞行。夏季江淮流域正处于副热带高压控制下，天气晴朗，雨量减少，干旱酷热对参赛竞翔鸽会消耗过多的能量与水分；而黄河流域，华北、东北地区正处于强对流气流交替活动频繁时期，易出现暴雨和大范围降雨，导致江河水位骤涨，这些都对赛鸽参赛竞翔带来不利的影响。

② 阴天与雨天：阴雨绵绵的天气并不适合于参赛，在集鸽前预知阴雨，组织者当然会延迟训赛。然而一旦遇上了阴雨天，组织者往往采取运回出发地，取消本次训赛的举措。但也有可能是司放地天气尚可，而在开笼之后，发生天气骤变，也有的是司放地好天气，而中途是一大片雨区，如是小片雨区或雷阵雨，聪明的鸽会绕过雨区而飞归，也有少数强悍鸽会直冲雨区而归巢。就此而言，就是那些平时经常在阴雨天中进行环舍飞行训练的赛鸽，就可能大显身手。多数参赛鸽却是不自量力而死冲硬撞，直至双翅全部淋湿，体力拼搏殆尽而迫降于田野、屋脊、烟囱、电线杆上，落入人和动物之口。就算它能侥幸躲过此劫，待等雨过天晴，羽干之后再展翅而归，也已名落孙山。

③ 顺风与逆风：鸽会借助自然风向助力飞行。在正常飞行时，每小时可飞行 60～70 千米，有的快速鸽可飞行 80 千米。在赛事活动中，如遇到顺风助行，每小时可达 90～100 千米，甚至接近 110 千米。而在遭遇逆风飞行（俗称顶风飞行），赛鸽势必要顶风而进，克服迎面而来的强大气流阻力，必然要付出更大的体力代价，因而体力强盛者必定会领先，归巢鸽往往是羽毛蓬松凌乱，且疲惫不堪。而顺风参赛却能使飞行增加助推力，提速到家。至于侧风飞行，虽有左侧风与右侧风之区别，但主要看鸽如何来操纵双翅，借助于风帆的原理，充分运用天空中不同层次的气流层来驾驭自己的身躯，在侧风中飞行往往作"S"形路线曲折前进，破风展翅，显露出平时家飞、翔训中得来的非凡本领，奋勇当先，一举夺冠。因而，切莫小觑平时家飞和家舍 50 千米之内的

短训，它将会直接影响出赛时的赛绩。

④雷雨与大风：雷雨是赛鸽的大敌。雷电所产生的电磁波，会干扰赛鸽的定向定位功能。雷雨天鸽最好待在鸽舍里，必须停止家飞和家训，一旦已放出去了，近则最好设法及时召回，一旦遇上鹰击、惊吓，脱离目测范围，会由于电磁波的干扰而丢失。因而雷雨天放飞丢鸽也是常有的事，尤其幼鸽，它们缺少经验，还不懂得遇雨知返的道理，如遇上强闪电和雷声还会惊慌失措，加上羽毛抗水性差，非常容易在雷雨天放飞时丢失。

雷雨与大风又往往是共存的，且雷雨时的大风是旋风，鸽是根本无法驾驭旋风的，一旦途中遭遇大片的雷雨和大风，损失往往是惨重的。

⑤晨雾与大雾：雾气不仅造成视觉功能的障碍，而且雾气中的水微粒会渐渐渗入羽小枝上的羽小钩，水微粒沾附在羽条上使鸽越飞越重，消耗较大的体力。此外，雾气中还沾附着不少空气中的有害尘粒，鸽在飞行过程中必然会过量地吸入这些含尘埃粒子、硫化物的酸性雾气，引起呼吸道黏膜刺激，导致呼吸道黏膜水肿，通气量下降，迫使翔速减慢甚至竞翔中止。常接触雾气的鸽还易导致呼吸系统疾病的发生。盆地多雾地区饲养的赛鸽，呼吸道疾病发病率增高，赛绩也不如其他地区。

雾有平流雾、辐射雾、锋面雾、山雾等。平流雾、辐射雾多发生在冬季与春季的深夜，一般要延续至次日上午的 9～10 点钟，等太阳升高直射时才会缓缓消退，这是对凌晨家飞训练与竞翔司放影响最大的雾。而影响最严重的是发生于边远山区的锋面雾、山雾，外面的山风无法进入将其吹散，因而雾团环山围绕，长年留驻不散，赛鸽一旦误入山谷重雾区，如同坠入万丈深渊，浓厚的云雾加上静止的气流，任凭其左冲右突也难以冲出重围，只有少数聪明伶俐、经验丰富之鸽，才能幸免鬼蜮幽灵之绊缠。

因而在竞翔司放过程中，责任心强的司放员一般不会在晨雾未消退时开笼放鸽的。宁可等待晨雾驱散后，初阳露脸时开笼放鸽，此时雾层较低，鸽会凌空而过，然后滑翔而下，回归降落在家舍棚顶之上。

⑥阴霾与粉尘：阴霾是大气中悬浮着大量的烟、尘等微粒而形成的空气混浊现象。霾相对湿度不大，厚度可达1～3千米，此正好处于赛鸽飞翔的高度，且霾没有明显的边界界限，使鸽容易误闯深入而一时难以摆脱，且又强迫其吸入霾尘微粒，尤其直径小于 10 微米的气溶胶粒子（如矿物颗粒物、海盐等各种盐类及有机气溶胶粒子等）。目前

我国城市空气质量鉴定的二氧化硫、氮氧化物和总悬浮颗粒归属于"总悬浮颗粒"。霾是空气中的细小粉状飘浮物,大部分可被鸽吸入体内而引起呼吸道刺激;霾多发生在大城市与工业城市。

鸽在飞翔运动时,肺活量必然明显增加,也增加了灰霾的吸入量而刺激呼吸道,从而只得强迫降低翔速。因而在扬尘、阴霾气象条件下,司放鸽的赛绩都会不太理想。

⑦ 暴冷与寒潮:赛鸽在寒潮干扰、暴冷之下即使能归巢,其赛绩也必定会大打折扣。我国地域宽广,南方还秋高气爽时,北方已进入天寒地冻,此时如硬将它们一下子送往冰天雪地放飞,无论是赛绩还是归巢率,都是不言而喻的。当正处于大规模寒冷空气(冷高压)之下,在冷空气前锋所经处急骤降温,还时常夹带着大风和雨雪,甚至出现严重的霜冻或冰冻,这些无论对正处于集鸽笼中的鸽,还是处于高速公路运输途中的鸽,还是处于空中飞翔中的鸽,恐怕连自己的体温都无法维持,何来快速归巢之速度呢?

然而,此时此地还受到地理环境、地形地貌方面的种种因素制约,一般由南向北的赛线显然要比由北向南的赛线容易对付得多。正因为如此,我国的秋季赛事往往也是多取南路。

⑧ 雨雪与冰雹:暴雨与暴风雪前已叙述。而冰雹属一种突发性气象,鸽在云层下飞翔,因而冰雹的正面击打是受不了的,只能躲避招架,因而在参赛路经之沿途村庄,往往会在冰雹及暴雨雪之后,抓捕到大批的落地鸽,这是不容争辩的事实。

⑨ 沙尘与风暴:沙尘与风暴不仅造成行走和飞翔的困难,而且大量的尘土微粒飞扬,被吸入呼吸道产生危害。因而,参赛鸽遭遇到沙尘暴的袭击,轻者损兵折将,重者则全军覆没。多少年来,人们总想能进军西征,征服新疆等地的大沙漠,而几次出师几遭失利,曾遭全军覆没者有之,也有归巢者所剩无几,其原因除路途缺水外,主要是鸽难以躲避几个著名的大风口,难以忍受沙尘暴的无情袭击。

除此外,强烈的对流气流袭击、台风、龙卷风、雷暴、强寒潮袭击等均属风暴之范畴,赛鸽群队一旦遇上,面临的必将是一场灾难性的重创。因而,对一般训飞或竞翔,在0～3级风力时,不会对赛事产生任何影响;如是4～5级逆风,那就足以令人担心了;如遇5级以上强风,那对于本次赛事而言,将是一场沉重的考验。

⑩ 洁净与污染:随着环境治理工作的开展,人们对空气的洁净度和空气的污染程度已十分关注,鸽也需要呼吸新鲜、洁净的空气。当

大气中某些气体异常增多，或增加了一些新的气体成分与悬浮颗粒时，这就形成了大气污染。无论鸽的居住地，还是参赛途经之地，空气的洁净度与污染程度必然会影响它的赛绩。

(6) 矿磁场地质干扰　由于地层结构和矿体分布结构的不同，在地球磁场的影响下，地层会产生较强的局部变化差异。对此，在地理学中称"磁异常"地区。强大的磁力带对鸽的定向功能会产生较大的干扰和影响。赛鸽一旦飞临磁异常地区上空，会受到这些地下磁场的干扰，致使其定向功能受干扰而迷失方向。在每次放飞活动时，该地区总会出现不少的放路鸽就地盘旋而停滞不前。故在赛鸽训放点的选择和赛线的确定时，都尽可能地避开这些地磁异常地带。而对大范围的磁力带，虽可通过测试而由专业部门绘制，但对小范围的磁力带，目前来说只能通过鸽群的反复放飞，而从训放的结果来进行回顾性推测。因而对新参加养鸽队伍的鸽友，可从附近资深养鸽老手那里学习讨教，他们的脑海里会拥有一张完整的"训放图"。

(7) 归巢动力的激发　鸽的恋巢欲和定位定向本能是先天造就的，它通过先天遗传而获得，并在后天鸽主的精心培育下得到加强。其归巢动力的产生和激发包括"人"和"物"两大因素。人是指人鸽亲和，物是指饲养的环境条件与氛围。通俗地讲，就是要让鸽"思家、爱家"。这些将会在下面的"赢家秘诀探踪"中叙述。

2. 运输与赛线影响

赛线肯定与赛绩相互关联，不同品系鸽在不同的赛线上会有不同的表现，不同鸽舍也会有不同的赛绩表现，其中包括已知因素和未知因素。即使是那些已知因素，也并非全部都是天然赐予的，而需要人们去运用、掌握、调节和适应，方能在越来越激烈的赛事中崭露头角。这就是下面讨论的主要内容。

(1) 运输影响　在运输途中，由于颠簸、闷热、拥挤、相互打啄、口渴和饥饿，赛鸽无法充分休息，必然造成体质的迅速下降，尤其在远程、超远程赛事的运输途中，经几天几夜的旅途折腾，等到开笼放飞时，往往已呆若木鸡，无法起飞是经常发生的。只是在运送员的不懈努力下，降低装笼密度，勤奋上下翻笼，增加通风通道，精心喂水喂食，以及随着交通运输工具的更新，高速公路通道的建成，运输时间的缩短，运输死亡率和折损率已明显减少。

至于运输工具，中短程赛事主要采用高速公路运输，而远程、超远程赛事的运输工具主要还是火车。鸽晕车问题是客观存在的，实验证实每羽鸽都会发生晕车,诱发原因是反复等频率的摇晃。鸽是空中飞行动物,耳蜗内壁的黏膜感受小体的感受区主要分布在后下方,而耳蜗下方的感受区只是在陆地上活动时使用,平时它并不需要感受等频率摇晃刺激,因而这是耳蜗感受器先天缺陷造成的,故不可能通过训练培养出不晕车的鸽。

防止鸽晕车的办法:集鸽前不要喂得过饱;运输途中尽可能减少颠簸,如汽车运送要注意通风,尤其轿车运输,鸽友们往往喜欢将鸽笼放在后备车厢中,试想,后车厢岂能会是空气畅通之地?后车厢中有汽油味,有的还开上空调,它们能受得了吗?凡此种种细节,处处都要求鸽友们注意,才能在赛场上充分发挥,为主争光。

(2)赛线影响 一个地区寻求一条好的赛线是鸽会的首当任务,一条好的赛线可让本地区众鸽友终身受益。东南西北各条赛线,由于受地形、地理环境、运输条件等限制,可能只有1~2条赛线可供选择。一条好的赛线的形成,是通过历年放飞经验的积累自然形成的。

每一条赛线对参赛者而言,机会应是均等的,而与您所饲养的赛鸽种群是否适合这一条赛线有关,历史上类似"南黄(钟)北李(梅林)"的事例可谓数不胜数。在某一次赛事中出奇制胜者也确实有不少,而在一条赛线上能长期多次崭露头角的鸽系,确实并不太多。因而鸽友们就自然而然地形成了南路鸽、北路鸽。以苏浙沪地区为例,长期以来自然形成了一条西北"黄金赛线"。在这条赛线形成过程中,既然是说每年在此赛线上,将会选拔出大批的"精英";那么也就是说在这一条赛线上,每年将要以牺牲多少"壮士"为代价所建立起来的。而该地区还有一条南路赛线,可至今还没有人命名,称其为"白银赛线",其道理也就无须多言了。西北"黄金赛线"的命名,也是在各条赛线比较之下形成的。同样是"京津沪赛线",也是正南北赛线,应是一路平川、粮水俱全吧,可其赛绩总是不如西北"黄金赛线"。而东北地区的南路赛线,也是一条"黄金赛线",在此赛线上,多次创造出"千千米当日归巢"的历史纪录。

因而不少学者、鸽友们撰稿认为,一条好的赛线形成的基本条件如下。首先,以高海拔地区向低海拔地区飞行。解释为:赛鸽开笼后一路向低海拔地区滑翔而下,并将此比喻为"下坡总比上坡省力得多"。其次,一路平原,避开高山险阻。高山地区气流复杂多变,多雾,温差大,空气稀薄,深山峡谷影响视野,导航功能难以发挥,且多鹰、隼、鹞等天敌。再者,沿途要少有城市,特别是大城市。因设立在城市饲养的鸽舍,鸽往往会有"恋城欲",进入大城市后,一方面留恋于城市而不肯离去,另一方面总是跟着城市中家飞的鸽群转,飞累了栖息束手被擒,或飞饿、口渴了,难以克服食、水的诱惑而误入他舍;另外路途要有水源、庄稼、籽食,可供落野打食充饥。如赛线起点于荒无人烟的沙漠地区,经验告诉我们,赛鸽飞行在一天以上的赛程,不吃不喝是难以维持的。最后,赛线最好能由高纬度向低纬度走,这样鸽就能顺着太阳由西向东飞行,可充分利用经纬时间差,有利于分速的提高。

以上的赛线选择,主要是按照远程、超远程所设计,而对中、短程赛线而言,或许就没有如此严谨,每年鸽会春秋两季设计的中、短程赛线,总要和远程、超远程赛线相匹配,赛事的安排顺序也是由近到远,先训赛、短程赛、中程赛,最后才是远程、超远程赛。

(3)司放点影响 司放地点和放飞时间的选择非常重要,各地鸽会每次组织的放飞活动,除裁判员外,也少不了经验丰富的司放员,其对每次的司放活动负有重要责任。当赛线确定后,不要轻易变更,这对提高赛绩至关重要。无论是国内赛线还是欧洲的巴塞罗那、波城、马赛等国际赛线司放点,基本上都是保持几十年不变的。这不仅有利于分速的提高,而且更重要的是,每年的

赛绩具有可比性。在那里,一羽赛鸽可在同一条赛线上连续飞上好几年,赐予它创造优异赛绩的机会当然也会多得多。

3. 集鸽送鸽与捉鸽影响

这往往是鸽友容易忽略的方面。所谓"养兵千日,用兵一时",临上阵时却为区区小节而损兵折将,岂非得不偿失。前面已有所述"人鸽间亲和"、"恋巢欲"的培养等,都是长期以来通过努力逐渐形成的。以集鸽上笼前的抓鸽为例,有的鸽友为赶时间,抓鸽时抓得全舍鸽飞蛋打,这何来"人鸽亲和"?此外,还有集鸽、送鸽笼前期准备不足,勉强装笼拥挤,鸽尚未跨入征途,却已损羽折条,闷笼出汗,粪渍满身。它们满以为是遭受惩罚,何来"恋巢欲"?送鸽到集鸽点,路途虽不远,除上面所述的晕车防护外,鸽友往往喜欢趁集鸽、收鸽等待之机,相互进行鸽经交流,你抓我看、抓来递去,忽略了将士出征的心态,接着是不可免除的验鸽、上环、羽条盖印、进笼挤笼等一系列连续强应激,这些都会对参赛鸽造成一定的心理恐惧和伤害。

(三)教乖和训练

"种"、"养"、"训"乃赛鸽成功之要诀,有了良好血统的品系鸽,加上

良好的饲养环境条件,接下来是严格而科学的训练。赛鸽的日常饲养管理和飞行训练得从幼鸽期抓起,即从上天飞翔开家的第一天抓起。过于谨慎小心和盲目超强度训练,都将会以事倍功半而告终。

1. 赛鸽教乖

(1) 进活络门训练 即进舍训练。在幼鸽开家前需进行训练的第一门必修课是进活络门。进活络门不仅是让幼鸽知晓从此门进入自己的家舍,而且对参赛鸽而言,更重要的是,要求它能快速进入鸽舍。不能从幼鸽起就养成迟迟不肯进舍,而在舍外长时间溜达、梳理羽毛的陋习。否则,在异常激烈的赛事中,即便能快速定向归巢到达鸽舍,本应能取得极高的分速,然而它到"家"后,在棚顶上休闲地梳理起羽毛,或闭目养神休息,甚至长时间溜达,任你使劲地摇晃食罐或吹哨子呼唤它,它却无动于衷,这样一来,由于未能及时进舍无法实施报到程序而名落孙山。这些鸽如得不到有效纠正的话,必将会在每一次赛事中重演。此类事例在每一届赛事中可谓屡见不鲜,因而必须得到"教练"的有效遏制。

训练幼鸽快速进舍的措施和方法,除在活络门的朝向、降落台的设置与设计等方面进行合理调整外,主要是从进舍信号的条件反射训练入手。最常运用的最有效手段是饲喂训练法。首先,必须养成定时饲喂的习惯,鸽舍外绝不能放水置食,让它知道饲料和饮水只能在棚舍里才能得到,当它饥饿或口渴时,也必须在进入活络门之后才能得到满足。然后是每次饲喂时必须发出固定的声音信号,如呼唤、吹口哨或吹哨子、摇食罐等,即当它们在外面飞累、饥饿、渴极时,你便摇动食罐,同时向食槽中撒下少许饲料,然后一把一把地将饲料撒入食槽,这样同时也纠正了挑食的坏习惯,等到有2~3羽鸽吃饱并走向饮水器时,就应停止撒食,让它们将剩下的饲料全部吃完,当感到它们只有吃到八分饱,还想再吃一口时就可停喂了。对于那些迟进慢到入舍的鸽,要让它感到吃不饱,这样饿它1~2次,它就会知道听到进饲令就得快速进棚,否则会遭受饿肚子的待遇。"教练"们调教鸽,类似于马戏团训练动物那样,必须"一切行动听指挥"。在令行禁止之下调教出来的"运动员",参赛时只要等赛程归来立即发出"进棚(进饲)令",它就会乖巧地立即钻进活络门。在安置电子扫描报到系统的鸽舍,就已同步完成了报到。

从幼鸽第一次出舍开始到1月龄,是训练幼鸽进活络门的最佳时期。趁幼鸽还不会上天飞翔时将它抓在活络门前的跳板上,任它四处张望,坐立不安,待安定下来,它会用小脑袋在活络门上反复碰撞,只要当它的脑袋钻过活络门间隙,就会全然不顾一切地拼命往门栅里挤,这样连续反复演练几次,就会养成当它站到跳板上时就会毫不迟疑地一头钻过活络门进棚,这样"进活络门训练"也就完成了。

采取板框式活络门及设置跳笼的鸽舍(即在板框式活络门的下面安装一个可随意开启的笼箱,鸽可通过板框式活络门进入笼箱),要比栅栏式活络门的教乖课程要容易得多。对数量较多的幼鸽群体,只要在开始时能先教乖几羽幼鸽,然后会长幼带新幼,几天下来幼鸽群都会非常聪明地相互模仿学习,熟练掌握进入鸽舍的技巧了。

(2)教乖与家飞训练 幼鸽教乖的第二课是家飞教乖和开家训练。在这一过程中,最为重要的是幼鸽能尽早认识自己的鸽舍,防止幼鸽飞失。鸽友对幼鸽认识家舍的过程称"开家";而对在开家过程中发生的幼鸽飞失则称"游棚"。

2. 开家和游棚

(1)开家 对于初出棚刚能上天飞翔的幼鸽而言,首先需要认识自己的棚舍——家。它们也只有在开家的过程中,才会发生游棚。为减少或避免幼鸽在开家过程中发生游棚现象,鸽友们常采取以下几种方法。

① 早开法:即在幼鸽尚处于刚出窝还不能飞翔、绒毛尚未完全褪去时,就任其自由出入鸽舍,或任其在舍外自由活动,往后会随日龄增加,在鸽舍周围自近至远的近距离来回飞翔,于是双翅的力量逐渐得到加强,待等它有相应飞翔能力且能上天飞翔时,对鸽舍周围的环境已非常熟悉,因而是一种"渐进式"的开家方式,也是鸽友中较常用的原始开家方式。但对没有围栏阻隔的高层鸽舍,易发生幼鸽跌落;而对落地式没有围墙的鸽舍,也易发生外来干扰和外来动物的伤害,这些都需谨慎对待。

② 迟开法:即让幼鸽在舍内长大,对自己的鸽舍已十分熟悉,且已有了自己固定的栖架,对鸽舍有相应感情的情况下实施开家。此时,它因已有定向力和一定的飞翔耐力,即使飞远迷失了,也完全有能力找到自己的家。对此,有的鸽友认为需等到换第2根大条时才能开家,也有的认为需等到换第4根大条时才能开家,甚至对个别晚熟品系和引进的种用幼鸽,直到配上对后,方才敢于开家。迟开法对幼鸽早期的体能强化锻炼是十分不利的,其也必将影响到它往后的参赛前程。因此,迟开法仅应用于个别特别易游棚的鸽系和种用鸽,实际应用并不普遍。

③饥饿法：即幼鸽开家出笼前必须处于空腹状态，这样能使它饿而思归。当它在飞累了落棚后，一听到进餐信号立即进舍抢饲。

④晚开法：即按日落时间，采取傍晚时开家的办法。鸽体有生物钟功能，每到傍晚百鸟归巢之时，鸽也不例外，况且此时已接近黄昏，它们出舍后也不至于会远走高飞，然后再逐日提早开笼时间。

幼鸽如在早晨开家，会异常兴奋，甚至一冲而出，直上九霄云外，还会脱群而去与他舍的鸽群合群。早晨开家即使任其在舍外玩耍，也会不到傍晚饥饿、渴极就不肯回来。幼鸽在外逗留时间过长，有时遇到意外惊吓或邻里鸽群起飞，也会兴致勃勃加入它们的群队，然后随群降落到他舍。

⑤剪羽法：即将幼鸽最外侧的大条先剪去1根，然后待其飞翔能力提高再剪去1根，有的先后剪去3根，也可每隔1根条剪去1根，以此达到控制其飞翔能力，使它不能远走高飞。持有此法观点的鸽友认为，这样同时锻炼了膀力，使其飞翔能力和耐持力得到强化，体格更为强壮。随着它的换羽进程，在逐条羽杆脱落置换成全新羽条时，也留下了强健而耐持的膀力。

⑥分群法：即将本舍的鸽群分为几批开笼放飞。先放身强力壮的年轻鸽，再放成年鸽，等到它们飞累将要落棚时，再放幼鸽。因为此时鸽群已不会远翔，幼鸽飞出后，一般也飞不了几圈就会落棚，然后随鸽群一起进棚。此外，幼鸽比较贪玩，且性情不稳定而极易兴奋，青年鸽一旦将幼鸽带出去，往往会出现幼鸽不自量力，在尽兴玩耍后，由于自主定向功能尚不健全，往往易掉队、迷失、留落他舍，尤其遇到外舍鸽群的拐带、分群，常会发生误随他群而降落他舍。

⑦带教法：即由育雏保姆鸽雄鸽单独带着幼鸽出行，由于幼鸽还处于没有完全停乳（饲）阶段，一方面雄鸽会单独带着幼鸽在舍外活动，一般也飞不高、飞不远，只要舍外没有其他鸽的干扰也就很少会丢失。不过必须在鸽舍周围没有他舍鸽群影响下才能做到，否则只能是徒劳。此外，对于单独建有幼鸽舍的，带教法帮助不大。

对于上述的几种手段和方法可单独应用，也可按自己鸽舍的实际情况综合灵活应用。幼鸽开家时常常会发生在外留宿的陋习，有时也会发生有舍外隔夜，甚至隔几天后才回来的情况。此现象的出现，一般都说明它已"开家"了，不必为它过于操心了。只要继续"饿"着它，千万不要在舍外喂食、喂水，等它进舍后，给它一个固定的栖息之处，关上几天就行了。

(2) 游棚　幼鸽发生游棚飞失

的事,确实是每位鸽友都会经历到的,可谓在所难免。即便是管理很优秀的鸽舍,偶尔也会发生幼鸽游棚丢失的事件。游棚发生率最高的鸽舍,要数居住条件较差的密集居住区的那些落地鸽舍,一则鸽舍视野狭窄,目标不清;二则鸽滑翔降落时落棚困难;三则鸽舍周围人员往来频繁,干扰活动复杂,如再加上鸽舍处于养鸽密集区域,游棚的发生率也就更高了。

而顶楼鸽舍常见的游棚,多数是幼鸽翅软而体重,难免有体力不支或失足而跌落到楼下,一旦跌落在地,往往会被好奇者顺手抓走。因而在幼鸽刚开家的起初几天里,最好鸽友能守候在舍旁严加看管,以防不测。对高层顶楼鸽舍,幼鸽开家的初期比较困难,而以后一般不易丢失。

此外,在阴雨天、雷雨天和大雾天,最好避免幼鸽开家。至于这些天气的训练课程,也须遵循科学规律,尊重客观现实进行。如需让它经受一些风吹雨打,那也要安排在开家后。强训后期还得因鸽而异,采取循序渐进的训练方式,千万不要做超越鸽本能的冒险式尝试。

有时发生另一种游棚情况,即已"开家"的幼鸽又游棚了。这是由于鸽舍饲养密度过高而拥挤,鸽主没有提供足够多的栖架,或没有能给幼鸽一个相对固定的安静而稳定的栖身之地。此外,鸽舍环境条件过于恶劣,噪声、强光、鼠鼬、猫的惊吓和干扰等。对生长发育到 4～6 根条的幼鸽,性器官已发育成熟,而舍内却没有适合的配偶,或遭外舍鸽的引诱而进入他舍。

也有鸽友认为,游棚与遗传有关。有的配对鸽,其子代就是留不住,往往孵了好几窝却一羽也没留下,而在拆对更换配偶后,却全都留下了,这是鸽舍中常有的事。这或许是因为前面配对鸽的子代,性情急躁,精力充沛,胆大而好动;而后面的子代鸽性情温文尔雅、胆怯,而易"开家"。此外,实践经验证明,游棚确实与品系遗传因子有关。如鸽界前辈们认为,过去的西翁系就属那种难以"开家"的鸽系。

幼鸽开家放飞出舍时,先得观察一下鸽舍周围的鸽群,当别家的鸽群正在飞翔时,千万不要急于将幼鸽放出去。如已将幼鸽放出去了,此时您可将自己的鸽群立即放出去,以增强自己群体的势头,它们在空中盘旋飞翔时按照鸽群的群势大小来决定飞行路径,一般总是小群趋附于大群。此外,还决定于您鸽舍整个鸽群群体的实力,尤其是您鸽舍中"头鸽"实力的强弱。

在每个鸽舍的群头中,总是由强悍的头鸽来带领自己的鸽群进行家飞的,头鸽当然也总是由身强力壮的雄鸽来担当。然而头鸽也并非是一成不变的,如您留心观察一下它们家飞盘旋在鸽舍四周的上空时,即可看到鸽群你追我赶、争先恐后的景象,一会儿你在前,一忽儿他在先,那经常飞行在先、带领鸽群飞行机会最多的那羽鸽,就是您棚舍中的"头鸽"。

为了不让他舍的鸽群将您的群头拉过去,还可将自己鸽舍的鸽分成3~5羽一组,分组放出,这样可将群头始终拉在您鸽舍的周围,直到将他舍的鸽群拖累了,让它们在您的鸽舍附近分群而去,这样一来您的幼鸽就不会被裹去了,会随自己的鸽群降落在自己的棚顶上。正因为如此,鸽友们会将自己的鸽群扩展得越来越大。

3. 放路训练

放路训练包括家飞训练、四周放飞训练、短程放飞训练和强化训练。

(1)家飞训练 幼鸽自出棚飞行的第一天开始,就已进入家飞训练课程了。

家飞训练又称环舍飞行或绕舍飞行。按鸽友的不同饲养模式可分定时放飞模式和自由放飞模式两种。采取哪种模式,要按鸽舍的具体情况和放飞程距决定。

①定时放飞模式:俗称关棚饲养模式。这种模式是目前城市鸽友普遍采取的饲养模式。每天固定时间司放2次。多数鸽友采取每天待天亮后6~7时(有的地区天亮时间早,则可按季节当地日出时间和鸽友个人生活习惯再酌定提前),上班族往往选择在清晨起床或上班之前2个小时左右将鸽放出,鸽主趁此机会打扫鸽舍、洗壶换水。大致经0.5~2小时,鸽归巢时就吹哨撒食,早餐喂全天量的1/4~1/3就足够了,有时先喂清除饲料,再按季节需要调整,饲喂当令的混合饲料。下午5时前后再放飞一次。一般可让鸽在舍外飞的时间稍长一些,最好能飞到黄昏天将昏暗时再发出号令进棚。有时可适当用竹竿、彩旗等驱赶,以延长它们的家飞时间。在赛前、赛期训练期间,飞行时间只要能达到2个小时左右就可以了。

②自由放飞模式:俗称开棚饲养模式,又称开通棚模式。指每天清晨开棚放飞后,任其自由出入,直到晚上才收笼关棚。任由鸽在棚舍内外自由飞翔、玩耍、栖息。早晨同样是打扫鸽舍、换水投饲;晚上收笼关棚后喂食、饮水,清点羽数等鸽舍日常管理作业。

采取定时放飞模式还是自由放飞模式,首先取决于鸽舍的周围环境。由于大多数鸽舍营建在民居住宅区,如任由鸽在棚舍外自由活动、到处飞翔栖息拉屎,难免会影响到周围居住的邻里乡亲;也易养成鸽群出去落野、打野食的习惯,易遭不测事件;还易将刚刚开家的幼鸽带出去,造成幼鸽的丢失。因此,城区不宜采取自由放飞模式。

采取自由放飞模式的鸽舍,对远程、超远程赛事会有一定的优势,并不要求它们能当天归巢,须学会在外面找水源、觅食和栖息的本领。对那些长期在外打野食、栖息的鸽群而言,都已积累了丰富的经验,而对飞飞息息已习以为常,鸽友将此称为"拖得起",归巢率相对也高得多。而对采取定时放飞模式的鸽群,这些是其弱项,长期以来习惯于舍内饮水进食,对在外寻水觅食、选择安全而合适的栖息地点等均不在行,因而对参加远程、超远程赛事会显得相形逊色。

(2) 四周放飞训练 按幼鸽早熟、晚熟鸽系的不同,约在 2 月龄(在换到第 2 根大条)时,就可开始进行鸽舍四周的放飞训练。采取家舍附近地区东南西北各个方向的不定期、不定点训放,既可锻炼幼鸽的飞翔定向能力,又可熟悉周边地区环境。

幼鸽四周放飞训练对于日后参赛、夺取赛绩的高分速极其重要。虽赛鸽的归巢并不是完全依赖于目测记忆,但对于日趋激烈的赛事而言,当它们在经前期激烈地拼搏飞翔后,来到邻近自己熟悉地区的家门口,尤其临近日落黄昏天色将暗时,也正是鸽舍投食喂水时,它们往往能驾轻就熟完成这最后 50 千米

的冲刺飞行,对及时报到极为有利。

幼鸽四周放飞训练以鸽舍为中心,从 1 千米开始,然后增加到 2 千米、4 千米、8 千米……每训放 1 次,空距可递增 1 倍左右,直到 50 千米左右范围内反复多次地进行训放。可以单一方向自 1 千米放起,直放到 50 千米;然后开始从第二个方向,自 1 千米放到 50 千米;也可无序司放,反正是 50 千米以内反复训放为目标,这正是为使幼鸽达到 50 千米范围内驾轻就熟,达到其扩大四周视野的作用。

短程四周训练先是采取群体一起训放,再是 3~5 羽编小组分批训放,最后才是单羽分批训放。每批训放的间隔时间为 3~5 分钟,要等到上一批鸽放出飞得无影无踪后,才能放出下一批鸽,以达到分批训放的目的。群体和编组训放的目的是有利于定向归巢,减少训放损失;而单羽训放是为提高单羽鸽的独立定向判断能力。训放需从实战角度出发,在正式参赛司放开笼后,鸽群总会先大群飞行,其整体方向也基本相同或一致,开始时彼此分不出先后,而此时那些平时训练有素的单羽鸽,往往能突破群体束缚脱颖而出,遥遥领先于群体而夺取高分速。而那些没经单羽训放的鸽习惯于混在鸽群中飞行,这样势必会影响到归巢速度,往往难以获得出色的赛绩。由此可凸显出平时采取单

羽训放的特殊重要意义。

在幼鸽训放时,有的鸽友为减少损失,以老鸽带新鸽。当然,在开始训放时,3～5千米距离请老鸽带1～2次也未尝不可。幼鸽的精力充沛,比老鸽飞得快,这样做反而会影响它的优势发挥,如每次都这样搭配就不足取了。此外,老鸽往往有一种坏习惯,对3～5千米的近距离不屑一顾,到舍后不肯立即进棚,会围着鸽舍再兜上几圈过过瘾,甚至会中途停下来栖息玩耍、乘机调情,迟迟不肯进棚,幼鸽一旦沾染上如此恶习,终身难改。

而近距离训放损失的原因,主要是因幼鸽的日龄太小,尤其成熟较晚的鸽系。还有就是"跟群头",即在飞归的路途中,遭遇到途经地区鸽群的围袭,此时的幼鸽还没归途中躲避鸽群夹携的经验,往往会合群共飞,这样一群紧接一群,直到劳累之极飞不动为止,而其中意志薄弱者,也会随他群而降落他舍棚顶,被食水引诱而进入他舍。其他易被忽略的细节如下。

①以静制动:到了司放目的地后,切莫立即司放,尤其在高速公路的停车场上(高速公路上是不准停车放飞的),取下放飞笼,笼门尽可能对着家舍大致方向,将放飞笼安置妥当后,劝退旁人围观,避免在放飞前惊扰等待开笼的鸽。静止休息3～5分钟是非常必要的。待笼

内鸽开始撞笼时,正是开笼司放的最好时机。

②选择好天气:近距离私训要尽可能地选择好天气。有的鸽友希望能锻炼一下自己的鸽,选择阴晦、迷雾天气放飞训练,此举并不可取。因为对鸽的训练课程,只能局限于提升其本身有的特有功能,绝不可能通过锻炼使它们超越本能,超脱它们固有的生理极限。当然偶尔会有不少的鸽能在暴风雨中奋力拼搏归巢,但是这些并不是"教练"通过1～2次锻炼训练出来的。

③挤笼与闷笼:训放鸽要按放飞笼规定的数量放入,让它们占有足够的空间,千万不能图省事挤一挤,甚至似叠罗汉般,这样不仅会损伤羽毛,而且容易发生闷笼。凡闷过笼的鸽,一下子是"醒"不过来的,训放的结果可想而知。

此外,将放飞笼放在闷热的车后备厢里也会发生闷笼,这在前面已提及。

④晕车问题:汽车频繁而有节奏的摇晃易引起鸽晕车,到达放飞地后,须让它们休息清醒之后再放。

(3)短程放飞训练 按幼鸽早熟、晚熟鸽系的不同,约在3月龄可进入赛前训练课程。在四周放飞训练后,可进行短程定向放飞训练课程了。这能继续提高鸽的定向飞翔能力,为参赛做前期准备,包括挤笼

运输的适应和应激心理的适应。

短程放飞训练,不同于平时四周放飞训练。主要区别是定向训练,此时需按该鸽参赛的赛线方向呈扇形选择短程放飞训练的范围。有自己团队组织的私训和鸽会组织的集训。私训可以是自己单独组织的"单拉"训放,也可以是鸽友之间组织的小规模集体私训;对于没条件私训的和贪图省事的鸽友,以及为使参赛鸽早期适应集体挤笼参赛,只好参加鸽会的集体训放。

短程放飞训练按照30～40千米,50～60千米,80～100千米,100～150千米,200～300千米的规律,每次放飞的空距路程是按倍数的增加进行选择。近距离训放每星期(5～7天)1次,300千米以上10天或2周1次,鸽友可按自己鸽群上次放飞归巢及鸽群体能的恢复情况,选择循序渐进的站站训放模式,或酌选跳站参训模式。一般信鸽协会在300千米空距左右,就开始组织进行多种项目的竞翔比赛了。

(4) 强化训练 即大运动量训练,又称超能训练。指在采取每日二次定时放飞基础上,强迫鸽群逐步延长飞行时间的训练。主要是用长竹竿或长竹竿彩旗、敲击响器、放小鞭炮等进行驱赶。鸽界对此看法褒贬不一。驱赶会造成鸽群的应激惊吓,影响人鸽亲和与它们的恋巢性。多数鸽友认同,可用长竹竿或长竹竿彩旗驱赶,如此并不会造成超强惊吓,较为可取;而用响器和放鞭炮轰赶则会产生超强应激,况且会影响邻居休息等,是不可取的。绝大多数处于良好管理模式下的强豪鸽舍,并不需驱赶也能维持每天2个小时以上的家飞训练。

此外,采取反复短程训放也是一种强化训练,鸽群在通过每次短程训放后,鸽主感受到它们的家飞时间都会延长,尤其参赛前期,最好能将短程训放的空距时间设置在2小时左右,这样既能达到短程定向训练,又能达到体能强化训练的目的,对它们将来的参赛是十分有利的。这是目前应用得最普遍、最有效的强化训练模式。

4. 特殊训练

特殊训练包括入笼训练、落野训练、夜飞训练、夜宿训练、气候训练,以及断食、断水训练等。

(1) 入笼训练 指在参赛前,给予参赛鸽对集鸽笼、司放笼环境,提供一个适应的过程,以减少参赛鸽对集鸽笼、司放笼产生应激,从而提高赛绩。

近年来,司放笼已为赛鸽车所替代。仅在小型司放活动和边远地区,以及在远程、超远程火车运输时,需要汽车→火车→汽车的反复转车搬运,而仍继续用司放笼集鸽。对集鸽笼,须严格控制入笼数量和司放密度,每次组织训放活动,宁可多带几笼而少放几羽,切莫采取凑一凑、挤一挤的做法。

(2)落野训练 仅局限于城市鸽舍,为培育远程、超远程鸽群采取的训练课程。对培育短程、中程鸽群,落野是一种恶习,须严加防范。落野训练往往是和开通棚——自由放飞模式配合使用的。因远程、超远程要求参赛鸽能在异乡客地度过好几个昼夜,且能在航程中自己寻找合适的栖息地过夜,要能躲避猎手、敌害动物的伤害,还要它自己寻找食物充饥和寻找水源补水。其做法:早晨不喂或仅喂极少量饲料,让其感到饥饿而必须出去觅食寻水,此时只要有1~2羽鸽(强壮的头鸽、雄鸽或老龄鸽)带领下,也有的在其他打野鸽群飞过鸽群上空时,鸽群会群起跟随而去打野,只要有那么1~2次,鸽群就已学会打野了。

至于制止鸽群打野,就不是一件容易的事情。办法:控制头鸽和老龄鸽(将其关禁闭),在开笼前先饲喂,待已三分饱时再开笼放飞,且将鸽群适当缩小,组成3~5羽一组,组内不能有成对鸽,可试用雌雄分群放飞。此外,要充分提供保健砂和维他矿物粉等补充添加剂,只要度过一段时期,它们就能成功摆脱打野陋习了。

(3)夜飞训练 有两种:一种是夜间飞行训练,另一种是临近傍晚时归巢鸽飞行训练。

鸽能在昏暗而微弱的光线下飞翔,但并不是所有鸽都能自由自在地在空中翱翔,或在鸽舍周围自由活动。这种特殊本领与鸽的品系和遗传有关,即与夜翔视力有关。鸽的视网膜感光细胞中只有极少量而匀质的视紫质色素细胞,这种细胞的多少是由先天遗传获得,与先天遗传基因有关,即与特有品系遗传有关。在夜飞训练中,只能使鸽群夜飞功能得到进一步强化。

鸽的夜视功能能通过人们的训练,培养出可在微弱的月光(灯光)下夜翔的能力。因而,为延长夜间飞行时间,采取近距离傍晚时间反复训放来训练提高鸽的夜翔能力。通过夜翔训练的赛鸽,如在傍晚到达50千米左右范围时,它能最后冲刺而顺利归巢报到。

按照新赛制,鸽会已经实行按照日出日落时间进行计算分速,这样也就限制了能在微弱的月光(灯光)下夜翔归巢鸽的报到优势,但既然它已能夜翔归巢,那么鸽主也就可完全掌握主动,争取在凌晨日出的第一时间进行报到,这样就进一步显示出按照日出日落时间报到计算分速的合理性和公平性。

鸽夜间飞行都是超低空飞行,因而要尽量清除鸽舍周围的电线、缆绳等障碍物,鸽舍内外开灯,适当提供微弱而固定的照明。夜翔训练须选择月光明亮的好天气进行反复多次训练。

(4) 夜宿训练　远程、超远程参赛鸽必须在外面过夜露宿,鸽友设想采取夜宿露营训练的办法,来训练鸽在野外露宿的本领。

鸽在完成四周训练后,在进行夜飞训练的同时进行夜宿训练,将夜飞训练的时间和路程再拉得晚一些、远一些,使它们不可能夜飞归巢而必须留在郊外露宿,等到次日天刚刚亮时再起飞归巢。

对参加中短程赛的鸽,是不允许在外露宿的,于是完全没有必要进行夜宿训练。而大城市也不适宜进行夜宿训练。还有就是,对现代鸽舍饲养管理模式和新赛制而言,夜宿训练也是不可取的。

培养远程、超远程赛鸽的鸽舍,与饲养中短程赛鸽的鸽舍,它们的饲养模式和训练方式截然不同,甚至在某些方面是相悖的。因而奉劝鸽友在起棚营建鸽舍和引种时,应按照自己鸽舍的具体情况和自己能投入的精力来确定自己往后参赛的大方向,如果欲采取混合饲养,探索全能训练饲养模式,那么等待您的将会是一事无成。

(5) 气候训练　指在恶劣气候条件下的训练课程。这种训练是有风险的,对此鸽友有不同的观点。有的认为应清醒地意识到鸽是鸟类,不同于机械飞行器;鸽的飞行推进器是双翼上的羽毛,飞行依靠扑翼运动,拨划气流层气流通过滑翔而前进的。它们所付出的能量相当高,尚且是有极限的。在湿度较高的阴沉天、阴霾迷雾、逆(风)强对流、沙尘暴、高温酷暑等恶劣气候条件下进行的气候训练,都得付出双倍甚至数十倍的失鸽代价。因而气候训练只能因地制宜、合理应用,且只能在短距离(5～10千米)尝试。多数鸽友认为,气候训练得不偿失,此类训练至多只能算是给鸽"练胆量"。气候训练实际上是一种对鸽进行超越本能的虐待行为。谁也不可能一蹴而就,将"麻雀变成凤凰,鸽变成鸳鸯"。世界上至今没有、今后也不会有超能的"全能赛鸽",因而气候训练并不足取。

(6) 断食、断水训练　一种超远程饲养模式下采取的训练模式。赞同断食、断水训练的鸽友认为,断食、断水可锻炼鸽坚忍不拔的毅力;有助于使它在找不到水喝的情况下挺得过去,从而提高远程、超远程参赛鸽的归巢率。尤其对必须飞越沙漠戈壁滩区域的参赛鸽而言,显得更为重要。而持有异议的鸽友认为,断食、断水训练只能给鸽健康带来无法弥补的损害;对通过断食、断水能提高鸽耐受力的结论并不可信;沙漠戈壁滩区域司放的参赛鸽,其节点也是在于当天能否冲出该区域及时找到水源。它们为寻找水源必然是拼命地往前飞,因而断食、断水训练只能说是鸽友一厢情愿,其根本毫无现实意义。

(四) 赛期管理

1. 参赛鸽管理

(1) 赛前清理 除赛前免疫接种外,主要是定期进行呼吸道清理和消化道清理及寄生虫的清理。

关于赛前免疫接种问题,至今世界各国鸽友还缺少这方面的意识。鸽友通常只是在幼鸽期进行一次首期免疫接种。因为无论是灭活疫苗接种,还是弱毒疫苗接种,都还不能达到其终身免疫的效果,因而成年鸽必须每年加强免疫接种一次,而在疫病流行前,包括参赛训放前和参展前都须加强免疫接种一次。因而参赛鸽在参赛集鸽放飞归巢后,由于运输挤笼、异地放飞应激、加上竞翔体能消耗、免疫力下降等,很易发病。此外,鸽用疫苗目前局限于鸽新城疫和鸽痘两种,其他疫苗只能采用禽(鸡)苗代替,如鸡球虫病苗、副伤寒(沙门菌)苗等。其中还涉及不规范使用,导致训放中发生鸽群染毒、散毒、播毒等,因而赛前疫苗接种目前还无法提到赛事日程中来阐述。

① 呼吸道清理:在竞翔参赛中,为提高鸽的肺活量和气囊氧交换量,保持呼吸道畅通显得十分重要。首先要进行的是毛滴虫、支原体及其他致病菌的清理。

赛鸽毛滴虫呼吸道清理必须保证在整个出赛期间处于毛滴虫药物控制28～35天周期期限内。计算方法:决赛的当天日期,加上预计赛事变更调整的天数7天;赛程的天数按倒计时计算,应在14天有效控制期之内。如决赛日是某月30日放飞,预计调整天数7天为23日,赛程的天数:中、短程赛以3天计算为20日,远程赛以7～10天计算为13～16日,超远程赛以14～21天估算为2～15日(折中为7～8日),再往前倒计时加14天有效控制期,则是本次参赛鸽的毛滴虫清理用药控制期限日,然后根据清理日往前加上投药疗程天数日3～5天。如赛鸽的健康良好,清理疗程3天已足够,如天气持续阴雨、闷热,时常起痰、打嚏、咽吐沫或状态欠佳时,清理疗程增加到5天。至于前面几次训赛期的呼吸道清理时日计算,只要再往前推算控制在28～35天(平均30天)一个周期就行,至于清理的疗程,则以一个疗程周期计算。清理方法:如参赛鸽数量不多,则用个体清理,用复方甲硝唑胶囊,健康鸽每天1次,每次1粒。如出现可疑发病症状之一的,每天2次,每次1～2粒,剂量酌情掌握。赛鸽用复方甲硝唑胶囊,除清除毛滴虫外,还可消除呼吸道痰液、分泌液等。参赛鸽数量较多时,可用甲硝唑可溶性粉放饮水中供饮,对重点保护鸽则需在供应饮水剂的同时,再加服复方甲硝唑胶囊,提高剂量而疗程相同。

支原体清理和其他致病菌清理,按各自鸽舍管理的具体情况酌情而定。各方面健康状况良好的鸽舍不必清理,如无法肯定近期有个别鸽患病的鸽舍,则需进行支原体和其他致病菌清理。清理方法同毛滴虫呼吸道清理。参赛鸽数量少和重点保护鸽用复方泰乐菌素胶囊,每天1次,连续3~5天。参赛鸽数量较多时可用复方泰乐菌素可溶性粉,连饮3~5天。

咽喉清理,集鸽当天用复方鱼腥草畅爽滴剂,左右鼻各1滴(此药能自然弥散浸润均匀涂布于鼻腔、咽喉腔的黏膜表面,起清理保护咽喉腔作用)。如近期出现呼吸道症状,需配合全身用药,同时用复方泰乐菌素胶囊或复方泰乐菌素可溶性粉,咽喉清理剂畅爽滴剂使用也需提前3~5天,连续滴鼻3~5天。

② 消化道清理:目的是保持消化道的正常消化功能、维持消化道的正常菌群平衡。肠道的菌群组成平衡十分复杂,有对消化有益的酵母菌、益生菌,也有平时与酵母菌和益生菌等相互共生的条件致病菌,它们平时相互制约并不致病,而当肠道功能失调、机体抗病力下降时,它们就会趁机向机体发动进攻而成为条件致病菌。肠道内最常见的条件致病菌有大肠杆菌、沙门菌等,此外,条件致病性病原体有鸽毛滴虫和球虫。因而,消化道清理主要是清理球虫,用磺胺氯吡嗪钠胶囊克球宝,每天1~2次,每次1~2粒,连续5天,第一疗程需连用7天;群体球虫清理,用磺胺氯吡嗪钠可溶性粉,连饮5天。维持菌群平衡的方法是使用整肠剂活菌、啤酒酵母强健宝,混饲,每周2次;个体使用粒粒成胶囊,每天1次,每次1粒。

③ 寄生虫清理:

a. 肠道寄生虫清理:除上面叙述的毛滴虫清理、球虫清理外,通常还要清除肠道蠕虫,如绦虫、蛔虫、线虫等。随着鸽舍饲养条件的改善,科学养鸽知识的普及,优质商品保健砂的推广和应用,鸽群寄生虫病的发病率已明显下降。然而肠道寄生虫仍不可避免。一旦发现绦虫应立即驱除,其不属赛前清理讨论之范畴。此外,鸽打野现象已基本得到有效控制,因而蛔虫驱除已不再列为年度必行常规实事,大多数鸽舍也已由原来的每年清理2次改为每年1次。如已进行秋季寄生虫清理的鸽舍,只要没发现新的排虫,就可免除赛前寄生虫清理;如进行秋季寄生虫清理后,仍有新的排虫,那就有必要再进行一次赛前寄生虫清理。清理时机可安排在鸽会组织集体训放前2周。方法是用复方吡喹酮胶囊1粒,顿服,只需1次即可。

b. 体外寄生虫清理:指从换羽期开始,坚持每周1次的百部沐浴散自然沐浴。其必须列入全年鸽舍日常管理实事来对待,如平时没有做好体外寄生虫清理,而等到已出现羽毛损害和影响了健康再进行体外寄生虫清理,只能算是亡羊补牢之举。

(2)赛期能量的贮备、提取与激发 "种"、"养"、"训"三个基本条件的具备,加上鸽舍的科学管理、合适的赛程、相应的气候条件、赛鸽的坚强毅力、充沛而富有潜力的体能,以及良好的健康素质等都是不可缺少的。充沛的体能和良好的健康素质贮备,除严格而残酷地进行筛选外,还需提供恰当而全面的运动营养保健呵护,除常规使用的维生素、氨基酸、微量元素外,适当补充体能调节剂也是非常必要的。如体能(中气)补益剂鸽红茶中的人参、太子参、黄芪、当归、丹参都属效果确实、作用肯定、中国特色的赛前体能贮备保健品。

① 赛期能量贮备:指体能贮备。以运动消耗量最大的心、脑、肝、肾,以及血液循环系统、体内电解质平衡调节系统等功能器官的能量贮备需要一个相对较长的养护过程,而不可能是一朝一夕就能达到平衡的,且还需要有一个适配的过程。就以芸香苷(Rotin,芦丁+维生素C=复方芦丁)而言,作用于血管壁的通透性调节过程,是要通过逐步调节、逐步渗透转换的过程。因而,要造就一羽优秀赛鸽的健康素质,并不可能单靠赛前那几天的集中营养补充所能完成的。但赛前提供能量贮备添加剂对参赛前运动功能器官的保养十分有益。

② 赛期能量提取:虽说能量类物质(主要指二磷酸腺苷、辅酶类,如ATP、COA等)可由体内自然合成,但在超强度训练和处于参赛竞翔等剧烈运动状态下,却远远不能满足运动的消耗需求,尤其当机体处于能量耗竭的关键时刻,运动机体内部的能量物质贮备数量和机体的合成补充速度,往往成为遏制运动质量、体能强度、翔速发挥和赛绩纪录突破的重要物质基础。于是,运动前能量的适量提供、补充、贮备,以及运动后的及时补充对于体能的及早恢复都是十分重要的。从参赛鸽赛后归巢的那一刻起,就应为下一站(一般5~7天后)参赛进行预先准备。参赛鸽,尤其是多关赛鸽归巢后,机体正处于能量物质极度耗竭状态之下,此时及时补充能量制剂就显得更为重要。

③赛期能量激发：能量激发问题或许鸽友们较难以理解，那么就打个比喻说明吧。一位运动员在日常训练中，从来没有超越过世界纪录，而在某次赛事中，由于发挥良好，而超越世界纪录取得了金牌，这就不仅仅是掌握基本操作要领等问题了，关键是他的运动贮备能量也得到了充分激发。相反，某位运动员在日常训练中常能接近甚至超越世界纪录，而在比赛中却连铜牌也没拿到，这就是他的运动能量没有得到充分发挥，能量贮备未能及时提取和激发所致。

能量激发剂有好多种类型，有甾体（激素）类，也有非甾体或类甾体类；有属运动兴奋剂类，也有不属于管制兴奋剂类。

赛前"赛神滴眼液"的应用比较复杂，对处于不同状态的赛鸽，可使用各自不同的剂量。如双眼各滴入1滴眼液，等它反复眨眼而滴眼液全部被吸收，此为最大剂量，即全量；如待它眨眼2下，就将眼睑放松，并将头一甩，将眼药水甩掉，此就是半量；如在初次使用时，就用眼药水滴瓶在眼睑上打个空气水泡，此为微量。这些都需要鸽友亲自观察体会，灵活应用。

对于"巅峰"的调节，鸽友们普遍存在两个方面的误区。其一，总希望自己的鸽一年365天始终保持在巅峰状态之下，这是不科学的。

鸽有生物钟，对朔月朔日也有明显的差异变化，因而赛鸽的巅峰曲线是呈波浪形的，既然有"巅峰"，自然也会有"谷底"，巅峰的后面必然紧接着是谷底。因而凡是参赛日，必须使赛鸽是处于生物钟的巅峰状态，千万不要过于盲目追求巅峰的顶峰，因为顶峰的来到就意味着谷底的来临，因而鸽友只要将参赛鸽调节到六分状态时，就应放慢它的提升速度，参赛鸽能在参赛日达到八分状态，就应该非常满足了。其二，接下来讨论的是，参赛鸽的巅峰在哪一天的问题。有的鸽友说，他在初训期就已将参赛鸽调节得棒棒的，今年参赛成绩定然不会差。而实际上，我们应将参赛鸽的调节目标重点放在决赛的那一天，那些初训期表现出色，所谓"棒棒"的鸽，到了真正决赛时，往往早已过了高峰期，总是与奖杯擦肩而过，就差那么一点点。此鸽如能在300千米拿冠军，在500千米又拿冠军，毕竟是少数。要么这羽参赛鸽在300千米和500千米两次参赛都处于巅峰状态，而两次比赛的间隙期必定要度过一个低谷期。如何把握，这就是赛鸽"教练"们如何恰当、合理地调节巅峰期的重要课题。对于巅峰期调节的手段，相继提出更高标准、更严谨、更科学、更务实的要求。

（3）竞翔巅峰 关于巅峰表现众说不一，众鸽不一，名家各有心得体会,甚者视作秘诀。在此集众友之见,归纳有如下几方面表现。

①眼:眼睛明亮;眼神犀利;光亮,色彩鲜艳;瞳孔收缩有力度,且似瞳孔变小等。

②耳:双侧耳毛耸立如利刃等。

③鼻:鼻泡上皮翘起,呈毛刺状堆积,粗糙;眼睑粉质丰富,光洁,且鼻、睑无污垢等。

④咽:口咽粉红色,滋润、干净、无分泌物,气门清晰等。

⑤表:羽装紧贴且特别亮丽;羽毛清洁且不染污;尾脂腺开口清晰,轻触之有清澈油状尾脂溢出;第2根大条羽尖有油性段等。

⑥里:胸肌红润,皮下血管充盈、饱满,胸部皮肤(真皮层)出现特有的小红点(毛细血管扩张形成的假性血管瘤样改变,其与雌激素水平有关),而双侧胸肌凸显,中央龙骨呈现反凹槽;浅层胸大肌与深层胸小肌均富有弹性,且有特殊的张力感,肌肉间有双层分离感;双脚温热,且柔软、滋润、暖和;体轻而具有飘浮感,耻门有张力而不坠;粪便干洁,呈小粒团状。

⑦精:情绪亢奋;恋巢欲强,爱乱占巢,掠夺空间,扩大势力范围,妒忌性强,喜好争斗;翔欲、活动力旺盛;喜用翼背击翅,常能超速超群单飞等。

⑧气:气度非凡,咕咕不息,不停地追逐其他鸽,四处挑衅,俨然舍中老大。天马行空,却富有大将风度,对出征重任似胸有成竹等。

⑨神:精神饱满,进入鸽舍反应特别敏捷。个别鸽会有其独特的怪癖表现形式等。

⑩其他表现:抢食,进食时间短,进饲量偏少,进饲后很快入巢或抢立于栖架、栖息地等。

(4)育雏巅峰

①表:羽装亮丽;胸前气囊鼓起,呈金光闪耀;落地转圈、打咕踏步,惹雌不断;到处占地、占巢;羽毛清洁且不染污等。

②里:胸部皮肤滋润、光滑,皮下血管充盈、饱满。若放下假蛋,胸毛展开露出裸区受蛋,雌鸽耻门微张而不坠等。

③精:精力旺盛,食欲旺盛,少挑食,频繁梳理羽毛。雌鸽换羽提速等。

④气:懒飞且早早归巢。雌鸽恋巢,少出;雄鸽排外,甚至抢占他巢,扩充自己领地等。

⑤神:雄雌鸽咕鸣不绝于耳,雄追雌而雌恋雄,且时而会出现泛交等。

育种巅峰的其他表现基本上类似于竞翔巅峰。

(5)巅峰误区

①巅峰与低谷:巅峰虽然难求,可维持巅峰更难,鸽友却很少会考虑到巅峰的后面已潜伏着低谷即

将到来的危机。巅峰过后,必定是低谷,鸽界称"落性"。

② 消耗与贮备:兴奋性增高;进饲量减少,睡眠养息少;体能消耗增多,代谢率增高;此时能量消耗大增,而能量补充与贮备就成关键。

③ 周而复始循环不息:鸽友无不希望自己的鸽养得棒棒的,最好是每天都处于巅峰状态。而现实却告诉我们,任何一羽鸽都不可能365天都处于巅峰状态之下,鸽有生物周期,从低谷进入高峰至巅峰,然后巅峰过后接下来便又进入低谷,周而复始循环不息。据推算,鸽的一个生物周期为21天,即7天高峰期、7天平伏、7天低谷期。而通过鸽友的努力,确实可将原本7天的低谷期缩短到5天。在良好的气候、饲养环境下,也可通过鸽友的努力,使平伏期水平线抬高到中线以上,而接近于高峰水平线,但平伏期水平线绝对不可能超越或高于高峰水平线。

此外,巅峰曲线并不是一条直线,而是呈波浪形的小曲线,即"峰线"、"伏线"和"谷线"上也还有小高峰和小低谷出现。鸽处于育种巅峰或竞翔巅峰,如其正处于峰尖顶端时,那么它的赛绩表现或育种基因组合表现也一定"上乘";反之为"谷底深渊",轻则失格,重则失鸽;育种同样也必定是劣质基因显现或基因组合混乱。

调节选手鸽巅峰期的关键在于决赛当天是否处于巅峰期?掌握种鸽育种巅峰期的关键在于秋养冬息(进行适当调补),事先运筹帷幄,决胜于春季育种巅峰期的来到。

2. 归巢鸽管理

赛鸽归巢后体力和能量消耗很大,如运输路途挤笼及飞行途中的饮食失调,运动体能的大量消耗,体液水分的大量丧失等。中、远程参赛归巢鸽的嘴喙和双脚、羽毛上沾有污泥和粪便,产生羽毛松散、体重减轻、精神疲乏等现象十分普遍。因此,做好赛鸽归巢后的养护管理十分重要,这将关系到往后继续参赛和育种的成败。

(1) 归巢呵护 赛程归来鸽进棚后的第一件事,就是直奔饮水器喝水,那么第一口水应给它喝什么?这应从赛鸽此时最需要什么谈起。运动中丧失最多的当然是"水",因而补充水分无疑是首当其冲。水能补充体液的缺失,有效地补充血液容量,这是体能康复的前提。然而,待体液容量得到补偿满足后,接下来面临的是运动代谢产物的肝脏分解和肾脏排泄需要消耗大量的水分来参与,当这些运动代谢产物随着水分排泄出体外时,其中伴随有大量的电解质同时排泄,然后才是大量水分和电解质的吸收和利用。因而,通过观察发现,赛鸽归巢大量饮水后,很快排出一次水便(即浓缩尿液)。因此,可明确断定赛鸽归来饮用的第一口水,应是在补充水分的同时补充经稀释的电解质溶液。鸽友通过给归巢鸽单纯供饮清水和供饮不同浓度的电解质溶液分组进行比较,结果表明:供饮电解质溶液组,第一次排泄物的排出时间不仅能提早,而且排泄物中的运动代谢废物含量也高得多,赛鸽的酸血症(疲劳程度)解除当然也就更快,体能的恢复程度当然也会快得多。

有的鸽友喜欢在首次补充的电解质溶液中添加些维生素、氨基酸类营养品,其出发点是为及时补充营养物质和帮助体能的康复,而其实际效果是否能如愿呢?如从理论上来阐述,这个问题或许会很复杂,举例来说明或许会更便于理解,当您在经历漫长的旅途回家,或是打完篮球、游泳、激烈运动和操劳过度后,您会挑选丰盛的宴席,还是清淡简洁的饮料或清粥酱菜?当然是以清粥酱菜为首选。于是这里就产生一个共识,即参赛鸽归巢的当天(一般已是下午或傍晚)无论是饮水或饮食宜以清淡简洁为好。而强迫其饮用"丰富多彩"的饮料或吃高蛋白、高脂肪饲料,不仅会增加它们的消化道负荷,而且增加了肝、肾代谢的负担。

给归巢鸽及时补充维生素、氨基酸类是不容懈怠的,只是应放到归巢后的第二天开始,至少归巢后的4～6个小时后。此时补充些康飞力、维他肝精等营养添加剂,机体在清除运动代谢产物的情况下,能更有效地吸收利用这些营养添加剂和体能补充剂,达到最大的吸收利用效果,更有效地发挥营养添加剂、体能补充剂的作用和功效。

对短程赛参赛鸽,一般不必急于大量饲喂,可按正常饲喂时间供饲。中远程赛和超远程赛的赛鸽又饥又渴,急需要进饲吗?此时应给它吃什么?如是采取"诱食法"诱导进舍的,只要供饲三分饱已完全足够,待饲喂时再喂饱。归巢当天以玉米、糙米、麦类等为主,适当减少豆类(高温期给少量绿豆、寒冷天给少量红豆),避免供饲稻谷、高粱及油脂类饲料(只能少量供给)。

参加中远程和超远程赛归巢鸽的嘴喙和双脚上往往沾有污泥和粪便,须立即清洗消毒。

(2)赛后康复 赛鸽归巢后需要闭目养神、安静休息,此时尽可能少去干扰它们,可将鸽舍遮光挡暗,防止鸽间的相互争斗。原配对鸽要及早重聚,这样有利于体能康复和增强归巢欲。对已移情别恋的配对鸽,如近期内需要继续参赛,不妨暂且先将新欢关起来,任其相互先亲热一番。

次日如天气晴朗,可安排归巢

鸽洗个温水澡。夏秋季水中放些鸽用百部沐浴散和鸽绿茶。有的鸽友在浴水中加入碘酒、高锰酸钾、84消毒液等，会直接伤害羽毛的保护层，不宜使用；而用沐浴盐（也可用食盐或醋替代）可起到解乏作用。

对于2次参赛间歇大于2周的归巢鸽，需防止其"落性"（鸽界术语，指竞翔的深低谷状态），最好是5～7天增加一次50千米以内的私训，尤其对面临进入决赛前状态的参赛鸽将大有裨益。

（3）赛后防病　赛后疾病防治须按照当时的疫病流行情况和归巢鸽的具体情况来决定。在病毒性疾病流行期间，参赛鸽在挤笼、运输颠簸、异地应激、饮水饮食失调、免疫力下降、强毒攻入等因素下，为防疾病的发生可采取下列措施。

① 清理口咽病原体：多数病毒性疾病病原体攻入的第一关是口咽部。消灭这些尚未侵入机体以及已侵入机体滞留在口咽部继续增殖的95%以上的病毒体，可起到减轻发病、降低发病率和死亡率的作用。据试验，现有的多数抗病毒类药物有抑制病毒转录作用，只是目前的抗病毒药物还无法识别与杀灭已与机体细胞结合的病毒，因而全身治疗作用不够明显，而口咽部直接局部用药，却能有效地清除口咽部孳生、残留而尚未与机体结合的病毒。如用利巴韦林溶液（三氮唑核苷、病毒唑）、十滴宝，于归巢后当天滴鼻，双侧各1滴；或十滴宝1支，按10毫升冲1升水配比供饮3天（注意，滴鼻法适用于疾病预防，饮水法适用于疾病流行的早期治疗）。还有中药制剂，如口咽鼻黏膜健康保护剂复方鱼腥草畅爽滴液（属口咽清理剂），赛前、赛后各用一次；在传染病流行期间，连用3天，也可起到赛后防病作用。

② 疾病的早期防控：检查归巢鸽的健康状况，主要检查眼睑、鼻泡、口腔、肛门等部位。

眼睑肿胀、瞬膜水肿：用抗生素类眼药水和其他消炎眼药水清洗，然后滴赛神眼药水1滴，一般几个小时后就会消退，然后继续用1～2次，以巩固疗效。

鼻泡出现黑粉质脱落，挤压有分泌物，应及时处理。出现这一现象，说明呼吸道已出现问题，需进一步检查寻找原因，如伴有口咽白点、白斑，渗出物黏液增多，气门红肿等，就要及时进行呼吸道清理（方法同赛前清理）。

肛门保持清洁，观察粪便情况，如有肛门沾粪、羽毛粪渍、排粪异常，需进行发病鸽隔离，加强鸽舍消毒，控制消化道感染性疾病。

③ 抑制条件致病菌：在传染病流行期间，必须做好条件致病菌的防控工作。首先控制毛滴虫感染，防止毛滴虫致口咽、消化道黏膜

破损和溃疡形成,为病毒等病原体的入侵提供开放门户;然后是抑制条件致病菌繁殖攻入,及时用广谱抗菌药物,如氧氟沙星溶液等控制继发性复合感染。

(五)赢家秘诀探踪

对于赛鸽赢家是否持有秘诀问题,鸽界持有两种截然不同的看法。对于赢家无论是记者采访或撰稿自述,不外乎围绕"种"、"养"、"训"这三个话题进行一番叙述或描写。然而,对众鸽友而言,总是千方百计地设法打听赛鸽的"赢家秘诀"。

赛鸽无公式,全凭自领悟。赛鸽赢家之秘诀仍是摆脱不了充分运用"生存"与"繁衍"两大本能,来提高它们的恋巢欲、归巢欲,此才是运用得最多的"赢家秘诀"。

1. 配对法

鸽一经配对成功,即为终身配偶。在一方丢失或人为把它们拆开的情况下,再进行重新组合配对也并非什么难事。当双方都重新组合配对后,那么它俩也就形同陌路、互不相干。由此,比利时养鸽家固耐先生首先发表"采取配对法来提高翔速"的秘诀。他利用雄鸽的"恋妻欲",实行"鳏夫制"、"寡居制"。将配上对的鸽在出赛前一段时间先分开饲养,然后在出赛前,把雌鸽拿

来,让它俩久别重逢欢聚片刻,可隔栅栏相见,也可相聚一堂,但不准进行交配,接着将雄鸽上笼送去参加比赛。由于雄鸽是"身在笼,心在巢",思妻心切,一旦放出笼箱,便会拼命飞回家中,这样就为主人赢得冠军。这对于当时大多数鸽友采取自然制饲养、训翔的时代,的确取得了积极推动作用。

2. 妒忌法

配对法既然作为一种成功的经验,为大多数鸽友所效仿,并取得了成功,于是又将此成功的经验加以深入推进了一步,即"妒忌法"。在出赛前,将鳏夫鸽与寡居雌鸽隔栏相见,欢聚片刻后,另外再抓一羽性欲旺盛的雄鸽,放进它的"爱妻"的窝格里。当鳏夫鸽亲眼看见外雄入侵己巢,且紧追不舍地追求它的"爱妻"时,不由怒火中烧,却奈何不了一栏之隔,可望而不可即。在这种心态下,送去参赛,其归巢速度可想而知。

3. 占巢法

鸽有强烈的恋巢欲,也正因为恋巢,而能排除万难,拼命地回归自己的巢穴,占领和守护自己的巢穴。巢穴是鸽的领地,是除自己的配偶鸽外,不容任何外鸽侵犯的。即使在吃食、饮水和舍外活动时,一旦见到自己巢穴有外鸽侵占,它会毫不

迟疑地冲进鸽舍,与之浴血奋战,直至将外敌驱逐出境为止。

"占巢法"就是在参赛前,另抓取一羽雄鸽放在它的窝格里,先用隔离栅栏隔开,然后将隔离栏打开,此时必然会大动干戈,正当它们打得不可开交时,抓鸽入笼参赛,它那愤愤不平之心,久久难以平复,放飞后必然会奋力拼搏,思念再战以夺回爱巢。

以上方法,由于抓取的雄鸽本意没有侵巢欲望,往往无心恋战,也无意应战,因此鸽友采取先将此窝格用隔离板一隔为二,再将外雄(最好是原先曾占住过此窝格的鸽)关在旁边的窝格里几天,与本雄交替放飞,绝不允许它们见面。然后在集鸽日入笼前0.5~1小时,突然将隔离板抽去,或改成隔离栅栏板,此时一场鏖战在所难免,正当酣战之时,抓鸽入笼参赛,赛绩表现将会更好。

4. 孵蛋法

采取孵蛋法的赛鸽,先决条件是孵性强的鸽。此法与"妒忌法"和"占巢法"不同的是,它不仅适用于雄鸽,而且适用于雌鸽,且雌鸽比雄鸽效果更好。孵蛋法需事先按参赛日进行倒计时计算日程表,集鸽参赛日+孵化日+停蛋日期=上一窝的抽蛋日。具体按此公式,让参赛鸽先孵上蛋或假蛋(最好不超过

9天,以免上浆),到抽蛋日抽蛋,任其自然交配孕育排卵生蛋,一般14~20天(按该鸽上窝产蛋记录推算,加上气温和育雏季节略有所差异)会生下第二窝蛋,然后正式进入孵化期。当它们孵蛋(以生好次蛋,正式进入孵蛋时算起)到第4~5天时,送鸽参赛效果最好,以少于3天、大于6天者较次之,再过早或过迟效果就不行了。

5. 孕卵法

动物处于怀孕初期,机体在孕酮激素的作用下,能促使运动能明显递增。赛鸽同样也是如此,因而鸽友们将配对之后第4~5天、正处于孕卵期的鸽送去参赛,赛绩表现会比平时好得多。具体计算公式和操作方法要比孵蛋法简便得多。先孵上一窝蛋,参赛集鸽日之前5~7天抽蛋就可以了,因抽蛋后,它们就会自然交配受孕。

需要注意的是,这窝蛋要给它们孵真蛋,不再置换假蛋,理由是为保证亲鸽与所孵蛋之间有足够的信息反馈交流。

6. 齿蛋法

孵蛋鸽与胎雏之间会有信息反馈交流,孵蛋鸽将体温通过胸脯传导给孵的蛋,蛋也会将自己的体温吸纳信息反馈给孵蛋鸽,因而孵真蛋与孵假蛋两者之间产生的交流反

馈信息的"量"与"质"是完全不一样的，尤其孵蛋后期，同样是在亲鸽外出凉蛋时，所孵真蛋中的胎雏和所孵假蛋的温度下降速率是大不一样的。孵化时胎雏的心脏跳动、体位的翻动，尤其临出壳之前的一切活动，都会给亲鸽足够的信息反馈。鸽友就是利用这一足够的信息反馈，催促着母子恋情的每日递增，而采取将已开始打齿或见到蛋齿的鸽送去出赛（孵化 15～16 天），此时的亲鸽在放飞后，必将不顾一切地奋力归巢，急于哺育即将待哺的仔雏。

需要注意的是，参赛鸽须采取"单飞法"，只能是放雌不放雄，或放雄不放雌，另一方仍继续守蛋孵蛋，而此时绝大多数鸽能坚守岗位，有说"凡能留守者，必快而赢；而不能留守者，必输而难赢"。当然这只能理解为一种心理战术，不过不少事例证实，确实有效。

7. 虫蛋法

虫蛋法是在齿蛋法基础上延伸出来的催速法，其理论基础类同于齿蛋法。在齿蛋法失控的基础上，用一空壳的鸽蛋（也可用空壳的塑料假蛋）打孔，里面放 1 条（或 2～3 条）小虫子，用蜡或黏胶纸封口，放入正在孵蛋的窝巢中，让孵化中的亲鸽误感到它的宝宝已提早蠢动，即将等待它的哺育，此时若仔细观

察孵化中的亲鸽，会不安，只要虫不死（如发现死掉，再换 1 条），在 1～3 天后送鸽去参赛，也能敦促亲鸽快速归巢。

当然也可参照虫蛋法，不用小虫子，直接挑选临出壳的齿蛋替代，效果必将更为显著。

8. 育雏法

充分利用亲鸽恋雏之情，在雏鸽出壳后的第 3 天将亲鸽送去参赛，此时参赛的雄鸽或雌鸽会恋雏心切而急切归巢。

由于亲鸽已进入育雏期，一般只能控制在出壳后的第 2 至第 5 天实施。此时虽可提高归巢欲，但由于育雏体力的消耗剧增，往往会力不从心。

此外，育雏法也应采取单飞法，只能放雌不放雄，或放雄不放雌，另一羽鸽必须继续留守育雏。

以上种种催速法，必须按照其原理，灵活运用。催速法仅仅适用于当晚集鸽，次日放飞时运用。对隔日开笼，甚至 3～5 天后才开笼司放的远程赛和超远程赛，不能依葫芦画瓢。

（六）导航基础理论

赛鸽异地放飞而能快速定向归巢，并不是单纯依赖于主观欲望所能做到的，其必须还得凭借某一个

或多个感觉器官,将采集到的异地信息,通过大脑皮层综合分析,进行与自己巢穴所在地的比较对照,认定自己巢穴所在地的方向,再通过双翼的频繁运动达到快速归巢的目的。那么赛鸽究竟是凭借于哪一个感官来感知自己的方位?如何来遥感和辨别自己的航向?长期以来,许多生物学家和养鸽家为之努力付出,但至今仍是仿生学中的重要课题,是科学研究领域的一大盲区。下面就导航理论学说简述如下,供参考。

1. 信鸽导航论

信鸽导航论观点认为,赛鸽的脑子里有一个"指南针"或类似"罗盘仪"功能的物质,或许脑中还可能有一张"记忆地图"似的物质。它正如同大海中航行的船舶,依靠罗盘仪来确定目前的位置,然后再凭记忆地图确定飞行的方向。赛鸽是通过导航而返回归巢的。

德国鸟类学家卡玛指出,鸟类的定向能力区分为两大类:一类是"罗盘成分";另一类是"地图成分"。但是这两类成分,究竟藏匿在何处?该如何感知?如何读取?如何组合?又如何分配?至今仍难圆其说。

2. 太阳导航论

太阳导航论即罗盘导航论。最先提出此学说的是德国浦莱海洋生物研究所的鸟类学家卡玛博士。他认为鸽拥有"太阳罗盘",有类似于能以太阳为测定目标的罗盘功能。然而地球绕着太阳运转,鸽能将这种太阳移动的规律,绘制成脑图记忆在脑子里,再由它体内的生物钟来进行校正此时的正确时间,并配合地球的自转进行纠正。这样鸽就利用测量太阳移位和方位来确定自己目前所处的方位角度变化,从而再确定自己所处的位置和飞行的方向。

卡玛博士的学生赫福曼又进一步证实了这一理论:他将鸽饲养在暗室里,以电灯代替太阳,每天日出后6个小时开灯,日落后6个小时关灯,这样一来,鸽的生物钟比实际时间慢了6个小时,然后他把这些生物钟拨慢了的鸽放出来,结果表明:它们确实会向偏离自己鸽舍90°的方向飞去。此实验进一步证实了赛鸽是通过太阳导航而归巢的。

1953年英国剑桥大学的马索斯接着提出了"太阳弧径假设"理论,但该理论在当时没能产生足够的影响,但在以后若干年中,科学家们设计的各种实验,大部分都是以这个太阳弧径假设作为依据的。

此外,鸽的视网膜能感受到紫外线,但鸽是否能利用紫外线来进行导航,至今仍是未解之谜。

3．地磁导航论

地磁导航论观点认为,地球是一个硕大无比的磁体,赛鸽是根据地球磁场来确定方向,鸽眼窝后方,即耳蜗中有几块磁石体(耳石),通过这些磁石体进行地磁导航,其类同于鸽能用这个"生物指南针"来进行定位飞行千里却不迷航,最终回归到自己的故里。

此外,当地壳剧烈运动时,电磁粒子就会从地下逃逸出来。检测显示,每当这种辐射电磁粒子爆发时,交通事故和患病就医的人数也会明显增多,赛事亦会随之而遭遇到莫名其妙的损失。

事实上,现在北磁极正在向西伯利亚方向移动,南磁极则移向澳大利亚海岸。科学家们推断磁极1.25万年才会易位一次,且每次都会造成大批动物的死亡。因而地下低频辐射、磁极易位及断裂带磁场都会影响到鸽的定向功能,成为赛鸽赛程定向归巢的最大杀手。

美国康乃尔大学基顿教授与他的同事们,将一片磁铁固定在鸽的背部或颈部,然后观察它的飞行轨迹。通过实验观察结论分析,鸽如果见不到太阳,就会运用其他手段来进行定位。他们发现这个补充定位手段来源就是地球的磁场,于是发现了鸽在需要时还会应用第二罗盘即磁性罗盘。

美国纽约州立大学罗伯特·格林和查尔斯·惠尔考克为进一步证实这一观点,他们在鸽的头部周围放上线圈,通入微小无害的电极来控制鸽头部周围的磁场。并且能通过改变线圈安放的电池方位来改变电流和磁场的方向。在没有阳光下的天空中,线圈朝南方向的鸽会飞向自己的鸽舍,而线圈朝北方向的鸽就会向偏离自己鸽舍的方向飞去。以此证明,鸽能使用两种罗盘体系,在有太阳时用太阳罗盘仪,在没有太阳时就用地球磁场罗盘仪。

这一理论为广大养鸽者解开了一些长期疑惑不解的问题,如在磁铁矿的周围地区和高频电磁场的周围,时常看到迷路的鸽于此徘徊而停滞不前。在训放鸽时,要避开这些高频磁场或磁铁矿地区,以减少训放失鸽,更不要在这些地区周围营建鸽舍。在远程和超远程比赛中,遭遇坏天气是难免的。磁场理论告诉我们,赛鸽在途中一旦遇上阴雨,也不必为之担惊受怕,它还有备用定位功能,可继续帮助它定位归航。

但是鸽究竟是哪个感官对于磁性具有敏锐的感应力?至今仍是一个谜。

4．电离导航论

电离导航论观点认为,赛鸽导航是和无线电通讯原理基本相同的。由发射台将无线电信号发射到高空 50 千米外的电离层,然后由接收台从电离层接收无线电信号。赛鸽电离导航的理论基础也源于此,即巢地的电离层反射磁场,通过电离层无线电信号,被赛鸽反复感应接收而逐渐熟悉并适应。在进行异地放飞时,赛鸽还能再次接收到原本熟悉的电离层磁场无线电信号,而这一信号远在 200 千米,甚至 2 000 千米以外。赛鸽正是凭借这一信号进行定向归巢的。如逢阴雨天,由于云雾等障碍,使无线电信号减弱甚至接收不到,赛鸽无法定向归巢。此外,在太阳黑子活动频繁而强烈时,无线电信号也会断断续续,甚至中断而失去联络。诸如此类的一系列现象与赛鸽归巢率进行对比完全吻合。

5. 基因导航论

基因导航论观点认为,赛鸽的导航性能与候鸟相仿,是一种先天生理本能,由它们的遗传基因决定。创立基因导航学说的是 20 世纪 30~40 年代的苏联一位养鸽者。他在天鹅饲养场发现原本是候鸟的天鹅,在人工饲养下经几代繁殖后,可改变其南迁北徙的候鸟习性。他在秋天把天鹅带到远离训养场 100 千米以外的南方,趁野生天鹅群队迁徙飞过时将他带去的天鹅放出,而这些天鹅非但没有跟随野生天鹅南迁而去,反而向北飞到自己的饲养场。以此得出结论:候鸟春向北去,秋往南归,完全出于一种先天生理遗传本能,是通过千年百代遗传变异的结果。而赛鸽也该和天鹅一样,通过人工培育改变了其迁徙本能,而遗传着它的"基因导航",即飞归回巢这一先天本能。

6. 智商导航论

智商导航论观点认为,赛鸽航归导向能力与赛鸽的智商发达程度有关。携往远方放飞训练和参赛的鸽是按平时家飞时积累的各种信息,如周围环境地形的特点及曾到达经过地的地形地貌、各种江河湖海的显著特点等信息和司放地所处的地貌环境特点进行综合比较分析,凭借着它的"生物钟"和"生物指南针",对自己家舍所处位置的太阳移位(太阳的方位高度差异)和地磁极点、强度(包括水平强度和垂直强度)与司放地进行相互比较,从而明智地判断出归巢的方向和路线,以采取逐渐趋近的方法归巢。但凡屡获冠军的那些优良赛鸽的后脑部都比较丰满,也就是说具备发达的大脑,它们平时的智商表现也十分突出。而那些相对"笨拙"的鸽总是跟随在鸽群大部队的后面,甚至发生有找不到家舍而流落他乡成为"异乡客"。鸽友们普遍认为:"赛鸽的智商确有高低、强弱之分。"

7. 记忆导航论

记忆导航论观点认为,赛鸽是通过记忆导航归巢的。鸽有超强的记忆能力,这一点恐怕谁都不会否认。离巢多年的鸽回归;拆开多年的配偶,一旦双方落单重逢,就能很快地配对等现象,都说明鸽具有超强的记忆能力。

记忆导航论认为,鸽就是依赖这种超强的记忆能力,去寻找归巢的路线。例如,现在鸽会组织的赛前向同一方向逐次延长空距的放站训练形式,都是按赛程路线终点设计定点的,即北路向北,南路始终向南。如不按这个规律,而采取忽北忽南或忽南忽北的训放模式,或将原本在北路训放的鸽拿到南路去放飞,或原本在南路训放的鸽拿到北路去放飞,其归巢率均是极低的,甚至会全军覆没。

在欧洲,对于记忆导航论的观点,被认为是一个颇具争议的理论。研究人员认为,经过训放的鸽,能够记住每一处的地形物貌图,那么,由此推断鸽子可能也会使用航空图。鸽在外出时的路途上,它能记住每一处的转弯抹角,那么它在回家时就用不着使用"地图"了。这种虚构的假设定位方式称为"飞返逆行定位",又称"复印归迹定位"或"复印迹线定位"法。

美国康乃尔大学基顿教授对此持否定态度。他认为:"尽管此说可动人心弦,但是一切迹象表明却与此相悖。"鸽带出去放飞时,将它装在看不到外面的箱子里,或放在会旋转的笼子里,还采取先行东、南、西、北绕大圈子的运送路线,试图将它们的记忆全部扰乱。然而,它们在司放地放飞后,却照样能顺利地飞回家舍。

8. 天体导航论

天体导航论又称"天体雷达导航论"。此观点认为,赛鸽是通过天体导航归巢的。人类的眼睛在白天是看不到星星的,而鸽的眼睛却能清晰地看到天空上的星星,在鸽的脑子里绘有一张天体物理图,因而可清清楚楚地跟着星星回家。持有鸽眼——视觉感官导航观点的鸽友极力支持"天体导航论",因为它能充分合理地解释"鸽眼导航论"观点。

9. 偏移导航论

偏移导航论即"释放点偏差理论"。此观点认为,赛鸽是通过偏移导航归巢的。鸽能看到偏振光,当天空有云层覆盖时,人们的眼睛或许已无法辨别太阳在哪里,而鸽却仍可利用所见到的太阳偏振光来辨别太阳的确切位置,以此作罗盘定向的依据,飞回自己家舍。

人们用飞机追踪鸽放飞归巢路线得知:鸽在放飞后往往会出现有规律的"切入点偏差",然后沿着一条弧线逐渐折返到正确航向。飞行路线在放飞点与家舍的连线上,直到偏差角接近于25°时,才会折返到正确航线。紧接着又在上空盘旋一圈,形成一个飞行曲线图。但不论其怎样辗转迂回,最终总能飞回自己家舍。对此,回归飞行导航的形式,也有称为"天体雷达导航"模式。

对于"释放点偏差",科学家们曾在某一固定地点做过多次鸽和鸟类释放试验。他们发现每次试验的这种偏差都有一定的规律性,即还发现同时会随着释放地地理位置的不同而有所差异,且每个地区都有其固定的"释放点偏差"。

美国康乃尔大学克雷森教授和他的同事们选择了几个"释放点偏差"较大的地方进行释放实验。卡斯特山位于康乃尔大学鸽舍以东约140千米的地方,鸽从这里释放后,其飞行方向与鸽舍间(顺时针方向)平均成60°角。经过一系列的释放实验,发现释放点偏差并不受鸽的年龄、天气阴晴等影响,也不受是否有磁场的影响,由此可见导致"释放点偏差"的因素并不是太阳,也不是地球磁场。在释放实验的同时,还进行戴毛玻璃片和不戴毛玻璃片的对照鸽组,其实验结果也同样证明了释放点偏差和视觉无关。他们还在康乃尔大学附近捕捉了一些燕子,携往卡斯特山释放,发现它们消失的方向和鸽一样都有相同的角度

偏差。对此实验分析说明,导致"释放点偏差"的因素,同时也会对其他鸟类产生相同的影响。所以"释放点偏差"并不是一种鸟类飞行定向上的错误,也不是鸟类种族所使然,而是受到释放地所处地理位置因素的驱使。

10. 飞返导航论

飞返导航论又称"飞返逆行定位导航论"。飞返导航论观点认为,赛鸽是通过飞返导航飞归的。赛鸽由放飞地点开笼司放后,常可看到盘旋且已飞走的鸽又飞返到放飞地盘旋几圈,然后认定方向后再飞走。于是认为鸽回归的线路是走"回"字形的,先飞小圈再飞大圈,待到飞大圈进入距家舍50千米左右的地方就径直飞抵家舍。

对此观点持有异议的鸽友认为,在幼鸽初训期近距离司放时,的确存在有类似情况,而在近百千米训放时,它已不可能再采取如此笨拙的"回"字形归巢路线了,且采取"回"字形归巢路线的幼鸽,也只是发生在幼鸽初训期的头几站,这仅仅是幼鸽对于训放不成熟的表现之一,只要连续反复多训放几次,它们再也不会采取"回"字归巢路线了。况且在每次大型训放和比赛中,放鸽车司放人员和沿途村庄鸽友们所见:基本都是3～5成群,群头大小、高空低空飞行或许不一,但方向

基本一致,致力于你追我赶,共同由司放地向目的地进发,所见折返飞行偏离航道鸽虽有,但毕竟是零零落落、散兵游勇似的那么几羽。

(七) 导航感官理论

1. 视觉导航论

视觉导航论认为,赛鸽是运用它的视觉器官,熟悉地形、地物的记忆图表所指示的方向,通过视觉导航飞归的。

视觉导航论是国际鸽界和我国鸽界最为盛行的导航论。鸽眼的视神经由百万根视神经纤维所组成,视网膜内有一百多万个神经元。将微电极插入各个神经纤维,用各种光学图形来模仿刺激鸽眼,视网膜就能检测到图像的基本运动、强度和颜色等。在鸽眼视神经的背部上方有一枥膜组织,有助于觉察移动物体的精确距离和定位。鸽眼的肌肉为横纹肌,也有利于在快速飞行中敏捷地将物像聚焦在视网膜上,再通过睫状肌的收缩调节晶状体的形状和晶状体与角膜间的距离进行调焦。同时,鸽眼还能通过改变角膜的凸度来调节物像聚焦的作用,这种功能称"双重调节"功能。这种迅速而精巧结合的视觉调节功能,能在瞬间将扁平形的"远视眼"调节为椭圆形的"近视眼",将远距离目标拉近,把地上的一粒玉米也看得非常清楚,远距离的目标物也分辨得十分清楚,将地形图放大。同时也准确地判明自己所在的方位和远距离目标的方位,然后再决定究竟飞向何方。

鸽眼的这些特异功能能看清遥远的地形和物标,但鸽却并没有凭借此功能来识别地形和物标。美国纽约州立大学的瓦库特和密契纳曾乘飞机跟踪过鸽的飞行路径。他们指出,鸽在熟悉的地方飞行,或飞错了方向,也不是依靠地形和物标的识别来进行调整飞行方向的。人们一致认同:只有鸽看到家舍时,鸽眼的这种识别功能才会起作用,这种作用最多也不会超过100千米。

在2008年美国科学促进会年度会议上,艾奥瓦大学实验室心理学教授爱德华·沃瑟曼在有关动物智力的讨论会上说,鸽和狒狒能辨认三角形和圆点等图案,分辨哪些图案相同,哪些图案不同。由此可引证,鸽有识别地形图的能力,这对解释鸽"恋城症"或许会有所帮助。"恋城症"是指在城市鸽舍中饲养的鸽,在初训的前几站,在小城镇旁放飞,或在放飞的归途中,往往会顾不得定向而径直向小城镇飞去,且在小城镇逗留(盘旋飞行)好久,甚至会留在小城镇里,与小城镇鸽群相伴为伍,再也不肯飞离城镇,最后由于饥渴或食水的引诱而误入小城镇鸽舍。此外,饲养在河流旁的鸽舍,由于地形特征较明显,而翔速和归巢率也相对较高。这些都可用鸽的头脑里有一张记忆"地形图",视觉导航论理论来进行解释。

然而,按照视觉导航论观点,以2 000千米、2 500千米的远程和超远程赛事为例,鸽会首先需要组织从50千米开始的训练,然后再组织100千米、200千米、500千米、1 000千米,自近至远逐级倍增的逐站放飞训练,最后才进行2 000千米以上的远程、超远程的正式决赛。如贸然组织500千米、1 000千米、2 000千米的赛事,就不可能会有如此的归巢率和归巢分速。即使将上一年2 000千米放飞归巢的赛鸽在同一地点重复司放,也难以归巢。因而要求鸽友在50千米训放前,最好能自行组织在鸽舍周围50千米半径内,反复进行私自训放,以保持往后各站司放较高的分速和归巢率。通过无数次的验证,这种"私放"方式的确是切实可行的。

然而科学实验却难以认定视觉导航论这一观点,他们用毛玻璃镜片蒙住鸽双眼,然后在离舍100余千米处放飞,结果是这些赛鸽不仅能朝着鸽舍的方向飞行,而且有相当多的鸽顺利返回鸽舍附近的庭院里。科学家的结论是,赛鸽并不是依靠地形的熟悉、物标的记忆来进行定向归巢的,而是在飞归到鸽舍附近地区时,视觉才能发挥其作用。

这个观点也是被一致认同的。此外,曾有报道说,有人将一羽赛鸽从雏鸽起饲养在室内,从未放飞过也没有见到过天空,偶尔因出差只能用纸盒将它带到数十千米开外的办公室,将它关养在办公桌下面,且委托同事照料喂食放水,不料意外逃脱,但此鸽径直飞归自己的家巢。

2. 嗅觉导航论

嗅觉导航论观点认为,嗅觉是使鸽能定向归巢的主要本能。意大利比萨大学的巴比研究员和他的同事们及法国的汉斯·沃拉弗等学者是嗅觉导航论的创导者。

巴比做过许多富有创造性的实验来证实他的观点。比如,鸽在自己生存栖息鸽舍的周围有许多生物气息,有的是凭人类嗅觉可感受到的,也有许多是人类嗅觉可感受范围之外的。这样鸽就自然而然地形成了一张嗅觉地图。当它们在一个陌生地方被放飞后凭借嗅感飞回。

鸽对海拔和季风变更引起的"气压数据变化"有非常灵敏的感觉。赛鸽对自己生存地的地理环境、气候变化都已适应,自然而然就形成一幅周围环境嗅觉图,一旦被携带到陌生地,就会感受到差异,于是它通过嗅觉飞向自己熟悉的生存地。

至今仍有不少鸽友对嗅觉导航论颇感兴趣。并认同,鸽既然有发达的鼻瘤,而且大脑中还有发达而巨大的嗅觉中枢嗅叶,这些说明其必然有特殊的、灵敏的嗅觉。从实践经验中获知,当鸽的鼻瘤不洁或因患病而鼻泡发黑、流鼻水的情况下容易飞失,这也是嗅觉功能障碍导致定向障碍之例证。

嗅觉导航主因论是当前鸽界流行的一大流派。然而,在科学界目前检测手段的测试下,认为鸽的嗅觉并不是很发达。再说,在逆风飞行时,鸽或许能凭借嗅觉归巢,而顺风飞行时,它却连一点家乡的味道也嗅不到,该作如何解释?故而对巴比的嗅觉导航论提出非议也不足为怪。

3. 听觉导航论

听觉导航论观点认为,赛鸽定向归巢是通过听觉导航实现的。这是美国康乃尔大学克莱教授,在探索赛鸽归巢实验中的得意之作。他的实验结果确定:鸽的听觉感官能察觉到低频超声波(又称次声波、亚声波、低频声波),即能听到人类所听不到的低频声波;并且还能辨别低至 0.5 周波的声音(即中央 C 音以下 12 个音阶的低音),如来自山脉、喷泉、山洪、瀑布、海洋波涛的声音,以及来自雷雨及许多大自然赋予和产生的各种声音。很多的地形目标,如山脉、崖谷、小溪、河流、森林都能发出恒定而一贯的各种低频声波,且这种低频波能传导扩散至数百千米,甚至经久不衰地传导至数千千米以外的地方。因而鸽完全有可能利用次声源作为导航源引导它的回归路线。

经观察,当鸽进入巅峰状态时,它的耳孔会特别干净,且它的耳羽会根根耸立起来,显得异常英俊而威风凛凛,更显示其大将风度,以此感官表现而支持听觉导航论。

4. 皮肤导航论

皮肤导航论观点认为,赛鸽是通过皮肤感觉导航而飞归的。这是美国动物医学研究所的唐纳德·麦克博士的研究成果。他的实验是取下一小块鸽的皮肤组织标本,从中测得它有对气压、温度、湿度的感应功能,且进一步分辨出这羽鸽的遗传基因中导航性能的差异。他发现鸽的皮肤组织细胞中含丰富的信息传递物质——乙酰胆碱,它是一种能将外界感受器所获得的信息传递到大脑皮层的重要化学物质。赛鸽皮肤细胞内的乙酰胆碱感应受体非常发达,且特别灵敏,赛鸽的灵敏度要比非归巢性鸟类要多出 60%,且它们的受体和反应也是丰富多彩的,纵然是它们在远离家舍数千千米之外,也完全可从所在地的自然环境中感受到气温、干湿度、风向的差异,它们就能凭借着这些感受到的变化差异,飞向家舍,直飞到离鸽舍50千米范围的半径以内，才开始运用眼睛记忆识别功能飞归家舍。

麦克博士的这项研究成果，给予养鸽者们许多有益的启示。每一羽获胜的优秀鸽都有一身健康而良好且极其滋润的皮肤，以及一身品质超群的羽毛。因而，无论平时还是赛前、赛后给鸽水浴、药浴、砂浴和日光浴，不仅可去虱除蚤，而且还可增强皮肤血液循环，强化对羽毛、皮肤的养护，提高皮肤层乙酰胆碱感受器的感受敏感性能，且更有利于调节飞翔目标引导的灵敏度。此外，根据检测报告，凡体内缺乏乙酰胆碱与乙酰胆碱合成功能受到阻碍的赛鸽，必将会飞失于他乡。

最典型的例证就是，由于赛鸽体外杀虫剂的应用不当导致失鸽的教训。凡是胆碱酯酶类化学杀虫剂，无论体外喷射型、涂刷型、沐浴型、清洁型、蒸熏型、悬挂型等剂型，都能被皮肤、羽毛所吸收（同时呼吸道吸收的剂量会更大），阻断机体和皮肤内乙酰胆碱的合成和传递功能，因而平时要慎用、少用或不用杀虫剂、清洁剂、刺激性消毒剂，至少在赛鸽参赛前5～7天内禁止使用。鸽舍的平时常规消毒以及集鸽笼、集鸽车的消毒工作，最好能在集鸽前7～10天，至少在3～5天前进行，且要求不用高浓度的刺激性消毒剂，必须要待消毒剂吹干、无气味残留后才能使用。

5. 脚胫导航论

脚胫导航论观点认为，赛鸽是通过脚胫感觉导航而飞归的。鸽的腿部、胫腓骨之间的骨间膜上端有许多葡萄状、能感受机械振动的神经节小体，称"胫骨小体"。每个胫骨小体约为0.1毫米$\times 0.4$毫米，每条腿上约有百余颗胫骨小体。它们由坐骨神经的一个分支支配，对微小振动非常敏感，我们在平时观看鸽群起飞时，常能看到鸽群无缘无故地如同一声令下，瞬时间同时起飞。这就是胫骨小体对共震源同时感应的结果。于是鸽也被列入"地震预报监察动物"名单之中，科学家也确实找到了胫骨小体神经节组织，肯定了它在地震预报反常行为中担负着地震感受器的功能。至于这些胫骨小体如何作为导航感官来引导鸽定向归巢的，则还没有寻找到合理的解释。

除以上所述几种导航感官外，随着现代精密测试技术的高速发展，人们还发现有好多新的感官导航理论。例如，气压感官导航理论：鸽对于大气压力的轻微变动非常敏感。它能觉察到100厘米水柱压差的变化，这相当于9.14米高度的大气压力差，因而鸽能充分地利用并掌握运用这一气流层间不同的压差气流，以最少的体力消耗获得最高的速度，于复杂的气流层中高速穿梭飞行。

（八）参赛实战指南概略

具有优良血统的好鸽是参赛获胜取得成功的基础。如没有先天遗传性能良好、品质超群的好鸽，就算您有超人的养鸽管理水平，也无法成为常胜将军。毕竟人能帮助鸽获得成功的手段是极其有限的，我们必须要清醒地认识到这一点。

如果单纯有了好的参赛实战指南和良好规范的科学养鸽知识技术，没有优良的选手鸽，您仍是无法获取胜利的。相反，一旦您有了优良的选手鸽，而缺乏良好规范的科学养鸽知识，或没有充足的时间和充沛的精力全身心投入，也不可能取得好的赛绩。凡饲养赛鸽者，从引种开始，寻找合适的最佳配偶鸽，配对、育种、育雏，然后是鸽舍的营建、鸽舍的管理、优质饲料和营养保健品的选购，最后才是购买特比环、大奖赛买单，加上从起站训放到参赛的一系列支出，都是需要有一定经济基础支持的。退一万步说，就算您参赛能偶尔入赏，却还是难以保持顶尖鸽舍的名次，以上三者都是缺一不可的。

1. 参赛实战理念

实战理念指参赛实战过程中的思维理念。养鸽参赛的目标非常明确，就是为了拿冠军。但毕竟每次

参赛只能产生一羽冠军鸽，那么怎样才能让自己的鸽脱颖而出，夺取高位奖项呢？这是每位饲鸽参赛者，每天进入鸽舍前就思考的问题，有的鸽友坦然地表白说"天天在想，做梦都想"，这是符合养鸽人情理的。

参赛实战凡能获得成功，离不开"种"、"养"、"训"、"赛"、"运"五大要素。"种"、"养"、"训"（前面已叙述了）三者已基本具备，那么直至临赛就惟独决定于"赛"、"运"两个要素了。"赛"是指赛事的参与和安排，这完全是"人为可控"的，其中最重要的虽说是重在参与，但在每次赛事中，确实也不乏参赛鸽能获得高分速而载誉归来，可惜的却是主人并没有为它投资买单，从而失去千载难逢、令人惋惜的大奖资格。"运"则是指"运气"，凡事所以能获得成功，也离不开"天时"、"地理"、"人和"。而临赛时参赛者所能做到的也只能是人为可控制的部分——即实战中的理念和操作思维。实战理念是一种思维模式，而不是公式，重在灵活掌握应用，却也不能依葫芦画瓢、照猫画虎，否则是不可能获得成功的。

2. 参赛翔训期、临赛期实战指南

（1）翔训期 集中一切精力围绕参赛主题，做好参赛前期准备

工作。

① 密切观察主力参赛鸽赛前状态表现,按主力鸽的不同状态表现,因鸽而异,采取不同的体能调节手段。

② 参赛前 10 天开始,酌情补充能量贮备剂(如赛乐久之类)。

③ 对于个别体质虚弱鸽(指非得参加本次赛事的特比环鸽)除补充能量贮备剂外,还可在参赛前 14 天开始额外补充维他肝精、康飞力之类营养添加剂,以作为赛前能量贮备、体能提升、高峰提升。

④ 当感到翔训体力不济,体能下降,有落性先兆时,使用赛期能量补充剂、鸽红茶等,以补元气、益津血、补虚脱、强筋骨。

⑤ 在气候条件恶劣、闷热潮湿及过于肥胖时,可选用鸽绿茶。

⑥ 如没有一副吸收功能良好而健康的好肠胃,就不可能有强健的体魄。因而还需注意赛前肠道呵护,合理应用强健宝(啤酒酵母)、活菌类、整肠剂,每周 2 次。

⑦ 按照肌肉肥胖或消瘦,松弛或紧板等情况,搭配使用夺标赛飞饲料和清除饲料。

(2)临赛期 促进高峰,保持巅峰。

① 按参赛鸽巅峰状态表现,配合用赛神眼药水滴眼,可明显调节参赛鸽巅峰状态,剂量可酌情逐渐递增(递增法),最重要的是勿要过于性急和使用过量,以免巅峰过早到来,待到决赛日已步入低谷而失格(体质欠佳过于瘦弱鸽慎用)。

② 根据赛鸽体质情况结合不同赛制及个体状况,进行整合调整。对每周比赛 1 次的多关赛,在第 3 至第 6 天补充能量贮备剂与赛期能量补充剂(赛复宝之类)。可交替使用,也可早晨赛期能量补充剂,傍晚能量贮备剂,或赛归使用赛期能量补充剂,每天 2 次,连续 3 天;然后能量贮备剂,每天 2 次,连续 3 天。对隔天赛或 3 天赛的多关赛,上午赛期能量补充剂,下午能量贮备剂,直到比赛结束。

3. 参赛呵护概略

赛后康复指使赛鸽训赛后的体能健康状况恢复到超越训赛前的状态。

① 对高峰迟迟难以出现并感到底气不足的鸽,可配合使用维他肝精、康飞力之类营养添加剂。

② 传染病流行期间,最好尽可能自行组织司放或放弃该次训赛,如非参赛(资格赛)不可,则采取在归巢当天,双眼双鼻各滴利巴韦林滴眼液十滴宝 1 滴,呼吸道咽喉清理剂畅爽滴鼻(口)液。或用利巴韦林滴眼液 1 支/10 毫升,加水 1 升供饮 3 天,饮用期间若出现可疑发病症状时,则连饮 5～7 天。

③ 归巢后的第一口水必须供

应电解质维生素 C,对日后康复至关重要,然后全日敞开供应经稀释 2~3 倍的电解质维生素 C 溶液 1 天。

④ 报到后立即给予赛期能量补充剂赛复宝胶囊 1 粒,或每天 2 次,每次 1 粒,连续 1~3 天。

⑤ 次日让它痛痛快快洗个温水澡,如遇暑热天,浴水中再加入 1 匙鸽绿茶,使它感到更舒适。

⑥ 传染病流行期间,归巢次日连续饮用氧氟沙星溶液 3 天,可有效防止大肠杆菌及沙门菌病暴发流行,且能明显减轻腺病毒等病毒性疾病感染发病率,减轻发病症状,缩短发病期,减少并发症及降低死亡率。

⑦ 对发病康复期鸽、体质虚弱鸽、体力精神不济等特比环参赛鸽,应果断跳站,暂停训放,待其进入康复期后,加速进入赛前体能调理程序。一般在正常情况下,通过 10 天到 2 周左右的补充调理,即可基本达到参赛前体能状态,从而再次获得参赛资格,而且确有不少获奖佳绩鸽,甚至还有获得冠军头衔和多项前名次奖项的实例报道。

⑧ 多关赛归巢即服赛期能量补充剂,每日 2 次,每次 1 粒,连续 2~3 天。然后根据赛鸽体能康复状况,进入赛前巅峰调理程序。

⑨ 体能与能量调节。赛期能量补充剂与能量贮备剂可交替或早晚使用,一般无须同时使用。却可配合复合营养添加剂,作为比赛期

间营养补充添加剂使用。

⑩ 肥胖鸽可用复合营养添加剂+鸽绿茶+清淡饲料调节,且适当增加训练强度。

⑪ 训赛过度、眼砂与虹膜色彩褪色、瞬膜下垂、瞬膜水肿等:及时适量使用赛神眼药水。

⑫ 为预防赛期主羽脱落,可于比赛前 21 天开始用赛神眼药水,以后每周 3 次,左右眼各 1 滴,再结合训放调节以延迟换羽。

⑬ 为调节和保持高峰状态,参赛前 10 天开始用赛神眼药水,左右眼各 1 滴。赛前集鸽和训赛归来再用 1 次。

4. 剪羽、拔羽与接羽

剪羽、拔羽与接羽参赛方法系由国外鸽界所引进,运用者也颇有心得,应该说是一种"添羽助飞"或"减负上阵"的举措。笔者认为,拔羽、剪羽与接羽只适用于某些特定对象、特殊种群鸽,以及在特殊需要迫不得已情况下应用。且并不违反赛鸽竞翔的有关规定,其目的也仅是为使参赛鸽选手更适应于飞翔,提高赛速与赛绩的一种减负优化手段。

(1) 剪羽 将参赛鸽的尾羽末端剪去 1 厘米,以减少飞行中的阻力,提高翔速。此外,剪羽时间是在集鸽前,而并非是在平时家训时就已剪去。集鸽前剪羽,是在放笼开飞时,鸽才感受到身体平衡点的异常,因而

对它是刺激了其飞行阈值——强化了兴奋点。于是,国外鸽友撰文介绍,并进行尝试,的确能在强敌如林的1100千米竞赛中一举夺冠。

(2)拔羽 在参赛前偶尔发生主翼羽折断事故,估计此主翼羽损伤必然影响到参赛期赛绩发挥。而此时只能"忍痛割爱",果断地将此羽拔除,待新羽长成再参赛。操作要领:必须要有充裕的时间,以保证新羽的长成。千万不可在新羽羽杆和羽根虽长成,羽管还没有角化脱鞘前出翔,否则容易出现羽髓血条或羽杆萎缩。对赛绩影响最大的是在羽条长到1/3~2/3阶段。

此外,对已发生的血条,不能盲目拔除,不然会引起失血过多而贫血。拔条要果断地一下子用力拔除,不要伤及其他羽条,更不能将羽床组织一起拉出,否则会造成该羽永久性损伤。如非必须拔除,宁可任其自然为佳。

(3)接羽 对偶尔发生主翼羽意外折断,只得采取接羽紧急措施来弥补。方法是将折断的羽杆,在羽根"下脐"的上端,呈半透明中空管状的羽杆段剪去。预留插入段要越长越好,随后找一根与折断羽长度和阔度接近的主羽翼条,按需要长度斜形裁下,修整至能以最佳长度和角度紧密插入羽杆为宜,然后涂上万能胶,牢固插入即可。操作要领:必须与对侧相应羽条对称,且长度、角度保持平直一致,不能出现扭曲、成角等,否则会得不偿失。

(九)参赛报到

1. 报到模式的演变

(1)原始持鸽报到模式 是最古老的原始报到方式的延续。鸽会在每年年初交付会费时,或在春赛、秋赛训放前,制定本地区本年度春季或秋季竞翔计划。当时鸽会每年只组织春季和秋季两次大赛,大赛前由鸽会组织从30~50千米、80~100千米、200千米左右逐站训放活动,然后正式组织300千米以上(一般是双鸽赛或小组赛,双鸽赛必须2羽指定鸽到齐有效,小组赛则必须3羽或数羽指定鸽到齐方有效)、500~600千米、700~800千米、1000~1200千米、2000千米或2000千米以上的正式比赛。鸽友按集鸽司放比赛日期,将参赛鸽送到鸽会指定集鸽地点,填写参赛鸽竞翔单,内容包括会员姓名、棚舍地址、棚号、参赛鸽环号、性别、眼砂、羽色等。交鸽时按竞翔单填写内容,由鸽会组织裁判员进行逐行核对无误后收鸽入笼。然后由鸽会分别在每羽参赛鸽双侧翅膀的条羽上,盖上鸽舍事先刻制的橡皮章印鉴(一般是4个字的成语或吉利口彩语),同时裁判在竞翔单上注明暗号标记。该印鉴章均由鸽会组织方事先刻制数套备用，而在验鸽盖章前由裁判按集鸽数量抽取 2～3 套进行编组，并在每枚章的文字上做好裁判暗记（即切去部分，如一点或一捺），做好裁判备案文字档案封存。此外，使用的印泥有好多种，除红、蓝、黑等色彩变化外，还有多种防伪印泥。收鸽盖章时数枚章轮换盖印，同舍同一次参赛归巢鸽的印鉴可以是不一样的，当然也可以是相同的，以防止伪造、作弊、冒充、谎报等。集鸽完毕，裁判章公开销毁，将所有竞翔单封存保管。因而每位参赛者对自己参赛鸽的裁判印鉴是事先无法知晓的。

参赛鸽归巢即刻由鸽主持鸽到鸽会报到，由裁判开启封存竞翔单，按竞翔单所列内容逐行核对无误，且条膀所盖裁判印鉴完全相符，才能判定该鸽系参赛归巢鸽；按持鸽报到时间先后排列名次。此原始持鸽报到模式对居住在鸽舍附近的鸽友，可借光不少，不过在那个时期，电话还未普及，交通工具落后，且参赛鸽的分速水平差异较大，参赛鸽数量并不是太多，尤其对小型县城地区鸽会，也只能做到如此。

（2）原始鸽钟报到模式 此模式最早引自欧洲。竞翔单等参赛信息填写、裁判操作要点等与原始持鸽报到模式基本相同。在集鸽时，鸽会或赛鸽俱乐部裁判用一种橡皮环扩张器为每羽参赛鸽套上专用带

有暗号印记的橡皮环。参赛鸽归巢报到时，取下橡皮环打在鸽钟卡环里，卡环一经打下，鸽钟随即开始启动，橡皮环无法置换或取出，然后由参赛者持鸽同时持鸽钟到鸽会报到。裁判按报到时间扣除鸽钟时间，即为该鸽实际报到时间。不过在每次集鸽的同时须同时校验鸽钟，且在能开启处贴上专用印鉴封条。鸽钟有多种式样和不同形式，附加环也有多种形式，也有另行制作的各种金属暗号软环……其基本原理是一致的。原始鸽钟报到模式对持鸽报到模式已算是很大的进步了。

（3）近代电话报到模式 随着电话的普及和推广，电话报到模式逐渐形成并推出。而不同的是，参赛鸽归巢报到时间是按电话打进鸽会指定电话的时间算起，报到内容包括：棚号、环号、性别、眼砂、条膀暗号等，然后持鸽到鸽会验鸽"验明正身"，经裁判确认生效。由于电话报到容量小，即使数十台电话也无法胜任众多参赛者的同时报到，对前名次的报进或许影响不大，而对大部队的涌入，也就有失公平。

（4）现代声讯电话报到模式 随着声讯电话的推出，使参赛鸽报到变得更快捷而方便。由于其信息容量大，避免了电话报到模式时的拥堵问题，且还可同时与计算机联网，计时正确而可靠，是现代大城市鸽会目前普遍使用的现代报到模

式。由于参赛分速竞争的激烈,于是随着卫星定位技术的发展,鸽舍采取对每位会员鸽舍进行 GPS 定位,因而参赛鸽赛绩的分速计算也就更趋合理和精确。不过声讯电话报到,也完全是按声讯提示要求,按顺序通过按键操作来完成整个参赛鸽报到顺序的,只要有一个键位操作失误,则有可能会前功尽弃。

(5) 电子环扫描报到模式　近年来推出并提倡的报到模式。即由参赛者在鸽舍参赛鸽入口处安装事先通过调试的电子环扫描工作探头。在参赛前为每羽参赛鸽戴上惟一的专用电子环,在裁判监督下,参赛鸽集鸽入笼前,先将参赛鸽佩戴的电子环通过电子扫描仪识别登录,并与鸽会(俱乐部)事先输入的该鸽完整信息进行校对,并吻合一致。参赛鸽到舍归巢时,当它通过活络门入口电子环扫描工作探头时,电子扫描仪即将信息在第一时间录入,并立即在电视屏幕正确无误地显示。

该模式目前主要应用于赛鸽公棚,切实能做到正确无误、快速而精确,但对鸽会设想能在部分甚至所有会员中全面推广使用的话,首先还需参赛者支出一笔对大部分工薪阶层鸽友难以接受的前期开支外,其次还涉及计算机的正确使用和网络系统的稳定性、供电电源的稳定性和计算机故障、电脑软件操作、黑客病毒入侵等多方面的影响。此外,还摆脱不了专业技术人员的安装、调试和维护等。这些都不是每位鸽友能够熟练掌握的,还有操作规程培训和软件操作调试、日常维护管理等一系列问题,因而电子环扫描报到模式在家庭用户的实施普及推广,或许还将有待一定过程。

2. 参赛报到失误种种

其一,参赛鸽归巢了,可鸽友却估计失误,或许因这样或那样的琐事干扰,而待鸽友入舍之时,参赛鸽却早已等待多时了。

其二,参赛鸽归巢了,却由于参赛鸽平时训练不到位,鸽受惊或飞得不过瘾,继续家飞兜圈子,或到舍后就是不肯进舍,在舍外游荡、梳理羽毛等,当然其中不排除有鸽舍营建的问题,如落地棚,周围环境的人为惊扰等。

其三,也是最不该发生的事情,即所递交的竞翔单填写失误,自然是竞翔参赛资格失格。此外,发生较多的是,报到时心慌手乱,声讯报到按键失误。凡此种种,让"煮熟的鸭子飞了"。

3. 纬度与生物钟

鸽从其自幼鸽出棚开始,就已知道"天明则飞,天暗而宿"的自然规律,在天空尚处于矇矇亮的清晨,它们就已起身在窝格或巢箱内发出"呜! 呜!"的呼唤声,然后等到有一定能见度时,就开始在舍内飞来飞去地闹腾。它们每天的第一声呼唤和出巢有一定规律性,无论是晴天或阴雨天也会丝毫不差,指挥它们这些生物钟活动规律的就是日出日落时间。

对赛鸽而言,它们的鸽舍所处的纬度不同,生物钟规律也有一定差异,而对鸽群也必须养成它们早起早飞、早锻炼的好习惯,因而养鸽人(教练)也应定时起床,对"运动员"按时进行家飞训练,在日出时间后0.5～1小时进行放飞训练,然后安排在日落后0.5～1小时收翅关棚,如提供辅助照明的鸽舍可再略晚一些。当然具体时间必须定时,可按季节进行一刻钟或半个小时呈阶梯样调整。尤其处于训赛季节,这样能培养它们在放路时,早起性

(思飞,俗称"起棚"或"起群"),晚落宿,赶上当天归巢报到的好名次。

4. 末班车与头班车

随着新赛制的推出,于是会发生参赛报到当天的最后名次——末班车,与第2天清晨报到中的最前名次——头班车问题。随着赛鸽报到制度和报到手段的完善,赛鸽舍GPS定位到舍制度的实行,赛程计算已精确到了百分之一秒,无论当天参赛鸽报到截止时间,还是隔天(在外过夜)赛绩分速计算,都是按照国际惯例——按日出日落标准时间计算的。

5. 不同纬度日出、日落时间表

不同纬度日出、日落时间见表3-1。

表3-1　各地不同纬度日出、日落时间表
（供赛鸽晨训、报到查阅使用）

纬　度		20°	30°	35°	40°	45°	50°
月	日	日出至日落 时:分～ 时:分	日出至日落 时:分～ 时:分	日出至日落 时:分～ 时:分	日出至日落 时:分～ 时:分	日出至日落 时:分～ 时:分	日出至日落 时:分～ 时:分
	31	6:35～17:31	6:55～17:10	7:08～16:58	7:22～16:44	7:38～16:27	7:59～16:07
	5	6:36～17:34	6:57～17:14	7:12～17:02	7:19～16:48	7:58～16:32	7:38～16:13
	10	6:37～17:38	6:57～17:18	7:16～17:06	7:09～16:53	7:56～16:38	7:37～16:19
1月	15	6:38～17:41	6:57～17:22	7:22～17:11	7:08～16:59	7:53～16:44	7:35～16:25
	20	6:38～17:44	6:56～17:26	7:18～17:16	7:06～17:04	7:49～16:50	7:32～16:33
	25	6:37～17:47	6:54～17:31	7:15～17:21	7:04～17:10	7:44～16:57	7:28～16:41
	30	6:36～17:50	6:52～17:35	7:14～17:26	7:01～17:16	7:53～16:04	7:23～16:50

（续表）

纬度		20°	30°	35°	40°	45°	50°
月	日	日出至日落 时:分~ 时:分	日出至日落 时:分~ 时:分	日出至日落 时:分~ 时:分	日出至日落 时:分~ 时:分	日出至日落 时:分~ 时:分	日出至日落 时:分~ 时:分
2月	4	6:35~17:53	6:49~17:39	7:12~17:31	7:01~17:22	6:57~17:11	7:30~16:58
	9	6:33~17:56	6:46~17:43	7:11~17:36	7:01~17:28	6:53~17:18	7:22~17:07
	14	6:30~17:59	6:42~17:47	7:04~17:41	6:55~17:34	6:48~17:26	7:14~17:15
	19	6:27~18:01	6:37~17:51	6:56~17:46	6:49~17:40	6:43~17:33	7:05~17:24
	24	6:24~18:03	6:32~17:55	6:48~17:51	6:42~17:45	6:37~17:40	6:55~17:33
3月	1	6:20~18:05	6:27~17:59	6:31~17:55	6:35~17:51	6:39~17:46	6:45~17:41
	6	6:17~18:07	6:21~17:02	6:24~17:59	6:27~17:56	6:31~17:53	6:35~17:49
	11	6:13~18:08	6:16~18:05	6:17~18:04	6:19~18:02	6:21~18:00	6:24~17:57
	16	6:08~18:10	6:10~18:08	6:11~18:08	6:11~18:07	6:12~18:06	6:13~18:05
	21	6:04~18:11	6:04~18:12	6:03~18:12	6:03~18:12	6:03~18:03	6:02~18:13
	26	6:00~18:13	5:58~18:15	5:56~18:16	5:55~18:17	5:53~18:19	5:52~18:21
	31	5:55~18:14	5:52~18:18	5:49~18:20	5:47~18:23	5:44~18:26	5:41~18:29
4月	5	5:51~18:15	5:46~18:21	5:42~18:24	5:39~18:28	5:35~18:32	5:30~18:37
	10	5:47~18:17	5:40~18:24	5:36~18:28	5:31~18:33	5:26~18:38	5:19~18:45
	15	5:43~18:18	5:34~18:27	5:29~18:32	5:23~18:38	5:17~18:44	5:09~18:53
	20	5:39~18:20	5:29~18:30	5:23~18:36	5:16~18:43	5:08~18:51	4:59~19:01
	25	5:35~18:21	5:24~18:33	5:17~18:40	5:09~18:48	5:00~18:57	4:49~19:08
	30	5:32~18:23	5:19~18:36	5:11~18:44	5:02~18:53	4:52~19:08	4:40~19:16
5月	5	5:29~18:25	5:14~18:39	5:06~18:48	4:56~18:58	4:45~19:10	4:31~19:24
	10	5:26~18:27	5:10~18:43	5:01~18:52	4:51~19:03	4:38~19:16	4:23~19:31
	15	5:24~18:29	5:07~18:46	4:57~18:56	4:46~19:08	4:32~19:21	4:15~19:38
	20	5:22~18:31	5:04~18:49	4:53~19:00	4:41~19:12	4:26~19:27	4:08~19:45
	25	5:21~18:33	5:02~18:52	4:50~19:04	4:37~19:17	4:22~19:32	4:03~19:52
	30	5:02~18:35	5:00~18:55	4:48~19:07	4:34~19:21	4:18~19:37	3:58~19:57

(续表)

纬度	20°	30°	35°	40°	45°	50°
	日出至日落	日出至日落	日出至日落	日出至日落	日出至日落	日出至日落
月　日	时:分~ 时:分	时:分~ 时:分	时:分~ 时:分	时:分~ 时:分	时:分~ 时:分	时:分~ 时:分
6月　4	5:20~18:37	4:59~18:58	4:47~19:10	4:32~19:24	4:15~19:41	3:54~20:03
9	5:20~18:38	4:58~19:00	4:46~19:13	4:31~19:27	4:13~19:45	3:52~20:07
14	5:20~18:40	4:58~19:02	4:45~19:15	4:30~19:30	4:13~19:43	3:50~20:10
19	5:21~18:41	4:59~19:03	4:46~19:16	4:31~19:32	4:13~19:50	3:50~20:12
24	5:22~18:42	5:00~19:05	4:47~19:18	4:32~19:33	4:14~19:51	3:51~20:13
29	5:23~18:43	5:01~19:05	4:48~19:18	4:33~19:33	4:15~19:51	3:53~20:13
7月　4	5:25~18:44	5:03~19:05	4:50~19:18	4:36~19:32	4:18~19:50	3:56~20:12
9	5:27~18:43	5:06~19:04	4:53~19:17	4:39~19:31	4:22~19:48	4:00~20:03
14	5:28~18:43	5:08~19:03	4:56~19:15	4:42~19:29	4:26~19:45	4:05~20:45
19	5:30~18:42	5:11~19:01	4:59~19:13	4:46~19:26	4:30~19:41	4:11~20:01
24	5:32~18:41	5:14~18:59	5:03~19:10	4:50~19:22	4:36~19:37	4:17~19:55
29	5:34~18:39	5:17~18:56	5:06~19:06	4:55~19:18	4:41~19:31	4:24~19:48
8月　3	5:36~18:36	5:20~18:52	5:10~19:02	4:59~19:12	4:46~19:25	4:31~19:41
8	5:37~18:34	5:23~18:48	5:14~18:57	5:04~19:07	4:52~19:18	4:38~19:32
13	5:39~18:31	5:26~18:44	5:18~18:52	5:09~19:00	4:58~19:11	4:45~19:23
18	5:41~18:27	5:29~18:39	5:22~18:46	5:14~18:54	5:04~19:03	4:53~19:14
23	5:42~18:23	5:31~18:34	5:25~18:40	5:18~18:46	5:10~18:55	5:00~19:04
28	5:43~18:19	5:34~18:28	5:29~18:33	5:23~18:39	5:16~18:46	5:08~18:54
9月　2	5:44~18:15	5:37~18:22	5:33~18:26	5:28~18:31	5:22~18:37	5:15~18:44
7	5:45~18:11	5:40~18:16	5:36~18:20	5:33~18:23	5:28~18:28	5:23~18:33
12	5:47~18:06	5:42~18:10	5:40~18:12	5:37~18:15	5:34~18:18	5:30~18:22
17	5:48~18:02	5:45~18:04	5:44~18:05	5:42~18:07	5:40~18:09	5:38~18:11
22	5:49~17:57	5:48~17:58	5:47~17:58	5:47~17:59	5:46~17:59	5:45~18:00
27	5:50~17:52	5:51~17:51	5:51~17:51	5:52~17:50	5:52~17:50	5:53~17:49
10月　2	5:51~17:48	5:53~17:45	5:55~17:44	5:56~17:42	5:58~17:40	6:00~17:38
7	5:52~17:44	5:56~17:39	5:59~17:37	6:01~17:34	6:04~17:31	6:08~17:27
12	5:54~17:39	5:59~17:33	6:03~17:30	6:06~17:26	6:11~17:22	6:16~17:17
17	5:55~17:36	6:03~17:28	6:07~17:24	6:12~17:19	6:17~17:13	6:24~17:06
22	5:57~17:32	6:06~17:23	6:11~17:18	6:17~17:12	6:24~17:05	6:32~16:57
27	5:59~17:29	6:10~17:18	6:16~17:12	6:23~17:05	6:31~16:57	6:40~16:47

（续表）

纬度		20°	30°	35°	40°	45°	50°
		日出至日落	日出至日落	日出至日落	日出至日落	日出至日落	日出至日落
月	日	时:分～ 时:分	时:分～ 时:分	时:分～ 时:分	时:分～ 时:分	时:分～ 时:分	时:分～ 时:分
11月	1	6:01～17:26	6:13～17:14	6:20～17:07	6:28～16:59	6:37～16:49	6:48～16:38
	6	6:04～17:24	6:17～17:10	6:25～17:02	6:34～16:53	6:44～16:43	6:57～16:43
	11	6:06～17:22	6:21～17:07	6:30～16:58	6:40～16:48	6:51～16:36	7:05～16:22
	16	6:09～17:20	6:25～17:04	6:35～16:54	6:45～16:44	6:58～16:31	7:13～16:16
	21	6:12～17:19	6:29～17:02	6:40～16:52	6:51～16:40	7:05～16:26	7:21～16:10
12月	1	6:18～17:19	6:38～17:00	6:49～16:49	7:02～16:36	7:17～16:20	7:36～16:02
	6	6:21～17:20	6:42～17:00	6:53～16:48	7:07～16:35	7:23～16:19	7:42～15:59
	11	6:24～17:22	6:45～17:01	6:57～16:49	7:11～16:35	7:27～16:18	7:48～15:58
	16	6:27～17:23	6:49～17:02	7:01～16:50	7:15～16:36	7:32～16:18	7:52～15:58
	21	6:30～17:25	6:51～17:04	7:04～16:52	7:18～16:38	7:35～16:21	7:55～16:00
	26	6:32～17:28	6:54～17:07	7:06～16:55	7:20～16:40	7:37～16:24	7:58～16:03
	31	6:35～17:31	6:55～17:10	7:08～16:58	7:22～16:44	7:38～16:27	7:59～16:07

［相关链接］　纬度:地图和地球仪上,我们可以看见一条一条的细线,有横的,也有竖的,很像棋盘上的方格子,这就是经线和纬线。

根据这些经纬线,可以准确地定出地面上任何一个地方的位置和方向。当然也包括我们的鸽舍位置,卫星定位系统(GPS定位仪)就是以经纬度作为我们每位参赛者鸽舍的标定位置,从而按照赛鸽开笼司放地点的经纬度到参赛鸽鸽舍定标的经纬度,计算出两点实际飞行空距;再按照参赛鸽的开笼司放时间与参赛鸽报到时间,计算出每羽参赛鸽完成这条赛程所实际耗用时间。计算出参赛鸽每分钟飞行的空距(分速),而以此评判排列出冠军、亚军等每羽参赛鸽的名次先后。

如若是当天司放,当天归巢报到,赛绩分速计算起来比较简单;若是参赛鸽在外过夜(远程赛、超远程赛甚至于往往需要在外过夜10天、半月以上),那么按照国际惯例,是以鸽舍所在地每天的日出日落时间来计算完成全赛程飞行的时间,计算出分速—赛绩。参赛组织机构鸽会和裁判组也是按照日出日落时间来接受计算参赛鸽报到时间,过日落时间归巢的参赛鸽和次日日出前归巢的参赛鸽,均以次日日出时间开始计算参赛鸽的赛绩分速。于是参赛期间的日出日落时间也成为参赛鸽友必需关注的时间了。

赤道定为纬度零度,向南向北各为90°,在赤道以南的叫南纬,在赤道以北的叫北纬。北极就是北纬

90°,南极就是南纬90°。纬度的高低也标志着气候的冷热,如赤道和低纬度地区无冬,两极和高纬度地区无夏,中纬度地区四季分明。

从北极点到南极点,可以画出许多南北方向的与地球赤道垂直的大圆圈,这叫作"经圈";构成这些圆圈的线段,就叫经线。

公元1884年,国际上规定以通过英国伦敦近郊的格林尼治天文台的经线作为计算经度的起点,即经度零度零分零秒,也称"本初子午线"。在它东面的为东经,共180°;在它西面的为西经,共180°。因为地球是圆的,所以东经180°和西经180°的经线是同一条经线。各国公定180°经线为"国际日期变更线"。为了避免同一地区使用两个不同的日期,国际日期变线在遇陆地时略有偏离。

每一经度和纬度还可以再细分为60′,每1′再分为60″。利用经纬线,我们就可以确定地球上每一个地方的具体位置,并且把它在地图或地球仪上表示出来。例如问北京的经纬度是多少?我们很容易从地图上查出来是东经116°24′,北纬39°54′。在大海中航行的船只,只要把所在地的经度测出来,就可以确定船在海洋中的位置和前进方向。

纬度共有90°。赤道为0°,向两极排列,圈子越小,度数越大。纬度是指某点与地球球心的连线和地球赤道面所成的线面角,其数值为0°~90°。位于赤道以北的点的纬度叫北纬,记为N,位于赤道以南的点的纬度称南纬,记为S。

纬度数值在0°~30°的地区称为低纬地区,纬度数值在30°~60°的地区称为中纬地区,纬度数值在60°~90°的地区称为高纬地区。

赤道、南回归线、北回归线、南极圈和北极圈是特殊的纬线。

地球的子午线总长度大约40 008千米。平均:

纬度1° = 大约111千米

纬度1′ = 大约1.85千米

纬度1″ = 大约30.9米

于是我们在阅读、评判、挑选、拍卖外籍鸽赛绩的时候,就必须了解该参赛鸽赛程地区的纬度。例如,低纬度和高纬度地区能够1 000千米当天归巢的参赛鸽,在同样赛程下,而在中纬度地区就无法完成;同样道理,在相同赛程下,当天归巢鸽与隔夜归巢鸽,自然后者就能借光不少,这些因素虽然对于分速仅差之数秒,而对于公正评判该鸽赛绩价值而言,却相去甚远。

四、饲养管理篇

（一）鸽 舍

1. 赛鸽鸽舍

鸽舍是鸽的家园，尤其是作为赛鸽。正由于赛鸽具有百折不挠的恋巢欲，因而人们就利用它这一独特的个性进行异地放飞，以达到能快速定向归巢的目的，并以分速来决出名次，进行赛鸽竞翔活动。

赛鸽恋巢的描述正应着这样一句民间谚语，谓"金窝银窝，总不如家中草窝"。鸽的归巢欲并不会为家舍的豪华而动心，即便是再简陋的窝，只要是它喜爱的容身之地，它会一辈子留恋不舍，思念着回归它的故居。长年被拘禁于他乡的鸽子，一旦获得解禁的机会，哪怕是伤病缠身、缺羽断腿，照样会毫不迟疑地飞回老家，甚至还有记载："鸽能步行数十里，徒步归家之先例。"

在赛鸽界流传着这样的一句话："草窝里飞出金凤凰。"在历年的大型赛事活动中，最终夺魁的并不一定都是养鸽高手，而常常爆冷门的却是那些饲养赛鸽数量并不多，相对而言鸽舍较为简陋的养鸽者。

因而鸽舍的营建，不一定要追求豪华，只要求实用、便于清洁管理、外观与市容协调即可。对于鸽舍内部则需要严格控制饲养数量，保证每羽鸽应有它相应的空间即可。因鸽的一生几乎要在鸽舍中度过，从饮食起居到生儿育女，从环舍飞行到训赛归巢栖息，都离不开鸽舍。饲主也需进入鸽舍进行饲养管理与抓取赏玩，这都需要尽可能地给予满足；反之，在那些过于简陋、设施不全的鸽舍里赏玩鸽子，无论对鸽还是对人的健康都是极为不利的，如是饲养着一群体质虚弱、抗病力不强、训赛养息均得不到充分保证的鸽子，又怎能在激烈的赛事中夺魁呢？

不过凡事皆需要从实际出发，营建一个理想的赛鸽舍，是每一位鸽友所期望的，却也并不是人人都有条件完全实现的，除建造公棚、寄养鸽舍时需要选择特定的场所地址外，一般养鸽族们也只能因地制宜灵活运用。

标准的家庭鸽舍最好能分建有种鸽舍、育雏舍、幼鸽舍、成鸽舍，对于实行寡居制的鸽舍，还需要另外建有兼用或专用的标准鳏居舍和寡居舍。

(1)场地环境选择　鸽舍要求设置在一个相对而言视野宽广的环境之中,能使高空飞翔的鸽群在远处就能看到自己的家,且能毫无障碍地俯冲直下,迅速登台入舍;也使在运动舍或瞭望台上悠然信步的鸽群能有广阔的视野,使初次出棚舍的幼鸽能在出舍之前就能认识并熟悉自己的归宿地。这些无论是对于幼鸽开家训练和赛鸽竞翔归巢报到都是十分有利的。

在一些大中型城镇,周围建筑层次较高,且视野也不够宽广,尤其是底层建舍,均不利于鸽群出舍家飞和归巢俯冲,也不利于幼鸽的开家,容易造成幼鸽游棚或飞失。因而鸽舍不宜设置在繁华的闹市地区,否则鸽也会由于长久生活在得不到安宁的环境,难以保证其安静休栖而不思归巢,即使是家飞也常常不愿意及时归巢,而栖息于他方。舍外特别是出入口也尽量要避免有超高建筑、烟囱、大树、旗杆或高压线、电线杆等障碍物,特别是电杆林立与电线(天线)纵横,由于鸽是双边视力,前方存在有视野交叉盲区,因此常常会发生高速飞行中鸽因躲避不及而造成意外伤害。此外,电线也常常容易成为鸽的栖息处,在放飞途中容易成为首选栖息处,而易遭遇枪击暗算。因

而城镇养鸽最好尽可能选择在楼顶露台等处。

(2)鸽舍要求　要求阳光充足、通风良好、冬暖夏凉。鸽舍最忌讳的是潮湿阴冷。鸽喜爱阳光明媚、光线充足的环境,尤其是长期关棚饲养鸽,定期沐浴和沐浴后的阳光浴非常重要。

对鸽舍营建的要求,必须避免潮湿、排水不畅、通风不良或过度通风。而这些基本要求,却存在着相互制约,鸽舍下雨漏水,会造成鸽舍的潮湿;地势太低会产生排水不畅而潮湿;通风不良会导致鸽舍的闷热、排泄物恶臭难除;过度通风则造成如同于露宿,难挡风雨而易感风寒。这些要求对我国南方海洋性气候地区、盆地气候地区而言非常重要,而对北方常年少雨、气候干燥地区,着重于防寒保暖就足够了。

最理想的鸽舍是坐北朝南,如若能东面临窗则更好。这样能使鸽清晨就迎临朝阳的普照而不亦乐乎。每当阳光明媚的早晨,步入鸽舍就会让您领略到鸽群的欢快,因为初阳为鸽舍带来温暖;直射的阳光为鸽舍杀菌消毒;干燥而清洁的鸽舍为鸽群带来健康保障。当然那些条件不尽如人意的鸽舍,只要能付出更大的养护精力,有时也能飞出优异的成绩,但是如同处于相等条件下的鸽群,相比之下良好鸽舍饲养环境条件,必将更容易有出色

的表现。

① 材料选择：建材主要是木材与塑料板、夹芯彩钢板。通常喜用杉木，它有防蛀、抗腐、不产生怪味等优点，但木质松软，不利于铲除鸽粪，因而不宜用作地板和巢箱底板。地板通常用钢板网或竹板条网，巢箱底板则用钢丝网加底抽板，这样粪便从网眼中散落而下，便于定期清扫。底板设计成抽板，有利于日常清扫保洁。如若选用其他木料，则一般认为新木料不如旧木料，因新木料带有浓厚的怪异味，不利于鸽健康。

② 制式鸽舍：随赛鸽市场的高速发展，专业制式鸽舍市场应运而生，并提供有数种不同类型、款式的制式鸽舍样板房图案供选，厂商还可按各种不同场地专门设计营建，其建材规格近乎标准化，采取拼装结构既快捷又标准化，只是造价方面略微有所增加。对于有一定经济实力的鸽友，不妨采纳使用。

(3) 落地棚　即地面棚。这是居住在楼房底层的鸽友，受条件限制所搭建的赛鸽棚舍。

赛鸽落地棚总不如高层棚，每个鸽舍的建筑面积 2～3 平方米，一般保持每个鸽舍饲养的赛鸽不超过 40 羽为宜。地板或地网离地 40～50 厘米，用以防潮；棚下地面最好铺上水泥，四周筑有排水沟；既便于清扫，又要通风；四周最好能安装有地围网，以防鸽在舍外活动时进入。棚舍室内高度约 2 米，即以鸽主本人身高再加上 20 厘米，以伸手即能轻松地抓取最高窝格内鸽子为宜。最低以鸽主的身体能直立，而不弯腰为限度。鸽舍的出入口以侧面为好，便于人员进出和实施日常管理，以及在竞翔时能快速抓到鸽及时进行报到。屋顶倾斜度可按不同建材要求设计，尤其在遭遇到突发性气象灾害情况下，要求能迅速排水，排水不畅的鸽舍通常是常年湿度偏高，不符合鸽生存条件的，不利于保持赛鸽健康。

有条件的鸽舍最好能将瞭望台和活络门设置在坐北朝南方向，也可另设运动场，运动场可设置在鸽舍的顶棚上，建造必须既便于打扫，又具有抗强风暴雨能力。

赛鸽的落地棚一般地势均偏低，按照现代城市楼房设计，因前后间距尚不足以达到开笼放飞和俯冲直接归巢的要求，因而落地棚仅适宜建造在农村和城市花园住宅的宽敞庭院里，以保证鸽舍前具有宽阔的视野。

落地棚鸽舍的前后需开设地脚通风窗，设置有防鼠、猫、鼬等入舍惊扰和伤害鸽的相关必要设施。

(4) 屋顶棚　这是居住在顶层鸽友所搭建的赛鸽棚舍，也是目前大城市鸽友最常见的鸽舍。最理想是在屋顶平台或露台上搭建鸽舍；

而目前大城市中最多见的是在楼房的平顶上搭建鸽舍,饲养管理则利用平顶的维护天窗出入口;另外,还有的在平房屋顶上搭建鸽舍,开个天窗(俗称"老虎窗")作为其出入口。这些都是鸽友们按各自的居住条件因地制宜所搭建的鸽舍。不过近年来,随着城市改建规划"平改坡"的实施,对屋顶平台棚的搭建带来了一定的影响。

屋顶棚的主要缺陷是安全问题:要考虑屋顶的承重和对建筑结构的影响;人员出入的安全防护和鸽放飞出入口的合理设置;材质轻重和牢固度;抗强风、暴雨、防震等自然灾害能力;鸽舍的日常清扫和方便管理等问题。

(5)晒台棚　即阳台棚。这是居住在中间楼层的鸽友在小阳台或小晒台上因地制宜所搭建的赛鸽棚舍。鸽舍相对较小,且要严格控制饲养数量。尤其搭建外挂式或半外挂式(又称"吊笼式")的鸽舍,要勤于打扫,做好日常卫生工作,防止粪便跌落。注意定次、定时放飞,以减少对左右邻里的干扰等,要善于化解矛盾,只有妥善处理邻里关系才能养好赛鸽。

2. 鸽舍温度

鸽是恒温动物,最适宜生存的地区是温带,因而相对而言它比较怕热,而不太怕冷。最适宜的鸽舍温度是 $16\sim28℃$。冬季只要是在温度均衡的鸽舍里,没有强气流(贼风、对流风)的直接侵袭,鸽照常能生活得很好。由于强气流(逆风)的直接侵袭,会逆向吹乱它的羽毛,破坏了羽毛的保温作用。因而寒冷地区的鸽舍,冬季只要保持一面通风就可以了,堵住其余三面的进风口,外面披挂门帘、窗帘。夏季除保持鸽舍通风,做好防暑降温外,要特别注意饮水卫生,要勤添勤换,防止饮水污染。在中午烈日当头之时,可在鸽舍周围喷洒些清水或安置喷水池、水幕,也可种植些草坪、盆花等,以达到鸽舍周围环境的自然降温作用。

冬季是鸽养息期,在特别寒冷的地区,可在饲料里适量添加些赤豆、油性饲料。冬春季饮水中添加鸽红茶(可用中草药配制),这样既可防寒保暖,又能做到冬令进补、强筋壮骨。夏秋季饮水中添加鸽绿茶(可用中草药配制)或绿豆,这样既可防暑降温,又能做到饮水保洁,防止病原体入侵,且为即将来到的换羽期做好前期准备。

至于有的鸽友在鸽舍安装了除尘器、空调机,而从实际效果看,鸽儿们却并不领情,除尘器的噪声和开机时的震动,使鸽惊扰而不得安宁。而鸽舍用空调机,鸽儿们并不喜欢在封闭的环境下生存。此外,它们每天还必须参加必不可少的家飞训练,于是造成舍内冷、棚外热,鸽儿们反而飞得不如以往那样有劲,往往是出棚仅仅飞了几圈就下来喘个不停,甚至出现鸽群还没有完全出棚,先出棚的已落棚急于进棚。不仅如此,鸽还易生病,表现粪便不如以往那样干结,幼鸽还会常常拉稀。空调停开后,几天下来就恢复常态。在十分寒冷地区,有不少鸽友为鸽舍配备了地热装置或温控暖风器,使鸽舍温度维持在 0℃以上,这样至少饮水条件会得到解决,实际效果也不错。但不能用火炉,以防止煤气中毒和烫伤。

上面已叙述"鸽是不怕冷的动物"。据报道:南极考察队带去了10 多羽鸽,为它们建造了冰屋,它们也能很好地在冰屋中生存,且还能生蛋育雏,生下 6 枚蛋,孵出了 1 窝。可惜的是,在开家放飞过程中,仅一个多星期,就全部丢失了。

3. 鸽舍湿度

鸽喜爱在干燥、清洁的环境中生活,鸽舍的最佳相对湿度是55%～60%。由于鸽舍是一个几乎完全开放的环境,因而鸽舍的湿度不可能依赖于人为控制。湿度与鸽的生长、发育、代谢、育种、孵化和育雏、开家、放飞、训练、赛绩的发挥都密切相关。以育种、孵化为例,在春光明媚与春雨绵绵的气候条件下所育出的雏,在品质上就是无法比拟

的;因而鸽友主张选择在春光明媚的"黄道吉日"进行拆对配对,此时也正好是鸽性情最欢畅、性欲最强盛时候,这样对优生优育大有裨益。如湿度过高,草窝湿度也增高,易造成蛋壳外的天然保护屏障溶菌酶等被水解,助长霉菌、腐败菌等病原菌生长,产生蛋壳霉斑和大肠杆菌入侵,造成臭蛋,孵化出壳成雏率下降;在过于干燥环境下,种蛋内的水分蒸发量增加,造成胚雏出壳困难。

4. 鸽舍通风

鸽舍通风问题至关重要。良好的通风能降低鸽舍的温度和湿度,尤其在炎热、高温、潮湿的环境下往往显得更为重要。

(1) 鸽舍通风　指在高温情况下,通过加大空气流动,以缓和高温对鸽群的不利影响。

(2) 鸽舍换气　指在低温密闭情况下,通过引进外界新鲜空气,排除舍内污浊空气,改善空气质量。

(3) 通风作用　引进清新空气,排除有害气体(主要是氨气、硫化氢、二氧化碳等);调整舍内湿度;减少舍内灰尘;调整舍内温度,使鸽群因感到舒适而恋家。

(4) 通风不足的危害

① 有害有毒气体浓度升高,氧气浓度过低:舍内氨气、硫化氢、二氧化碳等有害有毒气体会刺激鸽眼

结膜和呼吸道黏膜,引起眼部和呼吸道炎症,发生反复眨眼和打喷嚏、咳嗽等;这些气体破坏血液的携氧功能,导致直接或间接缺氧,产生黑舌、肌肉发绀、翔喘等。也会使鸽食欲减退,造成营养缺乏等。一般当我们进入鸽舍,舍内热气、秽臭味扑鼻而来,且流泪、胸闷,则说明有害有毒气体浓度过高,氧气浓度过低。

②湿度过高:水气不能及时排除出去,造成舍内湿度过高,容易发生曲霉菌病;高温高湿加重热应激,甚至易发生闷棚中暑。

③鸽舍舍尘:舍尘含粪尘、细菌和病毒等,如不能及时排除,鸽易患病。

(5)换气装置 在干燥通风的地区,只需在屋顶上或屋顶旁侧的人字墙上开1~2个可开启式天窗或排风口即可。如若设计开启2个排风口时,要避免产生对流风。夏季进风口的面积可适当增大些,冬季在背风面多开一些通风口。在迎风面要少开通风口。通风口设置在鸽舍的偏上方,舍顶如留有换气孔则效果会更理想。

至于底层的落地棚,最好离地50厘米以上,地势低洼地区需再建高一些,有的80厘米,也有120厘米的。此外,尽可能设计成双层单面倾斜阶梯式屋顶或双层"人"字形阶梯式屋顶,在双层屋顶间安装有开启式通风窗或板栅式通风窗。

在鸽舍内的舍顶安装板条式天花板,便于舍内的湿热混浊空气能伴随热气流缓缓上升,由屋顶通风窗排出舍外。而在鸽舍后下墙壁或板壁再安装板栅式可开启通风窗,这样能使新鲜空气从下面的板栅窗处补充进入,按照需要开启或关闭板栅式通风气窗来调节舍内的通风量。这种自然通风鸽舍,能充分保证鸽舍良好的循环气流环境,有利于鸽健康。对于不具备安装这些设施的鸽舍,尤其处于底层的落地棚舍,也可选择在鸽舍的死角处安装一个烟囱样的自然拔风管,下口离地20~50厘米,同样也可起到排除舍内湿热混浊空气的调节作用。调节气流量大小决定于拔风管的口径与高度,还可根据气流量大小,选择合适口径的拔风管和调节拔风管离地的高度以及穿出屋顶外的高度。屋顶拔风管的高度可决定通风量和拔风风速。在拔风管的外上口最好安装一个防风防雨罩,在下口安装一个可调节的风门,无须任何动力即可进行鸽舍内的风量调节,实践效果十分显著。

当进入鸽舍时,人的感觉温度与舒适度应是和鸽子一样的,在暑热天感觉到温度比室外低且舒适就行。在任何情况下,鸽舍内均需保持有一定的气流速度,一般以0.1~0.2米/秒为好,不宜超过0.3米/秒。如风速低于0.05米/秒,说明通风不良。夏季巢箱、窝格处气流速度在 0.5 米/秒时,效果较好,开放场所、运动场达到 1.0～1.5 米/秒时就较为理想。

通风量的测试方法也十分简单,在鸽舍内点燃一支烟,观察烟雾的情况,以烟雾能在舍内冉冉上升并流向出风口就行,如若烟雾急速流向出风口,且能将烟头吹亮则说明通风过度。也可自己制作一个小纸风车(或用小纸条替代),置各风口或鸽舍的四周,尤其在旮旯处测试一下,既要防止留有死角,又要防止贼风(对流风)、寒风直接吹到鸽身上和栖架上。

有条件的鸽友可安装制式屋顶自然通风器,如 DWT 圆弧形无动力涡轮屋顶自然通风器和 WZT 屋顶自然通风器(有圆弧形和薄型两种。薄型的可按鸽舍长度确定造型)等,市场均有售。它的工作原理是利用室内外温差所形成的热压差及自然风力所形成的风压来进行通风换气的一种自然通风方式。它会24 小时不停地自然运转,产生空气对流,排除舍尘,降低舍内温度,抽出屋顶湿气、秽气和水蒸气,始终保持室内空气的新鲜和鸽舍干爽。它还具有阻挡雨水进入的功能,其顶部安装有圆弧形叶片,叶片与叶片之间留有空隙,叶片旋转时互相补位,能将空隙填补,大量的雨水则沿着圆的节线抛出,小量雨水顺延叶片流落于屋顶,不会流入涡轮里,同时旋转的涡轮使空气由叶片间隙流出。优点是不耗电、无噪声、体积小、重量轻、排风效率高,且舍尘、羽毛也不易附着,清洁和安装也十分方便,较适用于鸽舍的换气和通风。一般鸽舍选择 $14''$～$20''$ 已完全足够,对于种鸽舍、公棚也可按照需要安装 2 个或多个,风量可以根据季节需要进行风门调节控制。

5. 鸽舍光照

鸽舍的光照是鸽舍管理的重要组成部分。光照包括自然光照和辅助照明。自然光照指阳光直射和漫射、折射光线;辅助照明指人工所提供的灯光照明,即"人工光照"。

光照对鸽机体的影响主要有:提高鸽的运动能——生物活力,促进机体新陈代谢。在阳光明媚的清晨与灰暗阴晦的凌晨相比,家飞的时间就会明显延长,强制训练的效果也必将会好得多,鸽的能量消耗自然也要高得多,食欲必然也会明显增强,消化吸收功能必然会强得多,因而对鸽舍营建位置的选择是非常重要的。对那些受条件制约而建在高楼大厦背影之下或营建在大墙背后底层的落地鸽舍,必将会为日后的鸽舍管理和赛绩提高带来不少困难和麻烦。而对那些营建在光线过于强烈的鸽舍,如路灯之下、灯箱广告牌附近及夜间霓虹灯闪耀不断场所的鸽舍,由于昼夜灯火通明,造成整个晚上鸽舍上下闹腾不息,鸽的生物钟昼夜颠倒,如此同样也是养不好鸽子的。

(1)光照生理 光照(光信息)通过眼球内的光受体→视网膜节细胞→传递到视觉中枢,或通过下丘脑内的光受体而被感知,并将光信息转化为生物信号,进而影响脑垂体→性腺轴释放激素来调节机体的生理代谢、生长发育、繁殖功能和所有活动行为。

首先,光照通过皮肤促进7-脱氢胆固醇合成维生素 D_3,促进机体钙磷代谢、骨骼的钙化;其次,光照中的紫外线可杀灭病菌、病毒、寄生虫卵等多种病原体,以维护鸽的健康体质,因而光照对于那些长期关棚饲养,终日难见阳光的种鸽显得尤为重要,对这些种鸽,至少每日能提供4个小时以上光照,否则会影响它们的健康和后代的品质。

(2)光照剂量 光照能使鸽舍保持干燥,冬季能使鸽舍升温,提高鸽的繁殖生育活力。即便是每天放飞的活棚鸽(俗称活翅),单纯依靠每天2～3个小时的家飞光照,仍然不能满足其基本需要,因而必须增加人工光照。每天至少保证达到14～16个小时的光照,对于种鸽群,要求最好达到16个小时以上的光照。这是每天必须达到的光照剂量,并且也是必不可减免的基本生

理需求量。对于我国各地,由于经纬度的差别,各地的日出日落时间跨度较大,因而各地鸽友应按自己鸽舍的所处地理位置,调节鸽舍每天的光照时间,以弥补光照量之不足。

(3)光照光谱 光照的光谱问题,涉及较多物理光学方面的知识,这里简明扼要地讲述一些相关光量子方面的知识。人们发现在三棱镜下,可把日光分成红、橙、黄、绿、蓝、靛、紫7种颜色的光线。接着又发现在红光之外有一种不可见光线,可使温度计的温度指数上升,称红外线;另发现在紫光之外还有一种不可见光线,可使感光物质氯化银感光变黑,于是就称紫外线。这是与动物生物体直接有关的两种主要光线。对于这种光的本质,光量子学说认为,它们是一种被发射和吸收的细小粒子状态(量子)。太阳和光源就是发射源,而人体和鸽子就是吸收物体。

(4)光照波长 光线是按其不同波长来进行排列,而得到一系列从长到短的光谱。光谱可分红外线、可见光、紫外线3部分:波长180～400纳米为紫外线,400～760纳米为可见光,760～4 000纳米为红外线(760～1 500纳米为短波红外线、1 500～4 000纳米为长波红外线)。

在鸽眼的视网膜上有视杆细胞和视锥细胞。视杆细胞不能分辨光的颜色,且只感受照度小于0.4勒

(LX)的弱光；视锥细胞能够感受到所有可见光的颜色。人有 3 种视锥细胞，其感光敏感区分别是 450 纳米（蓝紫色）、550 纳米（绿色）、700 纳米（红色），当它们混合在一起时，人感觉到的是白色光。然而鸽（禽）在视网膜上却比人类多一种敏感区在 425 纳米的锥细胞，从而使鸽（禽）眼能见到 320～400 纳米的光谱。这就意味着鸽（禽）能见到部分紫外线光谱，虽然人和鸽（禽）对光的最敏感区都在 545～475 纳米，但由于鸽（禽）具有第 4 种视锥细胞，所以在 400～470 纳米和 580～700 纳米光谱区它们比人更为敏感。对同样光量，鸽（禽）的光感觉要比人更明亮，而亮的程度却随光源不同而有所不同。

(5) 光照效应　经研究证实，不同波长的光谱不仅通过眼球的视神经到达下丘脑起到光照效应，而且人们还发现光照能够通过颅骨顶部进入位于大脑顶部中心的松果体，使松果体分泌一种"褪黑激素"的物质，然后褪黑激素→下丘脑→脑垂体→卵巢轴产生调节效应。它与来自眼球视神经的下丘脑光照效应是完全不同的。

长波长的光（>650 纳米）到达下丘脑的穿透效应比短波长光（400～450 纳米）的要高，且由于禽种类不同，穿透效应也不完全相同，如鸡的穿透效应高 20 倍，鸭的高

36 倍，鹌鹑高 80～200 倍，鸽的却达到高 100～1 000 倍。研究其穿透效应是由于血红蛋白对 430～550 纳米光谱吸收最强，从而导致各种禽鸟对于清晨阳光的刺激反应——生物钟效应的敏感程度存在不同显著差异。

(6) 光感效应　其表现在处于晨光光照进入鸽舍时间先后有所差异的条件下饲养的不同鸽群会存在有每天早晨开咕时间的先后差异和起飞需求时差先后的影响，当然也会直接影响在参赛开笼放飞时，鸽的时差适应——兴奋度表现的不同差异，当然也必然会直接影响它们的赛绩表现。

近代研究证实，禽鸟（鸽）除眼睛、头颅松果体的感光作用外，尚且还存在有皮肤的感光作用，即不同光线（光谱）穿透皮肤通过血红蛋白将光感信息传递到下丘脑。以鸽羽毛中的黑色素（吸收光谱高峰在 420～430 纳米）对光线的穿透性也有一定影响，其影响显然是要小于血红蛋白中的血红素，但它却能以 60～100 的系数阻止光信息进入下丘脑的光感中枢。

有研究证实，下丘脑对于不同波长光的敏感性是不同的，它对于蓝光和绿光的刺激要比红光敏感。有实验证实：皮肤的抗黑变激素能影响禽（鸽）的免疫功能；而蓝光能较明显影响脾脏发育，提高免疫功

能;绿光能显著提高免疫抗体水平,而蓝光照射下免疫抗体水平的提高会更明显(T 细胞增殖,提高 T 淋巴细胞的免疫功能);黄色光谱对于饲料利用率的影响最为明显;绿光对体重增重效果较明显,而鸽对红色、紫红色、橙色、黄色、黄绿色最敏感。因而建造鸽舍的材料要尽可能地选择蓝色,其次是绿色,而不宜选择红色、紫红色、橙色、黄色、黄绿色。此外,对于鸽舍用具的选择和鸽舍管理人员的着装色泽选择,以及鸽舍周围建筑、周围环境色泽的选择也要以蓝色或绿色为宜。当然在鸽舍附近设一面固定小红旗作为(认棚用)标识,也未尝不可;而在家飞强训时,如若使用小红旗来驱赶鸽子,由于刺激太强而容易影响恋巢欲,而选用橙色、黄色的旗帜、布缦就已足够了;当然在室外不允许鸽停留栖息处,插上几面小红旗或涂漆成红色对于训放管理会有一定的帮助。

(7)光照应用 鸽需要能产生生物效应的光谱,即类似于日光的红外线和紫外线光谱段。因而在人们日常生活中和鸽舍用的常用光源的光谱应是 760~1 500纳米,其属红外线灯泡之范畴(浴霸灯泡也可代用,只是光照度和亮度太强,仅适宜于远距离照射用);其次是白炽灯泡。而不宜用小太阳灯、碘钨灯及紫外线光谱类灭蚊灯。至于其他类

似于日光灯及冷光谱类节能灯,只适宜于供照明用,而不宜供作辅助光源用。

鸽舍辅助光照的实际应用,对于光照的亮度(瓦特/米^2)、照度(勒)并没有苛刻的要求,但鸽的生长速度却与波长有关,而与亮度关系不大。因而一般 15~20 平方米空间的鸽舍,只要一盏 15~25 瓦的灯泡就已足够了。过于强的光照,只会造成鸽活动量过高,长时间过于兴奋,并不利于鸽舍的管理和鸽的健康。

(8)光照时间 光照时间必须按照鸽的要求进行合理调节。如将鸽饲养在 24 小时连续光照的环境下,就可能会引起鸽的免疫抑制性疾病,出现一系列亚健康问题;使雏、幼鸽生长发育迟缓;雄鸽的产精不足或弱精;孵化率下降;雌鸽的不孕等。

对于光照(包括人工光照)时间的控制,应按照鸽舍所处地区的经纬度来决定。原则上应相对固定而不宜随意改变,在阴雨晦暗、光照不足时,可适当提早开灯补充自然光照的不足,尤其是室内笼养鸽舍,自然光不足而采取全人工辅助光照的更是如此。一般情况下,不要随意改变或缩短鸽群的光照时间。须按夏长冬短的光照规律进行人工调节控制,有条件的鸽舍可安装个定时器来进行照明时间控制。参赛前期

延长光照时间,可促巅峰期的提早到来。而在换羽前期,有的鸽友在每天下午挂起窗帘,来缩短光照时间,以加快换羽期的到来。光照时间的调节必须逐日进行,一般采取2～3天延长或缩短5～10分钟,也可呈台阶式15分钟至半小时一个台阶逐日调整,或按照日出日落时间逐日递增或递减渐进方法进行调整,只是这样的管理模式也过于烦琐。

光控定时器可采用楼道专用型,也可用小管家型、养鱼用(花鸟商店有售)控制器,甚至于小型电器、电风扇定时器(只要功率相符)也可替代使用。

(9)光照污染 关于鸽舍照明的光污染问题,这是一项颇具争议的历史问题。是指在鸽舍建造设计管理中,在灯光配置和辅助照明中,由于使用不合理光源所导致的鸽视力影响,用眼影响和视疲劳的产生及视觉伤害现象。

鸽在阳光下飞行,可使用第二眼睑来遮挡强光,因而一般情况下鸽并不害怕裸露光线的直接照射,但长时间的耀眼强光照射肯定不利于其静养和休息。且这种裸露光线的强度越大,对眼睛视网膜的伤害也就越大。

鸽通过瞳孔的收缩和舒张来调节进入眼底的光量,使投照到视网膜上的图像更为清晰。因而视网膜上的光线图像的感光量是固定不变的,这就需要瞳孔周围的虹膜睫状肌不断地通过收缩和舒张来调节瞳孔的大小。光量过弱时,睫状肌放松,瞳孔放大;光量过强时,睫状肌收缩,使瞳孔收缩变小。长时间收缩会造成虹膜睫状肌疲劳,这就是通常说的"视疲劳"现象。在"视疲劳"中,视网膜和虹膜都会遭受不同程度的损害,从而抑制视网膜感光细胞功能的发挥,长期损害可造成鸽不可逆转的视力下降。

鸽舍光线的配置要求不能过强,最好不要采取裸露照明,而尽可能采用磨砂或乳白灯泡等柔和光源,且尽量采取遮光罩或漫射光线等柔和光源,来提高鸽舍的整体亮度。

(10)光照不匀 指光照的强弱瞬时反差过大,尤其是瞬间即逝的过亮光源,会对眼睛产生更大的伤害。这通常发生在鸽友平时欣赏鸽子时,往往喜欢用一种强光射灯来观察研究眼睛,这当然属于无可非议而偶然发生的事情,但在观察眼睛时,往往是一只眼处于强光照射之下,而此时造成与另一只眼之间特强的光量反差,如长时间的强光下观察会造成眼底视网膜不可修复的损害。

在观察研究鸽眼睛时,持续照射的时间不宜太长,离光源的距离也不要太近,在观察时应让它有一个充分的休整调节期,照射持续的时间越长,眼睛的恢复休整时间也越长;且更重要的是,光源与角膜之间的距离不宜太近。这些对于初养鸽者而言,往往由于专注于鸽眼的观察和研究,而忽略了光照热辐射对于角膜、眼底造成的热辐射伤害,这些都是平时需要注意的。

(11) 反射光照与闪耀光照 即指玻璃、镜面、水面等阳光的反射光源;夜间的强光源所造成的反射光源;路灯、霓虹灯的闪耀光源;路边的车辆强光灯反射光源;邻居的玻璃窗反射光源等。这些光源有着一定的时间性和隐蔽性,而往往不易引起鸽友的注意。而这些忽闪忽隐的反射光、闪耀光,会毫无规律地长期影响或干扰鸽的休息,有时会引起鸽的反复惶恐不安,甚至发生惊棚。对此,鸽友也不可小觑。处理方法十分简单,只要挂个帘子或挡板遮挡一下就行了。

6. 鸽舍噪声

听上去并不"分明"的低频噪声(如整流器的电流嗡嗡声)往往被我们所忽略。实际上低频噪声比一般噪声危害更大,且至今尚没有相关的限制与监控。此外,外墙和加厚的玻璃窗以及一般隔音材料对于低频噪声阻隔作用也并不大。通过实验观察,鸽对于低频噪声的敏感性比人类要强得多,其应激反应的强度也大得多。因而选址建棚时,尽可能不要建在高压电器、整流变压器的周围,选择家用电器设备和在鸽舍安装电器设备时也必须给予兼顾。

7. 鸽舍附件

(1) 警报器 警报器不属于鸽舍必须安装的附件设施。有的鸽友为保证鸽子的安全而安装警报器,主要是防窃,尤其是在获取佳绩而扬名四海以后,鸽已身价百倍、属稀世珍宝的情况下,往往就会引诱那些法律意识淡薄的不义之徒,敢于冒险入室掳鸽。当然也会有并不真正了解赛鸽价值者,像偷鸡贼般偶尔闯入鸽舍行窃。此外,安装警报器还可防止猫、鼬等的贸然闯入。

警报器的形式和式样,有红外警报器、光电警报器、感应警报器、监控警报器等。

(2) 起降台 又称跳台、跳板、停留台、降落台。即指安装在活络门外,专供鸽起飞和降落时所使用的一块踏板。起降板必须安装稳妥,在鸽起降时不至于引起弹跳或晃动,以免降归巢受惊,影响进棚报到;起降板也不宜过度油漆或用大理石板、玻璃板、墙面砖等过于光滑或反光的材料,不然会引起鸽起降时滑跌,或产生镜面掠影而受惊,影响它们的归巢欲和进舍速度。此外,起降板也不宜过频地更换或反复维修,尤其在赛期维修或更换乃是大忌。起降台通常标准为 2 米×1 米或 1 米×1.5 米左右,木板厚 2~3 厘米,具体大小可按鸽舍的实际条件进行适当调整。有些鸽舍的起降台宽度只有活络门大小,只能容纳 1~2 羽鸽的面积,显然是过于狭小而不符合要求的,当有一羽鸽站立在起降台上时,另一羽鸽就难以降落,或在降落后必然会遭遇到另一羽鸽的驱逐、争斗,平时家飞时会影响到整个群体的进棚速度,在短程赛时会直接影响到竞翔报到,影响赛绩和分速。对于幼鸽,在开家时,由于反复遭遇到驱逐和不能在起降台上逗留,而诱导产生游棚或留宿棚外,不利于幼鸽的认棚开家。

此外,还可在起降台外平行增设一个条形起降用跳板,长度、高度可与起降台相似,宽约 10 厘米,能容纳多羽鸽平稳降落即可。其可作为鸽群同时降落时的过度跳板,以增加赛鸽降时的羽数,加快鸽群进棚速度。

(3) 瞭望台　作用是使鸽舍鸽能观察到鸽舍周围的景物,特别是让初离巢还不能出舍飞翔的幼鸽先认识一下舍外的环境,以免在初次开笼出舍时,由于对周围环境的陌生而产生应激和慌乱,造成游棚丢失。瞭望台也易让鸽熟悉和适应鸽舍周边环境平时带来的干扰,便于

家训和训赛,使它们能及时归巢。

瞭望台一般设置在鸽舍活络门的旁侧或向阳侧,或是鸽舍的最高处棚顶上,四周可用粗铁丝网围起来,大小可按照鸽舍实际面积酌定。对于没有条件设置瞭望台的鸽舍,也可以利用运动场来替代。

(4) 运动场　又称晒棚、散步台。是为关养鸽提供的活动场所。运动场内可供日间栖息、散步、交配、追逐、嬉戏、水浴、沙浴、阳光浴等,尤其对终身关养种鸽的健康养护十分有利。运动场的大小要因地制宜,大的运动场可容纳鸽在场内飞翔,小者也不拘一格。运动场四周用粗铁丝网围起来,网眼不宜过大,一般不大于 3 厘米,否则不利于防止敌害的入侵,且易让鸽头探出笼外、撞笼受伤或弄伤羽毛。

运动场和瞭望台,在雨季、风季要有防雨和挡风设施,酷暑季节有遮阳设施,寒冷季节要三面挂上防寒草帘或幕帘。

(5) 活络门　是指控制鸽只能进不能出的门户。是参赛时能让鸽尽快地进笼扫描报到,或让鸽主尽快抓到鸽子,取下暗号环,进行报到的鸽进舍门。

随着赛事竞争程度的日趋激烈,专业化标准制式鸽舍的产业化,各种式样的制式栅栏式、板框式、跳笼式活络门应运而生,设计制作也越来越科学,越来越精巧,越来越先

进。专业化生产产品价廉物美，目前已很少自己制作。此外，伴随着报到计时现代化、电子化、电脑网络化，又将参赛报到手续变得更为简单化了，随着电子足环的推广和普遍应用，参赛鸽归巢进入鸽舍时，电子足环通过扫描仪会自动扫描记录，自动联网记录公示，一切报到程序一下子变得非常简单而可靠了。

(6) 开放门 放飞鸽时使用的门。一般在鸽放飞后就把它关上。可用木板，也可用栅栏或铁丝网，还可与活络门进行组合，即将栅栏式或板框式活络门做成框架式，开放时把框架拉起或放下，待鸽飞出后再关上，成为能进而不能出的两用门。开放门可设在活络门旁，或设置在适合于放飞操纵和有利于鸽出舍的位置。由于在放飞时鸽群往往会异常兴奋，争先恐后地一拥而出，因而一般宁可将开放门设计得大一些，以免拥挤不堪，互相碰撞而使羽毛损伤，不过对采取死翅、活翅共养的鸽舍，开放门太大就会增加不安全因素。

(7) 巢箱 又称巢房、巢格、窝格。是鸽生活起居、生儿育女而不容外鸽进入的私密场所。凡配成对的种鸽必须配备有它们独立的空间——巢箱。有自制固定式和制式组合式两种。通常采取在建造鸽舍时制作固定式巢箱，对于利用旧房改造临时性鸽舍则用制式组合式巢箱比较方便，也有只是在临时扩充、配对、观察、隔离等时，为便于移动、观察、消毒时使用制式组合式巢箱。理想的巢箱规格为 40 厘米(深)×40 厘米(高)×80 厘米(宽)，便于种鸽配对、交尾、孵化、育雏等，在条件不允许的情况下，巢箱要求至少为 40 厘米(深)×30 厘米(高)×60 厘米(宽)。

在巢格的前面用木栅栏或铁栅栏、铁丝网封闭，一侧开一个 15 厘米(高)×12 厘米(宽)的出入口。鸽常会为争夺巢箱空间而争斗，尤其那些霸道的雄鸽常常会无故挑衅并侵占他鸽的巢箱，甚至霸占两个或两个以上的巢箱。这也是自然界动物对于空间占有欲的先天本能，有时参赛鸽的巢箱暂时空巢而没有及时封闭，一旦被他鸽占有，那么在赛鸽归巢后，一场恶战会在所难免。飞失数天甚至一段时间的鸽一旦归来，看到自己的巢箱被占，同样会发生一场鏖战，当然往往是归巢鸽体力不支而败下阵来，待体力稍微有所恢复必将反复进攻，直至夺回自己的巢箱为止。

巢箱被占必然会造成两败俱伤，啄伤同伴、踏碎鸽蛋、踩死雏鸽等事件都可能由此发生。因此，巢箱的设置必须相对固定，尽可能避免过多搬动或移巢。巢箱的数量也要略多于实际鸽对数，且要把暂时空出巢箱的小门关上并封闭。每羽鸽由于其性格不同,总是喜挑它们自己喜爱的巢箱,在条件允许的情况下,最好尽可能地满足其需要,这样对往后鸽舍的安宁也非常有利。当每年在拆对配对之后,巢箱也尽可能地换雌不换雄,这样可减少管理方面的不少麻烦。

为便于清扫,最好在每个巢箱的下面安装抽屉式接粪板,上面安装一个铁丝网框架。如条件允许,将铁丝网框架下面的抽屉式接粪板改装成履带循环式接粪带那当然是再好不过的了。至于履带循环式接粪带,可用手拉式、手摇式或电动式,其只是在鸽舍的外面两头各安装一根带轴承的履带轴,一头的履带轴前面安装一个自行车齿轮盘(中间的牙盘),上面再加一个自行车后轮的齿轮盘(飞轮),中间安装上自行车链条,这样只要拉动链条或摇动齿轮盘,接粪履带就移动了,再在履带的下面安装一个板条状刮粪器,这样可不必进入鸽舍,就能将巢箱内的粪便清除得干干净净,如在履带的入口处再安装一个消毒喷雾头,那就更好了。

为更好地管理种鸽,必须详细记录每对种鸽配对、生蛋、孵化等情况,设立每个巢箱的记录卡片,对每个巢箱进行排序编号,且在适当位置挂上标牌,插入记录卡片,记录该巢箱鸽的足环号、配偶鸽足环号、简谱血统(代码)、配对日期、生蛋日期、孵化情况等。

至于巢箱的颜色,因鸽偏爱蓝色、绿色,而对红色有恐惧感,因此在选择油漆时应加以注意。

制式组合式巢箱具有式样丰富、结构合理、使用方便、实用、美观等优点,使用时层层相叠,既可逐个清扫,又可逐个消毒、替换、修理等。

(8) 栖台与栖架 主要供鸽休息和栖身用。栖架的作用是保护羽毛和增加舍内运动量。鸽一般较喜欢栖息在平坦的平台上,而不喜欢栖身在树枝和电线上。因此,在鸽舍里不宜设置像鹦鹉、笼鸟那样的栖架,而需要设置些较粗的栖架或平坦的栖台。栖台或栖架设置的数量要略微多一些,除了供幼鸽和寡居鸽使用外,还得预留一些栖台或栖架,因鸽的习性是当它认定了一个栖台或栖架后,几乎是终生固定栖息于此栖台或栖架上,也决不允许其他鸽栖息在属于它的栖台或栖架上,也包括它自己孵化哺育长大的雏(幼)鸽,当它的配偶在孵蛋时,也喜欢栖息在原栖台或栖架上,甚至在自己孵蛋时,也不允许其他鸽栖息于它的栖架上。因此,最好能按照鸽舍内计划饲养的鸽羽数,配置相同数量或稍微多一些栖台或栖架,至少是栖台或栖架数加上巢箱总数等于舍内鸽的总羽数,并在此基础上再增加 2~5 个栖架。如是准备孵化育雏的鸽舍,还得预留幼鸽暂时栖息的栖台或栖架。否则，它们只能栖息在地上，这样会使它们不能得到充分的休息，影响到它们的健康生长，且还常常发生幼鸽啄伤的事件。此外，对于正在认舍开家的幼鸽而言，如感到舍内没有它的安身栖息之地，故居旧地也并不值得它留恋而游棚，甚至远飞他乡，会直接影响到幼鸽的恋巢欲。

栖台和栖架有多种形式，常见的有方框形、⊥形、A形、圆柱形等栖台和栖架，专业化生产标准制式品种式样名目繁多，一般都比较科学、美观、实用，可按自己的鸽舍条件、经济实力在市场挑选或按个人喜爱定制。

栖台或栖架要求固定牢靠，不能留有缝隙或锐角，也不宜过于光滑（尤其塑料架），不能有振动或反复摇晃感。既要有利于鸽上架安静栖息，栖台或栖架之间要留有足够空间，避免鸽之间相互影响而打架；又要能保证不被上面鸽的排泄物污染羽毛，便于管理人员进行清扫、保洁和消毒。

8. 鸽具

（1）巢盆 又称孵钵、草窠、巢窝、巢碗。是专供种鸽产蛋、孵化和育雏时所使用的巢穴。巢盆有稻草、麻茎、车木、木板、石膏、塑料、紫砂、陶器、纸浆等不同材质。造型要求能深如汤碗，过于浅平的巢盆易在出入时误将蛋、雏带出盆外；巢盆要稳妥固定，不能摇摇晃晃，也不能太轻，否则易翻倒；质地太硬的巢盆可铺垫些软的干草或草垫、毛毡等；用塑料、紫砂、陶器等密质材料制的巢盆，中间最好有几个小的透气孔，有利于高温天孵化时水蒸气的对流排放。

（2）浴盆 鸽喜欢洗澡，即使在寒冷季节，常可见鸽跳入冰窟里，洗上那么一会儿，因而浴盆是鸽舍不可缺少的。鸽对浴盆要求并不十分挑剔，只要能跳入潇洒一番即可，可专门制作，也可用其他水盆或塑料周转箱替代，方形、长方形或圆形均可，高10~12厘米。利用高盆替代时，只要在一定高度钻个孔即可调节浴水的高度。浴盆的大小，按鸽数量多少而酌定。有条件的可专制浴池，周边高10~12厘米，中间安装一喷头和阀门，用时打开阀门，净水会自动喷出，鸽会自动跳入洗浴。药浴时也只要事先将药物配制好加入，或用吊瓶随洗随加，只要保持有效药物浓度即可。

（3）饮水器 即饮水壶。目前市场上各种饮水器应有尽有，已为广大鸽友所使用。随着科学养鸽知识的普及，好多鸽用保健品、营养添加剂及防治疾病的药物，不少是通过饮水给药的方式来给鸽的，因而对于饮水器的材质提出了新的要求，如对含铜、铁、锌、铝、锡等金属制品饮水器，易和药物产生化学反应而不宜使用；最近对于塑料饮水器的材质如聚苯乙烯、聚氯乙烯及再生塑料制品，会逐渐析出对鸽机体有害物质，也不宜选用。此外，饮水器中具备好多微生物生长的优越条件，尤其在添加了营养丰富的营养保健添加剂后，病原体非常容易在此孳生繁殖，成为疾病相互传播的主要途径之一。因而饮水器必须天天洗刷干净，且能定期消毒。通常至少每周1次；寒冷季至少每月1次，夏秋季最好每天或隔日1次；在疾病流行期间，必须天天清洗消毒，尤其种鸽繁殖场、赛鸽棚、大型鸽舍的饮水器，必须用消毒缸或消毒池轮换浸泡消毒、清洗、晾干、周转。

一般可用制式禽用塔形倒置式饮水器，又称反扣式塑料饮水器。有2升、3升、5升、7升、10升等不同规格。大型繁殖场则可用长形塑料饮水槽（用粗PVC水管剖开替代）或流动水饮水器，最好采取管道流动水供饮。饲养少量鸽的鸽友可用广口玻璃瓶供饮。另有一种组合式饮水台，圆形平台直径为42～45厘米，高26～28厘米，上放饮水器，台面下制作成"十"字形支架或方形支架，底部加四方形底板，离地3～5厘米，将台面下分成4个三角形区，前面加上拦板，离地高6厘米，成4个三角形独立的食槽，分别放置保健砂、维生素、矿物粉、沙砾等。

如四方形底座，也可在四壁钉上4个小木盒，同样可放置保健砂、维生素、矿物粉、沙砾等。其最大优点是，可防止食槽和饮水污染。

（4）饲料箱、食槽 采取每天早晚各饲喂1次或每天傍晚饲喂1次定时饲喂模式的鸽舍，可选用的食槽如下。

制式长形食槽，也可用竹筒、木板自制，饲养数量不多的可用瓷盆、陶土盆、塑料杯等替代；大型种鸽繁殖场可用自动加料饲料箱。吃食槽口要求离地面6厘米，过低易造成饲料浪费，过高易发生在鸽子争食时槽口板与鸽颈胸部的羽毛摩擦而损伤胸部毛片。此外，槽口板不能过薄、过于毛糙或带有锐角。吃食口最好分隔成若干小格，至少要保证每羽鸽都拥有一个吃食口，以防止争抢，甚至发生叠罗汉状况，进而导致那些幼、弱鸽因长期抢不到食而影响健康。

市售制式饲料箱、食槽品种繁多，有精致的，也有简单粗糙的。有单面饲喂和双面饲喂两种，一般以双面饲喂的较为普遍。为防鸽吃食时站到箱或槽上面，可在上面加盖或安装一根铁丝，穿入若干小段竹筒或硬质小塑料管，使成为一根带滚轴的轴辊。

饲料箱、食槽要求能便于清洁、消毒，以及避免在添加药物、营养添加剂混饲时产生化学反应，不宜用金属制品类食具。食具在每次使用后要彻底清洁,清除一切污秽和所沾染的排泄物,并清洗后晾干。

(5)盐土钵 即盐土槽。鸽爱吃盐土,因而盐土钵是鸽舍不可缺少的鸽具。盐土钵一般每鸽舍需配备2个,分别放置保健砂和维他矿物粉。用制式广口的紫砂钵、陶土钵,也可用悬挂式自制盐土罐,即将可乐瓶截取底段,用铁丝穿孔悬挂在排泄物、雨水沾不到的地方。还可自制木板槽,或用塑料罐替代,但不能用金属器皿。盐土钵放置后一般任其自然啄取,每日吃完后再少量多次添加。

(6)放飞笼 训练司放时携带鸽的笼具。放飞笼有不同材质制作的多种式样。一般的放飞笼要求鸽装笼后不伤羽毛,便于逐羽放入,且能多羽一次放出;还要便于运输和携带,因而放飞笼有固定式和折叠式两种。为防止装笼后相互踩踏、挤压和打斗,笼高不宜超过20厘米,且要防止通风不良导致闷笼、运输途中受寒、逃笼等。

(7)验鸽笼 用于将参赛归巢鸽送到鸽会验鸽,在鸽钟尚未普及使用前是每位参赛鸽友必备之物,而如今随着声讯、网络报到体系的建立,验鸽笼的使用频率越来越少。而平时参展、引种、交流、送公棚鸽时,还需备有运送、携带1～2羽赛种鸽或稍多几羽的笼箱,这种小型笼箱的使用频率如今反而越来越普遍。

验鸽笼制作要求轻巧,以运送2羽鸽的验鸽笼为例,建议30厘米(长)×30厘米(宽)×20厘米(高)。中间装有一块活动的隔离插板,上面分别安装有2块随意开启的活络盖板,可随意分别开启抓取或放入鸽,如只需运送单羽鸽时,既可任其独占一边,也可将中间的隔离板抽去扩大空间。但空间不宜过大,每羽鸽的内部活动空间以(28～30)厘米(长)×(11～13)厘米(宽)×(18～20)厘米(高)即可,尤其左右上下空间不宜过宽过高,不然鸽在里面反复调头折腾,易造成羽毛和外观的损伤。另在验鸽笼四周安装有纱窗或通气孔即可。验鸽笼系临时和短时间使用,一般不安置底部抽板,前面不放置饮水器、食具,只在底板上放些碎纸屑、木屑或碎刨花,便于清理排泄物和清洁、消毒。笼顶盖上安装一提手与锁扣,便于提携和运送鸽。当然在特殊情况下,用合适的小型纸箱、纸盒临时替代一下,也是一种不错的选择。

(8)配对笼 用于鸽配对。可用制式配对笼,也可在建造鸽舍时单独设计制作几个配对巢箱,而如今建造的现代化制式鸽舍,已将每一个巢箱(巢格)都设计成可随时拆对、配对的巢箱。最简单的配对笼(配对巢箱)规格大致是40厘米(深)×40厘米(高)×80厘米(宽),

至少在 40 厘米(深)×30 厘米(高)×60 厘米(宽)。中间安装一道活动栅栏板,可合上或打开,栅栏的间隙宽度不得大于 3 厘米,这样可使鸽在培养感情阶段,允许相互对望而头不能探过互啄。也可在栅栏板上再安上一扇可开启小门,前面分别安装 2 块栅栏挡板,在一边或两边的挡板上安装一扇可开启的小门,成为配对笼(配对巢箱)的总出入口。如用的是配对笼,那么在配对成功后再移入自己的巢箱(窠格),如直接在配对巢箱中配上的,就可无须周折而直接育雏。

有的鸽友为充分利用种鸽资源,在有限的育雏季节里,欲多出几窝雏而采取一雄配双雌甚至一雄配多雌的育雏法。具体做法:鸽舍里设置多个巢箱,先将拆对并已发情起性的一雄双雌或多雌放入,但在鸽舍里必须为雄鸽留下足够空间和活动场所,先放入一雌鸽,任其配对交合后,将该雌鸽关起而使其可望而不可即,然后放入另一雌鸽,任其配对交合后,再将该雌鸽关起,再放入另一羽雌鸽,如此循环反复。

(9) 假蛋 又称"义蛋"(也有将其他鸽所生的蛋寄交给保姆鸽代孵,将保姆鸽称"义鸽",而将保姆鸽所孵的蛋称"义蛋")。每当种鸽生下"头蛋"(又称首蛋),最好能立即取出放置在冷藏环境下,然后换上假蛋,在第 2 天中午,即在种鸽产下

"次蛋"(又称二蛋)前 4~6 小时,将头蛋先放入孵化巢内,使头蛋预先复温,让胚胎同步进入孵化状态,这样做的目的是使头蛋和次蛋同时出壳,以免发生由于出雏先后不一而造成所育出的雏体质、大小差异过大。

笔者通过实验统计证明,此举实际上乃是人类的过多干预。鸽和其他鸟类相似,它们的孵化规律原本都是由野生状态下自然形成,亲鸽生下头蛋后,如若在气温较高的季节,会顺其自然地适当给予凉蛋,即使在天寒地冻的季节,由于双亲鸽都还没有正式进入孵化程序,此时它们体内的孵化激素水平也还处于逐渐上升的阶段,胸部肌肉的局部升温热能传导还刚刚启动,因而此时头蛋胚胎的孵化状态,也只是处于体外孵化的休眠状态,而次蛋产出的情况却会截然不同,次蛋的胚胎发育是处于连续孵化状态下,因而在正常孵化过程中,头蛋和二蛋的出壳时间一般都会自然控制,相差 6~12 个小时。此外,雏鸽在出壳后,一般也要在 4~6 个小时后才开始正式喂初乳。因而,孵性良好鸽,一切均会自然调节,任何过多的人工干预都是多余的。当然,鸽友对个别孵性较差的鸽和初次育雏的鸽采取一些必要的人工干预有时也是需要的。

为保持种鸽体质经产而不衰,

设法延迟它们的产蛋间歇期,因而采取在种鸽产蛋后,随即进行假蛋置换替代,一般在孵假蛋5~7天取出假蛋,让种鸽进入第2窝产蛋周期。而种鸽的孵蛋期一般也不宜超过9天,因为种鸽在孵蛋的第9天开始会出现嗉囊泌乳区的萌动状态,此后如突然取出假蛋停止孵化,其嗉囊泌乳区在特定情况下易遭到细菌感染而发生"急性倒浆性嗉囊炎",造成不必要的种鸽损失。另一种办法是,在置换假蛋后,孵假蛋任其自然到期停止孵化站起来为止。每羽鸽由于孵蛋对亲鸽健康的影响程度也是不同的,有的鸽由于孵蛋期外出运动量减少,食欲下降而越孵体质越差,而也有的鸽却是将孵蛋视同为最好的休息时机,且食欲大增,则越孵体质越强健。

市售假蛋有石膏、塑料、石料、木等多种,可随意选取。假蛋可自己制作,大小、重量与真蛋相仿,能传导热量。方法是用石膏粉加水搓揉成鸽蛋形,待干燥固化即可。也可在鸽蛋上打一个小孔,取出蛋清和蛋黄,将石膏浆灌满,待干涸后即可。一般2对鸽至少要准备2枚假蛋才能够应付得过来,当然能稍微多备一些那就更好了。

(10) 足环与足环证

① 足环:用轻质材料制成,过去用铝质材料,如今改成铝塑复合材料足环。铝塑复合材料有印字清晰、色彩丰富美观等优点。但随着我国航空事业的高速发展,铝质和铝塑复合材料足环可能会对航空安全构成一定影响。近年来,随着工程塑料和高分子材料的发展,目前已有纯塑、高分子材质的足环相继问世。

足环的内圆直径为8毫米,宽9~10毫米,上面标有地区名称、地区代码和环号。我国从1990年开始实行全国性足环定点统一制作,由全国各地信鸽协会、专业信鸽协会统一发放,废除地方鸽会足环、私环。除鸽会发放的标准比赛足环外,还有以下几种。

a. 识别环:即"记号环"。用五颜六色的塑料材料制作,可自由拆换,主要用于能快速识别鸽,如识别舍内不同品系的鸽,识别参加不同赛事、各种用途的鸽等。可按需要自由拆卸,却不能作为固定标识使用。

b. 私环:即"名字环"。私环上印有鸽主的姓名(姓名简称或姓名的字母缩写)、棚名(鸽舍名称或鸽舍的字母缩写)、住址、电话或手机号码等。用于优秀鸽舍的种鸽交流,也有的鸽友喜欢为自己的爱鸽佩戴私环用于交流或出售。鸽会为防止参赛者作弊,以示参赛公正,因而凡佩戴私环的鸽,必须在集鸽前先行解除方能参赛,因而参赛鸽携带私环,现已不再流行。而仅用于名家鸽舍、种鸽繁殖场、赛鸽种用鸽等佩戴。

c. 电子环：近些年来随着现代参赛计时工具的发展，而出现的一种佩戴在参赛鸽脚上，内置有电子信息密码的足环，在参赛前佩戴，集鸽前扫描记录校对，归巢时参赛鸽在进入鸽舍时，通过自动扫描记录仪录入并输入电脑，通过计算迅速公正决出名次上网公示。电子环目前已普遍用于公棚赛等多种高规格大型比赛中，并越来越普及。

d. 特比环：指专项赛事组织方为专项赛事特意制作发放的专用足环。一般与鸽会发放的正式足环配套组合使用。分主、副 2 个足环为一组，主环（即特制环）与副环（即鸽会发放的正式足环）供本次赛事共同组合使用，赛事结束后副环仍可留作该鸽今后参加各项赛事时用。特比环可按照赛事需要在春、秋两季发放，也可随时发放，定时组织各项比赛。

足环必须在 5～8 日龄套上，日龄太小，套环易脱落；日龄过大，会难以上环。如发生上环困难，可先将尼龙丝带穿入足环，后用石蜡油或肥皂水、洗洁精作润滑剂，将足环强行拉入，一旦皮肤有损伤，可用红汞或百多邦消炎，只要未伤筋动骨，不日即可痊愈。

不过对于足环与足环证，鸽友也不能过于信赖，在鸽市场也充斥制假、仿冒、顶替等欺骗行为，且还有专供作弊的套环器销售，要注意鉴别。

② 足环证：又称"环标证"。赛鸽必须套有足环才能具有参加竞赛资格。由于足环必须在雏鸽期套上，且无法取下或更换，因而在鸽会发放和领取足环时，每一个足环还附有一张足环证，可看作是拥有该鸽所有权的"产权证"，如果说把足环证作为赛鸽的"身份证"的话，那么足环就是赛鸽的牌照。

足环证与足环号在展览、拍卖、交流等活动中，也是证明、检查鸽年龄、血统书的依据。此外，还具有防止失窃、追赃，寻找和认领失落鸽、网捕鸽的主要凭证标记。

(11) 血统书与血统卡　血统书是鸽种族家谱的档案资料，也是其品系、家谱、身份记录在案的书面文件资料和体现该鸽身份的凭证。血统书通常由该鸽的育出者或出让者书写出具。血统卡是指鸽主自己以足环、环标证、血统书三证作为其身份确认和鸽所有权的重要凭证。此外，它所获得的奖状、奖杯或奖牌，父代、祖代、曾祖代、子代、孙代血统书和历代赛绩记录等，都能作为它的个案资料附件保存。

转让血统书有制式、自制、特制、手写、打印、复印件等多种。而以其内容的真实度和可靠性为基本要求。血统书包括以下内容：

① 基本情况：鸽名（爱称、命名或名号、品系）、足环号（包括副环号）、出生日期、性别、羽色、眼砂等。

② 亲代情况：父母代、祖父母代、外祖父母代、曾祖父母代和曾外祖父母代的品系血统记录，有时还详细标示旁系三代的血统记录。同时，要求能标示它们的足环号（包括副环号）、羽色、眼砂及重要赛事赛绩记录。

③ 赛绩：本鸽的历年各项主要赛绩。赛绩司放的参赛命名（放飞地点、时间、空距、分速、参赛鸽数量）等（如 2008 年秋季上海第几届幼鸽特比环赛、大奖赛、三关赛）、地点（郑州赛区、上海赛区）、总羽数、空距、获奖名次、分速等。

④ 鸽主情况：有鸽主姓名、地址、联系方式，也可简要注明本舍的主要突出赛绩等；对于馈赠、转让或交换鸽，需注明原鸽主姓名、住址、棚号，以及该鸽的作育者和作翔者。

完整而详尽的血统书，可为鸽主提供此鸽的实际使用价值。

鸽舍普遍制作仅供自己鸽舍平时用的血统记录卡片，而当鸽在需要赠送、出让时，血统卡是鸽主开具血统书的主要依据。当去某鸽舍引进鸽时，对于那些鸽主全凭记忆而临时随手开具的血统书，您对于该血统书的可信度又有几何呢？

（12）记录卡 除血统书外，鸽舍还可按照自己的管理模式，建立自己的鸽舍档案和日常管理记录卡片，如"赛鸽一览表"、"种鸽配对阅览查询表"、"种鸽育雏记录"（包括产蛋、孵化、出雏、所使用保姆鸽等）、"赛鸽训放记录"、"参赛记录或赛绩记录"、"失鸽登记记录"、"交流（引进、售出）鸽记录"、"疾病治疗记录"（包括药物使用、疾病治疗记录等）、"鸽舍保健记录"、"免疫接种记录"等。既可另设专册记录，也可在原血统卡、记录卡上另做各种记号进行标示。

此外，随着科学养鸽技术水平的提升，还可建立或配置录像、摄影、数码摄影等图文记录电子档案。市场上有多种专为鸽舍（赛鸽公棚）设计制作的应用软件，尚且有能按照您的需要代为设计制作（修改或改良）应用软件的服务机构，可让您尽情地从中享受到赛鸽、养鸽的各种乐趣。

（二）日常管理

鸽有早睡早起的习惯，养鸽人也必须要养成早睡早起的良好习惯，这也是每一位养鸽者，在开始起棚养鸽时就需要有所思想准备的，"懒爷们"是养不好鸽子的。

在东方刚刚露白、太阳即将升起时，就能听到鸽舍中"咕咕"的呼唤声，此起彼落。当鸽在鸽舍里已不安分地来回飞上飞下时，说明它们正在催促着主人"可以放我们出去了"。至于放飞的时间，一般按照鸽主自己的作息时间决定，或根据所建鸽舍与邻里相互之间的具体情况来确定，以尽量避免或减少对周围邻里的影响为前提，来具体确定每天的放飞时间。一旦确定每天放飞时间，除可按季节和日出日落时间进行适当调整外，一般不要轻易变更，更不能随心所欲朝令夕改。一般在春末秋初最好是 5 时 30 分至 6 时 30 分开棚放出，秋末春初在 6 时 30 分至 7 时 30 分开棚放出。此外，要具体按照自己鸽舍所处地区的经纬度，天明天暗时间的早晚所决定。没有建立起正常起居规律的鸽舍，同样是养不好鸽的。

鸽放出后，即可进行打扫，清除粪便，更换饮水等。待清扫完成，尽快吃早餐做好上班前准备工作，约 1 个小时，鸽大致已回到鸽舍的屋顶上，在赛前强训期间，还得循序渐进地赶上一会儿鸽群，不让它们随意落棚，直至坚持到 2 个小时左右，才开始发出号令，呼唤它们快速进舍，投饲喂水，待鸽舍任务一切就绪，就可放心地上班了。对于开棚饲养的鸽舍，一般只要在清扫完毕后，放上食水就可上班了。这就是上班族养鸽的生活作息规律。

清晨进入鸽舍时，首先要观察鸽舍中的粪便。通常健康鸽群的粪便是成形的，颜色因饲料的不同而会有所差异。如粪便不成形，或出现拉稀就得引起注意，因鸽每晚栖息会有自己的固定位置，因而只要追查此处所栖息的鸽，检查这羽鸽的健康状况，就能发现问题及时处理。一旦发现可疑异常粪便，必须先行消毒处理，然后清除出舍。消毒方法：在鸽舍中准备一把小喷壶（喷花用的），装上消毒水，对着可疑粪便喷一下，在清理后再喷一下就可以放心了。

在放飞鸽时，注意冲在前面一拥而出的鸽通常是健康的，而对于迟迟不愿出棚的鸽和落在最后面的鸽（除非是正在孵蛋、新近刚刚配上对正处于热恋中的鸽及处于叮蛋期的鸽），必须及时进行健康检查，发现问题及时处理。

1. 捕捉与抓握

对鸽而言，抓捕应是一种应激，因而尽量不要随意抓捕。"抓一惊百"，也就是说，您抓了一羽鸽，而舍内的其他鸽就会关注您的动态。粗暴野蛮地抓捕鸽，赶得鸽满舍扑腾是万万使不得的。

捉鸽、握鸽、递鸽、接鸽都有一定的规范和方法。每位鸽友的捉、握、递、接鸽等手法和姿势各不相同，有的手法和姿势非常熟练，且能使鸽感到非常舒服，而有的却是手法粗糙和姿势不雅，且会使鸽感到非常难受，说不定还会拔掉几根羽毛。当然这些对于初养鸽者而言需要有一个过程，只要用心多观察、多学习、多揣摩，很快就能熟练掌握。只有练就一手握鸽、递鸽、接鸽的基本功，才能到别人家中去参观学习，欣赏、握持、递接名家的鸽，不然的话，名家的那些好鸽是不会轻易让您上手欣赏的。

无论是握鸽、递鸽、接鸽都要轻拿轻放，按部就班，初养鸽者在接鸽前必须先问清楚该鸽是活翅还是死翅，尤其在露天室外鉴鸽，不然的话，若将名家的"大铭鸽"放跑了，可就麻烦了。

握鸽时要避免因受惊而扑打翅膀，否则很易损伤或拔掉羽毛，以致影响人鸽之间的亲和。亲和的鸽往往能乖巧地任您摆布，而多数鸽对于人是抱有警惕性的，尤其到别人的鸽舍抓持别人的鸽。因鸽是有灵性的动物，在自己的鸽舍里，处于自己主人的手里，往往会非常服帖甚至可任主人摆布，而到了陌生人手中可就大不相同，会发出连续而短暂的"咕—咕—"声，甚至握在手中还不停地挣扎，当然持鸽的力度掌握是需十分注意的，过于紧或松都会使它不舒服而引起挣扎。

（1）捉鸽 捉鸽时，起先动作要缓慢，然后逐渐靠近鸽，先将一只手伸向鸽的前面，另一只手从背部靠近，再轻快而迅速地一下子将它抓住。切忌大动干戈，满鸽舍追赶抓捕，否则弄得鸽惊蛋打。不能让陌生人进舍抓鸽，或当着陌生人的面捉鸽，因陌生人进舍已引起鸽群的警觉，再当着陌生人的面捉鸽，会引起更强烈的应激，如若再让陌生人亲自动手捉鸽，岂非造成更大的应激反应。因而鸽友上门鉴赏鸽时，最好是鸽主自己入舍捉鸽，然后放在笼箱里，提到另室逐羽进行鉴赏。

在笼箱或巢箱捉鸽时，首先从上面压住鸽肩背部双翼，掌心紧贴背部，然后迅速将拇指与食指、无名指、小指呈环状扣紧后腰部，即连同双翅和后背部一起拿捏抓起。也可从前向后扣压捉拿，或由后向前扣压捉拿，不过动作要轻快，不能捉拿时间过久，特别要注意在拇指与食指、无名指扣紧时，遇到鸽腹部有柔软感时要手下留情，这是临产前生蛋鸽，此时必须改为双手捉取。千万不要单抓飞翼部或双翅背提(似抓鸡状)，也绝对不能单单抓住尾部。

鸽提出后迅速换手，拇指继续压背，从胸部插入其余四指，再将中指和食指夹住双脚，也可将双脚夹在中指与无名指间，这样可将鸽平稳地托在掌心上了。

在鸽舍捉鸽时最好先将它赶进巢箱，然后它就乖乖地在巢箱里束手就擒。要让鸽养成见主人捉它时乖乖地服从，见到陌生人时就溜之大吉的良好习性。

(2)握鸽　抓住鸽后,要尽快地变换手的位置,不能让鸽有挣扎逃脱的机会。方法:可单手握也可双手握,即用右手或左手握住鸽的背部和胸部,拇指压背扣住双翼,四指托腹,食指和中指或中指与无名指紧紧夹住双脚,头部朝向自己的胸腹部,尾部向外。然后,用另一只手四指握持它的身体,也可轻轻地按捏住头部,然后安全而自如地慢慢地摆弄鉴赏它的头部、眼睛、鼻泡,掰开它的嘴喙观察咽喉,或轮换展开它的翅膀,察看翼羽等。

(3)递鸽　鸽友之间相互交流、选鸽、引种、鉴赏都需要进行相互交接,这项看似十分简单的递、接动作,却有其相应的默契配合。可单手递也可双手递,用手握住鸽的后背部,掌心紧贴背部,食指、中指紧扣双肩,大拇指和其余指固定双翼和胸腹侧。也可用左手或右手拇指压背余指托胸,两脚夹在无名指与小指或无名指与中指之间;也可双手合掌,一手托住前胸,将鸽递交给对方。且头部对着鸽友,相互面对面交接,还需观察对方的出手方式,一般总是右手交接给右手,左手交接给左手。如遇到左撇子就该另当别论了。不过需注意的是,交递鸽切莫过早撒手,必须要等待对方持鸽稳妥后再撒手,动作虽慢半拍,可对递鸽者却是十分重要的,尤其

在室外鸽友之间相互传递交接名贵死翅鸽时更为重要。

(4)接鸽　接鸽时,要观察对方所握持的鸽是什么方式,如对方是握住鸽的胸腹部,那就应从背部去接鸽。如对方是由背部拿着鸽,那就要张开手掌,先将鸽的双脚夹在食指和中指之间,拇指压背,其余指托住鸽的腹部。为稳妥交接,也可双手接鸽,即一手拇指压背,食、中指夹脚托腹,另一手背部合掌握鸽。鸽友练就左右开弓、熟练递接鸽的基本功是非常必要的。

2. 供饮

饮水要勤于更换,最好保持每天2次,每次间隔6小时,至少能每天1次;且要保持饮水的新鲜、清洁,不结冰。有的鸽友不用自来水,实际上完全没有必要,城市管道自来水水质标准完全能符合鸽饮用水标准,即使含少量余氯,也在其标准允许范围内,绝对不会对鸽健康产生影响。而对于种鸽繁殖场、赛鸽公棚和大型鸽舍,只需配备水净化过滤装置就足够了。

饮水器要放置在不能被排泄物污染和阳光直射的地方。鸽饮水时必须将喙伸到水里,连同鼻泡也一起浸入,将水一口气喝足,因而饮水器水深以3～4厘米为宜。饮水器要每天清洗,混饮后要将残留的药物或保健品彻底洗刷干净。一般饮

水中不加盐。在寒冷地区,为防止饮水结冰,可在 20 千克饮水中加半匙(约 5 克)盐(也可用电解质或鸽茶替代)。

有的鸽友在喂食时供水,在喂后 0.5～1 小时就把水壶拿走,这样也可。但在育雏期间和夏秋季高温季节就不能这样做了。

下面主要介绍日常管理中常规应用的饮料。

(1) 星期饮料

① 传统星期饮料:星期一供饮电解质;星期二供饮维生素;星期三供饮清水;星期四供饮鸽茶;星期五供饮硫酸铜(当时用于防治毛滴虫);星期六供饮食醋;星期天供饮维生素或电解质(按季节需要夏秋季每周 2 次,冬春季每周 1 次)。

② 现代星期饮料:

a. 每星期供饮电解质、维生素 C,夏秋季每星期 2 次,冬春季每星期 1 次。

b. 每星期供饮(或混饲)维他肝精(多种维生素)+康飞力(多种氨基酸)2 次。

c. 每星期供饮鸽红茶或鸽绿茶 2 次;在换羽期、暑期(包括暑期高温训赛)、传染病流行期间进行疾病预防和鸽过于肥胖时使用鸽绿茶;冬令养息期、寒冷季节、免疫调节期间、病后康复及赛前体能提升时使用鸽红茶。

d. 每星期供饮清水 1～2 次。

以上可根据鸽舍的整体素质和季节、气温等情况灵活应用。

(2) 营养添加剂饮料 饲喂营养添加剂饮料需注意的是:夏秋季当气温大于 15℃时,由于营养保健品的营养价值较高,而鸽在饮水时易将其口咽部和咽喉腔黏膜上的病原体(如病毒、致病菌、毛滴虫等)留在饮水里,这种饮水又继续喂给健康鸽,从而导致鸽舍中传染病的传播。这些也是鸽友们容易忽略之处,因而建议鸽友在夏秋季,气温大于 15℃时,尤其是潮湿多雨的地区,尽可能地用混饲(将营养添加剂混在饲料中)法供给。

3. 供饲

(1) 营养需求 日粮饲料中粗蛋白含量以 14%～18%为佳,其中雏鸽期最高,保持在 18%左右,平时则保持在 14%～15%。

(2) 饲喂时间和次数 饲料投喂次数采取一餐制或二餐制均可。即每天傍晚饲喂一次或早晚各一次的方式。如采用二餐制,则早餐安排在凌晨放飞归巢后,投以全日量的 1/3～1/4,余量则放在傍晚放飞归巢后一次投入。

有的鸽友长年采取一餐制,即每天晚上喂 1 次,而鸽照样养得非常健康。他们认为,鸟类、原鸽和野鸽它们终日在外寻找食物,每到晚上都是嗉囊吃得饱饱的归巢休息,每到清晨嗉囊里是空空的,如遇恶劣天气,几天无法出去打食还不是照样活得非常健康,有饥有饱反而能提高食欲,且避免挑食,嗉囊里既有粗粮又有细粮,营养反而能获得平衡。如比利时养鸽家詹森兄弟,就是采取每天一餐制的饲养方法。

也有的鸽友采取一日三餐制,即在中午增加一次放飞,放飞归巢后增加一次午餐,有的继续给清除饲料,也有的将精饲料放在此时供给,这样的日饲料消耗量也并不见得有所增加。因而无论是一餐制、二餐制或三餐制,它们的日用饲料消耗量相差并不多,而以二餐制为最高,因而绝大多数鸽舍都采取二餐制的饲养模式。

早餐少喂的目的是让鸽始终要有一些饥饿感,这样反而能增加日进饲量。

对于饲养远程、超远程赛鸽的鸽舍,以及受工作时间限制的情况下,也可采取开通食的办法,即使用贮饲箱,箱内有一斜置挡板或制成漏斗状,下面开有下料口,任饲料自然下料随吃随落。此法虽方便省力,但饲料消耗和浪费较多,且易养成个别鸽挑食的坏习惯,导致营养供给不均衡等问题。

(3)日采食量 每羽成鸽每天的采食量在 25～35 克。采食量主要与鸽的体重、运动量、气温及是否

处于育雏期等有关。每羽赛鸽的体重,雄鸽 450～500 克,雌鸽 400～450 克,平均为 425～475 克。

(4)饲喂方法 饲喂是调教赛鸽的一项重要训练课程。凌晨鸽放飞后,待"运动员"集体训飞归来,"教练"随即发出"用餐信号",可用口哨或专用哨声进行呼唤,也可用摇饲料罐响声来替代用餐信号,等 1/3 鸽群前呼后拥地进入鸽舍时,就分次投料,等到前面已有 2～3 羽鸽吃饱去饮水时停止撒食,让最后慢吞吞入舍的鸽吃不饱,如此这般只要几天下来,那些鸽就不会再落伍了。然后等全部喂饱喝足之后,大部分鸽已进入自己巢箱或栖架时,再投以少量精细补充料。

对于每一位赛鸽高手而言,饲喂训练课程成绩的好坏,对往后的赛事表现颇具影响。该必修课程是赛鸽群最基本的训练要素之一。此项训练课题切实可行的前提是,需按照日出日落时差来进行逐日调整。不仅仅是单纯要求做到"定时饲喂"的问题,而"定时饲喂"的前提首先要做到"定时训放"。

每当参赛时,参赛鸽归来,随即发出用餐信号,呼唤优胜者即刻撞门进舍踩线或电子环自动记录报到,此举可为你赢得更好赛绩。在当今赛事竞争异常激烈的氛围下,赛绩之差已进入仅 1/100 秒的时代,切莫小觑这零点零几秒,它确实

也来之不易。

(5) 饲喂技巧

① 饲喂无须过饱：饲喂的原则是决不能让鸽太胖，可也不能因长期饥饿而消瘦。每次饲喂以八成饱为宜。

② 食槽分配进食制：饲料饲喂应用食槽。食槽是饲料平均分配的分配器，中间有分隔栅栏，以限制健壮、凶悍的雄鸽独霸一方，而那些胆怯、弱小的鸽却始终向隅而立，因长期吃不饱而体弱瘦小。食槽的分隔栏栅数要大于或等于所饲鸽数量，为每羽鸽提供一栏能同时享用同等饲料的机会。

③ 雏(幼)鸽进饲管理：对于刚刚断乳的幼鸽，最好集中放入幼鸽舍内，开始时全日提供饲料，饲料以小颗粒种子为主，适当给予含玉米、豌豆等大颗粒的幼鸽饲料，以让它们先啄取小颗粒料，再锻炼它们进饲大颗粒料，只要等它们能进饲大颗粒料，就可按成鸽那样先喂给幼鸽饲料，然后逐步改为成鸽饲料。没有幼鸽舍的鸽舍，就需给它们另"开小灶"，目的是为了能"点饥"，不让长时间挨饿，但也绝不能喂得过饱，让它们在啄取饲料的过程中早些学会进饲本领，以至在投饲时才会去拼命争吃更多的饲料，培养成为鸽群中的强者。

④ 养成不偏食进饲习惯：鸽有爱挑食(偏食)的坏习惯，必须得

到有效的纠正。这当然要保证饲料的质量。

⑤ 培养"人鸽亲和"：对于是否需要进行"人鸽亲和"训练，不同赛程的鸽有不同的训练需求。饲养中、短程赛鸽的鸽友认为：人鸽亲和可提高赛鸽的恋巢欲，且鸽主与鸽之间存在一种感应信息——"第六、第七感官"的传递和反馈。甚至于神乎其神地宣称，他能预先心灵感受到鸽所发来的感应信息，知道自己的哪羽鸽即将归巢，认为自己也能感应于鸽，催促它快速地归巢。这显然是鸽迷们在等到鸽归巢报到后，且已知道取得令人满意的赛绩后，杜撰而就的传神之说，但这确实也正是养鸽痴迷者出于内心的一种感受，其中最重要的却还蕴涵着人鸽亲和能提高养鸽人"乐在其中"的爱鸽情操。

对于远程、超远程赛鸽，需要培养的是鸽见陌生人就避之不及，这样才能提高归巢率。因而只要培养它能在鸽舍内与鸽主有适度的亲和(并不需要过于亲和)，其在鸽舍外见人就躲，这种鸽子才会有出息。

4. 供给青饲料

鸽体内能合成维生素 C，不一定需要补充青饲料。但鸽也喜爱点缀似地吃一点青饲料，常喜欢啄食一些花草的草籽和嫩芽，因此可用一些绿叶菜，先放少量盐腌渍一下，

然后剁碎,使用时拿一小撮撒在鸽舍里,它们会争抢着去吃,但不宜太多。也可用老韭菜或大蒜叶撕开剁碎后投喂。也有人将西瓜皮、胡萝卜等直接剁碎撒在鸽舍里,它们也会在极短的时间里将其吃完,这尤其在暑热天会有助于防暑降温。

鸽绿茶可替代青饲料,其优于一般青饲料,用时只要用水一冲,放在饮水器中供日常饮用即可。

5. 配合饲料

(1) 幼鸽饲料

① 主要成分:有小麦、青豌豆、黄豌豆、野豌豆、扁豆、白高粱、红花籽等。除提供蛋白质及其他多种营养素,有利于促进健康发育外,还适量补充脂肪、蛋白饲料(不宜过多),以提供其短期内二次换羽需要,迎合家飞强化训练和训赛期所需能源。

② 使用方法:提供幼鸽刚出巢至换毛完成期间所需高蛋白及适量的碳水化合物。为避免幼鸽过于肥胖,配方中不添加玉米。

(2) 种鸽饲料 有各类植物种子,蛋白质、脂肪含量较低。用于配对开始至整个育种、育雏期间。

(3) 营养饲料 含高配比蛋白质,对于繁殖期调节种鸽体能高峰及幼鸽肌肉成长非常重要。采用多种豆类,富含多种氨基酸,提高蛋白

质品质,符合繁殖期种鸽及生长发育期幼鸽的营养需求。种鸽配对前10～14天,喂以营养饲料。孵蛋期上午喂清除饲料,下午喂营养饲料。雏鸽出壳前3天再改全天喂营养饲料。

(4) 赛飞饲料 又称"夺标饲料"。特点是含较多脂肪类饲料、多种豆类和玉米。其中烘焙黄豆可除去阻碍营养吸收成分抗吸收因子,还含高剂量的卵磷脂、B族维生素、氨基酸。用于参赛鸽体能训练期,上午喂清除饲料,下午喂夺标饲料。

(5) 换羽饲料 换羽期间羽毛生长至少需要90%以上蛋白质来转换成角蛋白,故需要高配比(多种氨基酸成分)蛋白质。多种油性(含亚麻酸)种子饲料,可加速换羽,并使新羽靓丽、抗折性强而富有弹性、抗水性增强。饲喂自脱羽开始至新羽完全长齐、羽杆脱鞘为止。

(6) 清除饲料 有大麦、小麦、红高粱、白高粱、红花籽、小米等。当参赛鸽激烈竞翔后,因运动量增加,需要排泄大量运动代谢物质,此时不宜供给高配比营养饲料,必须降低蛋白质、脂肪含量,减轻消化道负荷。配方中除增加高纤维素饲料,帮助消化功能正常运转外,还有清血减负之功效。对于种鸽可避免休闲期间过于肥胖或提早发情。

幼鸽换毛期:幼鸽换毛时开始喂清除饲料,直到开始长新毛时,改

上午喂清除饲料,下午喂幼鸽饲料及少许赛飞饲料,再添加些小种子饲料。

种鸽换毛期:种鸽换毛前期,喂清除饲料,直到开始长新毛时,上午喂清除饲料,下午喂营养饲料及小种子饲料。

比赛鸽:早晚2次体能训练时,上午喂清除饲料,下午喂夺标饲料。

(7) 赛鸽小种子饲料 其作用如下:

比赛期:可使赛鸽达到巅峰期,争取优良赛绩。

换毛期:提供羽毛生长的亚麻仁油酸及蛋白质,使羽质绒密而有光泽。

寒流侵袭期:当气温突然下降或阴雨寒冷季节,添喂些小种子饲料,以增加热能和御寒能力。

(8) 种鸽休闲期配合饲料

种雌鸽:以清除饲料为主,每周给予3次(加晚餐),冬天若遇特别寒冷或寒流侵袭期,再多添喂一些。

种雄鸽:上午喂清除饲料,下午喂种鸽休闲配合饲料。

(9) 配合饲料使用参考 见表4-1。

表4-1 配合饲料使用参考

使 用 期	清除饲料	营养饲料	幼鸽饲料	赛飞饲料	换羽饲料	种鸽饲料
配对前一个月	—	早+晚餐	—	—	—	—
孵蛋期到出壳前5天	早餐	晚餐	—	—	—	—
出壳前5天到幼鸽离巢	—	早+晚餐	—	—	—	—
幼鸽离巢后15天	—	—	早+晚餐	—	—	—
换羽期	—	—	—	—	早+晚餐	—
强训期	早餐	—	—	—	—	—
参赛期至归巢当天	早+晚餐	—	—	—	—	—
参赛期至归巢第二天	早餐	—	—	晚餐	—	—
参赛期其他时期	—	—	—	早+晚餐	—	—
种鸽	早餐	—	—	—	—	晚餐

6. 沐浴

(1) 水浴 于此先引用《鸽经》中的一句话:"沐浴:春秋日一次,夏日二次,隆冬严寒亦不可废。"至今仍是鸽舍日常管理中十分适用的经典用语。水浴方法十分简单,只要选择一个边缘高10~12厘米的木盆或塑料容器放入清水,鸽就会自己跳入洗浴。如能用流动水,再加上一个淋浴喷头就更好了。

鸽沐浴时,要仔细观察,对于那些不肯洗澡的鸽,要进行健康状况检查;羽质优良而健康的鸽在出浴后,羽毛一般都不留水迹,而那些似"落汤鸡"般的鸽是羽质较差的鸽和亚健康鸽。一般而言,幼鸽的羽毛抗水性要稍微差一些,而对于羽质过于差的幼鸽,往往是体质虚弱的鸽,没有前途,应清除出舍。至于正在孵蛋和育雏的鸽,在高温季节,天气晴朗的好天气,它们自动出巢来进行沐浴的则可不必干预,因它们自己也知道该不该离巢沐浴。一般处于孵蛋初期的孵蛋鸽和低日龄育雏期的鸽,都不会出来参与水浴的,即使出来沐浴也不会对孵化产生任何影响,而那些孵蛋至即将出壳前的水浴,更有利于胎雏的出壳。

此外,在传染病流行和发病期间,尤其鸽舍中已发生有可疑发病鸽时,为防止疾病的传播应暂停提供水浴;患病鸽必须在痊愈后 2 周以上,才准予水浴。

鸽沐浴应选择在阳光明媚的好天气,如逢下雨、阴天则应顺延到下一个好天气,最好在上午 10～11时,因接近中午时分气温最高,鸽出浴后马上可进行日光浴。

(2) 药浴 浴水中添加药物,供鸽子洗浴而达到杀灭寄生虫(卵)、养护皮肤和羽翎羽质的目的。常用的药物如下:

① 百部沐浴散:是纯中药天然植物制剂。成分为百部、芜荑、苦参等。对人畜无害,此浴水即使被鸽饮用亦对健康无害,且能防治鸽虱、鸽螨、鸽蜱、恙虫、鸽虱蝇、鸽疥癣等多种体外寄生虫,有保护羽翎羽质、皮肤的功能。可直接加入浴水中供鸽自浴。目前普遍使用。

② 沐浴盐:是欧洲鸽界传入的化学类沐浴剂产品。主要成分为矿物盐,价廉且使用方便。有的鸽友在浴水中加入一匙食盐,认为功效也相仿。

③ 高锰酸钾:浴水中加入少许高锰酸钾(略微淡淡的紫红色),起到浴水消毒作用,但浓度太高易伤及羽质。注意,高锰酸钾与食盐、沐浴盐等不能同时使用。

④ 食醋:浴水中加入少许食醋,对于保护皮肤和羽质有一定作用,常用使羽质更有光泽。也可加一匙食盐,或与百部沐浴散同时使用,其效果也不错。要用食用发酵醋(如米醋、康乐醋、黑醋等),而不能用白醋、勾兑醋。

(3) 日光浴 鸽十分喜爱日光浴,无论是寒冬还是酷暑,在阳光下伏地展翅,闭目养神,享受一番阳光沐浴。尤其在水(药)浴后,它一面梳理着羽毛,一面接受着日光浴,悠然自得,好不自在。鸽在经受日光浴的同时,皮肤里的"化工厂"也随即从日光中获取紫外线,在 15 分钟左右就能合成 1 000 单位的维生素 D_3。

(4) 沙浴 在鸽舍里放置一高

15厘米的木箱,放入清洁的沙子,或在地上建造一个深15厘米的沙坑,置于露天、阳光能直接晒到的地方,让鸽子高兴时随时伏在沙子中,使劲地抖动双翅翻腾着身体,眨动着双眼,好不舒服。

可在沙子中掺些药物,为预防寄生虫常用0.5%硫黄粉,当鸽舍有寄生虫出现时,则使用10%硫黄粉或0.2%龙胆草末等。为保持沙子清洁,每星期用筛子筛去其中的粪便、羽毛、垃圾和粉尘,每月最好用0.2%高锰酸钾溶液清洗一次或添换新沙。

7. 驱虫

以往资料都主张赛鸽每年春、秋必须常规进行2次驱虫。而如今随着科学养鸽知识的普及,养鸽环境、条件的普遍改善,尤其是商品保健砂的出现,寄生虫的感染发病率已大为下降,今非昔比。此外,虽然新的低毒、高效驱虫药物不断推出,但驱虫对机体毕竟属于是一种健康伤害。因而近年来随着人们疾病防治观念的更新,人类早已放弃以往幼儿园、小学生盲目普遍驱虫的举措,而对鸽驱虫是否也应进行观念更新呢?因而目前也已主张仅仅是在秋季换羽之后,按自己鸽舍鸽群寄生虫感染的具体情况,酌情进行一次普遍预防性驱虫。只有在发生下列情况之下,才需要进行驱虫。

(1)鸽舍出现排虫 即鸽舍内清扫时发现有鸽排虫。

(2)幼鸽剖视带虫 4~6月龄的幼鸽是肠道寄生虫的易感好发阶段,对此阶段淘汰幼鸽例行进行剖检,发现小肠,尤其高发肠段十二指肠段有肠道寄生虫存在。

(3)疑似鸽驱虫阳性 舍内发现可疑寄生虫感染鸽及亚健康鸽时,不妨先给予试验性驱虫治疗,如有鸽带虫,才需要实施群体驱虫或选择性个体驱虫。

(4)实验室检查虫卵阳性 鸽舍粪便取样检验,化验查找到寄生虫卵、卵囊等。

(三)肢体语言行为

鸽具有肢体语言行为特点。既有原来先天造就的生物体本能特性,也有通过训练或在特殊生态环境条件下,通过诱导或后天造就获得的种种表现迹象形式。

鸽的生物先天本能,不外乎是为继续生存和繁衍后代两种。作为饲养管理人员、兼职赛鸽"教练员",必须熟悉它们的肢体语言行为特点和需求表现形式,才能真正管理好鸽舍,培育和调教出一群出色的参赛鸽。

鸽也有七情六欲,虽不能用语言向饲主表达自己的疾苦、欲望、需求和欢乐,但其肢体语言行为表现颇为丰富。有经验的饲主往往可从它们行为和举动中读出鸽的表情和心理活动需求。

1. 饥饿

饥饿是生物继续生存的本能需求行为表现。在育雏期间，鸽舍内时时会传出"叽叽"的幼雏叫声，正说明了幼雏在讨食，亲鸽也正在呕雏；而刚断乳的幼鸽求食时，也会扑动着双翅围着亲鸽转，并且伸长头颈将喙伸向亲鸽的喙部，发出"叽叽"的叫声。成鸽饥饿时双眼敏锐地四处寻食，东啄几口西啄几口，偶尔见到几粒饲料就会快步上前，饥不择食一吞而就；笼子内的鸽饥饿时，会在见到您向它走来时，迫不及待地扑动双翅，将头伸出笼外或攀笼跳跃；舍内那些亲和性强的鸽则会飞到鸽主身前讨取食物，有时还会啄您的鞋袜、脚趾、裤腿，甚至飞到饲主的头顶上、肩膀上、手上求讨食物；当鸽主摇动食罐时，它们会迅速地聚集到身边，兴高采烈地扇动着双翅，争抢食物，直至吃饱方肯离去。

2. 饱食

鸽是自知饥饱的禽鸟，吃饱后的第一行为表现是离开食槽，走向饮水器。饮水动作很特殊，可谓"一口闷"喝足。在吃饱喝足后，眨动双眼，知足地飞回巢箱或栖架，配上对的鸽会相互呼应亲热交配等；育雏期的鸽会很快去呕饲幼雏鸽，不然就是梳理羽毛，或站到栖架上闭目养神；也有的再次走向食槽，去啄取剩下的适口性稍差的或细小的饲料颗粒。

3. 口渴

鸽口渴时的表情并不典型，往往是双翼无力下垂，双目半睁半闭无神，半张着嘴，喉部上下颤动，或引颈喘气，辗转于饮水器周围；刚断乳的幼鸽，往往四处转悠，用喙在水壶边啄啄，一旦找到饮水口，先啄一下，然后"一口闷"饮足。这种求饮是渴极的表现，训赛刚归巢鸽进棚就直奔饮水器便是最好的例证。

4. 发情

鸽的发情表现雌雄各异，正是鉴别雌雄的最佳时期。雄鸽遇到雌鸽时颈部气囊鼓气扩张，频频点头，咕声高昂而洪亮，音量富有层次感，背羽微微上扬，尾翼展开下垂扫地，围绕着雌鸽转圈，昂首挺胸跨出大步，边鞠躬边踏出富有节奏的舞步，时而冲向雌鸽向雌鸽求爱。此时瞳孔缩小，目光专注于雌鸽头部，且频频排便，量少而频数，一旦求偶成功，雄鸽会微微张开喙等待着雌鸽将喙伸入，相互接吻换气（交换口液），然后进行交配，宣告配对成功。继而雄鸽将雌鸽引入窝格，雄鸽在窝格里发出"咕-咕"长声,召唤雌鸽入窝,雌鸽入窝后雄鸽也任其踩踏,并将头钻到雌鸽的胸脯底下,此时雌鸽也会随即跳起婀娜多姿的舞步,撒尾应声跳入。

雌鸽在发情时,会到处寻找雄鸽,甚至跳入正呼唤其他雌鸽的雄鸽窝格里,当然遇到的必然是驱逐令。有的雌鸽在发情高潮期,遇到掠影或微惊时,或在其他雄鸽面前会突然匍匐于地,如遇野雄往往会一跃而上。当它在受到雄鸽求爱时,也会频频点头,边歌边舞,一呼一应,耸毛展尾跃向雄鸽,在雄鸽微张喙频频舔舌之时将喙伸入雄鸽口中,相互换气亲吻,随即匍匐、翘尾等待雄鸽与其交尾。

雌鸽在拒绝雄鸽求爱时,会用喙啄驱除雄鸽,甚至会用翅膀击打雄鸽,雄鸽会知趣而自动离去。

5. 产卵

雌鸽临产前,雌雄形影不离,卿卿我我,雌鸽蹲于窝内,雌雄同巢尔呼我应细声细语,除进饲饮水外,极少离开巢箱,即使是家飞出棚也极早落棚回巢,尤其雄鸽形影相随,鸽界称"叮蛋",甚至连雌鸽出棚家飞、进饲、饮水都得被撵回来,直追得雌鸽走投无路,逼迫进巢为止。雄鸽忙忙碌碌,出巢衔来细草、树枝、羽毛等供雌鸽筑巢。

临产前的产卵鸽,耻门逐渐开放,腹部下坠,当用手指扪摸时有充气感,在产蛋的当天,耻门上方可摸到即将产出的蛋形。当头蛋产出后,雌雄鸽开始进入半孵化状态,等二蛋产出后才会正式进入孵化状态。

6. 求浴

当小雨初下之时,鸽往往会故意在外淋雨洗浴,匍匐于地,伸展一翅,听任雨露淋洒于腋下,接着再调换翅膀,淋过左翅换右翅,或松开全身羽毛,使劲抖动身体甩掉水珠。当鸽一旦见水欣喜若狂,甚至在饮水器前用喙去蘸点水,来梳理羽毛,此时就说明它们已渴求需要沐浴了。

7. 欢快

鸽与主人间往往通过动作和表情进行简单交流。鸽心情舒畅的表现通常是在阴雨多日之后的凌晨云开日出之时,训赛归巢与配偶小别重逢之时,争巢驱逐外敌取得胜利之时,夜间亮灯主人进入鸽舍之时,水(药)浴后享受日光浴之时,以及在求偶配对交尾成功之时。凡此种种,它们表现为挺胸,头部高扬,双目明亮而炯炯有神,大步流星。往往是雄鸽在先,雌鸽随后,双翅背击发出"啪啪"响翅,先后双双飞离而去,双双先后落棚而归,迅速进棚偎依在一起卿卿我我。静态休息时展翅伸腿或用喙梳理羽毛等,也应算作心旷神怡的一种表现。

8. 惊恐

"咕-咕-咕"短而急促的叫声,这是鸽的惊恐表现,往往一羽鸽咕叫,整个鸽舍的鸽都会昂首引颈四周观望。如于室外,鸽群会警觉地作出准备起飞的姿态,而那些胆小的鸽也会展翅起棚而飞。这些通常都发生在舍外有鹰飞临、猫窥视它们,或陌生人进入鸽舍,也可能发生在您有异常器皿物件带进鸽舍时。在抓取鸽,握鸽在手时,也会出现短促的"咕-咕-咕"惊恐叫声;舍内突然窜进猫、狗、老鼠等动物时,整个鸽舍会发生炸窝,乱飞乱撞,久久难以平息;还有处于舍外的鸽群,突然听到鞭炮等爆炸声时会群起而飞;正在飞翔中的鸽会突然加速将鸽群收紧缩小,盘头也越盘越高,这也是常见的惊恐表现之一。凡遇这种情况,次日最好停止放飞一天,否则往往会发生次晨放飞后迟迟不敢进舍,甚至个别鸽夺门而去,惊恐万状直冲云霄,从此不再复返而丢失。

9. 疑虑

鸽群机灵警觉的一种表现。当鸽舍内外出现异常情况时,如突然将鸽笼拿进鸽舍,舍外晾晒色彩鲜艳的被单,张挂彩旗或镜子等,都会引起它们的疑虑,目不转睛地注视着新奇物,有的突然引颈侧过头来张望,有时还会发出疑虑的"咕-咕"短而慢的叫声。鸽友认为这些是机警健康鸽的表现,对于那些反应迟钝、呆若木鸡的鸽,则要特别注意观察是否疲劳过度或患病等情况;对于那些成熟的鸽,由于司空见惯,往往对这些异常情况毫无反应,不会像幼鸽那样少见多怪,这也属一种正常情况。

10. 寻衅

寻衅有主动寻衅和被动寻衅两种。前者多数表现在雄鸽,雌鸽一般不会主动寻衅。后者大都发生在争食、争水、抢占食槽和饮水时。此外,发生在进舍前的跳板上,而真正的占窝、争偶行为,已属于由寻衅升级转变为争抢斗殴之范畴了。

鸽属先占为强的动物,即在自己的巢箱和窝格里,它永远是强者,而寻衅入侵者永远是弱者。无论是雄鸽还是雌鸽,在它所占有的势力范围之内,对于所有外来入侵者,都能勇敢而迅速地进行自卫反击,尤其当它正在孵蛋和育雏期间,往往会为保护下一代而迅速出击,迎头痛击一切外来侵略者。可此时最令人遗憾的一幕却是由于只顾得迅速出击,而忘记了孵的蛋或刚出壳的雏,往往会将蛋、雏带出巢盆,结果蛋打、雏(冻)死。

寻衅雄鸽常常以同性为对象,

双翅抖动，打着咕噜，头部稍微后缩，步伐有横行，也可向前冲，先采取试探性的攻击，瞄准时机猛然一口叼住对方头部提拉，或抖动双翅，对着对方头部、翅膀猛扇一下。弱方往往看到如此架势，一般都会知趣而退，或让出地盘悻悻而去。

被动寻衅还发生在集鸽笼内，来自"五湖四海"的鸽被迫集中在一个陌生而有限的空间里，难免引起空间占有欲的相争而寻衅斗殴，尤其刚开始集笼训放的头几站时，那些初次进笼的幼鸽们，有一对一斗殴，也有"三国大战"、"多国大战"，往往那些斗得最凶的鸽，也就是归巢后最疲劳的鸽，凡参赛鸽总得先要越过集笼这一槛，只要等它们几站训放下来，就会习惯于集笼出征了，集鸽笼内也很少发生相互斗殴了。

11. 疲劳

一种精神疲惫不堪的表现。多数发生在强制训飞及参训、参赛归来，表现为双眼半闭半开，双翅下垂；对外界反应迟钝，耸毛缩颈而单腿站立。它此时对外界反应的敏捷程度，也是衡量其疲劳程度或疲劳恢复程度的依据。处于疲劳状态下的鸽，如一开笼门便一跃而出，说明疲劳程度很快会完全恢复；相反，如迟迟不肯出舍或勉强出舍，出舍而随即复返者，说明它仍处于

极度疲劳状态，应提供辅助手段帮助恢复。

12. 疾病

鸽的抵抗力相对而言较强，但在人工饲养管理条件下，患病终究在所难免。其中传染性疾病非同小可，往往可将倾注了一生心血的整个鸽群全军覆没。因此，始终要有预防为主的观念，特别在气候异常、寒来暑往的季节，以及阴雨连绵、台风、季风、寒潮来袭时期，必须加强呼吸道疾病和消化道疾病的预防工作。在赛鸽训放前，提前做好训放应激、疾病预防工作，尤其在疫病多发季节和传染病流行时期，要加强鸽舍消毒，防止传染源导入等综合防病预案，一旦发现可疑病鸽，要早隔离、早治疗和早处理。

(四) 健康观察与检查

鸽患病总会有一些症状表现。在进行疾病观察、检查前，首先与当时的流行病学调查（传染病的流行和发病情况）相互联系进行综合分析。疾病观察的目的在于收集和掌握鸽的异常临诊表现，对于疾病的早期诊断可提供重要依据。对于疾病的检查，可分两步进行，首先是群体状态的观察，然后才是对患病鸽的临诊体征进行健康状况检查。

1. 日常观察

必须学会进行详细而认真的日常观察,如鸽的精神状态、饮食欲、呼吸频率、行为、羽毛状况、粪便色状等。另外,赛鸽运动体能和运动状态,以及对气候环境的适应能力等。

观察可在舍内的一角或舍外运动场进行,开始时要静静地窥视整个鸽群的状态,不要惊扰鸽群,发现可疑情况,则将其中可疑鸽抓出,逐羽进行仔细健康检查,寻找各种异常体征和症状表现,为进一步明确诊断提供参考依据。

(1) 神态综合观察检查

① 静态综合观察检查:指鸽在舍内处于栖架、巢箱等栖息静止状态下和将鸽抓在手上进行综合观察、检查。其包括:羽毛质量评判,羽毛色素的改变,一年一度的成年鸽换羽状况,以及雏鸽期初生羽蜕变,幼鸽期的次生羽蜕变,粪便的颜色、性状改变等;对外界反应,有否被动或强迫体位;食欲、营养状况、羽毛状况和精神状态等。

病态鸽的表现是反应迟钝,对外界反应表现淡漠,有时出现跛行、歪头、张嘴呼吸、步态不稳等被动强迫体位;食欲不振甚至废绝,饮欲异常;眼砂变淡、贫血、营养不良、僵雏或脱水消瘦;羽毛蓬松凌乱,尾羽、羽条沾染粪渍,双翅下垂,双眼失神甚至凹陷等。

② 动态综合观察检查:指鸽在舍内、舍外行走和飞翔时进行的综合观察。注意观察鸽对外界的反应,精神状态等;饮食起居状态,包括饮水欲、食欲,消化功能的表现和排泄物的改变等动态变化;鸽栖息、运动过程中的动态变化;全程观察其情欲、求偶欲、求浴欲,包括孵化、育雏期间等每个生理阶段的全过程,活动状态表现和观察、检查结果;舍内和舍外的活动情况,舍外飞行过程中的呼吸频率改变(是否张嘴翔喘)情况;赛鸽在家飞、强化训练、集笼司放过程和参赛时赛绩下降等的动态表现;训放归巢时的状态,赛程疲劳的恢复过程等。且对这些运动个体的赛绩表现,逐羽进行综合分析评估。此外,还得观察鸽在复杂而变化多端的环境下的应变适应能力。

(2) 体表羽毛综合观察检查

健康鸽的羽毛应是鲜艳夺目、漂亮而整洁,光滑且多粉质,颈气囊微鼓而颈项处羽毛光耀亮闪,羽绒丰富而并不雍厚,手摸时有丝绸般柔滑的感觉,羽片有一定抗水性能,在休闲时会反复不断地梳理自己的羽毛,并在羽片上涂上尾脂来保护自己的羽毛。

病态鸽表现为羽毛蓬松,缩颈且反复耸毛,绝无心思梳理羽毛,羽毛污秽不洁而沾上粪污,羽条开叉、凌乱,提前或推迟换毛,或出现二次倒条换羽,出现紧迫纹,血条、羽管萎缩。患有体外寄生虫病时,羽毛蛀有小洞且爬有小虫等。

(3) 呼吸系统综合观察检查 主要观察呼吸起伏是否规则而平稳。正常情况下,呼气时间略大于吸气时间,背部听诊可闻及气门开放和闭合声,偶然用手握持时感到清晰的"咯咯"气门关闭声。除高温季节或气候特别闷热的情况下,一般不会出现翔喘、张嘴呼吸;健康鸽的喙紧闭,而绝不允许出现咳嗽、打喷嚏和张嘴呼吸、呼吸时出现痰声、喘鸣音、啰音等病态症状。

(4) 循环系统综合观察检查 俗称"血色观察"或"血气观察"。按照中医理论应称"气血观察"。循环系统的观察与众不同,除直接使用听诊器听诊检查和仪器检查外,一般鸽友无法直接观察检查,而只依赖于辅助手段来感受洞察。

主要是感受胸部肌肉的搏动节律和观察胸肌的红润度。感受鸽胸肌动脉的搏动(尤其在健康巅峰状态期时,这种感受会特别明显),不过刚从鸽舍内通过反复抓捕而抓取到手的鸽与在巢箱、窝格或笼中乖乖拿取的鸽,握持在手中的感受完全是不一样的,刚抓捕的鸽会出现心率明显增快,但搏动节律仍然是规则而整齐的,然而心率很快就会逐渐减慢,凡出现心率增快而持续不降,往往正处于发热中或有心力衰竭可能;而搏动减慢、迟缓(此可

通过相对比较而体会感受)、心率搏动节律不规则,或搏动较弱甚至几乎难以觉察,常见于中毒病、心包炎及濒临死亡鸽。

此外,舌尖发黑是末梢循环不良的重要体征,不过当鸽血液产生酸中毒、毒血症、败血症、气道不畅、心肌炎等,以及血液携带氧量不足时也会出现黑舌症。但黑舌症必须与先天性舌染色所致黑舌相鉴别。

(5) 进食、饮水综合观察检查 结合日常管理中每天喂给饲料量的增减,就能准确地掌握鸽群摄食情况的增减。对于鸽群的进食、饮水情况进行观察,是日常饲养管理中不可忽略的重要事项。

患病鸽多数表现为食欲不振,甚至饮食俱废,或单饮水而不进食,见食思欲进而又拒绝。如鸽群出现个别鸽对进食信号无反应或反应冷漠,就可能是生病了;同样,如出现饮水量的突然递增或减量,正是疾病发生的重要信号。此时首先应检查它们的嗉囊和口咽部,如嗉囊鼓鼓的,充满着食物且下垂,软绵绵的,只饮水而不进食,然后20分钟左右再检查一下嗉囊,仍旧是胀而饮水不下,那么多数为嗉囊嵌顿性疾病或嗉囊炎。如饮水能下去,那再留意观察其粪便异常状况。

健康鸽必然是见食就抢,不挑剔,食毕即饮水等。不过鸽的进食和饮水,也与饮水、饲料的品质好坏

有关;此外,还与气温高低,舍内温湿度高低,鸽年龄,是否育雏期、换羽期、训赛期,以及环境的改变等有关。鸽患病前的第一先兆症状是采食量减少,饮水量增加。轻微而偶然的少饮少食,也并非一定就是疾病的征兆,此时还得结合它排泄的粪便情况才能作出判定。

(6) 粪便综合观察检查 是临诊的重要方面。如出现粪便的异常变化,往往是疾病的预兆。因而"入舍观粪"是鸽主、鸽舍管理员每天进入鸽舍的头等要事,按照不正常粪便的位置,追溯该栖位的栖息鸽,可很快地将可疑鸽找出来,然后仔细进行健康观察和体格检查。

健康鸽的粪便软而干结,呈条状(盘龙状的),颜色多为棕褐、黄褐、灰黄或灰蓝色,末端或四周表面附着有白色的尿酸盐。

一般情况下,鸽极少会排水便。如其持续排泄有白色(如痛风病石灰样尿酸盐便)、糊状便和恶臭便、绿色便、黏液便、水节便(条状成形便加尿液所形成)、白色虫子样便,或有排蛔虫、线虫、绦虫虫节等肠道寄生虫,以及含饲料颗粒便(肠道菌群平衡失调、消化不良)等,都属病态便。几乎所有传染病,如鸽新城疫、鸽流感、鸽霍乱等都伴随有消化系统粪便异常的症状出现。由于鸽食欲减退而往往饮欲增加,加上肠黏膜炎症,肠蠕动加快、肠分泌内容物增多而出现腹泻,鸽毛滴虫感染时一般出现黄糊黏便,患球虫病时出现黏绿便,沙门氏菌病时出现拉痢,肠炎时出现黏液水便,尿酸盐增高时出现白色石灰样便,肾病时出现水节便等。

2. 健康体检

在健康观察的基础上,对可疑患病鸽进行个体健康体格检查。在可疑传染病流行期间,对可疑患病鸽检查处理要注意:先检查处理健康鸽,然后再处理可疑患病鸽和治疗患病鸽,以免传染病传播扩散。处理后要注意双手消毒,进入患病鸽鸽舍要更衣换鞋。对可疑患传染病鸽最好能尽早安置在隔离区。

(1) 头部检查 头部是神态观察的门户。健康鸽的头部运动灵活、耳羽略微耸立、机灵而频繁地转动,双眼炯炯有神而洞察四方,瞳孔收缩频繁而有力度,虹膜色素鲜明,眼睑清洁而眼眶内不应有分泌物。鼻泡洁白而带有粉状,有翘起的皮刺,鼻孔内干净而无分泌物。

病态鸽表现为神态呆滞、反应淡漠,缩颈怕冷而显得极度倦怠,头部出现震颤甚至歪头。头、眼肿胀,单眼或双眼流泪。鼻前窦饱满,流涕,分泌物增多,鼻泡污秽不洁、发黑等。

(2) 口咽检查 口咽是呼吸道和消化道之共同源头，几乎所有的疾病都会先后出现有口咽部的病态先兆表现，因而口咽部是鸽健康检查的必检部位。主要观察口咽黏膜的颜色，有无分泌物、溃疡与伪膜，有无异常气味。正常健康鸽的口咽部干净而清洁，黏膜淡红而极少有分泌物，气门开放自然，呼吸平稳而无痰声。

病态鸽表现：掰开口咽部，凡有酸臭味者多数是细菌（霉菌或原虫）性嗉囊病。口咽部有痘疱样增生为疱疹性（鸽痘等）疾病。有干酪样坏死物、浆膜样渗出物、苔膜、点状（癣）等，多数为鹅口疮、支原体病、毛滴虫感染、维生素 A 缺乏症等。

此外，正常的气门黏膜洁净而无分泌物，如偶尔出现黏液柱，表明口咽部唾液存在有"质"的改变；如反复出现黏液柱，且颊部（舌根的两侧隐窝深处）也有分泌物与白色点状物，口咽部黏膜充血、水肿，或有点状溃疡、伪膜、薄苔、出血点、痰液、黏液柱等均可认为是病态症状。气门应呈现淡红色，无论出现鲜红色、暗红色改变，以及红肿、白色增厚、水肿，闭合开放迟钝或开放过频、呼吸急促而出现痰鸣声，透过气门观察到气管内有分泌物、气管内壁有蠕动物（气管吸

虫）、斑点状充血、出血斑等都属病理性改变。

(3) 眼睛检查 眼睛是心灵的窗户。任何一种疾病的第一症状表现就在眼睛，通俗地讲则是"眼神"的异常，这也正是人们容易忽略的地方。鸽友们往往着重于检查、观察眼睛的虹膜结构（眼形、眼砂等），而对于疾病防治的检查重点却是眼睑、瞬膜、角膜、结膜。眼睑充血、水肿，瞬膜水肿、角膜混浊、损伤、溃疡，结膜充血、水肿、分泌物增多，出现眼泪、眼屎等都属病态症状。如维生素 A 缺乏症可有角膜干燥、混浊或角膜软化。马立克氏病、冠状病毒感染均可有虹膜色素消失（白眼症）等特征。

(4) 鼻瘤检查 鼻瘤（鼻泡）里面是鼻腔，鼻腔通过鼻孔与外界相通，而鼻腔又通过鼻导管与眼睛相通。如果将眼睛比拟为健康的窗口，那么鼻瘤则是健康的窗帘。健康鸽的鼻瘤洁白而干燥，用手指轻轻挤捏不会有分泌物出现。如鼻瘤潮湿，鼻孔有浆液性、黏液性和脓性分泌物，鼻瘤变脏发黑等都是呼吸道疾病的表现。此外，一侧或双侧眶下窦（指眼前方鼻根处，又称"眶前窦"）肿胀，可见于流感、支（衣）原体病等。许多呼吸道病都有不同程度的鼻窦炎，窦内积有黏液或干酪样渗出物。

(5) 嗉囊检查 嗉囊是消化系

统的"中转站",也是食物贮存、软化、前置消化液(消化酶)初期化学消化的贮存器。健康鸽的嗉囊位于锁骨三角区内,可用手直接触摸感觉到它的消化功能状况。进饲后嗉囊饱满,次日嗉囊就空瘪了。育雏上浆和呕浆期嗉囊内似有微量充气感。鸽进食后3～4小时应完全排空,饮水也应在1～2小时后排空,如超越时限而不能排空,说明消化系统已出现问题。其中最多见的是嗉囊炎,表现进饲量不多;而食欲废绝、嗉囊空瘪或充满饮水;嗉囊发热,内容物稀软,积有气体,张口有秽臭味;积食时的嗉囊始终是硬邦邦的,过度膨胀而下垂。

此外,嗉囊处于鸽体躯最前面,也就是处于飞行器最易损伤的部位,因而赛鸽归巢,嗉囊是必须例行检查的部位,同时也有助于了解隔夜集鸽出赛的赛鸽中途是否停息饮水、进食,远程、超远程赛赛鸽中途寻找水源和进食等情况进行推断分析。

在孵蛋后期、出壳前,对亲鸽触摸嗉囊检查,可了解它们的"起浆"情况,这会有助于预先推测这对亲鸽在雏出壳后,是否能成为合格的保姆亲鸽,为育出健康成才的良雏作出前期评估。

(6) 皮肤检查 皮肤是羽毛的供养基地,皮肤的任何改变都会在羽毛上有所表现。皮肤和羽毛也是健康的外在表现。光凭一身靓丽或干枯失泽的羽毛,就能分辨出鸽舍的管理水平、饲料的搭配、营养状况的良莠等。健康鸽的皮肤是润滑而清洁,富有弹性且无皮屑,尤其透过胸部的皮肤可观察到红润、丰满且具有弹性的肌肉。

皮肤和羽毛的品质是通过比较才能进行评判认定的。羽毛脏兮兮、挂有粪迹、眼屎,毛片干枯,皮肤粗糙、脱屑、暗红发紫,出现瘀斑、出血点,有水肿、溃疡、结痂等,是重病缠身鸽。

(7) 胸部检查 健康鸽的胸骨平直,胸肌丰满、红润而富有弹性。在检查的同时要注意胸骨的完整性和胸肌状态。出赛归巢鸽胸肌失丰满,且表现略有些僵硬,一般在2～3小时就能恢复,超越时限而未恢复者,则表明其赛后疲劳尚未解除。如长期失丰满而表现僵硬,往往是亚健康的表现;凡引起贫血的疾病都表现为胸肌失红润(同时眼虹膜褪色);雏幼鸽出现胸骨扭曲往往是僵鸽、佝偻病征兆,胸骨中断往往是外伤引起;胸骨薄如菜刀,胸肌干瘪则可认为是大量脱水或患有慢性消耗性疾病。

(8) 腹部检查 健康鸽的腹部平整而软硬适中,胸骨左下缘是无法扪到肌胃等肿块的。雌鸽在临产蛋前腹部会产生一种充气感,耻门略开,并可扪及深部的蛋形。病态鸽表现为腹部膨大而下垂(腹水综合征、肝病、肿瘤性疾病);肌胃穿孔性腹膜炎时,在胸骨左下缘可触及有肿块(肌胃)且有压痛感(按压有挣扎或刺激样表现);卵黄性和炎症性腹膜炎时轻压有压痛感,用注射器穿刺可抽出多量淡黄色或深灰色并带有腥臭味的混浊液体;如腹部蜷缩、冷凉、干皱无弹性,常见于腹泻、脱水和寄生虫病、慢性消耗性疾病等。

(9)腿部、趾爪检查 健康鸽的腿部运动伸屈自如,栖息、交配、行走、运动等握持极其有力而自然。病态鸽表现为膝关节发育不良、畸形、增粗或弯曲;关节肿胀、红肿、跛行、跖骨弯曲或趾关节肿大等。

趾爪在栖息、行走时自然而有力。健康鸽的趾爪鲜红、光亮,毛脚鸽羽枝整齐而清洁,爪趾活动灵活自如。病态鸽趾爪表现为肿胀、跛行、溃疡、结痂,掌跖垫增生、红肿化脓等。

(10)尾脂腺检查 健康鸽的尾脂腺饱满,尾脂腺开口清洁(常用喙清理、啄取尾脂液所致),轻轻挤压有淡黄色油脂样尾脂液溢出。尾脂腺开口堵塞,不但会使羽毛的品质(俗称"油性")下降,有的鸽友认为会影响到新陈代谢的正常运转,使代谢毒素的排泄发生障碍——产生毒素的积聚,此时的尾脂腺会变

得硬而鼓鼓的。因而在羽毛品质下降、雌鸽不肯下蛋、健康素质下降或处于亚健康状态下的鸽,采取挤一下尾脂腺,可起到疏通排毒、保健养生之功效。病态鸽表现为尾脂腺干枯、开口处出现污垢(好久不清理所致)。尾脂腺开口闭塞时,尾脂腺特别饱满而扩张,挤压时没有尾脂液溢出(往往同时出现羽毛干枯现象);患出血性传染病时,还可出现尾脂液带血等情况。

(11)肛门(泄殖腔)检查 鸽的肛门检查可反映消化、生殖道健康状况,尤其在引进种鸽时,凡看到肛门口羽毛挂粪的鸽千万不能引进。

健康鸽的肛门洁净、干燥,用拇指和示指掰开泄殖腔,观察黏膜色泽、完整性及其状态,用手触摸肛门口可诱发肛门努责是富有节奏而有力度,只有收缩舒张规则而有力的肛门,才能证明粪便的干结;肛门周围羽毛清洁而平整。病态鸽肛口表现为肛门努责乏力而无序,过于松弛或扩张,肛门沾粪污秽而不洁,肛周羽毛挂粪。患泄殖腔炎、输卵管脱垂(脱肛)时,肛门努责不息,中央有异物脱出,尤其产蛋后可见肛口有输卵管、泄殖腔脱出而久久不能回纳,且沾染有血迹、粪迹、脓液或脓性分泌物等。

(12)粪便检查 是临诊诊断的重要依据。如出现粪便异常变

化,除了平时进行得最多的肉眼观察外,有条件的还可直接取新鲜粪便标本送化验室进行虫卵检查、细菌培养等各项化验检查。

3. 专项检查

(1)体温检查　鸽的正常体温为40.5～42.7℃,平均41.87℃。体温测量必须用兽用体温表或触点式、感应式测温仪。其方法非常简单,测量前先将兽用体温表读数复零,用乙醇棉球(或新洁尔灭溶液、碘仿棉球)消毒后,平行插入泄殖腔内,深度为2～3厘米,留置3分钟后取出,读取体温数据,并记录。在兽医诊所可使用测温仪,安全、快速又准确。

鸽体温升高或下降都是病态,如触摸鸽鼻泡、脚趾是凉的,就须测量体温,如低于正常范围1.5～2.0℃,则为疾病险恶之征兆。

(2)排泄物检查　包括粪便检查、口咽分泌物检查、渗出物检查。方法有肉眼检查和实验室检查。

(3)触摸检查　通常用示指指腹进行触摸检查,有时也可用中指配合检查。而在检查胸部肌肉时往往用拇指压背,其余四指触摸胸肌,感受胸腔的呼吸活动,触摸胸肌的弹性,感受胸肌动脉的搏动,胸骨的平整度;拇指稍微下压检查胸廓和骨骼的强韧度(鸽界俗语为紧凑或硬朗)。此外,还用于颈部

检查、嗉囊检查、腹部检查、尾脂腺检查等。而用得较多的是,用拇指和示指打开它的翅膀羽条,以及用拇指和示指掰开嘴喙观察其口咽部。

(五)雌雄鉴别与年龄鉴别

1. 雌雄鉴别方法

鸽的雌雄鉴别确实有相当的难度。鸽的外生殖器官并不发达,雌雄间也无明显的外部性别特征,就是一位经验丰富的养鸽行家,要求他能在短时间内分辨出其他鸽舍所饲养鸽的性别,恐怕也着实不太容易。性别鉴别需通过握摸、观察、辨别等手段,才能明确识别。对初学养鸽的鸽友而言,往往会显得比较困难。但只要平时能在养鸽实践中进行细心琢磨、认真观察,通过从鸽体型、羽毛、鸣叫、举动、性情等各项性别特征来进行辨别,从而不断积累经验,久而久之就能较准确地辨别出鸽的雌雄了。

准确鉴别鸽的性别,对选种、育种和提高孵化率等十分必要。根据养鸽们多年积累的经验,鸽性别鉴别方法如下。

(1)鸽蛋的雌雄鉴别　有说"头蛋雄,二蛋雌";也有说"尖蛋雄,圆蛋雌"。鸽蛋一般是一雄一雌,有时也有双雄或双雌(鸽界称双边雄或双边雌),这与母鸽的先天基因遗

传有关,一般都无法事先测知。以上所流传的谚语,只能作为参考而已,而至今尚无法从蛋的外形上进行性别鉴别。

目前切实而可靠的鸽蛋雌雄鉴别法是胚胎血管网透光鉴别法,即等待鸽蛋孵化到3~5天时,将孵蛋置于照蛋器下,或放在灯光或日光下进行强光透光照射,观察胚胎血管网分布结构。分布稀疏而较粗、左右血管血丝网纹对称,呈蜘蛛网状的为雄性胚胎蛋;而血管网分布紧密而较细、左右两侧的血管血丝网纹不对称,一边丝长、一边丝极短且稀少的为雌性胚胎蛋。一般只要多观察多比较,熟能生巧,就能进行正确判断。因胚胎血管网的分布形成,是和胚胎器官解剖生理相一致的。只是在强光下观察时,必须掌握好观察角度,角度不正确就会把所有的蛋都看成雌蛋了。等孵化5~6天后,蛋就一半发黑而变得不透光了,这时再也无法观察了。

(2)雏鸽的雌雄鉴别 雏鸽的性别鉴别,由于它们的雌雄性别外表特征并不太明显,因而相对来说要比成鸽的性别鉴别困难得多。但对于每一位养鸽者而言,却是必须熟悉掌握的必修课。

一般来讲,雌性雏鸽的体型较小,羽毛呈金黄色,富有金属光泽,头顶先出真毛;胸骨较短,末端圆。

亲鸽喂食时,抢食能力较差。爱僻静,不很活跃。伸手时表现退缩、避让、温驯。出巢时,胸、颈部真毛呈橘黄色,有毛片轮边;翅膀上最后4根初级飞羽末端稍圆。尾脂腺尖端多数不开叉。肛门上缘较短,下缘覆盖上缘,与雄性雏鸽正好相反。从鸽体正后方看,肛门两侧向下弯曲。

雄性雏鸽一般体型较大,羽毛枯黄,无金属光泽,头顶、脸颊先出现真毛,胸骨较长,末端较尖。亲鸽喂食时,争喂抢食,行动活泼灵敏,爱离巢活动。伸手时,仰头站立,好斗,爱用嘴啄击。出巢时,胸部、颈部真毛略呈金属光泽,翅膀上最后4根初级飞羽末端较尖。尾脂腺尖端多数开叉。

雏鸽的性别鉴别最可靠的是肛门鉴别法。在雏出壳后的第4~8天,可将肛门上下掰开,从侧面观察可发现雄雏的肛门上缘有瓣状突出,肛门下缘较短,上缘覆盖着下缘,如从正后方正面观察肛门两侧也稍有突出,且向上弯曲。雌鸽却正好与此相反,下缘略突出,突出程度和尖端不像雄鸽那样明显,且较圆钝。这些表现日龄越小越明显,2~3日龄时是最佳性别鉴别观察期,10日龄后,因肛门泄殖腔收紧,就不易观察鉴别了。

(3)幼鸽的雌雄鉴别 1~2月龄的幼鸽,可将肛门轻轻掰开,观察肛门上缘的黏膜组织，雄鸽呈三角状"山"字形，而雌鸽肛门上缘黏膜组织呈放射形花瓣状。以上这些性别鉴别法虽十分可靠，但对缺乏实践经验的鸽友也不易掌握。

此外，幼鸽的性别鉴别，还可从鼻瘤上进行判别。4 月龄的雌鸽鼻瘤中央可见到嵌有一条白色的纵肉线，而雄鸽却无此纵肉线。

(4) 成年鸽的雌雄鉴别　伴随着幼鸽性腺器官的发育成熟，生理功能日趋成熟，成鸽的性别鉴别要比雏鸽期和幼鸽期容易得多，一般雄鸽较雌鸽体格要更强壮，头和体型也较大，颈椎较粗且硬。

鸽最易进行性别判断的时期是在发情期。进行性别鉴别时，将鸽先置于笼内，随后从鸽舍内另抓一羽体格强健的雄鸽放入笼内。此时仔细观察两羽鸽之间的互动表演，雄鸽放入后，两鸽相互发出双音嘹亮的对咕噜，且打架者为雄；而对雄鸽的咕噜干扰视而不理，或用翅膀扇击，发出高频而单一咕声，且频频点头者为雌。

成年鸽的常用雌雄鉴别方法介绍如下。

① 体型、体态观察法：雄鸽体型较大，头顶稍平，额阔，鼻瘤大，眼环大而略松，颈粗短而较硬，气势雄壮，脚粗而有力，常追逐其他鸽。雌鸽体躯结构紧凑、优美，头顶稍圆，鼻瘤稍小，眼环紧贴，头部狭长，颈软细

而稍长，气质温驯，好静不好斗，脚细而短，无情期一般不与其他鸽接近。

② 羽毛鉴别法：雄鸽颈羽粗而有金属光泽，求偶时松开而呈圆球状，尾羽散开如扇状，主翼羽端呈尖状，尾羽污秽。雌鸽颈羽纤细，较柔软，金属光泽不如雄鸽艳丽，主翼羽的羽尖及胸部羽毛尖端均呈稍圆状，尾羽干净。

③ 鸣叫鉴别法：雄鸽鸣叫时发出"咕噜噜、咕噜噜"的洪亮声，颈羽松起，颈气囊膨胀，背羽隆起，尾羽散开如扇形，边叫边扫尾。鸣叫时常跟着雌鸽转，昂首挺胸，并不断地上下点头。雌鸽鸣叫声小而短细，只发出小而低沉的"咕嘟咕"声。当雄鸽追逐鸣叫时，雌鸽微微点头。

④ 骨骼鉴别法：雄鸽颈椎骨粗而有力，胸骨长、稍弯，胸骨末端与耻骨间距离较短，盆骨及两耻骨间距较窄，胫骨粗大。雌鸽颈椎骨略细而软，胸骨短而直，耻骨间距稍宽，胸骨末端与耻骨间距也较宽，胫骨稍细而扁。

⑤ 亲吻鉴别法：配对鸽在接吻时，雄鸽张开嘴，雌鸽将喙伸进雄鸽的嘴里，雄鸽会以哺喂乳鸽一样做出哺喂雌鸽的动作。亲吻过后，雌鸽自然下蹲，接受雄鸽交配。

⑥ 人为假亲吻鉴别法：方法是一手持鸽，一手持鸽嘴，两手同时

上下挪动(像鸽亲吻动作一样),一般说来,尾向下垂的是雄鸽,尾向上翘的是雌鸽。

⑦ 雄鸽鉴别法:对于成年鸽,当遇到雌雄鉴别困难时,可采取"雄鸽鉴别法",即抓一羽性欲强盛的雄鸽放入,观察两羽鸽之间的反应,一般雄鸽首先主动向对方进行挑衅,随后从咕噜声和对待雄鸽挑衅反应状态进行鉴别,主动应战者多数为雄,而保持守势自卫招架者为雌。

⑧ 压背鉴别法:将鸽放在桌面或平板上,让其自然站立平稳,一手轻轻地放在鸽前背部双翅上,另一只手轻轻下压鸽的尾部。如果是雄鸽,则鸽尾羽不上翘,而下垂或保持不变;如果是雌鸽则尾羽上翘、竖起或偏向一侧,如同正常交配时表现的姿势。

⑨ 触肛鉴别法:将鸽轻握在手,鸽头部向持鸽者自己的胸部,稍微放松些。用右手示指触压鸽的肛门处,即耻骨上方凹陷处,如是雄鸽,触压时尾羽向下收压;如是雌鸽,则尾羽向上翘起或略展开,如同正常交配时表现姿势。

(5)鸽性别鉴别表 见表4-2。

表4-2 鸽性别鉴别

鸽蛋胚胎雌雄鉴别(透光检查)		
观察项目	雄鸽鸽蛋胚胎	雌鸽鸽蛋胚胎
胚胎血管	血管粗而疏 血管网左右对称	血管细而密 血管网左右不对称

雏、幼鸽雌雄鉴别		
观察项目	雄 鸽	雌 鸽
生长发育情况	生长发育较快,身体健壮,双眼相距宽	生长发育稍慢,身体纤小,双眼相距窄
体型、颈、头部	头偏大,体型偏大而长,颈短而粗,脚长而显粗壮,头顶隆起呈四方	头略小,体型偏小而短圆,颈较纤细,脚微细而稍短,头顶平而窄小
哺喂特点	亲鸽喂食时,受喂抢食强劲主动,讨哺力量坚挺,且强韧霸道	亲鸽喂食时,受喂抢食能力稍被动,讨哺力量虽强韧,却显力量稍逊色
初生羽	羽毛枯黄,光泽暗淡,头部脸颊部先出现真毛	羽毛金黄色,富有光泽,头顶部先出真毛
4、5日龄[①] 肛门鉴别	肛门下缘较短,上缘覆盖下缘。后面正观:肛门两端向上弯曲;侧面旁观:肛门上端覆盖下缘	肛门上缘较短,下缘覆盖上缘。后面正观:肛门两端向下弯曲;侧面旁观:肛门下端覆盖上缘

雏、幼鸽雌雄鉴别

观察项目	雄 鸽	雌 鸽
10日龄①	行动活泼灵敏,会走后爱离巢活动,好动活泼;性格凶猛,伸手引逗时仰头站立,好斗,爱用嘴啄或翅膀击打	爱僻静,不很活跃,安静胆怯;性格温柔,伸手引逗时表现退缩、避让、温驯,虚张声势却动作不大
喙	喙阔而厚实粗短	喙稍窄而薄长尖细
胸骨(龙骨)	胸骨较长,而骨架粗壮,末端较尖	胸骨较短,而骨架紧密,末端钝圆
耻骨	耻门较窄而尖硬	耻门较宽而钝柔
尾部的尾脂骨	尾脂腺尖端钝而多数开叉	尾脂腺尖端尖而多数不开叉
神态	活泼而好斗,反应灵敏,招惹它时起立啄人手指	文雅而静娴,反应稳笃,招惹它时起立叽叽躲避
出巢时羽毛	出巢时胸部、颈部真毛略呈金属光泽,无轮无边;翅膀上最后4根初级飞羽末端较尖	出巢时胸、颈部真毛呈橘黄色,有毛片轮广;翅膀上最后4根初级飞羽末端稍圆

成年鸽雌雄鉴别

观察项目	雄 鸽	雌 鸽
体格①	体型较大,粗壮而强壮结实	体躯结构紧凑、优美,娇娆而秀丽
羽毛	主翼羽的羽尖及胸部羽毛尖端稍尖;求偶时颈羽松开呈圆球状;尾羽散如扇状,尾羽污秽	主翼羽的羽尖及胸部羽毛尖端稍圆;尾羽干净
头颈部①	头顶稍平,头大额阔,头颈粗硬而略长,手捏颈部,不易侧扭而眨眼	头顶稍圆,头小额略狭长,头颈细软而稍短,手捏颈部,易侧扭而瞪眼
颈羽	颈粗短而较硬;颈羽有金属光泽	颈纤细较柔软;颈羽金属光泽稍逊,不如雄鸽艳丽
眼环	大而略松	紧贴
眼部	眼睑及瞬膜开闭速度快,眨眼	眼睑及瞬膜开闭速度稍迟缓,瞪眼
鼻瘤	鼻瘤大而较粗,鼻瘤中间白色肉线浅	鼻瘤稍小而窄,鼻瘤中间白色肉线清晰
嘴喙	阔厚而粗短较大	细长而紧窄较尖

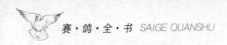

(续表)

观察项目	雄　鸽	雌　鸽
成年鸽雌雄鉴别		
脚	脚粗长,而趾较粗	脚稍细短,而趾较细
骨骼	颈椎骨粗而有力;脚胫骨粗大	颈椎骨略细而软;脚胫骨稍细而扁
胸骨	胸骨长、稍弯;胸骨末端与蛋骨间距离较短,长而较弯	胸骨短而直;胸骨末端与蛋骨间距较宽,短而稍平直
肩部	较宽	较窄
耻骨(蛋裆)[①]	骨盆及两耻骨间距离较窄,约一指宽;双侧耻骨突间距(小)较近	骨盆及两耻骨间距离较宽,约二指宽;双侧耻骨突间距(蛋裆)稍宽
腹部	窄小	宽大
肛门[①]	侧面视:下缘短,并受上缘覆盖。后面正视:两端稍微向上,上方呈山形,闭合时外凸,掰开呈六角形	侧面视:下缘长,似受下缘覆盖。后面正视:两端稍微向下,上方呈花房形,闭合时内凹,掰开呈花瓣形
触压肛门法	食指触压肛门:尾羽向下压	食指触压肛门:尾羽向上翘或平展,脚下蹲
主翼羽	第7～10根条尖端尖形	第7～10根条尖端钝圆形
姿态	气势雄壮,雄姿英发,活泼而好斗	气质温驯,英姿飒爽,好静不好斗
鸣叫声(咕噜)[①]	鸣叫时发出"咕噜噜、咕噜噜"的洪亮声;长而洪亮,咕噜声频率偏低;咕噜声呈连续双音,雄厚而有韵味	鸣叫声小而短细,只发出小而低沉的"咕嘟咕"声,短而急促,且咕噜声频率稍高;咕噜声呈不连贯单音,单纯且较单调
发情求偶表现[①]	求偶主动,追逐雌鸽,求偶时颈羽松起,颈气囊膨胀,颈毛张开,背羽隆起,尾羽散开如扇形,边叫着"咕噜噜"边扫尾拖地。鸣叫时常围着雌鸽转,昂首挺胸,并不断地上下点头。双脚轮换大踏步,侧向面向雌鸽主动示爱。求偶交配主动	求偶被动,安静少动,当雄鸽追逐鸣叫时,雌鸽微微点头,面向雄鸽,点头打"咕嘟咕"回答,双脚呈跳跃状冲向雄鸽。求偶交配处于被动
亲吻[①]	雄鸽张开嘴,等待雌鸽伸入。雄鸽会以哺喂乳鸽一样做出哺喂雌鸽的动作	雌鸽将嘴伸进雄鸽嘴里,亲吻后,雌鸽会自然下蹲,接受雄鸽交配

(续表)

成年鸽雌雄鉴别		
观察项目	雄　鸽	雌　鸽
同性鸽相遇	常追逐其他鸽；主动用喙进攻，且开咔	无情期一般不与其他鸽接近；被动用翅膀扇击自卫，或答咕
异性鸽相遇	主动向前求偶	回避退缩点头
孵蛋时间	10:00～16:00(±0.5小时)	17:00 至次日 9:00(±0.5 小时)

注：标①者为雌雄鉴别可靠项目。

2. 年龄鉴别

鸽的年龄一般可从它的足环上直接获取第一信息，只是在特殊情况下却不能完全信赖于它的足环信息。尤其在鸽市场上引进赛种鸽时，需要特别留意鸽的外观与足环年份是否吻合，在鸽市场上往往有人会采取新鸽套老环的办法，来冒名顶替赛绩鸽、进口鸽以此来蒙骗鸽友。此外，那些没有佩戴足环或失去足环戴活络环、记号环鸽，就得全凭自己的眼力来观察鉴别鸽的大致年龄。

(1) 嘴喙鉴别　幼鸽的嘴喙一般都比较尖细，而两边的嘴喙窄而薄，且无结痂；老龄鸽的嘴喙大都粗壮，末端硬而滑，且两边嘴角既宽厚又粗糙，并有明显的结痂痕迹。

(2) 鼻瘤鉴别　幼鸽的鼻瘤光滑而柔软，湿润而有光泽，蜡膜较薄；老龄鸽的鼻瘤显得毛糙而无光泽，蜡膜表面较厚实，且有毛刺样皮屑翘起。

(3) 脚趾鉴别　幼鸽的脚趾细柔，鳞片纹很不明显，色泽红润，趾甲短而尖，质地较软；老龄鸽的脚趾显得粗糙且有鳞片生成，鳞纹清晰呈暗红色，趾甲长硬尖锐而弯曲。

(4) 脚垫鉴别　幼鸽的脚垫薄软而无茧；老龄鸽的脚垫厚硬而有茧。

(5) 覆羽鉴别　是最可靠确切的鸽龄鉴别方法。它是根据鸽的换羽规律，主羽每年换羽一次，而覆羽是由里向外每年只更换一根，而只要观察一下它更换覆羽的第几根，加上一年就知道它的鸽龄了。

(6) 鸽年龄鉴别表　鸽年龄鉴别见表 4-3。

表 4-3　鸽年龄鉴别

鉴别项目	老　龄　鸽	幼　龄　鸽
嘴角结痂 喙部	嘴角结痂大，呈茧子状 喙末端钝硬而圆滑	嘴角结痂小，无茧 喙末端尖软

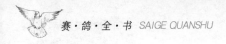

（续表）

鉴别项目	老 龄 鸽	幼 龄 鸽
眼裸皮皱纹	眼裸皮皱纹多而厚	眼裸皮皱纹少而薄
鼻瘤	鼻瘤大、粗糙	鼻瘤较小、柔软
脚、趾甲	脚粗壮、颜色暗淡、趾甲硬钝	脚纤细、颜色鲜艳、趾甲软而尖
脚胫鳞片	脚胫鳞片硬而粗糙、鳞纹明显	脚胫鳞片软而平滑、鳞纹界限不明显
脚趾垫	脚趾垫厚、硬、粗糙，稍侧偏	脚趾垫薄、软，不侧偏

（六）天敌防范

鸽属自我防范能力极差的动物之一。鸽在野外具有高度的警觉性，一旦遇到天敌只具有飞翔逃逸的本领，却毫无防御自卫的能力。在鸽舍中，鸽往往为鸽舍的舍笼所困，一旦遇到天敌入侵，由于极难逃逸而易遭殃于天敌之口，任其咬伤、咬死，甚至被拖走。即便它们一无所获，也会将整个鸽舍弄得惊扰不宁。凡遇上此类"炸笼"等倒霉事，必须将鸽舍清理干净，暂且关闭笼门养息几天，等到鸽子安下心来之后，才能开笼进行正常家飞活动。不然的话，轻者造成鸽子迟迟不肯进笼，重则会发生逃笼失鸽，尤其是配偶鸽惨遭伤害的，最好等待它的情绪完全稳定后，或再进行重新配对生蛋进入孵化期后才能放飞。对刚引进的开家鸽，因每羽鸽对此类强应激的耐受程度轻重不一，遭遇严重应激之顽鸽，甚至会终生停精、停蛋，且不进舍，神经过敏，长年露宿于舍外。

营建鸽舍时，必须做好鸽舍天敌的防范工作。鸽的天敌主要有猫、鼠、鼬、蛇、鹰、隼等。此外，还要做好防范野生鸟类的入侵，因野生鸟类易携带很多传染病病原体。

（七）四季管理

1. 春季管理

在春季，鸽的新陈代谢进入旺盛期，进入产蛋、育雏高峰，也是孵化、育雏、开家、训放、竞翔最繁忙的季节。参赛鸽迎候它一年一度最大的赛事——春赛，鸽友们也忙于进行春训。此时，鸽需要营养丰富而全面的饲料和饲料添加剂，增加蛋白质饲料比例，补充B族维生素、维生素A、维生素D和矿物粉。

春季气候多变，空气湿度较高，如鸽舍内空气流动差，往往舍内氨气积聚浓度较高，鸽易发生感冒、拉稀等，因而要注意舍内通风。在气候突变或长期阴雨绵绵时，给予饮用鸽绿茶；混饲用啤酒酵母、益生菌,以保持肠道菌群平衡。

春季也是寄生虫容易孳生繁殖的季节,易感鸽毛滴虫、鸽球虫等,此期要勤于打扫消毒,保持鸽舍卫生,做好内治外防工作。常规进行鸽毛滴虫清理,减少呼吸道传染病发病;选择晴好天气给予百部沐浴散沐浴,以杀灭体外寄生虫,养护羽质。巢盆要勤于清理更换。

现在主张仅在秋季换羽结束、新羽长齐、羽杆脱鞘后进行驱虫,而春季配对前和赛前一般就没有必要再进行普遍驱虫了。

2. 夏季管理

夏季气候高温高湿,鸽的新陈代谢旺盛,运动量不宜过大,体能消耗也不宜过高,因而要适当降低能量饲料,保持蛋白质饲料,提高钙、磷等矿物元素的补充,保证维生素的日常供给。

鸽是对季节更换极为敏感的动物,饲养管理须按日出日落时间的提早和延迟改变。在高温日可适当降低训飞强度,在暴雨、强季风(台风)光顾日也得适当降低训飞强度,更需控制饲养密度。

鸽舍要做好防暑降温工作,正午和下午可适当遮阳,在地面喷水降温。有的鸽友在鸽舍中安装空调来防暑降温,这样舍内冷,放飞时舍外酷热易引起生病,此举并不足取。

在集鸽前、运输途中和到达目的地放飞之前,以及引进种鸽到达目的地鸽舍,经过验收清点之后,立即补给低浓度电解质溶液。为缓解高温,除供给消暑饮料、补充维生素C(电解质中含有)、增加绿豆配比外,可供给一些韭菜叶、大蒜叶和西瓜皮(切成碎粒)等。

鸽舍要供应充足的清洁饮水,暑期至少保证每周2次供饮低浓度配比的电解质饮料和鸽绿茶。尤其夏末初秋,日常或隔天供饮一次鸽绿茶等,是必不可少的。在高温季节饮水中添加维生素、氨基酸类营养添加剂时,要尽可能做到随饮随放,勤于更换。

鸽舍除做好防暑降温外,还得增强抗强风、防暴雨袭击能力,尤其南方沿海地区要注意防台风袭击。夏季正是蚊子侵袭较多的季节,可在鸽舍周围种植驱蚊植物,悬挂诱蚊灯等。

夏季要注意饲料的防潮,防止霉变、虫蛀。如将储备日粮饲料晒干,放入几颗大蒜、昆布,密封保存。有的鸽友在饲料桶内放置杀虫剂棉球或防蛀片等,此举并不足取。

夏季每周2次的水浴(除非下雨)是必不可少的,在水中添加百部沐浴散。为防止草窝孳生害虫,除加强清理和定期取出暴晒外,可在巢盆中撒上少许百部沐浴散除虫避蚊。

夏季一般不宜过频育雏,况且所

育出雏的质量也明显逊于春冬季。

3. 秋季管理

秋季鸽群面临着一年一度体能消耗最大的大换羽，要适当调整饲料中蛋白质配比，蛋白质的要求总量虽不高，但要保证蛋白质的质量，除赖氨酸、蛋氨酸、胱氨酸和色氨酸等限量氨基酸的特殊需求外，满足维生素和矿物元素的供给也是十分必要的，尤其要增加饲料配比中的火麻仁含量（火麻仁中含亚麻酸，宜少量多次）。

秋季是蚊子继续侵袭的季节，也是鸽痘流行发病的季节，此时要继续做好防蚊灭蚊工作，清除鸽舍周围积水，大型水池、河浜等可放养鱼苗或金鱼。此外，要加强幼鸽管理，控制饲养密度；鸽毛滴虫感染引起的咽部溃疡灶同样也是痘病毒的突破门户，因而鸽毛滴虫病防治也切莫懈怠。在幼鸽期务必抓紧做好鸽痘疫苗的接种工作。

秋季，日照时间逐渐缩短，可用人工光照来进行弥补，建议晚上增加1～2小时为宜（需依照鸽舍所在位置经纬度而定），人工光照不能忽长忽短。

4. 冬季管理

冬季是低温寒冷季节，鸽抗寒能力似乎要强于抗暑能力，除非在寒带地区，一般自然生存困难不大。但也必须重视防寒保暖，特别是晚上要注意北、西窗对流贼风的侵袭，铁丝网上要挂草帘、布帘或防雨塑料布。同时，要适当通风，做到三面挂帘挡风，在出太阳时移开，保持有一面通风就已足够了。

冬季运动量相对减少，但天气寒冷，鸽的热量消耗增加。因而，除供应玉米、红高粱等外，还要适当增加菜籽、芝麻、葵花籽、花生等，但不宜太多。

秋末初冬也正是病毒性疾病流行季节，尤其是季节性感冒、单眼伤风（支原体病）等。此时可在饮水中添加些鸽红茶等，以提高抗病能力。轻微早期发病时使用鸽绿茶（剂量加倍）。

关棚饲养的种鸽要提供足够的日光光照，光照不足的鸽舍可补充人工辅助光照，大型鸽舍用高悬红外灯泡，一般鸽舍提供一盏25～40瓦乳白或磨砂灯泡。

冬季需要增加热能消耗，相对要增加玉米等能量饲料配比。鸽群处于养息期，新陈代谢处于较低水平，日常维生素的添加和补充同样不可忽视。

冬季也正是修缮鸽舍的季节，如将四壁用石灰水涂刷一下；门窗、铁丝网更换一新；地栅板、出入口、跳台、巢箱、窝格及防逃、防盗、报到设施等，该整修的部分都应检查和抓紧整修完善，迎候春季的到来。

（八）四期管理

四期管理指配对期管理、孵蛋期管理、育雏期管理和换羽期管理。至于幼鸽期管理已纳入参赛鸽定向管理范畴。于此，凡饲养和培育参赛鸽的鸽友应清醒地意识到，培养优秀赛鸽"运动员"团队和培育一个新品种（系）群体，其中包括引种配对和提纯复壮、选优汰劣等，一切须从种鸽的引种配对期管理开始，即一切须从高起点"源头"抓起。

1. 配对期管理

6月龄的种鸽已进入生理繁殖期，在正常情况下，一对种鸽年繁殖7～9窝，在不孵蛋育雏的情况下可繁殖12～14窝；而实行鳏居制（或寡居制）的鸽舍，为顾及优生优育，每年仅在春季繁殖3窝蛋，其中至多自孵自呕1～2窝。

育种期间，种鸽饲料的粗蛋白含量不能低于16%（粗蛋白在20%以上属高蛋白饲料），代谢能11.72兆焦/千克以上。在整个繁殖期间，要按照种鸽的繁殖频率、自孵自哺或请义鸽代孵代哺等进行适当的营养需求调整。尤其是要保证维生素、氨基酸、微量元素、水和保健砂的日常满足供给，以保持种精、种卵的品质质量。

（1）育雏与季节 家鸽除秋季换羽期间停止产蛋外，一般一年四季都能生蛋孵化，有的鸽系在良好饲养管理条件下，连秋季换羽期停蛋也不甚明显。

按照"春生夏长，秋收冬藏"的自然规律，春季正是鸽衔草筑巢、忙于生儿育女的黄金季节。不少鸽友认为，早春育出的鸽会有一身如同丝绸般绵薄而致密的羽毛。实际上这是一种讹传，鸽羽质分粗毛和细毛，首先取决于先天遗传基因的显性性状表现和隐性性状的显性表现，然后才与育雏的季节有一定的关联，当然也绝对离不开亲鸽（主要是雌鸽）体内营养物质的贮备。此外，有的鸽友认为，春末夏初孵出的鸽发育快、体型大、骨骼硬朗，这些都由鸽友所饲养的品系和偏爱所决定。骨骼紧凑而硬朗是好事，而体型过大对赛鸽却未必一定是好事。体大爆发力强，而飞翔耐力方面或许会逊色于那些小体型的鸽。

种鸽的自然繁殖规律随季节的变化而有所差异。其规律是：从入春开始繁殖能力逐月提高，到4～9月份为繁殖高峰期，也正是鸽繁殖的黄金阶段。当然这里所指的是绝大部分地区，而处于亚热带、温带地区，7～9月份已进入酷暑高温期，显然不适宜继续育雏，但对鸽的繁殖性能而言，不会因此而下降。而鸽的繁殖性能除了换羽期外，以每年的12月份到翌年2月份为最低谷。

繁殖期气温一般以 15～25℃ 为宜。在高温期间育雏，亲鸽虽会以多饮水来进行自我调节，但雏鸽出现脱水（皮肤发红）的比例却也相应增高。此外，与雏鸽品质关系密切的是气候异常，在连续阴雨绵绵、光照不足、温湿度偏高期间所育出的雏鸽，品质和质量总是最差的。

9 月份进入初秋，一年一度的换羽高峰来临，并不一定表现明显的繁殖性能下降趋势。大致要到 10 月份随换羽进入到新羽生长高峰期，大量的能量物质和营养素必须集中供应羽毛生长所需，繁殖力会随之下降甚至停顿。

必须明确我们培育的目标是"运动员幼苗"，因而一般赛鸽在进入换羽期前，就已提前停止繁殖育雏了，更不允许赛鸽再亲自呕雏了；再说，当年所换新装质量的良莠，还决定着翌年赛绩的发挥。对于下一年准备出赛的主力参赛鸽，鸽主断然不可在秋季再增加哺育雏鸽等额外负担。

根据赛绩资料统计显示：每年春季育出的雏赛绩表现为最佳，而以每年的 10 月份育出的雏赛绩为最差。对此统计分析结果认为：春季孵化出雏者多，冠军优胜鸽自然也多，再何况 10 月份育出的雏，无论参加春赛还是秋赛，也属前不着店、后不着站的时期，所以最好能避开 10 月份育雏为好。至于那些"一蛋千金"的黄金配对和珍贵品种鸽，饲主无论如何不肯放弃的，此时可采取委托保姆鸽代孵。

对于寡居制和鳏居制鸽舍，当然是选择一年一度春季育雏的最佳模式。即使在没有实行寡居制的鸽舍，通常也在秋季换毛期开始不再育雏，即使仍继续产蛋，也不再让它们亲自孵化呕雏，而采取用连续短期间歇孵假蛋法，让它们能得到充分的养息，这样才能培育出品质优异、健康状况良好的赛鸽。

(2) 发情　雌幼鸽的性成熟要早于雄幼鸽。多数鸽友认为幼鸽的最适宜配对初产期掌握在 5 个半月龄到 6 月龄，以 6 月龄后开始育雏繁殖为宜，过早配对或强制配对都会影响育种繁殖性能。

(3) 配对　鸽被称为"和合之鸟"，配对往往是雌雄专一。一般而言，在没有相互配对成功的情况下，雌鸽绝对不会生蛋。但鸽普遍存在同性恋现象，两羽雌鸽也可能会相配而产下 4 枚蛋。两羽雄鸽相配产生同性恋现象，常发生在同窝雄间，一般出现的概率较小。如将两羽同性恋雌鸽拆对，分别与雄鸽相配，它们就不会再产生同性恋。不过偶尔也会发生有自然配对，形成一雄配二雌，甚至一雄配三雌现象，其中多数是雄鸽与雌鸽交配，产下蛋相互替补轮换孵蛋，且也能和睦相处，共孵共呕 4 雏甚至 6 雏,却个个生长发育完全正常,这些都是鸽群中常见的正常性行为。

雄鸽在性成熟后,开始主动追雌寻求配偶,而雌鸽也主动寻求如意郎君,双方一旦合配,只需几分钟就能亲吻交配,不过这样的一次性交配还不能算是稳定配对,此时必须为它们提供安静而稳定的空间——巢盆和窝格。此时最好将它们关闭在一个新巢箱里,待稳定后就可逐步开放。待它们彼此都熟悉,并自由出入自己的巢箱,几天下来,它们就能在这里生儿育女了。

一旦它们交配成功,在新居安营扎寨后的 10~15 天就会生蛋、孵蛋,在没有外来干涉的情况下,就一起建巢,从此不再分离,且这是第一次托付终身育雏的地方,该鸽一辈子将此地认定为它的故乡,往后随您将它送到世界的任何一个角落,它仍会始终不渝地思念着这个家乡。待它一旦能获得自由,就会克服任何艰难险阻飞回这个故乡。因此,凡引进曾哺育过第一窝雏的鸽,往后绝对是难以开家的,即使再次为它寻找新的配偶,在正式配上对后,通过再次育雏即使能成功开家,却也是极不稳定的,或许说不定何时它突然思念故乡时,会一去而不再复返。如您引进的幼鸽尚未开蛋,从未育过雏,那只要给它找个伴,呕上一窝雏,基本上就能定居安

家,进行开家了。

对于早熟品系幼鸽,即使配上对后,一般也要经 1~2 个月才产蛋。有的鸽友认为,年幼鸽过早配对会影响它们的健康;也有的鸽友认为,幼鸽自然配对繁育是生物先天具有的自然规律。它们在过早配对的情况下,也许仍要等 2 个月左右才会生蛋,此也正说明了各种生物物种的机体内部具有自然调节平衡生物繁衍本能的机制,尤其对于每窝产 2 枚蛋、多数是一雄一雌的鸟类而言,这种天然形成的生物繁衍自然调节机制显得更为重要。于是,多数鸽友主张无须过多地加以人为干预,甚至认为"少年得子",会有利于定向培育早熟鸽品系,尤其对需要培育"百日赛"精英鸽系的鸽友们,从中选拔上乘而拔尖的早熟"运动员",实为催促培育早熟鸽系的一种捷径。不过有鸽友认为,性早熟并不等同于参赛定向功能的早熟,对此也应观察到,性器官的早熟也必然会带动其他系统器官的同步早熟,因为机体是一个完整的整体。动物间的早熟与晚熟品系差异是客观存在的,即使在同一配偶的后代之间,也存在有早熟与晚熟的差异,因而早熟与晚熟品系的存在,是通过人类的长期定向培育和不断选拔所产生的。

实际上,那些早熟鸽所培育出的"头窝蛋"团队中,确实出现过不

少品质上乘的"优兵强将",因而鸽界流传有"头窝蛋,金不换"之谚语,并运用至今。当然这里指的"头窝蛋"是泛指所有的头窝蛋。

(4) 求偶　求偶时的示爱、呼叫与呼唤是鸽本能的行为表现之一。鸽能在众多的鸽群中找到自己的配偶,也能在遥远处听到配偶的呼唤,这是鸽的一种先天本能表现。因此,在配对与拆对时最好将原配尽可能隔离到相互看不到和听不到呼唤声的地方。而将新配偶相互先隔离一段时间,培养它们的情欲,待相互情欲高涨,进入求偶状态时,再将它们放到配对笼里;或直接将巢箱建成有活络栅栏板的配对笼,使得相互间可观望对方而不能伤害对方,待雄鸽时时咕噜呼唤求爱,而雌鸽也频频点头咕嘟回语允诺,且面向雄鸽双脚作出跳跃状舞步向前冲跃时即可打开隔离栅,很快看到相互亲密接吻而交配,此时才能说明新一轮拆对配对的成功。

对于个别情欲低下、配对困难的鸽,切不可强行配对,否则只会造成雌鸽的损伤,欲速则不达。此时,可采取隔天或隔2天相互对换巢位来催促诱导,直至配对成功。不过确实也发生有原配对鸽在拆对或引进后,从此终身再也难以配上第2羽鸽的现象,且常发生于雌性鸽。相对而言,此类鸽在春季进行配对,或许会比其他季节容易得多。

(5) 接吻　接吻是生物情欲的一种原始自然本能,通常是在相互情欲达到一定程度时,先由雄鸽昂首挺胸频频张嘴哈气,边频繁地转动着舌头,口内发出微弱的呼噜声,目光斜视着雌鸽;雌鸽则引颈将喙伸入雄鸽嘴内,随后相互轮换交换口液2～3次,雌鸽便开始下蹲,雄鸽一跃而上进行交尾。已配上对的鸽在每次交尾前,往往是先行接吻,然后再交尾。于是"接吻既是交尾的前奏曲,也是热恋情欲交换的一种初级形式"。

(6) 交尾　交尾动作较温顺,通常先接吻后交尾,先由雌鸽主动下蹲,尾部上翘,将泄殖腔打开,输卵管下瓣同时展开;雄鸽一跃而上,站立于雌鸽背上,尾部下垂后仰,随即展开双翅扇动进行体位平衡,同时将泄殖腔打开,射精管口在上瓣展开,与雌鸽的输卵管下瓣相互吻合,实施射精。整个交尾动作基本上是在瞬间一气呵成。鸽偶尔也会发生有雄鸽下蹲,而雌鸽在上进行"雌上势"的交尾形式,此时一般无精液射出,只能算作是性活动中的一种嬉戏形式。整个交尾动作的完成,意味着整个配对过程的完成。

(7) 筑巢、移巢　鸽恋巢性特强,虽鸽筑巢的本领不强,但却是成双成对地修筑爱巢,雄鸽衔些草棍、树枝、小石子,雌鸽整理,卿卿我我十分恩爱。鸽对于初次交配生蛋育雏的棚舍记忆力极强,但对巢箱的记忆力相对要弱一些。

移巢、巢位置换调整是鸽舍管理中需常进行的事,一般情况下要尽可能地少移巢,移巢不当会造成鸽舍内部恋巢欲的不稳定,且常发生相互占窝打斗,甚至诱发鸽游棚也是常有的事。鸽将自己的巢箱视同为自己的神圣领土,决不允许任何鸽入侵和侵犯,也绝对不欢迎任何闯入之客。因而也不会轻易地造访其他鸽的巢箱。它们在自己的巢箱里永远是强者,而一旦误入其他鸽的巢箱,却又总是弱者。

当准备移巢选择巢箱时,要尽可能以雄鸽为主体。在进行配对拆对时,由于雄鸽捍卫巢箱的能力比雌鸽要强得多,也要尽可能地让雌鸽移嫁到雄鸽的巢箱。在迫不得已需移巢的情况下,先将雄、雌鸽一起移入新的巢箱关闭几天,等到安静就巢后,将原来巢箱用栅栏或铁丝网封闭起来,试着放它几次,等到它们熟悉了新的巢箱,且能出入自由时,就算移巢基本完成了,当然如能等到它们在新居生蛋育雏,那是再好不过的了。

在进行整体搬迁移棚时,可将鸽群放入新鸽舍,巢箱数须多于或等于配对鸽数,当它们来到一个全新的鸽舍环境中,会自行进行调整,各据己巢安家立户。如需它们按您的意图对号入座的话,那须先关养它们几天,然后轮换逐对放出。

对于巢箱,最好能按顺序进行编号,这样便于记录造册。对于鸽群较大、饲养数量较多的鸽舍,最好在每个巢箱旁设置一卡片插座,以便随时查阅和记录该巢箱鸽的档案记录。

(8)巢箱与孵化室 基本要求:一是能让孵蛋鸽有一个安静的孵蛋环境,既便于亲鸽换岗出入,又避免外鸽的随意入侵;二是便于育雏、呕雏。既要干燥、通风、防潮、防雨,又要防止穿堂风、寒流直袭孵化室。

在种鸽产下 2 枚(一窝)种蛋后,它会自动进入孵蛋状态,并不需要人为的过多干预。而鸽孵蛋非常执著,一般都能忠于职守,一直坚持到出雏,然后直接进入呕雏育雏状态,最后坚持到幼鸽出巢、出舍上天飞翔为止。只是偶尔会出现个别第一次产蛋的青年鸽,由于还没有孵化经验,因而会出现玩忽职守,此时只要将它们关在巢箱里,往往就会很快进入孵化状态。这种情况只是发生在双亲都是初配青年鸽,只要雄、雌鸽中有一羽是有孵化经验的,就可防止类似情况的发生。此外,一般只要在它们产下第二窝蛋时,就会自动纠正陋习,自觉进入孵化状态。

至于巢盆的式样,有圆形和方形两种。我国南方地区喜欢用稻草盆,其优点是价廉、易得、透气、保暖性好、实用,缺点是易沾染粪便、招致孳生寄生虫、不易消毒等。石膏盆、塑料盆、木盆、陶土盆、紫砂盆等,具有便于清洁消毒、经久耐用等优点,使用这类巢盆时,最好在盆底铺垫一块麻布、毡垫、稻壳或木屑等。也可在鸽舍中故意放置一些剪短、扎成把的豆萁梗、稻草、麦秆等,任其自然衔取筑巢。

巢盆要常清洗、清理和消毒。草盆要经常拿到阳光下暴晒,定期更新。在整个育雏期间,为防止巢盆中隐藏的寄生虫叮咬、嗜食雏鸽羽毛和吸取雏鸽的血液,可在巢盆里撒些复方百部沐浴粉等中药杀虫剂,绝对不能用化学杀虫剂。

(9) 孕卵期 指母鸽配对后开始孕育卵子到蛋产出阶段。此期间饲养管理往往容易为鸽友们所忽略,尤其处在排精期的雄鸽和孕卵期的雌鸽,这时期需要全面、均衡、高品质的营养物质。除配对前鸽体内的营养物质储备外,此时还需合理补充制造精卵所必需的维生素、氨基酸与矿物元素,才能保证高品质而拥有优良遗传基因的后代育成。也正由于精卵合成和胚胎发育时期的营养供给不可能完全是一致的,从而形成胚胎的不同营养成分,发育成各个不可能完全一致的后代,于是育出"一鸽育九雏,个个不同样"的后代。

对于市场上名目繁多的育雏类保健品,建议鸽友选择正规厂家的产品为佳。这些添加剂应在配对前2周开始使用,直到进入孵蛋期。

(10) 叮蛋期 又称"赶蛋期"。指配对交配后11~12天,即产蛋前3~5天,雌鸽开始就巢恋窝,不肯离巢;而雄鸽不但忙忙碌碌地衔草筑巢,而且紧紧盯住雌鸽,即使上天飞翔也穷追不舍,非得要追回巢箱进窝而不休,连雌鸽的进饲、饮水都容不得片刻耽误,非得将它啄赶回巢箱不可,直至生下头蛋为止。

(11) 产蛋期 正常情况下,鸽产下第一枚蛋,雌鸽站立于巢盆中加以保护,并不真正进入孵化状态。待产下第二枚蛋,才开始正式孵化。产蛋时间受雌鸽的营养状况、健康体质及鸽舍所处地经纬度、日照时间等因素的影响,可能会出现提早或推迟。除此外,还与鸽的个体差异有关。

① 头蛋:种鸽一经配上对后,会频繁地反复交配,经8~10天,在下午3~5时产下头蛋。

② 二蛋:即次蛋。在头蛋产出后,相隔46~48小时产出。

(12) 异常蛋

① 双黄蛋:即有两个蛋黄的蛋。它的表现形式:一种是雌鸽这次只生下1枚头蛋双黄蛋,而不再生次蛋,这是由两个卵子同时发育成熟,同时被吸纳进入输卵管,两个

卵黄合在一起形成的;有的是这次先后共生下2枚蛋,其中一枚是双黄蛋,以头蛋双黄蛋为多,这和生三蛋的道理是一样的,所不同的只是其中有2个卵黄一起成熟;偶尔也有接连生下2个双黄蛋的,但极其少见。

双黄蛋由于胚胎结构异常,即使都为受精卵,也很难孵化成胚胎——胎雏,有时偶尔可发育成一个胚胎,且多数会在孵化中途夭折,至今尚未见有孵化成雏的记载和报道。

② 无黄蛋:即生下没有蛋黄的蛋。这不常见。这是由于输卵管蛋白分泌部受体接收到卵黄排入刺激,而开始分泌蛋白成卵,而此时卵黄却过早受到意外刺激从输卵管排出体外,这种情况通常是其中1枚蛋是无黄蛋,蛋形较小,而另外1枚蛋却完全正常,极少可能会接连出现2枚无黄蛋。另外,也可由于输卵管过敏、炎症、寄生虫、上皮脱落等刺激引起,输卵管蛋白分泌部接收到假信息的刺激而分泌蛋白成卵产出。还有的则是输卵管伞部功能异常,而发生卵子未能被吸纳进入输卵管而落入腹腔。此多见于遭受强惊吓、超强应激或腹腔炎症和疾病等影响。

③ 蛋中蛋:即双层蛋。偶尔遇到,较为罕见。指一枚蛋里面还有一个完整的蛋,通常外蛋较大,外观似双黄蛋,打开后才知是双层蛋壳的蛋中蛋。里面的蛋结构基本正常,或蛋壳较薄或稍微毛糙些,或为软壳蛋。此鸽可能会接连产下2枚蛋,仅有一枚是蛋中蛋,而另一枚蛋完全正常。也有这次就生下1枚蛋的。

蛋中蛋是雌鸽在产蛋过程中受到惊吓等外界刺激影响,致使第一枚蛋还没有来得及排出输卵管,就应激启动输卵管的蛋白分泌部,误认为下一卵黄的降临,于是再次分泌蛋白,这样就将第一枚蛋完整地包裹在第二枚蛋里面所形成。通常蛋中蛋可以很大,最大的重达74克。

④ 无精蛋和死精蛋:无精蛋和死精蛋在鸽舍中时有发生,尤其在老龄种鸽群、笼养和关棚养的种鸽群中;或疾病侵袭;喂了变质或霉变的饲料;维生素、微量元素缺乏;鸽健康素质下降;过于肥胖;新近拆对、新配对的种鸽和新移棚、新引进的鸽;在极其寒冷的冬季和酷暑高温期间,气候异常恶劣、连续阴雨潮湿天气;换羽期、超强训练等易诱发无精蛋和死精蛋的增多。这些都与鸽舍管理有着密切的关系。

无精和死精蛋的检查,可在孵化到第3~4天时,放置在强光灯或阳光下照射,蛋中透有血丝或蛋中有稍微偏移的黑点(胚胎)在晃动为正常有精蛋,否则是无精蛋。此外,如见黑点晃动极快,呈游离状的为死精蛋。当然如将鸽蛋放置过久或保存不当,拿取或运输种蛋时曾受强烈震动等致胚胎死亡和发育中止。孵化后不见血丝的,可以是无精蛋,也可以是死精蛋。

⑤ 带虫蛋:指鸽蛋中带有组织块、血丝块或虫子等异物。极其少见。它是感染到鸡、鸭、珍禽等禽鸟的前殖吸虫寄生在输卵管生殖道内的寄生虫所致。此外,生殖道感染大肠杆菌、沙门氏菌等,也可导致生殖道、输卵管壁黏膜的炎性组织、脱落物被包裹在鸽蛋中。

带虫蛋不可能孵化出雏,常被误认为无精蛋或死精蛋处理。因此,鸽不宜和鸡、鸭、珍禽、笼鸟等混养。

⑥ 软壳蛋、薄壳蛋和粗壳蛋:蛋壳是在输卵管的蛋白分泌部形成的,输卵管黏膜不仅具有蛋白分泌腺,而且还具有蛋壳腺。蛋壳腺开始分泌时,从血液中摄取大量的钙,从而机体为保持血钙的恒定,就须从钙质的最大贮备库骨骼中大量调集,同时迫使消化道大量吸收钙来维持血钙稳定,从而保持血钙始终恒定在一个相对稳定的范围之内。凡当机体出现钙贮备不足或调集困难时,就会产生蛋壳的形成功能障碍。此外,由于超强应激引起肾上腺素分泌,干扰甲状旁腺功能而引起血钙水平过低所致。

机体钙贮备不足往往是由于平时或长期钙补充不足,或维生素 A 和维生素 D 长期供应不足;种鸽运动场地不足,光照不足,维生素 A 和维生素 D 合成障碍、钙磷平衡失调等因素均可导致。

此外,输卵管功能异常,促使蛋壳腺分泌功能不正常,或输卵管血液供应异常,血钙调集运输障碍等。

再者,误饲霉变饲料、药物中毒、强训过度、疫苗接种、体质下降及疾病等造成的也并不少见。

粗壳蛋又称毛壳蛋。由蛋壳腺分泌涂布不匀所引起,是蛋壳质地不匀的一种表现。无论薄壳蛋、粗壳蛋,均属劣质蛋,不能供作种用孵化。

⑦ 带粪蛋:指沾染上粪便的蛋。原因大致有两种:一种是雌鸽的泄殖腔炎症,泄殖腔内粪尿排泄不净,腔内潴留的粪尿混合物和泄殖腔的炎性脓液,沾染、包裹或黏结在种蛋上成为带粪蛋。另一种是雌鸽产的蛋原本是干净的,而是在产出后沾染到巢盆中湿润的鸽粪而成带粪蛋。这往往与窠格过小或巢箱设计不合理和种鸽的不洁排便陋习有关。如种鸽总喜爱站在巢盆边上向巢盆内拉屎,个别鸽长期拉稀粪,对此应查明原因,及时处理。发现类似情况,可常轮换、翻晒巢盆,定期清洁和更换巢盆。对于偶尔发生的干粪蛋,看似黏结不是很牢固时,

可用美工刀耐心地一点一点削除，千万不可用手剥。此外要注意千万不要刮到和伤及蛋壳表面的保护层。对于沾染轻度的带粪蛋，可用新洁尔灭湿巾棉（湿巾纸）轻轻局部擦拭，千万不可用水洗。

凡沾染上粪便的带粪蛋不宜作种蛋孵化用。

⑧ 浸水蛋：鸽蛋遇水或浸水后就很难孵化，其道理和蛋壳的多孔结构有关。蛋壳上有好多微小气孔，胚胎依赖这些微孔进行氧气交换、热量、水分的吸纳、散发和置换。在微孔表面涂有一层溶菌酶物质，保护胚胎正常发育和防止细菌侵入，一旦蛋遇到水后，溶菌酶会水解而被破坏，壳面失去天然保护层易被细菌侵入。

如浸水时间不太长，种蛋仍处于孵蛋亲鸽羽毛保护下，可用洁净餐巾纸包裹或布吸干（注意是吸干而不是擦干，擦干则会将蛋壳保护层全部破坏），再换上干燥清洁巢盆，让亲鸽继续孵蛋，只要无细菌入侵，仍可孵出健康雏鸽。

⑨ 异形蛋：如是两枚鸽蛋大小相差悬殊，小蛋则理应弃之。不过一旦出现这种情况，应冷静思考寻找原因，如原因不明，最好将两蛋弃之。因为这种异形蛋不可能是优良遗传兆出现的产物。一旦出现异型蛋，作为研究观察未尝不可，但欲作"优生优育"，奉劝则大可不必。

有些鸽友认为，蛋形过长者，育出的雏鸽体形也会长；而蛋形较圆者，雏鸽的体形也短。而事实上，雏鸽的体形、成鸽的体形与蛋形完全无关。只要是这羽雌鸽下的蛋都会有固定的蛋形，无论其大小只要匀称都可孵化成雏。

⑩ 碎壳蛋：常发生在产蛋和孵化的过程中，其中多由其他鸽的入侵打架所引起。一般种蛋，只要其亲鸽仍健在，仍能继续育出就应弃之不用，而等待下一窝再孵。但对特别优良的珍贵种蛋，恰当处理一下，不妨一试，只要是轻微破损大多数还是能孵化出合格而健康雏的。

碎壳蛋是否能够继续孵化出雏？主要是根据破碎的程度所决定，卵膜已破、流出蛋清的蛋，肯定是无法成雏的；而蛋壳破碎而卵膜完整的蛋，因孵化时蛋中的水分容易丧失而难以保持，对孵化出壳有一定影响；再是蛋壳破碎，蛋壳的强度明显下降，因而在孵化过程中，也极易再度发生破碎，尤其是裂缝蛋，极易发生裂缝延伸而塌陷，为减轻孵化时亲鸽对碎壳蛋的压力，一般尽量避免单枚孵化，可 2 枚蛋一起孵化，当然也可另外放入 1 枚大一点的假蛋。

对于破碎面积不大的碎壳蛋补救措施，可按照破碎情况的不同和条件进行灵活运用：

a. 蜡封法：用蜂蜡或 45℃ 低温石蜡加热到 42～45℃ 热溶（防止温度过高烫伤胚胎），滴或轻轻地涂在破损处，外面再覆一层薄蜡纸。

b. 复壳法：取其他鸽蛋的新鲜蛋壳一块（略大于破损处），内留有少许蛋清，直接按置于破损处，待蛋清干燥后，蛋壳就会牢固地粘贴在破损的蛋壳上了。

c. 贴纸法：即用小薄纸片用蛋清直接糊在蛋壳的破损处。

以上补救措施的关键，一是要牢固，防止破碎扩大；二是要干净，防止细菌侵入；三是要密封，防止水分由此蒸发；四是不污染，防止粘贴材料和黏合剂的化学污染。注意不能用医用胶布、护创胶布等含化学渗透剂的材料。

当孵化到出壳时检查一下破损处与蛋齿线的关系，如正在修补处，则适当除去修补物，以免发生打齿困难。

(13) 蛋的孵化与保存 孵化用种蛋要保存在洁净的环境中，不能沾水、粪和其他污秽物，更不能放在过分干燥、有挥发性气体和高温、阳光直射之下。鸽蛋可保存在 5℃ 冷藏室内，却绝对不能放在冷冻室内。种蛋保存期越短越好。冷藏鸽蛋取出后，直接放入巢中孵蛋亲鸽的胸脯底下直接孵化，不必担心鸽会遇凉受惊，也不必放在室外等待复温后再放入，否则会使冷藏种蛋的表面出现水分凝结成冷凝水，反而破坏鸽蛋外面的自然保护层。头蛋取出后放入假蛋。蛋在放置期间不要过多翻动，始终要求轻拿轻放，防止晃动或震动，宜大头向上，这样有利于胚珠系带松弛和蛋黄位置的固定。

鸽蛋取出，用细记号水笔（不宜用铅笔）标上记号，标注巢号或配对鸽品系的代码、出生日期、蛋次即可。及时做好书面记录，便于以后查阅。种蛋不得放在阳光直射下或被雨水淋湿、粪便污染处，更不能放置在音响、电视机、微波炉、电磁器具等有强磁场干扰的环境下。

取出初蛋的初衷，是为了能等次蛋产下后，同时进入孵化状态，使这对雏鸽能同时出壳，同步健康发育。而有的将种蛋暂时保存，移待另一窝保姆鸽生蛋时再进行孵化。对于后者，最好将种蛋放置在密封盒子里，外面套个扎口塑料袋，置于冰箱 5℃ 冷藏室内。等需要孵化时，连扎口塑料袋一起取出，不要急于打开，而任其自然慢慢复温，或索性直接取出，放置在亲鸽的胸脯下，使所孵蛋很快进入孵化状态。

冰箱冷藏室保存的种蛋一般不宜超过 5～7 天，最长不超过 14 天，不过也有保存达 21 天、甚至 32 天仍能孵出健康雏鸽的记录。

有的鸽友认为，取出初蛋这是一种人为过于干预现象，因鸽会自然进行调节，它们会自己进行凉蛋。

初蛋经过凉蛋，会自然中止或延缓胚胎的发育，而等待次蛋落巢它就会正式进入孵化状态。即使是发生一大一小，对于往后的健康、发育和赛绩也不会产生任何影响。因而在正常育雏孵化季节，对于有孵化经验之鸽，鸽友们无须过多干预，任其自然孵化育雏。

但在南方地区，气候相对较温暖，尤其气温接近 25℃ 左右时，此时的自然凉蛋已是形同虚设，可将初蛋取出低温保存或冷藏，待次蛋即将产出前放入，以求进行同步孵化、出壳和出雏。

头蛋放入复温预热的时间，要按当时的气温进行调控，灵活掌握。如气温在 21～38℃ 时，头蛋应在隔天的中午放入，同时取出假蛋即可，这样待次蛋产出时会同步进入孵化、破壳、出雏进程。有的鸽友主张在下午放入，这样往往会使次蛋先出，不过次蛋先出片刻也决无大碍。如气温大于 38℃ 时，冷藏保存下的头蛋，应在隔天的早晨 8～9 时放入为好。至于在寒冷的冬季育雏时，取出的头蛋最好是能在第 2 天晚上 7～8 时放入。

（14）种蛋的求取和引进　鸽界普遍流传这样一条不成文的习俗，则是赠雏不如赠蛋。其原因：一是，出壳之雏有强弱之分，可进行挑拣，而种蛋却只要认定是哪一对种鸽的第几窝蛋，蛋的外表是否完全达标，却不可能从外表来分辨强弱、高低等差异。二是，无论是赠鸽人还是求鸽人，谁都想拥有好鸽，赠鸽人总是想留下最好的，而求鸽人也总是想得到最强健的雏。所以，鸽界谚语曰："送人好的，留下最好的。"这也是人间之常理，因而一般宁可赠蛋、求蛋，而不希望赠雏、求雏。三是，一对优良种鸽产出的子代，有超越种代、祖代的，也有不如种代、祖代的，而这些都是无法在种蛋上判定的，因而无论是对于赠蛋、求蛋方，所出雏的优劣机会也完全是均等的，双方都必须面对，且都会更乐意接受。

求蛋鸽友必须事先掌握种鸽上窝蛋的产蛋时间，以此推算下窝蛋的产蛋时间。鸽友可以在自己的鸽舍中选择 1～2 对预备孵性较好的保姆鸽，先处于孵假蛋之中，而待种鸽上窝蛋产出后，相约同一天一起抽去假蛋。这样最好准备 2 对预备保姆鸽，一般可在相约同天生蛋，同日开始孵化（一般仅相差1～2天），这是再好不过的事情了。

对于无法相约取蛋日或八方引种、多处求蛋的鸽友，可在春季繁殖期间采取轮换接孵法：即对自家舍中能担当保姆鸽的鸽采取产后孵假蛋的办法，然后每周固定日抽去一窝假蛋，这样您的鸽舍中只要有 6 对保姆鸽梯队，就可随时随地接受种蛋进行孵化了。当然随保姆鸽梯队数量的增加,如有 10 对以上保姆鸽梯队轮换周转,就可 2～3 天抽一窝,那是再好不过的事情了。

求取孵化种蛋后,一般在产出后立即取回孵化,也可冷藏后取回继续冷藏再复温孵化。最好能在出壳前几天,打齿前(观察蛋已不透光几乎全部转黑时)取回再置换继续孵化,因此时胎雏已基本成形,抗震、抗晃动能力也已增强,对于短时间的降温也已有一定的抗衡能力。最忌讳的是,孵化后 2～8 天拿取种蛋,因此时的胚胎已开始发育,胚胎也正处于游离发育状态,血管网已经形成,卵黄系带也处于负荷最重时,无论对于震动、晃动、温度等都处于最为脆弱的阶段,因而最好能度过此阶段后再去拿蛋,取回置换继续孵化。

2. 孵蛋期管理

孵蛋期亲鸽需有安宁而清静的环境,防止一切外来干扰,包括人为的过多察看、触摸、检查、照蛋等,至少要避免应激和惊吓,家飞训练等可照常进行,早晨开笼放出雄鸽,它自然会掌握时间,家飞几圈后就会准时归巢,待吃饱喝足了就会进窝接班;然后,雌鸽交班后稍活动一下筋骨就开始休息,等待下午或傍晚放飞兜上几圈就会准时归巢,也待吃饱喝足了上岗接班,直到天明交班。

(1) 孵性 即"就巢性"。鸽的繁育由雄鸽和雌鸽双方共同配合完成。它们分工明确,上午 9 时至下午 4 时左右由雄鸽抱窝孵蛋,其他时间由雌鸽孵抱。在孵蛋期间,逢早训出棚、饲喂、饮水偶尔会离岗片刻,而这对于凉蛋却很有帮助,这些都无须人们过于关心和干涉。孵蛋期间,一旦有一方丢失,其配偶也会自动暂时替补,但替补至多只能坚持 2～3 天就停止孵化,弃蛋而去,去寻找新的配偶。如所孵的是临将出壳的蛋,有时也能继续孵化,一直坚持到破壳、出雏、呕雏、育雏,将雏哺育长成至离巢为止。如其孵化出的是单雏,完全有能力将其哺育成健康幼鸽,如是双雏那它就很有可能心有余而力不足地将俩雏喂哺成僵雏。不过这也是由每羽鸽的孵性不同所决定的,且每羽鸽的孵性表现,在各个季节、不同时期也不尽完全相同。两亲的孵性表现就截然不同,一般雄鸽的孵性要强于雌鸽,若雄鸽缺失脱岗,雌鸽很少能坚持孵化;而如雌鸽缺失脱岗,而雄鸽却多数能坚持孵化至成雏,甚至能育出完全健康的双雏。此外,还与孵化期所处的气温等有关,如处于在气温较低或高温季节,往往就很难完成继续孵化的任务;而在气温适中的季节,一般都能圆满完成整个孵化育雏任务。鸽舍一旦发生孵化中一方缺失,如是极其珍贵的蛋,当然还是以寻找临时替补鸽孵化较为安全。

在整个孵化育雏过程中，一般孵性好的亲鸽和保姆鸽都能对一年四季的气温变化预先感知并自我调节。亲鸽双方如都是第一次孵育雏鸽，往往会发生由于孵化经验不足而导致凉蛋过久孵化不良，或由于出现胎雏打齿惊恐而突然起立及出现泌浆不足、呕雏不良、将雏呕僵等现象。因而，特别优异的头窝蛋一般不给幼亲鸽亲自孵化，为防不测可另寻找一对保姆鸽同时陪伴孵化，以备必要时可及时接替，也可一对亲鸽和一对保姆鸽各呕育一羽雏，此称"二孵一"。不过一旦出现这种情况的幼亲鸽，只要继续给予孵化育雏的机会，孵上1～2窝也就完全正常了。

在冬天和比较寒冷的地区孵鸽，要注意防止种蛋受冻而造成死精或死胚，对于初产（孵）鸽及孵性较差鸽，要特别注意出壳后雏鸽被踩死，预防是给予一个安静和免受外鸽进入干扰而宽敞的巢箱。对于那些优良的种蛋，最好是能挑选孵性较好的鸽代孵代哺。

鸽的孵性来自遗传性状，受几个常染色体基因所控制。而从内分泌角度而言，孵性却是由一系列内分泌激素所控制，且极为复杂，在此不做介绍。

(2) 检蛋　主要检查种蛋的孵化状态。一般最好在晚上进行，这样对孵化中亲鸽的干扰最少。鉴蛋与检蛋的动作要轻柔，绝对防止惊吓，甚至可稍微逗弄它几下，以示亲和，然后将手慢慢地伸入到亲鸽的胸脯底下，将蛋取出检查或将假蛋放入，千万不可动作过快而形同突然袭击，否则会惊吓到亲鸽，引起惊巢而拒孵，对于那些孵性本来就较差的鸽显得尤为重要。

① 第一次检蛋：分别在产下头蛋和二蛋时进行。当雌鸽产下头蛋，亲鸽开始轮流站在蛋间看护，只需检查一下蛋壳是否完整、质量是否合格，然后写上巢箱或种鸽代码、日期、蛋次即可放入，或取出稳妥保存，另外再放入一枚假蛋。直到隔天晚上第二枚蛋产出，也如同头蛋一样，检查写好标记后随即置入，蛋就会进入自然孵化状态。如这窝蛋不准备给予孵化，那么为让雄雌鸽更好休息，可全部置换成假蛋，然后在孵化到第5～7天时取出，它们就会自然停孵而站起，进入下一轮繁殖周期。

一般孵假蛋不要超过9天，因亲鸽孵化到第9天，它们会在泌乳素的催动下，启动嗉囊床开始工作，如若孵化过了第9天，最好任其继续自然孵化假蛋，直到过了18～19天，它们会主动停孵，并进入下一轮繁殖周期。

② 第二次检蛋：在孵化到第5天左右（4～7天）进行（以二蛋产出

开始计算)。检查所孵蛋是否受精，剔除无精蛋，头蛋应有新鲜蛋的光泽，而孵化到第5天的蛋，新鲜光亮的色泽应已转为灰白色。在强光下侧视受精蛋有蜘蛛网样血管网形成，在偏离中心有偏移的黑点漂浮而上浮，相对稳定在蛋的上方时隐时现；正视可从血管网的对称与否来鉴别蛋的性别。无精蛋强光下透光度很强，除蛋壳的色泽也转为暗淡外，胚胎则无任何变化，看不到任何胚胎黑影区。

如2枚都是无精蛋，就得寻找原因，对种鸽采取积极而有效的针对措施，进行纠正防范。剔除无精蛋，并记录在案；对于2枚蛋中仅有1枚无精蛋，如仍需继续孵化，可再放入1枚义蛋，以求取亲鸽在孵化中胸部重心的平衡，减轻孵蛋鸽的体力消耗。

③ 第三次检蛋：在孵化到第10天左右(10～13天)进行。检查是否有死胚，蛋壳色泽已转为灰蓝色。在强光下发现蛋的上半部分已转为完全不透光的乌黑色，而另一半仍是透光区，气室端因气室增大而形成空白区，此即为发育正常的活胚蛋；如仍全部是透光区，则是无精蛋，弃之。如蛋内见到不规则黑点漂浮或黑影似水状晃动，蛋壳呈暗灰色，血管网消失，且黑点伴随蛋的转动而无限漂移，或看到蛋的上方有一特别透光区，气室消失而出

现一条液平线，会跟随蛋的转动而移动，有时用鼻靠近蛋会嗅到一股腥臭，则就是死精蛋(死胚蛋)。

对于无精蛋和死胚蛋应及时取出，停止孵化或弃窝处理，也可补充1枚假蛋继续孵化。

④ 第四次检蛋：即出壳前照蛋。在孵化到第15～16天时进行。此时蛋壳的颜色已全部转为灰蓝色，且色泽光滑，蛋重明显减轻，在强光下蛋内充满黑影，已全部不透光，且不应有透光区，气室明显扩大而略有偏斜，气室中央稍有隆起，有时在转动时还能见到胎雏的蠢动。

⑤ 第五次检蛋：在孵化到第16～17天时进行。如第四次检蛋正常，一般就无须进行第五次检蛋了，当然也可直接进行第五次检蛋。此时的胎雏已完全成形，只是卵黄囊还没有完全吸收。

随着孵化季节气温的不同，鸽蛋孵化出壳的时间也会有所差异，一般出壳时间为18天，而气温较适宜时17天就可出壳了。一般是胎雏出壳前6小时就已开始打齿了，越是健康、活力越是强盛的胎雏，从打齿到出壳的时间越短(一般正常的自打齿起只需4个小时)。而打齿时几乎是听不到它的胎鸣声，而弱雏、出壳困难的胎雏会频频在蛋中发出低沉的鸣叫声。由于打齿对于胎雏而言是一件十分艰巨的任务，也是生命攸关的转折点，因而在

打齿期间要尽可能少参与人为干预，即使检蛋时要求能轻取轻放，尽量维持原位，千万要防止因检蛋误将齿孔堵塞而造成胎雏窒息死亡。

鉴蛋与检蛋时要避免摇晃震动，鉴蛋后将需要继续孵化的种蛋原样放入，继续保持胚胎黑影部分向上，这样可使胚胎多吸收热量，更有利于胚胎的发育。

如需要二呕一的，最好再放入1枚假蛋，由于孵鸽在孵蛋时的体位是半站半蹲位，而将两枚蛋紧抱在两腿双爪的中间，贴紧于胸部裸区的胸肌表面，因而孵双蛋要比孵单蛋反而省力，有利于亲鸽孵化时重心平衡，减少孵蛋亲鸽的能量消耗。

有时会遇二窝同时孵化的种蛋中，有1枚是无精蛋或死精蛋，取出后欲想充分利用孵蛋鸽资源，可并窝，并窝日龄相差不宜超过3天，不然出壳先后差异太大，以后出现鸽乳供应不匀或不足。当然最好是各自放入1枚假蛋，待出壳后2～3天，初雏分别喂过"头浆"后，再酌情考虑并窝或仍采取"二呕一"育雏，在并窝时用彩色水笔在胎毛上做上记号，以便往后区别。

对于不能准时出壳的种蛋，虽可采取人工辅助出壳，但它的实际使用价值已经打折，即便是出壳后能继续发育成长，充其量也只能是一羽僵鸽、体质虚弱多病的亚健康鸽。

⑥ 最后一次检蛋：是在出壳后，实际上只是检查出雏后所留下的蛋壳而已，而胎雏出壳后所留下的蛋壳，正是展现初雏在整个胎雏时期发育过程的成绩报告单，这也恰恰是鸽友们容易疏漏而忽略的检蛋重点。

（3）凉蛋　正常情况下，头蛋和二蛋大多数会同时出壳，而往往是二蛋反而先出，这主要看亲鸽对头蛋的呵护孵化调节经验了。头蛋产出后，亲鸽往往会采取自然凉蛋。有经验的亲鸽，只是守护着蛋，样子看似孵蛋，而实际上它的胸脯并不接触蛋，蛋还是处于低温静止发育状态。一般需等待二蛋产出后，它才会正式进入孵化状态，打开胸部双侧羽毛使种蛋紧贴胸部进入孵化，胚胎发育会随细胞分裂活动的开始而再次启动。而二蛋却是产出后直接跨入胚胎发育阶段，直到孵化出雏。

所孵蛋胚胎发育在经受凉蛋的过程中，细胞分裂活动会同步减缓或停止。只是这种自然凉蛋的影响，变化较大，还随亲鸽的孵化经验而变动。此外，自然凉蛋还与孵蛋季节气温高低密切相关。在气温较低时，这种凉蛋确实起到凉蛋的作用；而在气温较高时，由于自然气温已达到孵化温度，这种凉蛋无法达到实际降温的效果，因此在气温较高时,就需将头蛋拿出,先放入假蛋,到隔天中午放入,让头蛋胚胎发育提早启动,这样也同样能达到头蛋、二蛋同步出壳的目的。

(4)齿蛋 指鸽蛋孵化到16～17天,胚胎发育成胎雏,胎雏在行将出壳时,会用喙前一块称"喙齿"的角化组织来顶破蛋壳,人们对于这种顶破蛋壳的行为称打齿,而对于蛋壳顶破处的一小块孔隙称蛋齿。

① 齿线:胎雏在打齿时,边将蛋壳顶破,边转动着身体将自己的身体和皮肤上的绒毛与卵膜上的血管网进行分离。同时,胎雏在打齿破壳后,已可直接从顶开的齿孔窗进行呼吸,而原气室腔就此完成了历史使命,在胎雏边打齿边转动身体时,气室腔会让出空间,因而胎雏所打出的齿线呈斜形环状弧线。对这种正处于打齿期的蛋称"齿蛋"。由于打齿破壳的动作是顶一下转一下身体,于是在蛋壳上留下一串环绕蛋旋转规则的斜行锯齿样齿线。

② 打齿与浸蛋:蛋在孵化的过程中会失去部分水分,因而会发生有一些齿蛋在出壳打齿时由于缺少体液水分的滋润,发生身体上绒毛无法摆脱与卵膜血管网间的分离而胎死蛋中。因而人们为帮助它们顺利脱壳,借鉴人工孵化中的"浸蛋"措施,即将孵化到16天左右的蛋放在36～38℃温水中浸泡1～2分钟,这样就会通过蛋壳渗透一些水分到蛋壳内的卵膜上,有利于胎雏皮肤绒毛与卵膜(卵膜上的血管网)分离而顺利脱壳。

对于赛鸽的自然孵化而言,多数鸽友不主张采取"浸蛋"来提高孵化出雏率。因鸽蛋在整个孵化过程中,基本上是处于孵蛋亲鸽的胸脯底下,在孵蛋亲鸽进行"换岗"时可清楚地观察到,接替鸽先将胸部的羽毛展开,然后将蛋紧紧地抱在胸脯下面。随胸脯处温度增高,胸脯肌肉也会变得特别滋润。因而当我们在鉴蛋取蛋时,将手伸到孵蛋鸽胸脯下面孵化区时,会感受到一股湿润的热蒸汽,因而在正常情况下,孵化蛋真正丧失的水分,并没有想象中那样多,也没有人工孵化器中所丧失的水分那么多,而只是直到孵化后期才会有蛋重减轻的感觉。在出壳时,蛋中所含的体液和水分,本来就能满足胎雏脱壳的需求。而对于那些出壳困难的雏,原本就属于需淘汰的弱雏,因而对于培育赛鸽"运动员",作为选拔参赛种子选手而论,这正是一种生物自然淘汰方式。因此,原先流传的人工打齿,帮雏出壳的措施也没有必要进行。

③ 弱雏与鸽舍管理的关系:出壳困难常会发生在饲养管理较差的鸽舍,往往多发生在夏季高温季节。由于胎雏先天不足、体质虚弱

或孵化时受到干扰、凉蛋过久等造成。

如经常发生出壳困难，那么必须引起注意，首先要从鸽舍的管理中寻找其直接或间接发生的原因。虽说出壳困难是孵化中常发生的事，但在鸽舍管理模式正常的情况下，其发生的概率并不高，也只是在偶然情况下才会发生。

正处于齿蛋期和破壳期的蛋和刚出壳的雏鸽，要尽可能少去惊扰，以让它能将脐眼收好。一羽脐眼收不好的雏鸽，也属亚健康雏，是没有前途可言的，要果断淘汰处理。对超过 18 天尚未出壳的蛋，也理当淘汰。

④ 蛋壳观察检查：

a. 蛋齿线：是胎雏出壳时交出的第一份作业。它应犬牙交错、整齐而有序地分布在一条斜形环弧线上，出壳后由于蛋壳下胎膜的拉力作用，边缘总是向里卷曲，不应有大小不一、台阶和曲折。蛋齿线犬牙交错、整齐而有序是力量的象征，是胎雏通过顽强拼搏、一气呵成的结果。否则就是雏力软弱而不足、打齿停顿等留下的劣作。

b. 壳完整度：脱壳的蛋壳应是完整的 2 片，有时还可能是呈合页状连着的，这是强雏出壳有力的杰作。如有缺失甚至缺少一大片，是由于弱雏出壳时，蛋壳有部分仍粘在雏体上，而由亲鸽帮助脱壳所留下的"亲子作业"，有时偶然还能见到雏身上留有一小片蛋壳、胎膜或撕脱失去一小片绒毛区，这些都属弱雏之范畴。

c. 胎膜血管网：胎膜血管网（俗称"蛋筋"）是胚胎发育之初最早建立起来的血脉系统，在雏出壳后已完成历史使命，和蛋壳一起留在胎壳内。它应是一张完整的脉络图，不应出现有血脉中断、出血等，不然就是弱雏留下的遗憾之作。

d. 脐点：在胎膜血管网的汇集点，可见胎雏出壳时留下的胎粪，呈黏冻半透明状，有时有一点淡淡的粪迹，这是健康雏消化道开始运转时所留下的。没有胎粪、脐点干净的雏，并不一定是健康雏。而胎粪过多、脐点带血的雏往往是带病雏。而整个蛋壳闻嗅时略有特殊的带腥味，而应该无臭。

（5）夹窝蛋　育雏期生下的二窝蛋，又称"夹窝蛋"、"隔窝蛋"。一般在出雏后16～18天，有的需 21天，鸽又生下了第二窝蛋，这样一来便是两窝蛋相隔 35～45 天。育雏期鸽一旦产下了夹窝蛋，哺育雏鸽的任务基本上也就移交给雄鸽负责了，雌鸽很少会去饲喂它们，甚至还会狠心地将它们从身旁驱赶出去，逼迫它们离开二窝蛋的孵化巢。而赛鸽饲养者一般极少会任亲鸽连续孵育雏鸽，而利用保姆鸽代孵、代哺，即用同时生蛋的鸽来代孵、代哺，前后相差只要不超过3天，加上头蛋、二蛋相隔2天，前后相差不超过5天是接替得上的。当然其中每羽鸽的孵性也是不同的，关键是亲鸽的乳浆要能接得上，对所育出雏的健康和质量都不会有影响。

3. 育雏期管理

胎雏从破壳出生至1月龄左右，全部依赖亲鸽呕饲哺育，称雏鸽，又称乳鸽。1月龄后，从断乳开始独立生活时起，至6月龄左右进入成熟期，整个生长发育阶段称幼鸽期。而有的鸽友主张应以幼鸽出棚（出舍）能上天飞翔——开始家飞作为雏鸽与幼鸽的分界线。对以上两种不同观点，与鸽友自己鸽舍的设置、建制和开家方式等有关，前者建有幼鸽舍，后者出自混养鸽舍。

鸽属晚成鸟，在自然制饲养条件下，亲鸽的自然呕雏期可延迟到35日龄，个别甚至要到50日龄左右才出巢，自己寻找水源饮水、啄食进饲，独立生活。有的甚至已上天飞翔了，还会落棚后寻找亲鸽讨食，于是会发生上窝雏与下窝雏同时讨食的情况，偶尔也常见有多羽幼鸽群起向邻窝育雏亲鸽（雄鸽）求食的景象。由于鸽有前视角盲区，因而常常无法近距离辨别，而只得轮流呕上一大群幼鸽，这也是养鸽中十分有趣的景观，也证实"人有惰性，幼鸽也有惰性"。离了窝的幼鸽不肯自食其力，努力去寻水找食，这并不利于它们的健康发育。而对采取老幼鸽同舍混养的鸽友们，受饲养条件限制，出现上述情况者，实属无奈。老幼同舍饲养惟一优点是，有利幼鸽的教乖，即由老鸽带着幼鸽进行家飞，减少幼鸽的"游棚"。

设有幼鸽舍的鸽友，通常在23～24日龄，有些早熟品种甚至在21日龄就将乳鸽移入幼鸽舍，与亲鸽分开饲养，强制断乳，以锻炼它们能早日独立生活。这样对今后的健康成长、生长发育会有更多好处。

（1）胎雏期选汰　赛鸽爱好者对自己培育出的雏（幼）鸽存在的某些缺点，总是长期包容，不忍心淘汰。这样做，无论是从优选劣汰，还是从优生优育角度而言，是不可能建立起自己的强豪种鸽梯队的，也不可能让您成功地培育出自己的优良品系种群的。

要知道，无论您的种鸽群何等优良高级，对孵育出的雏（幼）鸽群合理选优汰劣是维持强豪鸽舍、保持优良种群的必要手段。因任何种鸽也难以保证其育出的雏百分之百是优良雏。特别要求新养鸽鸽友，要充分理解谚语"淘汰好的，留下最好的"。这是保持自己鸽舍高起点、建立优良种群优势的捷径。否则，会让您步入虽拥有庞大鸽群以众博少，而仍处于胜券难握的境界。

因此，在雏出壳时就应选汰。

检查出壳后留下的蛋壳(有可能会被亲鸽叼出巢箱外或舍外),如蛋壳内血管网纹理清晰,齿线齐整稍向内卷曲,胎粪清洁无臭味,则说明该雏健康;反之,如血管网有出血点,纹理干湿不匀、有腥味者为弱雏。

(2)成雏期选汰

① 出壳第2天选汰:待雏鸽羽毛干燥后,即可将其轻轻地捉在手中,观察脐部是否收缩得很平伏而完整,如是局部湿润并有渗出,脐部块状突起或有僵块者均为弱雏,应果断淘汰。

② 出壳第5~7天选汰:此时雏鸽开始长出羽管,到了应给予上环的时候了。此时再复检一下脐部,看是否干净而平伏,局部不应有硬块、溃疡、渗出或结节等。然后检查胸骨是否平直,两边胸肌是否对称,胫爪是否对称。雏鸽发生胸骨歪曲(曲胸病)、胫爪畸形的非常普遍,虽不至于直接影响到今后的赛绩发挥,但其留下的骨骼畸形和功能障碍等注定要伴随其终身,成为遗憾。

而此时更为重要的观察检查项目是粪便、体液平衡情况和发育状况。雏鸽粪便含水量较成鸽稍微高一些,但仍应是软而成形;体液平衡与否主要观察皮肤色泽,尤其高温季节育雏,常会出现皮肤发红,甚至胫爪成节等脱水问题。对于拉稀、皮肤发红、胫爪成节、发育不良的僵雏应果断淘汰,虽此时采取一些补救措施可能会得到一定程度的纠正和康复,但此雏必将发育成为亚健康鸽。

③ 出壳第14天选汰:2周后对雏鸽必须进行一次选汰,尤其对于种鸽繁殖场、送公棚鸽、特比环鸽十分必要。因此时雏鸽已经基本成形,继续饲养会增加饲养成本和浪费精力,对于准备送公棚和套特比环的不合格鸽,由于受到交鸽时限的限制,如能及时淘汰,或许还能及时替补,以减少损失。

④ 离巢前选汰:21~30日龄时,雏鸽已羽毛丰满,能独立生活,其智商、活力等都有独特的表现,即将要进入幼鸽期,在此时再选汰一次。对那些不可能纠正、弥补和存在缺陷的鸽进行清理是完全必要的。如曲胸、胸骨过高、骨骼软弱、骨骼肌肉左右不对称、耻门松坠久开而难以闭合、羽毛结构畸形而出现僵条和紧迫纹、脚过高、翅膀和尾羽不协调等缺陷鸽和发育不良的僵雏、佝偻病鸽、体型过大或过小鸽等,都必须果断高标准淘汰。这些条件对育鸽人而言或许过于苛刻,而对精选和培育优良种群而言却是完全必要的,只要坚持数年,必然使您的种群上升几个台阶。

孵化蛋选汰的主要目的是针对种蛋的先天性缺陷和消除孵化过程中的不良影响。而雏鸽的选汰则是除了清除先天带来的缺陷和孵化过程中胚胎发育不良带来的影响外,还涵盖着呕雏、育雏过程中的各种不良影响。因而，对其中凡能通过日后精心养护进行后天弥补的，则可暂留观察；对后天难以弥补，且必然会影响到它往后参赛或可能会遗传给后代的，则应果断及早实施无情淘汰。

以上选汰的操作应是长期的，且随时随地进行着的。对赛鸽而言，训放和参赛本身就是一种无情选优汰劣形式；对于参展和评选，也是选汰的另一种人为评判形式，这些对于培育优良种群具有非常重要的助推作用。

（3）保姆鸽运用 采用保姆鸽的目的，是为了解脱种鸽孵蛋、呕雏的繁重体力消耗，保护种鸽能继续参加竞赛，或缩短种鸽的产蛋间隔期，提高优良种鸽的繁殖率。

保姆鸽必须身体健康、体格强健，不得带有传染病，更不允许带菌、带病毒、带虫，且要有良好孵性。保姆鸽必须具备的基本条件如下。

① 保姆鸽必须具有良好呕性：表现为除早晨和傍晚的放飞、饲喂、饮水外，一般不会轻易离开窝巢。在整个呕雏期间，能不厌其烦地迅速进饲，满足雏的求饲需要，表现为雏鸽的嗉囊总是鼓鼓的，始终保持有充足的鸽乳或食糜，且能按照雏鸽的发育进程，逐步提高供饲的数量和质量。

② 保姆鸽的素质要好："吃奶像三分"是鸽友们常用的鸽界谚语。保姆鸽在整个孵化期间提供合适的温度、湿度等孵化条件，保姆鸽与种亲鸽之间，并不存在何种差异。但对于保姆鸽与种亲鸽所提供的鸽乳成分存在两种不同的观点：一种认为，保姆鸽与种亲鸽之间所提供的鸽乳有相同的营养成分、免疫抗体，因而并不会构成任何影响，因而即使用肉用鸽作保姆鸽，也不会给雏鸽的智力发育和飞翔能力带来任何影响，且肉用鸽体型大、呕力足，能呕出体格满意的雏鸽。而持"吃奶像三分"观点的鸽友却认为，赛鸽通过人们无数代的驯化提纯、择优汰劣，已是鸽族中高度进化的非凡之物。而在赛鸽呕饲的体液中不仅有免疫抗体，而且其中可能含许多人类至今还没有掌握的"未知因子"，这些未知因子会影响到其后代的智力、定向力和赛绩，且会将它转录入变异基因内部，在其后代的基因里表现出来。笔者认为，在对此课题的研究尚没有完全被破译否定之前，不妨还是认同"吃奶像三分"为好。持有这种观点的鸽友进一步用实践证明：种鸽亲自孵育的后代赛绩表现往往总是要比保姆鸽代孵的后代要强得多。

③ 活翅保姆鸽与死翅保姆鸽要区别对待：进行比较活翅保姆鸽与死翅保姆鸽育雏效果，可能是无须过多讨论的议题，而实际上鸽友

们一般饲养的种群都并不大，保姆鸽往往也极其有限，尤其在繁殖季节往往是供不应求，且鸽舍内引进的种鸽大凡都属死翅鸽，即使是自己舍内作出赛绩的优秀育种鸽，谁也不会将心目中"价值连城"的镇宅爱鸽放在外面忽悠，于是基本上也都采取关棚饲养，成为终生关棚饲养的死翅种鸽。

死翅鸽育雏需要解决两个方面的问题：一是运动量问题，二是营养物质的保障问题。作为特殊"运动员"的赛鸽，需要一定的生存空间，再说赛鸽的飞翔能力与训飞有很大关系，因而在可能的条件下，提供适当的活动场地很有帮助。

(4)"二呕二"与"二呕一" 雏鸽须在亲鸽或保姆鸽的哺育之下才能存活。刚出壳的雏非常软弱，必须依赖亲鸽嘴对嘴地喂哺透明淋巴乳糜浆液——鸽初乳（又称"头浆水"）。2～3天后，亲鸽所喂哺的乳浆已渐渐转为乳白色的鸽乳。1周龄后，逐渐转变为通过肌胃磨碎后，再掺和有腺胃消化液的食糜浆、半食糜、全颗粒和水的混合物。因而在整个孵化育雏过程中，亲鸽是十分劳累和辛苦的，尤其在呕雏的整个过程中，真可谓是呕心沥血、竭尽全力，因而大部分亲鸽在呕雏后就变瘦了。由于雌鸽在20天左右又会产下夹窝蛋，因而此后呕雏的任务几乎全部移交给雄鸽，且还得在

白天接替雌鸽孵化夹窝蛋的任务，于是运动量明显减少，因而作为"光荣父亲"的雄鸽尤为劳累。不过有的鸽却相反，而是在通过育雏呕雏后，反而结实而丰满了，这主要与鸽的个性有关，它们在育雏、呕雏期间，新陈代谢加快了，食欲也更旺盛了，食欲和进饲量的大量增加是越育越强壮的根本原因。

鸽友们为体恤育雏、呕雏鸽，而采取将原本是一对雄雌鸽呕饲二羽雏鸽（简称"二呕二"）的自然规律现象，改变成一对雄雌鸽只呕饲一羽雏鸽（简称"二呕一"），以减轻亲鸽、保姆鸽的消耗。

此外，有的鸽友在春季育雏季节，采取几对种鸽同时配对、同时产蛋、同时孵蛋，而在出壳时或出壳后，淘汰几个弱雏，而采取"二呕一"，同时还留下"夹窝蛋"，再转交由其他保姆鸽代孵，达到子健父母壮。

但也有的鸽友对上述做法持有异议。他们认为，雏鸽生长快，饲料利用率高（2∶1），按鸽的生理功能，一对亲鸽喂一对雏鸽，完全能胜任，不会影响到种鸽的健康，育出的雏也完全正常，关键在于保证优质饲料的供给和良好的鸽舍管理。对于种鸽，应每年至少给它们提供一次哺育雏鸽的机会，这样会更有利于机体的生理功能正常运转。而对于那些青年鸽，通过一次哺育雏鸽后，

它们的体形会发育得更为匀称,球形前胸会显得更加丰满。也因此而主张,对于隔年参赛的青年鸽,最好能提供一次哺育雏鸽的机会,且可同时增强它们的恋巢欲,如同时能采用"恋巢法"、"配对法"等来提高竞翔欲,将会更有助于提高归巢性能、翔速,从而获得佳绩。而对于培育幼鸽赛的参赛鸽,则考虑到哺育雏鸽毕竟是一项消耗体力的艰巨任务,因而不主张提供配对育雏的机会。

(5) 雏鸽的移孵 是鸽友们必须熟练掌握的基本功,且要灵活运用。

① 初雏、低日龄雏移孵:雏的移孵相对于种蛋的移孵要简单得多。移孵原则是"往前靠",也就是高日龄雏向低日龄雏靠。如出壳2~3天的雏,可(将刚出壳淘汰)移入到刚出壳的呕雏鸽下继续呕取头浆(俗称"呕双浆")。于是有的鸽友为全力呵护参赛种子选手和特别珍贵的种苗,就采用呕双浆的办法来提高雏的活力和体质。

② 高日龄雏移孵:高日龄雏移孵比低日龄雏更为容易。除高日龄雏向低日龄雏靠的原则外,对于日龄的控制已不再那么严格,因鸽并不像哺乳动物那样,对于自己的子女分辨得那么清楚。但有的鸽也非常在乎,为避免雏被啄伤,一般在晚上并窝移孵。在饲料保证供给亲鸽体质不下降的前提下,20 龄左右的雏常会出现群呕,即发生一羽甚至于几羽雄鸽会混在群雏中,分不清谁家的"孩子"而采取一起轮流呕喂雏鸽的有趣景象。

(6) 雏鸽管理 在正常情况下,雏鸽一般无须过多地去观察、摆弄。亲鸽护雏是鸟类的本能,而鸽与人之间的亲和总要逊于亲仔,因而当我们伸手去摆弄亲鸽"婴儿"时,它会发出"呜!呜!"声,会转过身来啄您,甚至用翅膀来击打您的手。因而在需要去观察、检查时,动作一定要慢慢接近它,轻轻地插入胸脯底下抓取雏放在另一手的掌心观察、检查,观察后要尽快放入原位。对于刚出壳的雏更要尽可能地少去摆弄。这对于初养鸽者往往出于好奇而更难以做到,一般可利用亲鸽在"换岗"和离巢"用餐"时进行观察,也可拿几颗亲鸽平时爱吃的食物来引诱它们离巢"用餐",或转移它们的注意力,趁机窥视它们的"宝宝"。

对于那些平时与主人疏远而性烈、孤僻的亲鸽,在遇到此类特殊"干扰"的情况下,有时会非常"恼火"地弃雏而去,或将雏"驱逐出巢",这可能是"干扰"了它的平静心态。另外,在反复"摆弄"时,也会无意中不慎将雏拨弄出巢。

为防止外来干扰,在育雏期可在巢房外装上一扇活络的栅栏门。正在育雏期的亲鸽,常会对偶然的

"来访客"给予先发制人,迅速站起主动出击驱逐外敌,过激防范时会将双脚下的雏带出,造成雏摔伤,甚至打架而踩踏导致雏夭折,如寒冷天还会发生雏冻僵或冻死。

① 呕雏期:雏鸽出壳后,亲鸽多数会将空蛋壳叼出巢外,刚出壳的雏全身湿漉漉的,头歪斜在一边,眼睛也没睁开。要等待初雏胎毛干燥,能晃动小脑袋时才会开始呕雏。此时的亲鸽护雏特别严谨而不肯离巢,待等细软的黄绒毛干燥。

雏鸽出壳需 2～4 小时,有时需 4～6 小时,这与出壳时的季节和气温有关,也与出壳时处于白昼还是黑夜有关。当雏鸽的头部稍微能抬起时,它会反复地晃动小脑袋,以此来表示"我饿了"。当它闭着眼反复向上用头顶亲鸽胸部的敏感区时,亲鸽此时会主动张开嘴,轻轻地啄它的小嘴且凑合它的小嘴,将小嘴含进咽腔(气门后前食管腔),开始喂给初乳,然后亲鸽不断地定时呕雏,直到将"宝宝"的嗉囊喂得饱饱的。

呕雏的早晚与亲鸽的生活规律和初雏的活力有关,还和雄雌鸽孵化的交接班时辰有关。鸽友若仔细观察会发现:在整个育雏呕雏过程中,雄鸽的孵性和呕性往往占主要地位,当雄鸽在接班后和交班前,雏鸽的嗉囊总是鼓鼓的,如初雏是雄鸽值班时出壳,初雏接受初乳的时间就会提前,而初雏出壳时正当雌鸽值班,初雏接受初乳的时间会略微有所滞后。

初雏的活力对于呕雏起到非常重要的催促作用。同窝雏的活力相同,所得到的乳汁也相等,发育也基本相同(此时需注意的是,在正常情况下,雄雏和雌雏有时可有一点大小差异),刚开始时只要将雏的位置相互对换一下就可得到自然纠正。在大小差异明显时,有的鸽友建议在每天投放饲料时先将大雏取出,待亲鸽进饲后,喂完小雏后再放入大雏,几天后,雏鸽间的差距会缩小。而有的鸽友则认为,从优生优育角度而言,应该淘汰弱小雏,以保持种群的高品质。

呕雏期的营养补给十分重要,至于是否需在育雏箱内另置补食罐问题,鸽界仍持有两种不同见解:按照常理,在育雏箱内另行放置补食罐补食,以补充供饲不足并无不当;但通过实践证明,放与不放补食罐并无明显差异,而其前提是日常供饲、供饮的规律性切莫随意改变。

② 成雏期:雏鸽出壳 3～4 天后,身体渐渐地强壮长大,鼓鼓的嗉囊几将占去雏体的 1/3。4～6 天后,雏鸽的腿力也日渐增加且能活动,有时会由于巢盆边缘的过浅而跌落到巢盆外,在冷天而被冻死;或在巢中爬行时不慎跌落于巢盆、巢箱外,而惨遭鸽舍内其他鸽的排外

驱逐而致头皮啄伤,甚至将头皮撕得鲜血淋淋。到10日龄左右,新的羽毛已渐渐长出,亲鸽会按照气温的变化进行孵护调节,随气温的升高,对于雏鸽的孵护供温力度也逐步减少。

雏鸽出壳时重18~31克,1周龄200~250克,4周龄达400~450克(相当于成鸽体重),体型较大的可达500~600克,一般赛鸽450~550克,有的小型赛鸽仅350~400克。

雏鸽20日龄左右,发育已基本成形,雌鸽进入下一轮产蛋阶段,常常会驱逐雏鸽,如巢箱里有两个巢盆,雌鸽会进入另一巢盆,基本上不再理会雏鸽,而将喂雏的繁重任务几乎全留给雄鸽来完成。雄鸽所喂的也是刚刚饲用的颗粒料加水,亲鸽的饲喂次数和时间会进行自动调整而减少,以逼迫雏鸽在饥饿时也会勉强啄食几口颗粒料。此时雏鸽的体重增重减慢,似乎会有"消瘦"现象,这些都是出于本能的需要。说明雏鸽即将要出巢、出棚,为上天飞翔做准备了。它的骨骼、肌肉的重量和比重逐日调整,体格会变得一天比一天强壮起来,而体内的水分含量也从此前的76%下降到56%。雏鸽也会跃跃欲试飞到巢格外活动,逐步提高飞翔能力,增加体能和运动量,直到出棚、认巢、家飞。

23~25日龄的幼鸽,也有早到21天的幼鸽,已具备独立生活的能力了,此时应及早地让它离开亲鸽,有条件的可移到幼鸽棚,任其交结新的伙伴,共同寻水、觅食、独立生活。

刚断乳离开亲鸽进入幼鸽期的幼鸽,正处于从哺乳期走向独立生活的转折阶段,此时的幼鸽有的还不会采食,不过只要经几个小时的饥饿后,大部分幼鸽很能在食槽里找到食物。开始几天或许进饲并不多,但几天锻炼下来,很快就会进入幼鸽状态,抢食、饮水无所不能,但为了及早使它们获得经验,可故意放几羽大龄幼鸽在一起为其示范,或在食槽周围另放些小颗粒饲料,任其学习吃食,当然偶尔也会出现有个别不会采食的落伍者,不妨另外给予特殊"开小灶",可少量塞些泡软的饲料,直至独立采食为止。对个别"愚笨"、屡教不会的劣幼鸽,应坚决淘汰。

雏鸽出壳几天后开始生长羽毛,羽片开始形成。到28日龄时,羽毛基本长齐。这些雏鸽离巢出舍不久,1.5~2月龄开始练习飞翔之时,初生羽就开始由里向外脱落,更换第一根主翼羽,以后每隔15~20天,双翅各更换一根主翼羽,直至4月龄全部换上飞行羽,然后进入每年一度的年度大换羽。在此阶段应注意在饲料中添加2%~3%火麻仁、油菜籽、维生素、氨基酸类营养添加剂。

5～6月龄的幼鸽即可达性成熟期。对于少数早熟品系，也有在换到第4根主翼羽，即4月龄时情欲开始萌动，一般雄幼鸽3月龄时便开始有雄性鸽特征，雌幼鸽的性成熟往往明显早于雄幼鸽。副翼羽则在主翼羽换到6～7根时，才逐渐开始由里向外更换。

③ 断乳期：即亲鸽停止呕雏、呕饲，雏鸽开始离窝自己寻找食物、饮水，开始独立生活的转折过程，至此即进入到幼鸽生长发育的阶段。

在整个育雏期间，对于亲鸽的照料也是非常重要的内容之一，既要保持饮水的满足供应、清洁卫生，又要求能提供营养全面而丰富充足的育雏期饲料。此时应适当增加豆类和小麦类饲料的配比，也可加些易消化的能量饲料，如糙米。注意不能喂粗糙的稻谷或带芒的大麦。

在育雏期，亲鸽会患细菌性嗉囊炎，俗称倒浆病。在亲鸽处于嗉囊乳的分泌旺盛阶段，由于雏鸽突然夭折、缺失或人为移去而造成呕雏中断，嗉囊乳的大量积聚造成嗉囊内条件致病菌、原虫等病原体的大肆繁殖而继发感染，引起细菌性（大肠杆菌、沙门氏菌）嗉囊炎或原虫（毛滴虫）性嗉囊炎。当然也可能是由于强应激、病原体导入等，造成嗉囊内条件致病菌的大量繁殖，从而引起急性细菌性嗉囊炎。它首先

是引起雏急性死亡，而亲鸽却是先期发病，鸽友却是在雏死亡之后才发现嗉囊炎。细菌性嗉囊炎的临诊表现为：亲鸽突然呕雏停止或雏死亡，病亲鸽精神萎靡，嗉囊下坠，脚凉，体温升高，舌尖和胸肌发紫而产生酸中毒，嘴内充满秽酸臭味，嗉囊内充盈酵化酸臭的嗉囊液，且嗉囊软乎乎的，有灼热感。严重者很快出现败血症而死亡。

(7) 人工育雏与人工助饲

① 人工育雏：指在完全摆脱亲鸽孵化、育雏、呕雏的情况下，待等亲鸽产下蛋后，将鸽蛋取出集中保存，然后在完全由人工操纵下，完成孵化、育雏、呕雏，直至幼鸽能独立生活为止的全过程。

对于人工孵化，目前来说已不是十分困难的事情，只要能提供相适应的温、湿度，至孵化出雏一般并不困难。而人工育雏就完全不一样了，除早期仍需继续提供温、湿度保持体温外，还需按照雏鸽的日龄变化，提供不同日龄的嗉囊乳。而其中最为困难也是最为关键的是，能为刚刚出壳的初雏提供最早几天的人工乳来替代亲鸽的初浆嗉囊乳。

目前对人工育雏研究，应该说还处于刚刚起步的初级阶段。虽人工育雏技术目前仅仅运用于部分肉鸽饲养场，但赛鸽饲养鸽舍、种鸽繁殖场不妨也可从中借鉴或部分吸取

参考运用,以提高繁殖场的经济效益。

②人工助饲:指在没有脱离亲鸽育雏、呕雏的情况下,采取的人工辅助育雏技术,帮助雏鸽度过生长发育阶段,直至进入幼鸽期的育雏过程。

在育雏过程中,育雏鸽经常也会突然出现亲鸽患病、丢失、应激、拒孵、呕雏不良等现象,从而导致雏鸽乳浆不足或呕浆突然中止;或在恶劣气候条件下,饲主为防止雏鸽呕僵情况的发生,尤其对于那些高价引进、特别珍贵品系的种赛鸽,准备参加特比环、大奖赛、公棚赛的种子选手雏等,需要进行强化育雏时,都要及时采取人工辅助育雏技术或特殊强化育雏的饲喂技术。因而人工辅助育雏鸽友们称为“助呕”或“助饲”,这也是目前赛鸽鸽舍中经常使用,且运用得最为普遍的人工辅助育雏技术。

人工助饲技术,目前主要应用于优良种蛋孵化中,出现亲鸽受惊应激而拒孵;尤其青年鸽刚开始孵第一窝时,由于经验不足、贪玩而孵性不佳;再有就是孵蛋期间亲鸽突然丢失等,而又没有合适的保姆鸽替代育雏,在雏弃之可惜、续呕又可能发生呕僵的情况下,鸽友们采取临时救急的辅助育雏措施。

此外,为挽救已出现呕僵先兆的雏鸽,不妨先采取一些简单的人

工助呕法,即塞入水浸泡豌豆、蚕豆(需掰开、掰小),同时塞入一粒育雏宝等,每日2次(此法只局限于10日龄以上的雏鸽)。

(8)鸽乳的营养成分 对鸽乳营养成分的研究,全面了解鸽乳中使雏鸽超速生长的机制,提高鸽育雏能力和提高乳鸽的健康素质,都具有非常重要的价值。但随自然鸽乳采集样本不同和亲鸽采食饲料成分不同等原因,所获得鸽乳成分数据并不完全一致(表4-4)。

表4-4 鸽乳的营养成分

营养成分	成分浓度
近似分析(%)[1]	
水分	64~84
粗蛋白	11~18.8
乙醚提取物	4.5~12.7
灰分	0.8~1.8
碳水化合物	0~6.4
氨基酸(干物质%)[2]	
精氨酸	5.48
甘氨酸	4.99
丝氨酸	5.20
组氨酸	1.52
异亮氨酸	4.50
亮氨酸	8.96
赖氨酸	5.87
蛋氨酸	2.84
蛋氨酸+胱氨酸	3.18
苯丙氨酸	5.50
酪氨酸	5.36
苏氨酸	5.49
色氨酸	2.80
缬氨酸	5.61

（续表）

营 养 成 分	成 分 浓 度
矿物质(干物质%)[3]	
钙	0.81
钾	0.62
镁	0.08
硫	0.54
铁(毫克/千克)	429
脂肪酸(干物质%)[4]	
$14:0$	0.49
$16:0$	16.67
$16:1(n-9)$	7.90
$18:0$	12.13
$18:1(n-9)$	41.20
$18:2(n-6)$	13.81
$18:3(n-3)$	0.78
$20:0$	2.99
$20:1(n-9)$	2.06
$20:2(n-6)$	0.26
$20:3(n-6)$	痕量
$20:4(n-6)$	0.45
$20:5(n-3)$	痕量
$22:0$	0.59
$22:1(n-9)$	痕量
$22:4(n-6)$	0.11
$22:5(n-6)$	痕量
$22:5(n-3)$	痕量
$22:6(n-3)$	0.23
$24:0$	0.34

[1] 摘自 Carr 和 James(1931)，Dabrowska (1932)，Reed 等 (1932)，Davies (1939)，Farrando 等(1971)，Leash 等(1971)，Hedge (1972)，Desmeth 和 Vandeputte-Poma (1980)，Hickman (1986)，Kirk Baer 和 Thomas(1996)。[2] 摘自 Hedge (1972)。[3] 摘自 Desmeth(1980)。[4] 摘自 Kirk Baer 和 Thomas(1996)。

0～3 日龄和 4～6 日龄的鸽乳含粗蛋白分别为 52.6％和 44.6％，粗脂肪分别为 38.16％和 32.97％，且前者无碳水化合物。鸽乳中水分的含量相当高(和气温有关)，随乳鸽日龄的增加，水分含量保持相对恒定；钙磷比也有所增加；粗蛋白、粗脂肪、灰分、总能及盐分等均有下降趋势；碳水化合物的变化过程是从无到有；氨基酸中除组氨酸和胱氨酸外，其他 15 种氨基酸均有下降。0～3 日龄鸽乳中酸性氨基酸谷氨酸或谷氨酰胺和天冬氨酸的含量占总氨基酸的 37.85％，而必需氨基酸的含量占总氨基酸的 47.7％。

① 鸽乳的特性：鸽乳中的干物质、脂肪、蛋白质及各种脂肪酸含量保持不变达 1～3 天。鸽乳中干物质量在分泌的第 1 天为 30％，第 27 天为 73％。以干物质计，粗蛋白的相应含量分别为 46.5％和 17％，而脂肪含量则从 27％下降到 3％。

0～3 日龄鸽乳中的粗蛋白含量高达 52.6％(表 4 - 5)，比 4～6 日龄鸽乳高 15.2％，说明在乳鸽刚出壳的前 3 天，鸽乳中粗蛋白的浓度较高，在 3 天后有下降趋势。并测出鸽乳中含较高的免疫球蛋白，从而对乳鸽的生长发育起免疫调节作用；鸽乳中含很高的碱性磷酸酶、半乳糖酶、亮氨酸氨肽酶、γ-谷氨酸转肽酶、酸性磷酸酶、半乳糖酶等。8 日龄时，雏鸽须消耗占其体重的 10％ 的蛋白。因而雏鸽的高速生长及雏鸽饲喂鸽乳时的高速生长,都与在鸽乳中发现的一种分子量为 6 000 的多肽——乳鸽生长因子有关,但目前对其生物学特性和分子结构尚不甚清楚。

② 鸽乳中的脂肪:鸽乳中的脂肪含量相当高,粗脂肪水平达 30％ 以上(表 4 - 5),说明鸽乳中含大量的脂肪,对乳鸽的生长发育是非常有益的。在配制人工鸽乳时,需提供大量的脂肪,以确保人工鸽乳的能量。不过有的研究资料分析认为,粗脂肪的含量在乳鸽出壳后是逐日上升的,直到第 10 天后才开始下降。脂肪含量中占 81.2％ 左右的甘油三酯,以及占 12.2％ 左右的磷脂,其中总共已辨别出了 21 种不同的脂肪酸,十八碳-烯酸(18：1)是最主要的脂肪酸。

表 4 - 5　鸽乳的常规成分

营 养 成 分	0～3日龄	4～6日龄
水分(％)	79.40	79.10
粗蛋白(干物质％)	52.60	44.60
钙(干物质％)	1.34	1.52
磷(干物质％)	1.04	0.85
氯化钠(干物质％)	0.79	0.31
灰分(干物质％)	10.69	9.51
粗脂肪(干物质％)	38.16	32.97
碳水化合物(干物质％)	0	10.24
总能(兆焦/千克,干物质)	23.28	21.56

③ 鸽乳中的碳水化合物:0～3 日龄鸽乳中基本上不含碳水化合物,4～6 日龄的也只含少量。鸽乳中碳水化合物特征性地显著缺乏,表明了分泌的鸽乳是一种全浆分泌物—淋巴乳糜液,主要由上皮细胞(蛋白质)及脂肪滴组成。但用 25％ 葡萄糖配制的人工鸽乳,哺喂 0～7 日龄的乳鸽,结果表明雏鸽对于碳水化合物并不排斥,且有一定的耐受能力。所以,在人工鸽乳配制中,可含碳水化合物,但须控制含量,特别是 0～3 日龄的人工鸽乳。鸽乳中的蛋白质和能量水平都高于其亲鸽饲料中的蛋白质和能量水平(CP12.2％,ME12.85 兆焦/千克)。

④ 鸽乳中的氨基酸:鸽乳中 19％ 的总氮为游离氨基酸,鸽乳蛋白中的 90％ 是与磷结合的酪蛋白类型。0～3 日龄鸽乳中必需氨基酸：非必需氨基酸(EAA：NEAA＝48：52)。这样的氨基酸配比模式,显然与其他动物的配比模式不同,这可能会更利于乳鸽的快速生长。0～3 日龄鸽乳中的酸性氨基酸——谷氨酸和天冬氨酸的含量相当高(表 4 - 6),表明此龄乳鸽快速生长所需要的能量的一部分可能来源于天冬氨酸(或天冬酰胺)和谷氨酸(或谷胺酰胺)。由此证实,对鸽(和某些动物一样)来说,谷氨酸(或谷胺酰胺)是"条件性必需氨基酸"。

而对其他家禽而言,第一限量氨基酸蛋氨酸,在0~3日龄和4~6日龄鸽乳中含量均较低(表4-6),表明蛋氨酸仍是鸽乳中的第一限制性氨基酸。

表4-6 鸽乳中氨基酸的组成及含量

氨基酸	0~3日龄	4~6日龄
天冬氨酸	9.7	偏低
缬氨酸	3.42	偏低
酪氨酸	4.0	偏低
蛋氨酸	1.07	0.77
丝氨酸	4.1	偏低
异亮氨酸	1.86	1.81
谷氨酸	14.96	偏低
亮氨酸	3.98	3.19
脯氨酸	0.67	偏低
苏氨酸	1.89	1.83
甘氨酸	4.23	偏低
苯丙氨酸	3.02	2.69
丙氨酸	4.67	偏低
组氨酸	0.82	1.74
半胱氨酸	未检出	未检出
赖氨酸	3.18	2.96
精氨酸	3.66	3.19
色氨酸	—	—

⑤ 鸽乳中的盐分:0~3日龄鸽乳中的盐分含量特别高,比4~6日龄鸽乳高2倍左右,这与鸽嗜盐有关,也与育雏期间观察到育雏鸽保健砂和矿物粉消耗量倍增情况是相吻合的。

⑥ 鸽乳的营养价值和应用:从以上资料来看,尽管对于鸽乳的营养成分有了进一步的深入认识,但对于鸽乳能使雏鸽超速生长的机制还不是十分明晰,尤其鸽乳中的消化酶、未知生长因子和免疫活性物质对雏鸽生长发育的影响,尚需进一步研究。总之,鸽乳的构成主要包括蛋白质和脂肪,而明显缺乏碳水化合物。深信随着鸽乳营养成分的剖析和促进生长发育机制研究的进一步深入,人工鸽乳的营养价值和应用将会更为完善。人工鸽乳虽然能替代亲鸽自然育雏,但在正常情况下,刚出壳的初雏最好能得到初乳,因为任何一种人工代呕技术也无法做到替代天然鸽乳中母(父)源抗体作用,因而能得到亲鸽初乳中的母(父)源抗体,对该雏的免疫力、免疫功能与免疫系统的健全将会有较大的帮助。

人工育的雏尽管外表体貌看似十分健康,但终究不如"母乳喂养"的健康,必须加强后天免疫接种,来保持雏鸽机体内的免疫系统健全发育。毕竟对培育赛鸽"运动员"有别于肉用鸽。

(9) 人工育雏操作技术

① 雏(乳)鸽日营养需要:在实施人工育雏前必须了解雏(乳)鸽的平均日营养需要量(表4-7),才能灵活调节和应用。

表4-7 雏(乳)鸽日营养需要量

项 目	日需要量
代谢能	1 191千焦/千克
粗蛋白	16%
蛋能比	230克/千焦
钙	0.9%
总磷	0.7%
有效磷	0.6%
食盐	0.3%
蛋氨酸	0.28%
赖氨酸	0.60%
蛋氨酸+胱氨酸	0.55%
色氨酸	0.16%
亚麻酸	0.5%
维生素A	2 000国际单位
维生素D_3	250国际单位
维生素E	10国际单位
维生素C	4毫克
维生素B_1	1.3毫克
维生素B_2	3毫克
维生素B_6	3毫克
维生素B_{12}	3毫克
烟酸	10毫克
生物素	0.2毫克
泛酸	3毫克
胆碱	200毫克

② 雏(乳)鸽日喂量:日平均喂量见表4-8。

表4-8 雏(乳)鸽日平均喂量

（单位：克/羽/日）

日龄	日喂量	日龄	日喂量
1	7.1	6	45.1
2	10.0	7	45.3
3	17.8	8	48.6
4	24.6	9	56.3
5	43.6	10	75.7

（续表）

日龄	日喂量	日龄	日喂量
11	62.5	21	59.1
12	61.4	22	47.2
13	76.4	23	63.4
14	65.0	24	56.9
15	73.9	25	43.4
16	85.4	26	59.8
17	80.7	27	49.2
18	68.2	28	32.5
19	68.3	29	26.8
20	66.3	30	29.4

注：饲喂从乳浆→糊浆→厚浆→软食→湿料→干料。由于饲料量：水比不同而数据有所波动。

③ 雏(乳)鸽增重情况：见表4-9。

表4-9 雏(乳)鸽称重

（单位：克）

7日龄称重	10日龄称重	14日龄称重	21日龄称重	28日龄称重	30日龄称重
201	321.5	435	531.8	570.3	576.8

随着人工鸽乳配方的日趋成熟,进行人工孵化、人工鸽乳育雏已并非难事,而目前存在的主要问题在雏存活率和新生雏的健康素质问题上。

④ 人工育雏哺育设备：

a. 针筒式哺育器：用20毫升注射筒改装而成。前面接塑料或胶质软管,容量较小,一次仅喂1～2羽乳鸽。适用于家庭鸽舍、专业户和小型鸽场。

b. 胶罐式灌喂器：多用矿泉水瓶或可乐瓶改装而成。一次只喂1～2羽乳鸽。饲养量少的已足够。

c. 吸球式灌喂器：按照乳鸽日龄选用不同规格的橡皮或塑料吸球。适用于各种鸽舍、鸽场。

此外，还有吊桶式灌喂器和脚踏式制式填喂机等。适用于中、大型肉用鸽、观赏鸽繁殖场，恕不再一一罗列。

⑤ 育雏室或育雏箱：主要是提供乳鸽保温小气候环境，室或箱内需配置加热和通风换气装置，大小可按实际需要随意设计，能保持均衡的温、湿度，第一天为38℃，以后每天可下降0.5℃，往后一般维持在25℃左右即可，待到与室温相接近时即可撤温。

⑥ 哺育饲料的配制：根据乳鸽的日龄、食量、消化情况酌情进行调节。

a. 1～2日龄：可将脱脂奶粉、新鲜熟蛋黄加多种维生素（维他肝精1滴/日）、多种氨基酸（康飞力1滴/日）、复合育雏营养素（育雏宝1粒/日）、10%～20%葡萄糖，加水调制成糊状灌喂。

b. 3～5日龄：可在稀粥（或玉米糊）中加入脱脂奶粉、鸽蛋（或鸡蛋）及多种水溶维生素（维他肝精2滴/日）、多种氨基酸（康飞力2滴/日）、复合育雏营养素（育雏宝1粒/日）、20%葡萄糖，加水调制成糊状

灌喂。

c. 6～7日龄：脱脂奶粉或蛋白粉20%～25%（或40%蛋白粉40%～50%），加多种维生素（维他肝精2滴/日）、多种氨基酸（康飞力2滴/日）、复合育雏营养素（育雏宝2粒/日）、75%～80%玉米粉，加水调制成糊状灌喂。

d. 8～9日龄：脱脂奶粉（可减量到3%～5%）或40%蛋白粉（25%～40%）、玉米粉，加水调制成糊状灌喂，也可逐步填塞经水充分浸泡过、已充分软化的颗粒饲料。

e. 10～14日龄：继续采取灌喂法，或逐步填塞经水浸泡过的颗粒饲料，同时注入含多种维生素、氨基酸、育雏营养素的饮用水（可添加少量"啤酒酵母粉"、益生类活菌），直到能自行进饲为止。

⑦ 赛鸽鸽乳配方：赛鸽极少采取人工育雏，而当鸽友好不容易觅得一窝优良种蛋，却由于入孵日龄差异过大或亲鸽孵性不足，亲鸽一方丢失，一时又找不到合适的保姆鸽代孵，只能采取人工辅助育雏，或在保温条件下采取全人工育雏技术。

用上海龙园赛鸽制药厂生产的育雏宝胶囊1粒，加玉米粉、淀粉各45%，奶粉或玉米蛋白粉10%，最好放入1枚生鸽蛋，用温水调和成薄糊状，供饲用。注意宁可稀薄些，不宜太厚，以免导管堵塞而造成注

入困难;水温不宜过高,以免引起黏膜灼伤,过低则会刺激嗉囊,引起体温骤降而发生育雏失败。随后用注射器接一胶管,经食管注入嗉囊,至嗉囊稍充盈(70%～80%)即可,防止发生呕吐而引起窒息。在注入前,每次再滴入维他肝精和康飞力各1滴,以后增至2滴。对于初出壳雏,需每2小时1次,然后随日龄增加,可适当延长灌浆间隔时间,随着消化能力的增强,嗉囊腔的逐渐扩大,而逐步增加人工乳浆注入量,并减少灌浆次数。7～10天后,则可逐渐添加浸泡的湿颗粒饲料。在整个人工育雏过程中,要特别注意保温,高温季节要多加水,以防高温脱水。

⑧ 简化实用配方:用玉米粉(玉米蛋白粉更好)或面粉(淀粉)加水(粥汤、米浆替代)调和成浆状,加入育雏宝1粒,维他肝精和康飞力各1滴,混匀,用针筒抽取注入嗉囊腔,注到嗉囊腔稍充盈至70%～80%即可,余操作同前。10日龄左右可塞入少许浸泡的豌豆、蚕豆(需掰碎)等小颗粒种子饲料,加入康飞力1～2滴,同时塞入育雏宝1粒。直到能自己啄食独立生活为止。

⑨ 哺喂操作方法:1～3日龄乳鸽可用注射器,针嘴处接小软胶管。操作时一手持鸽,一手将胶管慢慢通过口咽插入食管,将人工鸽乳直接注入嗉囊,待嗉囊充盈至

6～8成即可。

⑩ 灌喂注意事项:灌喂用的胶管直径要与乳鸽的口咽大小相适应,前端要去除锐角,插入时动作要轻,防止胶管插入气管和损伤食管。一般9日龄前每日灌喂4次,10日龄后可每日3次。灌喂用具用后要清洗干净,人工鸽乳、饲料要保证新鲜,最好现用现配,如冷藏保存,一般不宜超过6小时,冷藏取出后需放置在室温下待复温后充分调匀使用。

(10) 育成后乳鸽主要营养成分标准 见表4-10。

表4-10 育成后乳鸽主要营养成分标准(100克)

营 养 成 分	含 量
能量(千焦)	841
水分(克)	55.2
蛋白质(克)	22.1
脂肪(克)	1.0
碳水化合物(克)	1.7
灰分(克)	1.0
钾(毫克)	334
钠(毫克)	63.6
钙(毫克)	30
镁(毫克)	27
铁(毫克)	3.8
锌(毫克)	0.82
磷(毫克)	136
维生素(毫克)	0.99
精氨酸(毫克)	1 505
组氨酸(毫克)	483
赖氨酸(毫克)	1 760

（续表）

营 养 成 分	含 量
蛋氨酸(毫克)	451
亮氨酸(毫克)	1 755
异亮氨酸(毫克)	987
苏氨酸(毫克)	939
色氨酸(毫克)	177
缬氨酸(毫克)	947
苯丙氨酸(毫克)	831

（11）雏鸽上环　足环是鸽终身不变的身份标记。对赛鸽而言，足环既是其身份、血统书记录的识别标记，又是信鸽协会会员参赛资格审定的重要标记。一羽没有佩戴固定足环的赛鸽，由于无法确定它的身份，是无法参赛的。

雏鸽出壳后的 5～8 天，要及时给它套上足环。过早上环，雏鸽的脚趾太细而易脱落；太晚上环，雏鸽的脚趾已经长粗，会造成上环困难，强行上环，会造成脚趾的损伤。

如上环困难，可在雏鸽脚趾上涂些肥皂水或洗洁精等润滑剂，然后在足环中穿进多股丝带，再准备一根鸽舍中脱落的羽条。将雏鸽的外侧趾、中趾和内侧趾三根长趾并拢，将足环套上，并轻轻地向后推进，直到后趾露出，将羽杆插入后趾根部与三根长趾之间，将后趾撬出即可。上环时感到过松，第二天检查一下，足环脱落还得补套。上环时感到过紧，第二天也得检查，看

是否伤及足趾，转动一下足环，防止足趾与足环卡得过紧而发生嵌顿粘连。如上环时不慎发生足趾皮肤撕伤或出血，可涂些红汞或百多邦软膏，将撕伤的皮肤对齐，用胶布贴紧，任其自然愈合。

套上环的雏鸽，几天后环与鸽就终身相伴，一般很难取下。不过有些牟私利者蒙骗鸽友，采取不道德手段更换足环，且有的地方设立有专门"服务"点。除此外，足环的制作应是天下惟一的，但目前仿冒制作一只假环已不再是难事，应提醒鸽友们在引进时必须加以注意防范和识别。

4. 换羽期管理

每年初秋至 10 月份成鸽开始进入一年一度的换羽期，整个换羽期大致需50～60 天。换羽后要紧接着参加秋赛，因而缩短换羽期对于参加秋赛显得非常重要。

在整个换羽期间，除高产鸽外，普遍停止产蛋。于是在日粮中要添加些油菜籽、火麻仁等脂肪类饲料，并保证维生素、氨基酸、微量元素的供应，在换羽后期尤为重要。

（1）换羽期日粮　羽毛更新的质量与日粮的质量、投饲量充足与否密切关联。换羽期采取降低饲料质量，减少日饲量强制换羽方法，前文已叙并不足取。赛鸽换羽期要提高饲料品质，做到"全面提供，合理

补充"。

(2) 影响换羽的因素 换羽快慢取决于其体内的激素水平。如体内甲状腺素水平骤降,大量羽毛脱落;甲状腺素水平恢复,羽毛开始生长。

鸽体内的激素水平高低,除取决于发情、配对、生蛋、孵化外,还与气候、光照、气温等密切相关。如孵蛋期激素水平升高,甲状腺素水平同步升高,换羽停止。如突然停止孵化,则很快大量脱羽;突然阴雨和暴冷、寒潮袭击会大量脱羽;连续阴雨、光照突然减少也会大量脱羽。

(3) 换羽期管理要点 换羽期除在脱羽前 7～10 天,给予低能、低脂、低蛋白清淡饲料外,当进入大量脱羽期 3～5 天,开始常规喂给换羽期饲料。此外,每天应额外补充一些少量的芝麻、菜籽、麻籽、红花籽、亚麻籽等小颗粒饲料,促使新羽生长。对于换羽中、后期的营养全面补充也非常重要。

换羽期间,要适当减少运动量,停止强训,一般不进行长程训练和竞翔活动,至于 50 千米以内的日常训练是一年四季随时可进行的,只是要尽可能做到避免阴雨、雾霾等恶劣气候条件下的训练。只要是好天气,就可给予洗澡,无论大量脱羽期和新羽生长期都是十分有利的。实际上从 6 月份开始应结合训放,在实施防暑降温的同时给饮鸽绿茶,直至羽毛长到七八成时才改用鸽红茶。同时喂给维他肝精、康飞力,每周一次的星期饮料——电解质补液饮和保健砂配合维他矿物粉魔宝(逐日添加,放容器内,供自行啄取)。一般赛鸽尽可能不要在换羽期孵蛋育雏。在特殊情况下,保姆鸽需进行换羽期育雏,别忘了补充育雏营养素育雏宝等。

到换羽中后期落羽已完成,而新羽已长成,则需逐渐延长光照时间,必要时需增加人工辅助照明(自然光照加人工辅助光照,至少能维持每天 16 小时左右为宜),晚上保持定时熄灯,千万不要忽早忽迟。同时要继续补充维生素和氨基酸类饲料添加剂,混饲或饮水供给,隔天 1 次或至少每周 2 次。

(九) 展览鸽管理

一年一度的国际和国内赛鸽获奖鸽交流会、拍卖会、品评会、展览会等乃是鸽界的一大盛事。参展鸽要通过运输进入一个陌生而全新的环境,面对众多的参观者指指点点、你抓我摸,难免会沾染上各种病原体。而鸽友对于参展鸽展前、展中、展后的呵护,往往容易被忽略,必须引起重视。

1. 参展前免疫

在我国鸽友眼里,这只是停留

在理论上谈论的问题,因现在所有应市的疫苗是有其免疫有限期的,说明书上都标明一年一度的接种,以及疫情期、参展前必须进行免疫加强接种。在欧美国家鸽界,参展前免疫已列为参展前例行常规,而在我国却由于疫苗的产出、销售系统尚未完善,还无法实施。

2. 参展前清理

主要是指进行呼吸道和消化道清理,基本操作类同于赛前清理。

3. 参展后观察

主要是参展后疫病观察,发现问题及时处理,基本类同于赛后清理与疾病检查。

(十) 引进鸽管理

凡养鸽者,起棚都是从引进开始的。起棚后,在竞争激烈的赛事中,不仅赛绩不满意的鸽舍需要引进,即使是赛绩出众的鸽舍,也需要引进优良品系种鸽,掺入新的血系,建设、充实、稳固自己鸽系的种群,增强鸽舍的潜在实力。

引进途径有从国内、外名家鸽舍引进,种鸽繁殖场引进,公棚赛、展销拍卖会引进等;而最多的是鸽友之间的相互交流、调剂、借用;还有奖励和赠予等多种渠道。引种方式不外乎引进种蛋和种鸽两种。种蛋的引进主要涉及保姆鸽的接替和种蛋的携带问题,而绝大多数是种鸽的直接引进。

引进的种鸽大致有如下几种:直接引进自身赛绩鸽(大铭鸽)、赛绩旁系鸽、名家鸽舍种鸽(铭系鸽)、具有相关血统的血系鸽。从鸽龄而言,分成鸽、幼鸽和退役鸽(指已过繁殖旺盛期鸽,通常指 5 岁以上种鸽);从价格而论,以赛绩大铭鸽最贵。

1. 运输管理

(1) 运输前准备　运输入笼前,按照不同运输工具、路程、需要时日等合理安排,以免发生航班延时、交鸽意外等情况。正确填写相关表格并提交检疫证明、免疫证书、交鸽证明和血统书等文件。对于路途耗时较长者,采取人鸽分离委托运输的尚需在运输笼内备有饲料和饮水设施,备足饲料与饮水,尤其要保证途中饮水充足,且要在笼外标示防止倾翻。为减少其活动,避免打斗,最好采用有隔离抽板的制式运输笼,笼底垫以木屑、刨花、碎纸屑等;如用旧笼须事先消毒;既要保证充足的空气流通和散热,还要保证运输笼牢度,防止发生散笼、逃笼事故。幼鸽一般不宜小于 35 日龄,对长途运输的鸽龄则相对要求更大一些为好。入笼前再进行一次健康检查,发现可疑鸽,宁可不送或缓送。

为防止呼吸道、消化道应激发病，入笼前3天开始，每天喂给复方甲硝唑胶囊克滴宝1粒，调节消化道益生态制剂粒粒成1粒，起运入笼前再加服1粒，双鼻滴上1滴呼吸道清理剂复方鱼腥草滴鼻剂。

为防止路途应激脱水，入笼前必须让它饮足，而饲料不宜喂得过饱，尤其要少喂吸水性高的稻谷、豆类，给予少量较耐饥的油性饲料。也可将饲料浸湿喂（这可能会减少进饲量）。必要时在入笼前嗉囊灌水10～15毫升，取用经4倍稀释的电解质维生素C溶液加康飞力2滴（1毫升等于20滴，2滴相当于0.1毫升）。对于少于一天的路程，中途不一定喂食；若是半天路程，除非暑期高温，中途也可不供水。

（2）运输途中注意事项　运输途中尽可能减少停留时间。目前空运已成为首选，其次是公路运送。无论是运鸽笼还是用其他笼箱替代，必须严格控制置鸽密度，保持鸽笼通风，防止闷笼。公路运输车辆要尽可能保持匀速，避免强烈颠簸摇晃而发生晕车，露天运送车辆无论下雨还是阳光明媚天气，车厢均要有遮盖。长途运输则必须保证定时休息，让其能有充足时间进食饮水。车辆到达目的地后，要轻卸轻放，将笼放置在开阔地通风处，尽快开笼验收。

2. 迎鸽管理

对于进口鸽海关医学观察检疫期一般为14天，常规可分为海关观察与在舍观察两种。对于刚引进鸽最好不要直接入舍并棚与原有鸽混养，至少应隔离饲养21天，无病才能合群。

（1）接鸽到舍后的管理　鸽到达鸽舍后，首先进行清点和核对笼箱数量，检查笼箱是否完整良好，在笼箱完整的情况下，先让鸽稍微休息片刻，然后开笼，开笼时要尽可能避免敲击、振动等粗暴惊吓，同时收集笼盖内所附书面文件（单据、血统书等），按照清单逐羽核对环号、血统书资料。在核对的同时对每羽鸽进行健康检查与观察。

（2）开笼健康检查与观察　开笼检查无论是寒冬或酷暑，切忌在空调房内进行。经长途运输，疲劳、抗病力下降的鸽经不起空调房骤冷或骤热刺激，易受环境应激而发病。健康鸽在归队入笼前应对嘴喙、脚趾、爪垫、肛门等用新洁尔灭、洗必泰或84消毒液等擦拭，清除羽毛上粪迹，然后进行一次毛滴虫清理，用复方鱼腥草滴鼻液滴鼻。

3. 观察期管理

饲料、饮水配备齐全，保质保量供给，最好先饮水后喂食。提供足够的栖架，适当遮光，给予良好而安静的休息环境，帮助其适应时差及体力恢复。饮水提供 1/3～1/2 浓度配比的淡电解质加康飞力溶液。保持鸽舍清洁,每 3～5 天消毒 1次,勿让外来人员过多接触,以免疫病导入传播。

4. 适应性观察

观察期不宜洗澡,以免发病。检疫期过后归队并棚前,在天气适宜时提供洗一次百部沐浴散温水(暑期可直接用冷水或流动水洗浴,并加适量鸽绿茶)药浴,在帮助消除疲劳的同时给予一次羽毛养护和体外寄生虫清理。必要时进行一次体内寄生虫清理。

5. 防病处理

入舍前先用复方鱼腥草滴鼻液1滴,同时进行毛滴虫清理 7 天;随后进行球虫清理 7 天。除换羽期外,还需进行一次寄生虫清理。幼鸽还需进入免疫接种程序。

6. 健康检查

到鸽后 4～6 小时再观察一次,对于可疑鸽再另行单独隔离,进行专项医疗观察。随后对健康鸽群至少每天观察一次,第二周开始可 2～3 天观察一次,合群前再详细检查一次。清扫和定期消毒,每天 2 次。

五、饲料营养篇

营养物质是维持生命代谢的物质基础。任何一种具有生命体征的动物,其生命代谢的正常运转,均时时实现着营养物质的新陈代谢,即物质的吸取、交换、利用和排泄。以鸽而言,其生命体征的表现有:体温的维持、氧气交换的呼吸活动、营养物质的吸收、贮存、传递和代谢物排泄;生命体的生殖繁衍和生长发育所不能缺少的血液循环等支持。赛鸽作为"特殊运动员",更需有足够的能量支持和营养供应、摄取、利用和代谢,才能满足和维持生命体征和运动的需要。

(一) 饲料营养学基础

1. 碳水化合物营养

(1) 碳水化合物的组成与分类 碳水化合物由碳、氢、氧三元素组成。在植物性饲料中占70%左右。鸽体内以葡萄糖、糖原形式存在。分无氮浸出物和粗纤维两大类。

① 无氮浸出物:即可溶性碳水化合物,有单糖、双糖和多糖等。

单糖包括葡萄糖、果糖、半乳糖。双糖包括蔗糖、乳糖和麦芽糖。多糖由多个单糖组成。

无氮浸出物主要是淀粉。淀粉是植物最主要的营养储备物质,存在于禾本科作物的籽实中,是重要的葡聚糖。其结构和葡萄糖分子的聚合方式相异,分为"直链淀粉"和"支链淀粉"两类。

糖原属葡聚糖类,存在于肝、肌肉及其他组织中,是动物体内主要的碳水化合物储备物质,结构上与支链淀粉相类似,故有"动物淀粉"之称。

② 粗纤维:在植物中含量最为丰富,属一种结构性多糖,是构成植物细胞壁的基本成分。可分为4个主要类型,即纤维素、半纤维素、果胶和木质素。

(2) 碳水化合物的作用 碳水化合物是鸽体内热能的主要来源,每克碳水化合物在体内氧化平均可产生16.74千焦的能量。葡萄糖是供鸽代谢活动快速应变需能的最有效的营养素,是脑神经系统、肌肉、脂肪组织等代谢的惟一能源。碳水化合物在体内可转化成脂肪和糖原储备起来。粗纤维使胃肠道有一定的充盈度,即有饱感。粗纤维的功能是刺激胃、肠蠕动,提高肠道消化能力。

(3) 碳水化合物的消化与代谢 碳水化合物中的无氮浸出物和粗纤维以葡萄糖为基本结构单位,但结构不同,消化途径和代谢产物完全不同。无氮浸出物主要是在胃和小肠中在淀粉酶的作用下,最后被分解成葡萄糖,通过小肠黏膜吸收进入血液参与体内糖代谢。而未能被消化吸收利用的,则经结肠随粪便排泄出体外。无氮浸出物在鸽体内的消化率为70%左右。鸽体内不分泌纤维素酶,且大肠很短,不能消化粗纤维。

2. 蛋白质营养

(1) 蛋白质的作用 蛋白质是鸽机体的重要组成成分。机体组织蛋白质含量为18%,羽毛蛋白质含量为82%。

鸽体内的酶、激素、抗体等的基本组成成分也是蛋白质。这些物质在体内有极其重要的生理功能,其参与鸽机体代谢、催化、调节体内的各种物质代谢。

蛋白质是鸽生命活动的基础,是机体组织再生、修复的必需物质,鸽机体组织蛋白质,还需要通过新陈代谢而不断地进行着更新。

(2) 蛋白质的基本组成 蛋白质的基本组成单位是氨基酸。分为非必需氨基酸和必需氨基酸两大类。

鸽需要的20多种氨基酸中,必需氨基酸为赖氨酸、蛋氨酸、色氨酸、精氨酸、组氨酸、异亮氨酸、苯丙氨酸、苏氨酸、缬氨酸、亮氨酸、甘氨酸(快速生长时所需的)11种。

鸽的饲料以植物性为主,最易缺少的是赖氨酸、蛋氨酸、色氨酸和胱氨酸。这些不能满足于鸽需要的必需氨基酸,只要其中任何一种缺乏和不足,都会限制饲料中其他氨基酸在体内的利用率,从而降低饲料中蛋白质的营养价值。因此,这4种氨基酸被称为"限制性氨基酸"或"限量氨基酸"。

蛋白质品质的高低取决于组成蛋白质氨基酸的种类和数量。当蛋白质所含必需氨基酸和非必需氨基酸的种类、含量以及必需氨基酸之间、必需氨基酸与非必需氨基酸之间比例与鸽所需要相吻合时,该蛋白质就称为"理想蛋白质"。其实质是,各种氨基酸的最佳分配平衡状态,理想蛋白质的氨基酸平衡模式最符合鸽机体的需要,因而能最大限度地得到充分吸收和利用。

(3) 蛋白质的消化和利用 鸽能有效地消化、利用饲料中的蛋白质,利用率一般在60%左右。

饲料中的蛋白质消化作用起始于腺胃和肌胃。饲料进入腺胃,首先是腺胃中分泌的胃液——盐酸使之变性，在胃蛋白酶的作用下，分解成含氨基酸数量不等的各种多肽，这些多肽和未被消化的蛋白质一起进入小肠。在小肠胰蛋白酶、糜蛋白酶、肠肽酶的作用下，蛋白质最终被分解为氨基酸和小分子肽，被小肠黏膜吸收进入血液。未能被消化的蛋白质经大肠以粪便的形式排出体外。而其中部分蛋白质降解为吲哚、粪臭素、硫化氢、氨和氨基酸等。大肠中的细菌虽能利用氨和氨基酸合成菌体蛋白，但最终还是会随粪便排出体外。

经肠道吸收的氨基酸和小肽，在机体内用于合成组织蛋白、提供能量或转化成糖和脂肪。鸽与其他禽类一样，它们的线粒体内缺乏一种氨甲酰磷酸合成酶，因而它也不能形成尿素循环。这些氨基酸的最终代谢产物是尿酸(白色排泄物)。甘氨酸是尿酸分子的组成成分，其每排出一个分子的尿酸需损失一个分子的甘氨酸。因此，鸽对甘氨酸的需求量较高。虽鸽体内能合成甘氨酸，但其所合成的能力远远不能满足其快速生长和运动排泄的需要，因而对赛鸽而言，从某种程度上讲，甘氨酸也可作为一种必需氨基酸对待。

(4) 蛋白质的缺乏与过剩　蛋白质和氨基酸的需求量，依鸽的种类、品系、鸽龄、生产繁殖性能所决定。生长快的幼雏期、繁殖育雏期和训翔期所需的蛋白质量较高，同步对于蛋白质和氨基酸的品质要求，配比均衡度要求也高得多。饲料中蛋白质数量和质量、配比均衡度适合时，则可改善饲料的适口性，采食量增加，蛋白质的利用率也会相应提高。当饲料中蛋白质不足或质量较差时，鸽会表现出负平衡，消化道的消化酶分泌量减少，会直接影响饲料的消化和利用；使血红蛋白和免疫抗体合成减少，造成鸽贫血，抗病力与免疫力下降；蛋白质合成障碍，体重下降，幼鸽生长停滞；对神经系统也会产生一系列影响，引起某些功能障碍，阻滞影响，且是无法自行恢复、不可逆转的。如营养不良性佝偻病、僵雏等。

当蛋白质供应过剩和氨基酸比例分配不平衡时，蛋白质在体内氧化产热，或转化成脂肪储存在体内。这不仅造成蛋白质的浪费，而且会使蛋白质在胃肠道内引起细菌的腐败过程，产生大量的胺类，增加肝、肾的代谢负担。因此，在饲养管理实践中，应合理搭配饲料日粮，保障蛋白质的质、量与供需平衡，既要防止蛋白质的不足或过剩，又要尽可能做到配比合理，要求多样化，避免单一化。

(5) 鸽氨基酸的分类及其主要同义名词共21种　见表5-1。

表 5-1　鸽氨基酸的分类及其主要同义名词

氨 基 酸(AMINO ACID) 名 称	同 义 名 词
限量氨基酸(4 种)	
L-赖氨酸 L-Lys. (L-Lysine)	L - 赖 氨 酸 - 氢 氯 化 物 (L-Lysine Monohydrochloride)
DL-蛋氨酸 DL- Met. (DL-Methionine)或 L-蛋氨酸	甲硫氨基酸(Metione)、甲硫丁氨酸 (Meonine)
L-色氨酸 L-Try. (L-Tryptophan)	
L-胱氨酸 L-Cys. (L-Cysteine)	(L-Cysteinc Acid)双硫代氨基丙酸、重腺氨酸、双硫丙氨酸
非限量氨基酸(17 种)	
L-苯丙氨酸 L-Phe. (L-Phenylalanine)	
L-亮氨酸 L-Leu. (L-Leucine)	L-白氨酸(L-Leucine)
L-异亮氨酸 L-He. (L-Isoleucine)	L-异白氨酸(L-Lsoleucine)
L-缬氨酸 L-Val. (L-Valine)	
L-苏氨酸 L-Thr. (L-Threonine)	
L-组氨酸 L-His. (L-Histidini Monohydrochiorici)	
L-精氨酸(盐酸盐)L-Arg. Hcl. (L-Arginine Hcl)	L-盐酸精氨酸(L-Arginine Hcl)、阿及宁(Argininum,R-Gene)
L-甘氨酸 L-Gly. (L-Glycine)	
L-酪氨酸 L-Tyr. (L-Tyrosine)	
L-鸟氨酸(L-Ornithine Aspartate)	
L-丙氨酸 L-Ala. (L-Alanine)	
L-谷氨酸 L-Glu. (L-Glutamic Acid)	L-麸氨酸(L-Acidum Glutamicum)、L-Glusate、L-谷氨酸(L-Leucine)、L-谷氨酰胺 L-Glu. (L-Glutamine)
L-脯氨酸 L-Pro. (L-Proline)	
L-丝氨酸 L-Ser. (L-Serine)	
L-天冬氨酸 Asp. (L-Aspartic acid)	L-天门冬氨酸、L-天冬酰胺 Asp
L-半胱氨酸 L-Cysh. (L-Cysteine) (Free Base)	L-盐酸-水半胱氨酸(L-Cysteine Hcl Monohydrate)、L-脱水盐酸半胱氨酸(L-Cysteine Hcl Anhydrous)
L-羟脯氨酸(L-Hydroxyproline)	
其他氨基酸	
N-乙酰半胱氨酸(N-Acetyl-L-Cysteine)	

(6) 赛鸽维生素、氨基酸日需要量　见表 5-2。

表 5-2　赛鸽维生素、氨基酸日需要量

维生素 (鸽日供和体内能自行合成的 特需维生素 18 种)		氨基酸 (鸽日供限量氨基酸与非限量 特需氨基酸 21 种)	
维生素 A	2 000 国际单位	赖氨酸	0.18 克
维生素 D	45 国际单位	蛋氨酸	0.09 克
维生素 E	1 毫克	色氨酸	0.02 克
维生素 C	0.7 毫克	胱氨酸	0.1 毫克
维生素 B_1	0.1 毫克	苏氨酸	1.5 毫克
维生素 B_2	1.2 毫克	缬氨酸	0.06 克
维生素 B_6	0.2 毫克	精氨酸	1.65 毫克
维生素 B_{12}	0.25 微克	亮(白)氨酸	0.09 克
维生素 PP(烟酸)	1.2 毫克	异亮(异白)氨酸	0.055 克
维生素 B_3(泛酸)	0.36 毫克	苯丙氨酸	0.09 克
维生素 B_{11}(叶酸)	0.014 毫克	谷氨酸	4.5 毫克
维生素 H(生物素)	0.002 毫克	酪氨酸	0.2 毫克
维生素 B_4(胆碱)	50 毫克	半胱氨酸	0.7 毫克
维生素 B_{13}(乳清酸)	1.2 毫克	甘氨酸	1.1 毫克
维生素 B_{14}(硫辛酸)	0.4 毫克	组氨酸	1.2 毫克
维生素 B_T(肉碱)	4 毫克	丙氨酸	2.1 毫克
维生素 K	0.6 毫克	丝氨酸	3.75 毫克
维生素 P	2 毫克	天门冬氨酸	2 毫克
		鸟氨酸	2 毫克
		脯氨酸	4 毫克
		谷氨酰胺	2 毫克

注：日需要量并不等于日补充量。需要量按照鸽的体重、年龄、性别、训赛运动、健康状况、饲养环境、饲料供应、气温环境等不同，以及不同的生理阶段(如换羽期、育雏期等)需要量有较大的差异和变化。

3. 脂肪营养

(1) 脂肪的组成与分类　指广泛存在于植物体内的一类具有相同理化特性的营养物质，不溶于水，可溶于多种有机溶剂。分为真脂肪和类脂肪两大类。

① 真脂肪：即中性脂肪。由甘油和脂肪酸构成的酯类化合物，故又称"甘油三酯"。脂肪酸有 40 多种，绝大多数是含偶数碳原子的直链脂肪酸，包括饱和脂肪酸和不饱和脂肪酸。有几种不饱和脂肪酸在鸽体内不能合成，而必须由日粮中供给，对机体正常功能和健康具保护作用，这些脂肪酸叫"必需脂肪酸"，包括 α-亚麻酸、亚油酸和花生四烯酸等。

② 类脂肪：是含磷、糖或氮的其他有机物质，在结构或性质上与真脂肪相近似的一类化合物。主要包括磷脂、糖脂、固醇及蜡质。

a. 磷脂：磷脂和甘油三酯相似，只是其中有一个脂肪酸被磷酸和一个含氮碱基所取代。它是动植物细胞中的重要组成成分,在鸽的脑、脊髓、神经、心脏和肝脏内含大量的磷脂,植物种子中含量也较多。磷脂中以卵磷脂、脑磷脂和神经磷脂最为重要。

b. 糖脂:一类含糖的脂肪。其分子中含脂肪酸、半乳糖及神经氨醇各一个分子,主要存在于外周神经和中枢神经中。

c. 固醇:一类高分子的一元醇,不含脂肪酸,具有和甘油三酯相同的可溶性和其他特性。在动植物中分布很广,主要有胆固醇和麦角固醇。

(2) 脂肪的作用 主要是提供能量,其产热量相当于碳水化合物的2.25倍。过剩的脂肪则储存在身体里,是能量储存的最佳方式。鸽体内形成的脂肪主要储存在腹腔的肠系膜、皮下组织以及肌纤维之间。还有保护内脏器官和皮肤的作用。

脂肪也是脂溶性维生素的溶剂,如维生素A、维生素D、维生素E、维生素K只有溶解于脂肪里才能被鸽吸收利用。利用日粮中的脂肪进行体内脂肪的储备和分解。脂肪要比利用碳水化合物和蛋白质所产生的热能效率要高得多,这意味着脂肪的热量高而耗能低。低热量增耗对于减少热应激是非常重要的。

(3) 脂肪的"超能效应" 含脂肪多的食糜比含脂肪少的通过消化道的速度要慢得多,同时也增加了其他营养物质被消化吸收的时间。因此,鸽日粮中添加少量的油性饲料有助于改善碳水化合物和蛋白质等在小肠内的消化和吸收。因此,在日粮中添加油类饲料会获得比预期更多的能量,这就是"超能效应",或"超代谢效应"。

这种"超能效应"的应用,对赛鸽在参赛集鸽前的供饲有非常重要的意义。对次日放飞的参赛鸽,饲料中应以易消化的能量饲料为主,不应给予油类饲料,以提高其消化速度,减轻竞翔负荷,使其轻身竞翔。而对隔天放飞和需数天运输路程的长程、超长程赛鸽,集鸽前不妨适量多增加些油类饲料,以迟缓它的消化速度,有利于长程、超长程竞翔。

(4) 脂肪酸的作用 必需脂肪酸是细胞膜结构的重要成分,是细胞膜脂质转运系统的组成部分。当必需脂肪酸缺乏时,皮肤细胞对水分的通透性增强,毛细血管的脆性和通透性增高,导致水代谢紊乱,组织水肿和皮肤病变。必需脂肪酸和蛋白质(氨基酸)一样,都是机体生长的一个"限制因素",尤其对生长迅速的幼雏鸽,反应会更加敏感。生长期鸽需恒定供给必需脂肪酸,才能保证细胞膜结构的完整,有利于机体生长。否则,可导致幼雏的生长发育受阻而成为僵雏。

(5) 脂肪的消化和利用 十二指肠是脂肪消化吸收的主要部位。

脂肪经乳化后,在胰脂肪酶的作用下,脂肪酸从甘油三酯分子上水解下来。磷脂由磷脂酶水解成溶血磷脂,胆固醇酯由胆固醇酯水解酶水解成胆固醇和脂肪酸。于是脂肪的主要吸收形式是甘油一酯和脂肪酸,少量的甘油二酯也可被吸收。甘油一酯和脂肪酸吸收后,在肠黏膜内重新合成甘油三酯,并重新形成乳糜微粒后转运到全身各个组织。脂肪在肝脏用于合成机体所需的各类物质,或在脂肪组织中储存起来,或直接供能。

4. 能量营养

能量的表现形式较多,如热能、化学能、机械能、电能、辐射能等,不同形式的能量之间可互相转化,但其量保持不变,这就是"热力学第一定律"。鸽机体的能量代谢转换等也遵循着这一定律。

(1) 能量单位 各种形式的能均可转化为热能,因而常用热量单位来衡量能量的大小。以焦(耳)(J)作为热量的法定单位。

(2) 能量来源 鸽所需能量来源于饲料中碳水化合物、蛋白质和脂肪在机体内进行的生物氧化物质。这3种有机物在体外测热器中所测得的能量值分别为:碳水化合物 17.36 千焦,蛋白质 23.64 千焦,脂肪 39.33 千焦。

碳水化合物和脂肪在体内氧化产生的热量与测热器所测得的基本相同,而蛋白质在体内氧化不完全,有部分蛋白质-氨基酸形成尿酸而随尿液排出体外,每克产热较体外要少,只有 5.44 千焦。

(3) 能量转化 饲料的总能在体内经一系列能量转化,过程如下。

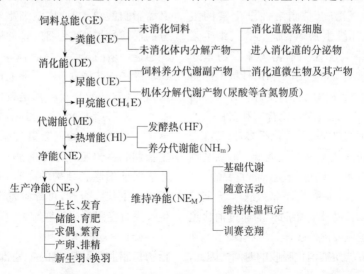

（4）能量需求　日粮饲料中的能量水平直接影响到鸽生物活力水准和赛绩的发挥。赛鸽的同种属之间，由于种群、种类、品系、所处地理位置、四季气温、饲养管理模式和鸽舍条件等各异，而对于日粮的能量要求水平也不尽相同。一般以处于生长阶段的幼鸽对于能量水平的需求量最高，其次是训赛期的能量需求量，而处于参赛竞翔状态中的赛鸽尤为突出，对种鸽的需求是求全且要精，再是在换羽期和育雏期则是按需而各有侧重。这些都是鸽友们必须通过观察，并根据自己鸽舍的动态变化不断进行调整的。因而鸽界有说"养鸽说难不难，说易不易，却永无止境"。

① 能量供应不足：可导致健康状况的恶化，日粮饲料中的能量利用率下降，体内脂肪分解增多而导致产生"酮血症"，体蛋白的分解而导致代谢性毒血症。

② 能量供应过剩：可导致鸽体内脂肪沉积过多，种鸽过于肥胖会影响其繁殖功能。因而要针对鸽不同的生理阶段合理地控制其能量水平。

③ 鸽"为能而食"：赛鸽有"为能而食"的特点，即在一定的能量需求水平范围内，按照日粮的能量需求水平及气温等来调节采食量。日粮能量高时，采食量减少；日粮能量低时，采食量增加。因此，在鸽舍的日常管理中，要特别注意日粮的能量配比和与其他各种养分的配比。在日粮能量水平高时，蛋白质-氨基酸等其他养分的能量水平也应相应提高；反之，则能量水平降低，这样才能在满足机体能量需求的同时，满足机体对蛋白质等其他养分的需求。

（5）赛鸽常用能量饲料营养成分　见表5-3。

表5-3　赛鸽常用能量饲料营养成分

品名	水分（％）	纤维素（％）	蛋白质（％）	脂肪（％）	碳水化合物（％）	钙（％）	磷（％）	灰分（％）	热量（兆焦）（100克产热）
玉米	11.35	2.25	9.55	4.0	70.97	0.03	0.18	1.89	1.48
稻谷	11.96	10.77	9.34	1.36	60.45	—		5.12	
糙米	14.05	1.1	7.45	1.45	74.85	—		1.1	
小麦	12.2	1.8	11.1	2.0	71.0	0.05	0.79	1.9	1.37
大麦	11.4	5.2	11.3	2.0	66.9	0.23	0.24	3.2	1.40
高粱	10.0	5.5	9.7	3.3	68.6	—	0.12	2.9	1.40
小米	11.1	4.9	9.7	1.9	67.6	0.06	0.33	4.9	
燕麦	12.23	10.41	11.9	3.54	58.27	—		3.85	—

5. 矿物质营养

矿物质是一类无机营养物质，是鸽身体组成成分之一，其约占体重的5%。按照其体内含量分为常量元素和微量元素两大类。

（1）鸽矿物元素的分类　见表5-4。

表5-4　鸽矿物元素的分类

矿物质元素名称（元素符号）					
常量矿物元素11个					
碳(C)	氢(H)	氧(O)	氮(N)	硫(S)	镁(Mg)
钾(K)	钠(Na)	氯(Cl)	钙(Ca)	磷(P)	
微量矿物元素15个					
铁(Fe)	锌(Zn)	铜(Cu)	碘(I)	锰(Mn)	镍(Ni)
钴(Co)	钼(Mo)	硒(Se)	铬(Cr)	氟(F)	锡(Sn)
硅(Si)	钒(V)	砷(As)			
有害有毒微量元素12个					
铅(Pb)	锑(Sb)	镉(Cd)	汞(Hg)	锗(Ge)	镓(Ga)
银(Ag)	金(Au)	铋(Bi)	钛(Ti)	锆(Zr)	锶(Sr)

注：自然界存在有上百个矿物元素，其中有26种被认为是动物所必需的，包括11个常量元素、15个微量元素。近来已有人提出有40多种元素可在动物机体代谢中起作用。

（2）钙、磷　骨骼的主要成分。钙对于维持神经和肌肉兴奋性和凝血酶原的合成具有重要作用。磷在机体内是以磷酸根的形式参与机体代谢，在高能磷酸键中储备能量，参与DNA、RNA以及许多酶和辅酶（如ATP-三磷酸腺苷）的合成。在脂类代谢中也起着重要的作用。

（3）钠、氯、钾　钠和氯主要存在于细胞外液，而钾以离子态存在于细胞内。它们协同保持着机体内正常的渗透压和酸碱平衡。钠和氯参与水的代谢，氯在胃内呈游离状态，和氢离子结合成盐酸，可激活胃蛋白酶，保持胃液呈酸性，有杀菌作用。氯化钠还有调节味觉和刺激唾液分泌的作用。植物性饲料中一般含钾多，而钠和氯较少，因而在正常情况下，鸽很少会缺钾，但必须天天补充钠和氯，于是在人工饲养条件下，尤其是圈养、笼养鸽，必须补充保健砂（含3%～6%食盐——氯化钠）、电解质星期饮料、维他矿物粉等。

（4）镁　机体内 70％的镁存在于骨骼中。镁是多种酶的活化剂，在糖和蛋白质的代谢中起重要作用。镁能维持神经、肌肉（运动肌和平滑肌）的正常功能（血管平滑肌对血压调节功能）。

（5）硫　在机体内主要以有机物形式存在，在鸽羽毛中含量最多。硫在蛋白质代谢中是含硫氨基酸的组分，在脂类代谢中是生物素组分，也是碳水化合物代谢中起重要作用的硫胺素的组分，又是能量代谢中起重要作用的辅酶 A 的组分。

（6）铁　血红蛋白、肌红蛋白及多种氧化酶的组分，与血液中氧的运输及细胞内生物氧化过程有着密切关系。

（7）铜　为酶的成分，在血红素和红细胞的形成过程中起催化作用，铜与骨骼的发育、羽毛的生长、色素的沉着有关。

（8）锌　是碳酸酐酶、乳酸脱氢酶、碱性磷酸酶、谷氨酸脱氢酶和羧基肽酶等多种酶的组分。这些酶都参与机体内营养物质的代谢，维持上皮细胞和被毛的正常形态，对雏幼鸽的生长、发育、产蛋、产精、繁殖都有重要作用。

（9）锰　骨骼有机质形成过程中必需的酶激活剂。当鸽缺锰时，会使酶活性降低，导致骨骼发育异常。还与胆固醇合成有关，而胆固醇是性激素的前体。

（10）硒　谷胱甘肽过氧化酶的组分。硒和维生素 E 有相似的抗氧化作用，能防止细胞线粒体脂类氧化，保护细胞膜不受脂类代谢副产物的破坏，可部分替代维生素 E 的作用，对生长有刺激作用。

（11）碘　甲状腺素的组分，是调节基础代谢和能量代谢，生长、繁殖不可缺少的物质。

（12）钴　维生素 B_{12} 的组分。

（13）赛鸽矿物元素日需要量见表 5-5。

表 5-5　赛鸽矿物元素日需要量

（单位：毫克）

硫酸亚铁	0.6	碳酸钴	0.04
硫酸铜	0.05	碳酸钙	400
硫酸锰	1.5	磷酸氢钙	100
硫酸锌	0.1	亚硒酸钠	0.002
硫酸镁	0.05	碘化钾	0.02

注：钙磷比为 4∶1。

（14）赛鸽常用矿物质饲料添加剂中的矿物元素含量　见表 5-6。

6. 维生素营养

维生素是一些结构和功能各不相同的有机化合物，既不是构成鸽体组织的物质，也不是供能物质，但却是维持机体正常新陈代谢过程所必需物质。它们对鸽的健康、生长和繁殖有着重要的作用，是其他营养物质所不可替代的。

鸽对维生素的需要量虽很少，但若缺乏，将会导致机体代谢障碍，

表 5-6　常用矿物质饲料添加剂中的矿物元素含量

常用矿物质添加剂	分 子 式	元 素 含 量(%)
硫酸亚铁	$FeSO_4 \cdot H_2O$	Fe：32.9
硫酸亚铁	$FeSO_4 \cdot 7H_2O$	Fe：20.1
碳酸亚铁	$FeCO_3$	Fe：48.2
乳酸亚铁	$FeC_6H_{10}O_6 \cdot 3H_2O$	Fe：18
氯化亚铁	$FeCl_3 \cdot 4H_2O$	Fe：28.1
氯化铁(吸湿强)	$FeCl_3 \cdot 6H_2O$	Fe：20.7
富马酸亚铁	$FeC_4H_2O_4$	Fe：31
硫酸铜	$CuSO_4 \cdot 5H_2O$	Cu：39.8　S：20.06
氯化铜	$CuCl_2 \cdot 2H_2O$	Cu：47.2　Cl：52.71
氯化铜(白色)	$CuCl_2$	Cu：64.2
碳酸铜	$CuCO_3 \cdot Cu(OH)_2 \cdot H_2O$	Cu：53.2
碳酸铜(碱式)孔雀石	$CuCO_3 \cdot Cu(OH)_2$	Cu：57.5
氢氧化铜	$Cu(OH)_2$	Cu：65.2
硫酸锰	$MnSO_4 \cdot 5H_2O$	Mn：22.8
碳酸锰	$MnCO_3$	Mn：47.8
氧化锰	MnO	Mn：77.4
二氧化锰	MnO_2	Mn：63.2
氯化锰	$MnCl_2 \cdot 4H_2O$	Mn：27.3
硫酸锌	$ZnSO_4 \cdot 7H_2O$	Zn：22.7
碳酸锌	$ZnCO_3$	Zn：51.2
氧化锌	ZnO	Zn：80.3
氯化锌	$ZnCl_2$	Zn：48.0
硫酸镁	$MgSO_4 \cdot 7H_2O$	Mg：20.18　S：26.58
氧化镁	MgO	Mg：60.31
硫酸钴	$CoSO_4$	Co：38.02　S：20.68
碳酸钴	$CoCO_3$	Co：49.55
氯化钴	$CoCl_2 \cdot 6H_2O$	Co：24.78
碳酸钙	$CaCO_3$	Ca：40
碳酸钙(石灰石)	$CaCO_3$	Ca：35.89　P：0.02
乳酸钙	$CaC_6H_{10}O_6$	Ca：18—12
葡萄糖酸钙	$Ca(C_6H_{11}O_7)_2 \cdot H_2O$	Ca：8.5
磷酸钙	$CaHPO_4$	P：16　Ca：21
过磷酸钙	$Ca(H_2PO_4)_2 \cdot H_2O$	P：24.6　Ca：15.9
磷酸氢钙	$CaHPO_4 \cdot H_2O$	P：22　Ca：18

常用矿物质添加剂	分 子 式	元 素 含 量（%）
磷酸氢钙	$CaHPO_4 \cdot 2H_2O$	P：18　Ca：23.2
磷酸二氢钙	$Ca(H_2PO_4)_2 \cdot H_2O$	P：22　Ca：18
磷酸氢二钠	$Na_2HPO_4 \cdot 12H_2O$	P：8.7　Na：12.3
磷酸氢二钠	$Na_2HPO_4 \cdot 5H_2O$	P：14.3　Na：21.3
焦磷酸钠	$Na_2P_2O_7 \cdot 10H_2O$	P：14.1　Na：10.3
磷酸钠	$Na_3PO_4 \cdot 12H_2O$	P：8.2　Na：12.1
亚硒酸钠	$Na_2SeO_3 \cdot 5H_2O$	Se：30.0
硒酸钠	$Na_2SeO_2 \cdot 10H_2O$	Se：21.4
碘化钾	KI	I：76.4　K：23.56

出现相应的缺乏症。

按维生素的溶解性，将维生素分为脂溶性维生素和水溶性维生素两大类。

（1）脂溶性维生素　一类溶于脂肪的维生素。包括维生素 A、维生素 D、维生素 E 和维生素 K。

① 维生素 A：又称抗干眼病维生素。仅存在于动物体内，植物性饲料中只含维生素 A 原胡萝卜素，胡萝卜素在体内可转化为有活性的维生素 A。维生素 A 的作用非常广泛，是构成眼睛视觉感光细胞视紫质的原料，可保护视力；还与黏多糖的形成有关，有维护上皮组织健康、增强抗病力的作用；对促进鸽体生长、维护骨骼正常发育有重要作用。

② 维生素 D：又称抗佝偻病维生素。植物性饲料和酵母中含麦角固醇，在鸽的皮肤中含 7-脱氢胆固醇，经阳光或紫外线照射分别转化为维生素 D_2 和维生素 D_3。维生素 D_3 的抗病作用效率是维生素 D_2 的 $50 \sim 100$ 倍。

维生素 D 进入体内，在肝脏内羟化为 25-羟维生素 D_3，运转至肾脏再进一步羟化为具有活性的 1，25-二羟维生素 D_3 而发挥其生理作用。主要功能是促进小肠黏膜细胞钙结合蛋白的形成，调节钙、磷代谢，促进钙、磷的吸收沉积，有助于骨骼的生长。

维生素 A 与维生素 D 在自然界中以天然鱼肝油-维生素 AD 结合态自然存在，人工提取生产的维生素 AD 成品配比如表 5-7。

③ 维生素 E：又称抗不育维生素。为维持鸽正常繁殖所必需维生素。维生素 E 与微量元素硒具协同作用，保护细胞膜的完整性，对于黄曲霉毒素、亚硝基化合物等有抗

表 5-7　维生素 A 与维生素 D 配比

生 产 单 位	东海制药厂 鱼肝油丸 (每粒)	上海兽药厂 AD 粉剂 (100 克)	东海制药厂 鱼肝油滴剂 (100 毫升)	东海制药厂 清鱼肝油 (100 毫升)	LONGYUAN (ADE 钙粉) (100 克)
维生素 A 含量(国际单位)	1 万	250 万	100 万	15 万	2 万
维生素 D 含量(国际单位)	1 000	50 万	50 万	1.5 万	0.5 万
AD 配比	10∶1	5∶1	2∶1	10∶1	A∶D∶E=4 万 IU∶1 万 IU∶ 0.04 克

毒素作用。还有防止易氧化物质维生素 A、维生素 D 及不饱和脂肪酸的氧化功能;抗组织机体老化。

④ 维生素 K:是与凝血有关的维生素。具有促进和调节肝脏合成凝血酶原,从而保证血液的正常凝固功能。正常情况下,肠道中的酵母类益生菌能合成维生素 K,但如在长期应用抗生素、磺胺类药物等情况下,由于肠道益生菌被杀灭,导致肠道内维生素 K 合成障碍而缺乏。因而在长期使用抗生素、磺胺类药物的同时,需相应添加补充维生素 K。此外,误食某些含双香豆素类的饲料,因双香豆素的抗凝血酶原作用,致使维生素 K 用量增加,也会引起维生素 K 缺乏症。

(2) 水溶性维生素　一类溶于水的维生素。包括 B 族维生素和维生素 C。B 族维生素包括维生素 B_1、维生素 B_2、泛酸、胆碱、烟酸、维生素 B_6、维生素 B_{12}、叶酸等。这些维生素的理化性质和生理功能不同,分布却相似,常相伴而存在。它们以酶的辅酶或辅基形式参与体内蛋白质、碳水化合物的代谢,对神经系统、消化系统、心脏血液循环的功能正常起着非常重要的作用。

① 维生素 B_1:又称硫胺素。存在于谷物外皮及胚芽、酵母中。

② 维生素 B_2:又称核黄素。存在于谷物外皮、酵母中。在体内参与能量、蛋白质和脂肪的代谢,促进生物氧化。

③ 泛酸:体内能量代谢物质辅酶 A 的组分。存在于小麦的麸皮、糙米米糠、胡萝卜中。参与体内蛋白质、碳水化合物、脂肪的代谢,是体内能量代谢不可缺少的物质。正常情况下,它难以满足鸽生活活力的需求量,尤其是在赛鸽训翔期需求大增情况下需要补充。

④ 胆碱:作为乙酰胆碱的组分,存在于豆类、花生和谷物籽实中。胆碱与神经传导和脂肪代谢有密切关系。同时胆碱还可作为蛋氨酸合成的甲基供体。

⑤ 烟酸:多种脱氢酶的辅酶组分。在生物氧化中起传递氢离子作用,与维持皮肤、消化器官和神经系统功能有关。烟酸作为维生素并不直接发挥其生理作用,而是以其衍生物——尼克酰胺参与代谢。

⑥ 维生素 B_6:又称吡哆素。包括吡哆醇、吡哆醛和吡哆胺 3 种。存在于谷物、酵母、种子外皮中。它在体内以磷酸吡哆醛和磷酸吡哆胺形式作为许多酶的辅酶,参与氨基酸代谢,并与红细胞形成和内分泌激素有关。

⑦ 叶酸:存在于体内的活性形式为四氢叶酸,是以辅酶的形式作为各种碳基团的载体,参与嘌呤、嘧啶和氨基酸代谢,促进血细胞的形成。其对蛋白质的合成和细胞更新、新细胞的形成有着重要而不可替代的作用。鸽体对叶酸的需要主要依赖于日粮和微生物的合成,且数量也基本能满足需要。但在长期应用抗生素、磺胺类药物或长期患慢性消化道疾病情况下,就有可能会出现叶酸缺乏。

⑧ 维生素 B_{12}:一种含钴的维生素,又称"钴胺素"。是鸽体代谢必需的维生素。在体内参与许多物质代谢,其中最主要的是与叶酸协同参与核酸和蛋白质的合成,促进红细胞的发育和成熟,保护神经系统的正常功能,同时还能提高植物蛋白的利用率。植物性饲料中并不含维生素 B_{12},而存在于动物性饲料如鱼粉、肉粉、肝脏中。鸽是素食性禽类,故需另外补充。

⑨ 维生素 C:又称"抗坏血酸"。在体内参与细胞间质中胶原的生成及氧化还原反应,刺激肾上腺皮质激素的形成,促进肠道对铁的吸收,并有一定的解毒功能和抗氧化、抗应激功能。鸽体内能合成维生素 C,正常情况下能满足需要。当处于高温季节、生理紧张、集笼运输等应激下,体内合成减少,需求量增高。因此,在饲料中补充 50～200 毫克/千克/日维生素 C,或提供星期饮料等,有利于缓解应激,同时提高饲料利用率。

(3) 鸽维生素的分类及其主要同义名词 由于维生素的命名先后顺序不一,尤其 B 族维生素的命名尤为混淆不清,其中有不少是重叠甚至是重复命名的,因而除维生素 B_1、维生素 B_2、维生素 B_6、维生素 B_{12} 比较统一外,其他 B 族维生素为避免混淆错误,因而也就不再通用按命名方式使用称呼。为方便读者使用,特摘录维生素的分类及其主要同义名词如表 5-8。

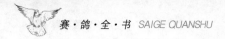

表 5 - 8 维生素的分类及其主要同义名词

维生素名称	同 义 名 词	外　文
脂溶性维生素		
维生素 A	甲种维生素、维生素甲、抗干眼病维生素、抗干眼醇	Alphalin、Arovit、Axerophtol、Biosterol、Lard-Facter、Aoral、Anti-InfectiveVitamine、Vogan、Oletitamin A、Retinol
维生素 A_1	视黄醇、维生素 A 醇	Antixerophthalmic、 Vitaminum、OleovitminA
维生素 A_2	脱氢视黄醇	Dehydroretinol
维生素 D_2	丁种维生素、麦角钙化(甾)醇、维生素丁、抗佝偻病维生素、骨化醇、钙化固醇、丁二素、维生素丁 2	Ergocalciferol、Vio-D、Calciferol、Deltalin、Drisdol、Fortedol、Ergocalciferol、Mina D_2、Ostelin、Radiostol、Sterogyl、Ultranol、Vigorsan、Viostevol
维生素 D_3	胆钙化(甾)醇、胆固化醇、维生素丁、活化-7-去氢胆固醇	Cholecalciferol、Colecalciferol、Vigantoi、Oleovitamin D_3、Deparal、Ebivit、Activated 7 – Dehydrocholestrol、Cholcalciferol、Neo-Dohyfral D_3
维生素 D_4		
维生素 D_5		
维生素 E	生育酚、维生素戊、抗不育维生素、醋酸维生素 E、醋酸辛妊酚	Tocopherol、Alfacol、Ecofrol、Econ、Tocophrin、 Tofaxin、 Tocopherol acetate、Vitamin E Acetate
维生素 E_1		
维生素 E_2		
维生素 F	烟酸	Nicotinic acid
维生素 K_1	叶绿醌、凝血维生素一、促凝康、2-甲基-3-植基-1、4-萘醌、抗出血维生素	Phylloquinone、aqua-Mephvton、Komarion、Mephyton、Mono-Kay、Phyuoquinone、Phytomenadione
维生素 K_2	甲基萘醌、2-甲基-3-二法呢基-1、4-萘醌	Menaquinone、2 – methyl-3 – difarnesyl-1、4 – naphtho-quinone
维生素 K_3	亚硫酸氢钠甲萘醌、甲萘醌、水溶性维生素 K_3、凝血维生素三	Menadione、Vitamin K_3、Hykinone、Hemodal、 Itykinone、 Kavi-tanum、K-Thrombin、Menadione Sodium-Bisulfide、Menaphthone Sodium Bisulphite、Vikasolum、Vicasol

（续表）

维生素名称	同 义 名 词	外　　文
脂溶性维生素		
维生素 K_4	醋酸甲萘氢醌、乙酰甲萘醌、双醋酸酯、凝血维生素四	Davitamon-K、Acetomenadione、Acetome-naphtone、Kapilin、Kapilon、Kavitine、Kayvite、Menadiol Diacetate、Prorayvit、Vitavel K
水溶维生素		
维生素 B_1 1 IU＝3 μg	盐酸硫胺、硫胺素（盐酸硫胺素、单硝酸硫胺素）、抗神经炎维生素、抗神经炎素、抗脚气病维生素、维生素乙、维生素 F	Betalin、Aneurine Hydrochloride、Antinuritie Vitamin、 Thiamine、Thiamine Hydrochloride、Betaxin、Bevitine、Thiamlne Hydrochloride、Crystovibex、Oryzanin
维生素 B_2 1 IU＝2.5 μg	核黄素、乳黄素、卵黄素、尿黄素、乙二素、生长维生素、维生素 G	Beflavit、 Beflavin、 Riboflavin、Lactoflavin、 Flavitol、 Lactoflavin、Ovoflavin、 Riboderm、 Ribovel、Vitamin G
维生素 B_3	泛酸、泛酸钙、遍多酸、遍多酸钙	Pantonthenic acid、Niacin
维生素 B_4	胆碱（氯化胆碱）、磷酸氨基嘌呤、磷酸腺嘌呤	
维生素 B_5	烟酸、尼克酸、烟酰胺、尼克酰胺、维生素 PP	
维生素 B_6	盐酸吡哆辛、吡哆辛、吡哆醇、吡哆醛、吡哆胺、抗炎素、抗神经炎维生素、羟基吡啶、抗皮肤炎维生素	Adermine Hydrochlorid、Antiderm、Beadox、Becilan、Benadon、Hexavibex、Hexabetalin、 Hexabion、 Pyroxin、Pyridoxine Hydrochloride
维生素 B_9	叶酸、维生素 B_{11}、维生素 M、维生素 B_C	Folacin、Folic acid
维生素 B_{11}	叶酸、蝶酸谷氨酸	
维生素 B_{12}	氰钴胺、钴胺素、钴胺、动物蛋白质因子（APF）、抗恶性贫血维生素、氰钴素、钴维生素、雏鸡生长素	Cobalamin、Cyanocobalamine、Anacobin Berubigen、Bifacton、Bexii、Ducobee Rubivitan、Vibion、Vitral、Cycobemin、Biopaer、Bitevan、Cobamin、Cobalin、Dodex
维生素 B_{12a}	羟钴胺（素）	

（续表）

维生素名称	同 义 名 词	外　　文
水溶维生素		
维生素 B_{13}	乳清酸	Orotic acid
维生素 B_{14}	硫辛酸、二硫辛酸、肝健灵	Acidum Thiocticum、Heparlipon、Lipoic Acid、Lipormone、Lipothion、Tioctan、Thioctacid、Thioctan、Tioctidas
维生素 B_{15}	维生素 B_{15}、泛配子酸（用于肝功能障碍）	Diisopropylaminoacetyl Glueomic Acid、Pangamic Acid、Pangamic Acid、Laetrile
维生素 B_{17}	扁桃晴葡萄糖醛酸（试用于晚期癌症）	
维生素 B_C	叶酸、叶片酸、维生素 M	Folic acid、VitaminB_C、Vitamin M
维生素 B_p		
维生素 B_T	康胃素、肉毒碱、肉碱、左旋肉碱、卡尼丁	Bicarnesine、Novain、Vitamin BT、Carnitine、Levocarnitine
维生素 B_u		
维生素 B_X		
维生素 B_{CO}	复合维生素 B	Vitamin B_1 3 mg、NAA 10 mg、右旋泛酸钙 1 mg、Vitamin B_2 1.5 mg、Vitamin B_6 0.2 mg
维生素 C	抗坏血酸、丙种维生素、丙素	Ascorbic acid、Celin、Cecon、Cevalin、Cevilamic Acid、Ascorvel、Cevitamic Acid、Cevex、Redoxon、Secorbare、Vicelat、Vitascorbol
维生素 F	即维生素 B_1	
维生素 G	即维生素 B_2	
维生素 H_2	生物素、维生素 B_4	Bitin
维生素 H_3	（抗衰老）	Vitamin H_3、Gerovital
维生素 L_1		
维生素 L_2		
维生素 T		
维生素 P	芦丁、路丁、芸香苷（Rutoside）、柠檬素	
柠檬素		Vitamini P、Rutine、Citrin

维生素名称	同 义 名 词	外 文
水溶维生素		
维生素 PP	烟酰胺、抗糙皮病维生素、抗癞皮病维生素、尼克酰胺、尼克酸、维生素 B_5	Nicotinamide、NAA、Hansamide、Aminocotin、Benicote、Nicotylamide、Nicotinic Acid Amide Niacinamide、Dipegyl、 Nicamide、 Nicobion、Nicovitol、Nicozymin、Peloninamide、VitaminB_3、Vitamin PP、Hansamide
	烟酸（Nicotinic Acid, Niaein）、尼亚生、尼克酸（Pantothenic Acid）、烟碱酸、尼古丁酸（Nicotinic Acid）、Nicosode	Bionic、 Etacin、 NA、 Naotin、Niacin、 Nicacid、 Nicoten、Pellagramin、Pelonin、Peviton、PP factor、Vasotherm
维生素 P_4	托克芦丁（抗血小板药）	Vitamin P_4
维生素 M	即叶酸	Folic acid
维生素 U	碘甲基蛋氨酸（胃十二指肠溃疡辅助用药）	Vitamin U、Cabagin
胆碱	胆碱（Choline）	Gossypine
其他维生素（Vitamin-like substances）		
肌醇	环己六醇、肌糖	Inositoli、Cyclohexitd、Cyclohexanehexol、Inosite
黄酮类		Flavonoids、Polyphenols
辅酶 Q	癸烯醌、泛醌-10	Coenzyme Q_{10}、Co-Q_{10}、Ubiquinone-10、Ubidecarenone
葡萄糖耐受因子		
乳清酸	维生素 B_{13}、乳清酸氨咪酰胺、阿卡明、氨基咪唑甲酰胺乳清酸盐、安肝灵、咪唑酰胺	Orazamidi、Orazamide、Aicamine、AICA、Orotate、Aicorate、Oroxamide

（4）赛鸽维生素日需要量　参见营养成分表及饲养标准表。

7. 水营养

（1）水的作用　水是所有生物体不可缺失的重要基础物质，也是组成生物机体的主要组分。鸽体水分占其体重的 $60\%\sim70\%$。从某种程度而言，可以说"水"是衡量机体健康状况和机体细胞老化（干瘪）的重要指标，机体细胞"含水量"是机体衰老的指针。

水也是机体内的重要溶剂，营养物质的消化、吸收、运送和代谢产物的排泄,均需在水中进行;它比热大,对调节体温起着非常重要的作用;还作为关节、肌肉和体腔的一种润滑剂,对组织器官有重要保护作用。

(2) 水的平衡代谢 鸽的水源来自饮用水、饲料中水及代谢水。由于受鸽的种类、品种、鸽龄、体型、饲料组成及生理状态和环境条件等多种因素影响,鸽在常温下饮水量为采食量的 2～2.5 倍。幼龄鸽、雏鸽、雌鸽产蛋期和气温升高时,饮水量明显增加。如气温升至 20℃时,饮水量会明显增加;气温高达 35℃ 时,饮水量会增加到 1.5 倍。

(3) 缺水影响 鸽的缺水要比缺少饲料更难以维持生命。当鸽饥饿时可消耗体内储备的糖原、脂肪、蛋白质来维持生命,甚至可达失去原体重的 40% 仍可维持生命。但当鸽体内丧失 5% 水分时,会出现严重的干渴现象,食欲丧失,消化能力减弱,抗病力下降等;丧失 10% 水分时,会出现严重的代谢紊乱,生理过程遭到破坏,代谢产物排泄困难,血液浓缩、体温升高,健康受损,生长发育迟缓,繁殖力下降甚至停止;丧失 20% 水分时,可致死亡。

(4) 饮水与饮料 饮料是由饮水的基础上发展而来的,在充分保证饮水的基础上,人们发现饮水不

仅单纯为保证机体的基本需求和维持生命的延续,而且要让它生活得更健康,更有生命活力,如展示其不畏风雨的翔姿,从异地快速定向归巢,具备强健的素质,对疾病、应激等不良影响的超强抵抗力等,由此在饮水中添加种种营养保健品,效果确实很好。

① 蜂蜜水:蜂蜜具有清热、补中、润燥、解毒等功效。生用则性凉,能清热;熟(置锅中炼至金黄色)则性温,能补中。甘(甜)而平和,能解毒,柔而濡泽,能润燥。蜂蜜能改善肝脏功能,减轻肝脏负担。蜂蜜中葡萄糖、果糖能很快吸收,及时补充运动能耗,促进机体康复,对激烈运动时消化道黏膜的损伤(溃疡面愈合)有缓解症状和促进消化功能恢复功能。此外,鸽口咽发红、咳嗽上痰、训飞喘息时,可作为辅助治疗使用。含蜜饮水宜勤添勤换;而在鸽毛滴虫感染期,凡有拉稀、完谷不化者不宜使用。

用量为 5 升水加蜂蜜 1 平匙,可作为混饲剂混在饲料中供饲。本品营养丰富,饮水不宜久存,常用蜂蜜配合维他肝精、康飞力、绿色精等供一次性饮用。参赛归巢也可配合电解质一次性供饮。

② 蜂乳:又称"蜂王浆"、"蜂皇浆"、"王浆"、"皇浆"。含丰富的营养物质和众多的生物活性成分,是一种高级营养滋补品。呈乳白

色或淡黄色,有酸、涩、辛辣味为正品。

蜂乳有强壮、滋补、益肝、健脾等功效。用于病后、产(蛋)后、一雄配数雌、育雏过频、赛后虚弱及康复、种幼鸽营养不良、老龄体衰等。小剂量蜂乳有加强机体抵抗力及促进生长作用,而大剂量可抑制其生长发育。

蜂乳兑水供饮或兑水混饲时,必须勤放勤喂,最好一次喂(饮)完。

③ 蜂胶:蜜蜂采集植物嫩芽中的树脂混合唾液及腹部脂腺分泌的蜂蜡,经咀嚼而成的胶状物质。在赛鸽已有应用报道,有较高的保健和药用价值。

④ 电解质饮料:电解质由钠(Na^+)、氯(Cl^-)、钾(K^+)组成,在机体内担负着司理水、电解质平衡的任务。由氯化钠、氯化钾维持血液中的血钠和血钾平衡,血钠过高引起细胞间水肿——水潴留,过低引起血压维持困难而下降;血钾过高引起心脏停搏,过低引起全身乏力而昏厥等。

电解质系世界卫生组织(WHO)在第五次专题会议上一致通过国际公认标准处方:其分为Ⅰ和Ⅱ。

口服补液盐Ⅰ(Oral Rehydration Salts Ⅰ):每包重14.75克。大袋含葡萄糖11克,氯化钠1.75克(共12.75克)。小袋含氯化钾0.75克,碳酸氢钠1.25克(共2克)。

口服补液盐Ⅱ(Oral Rehydration Salts Ⅱ):每包5.58克。含氯化钠0.7克,氯化钾0.3克,枸橼酸钠0.58克,无水葡萄糖4克(使用时加水200毫升溶解)。小包13.95克。含氯化钠1.75克,氯化钾0.75克,枸橼酸钠1.45克,无水葡萄糖10克(使用时加水500毫升溶解)。大包每包27.9克。含氯化钠3.5克,氯化钾1.5克,枸橼酸钠2.9克,无水葡萄糖20克(使用时加水1000毫升溶解)。

⑤ 电解质商品:

a. 复方电解质葡萄糖注射液:1000毫升内含:氯化钠1.75克,氯化钾1.50克,乳酸钠2.24克,葡萄糖100.0克。

b. 口服电解质补液盐Ⅰ:每袋13.75克内含:氯化钠1.75克,氯化钾0.75克,碳酸氢钠1.25克,葡萄糖10.0克。使用时加水500毫升,即成等渗电解质溶液。

c. 鸽用电解质维C粉:每组20克。

甲袋:7.5克,内含氯化钠3.5克,氯化钾1.5克,碳酸氢钠2.5克。

乙袋:12.5克,内含维生素C1.6克,葡萄糖10.9克。

使用时加水1000毫升,即成等渗电解质溶液,供饮用。

⑥ 星期饮料:分为传统星期饮料和现代星期饮料。

⑦ 醋：含浸膏质、3%～5%醋酸、还原糖，高级醇类(醇是醋的前体)、3-羟基丁酮、二羟基丙酮、酪醇、乙醛、甲醛、乙缩醛、琥珀酸、草酸及山梨糖等糖类。醋有治伤散瘀、杀虫、解毒、泻肝利胆、消食开胃、清喉利咽、解暑热毒等功效，尤其在误饮脏水及雨后误饮沟渠、屋檐脏水后，有清理肠道等作用。此外，醋能提高胃液酸度，有利于杀灭胃内微生物，为肠道创造微酸性环境，有利肠道益生菌的生长繁殖。使用方法：每羽1～2滴，每千克水加1～1.5毫升。5升饮水器不宜超过1匙(10毫升/1匙，最好大半匙8毫升为宜)。有的鸽友事先用大蒜头浸醋备用，当然更好。饮醋以每周2～3次，或短期内连饮3天，不宜长期连用。否则会使机体体液偏酸，多服伤肝，引起呕吐。醋不宜和电解质、蜂蜜、葡萄酒等同时使用。

醋除供浴用外，还可供鸽舍空气消毒用，在疾病流行季节采取带鸽蒸熏消毒。使用方法：每平方米1毫升，加水1～2倍稀释，置于废易拉罐(易氧化，只能1次性使用，最好用陶瓷坩埚或陶瓷罐、瓦罐等)内放于鸽舍的上风向处，文火缓缓加热至沸腾，使醋雾状蒸气弥散整个鸽舍角落，有助于预防鸽感冒等呼吸道疾病。

注意宜用米醋等发酵类醋，不宜用白醋或勾兑醋。

⑧ 葡萄酒：给鸽饮用葡萄酒源自西方国家，尤其盛行于生产酿制葡萄酒的欧洲。葡萄酒内含微量的乙醇，有兴奋、解除疲劳、促进血液循环、提供热能等作用。

⑨ 饮水营养添加剂的配制和应用：饮水营养添加剂的应用，需注意一个地域气温差异问题，如长年处于高温、高湿条件下，加上雨季的影响，添加营养添加剂的饮水剂，非常容易成为培养病原体的培养液(基)而传播传染病。因此建议，当气温大于15℃时，饮水中不宜添加营养添加剂，或采取供饲后一次性供饮，饮用后随即拿开更换成清水。营养性添加剂的补充最好混合在饲料中补给。

(5) 水源与水质　鸽饮用水源的水质要求和卫生标准，无论是自来水、井水、河(湖)水、溪水、地下水、雨水等，只要能达到人类饮用水的标准就可以了。

对于营建种鸽繁殖场、赛鸽公棚、大型鸽舍选址而言，那就不一样了，必须对附近的水源进行取样化验(可从网络查询地方的水质化验报告)，尤其利用地下水源时，水样化验更为必要。对于饮用水源和地面水质不符合要求地区，就不宜建场、公棚等，必须另选新址。

① 赛鸽饮用水卫生标准：见表5-9。

表 5 - 9　赛鸽饮用水卫生标准

项　目	饮用水卫生标准
感官性状指标	
色度	不得超过 15 度,不得呈现其他异色
浑浊度	不得超过 5 度
嗅和味	不得有异臭、异味
肉眼可见物	不得出现
化学指标	
pH	6.5～8.5
总硬度(以 CaO 计)	不得超过 250 毫克/升
铁	不得超过 0.3 毫克/升
锰	不得超过 0.1 毫克/升
铜	不得超过 1.0 毫克/升
锌	不得超过 1.0 毫克/升
挥发酚类	不得超过 0.002 毫克/升
阴离子合成洗涤剂	不得超过 0.3 毫克/升
毒理学指标	
氟化物	不得超过 1.0 毫克/升,适宜 0.5～1.0 毫克/升
氰化物	不得超过 0.05 毫克/升
砷	不得超过 0.04 毫克/升
硒	不得超过 0.01 毫克/升
汞	不得超过 0.001 毫克/升
镉	不得超过 0.01 毫克/升
铬(六价)	不得超过 0.05 毫克/升
铅	不得超过 0.1 毫克/升

(续表)

项　目	饮用水卫生标准
细菌学指标	
细菌总数	1 毫升水中不超过 100 个
大肠杆菌群	1 升水中不超过 3 个
游离性余氯	在接触 30 分钟后应不低于 0.3 毫克/升 管网末端不低于 0.05 毫克/升

② 赛鸽繁殖场对于地面水质的卫生要求:见表 5 - 10。

表 5 - 10　赛鸽繁殖场对于地面水质的卫生要求

项目指标	地面水质卫生要求
悬浮物质	含大量悬浮物质的工业废水,不得排入地面水,防止无机物淤积河床
色、嗅、味	不得呈现工业废水和生活污水所特有颜色,无异臭、异味
漂浮物质	地面水上不得出现较明显的油膜和浮沫
pH	6.5～8.5
生化需氧量(5 日,20℃)	不得超过 3～4 毫克/升
溶解氧	不得低于 4 毫克/升
有害物质	不得超过各有关规定的最高容限浓度
病原体	含有病原体的工业废水,必须经过处理和严格消毒

(二) 鸽食谱特性与饲养标准

1. 鸽食谱特性

鸽主要食稻谷、玉米、小麦、高粱、豆类等原粒种子,没有吃动物性饲料的习惯。

鸽对食盐有特殊喜好,一羽成鸽每天需 0.2 克食盐,缺乏时会影响鸽的采食、生长和繁殖,过多会引起食盐中毒。

2. 鸽饲养标准

(1) 饲养参考标准 国内外至今尚无统一的赛鸽的饲养标准,下面列出肉用鸽种鸽饲养参考标准(表 5-11),供借鉴。

表 5-11 肉用鸽种鸽饲养参考标准

生理阶段	粗蛋白 (%)	代谢能 (兆焦/千克)	钙 (%)	磷 (%)	粗纤维 (%)	脂肪 (%)
生长期幼鸽	14～16	12.13	1～1.5	0.65	3.5	2.7
繁殖期种鸽	16～18	12.97	1.5～2	0.85	4.0	3.2
非繁殖期鸽	13～14	12.55	1.0	0.85	4.5	3

(2) 饲养品种不同的饲养标准差异 饲养标准必须针对所饲养的赛鸽特殊性决定,要求以最大的限度来发挥它们的种群优势,表现其参赛竞翔、遗传繁殖等种群优势特性,参考统一的饲养标准,制定适合自己种群的饲养标准——营养推荐量。一般大型品种鸽对能量、蛋白质的需求量较高;而赛鸽对能量、蛋白质的需求量更高。

(3) 饲养环境气温不同的饲养标准差异 环境条件,如炎热的夏季(气温 30℃以上)时,采食量减少,钙、磷等的利用率下降。因而此时应提高日粮饲料的蛋白质比例和钙、磷,并增加维生素,特别是维生素 C(电解质、青饲料类)供给量。

而在寒冷季节(气温 5℃以下),鸽必须增加采食量来维持它们体温的恒定,此时应需要提高日粮饲料中能量饲料的水平。

(4) 饲养管理条件不同的饲养标准差异 受鸽舍饲养管理条件的限制,鸽舍所选择的饲养管理模式不同,如鸽笼饲养,小型或大型棚舍关棚还是开棚饲养,开通棚饲养还是日放飞二次饲养模式,是否外出打野,农村与大城市之间等均存在较大差异。农村饲养模式和外出打野鸽通过采食绿色植物和泥土等,就可从外界获取砾石、泥土、野草植物种子等,对饲料中部分维生素和微量元素类营养物质补充的需求下降,否则就必须额外全量补充,对保健砂配制要求标准得相应提高,对小型笼养鸽、大型关棚鸽、种鸽繁殖场,仅仅提供优质保健砂还不能满足种鸽群的基本需要,此时得另补充自啄剂维他矿物粉。

(5) 饲养生理状态不同的饲养标准差异 一年四季,由于赛鸽繁殖期的人为控制因素,饲养标准应有所差异,赛鸽是否采取鳏居制(寡居制)也有所差异;再加上不同品系鸽间的繁殖率差异等。总之,繁殖率越高、增重速度越快、生蛋孵化率越高的种群中,对营养物质的需求量越大;相反,对繁殖水平较低和人为控制的鸽群,如供给营养过剩,会导致体重过重,过于肥胖,反而会影响繁殖功能。

在换羽期间,鸽对含硫氨基酸和不饱和脂肪酸的需求量大增。此时需加大蛋氨酸等限量含硫氨基酸供应。另外,在饲料中添加3%左右的火麻仁、红花籽、菜籽、葵花籽,可缩短换羽时间,提高换羽质量,保持羽毛光泽。

(三) 饲料的种类及其营养

饲料分为八大类:青绿饲料、青贮饲料、粗饲料、能量饲料、蛋白质饲料、矿物质饲料、维生素饲料和添加剂饲料。下面介绍与鸽有关的青绿饲料、谷实类饲料、能量饲料、蛋白质饲料、脂肪饲料等。

1. 青绿饲料

青绿饲料,简称青饲料。青绿饲料种类繁多、资源丰富,主要包括青饲作物、野草、野菜及水生植物等。青饲料含丰富的维生素,鸽偶尔啄食一些花草的花蕊、嫩芽和菜叶,充其量也只能作为鸽子零食之中的点缀。常用的青饲料有西瓜皮、胡萝卜、韭菜、蒜叶,还有青菜、菠菜、白菜、卷心菜、豌豆苗、苜蓿等青饲料。

在饲用前,必须清洗干净,以免误食被农药污染的青饲料。鸽最喜欢吃西瓜籽,同时将西瓜皮剁碎饲喂。韭菜宜挑新鲜的老细叶的,切成细末供饲。新鲜蒜叶撕成细条,切成细末供饲。

有些鸽友喜欢在青饲料中撒上少许食盐,再轻捏几把,这样鸽就更爱吃,有的鸽友索性将其腌制成一坛绿叶咸菜,时常取用一小撮,作为人鸽间亲和时喂给。但必须控制喂饲量。

2. 谷实类饲料

谷实类籽实是鸽必不可少的碳水化合物精料,其干物质主要是淀粉。干物质含量高低取决于其种类、品种、土壤、种植地区、收获方法和贮藏条件。

淀粉在谷实类中以细粒形态存在于籽粒胚乳中,其淀粉颗粒的大小和形状则随籽实种类的不同而不同。谷实类淀粉由约 25％ 的直链淀粉和 75％ 的支链淀粉组成。

各种谷实类籽实都缺乏钙，含钙量低于 1 克/千克干物质，其含磷量虽较高，为 3～5 克/千克干物质，但其中部分磷是以肌醇六磷酸的形式而存在，有阻止日粮中钙、镁被吸收利用的特性；燕麦中的肌醇六磷酸比大麦、黑麦和小麦中的更高。因而鸽仍处于缺钙状态，还需每天补充保健砂、维他矿物粉等含钙类添加剂。

谷实类饲料都缺乏维生素 D，除黄玉米外，还缺乏 β-胡萝卜素。谷实类是维生素 E 和硫胺素的良好来源，鸽对硫胺素的需要量比其他动物要高得多，尤其在训赛期间。而谷实类中的核黄素含量很低，需额外补充。

3. 能量饲料

干物质中，粗纤维含量低于 18％，粗蛋白低于 20％ 的饲料属能量饲料。其中，每千克消化能在 10.46 兆焦以上的饲料属精饲料。它们是鸽能量的主要来源。

鸽体内所需能量的 70％～90％ 来源于碳水化合物（糖类）。常用的谷实类能量饲料有玉米、小麦、大麦、啤酒酵母、糙米与稻谷、高粱、燕麦、黑麦、谷、粟等。

谷实类饲料大多是禾本科植物的种子。粗蛋白含量低，在 10％ 以

下，且缺乏赖氨酸、蛋氨酸、色氨酸。钙及维生素 A、维生素 D 含量尚不能满足鸽的需要，磷的含量高，但多为植酸磷，利用率低，钙、磷比例也不尽恰当。

（1）玉米　玉米含能量值高，在谷实类饲料中列其为首。碳水化合物占 85％，主要是易消化的淀粉。鸽可将其转换成为热能，不论是平时翔训，还是参加竞赛，玉米是重要的能量来源，且玉米的适口性好，是鸽任何时候都非常爱吃的主食。

玉米的品种多，籽实颜色有白色、黄色或红色等。黄玉米中含一种"玉米黄质"天然色素，是维生素 A 的前体。这种色素可使鸽的胴体脂肪着色而呈现黄色。

金黄色玉米籽实含核黄素（1 毫克/千克）、硫胺素及丰富的 β-胡萝卜素（平均 2.0 毫克/千克）和维生素 E（20 毫克/千克），缺乏维生素 D、维生素 K、维生素 B_{12}。我国产的"小金黄"品种，鸽特别爱吃。

玉米蛋白质含量低（7％～10％），且品质较差，缺乏赖氨酸、蛋氨酸、色氨酸等氨基酸，因而如单纯用玉米饲养赛鸽，同样是养不出好鸽的。

（2）小麦　麦粒的粗蛋白含量在 60～220 克/千克干物质（11.0％～16.2％）的范围内变动，平均含量在

80～140 克/千克干物质,高于玉米。

小麦的能值比玉米、高粱和糙米要低,稍高于大麦和燕麦,粗脂肪含量(1.8%)低,亚油酸仅 0.8%。小麦和大麦富含碳水化合物,约占 96%。此外,蛋白质占 2.5%,脂肪占 1.5%,因而小麦是标准的能量饲料。

在饲料配比中,小麦以不超过 20% 为宜。小麦的种皮即麦麸含丰富的 B 族维生素。

小麦虽富含蛋氨酸、色氨酸等多种必需限量氨基酸,但同时含 β-葡聚糖抗营养因子,即限制机体吸收蛋氨酸、色氨酸等,使这些氨基酸无法被机体吸收利用而排出体外。针对这个问题,现采取在饲料中添加益生酶制剂来解决,同时也解决了鸽舍内粪便恶臭问题。

(3) 大麦 分皮大麦和裸大麦。皮大麦的麦壳占整个麦粒的 10%～14%。有芒刺,供饲前须除芒。籽实代谢能值对鸽为 12.5 克/千克干物质。粗蛋白含量为 60～160 克/千克干物质,平均值 110 克/千克干物质 (12%),高于玉米。

大麦属低蛋白质饲料,赖氨酸、苏氨酸、色氨酸和异亮氨酸含量高于玉米,但其利用率低;粗脂肪含量一般低于 25 克/千克干物质 (2.1%),低于玉米的含量;亚油酸较低,仅为 0.78%;淀粉和糖的含量要比玉米低,其中直链淀粉占 22%～26%、支链淀粉占 74%～78%,且含不易消化利用的 β-葡聚糖抗营养因子;皮大麦含粗纤维较高(6.9%),无氮浸出物和粗脂肪又较低,故消化能值较低。裸大麦含粗纤维低(2.2%),有效能值高于皮大麦;大麦富含维生素 B_1、维生素 B_2、维生素 B_6 和泛酸,而维生素 A、维生素 D、维生素 K 的含量较低;大麦含矿物质主要是磷和钾,其次为钙、镁,钙磷含量比玉米高,且含少量的铁、铜、锰、锌。

大麦含一定量的单宁和 β-葡聚糖,单宁影响大麦的适口性和蛋白质消化率,β-葡聚糖影响大麦的营养价值。大麦能值低,主要用于清除饲料。

(4) 啤酒酵母 啤酒酿造的副产品。包括麦芽渣、啤酒糟、废啤酒花及啤酒酵母。干啤酒酵母富含蛋白质,粗蛋白约 420 克/千克干物质。也是机体多种 B 族维生素合成的重要原料,可消化性高,含磷量丰富,含钙量较低。

啤酒酵母供混饲用,每千克饲料先用混饲耦合剂(营养蒜油或维他肝精、康飞力等)充分拌和,然后加入干啤酒酵母粉 10 克拌匀供饲,每周 2 次即可。

(5) 糙米与稻谷 稻谷按加工精度分稻谷、糙米、精白米、碎米、米末5种。饲鸽只用稻谷和糙米。富含碳水化合物，胚乳含丰富的B族维生素，营养价值很高。米粒含适量蛋白质和脂肪。

谷壳表面粗糙而较坚硬带芒，因而适口性较差，鸽往往在饲喂的最后才去啄取稻谷。

稻谷的粗纤维含量较高，故有效能值要低于玉米和小麦。因其粗纤维多，使得其整个消化过程相对而延长，消化率较低，于是鸽友认为稻谷易饱而耐饥。此外，它含丰富的纤维素，在整个消化过程中需吸收大量的水分，在粪便的形成中须包含充足水分，因而在饲喂稻谷后，鸽的粪便会特别干燥而易成形，这就是鸽友们普遍喜用稻谷的道理。

糙米的粗纤维仅为1%左右，其消化能要高于玉米，为高能饲料；粗蛋白含量（平均7.9%）与玉米接近，其中醇溶蛋白仅5%，故品质优于玉米；淀粉含量高达75%，淀粉微粒呈多角形，在60℃可糊化；脂肪含量（2.0%）并不高，油大多存在于米糠与胚芽中，以油酸与亚油酸为主；矿物质含量较低，仅1.3%，含钙少而含磷多（69%植酸磷）；富含B族维生素，缺乏胡萝卜素，所以糙米的饲喂量不宜多，且要与玉米、啤酒酵母配合使用。

一般在主食中掺入15%～20%的糙米较为合适，在参赛、育雏期间适当增添些，冬季可按上述比例多添加些，而夏季则适当减少。种鸽在育雏期和呕雏期间、参赛鸽集笼前不宜用稻谷。

米粒（精白米）营养价值差于糙米，极少用作鸽饲料。

(6) 高粱　高粱含丰富的碳水化合物，但含抗营养因子——单宁，有苦涩味，因而适口性逊色于玉米、糙米和小麦。我国多数高粱品种的单宁含量为0.04%～3.29%，一般籽粒颜色越深，单宁含量越高。单宁含量低于0.4%的称低单宁高粱，如白高粱，高于1%的称高单宁高粱，如红高粱。高单宁高粱在日粮中用量不超过10%，而低单宁高粱可用到20%。

高粱含相当多的蛋白质，粗蛋白含量（9%～11%）略高于玉米，同样有品质差、不易消化、缺乏赖氨酸和色氨酸等缺陷；而高粱含脂肪与必需脂肪酸略低于玉米，而饱和脂肪酸含量稍高于玉米；淀粉含量和玉米相近，但高粱淀粉受蛋白质覆盖度较高，所以其消化率和有效能值低于玉米；高粱含磷、镁、钾高，而含钙少，磷中70%属植酸磷；维生素B_1、维生素B_6含量与玉米相同，生物素、泛酸、烟酸含量高于玉米，其中烟酸为结合型，利用率较低，而生物素利用率仅20%左右。

(7) 燕麦　一种很有价值的饲料作物，粗纤维含量相当高而能量值低。燕麦壳占籽实总重的20%~35%(平均27%),粗纤维含量高达10%~13%。麦壳含量高的燕麦与麦壳含量低的相比,其粗纤维含量越高,代谢能值就越低。燕麦分皮燕麦和裸燕麦两种。皮燕麦主要供鸽减肥作清除饲料用,而裸燕麦可作能量饲料或小种子配合饲料用。

燕麦的淀粉含量是玉米的1/3~1/2,在谷实类中是最低的,故能值也较低;粗蛋白含量丰富,为70~150克/千克干物质,一般为13%。燕麦蛋白质属低质蛋白,赖氨酸含量高(0.4%),缺乏蛋氨酸、组氨酸和色氨酸(三者含量在20克/千克以下)。燕麦的赖氨酸含量低,略高于其他谷实类。而谷氨酸含量丰富,高达200克/千克干物质。籽实粗脂肪含量3.75%~5.5%,含油量比大多数谷实类都高,且油的60%存在于燕麦胚乳中。燕麦油的不饱和脂肪酸含量高,故有软化体脂肪的作用;亚油酸含量高于油酸,品质较佳。燕麦富含B族维生素,维生素D与烟酸含量均低于其他麦类;含钙较少(平均0.10%),磷较多(平均0.35%),其他矿物质与一般麦类接近。

裸燕麦有更高的营养价值,粗蛋白含量约180克/千克干物质,而粗纤维则低于30克/千克干物质。适合作刚断乳移棚的幼鸽小种子饲料用,也用于换羽期配合饲料。

(8)黑麦 黑麦籽实的成分与小麦很相似,尽管黑麦赖氨酸含量比小麦高,但色氨酸含量却比小麦要低。黑麦是谷实类中适口性最差的,且易引起消化紊乱,因而普遍较少应用。此外,有一种小黑麦是小麦和黑麦的杂交种,粗蛋白含量的变异性很大,含量可从110~185克/千克干物质。其蛋白质含量与小麦相等,而杂交种的蛋白质品质比小麦要好,赖氨酸和含硫氨基酸占蛋白质的比例都比小麦要高。

4. 蛋白质饲料

干物质中粗纤维含量低于18%、粗蛋白含量高于20%的饲料为蛋白质饲料。分植物性蛋白质饲料、动物性蛋白质饲料和单细胞蛋白质饲料。这类饲料的粗蛋白含量高,粗纤维含量低,可消化养分含量高,作为配合饲料的精饲料部分。

植物性蛋白质饲料分籽实类和饼粕类及其他加工副产品,而鸽只吃籽实类饲料,有豌豆、蚕豆、绿豆、赤豆、大豆等。

(1)豌豆 豌豆含粗蛋白25.3%,粗脂肪1.7%,无氮浸出物53.6%,粗纤维5.7%,灰分2.9%,是较好的蛋白质和高碳水化合物饲料,也是鸽的主要豆类蛋白质饲料。

鸽喜食豌豆,在训赛、育种期

间,提高豌豆在饲料中的配比,对肌肉的增重和种蛋蛋白比的提高极其有利。但几乎所有豆类饲料在摄食后需吸收大量水分,在消化吸收过程中需消耗大量消化酶,因而在集鸽当天不宜过多饲喂。平时的饲料配比中,豌豆以20%左右为宜。深绿色小颗粒豌豆和麻色豌豆比白色豌豆适口性好,但蛋白质含量却略逊于白色豌豆,因而以按配比掺杂混用为好。此外,野豌豆、枫豆等的营养价值基本上相类似。

(2)蚕豆 蚕豆含粗蛋白25.5%,粗脂肪1.5%,无氮浸出物49.4%,粗纤维8%,粗灰分3.1%。蛋白质含量仅次于大豆,而高于其他豆类,碳水化合物达50.9%,也高于其他豆类,脂肪占1.25%,是较理想的蛋白质饲料。蚕豆的颗粒较大,鸽不易吞食。我国鸽友原本没有饲喂蚕豆的习惯。欧洲盛产一种颗粒特小的蚕豆,近年来有的地区有引进种植。其实大蚕豆经破碎,鸽还是喜欢吃的,特别对雏鸽的发育很有帮助。可事先将蚕豆浸泡,每天早晚两次给雏鸽额外补充蛋白质,效果十分显著,且还有保护和减轻亲鸽呕饲体能下降的功效,做到亲鸽经"呕"而不衰。蚕豆在日粮中不宜超过10%,否则因蚕豆吸水过多而膨胀,造成鸽体不适甚至死亡。

(3)绿豆与赤豆 绿豆含粗蛋白23.1%,无氮浸出物55.6%,粗脂肪1.1%,粗灰分3.7%。赤豆又称红豆,其蛋白质营养价值与其他豆类相似,是鸽的理想饲料。

绿豆具有清热解暑、清凉解毒作用,暑期适量添加些绿豆(约占5%),对鸽的防暑降温有一定作用;在逢气候异常炎热的情况下,育雏期和赛期适当增加些绿豆大有裨益。赤豆有养血、活血、补血功能,在严寒季节、翔训和育雏期间适量喂些赤豆(约3%),有利于健康保健。

(4)大豆 根据我国食用大豆国家标准(GB1352-86),将大豆依种皮颜色分为:黄豆、青豆、黑豆、其他大豆和饲用豆5类,其中以黄豆所占比例最大(63%),其次黑豆(14%)。大豆的营养价值高于豌豆,粗蛋白质含量高(35%~40%),氨基酸组成平衡,其中赖氨酸含量超过2%,蛋氨酸等含硫氨基酸稍欠缺;粗纤维含量(4%)比玉米高,而与其他谷实类相当;脂肪含量高达19%,有效能值高于玉米,是高能高蛋白饲料,脂肪酸中约85%是不饱和脂肪酸,营养价值高;矿物质和维生素类含量与谷实类相仿,也是钙少(0.27%)而磷多(0.48%),主要是植酸磷,且硫含量较高;维生素E含量较高,叶酸、胆碱、生物素含量也较丰富。

大豆碳水化合物占 40%，是营养价值相当均衡，极为优质的饲料，但适口性较差，鸽并不爱吃。此外，生大豆中含多种抗营养因子（如胰蛋白酶抑制因子、植物凝集素、抗原因子、致甲状腺肿大因子、肠胃胀气因子、抗维生素因子、尿素酶、皂角苷等），其中的抗胰蛋白酶含量要比其他豆类高，且生大豆中还含较高的皂素，如采食量过大，可引起鸽拉稀、生长停滞、胰腺增生等，严重影响大豆的营养价值与利用效果。因此，大豆必须经物理加热（经烘焙、炒、煮、蒸汽、微波、膨化）处理（110℃，3 分钟），或化学方法和生物学方法（如酶法、发芽）等处理后，使其中的抗营养因子活性降低或灭活后才能供饲，从而提高蛋白质的利用率。我国东北等不少地区的鸽友有长期以大豆作主食供饲的，鸽并不会出现呕吐等现象，育雏期间也是同等对待，雏鸽照常能发育良好，这是当地鸽已适应的缘故吧！一般日粮中，大豆的配比不宜超过 5%。

赛鸽常用蛋白质饲料营养成分见表 5-12。

表 5-12　赛鸽常用蛋白质饲料营养成分

品名	水分 （%）	纤维素 （%）	蛋白质 （%）	脂肪 （%）	碳水 化合物 （%）	钙 （%）	磷 （%）	灰分 （%）	热量（兆焦） （100 克产热）
豌豆	13.4	6.0	21.7	1.0	55.7	0.32	0.82	2.2	1.40
大豆	12.0	4.5	34.3	17.5	26.7	0.24	0.34	5.0	1.64
蚕豆	13.3	5.8	26.0	1.2	50.9	0.65	0.37	2.8	1.38
绿豆	11.8	4.7	23.1	1.1	55.6	0.16	0.40	3.7	—
赤豆	8.4	4.8	34.6	16.5	31.1	0.24	0.45	4.6	—

5. 脂肪饲料

脂肪饲料即油脂饲料，俗称油性饲料。一般含较高的蛋白质，适口性较好，鸽喜欢相竞啄取，因而鸽友们常用油脂饲料来引诱鸽，用来培养鸽和人的亲和力。但长期饲用过多，会引起鸽过于肥胖。在赛期及换羽期间，日粮中适当添加些脂肪饲料，可增强羽毛的光泽，对瘦弱鸽可起增肥作用。常用的有芝麻、菜籽、花生仁、葵花籽、麻仁、亚麻仁、红花籽等。

（1）芝麻　脂肪含量高达 25.6%。有黑芝麻和白芝麻两种。黑芝麻的脂肪含量明显高于白芝麻。鸽一般用白芝麻。有人主张在超大运动量训赛时期和参赛前添加 20%～30%，换羽后期添加到 10%。而笔者认为，油脂饲料虽在换羽期对提高羽毛质量有很大帮助，但不宜过多添加，一般饲料中以日添加 3%～5% 已足够了。此外，芝麻颗粒过小,混饲供饲往往会产生吃食不匀,且鸽啄食占据食槽的时间过长,养成喂时过长的陋习,不利于快速进舍集体供饲,因此一般不采取混饲供给,而主张在饲喂后,作为鸽主与鸽之间培养感情时使用,或平时家训归巢"犒劳三军"时使用。至于参赛鸽归巢的当天,饲料宜清淡,不适宜给高脂肪、高蛋白质饲料,主张到第2天,开始提供高脂肪、高蛋白质饲料。

(2)菜籽 含脂肪达43.7%,不宜过多饲喂,喂过多会产生中毒性呕吐(因而菜籽饼不宜供鸽饲用)。菜籽能使羽毛增加光泽度,有人主张在混合饲料中掺入10%～15%。笔者认为,菜籽和芝麻一样,宜以日添加3%～5%较为适合。

(3)花生仁 即花生米。是鸽很好的脂肪饲料。含脂肪高达46.6%,花生油中含亚油酸37.9%,在换羽期间添加2%～3%花生仁,可促进羽毛生长,增加光泽度。花生颗粒较大,起初饲喂时往往是啄啄放放,但只要过一个时期,就会争相啄食了。幼鸽起初也是如此,待看到其他鸽争食时会逐步模仿,不久就加入争食队伍了。在每天饲喂后,可再将花生仁、火麻仁等作为奖励饲料,以提高鸽与饲主的亲和力。

(4)葵花籽 即葵花仁。含脂肪20%,碳水化合物含量高达52.3%。脂肪中富含亚油酸58.7%,亚麻酸0.2%。亚麻酸有增加血管弹性、提高机体免疫力、促进生长发育速度、提高繁殖功能的作用。亚油酸是合成前列腺素的前体物质。前列腺素可调节雌鸽生殖器官的运动功能,还可提高产蛋率、种蛋受精率和孵化率,促进羽毛生长,增加羽毛光泽度。葵花仁适口性不如菜籽、花生等,且消化缓慢。鸽对长粒葵花籽不易吞食,而短粒小葵花籽比较理想。换羽期添加2%～3%;葵花籽和麻仁共3%～5%为宜。

(5)麻仁 药用名火麻仁,俗称麻子、麻籽,有的地区称大麻子、大麻仁等。含粗蛋白21.5%,粗脂肪30.4%,其中主要是不饱和脂肪酸,无氮浸出物15.9%,粗纤维18.8%,粗灰分4.6%。含脂肪油约30%,高的达50%,为所有脂肪饲料首位,热量也占各类饲料首位。油脂中还含亚油酸54.5%,亚麻酸25%,油酸12.5%。含较高的维生素E,对种鸽精、卵的形成有促进作用;提高受精率、孵化率和换羽质量。赛鸽在换羽期间(8～11月份)增喂火麻仁,促进羽毛生长,提高质量和亮度。将火麻仁与葵花仁按1∶2比例饲喂,效果更好。麻仁的适口性非常好,鸽很爱吃。但含少量大麻酚,须逐日添加,如不慎一次过量饲喂,可引起麻酚中毒。建议适量均衡饲喂,平时每周1～2次,换羽期增加到每周2～3次。

(6) 亚麻仁　药用名亚麻子,又称胡麻子。其适口性不及麻仁,含脂肪30%～48%,蛋白质18%～33%,亚麻酸21%～45%,亚油酸25%～59%和维生素A。此外,尚含少量氰苷(即亚麻苦苷),此苷可产生氰酸,含量达0.17%～1.5%;当氰酸含量在0.008%～0.08%时即可产生氰中毒。

(7) 红花籽　又称白麻籽、白花籽。药用和产地称红蓝子、白平子。菊科植物红花的果实。含油30.2%,种仁含油45%～49%。油中含亚油酸73.6%～78.0%,油酸12.0%～15.2%,以及肉豆蔻酸、棕榈酸、硬脂酸、棕榈油酸;种仁含蛋白质61.5%～63.4%。红花籽作用类似于药用红花,有活血、解毒(散毒)功效;促进发情,增强繁殖功能,提高受精率、孵化率等优于火麻仁。本品辛、温、无毒,但过量饲用可引起中毒,尤其番红花籽,毒性略大。

赛鸽常用脂肪饲料营养成分见表5-13。

表5-13　赛鸽常用脂肪饲料营养成分(%)

品名	水分	纤维素	蛋白质	脂肪	碳水化合物	灰分	热量(兆焦)(100克产热)
芝麻	13.6	2.03	27.1	25.6	7.3	—	1.54
菜籽	9.5	8.2	19.5	43.7	15.0	4.0	2.24
花生	7.6	1.7	25.6	46.6	1.64	2.1	2.31
葵花籽	11.4	4.7	7.8	21.0	52.3	2.8	1.82
火麻仁	7.0	2.9	19.7	50.9	14.2	5.3	2.36

(四) 配合饲料

配合饲料即"日粮配合饲料"。指直接采用未经加工的植物籽实颗粒原粮,按照赛鸽特点和不同生理阶段需求,采取将各种单一颗粒原粮按不同配比进行混合包装应市的商品饲料。

1. 配合饲料特点

鸽友可采取用各种单一原粮,在饲用前按照自己鸽舍的具体情况、鸽群需求,参照配比灵活掌握运用,随配随用。

2. 传统饲喂模式和现代饲喂模式的变化

鸽传统配合饲料分两部分:一部分是基本日粮饲料,另一部分是保健砂类添加剂。按照过去传统的饲喂方式,鸽以采食作物原粒粮食为主,由于饲料的稳定性差,往往不能获取全价平衡的营养物质,且饲料浪费严重,因而有人认为配制预混合颗粒饲料将是今后养鸽发展的方向。

然而随着科学养鸽知识的普及,尤其在赛鸽竞翔领域,新赛制的导入、推广和应用、声讯报到技术的实现和GPS鸽舍定位的实现,使得参赛鸽的赛绩分速计时,胜负已提升到百分之一秒之差。在如此激烈竞争赛制的催促下,对培育赛鸽"运动员"强健素质和体能贮备的要求也越来越高,对赛鸽的赛前训翔、巅峰状态调节等,都已成为参赛鸽友们重点关注和研究的重要课题。鸽友们已不能满足于原来的单纯传统配合饲料加保健砂的饲喂模式,于是纷纷探索用各种方式,结合训练调教措施来提高参赛鸽的竞翔分速,由此赛鸽保健品市场也就同步应运而生,赛鸽保健品在赛鸽饲喂模式方面发生了新的提升和变革。因而现代赛鸽的饲喂模式应该说是:基本日粮配合饲料和鸽用保健品——预混合饲料营养添加剂(包括保健砂)的结合和灵活运用。

至于"预混合颗粒饲料"的产出,仍将是现代赛鸽日粮发展探索的方向。

3. 日粮配合饲料配制应注意的问题

① 要以作物原粒粮食饲料为主:这是鸽喜吃原粮粒料的需要。

② 要注意不饱和脂肪酸的供给:日粮中脂肪含量不能过高。在少量的脂肪饲料中,要特别注意含亚麻酸类饲料的配比供给。

③ 传统的与现代的两种矿物元素和维生素添加方式:传统的饲养方式是,矿物元素和维生素以添加在保健砂内的形式供给。但应注意营养的全面和平衡,保健砂应随配随用,防止长期保存引起元素之间的化学反应及维生素的降解。此外,还存在维生素等营养物质易被泥土中硅酸盐吸附、破坏和难以释放的弊端。现代的饲养方式是,在保健砂以外,采取混饲法供给或直接添加维他矿物粉来补充微量矿物元素和维生素类营养饲料添加剂。

④ 保证供应清洁饮水。

4. 配合饲料的配制及其注意事项

(1) 注意合理需求,体现个性化 按照赛鸽的种类、品种、体型、年龄、生理阶段和生理需求不同,参考合适的饲养标准,结合本地区经纬度、地理位置、气候特点、饲养目标,进行饲料的配合。此外,还须结合本繁殖场、舍的具体情况和目标需求灵活掌握,进行配比调整组合,强调体现个性化,不可照搬饲养标准。

(2) 注意四期、四季不同需求 赛鸽在不同年龄、生理阶段及处在不同季节的育种育雏期、赛期、换羽期等,对营养物质的不同需求与特殊需求,为获得优良遗传基因、优化基因变异,培育优良强健的后代,取得优良赛绩,必须按照科学的饲养标准,采取多种饲料合理配比组成日粮配合饲料。

(3) 注意开发当地饲料资源 要注意尽量开发当地或就近的饲料资源,务必实行经济核算,在保证营养前提下,尽可能选用本地区或就近地区产量高、来源广、营养丰富、价格低廉的饲料原料进行日粮配合。

(4) 注意适口性 在配方设计时,应熟悉鸽群的嗜好、需求、适口性。

(5) 注意多种饲料配比组合 要尽量选用多种饲料进行配比组合,鸽群对营养物质的需求是多方面且多样化的。因而要选用营养特点不同的多种饲料进行配合,发挥各种饲料的营养优势互补。一般选用的饲料品种,应顾全能量饲料、蛋白饲料和脂肪饲料的不同配比组合,至少 3~5 种。

(6) 注意精粗配比适当 结合鸽群的消化生理特点,日粮饲料精粗配比适当。且粗饲料的配比不宜过高,一般粗纤维饲料的配比为

3%~5%。

(7) 注意调节采食量 鸽有根据日粮中能量饲料配比调节采食量的特点,要注意日粮中营养物质含量与能量饲料的配比量,避免采食过量或不足。

(8) 注意有效性、安全性和无害性 在保证营养全价的同时,要注意有效性、安全性和无害性。不得使用受潮霉变、虫蛀及有害有毒的饲料配制混合饲料。

(9) 注意能量物质及营养物质的配比量 按照季节、气温的变化,灵活调控日粮中的能量饲料及营养物质的配比量。

(10) 注意允许误差限值 配制好的混合饲料营养水平要与选用的饲养标准基本符合,允许误差限值为±5%。

5. 配合饲料的配制所需资料

(1) 营养需要量与饲养标准 不同的国家和地区都根据自己的实际情况制定了各自的鸽饲养标准。我们在进行配合饲料生产时,应结合自己国家或本地区的实际生产能力、生活水平及鸽的种类,按本场(舍)的实际情况,在标准的基础上进行上下浮动 5%~10%。

(2) 鸽常用饲料营养成分和参考饲养标准 见表 5-14 至表 5-19。

表 5 - 14　鸽常用饲料主要营养成分(一)

饲料名称	粗蛋白(%)	粗脂肪(%)	纤维素(%)	蛋氨酸(%)	赖氨酸(%)	色氨酸(%)	胱氨酸(%)	钙(%)	磷(%)
玉米	7.8	4.0	2.25	0.15	0.33	0.15	0.11	0.03	0.18
小麦	11.9	2.0	1.8	0.17	0.31	0.12	0.21	0.05	0.79
高粱	8.6	3.3	5.5	0.18	0.37	0.13	0.19	0.05	0.12
稻谷	6.08	1.26	10.77	0.19	0.30	0.11	0.10	0.03	0.25
糙米	7.5	1.45	1.1	0.14	0.24	0.12	0.08	0.04	0.08
大米	7.8	1.45	0.4	0.18	0.34	0.12	0.18	0.09	0.13
豌豆	22.2	1.70	5.6	0.20	1.56	0.20	0.13	0.32	0.82
竹豆	21.7		5.9						
绿豆	22.6	1.1	4.7	0.24	1.49	0.21		0.06	0.40
红豆	22.2			0.19	1.62	0.16	0.02		
蚕豆	24.5	1.6	7.5	0.18	1.54	0.22	0.24	0.65	0.37
大豆	17.9		8.0						
小豆	22.2		4.9	0.23	1.20	0.16	0.17	0.07	0.31
火麻仁	34.3	7.6	9.8	0.44	1.18	0.40	0.31	0.24	0.20
黑豆	34.6	16.5	6.2	0.37	2.18	0.43	0.55	0.24	0.45
黄豆	38.1	13.1	4.1	0.40	2.30	0.40	0.55	0.24	0.34

注:由于受日粮饲料产地、检测样品影响,所测得营养数据也有所差异。

表 5 - 15　鸽常用饲料主要营养成分(二)

饲料名称	代谢能(兆焦/千克)	干物质(%)	粗蛋白(%)	粗脂肪(%)	粗纤维(%)	钙(%)	总磷(%)	有效磷(%)
玉米	14.02	88.4	8.6	3.5	2.0	0.04	0.21	0.06
小麦(北方)	12.47	88.0	12.9	1.8	2.5	0.09	0.31	0.09
小麦(南方)	12.30	88.0	11.4	1.8	2.0	0.04	0.38	0.11
高粱	12.72	89.3	8.7	3.3	2.2	0.09	0.28	0.08
大麦	11.13	88.8	10.8	2.0	4.7	0.12	0.29	0.09
稻谷(南方)	10.67	90.6	8.3	1.5	8.5	0.07	0.28	0.08
糙米	13.97	87.0	8.8	2.0	0.7	0.04	0.25	0.08
碎米	14.10	88.0	8.8	2.2	1.1	0.04	0.23	0.07
粟米(谷子)	10.13	91.9	9.7	2.6	7.4	0.06	0.26	0.08

（续表）

饲料名称	代谢能（兆焦/千克）	干物质（%）	粗蛋白（%）	粗脂肪（%）	粗纤维（%）	钙（%）	总磷（%）	有效磷（%）
小米	14.05	86.8	8.9	2.7	1.3	0.05	0.32	0.10
燕麦	11.30	90.3	11.6	5.2	8.9	0.15	0.33	0.10
大豆	14.05	88.0	37.0	16.2	5.1	0.27	0.48	0.14
黑豆	13.10	88.0	37.3	13.9	6.6	0.24	0.48	0.14
豌豆	11.42	88.0	22.6	1.5	5.9	0.13	0.39	0.12
蚕豆	10.79	88.0	24.9	1.4	7.5	0.15	0.40	0.12
蛋壳粉	—	—	—	—	—	37.00	0.15	0.15
贝壳粉	—	—	—	—	—	33.40	0.14	0.14
碳酸钙	—	—	—	—	—	35.00	—	—
磷酸钙	—	—	—	—	—	32.10	18.30	18.30
磷酸氢钙	—	—	—	—	—	24.30	19.00	19.00

表5-16　鸽常用饲料氨基酸含量（三）

饲料名称	氨基酸（%）													
	赖氨酸	蛋氨酸	胱氨酸	色氨酸	苏氨酸	异亮氨酸	组氨酸	缬氨酸	亮氨酸	精氨酸	苯丙氨酸	酪氨酸	甘氨酸	丝氨酸
玉米	0.27	0.13	0.18	0.08	0.31	0.29	0.24	0.46	1.05	0.44	0.47	0.32	0.34	0.38
小麦（北方）	0.33	0.11	0.21	0.14	0.34	0.40	0.27	0.57	0.80	0.53	0.59	0.40	0.49	0.52
小麦（南方）	0.34	0.10	0.21	0.15	0.33	0.40	0.26	0.53	0.77	0.57	0.57	0.39	0.46	0.50
高粱	0.17	0.08	0.12	0.08	0.25	0.24	0.17	0.36	1.05	0.32	0.44	0.32	0.30	0.32
大麦	0.37	0.13	0.22	0.10	0.36	0.37	0.18	0.55	0.70	0.51	0.50	0.34	0.41	0.46
稻谷（南方）	0.31	0.10	0.12	0.09	0.28	0.29	0.17	0.47	0.58	0.61	0.36	0.32	0.36	0.40
糙米	0.29	0.08	0.14	0.12	0.28	0.30	0.17	0.49	0.61	0.65	0.34	0.42	0.35	0.41
碎米	0.34	0.18	0.18	0.12	0.29	0.32	0.19	0.46	0.59	0.67	0.40	0.38	0.37	0.44
粟米（谷子）	0.18	0.22	0.18	0.17	0.29	0.30	0.16	0.52	0.79	0.26	0.42	0.28	0.31	0.47
小米	0.15	0.26	0.21	0.20	0.34	0.42	0.20	0.55	1.38	0.32	0.59	0.39	0.34	0.39
燕麦	0.40	0.20	0.17	0.15	0.47	0.43	0.25	0.63	0.88	0.87	0.58	0.36	0.61	0.63

（续表）

饲料名称	氨基酸（%）													
	赖氨酸	蛋氨酸	胱氨酸	色氨酸	苏氨酸	异亮氨酸	组氨酸	缬氨酸	亮氨酸	精氨酸	苯丙氨酸	酪氨酸	甘氨酸	丝氨酸
大豆	2.30	0.40	0.55	0.40	1.41	1.77	0.94	1.80	2.94	2.92	1.81	1.32	1.64	2.03
黑豆	2.18	0.37	0.55	0.43	1.49	1.69	0.80	1.72	2.91	2.75	1.93	1.31	1.58	1.77
豌豆	1.61	0.10	0.58	0.18	0.93	0.85	0.69	0.99	1.55	2.88	1.05	0.73	1.01	1.13
蚕豆	1.66	0.12	0.20	0.21	0.94	1.01	0.64	1.18	1.83	2.46	1.04	0.86	1.07	1.33

表 5-17　鸽常用饲料维生素含量（四）

饲料名称	维生素（毫克/千克饲料）							
	胡萝卜素	硫胺素	核黄素	烟酸	泛酸	胆碱	叶酸	生育酚
玉米	4.8	—	1.3	26.6	5.8	—	—	—
小麦	—	5.1	1.3	56.2	12.5	1 026.0	0.44	
高粱	—	3.7	1.1	41.9	11.0	662.0	0.20	
大麦	—	4.0	1.3	44.0	7.3	930.0	0.30	36.0
稻谷	—	2.7	0.9	34.0	11.0	1 014.0	—	—
糙米	—	2.8	1.1	30.3	11.0	1 014.0	0.40	13.5
燕麦	—	6.4	1.6	18.0	14.9	170.0	0.40	2.0
小米	0.12	6.6	0.9	16.0				
大豆	—	1.8	2.4	15.9	10.8	2 178.0	0.53	
黑豆	0.4	5.1	1.9	25.0	—			
豌豆	—		18.9	5.1	713.0		0.40	
蚕豆	—							
绿豆	0.22	5.3	1.2	1.8	—			

表 5-18　鸽常用饲料微量元素含量（五）（每千克日粮饲料含量）

饲料名称	微量元素（单位：毫克/千克）					
	铁（Fe）	铜（Cu）	锰（Mn）	锌（Zn）	钴（Co）	硒（Se）
玉米	100	3.6	7.0	24.0	—	—
小麦	30	8.2	50.7	38.4	0.12	

(续表)

饲料名称	微量元素(单位:毫克/千克)					
	铁(Fe)	铜(Cu)	锰(Mn)	锌(Zn)	钴(Co)	硒(Se)
高粱	—	9.7	14.6	26.5	—	—
大麦	50	7.6	16.3	15.3	—	0.10
稻谷	40	3.3	17.6	1.8	—	—
糙米	40	3.3	17.6	1.8	—	—
燕麦	70	5.9	38.2	—	—	0.30
小米	47	5.5	9.5	25.7	—	—
大豆	100	27.6	20.9	41.2	—	0.09
黑豆	68	10.8	—	—	—	—
豌豆	100	—	12.0	50.0	0.01	—
蚕豆	100	8.3	54.0	55.0	0.03	—
绿豆	680	8.3	—	—	—	—

表 5 - 19 鸽参考饲养标准(六)

营养物质成分	青年鸽	非育雏期种鸽	育雏期种鸽
代谢能(兆焦/千克)	11.7	12.5	12.9
粗蛋白质(%)	13~14	14~15	17~18
粗纤维(%)	3.5	3.2	2.8~3.2
钙(%)	1.0	2.0	2.0
磷(%)	0.65	0.85	0.85
蛋氨酸(克/千克)	1.8	1.8	1.8
赖氨酸(克/千克)	3.6	3.6	3.6
缬氨酸(克/千克)	1.2	1.2	1.2
亮氨酸(克/千克)	1.8	1.8	1.8
异亮氨酸(克/千克)	1.1	1.1	1.1
苯丙氨酸(克/千克)	1.8	1.8	1.8
色氨酸(克/千克)	0.4	0.4	0.4
维生素 A(国际单位/千克)	4 000	4 000	4 000
维生素 B_1(毫克/千克)	2	2	2
维生素 B_2(毫克/千克)	24	24	24
维生素 B_6(毫克/千克)	2.4	2.4	2.4

（续表）

营养物质成分	青年鸽	非育雏期种鸽	育雏期种鸽
烟　酸(毫克/千克)	24	24	24
维生素 B_{12}(毫克/千克)	0.004 8	0.004 8	0.004 8
维生素 D_3(国际单位/千克)	900	900	900
维生素 E(国际单位/千克)	20	20	20
维生素 C(毫克/千克)	14	14	14
生物素(毫克/千克)	0.04	0.04	0.04
泛　酸(毫克/千克)	7.2	7.2	7.2
叶　酸(毫克/千克)	0.28	0.28	0.28

由于至今还没有赛鸽的饲养标准，以上表格数据主要引自程世鹏、单慧主编《特种经济动物常用数据手册》。除体重差异外，绝大部分数据都和赛鸽基本上是一致的，因而这些数据仍宜作为赛鸽养殖生产、疾病防治、科学研究和教学中不可缺少的参考依据。

这些数据的采集来自鸽的关笼（关棚）静止饲养状态，也包含育雏期状态下的数据。而对于赛鸽的训赛期，其代谢能和维生素需要量则肯定是要高于此项标准。除此之外，在换羽期间，其氨基酸的需求量必定会有明显上升。即便是处于同一鸽舍的鸽群，由于它们的生理状态和饲养条件不同也会有所波动，如雄鸽的叮蛋期，雌鸽的孕卵期及孵蛋育雏期间，随着它们之间的代谢能不同，营养标准的需求量也会截然不同。

好在日粮的配比组合，必然是先通过理论数据的计算，随后再按实际需求进行调整。理论上计算出的数据并不能真正代表每羽鸽的真正需求量，何况人们也更不可能来直接干预每一羽鸽所摄取的营养代谢能，因为每一羽鸽进饲时，还得根据它的食欲、健康状况和营养需求来自行选择日粮饲料的摄取。也就是说，饲料配比的合理性是针对整个群体主流而设计出来的，而每羽鸽的啄食选取、机体平衡、生理代谢、营养摄取、消耗与实际需求量也不可能是完全一致的。除此之外，鸽体内也有自然平衡调节机制存在，也不可能会完全按照人们的意图来强制进行营养摄取的分配和调节。不过配合饲料的代谢能计算和按配比供应关系，确实可直接影响到整个鸽群的营养平衡和健康素质，只要能提供合理的营养代谢能，正确按照鸽群的不同生理特点与运动赛能的动态需要进行合理调节提供补充，必然会兑现完全不同的实际效应，这也是无须争辩的事实，两者均不可偏离。

(3) 采食量　赛鸽的采食量往往受季节、气温、饲料营养、适口性、品种、性别、体重、生理阶段、运动消耗量等的不同而存在较大的差异。一般气温越低、饲料营养越低、体重越大、运动消耗量越大，采食量越大。

(4) 日粮饲料的大致配比　由于饲料原料的营养特点不同，在日粮中所占的配比也不同。在生产实践中，常用饲料原料的大致配比为：谷实类能量饲料，40%～70%；蛋白饲料，15%～25%；矿物质饲料，1%～7%；微量元素、维生素等添加剂，0.5%～1.5%；食盐，0.3%～0.5%。

6. 配合饲料配制的分配比例

传统的饲料配方包括基本日粮饲料配方和保健砂配方；而现代的饲料配方则采取基本日粮饲料配方与预混合饲料添加剂并重，改变为饮水、混饲供应，配制的分配比例如下。

① 能量饲料：最好3～4种，占总量的70%～90%。育雏前期种鸽，占70%～80%；育雏后期种鸽，占75%～80%；非育雏期种鸽，占85%～90%。

② 蛋白质饲料：最好1～2种，占饲粮总量的10%～30%。育雏前期种鸽，占20%～30%；育雏后期种鸽，占20%～25%；非育雏期种鸽，占10%～15%。

7. 配合饲料的配制计算方法

日粮配合饲料的计算方法很多，有交叉法、联立方程法、试差法等。下面仅以简易而常用的试差法为例。

(1) 选择不同的饲养标准　查出赛鸽各个生理时期年龄段的日营养需要量，还查阅或根据不同生理周期的代谢能计算出配对育种期、育雏呕雏期、翔训参赛期、秋令换羽期、冬令养息期等，以及处于不同季节、不同地区、不同经纬度及不同气候条件下，赛鸽对于能量(碳水化合物)饲料、蛋白质饲料、脂肪(油性)饲料的日营养需要量配比进行调整。

以青年鸽标准配合饲料为例：代谢能 11.7 兆焦/千克，粗蛋白13%～14%，钙1.0%，磷0.65%，赖氨酸3.6%，含硫氨基酸0.81%。

(2) 分析各种日粮饲料营养成分含量　根据当地饲料资源，选择饲料分析或查出其营养成分含量。

(3) 配合饲料的试配　日粮配合饲料原料配比，并计算出能量和蛋白质的水平，与标准进行比较(表5-20)。

表 5－20 青年鸽标准配合饲料试配结果

项　目	比例(%)	代谢能(兆焦/千克)	粗蛋白(%)
玉米	35	$14.02 \times 0.35 = 4.907$	$8.6 \times 0.35 = 3.07$
小麦	20	$12.30 \times 0.2 = 2.46$	$11.4 \times 0.2 = 2.28$
豆类	20	$11.42 \times 0.2 = 2.284$	$22.6 \times 0.2 = 4.52$
高粱	20	$12.72 \times 0.2 = 2.544$	$8.7 \times 0.2 = 1.74$
糙米	2	$13.97 \times 0.02 = 0.279$	$8.8 \times 0.02 = 0.176$
其他(麻籽)	3	$10.46 \times 0.03 = 0.314$	$34.3 \times 0.03 = 1.029$
合计	100	12.79	12.82
与标准比较		$12.79 \geqslant 11.7 = 1.09$	$12.82 \leqslant 13 \sim 14 = 0.18$

(4) 配合饲料分析与调整　试配结果与标准进行比较,代谢能高于标准 1.09,粗蛋白近似低标准,相差 0.18,应适量调整。

(5) 配合饲料配方的调整　本配方调整是降低代谢能,增加蛋白质(氨基酸)含量(表 5－21),至于钙、磷的调整,计算方法相似,不再赘述。

调整配方,增加豆类和少量麻籽,而减少小麦配比(表 5－21)。然后按照育雏、训赛、换羽等需要,结合本地区日粮饲料价格调整配比,组成多种不同代谢能量比、蛋白质、钙、磷含量的产品。

表 5－21 青年鸽标准配合饲料调整配方结果

项　目	比例(%)	代谢能(兆焦/千克)	粗蛋白(%)
玉米	35	$14.02 \times 0.35 = 4.907$	$8.6 \times 0.35 = 3.07$
小麦	13	$12.30 \times 0.13 = 1.599$	$11.4 \times 0.13 = 1.482$
豆类	25	$11.42 \times 0.25 = 2.855$	$22.6 \times 0.25 = 5.65$
高粱	20	$12.72 \times 0.2 = 2.544$	$8.7 \times 0.2 = 1.74$
糙米	2	$13.97 \times 0.02 = 0.279$	$8.8 \times 0.02 = 0.176$
其他(麻籽)	5	$10.46 \times 0.05 = 0.523$	$34.3 \times 0.05 = 1.715$
合计	100	12.71	13.83
与标准比较		$12.71 \geqslant 11.7 = +1.0$ 符合	$13.83 = 13 \sim 14$ 符合

8. 配合饲料的计算机配方设计

随着计算机技术的发展和应用,科技人员将计算机技术应用到饲料配方设计方面,以达到快速、准确、方便的目的。但经计算机制订出的配方,必须符合客观现实,与饲料知识内容相结合,进行软件补充修正优化升级,使配方更科学化。

9. 配合饲料的配制实例

通常将供鸽饲用的粮食原粒"配合饲料"分肉用鸽配合饲料、观赏鸽配合饲料和赛鸽配合饲料。下面仅介绍赛鸽配合饲料。

(1) 赛鸽用配合饲料 赛鸽需结合家飞训练程度,以及训赛的强度,按照它们运动量消耗需要的不同,进行能量饲料、蛋白质饲料或油脂饲料的调整。而需注意的是,过于肥胖或瘦弱,对于"运动员"而言,都是极其不利的。除兼顾赛鸽不同生理阶段的特殊需要外,还要参照饲料营养成分的不同进行增减,即使是同一种饲料,也会由于产地、质量不同,其碳水化合物、蛋白质、脂肪的含量会有所差异,且有时这种饲料质量的差异程度和营养成分的变化,大到令人难以置信,且对鸽有害的程度。因此,有的鸽友将其更为简单化描述为:鸽的配合饲料要杂,且越杂越好。从某种程度而言,此言也并非不无道理,当然是"杂要有章可循,有规律性"、"杂要有科学依据,可操作性"。

这些杂而又杂的饲料可以动员它体内的自然调节机制来进行平衡,其实饲鸽者只要按照自己感觉就行,如发现太胖了,除采取增加运动量外,不妨早晨添加些低能量的清除饲料;而在运动量递增时,肌肉丰满度快要跟不上运动量需要时,就需多增加些能量饲料、蛋白质饲料和少量脂肪饲料;其他方面则是要根据不同季节的生理特点,调节供应换羽期饲料或休闲饲料。于是可认为:其实喂鸽也并不是太难,除饲料的品质保证外,也不必过于拘泥于一格,只要深刻领会,灵活掌握,加强观察,勇于探索,大胆实践,不断进取,反复调整就可以了。

(2) 赛鸽配合饲料种类 根据赛鸽的不同年龄、不同生理阶段,选择各种配合饲料进行合理搭配供饲。而市场所供应常用赛鸽配合饲料大致有:赛鸽幼鸽饲料、赛鸽赛飞饲料、赛鸽育雏饲料、赛鸽清除饲料、赛鸽休闲饲料、赛鸽换羽饲料、赛鸽小种子饲料等。

(五) 饲料添加剂

饲料添加剂包括营养饲料添加剂和一般饲料添加剂,但不包括药物饲料添加剂。鸽用饲料添加剂按照其作用和用途可分维生素预混合饲料和复合预混合饲料两大类。

维生素预混合饲料,分为脂溶性维生素添加剂(非水溶性维生素添加剂)和水溶性维生素添加剂。有液态油剂、固态粉剂、颗粒剂等多种剂型产品。

鸽用微量元素饲料添加剂属复

合预混合饲料添加剂,按照矿物元素在机体内需要量,也分为常量元素和微量元素两个部分。这些元素的相互之间,某些元素与维生素、氨基酸之间,都存在着一种微妙的相互结合或相互制约的关系。因而这些微量元素的配方,相互组合的生产工艺制剂技术,以及产品的生产剂型,应用方法和应用途径,各种元素、维生素、氨基酸之间的合理配比,都应提醒生产厂方是值得注意和避免的问题,并在产品使用说明中,作为注意事项加以详细罗列,用户在使用前务必仔细阅读,合理、正确使用。

其他预混合饲料添加剂泛指一般饲料添加剂(不包含有药物的)、预混合饲料添加剂,氨基酸预混合饲料营养添加剂也包括其内而不再分列。氨基酸类预混合饲料营养添加剂是指补充提供机体组成各种蛋白质分子结构的基本成分,又分为限量氨基酸和常量氨基酸。限量氨基酸是控制机体对于其他氨基酸吸收利用的特殊氨基酸,它的缺乏会导致机体限制对其他氨基酸的吸收和利用,限量氨基酸部分可由机体自然合成,由于赛鸽的新陈代谢特别旺盛,而往往需额外补充,尤其赛鸽的强训期、种鸽的育种、育雏期和一年一度的换羽期,更需额外补充。然而这些限量氨基酸在鸽的常规种子饲料中并不缺乏,但由于在种子饲料中含有另一种"抗吸收因子"的物质,它会阻止机体对这些限量氨基酸的正常吸收和利用。因而限量氨基酸必须额外补充,或在饲料中添加益生酶来阻止"抗吸收因子"的作用发挥,以提高机体对于限量氨基酸的吸收利用率。

值得注意的是,并非所有饲料添加剂总是添加得越多越好,无论哪一种添加剂,过多添加都将会是有害无利,甚至还易发生一系列不必要的中毒反应事故。

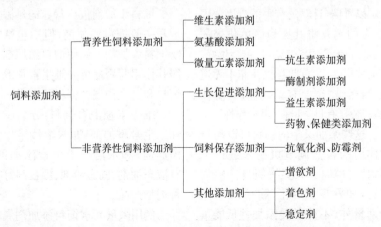

1. 微量元素添加剂配制技术

微量元素添加剂是指按照鸽营养需要，结合常规原料中微量元素的含量，选择多种微量元素原料，按照一定配比与适当的载体或稀释剂混合配制而成的均匀混合物。它可作为一种原料直接在配合饲料中使用。

（1）微量元素的原料选择

① 矿物质无机盐类：指含微量元素的矿物质无机盐，包括硫酸盐、盐酸盐、碳酸盐和氧化物。这是第一代微量元素添加剂。

② 有机酸类微量元素：添加剂的主要形式是乳酸盐类、富马酸盐类、葡萄糖酸盐类及吡啶酸盐类。这类微量元素原料的吸收率与无机盐相似，但适口性好，毒性小，在一定范围内有所应用。由于生产成本较无机盐明显偏高，而饲养效果并不明显，所以应用范围有限，这是第二代微量元素添加剂。

③ 微量元素氨基酸螯合物：指以微量元素为中心原子，通过配位键、共价键、离子键同配位体氨基酸或低分子肽结合而成的一种具有环状特殊结构的复杂络合物。这是第三代微量元素添加剂。其大多为硫酸盐类，氨基酸有结晶单体氨基酸，如蛋氨酸、甘氨酸、苏氨酸、赖氨酸，也有动植物蛋白水解生成的复合氨基酸，还有酪蛋白、明胶、酵母、禽畜血粉、蚕蛹蛋白粉及玉米蛋白粉、大豆蛋白粉等。

由单体氨基酸与微量元素形成的是单一氨基酸螯合物，由复合氨基酸与微量元素形成的是复合氨基酸螯合物。两者比较，前者价格昂贵且作用单一，应用范围较狭，目前供应的是复合氨基酸螯合物，如酪蛋白铜、酵母硒等。

鸽机体平时所需的微量元素，并非完全需人工补充来提供，氨基酸螯合物只是在动物机体处于不利（如营养不平衡、疾病、应激）等情况下使用才更有效。

（2）微量元素原料的利用率
一般氨基酸螯合物的效价最高，有机酸类微量元素次之，矿物质微量元素原料吸收利用率最差。但即使是同一类型的原料，微量元素的存在形式不同，利用率也不同（表5-22）。

表5-22　常用微量元素原料利用率

元素种类	类　　型	存在形式	相对利用率（%）
铁	无机矿物质	硫酸亚铁	100
		一氧化铁	4
	有机酸类	柠檬酸铁铵	104
	螯合物	氨基酸螯合铁	125～185

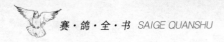

（续表）

元素种类	类　型	存在形式	相对利用率（%）
铜	无机矿物质	硫酸铜	100
	有机酸类	乙酸铜	142
		丙酸铜	150
	螯合物	酪蛋白铜	170
锰	无机矿物质	硫酸锰	100
		氧化锰	90
	螯合物、有机酸类	使用较少,资料不全	
碘	无机矿物质	碘化钾	100
		碘酸钙	100
硒	无机矿物质	亚硒酸钠	100
		硒酸钠	89
	螯合物	硒基-DL-蛋氨酸	38

（3）微量元素添加剂配方设计原则

① 配方应先进、实际、实效：要以饲养标准的要求和规定剂量作为添加量，而将基础料含量作为保证量或保险量，可忽略不计。

② 注意各种元素间的平衡：鸽对各种微量元素有各自的需要量，要求各种微量元素之间能保持平衡。因为各种元素不仅具有独立的生理功能，而且不同微量元素之间还存在着相互协同或拮抗作用。例如，鸽钙的添加量过多会影响锰、铁、铜、锌等的吸收，同时干扰饲料中植酸磷代谢，影响鸽的适口性和采食量；又如硫、钼、锌与铜相互干扰，铜可促进铁的吸收，钙、铜、镉可抑制锌的吸收。因而，在进行配方设计时，必须要全面顾及各种元素之间的相互协同和拮抗作用。

③ 注意某些微量元素的特殊作用：添加高剂量锌、碘、铁等微量元素时，应注意与其他营养物质间的拮抗或协同作用，防止引起中毒。如硒是一种鸽必需微量元素，又是一种剧毒物质，生产时必须严格控制"预混合"工艺操作节点，规范筛混工艺，必须充分混匀后才能添加到饲料中。

（4）配方设计方法与步骤

① 根据饲养要求标准和各种实际因素，确定微量元素用量：饲养标准是确定鸽营养需要的基本依据，为方便计算，通常将饲养标准中的微量元素需要量作为添加量，也可参考可靠研究数据或使用成果，

以及按照当时、当地的实际情况进行酌情权衡，然后修订微量元素的具体添加种类、数量。

② 微量元素原料选择：原料选择时需要综合原料的生物效价、价格与加工生产工艺相关要求和相关设备、仪器的配置。选择微量元素原料时，同时要查明微量元素的含量、杂质(有害重金属元素含量)及其他元素的含量。

③ 微量元素需要量：根据原料中微量元素含量和预混料的需要量，计算在预混料中各种微量元素所需的商品原料量，其方法是：

纯原料量＝某微量元素需要量/纯品中的元素含量；

商品原料量＝纯原料量/商品原料纯度。

④ 确定微量元素载体用量：根据预混料在配合饲料中的比例，计算出载体用量(等于预混料量－商品原料量)。一般以预混料占全价配合饲料中的 0.1%～0.5% 为宜。

(5) 微量元素预混料配方设计以生长期幼鸽所设计的 0.2% 微量元素预混料配方为例。

① 查阅饲养标准：按照赛鸽微量元素日/羽需要量，折算获得饲料添加剂日添加量：铜 0.31 毫克/千克，铁 2.97 毫克/千克，锰 11.94 毫克/千克，锌 0.56 毫克/千克，碘 0.37 毫克/千克，硒 0.022 6 毫克/千克。

② 微量元素原料选择：各种常用商品微量元素原料(盐类)的规格查询见表 5-23。

表 5-23　商品微量元素原料(盐类)规格查询

商品微量元素	分子式	元素	元素含量(%)	商品纯度(%)
硫酸铜	$CuSO_4 \cdot 5H_2O$	Cu	25.5	96
硫酸亚铁	$FeSO_4 \cdot 7H_2O$	Fe	20.1	98.5
硫酸锰	$MnSO_4 \cdot H_2O$	Mn	32.5	98
硫酸锌	$ZnSO_4 \cdot 7H_2O$	Zn	22.7	99
碘化钾	KI	I	76.4	98
亚硒酸钠	Na_2SeO_3	Se	45.65	99

③ 计算微量元素商品原料量：将所需要添加的各种微量元素折合为：每千克自然条件下保存时，全价配合饲料商品的原料量。

商品原料量＝(某微量元素需要量÷纯品中该元素含量)/商品原料纯度

按此方法计算，获得以上 5 种商品原料在每千克全价配合饲料中的添加量(表 5-24)。

表 5-24　每千克全价饲料中微量元素(商品盐类)原料添加量

商品原料	计　算　式	商品原料量(毫克)
硫酸铜	$0.31 \div 25.5\% \div 96\%$	1.25
硫酸亚铁	$2.97 \div 20.1\% \div 98.5\%$	15.0
硫酸锰	$11.94 \div 32.5\% \div 98\%$	37.5
硫酸锌	$0.56 \div 22.7\% \div 99\%$	2.5
碘化钾	$0.37 \div 76.4\% \div 98\%$	0.5
亚硒酸钠	$0.022\,6 \div 45.65\% \div 99\%$	0.05

④ 计算微量元素载体用量：预混料用量为 0.2％，即每千克全价料中微量元素预混料添加量 2 克，则预混料中载体用量为预混料与微量元素原料(商品盐类)之差。

每千克预混料中载体用量为：$2-0.937\,6=1.062\,4$ 克，所以每吨全价料中微量元素载体的添加量为 1.06 千克(在实际应用中，可按此类推，进行计算倍增扩容或缩微)。

⑤ 微量元素预混料生产配方：按照上述计算列出生长期幼鸽 0.2％微量元素预混料配方见表 5-25。

表 5-25　生长期幼鸽 0.2％微量元素预混料配方

商品原料	每吨全价料用量(克)	每吨预混料用量(千克)	配比率(％)
硫酸铜	1.25	0.625	0.062 5
硫酸亚铁	15.0	7.5	0.75
硫酸锰	37.5	18.75	1.875
硫酸锌	2.5	1.25	0.125
碘化钾	0.5	0.25	0.025
亚硒酸钠	0.05	0.025	0.002 5
载体	1 943.2	971.6	97.16
合计	2 000	1 000	100

2. 维生素添加剂配制技术

维生素添加剂预混料是指按照鸽生理特点和营养需要，将不同的维生素按照一定配比与适当的载体或稀释剂混合，配制而成的均匀混合物。按照比例添加到饲料中，用来补充饲料维生素不足。

(1) 维生素添加剂原料选择　应考虑维生素的有效含量、质量标准、合理价格，原料的稳定性与生物学效价，气候和环境条件，原料的粒度(细度)、吸附性等。

常用的维生素有：维生素 A，添加剂形式有维生素 A 醇、维生素 A 乙酸酯和维生素 A 棕榈酸酯；维生素 D，产品形式有维生素 D_2 和维生素 D_3；维生素 A 与维生素 D_3 合剂；维生素 E，常用 50％的 DL-α-生育酚乙酸酯；维生素 K，维生素 K_3 类的人工合成品，包括亚硫酸氢钠甲萘醌(MSB)、亚硫酸氢钠甲萘醌复合物(MSBC)和亚硫酸嘧啶甲萘醌(MPB)；维生素 B_2 含量为 96％、80％、50％等的制剂；维生素 B_6(盐酸吡哆醛)；维生素 B_{12}，1％

粉剂;维生素 B_1;维生素 B_3(泛酸的钙盐泛酸钙);叶酸;氯化胆碱;维生素 C 等。

(2) 维生素添加剂配制技术

① 维生素配方设计方法步骤:

a. 确定维生素种类和用量:以饲养目标为标准,根据具体饲养条件和各个生理阶段的不同需要,确定添加的维生素种类和使用剂量。

b. 确定各种维生素的保险系数:在设计配方时,可依环境条件加以适当调整,增加剂量,即保险系数。保险系数的大小应以保证鸽实际需要为度。一般保险系数的变动范围为 10%~30%,或更大一些。各种维生素产品的保险参照系数:维生素 A,2%~3%;维生素 D_3,5%~10%;维生素 E,1%~2%;维生素 K_3,5%~10%;维生素 B_1,5%~10%;维生素 B_2,2%~5%;维生素 B_6,5%~10%;维生素 B_{12},5%~10%;叶酸,10%~15%;烟酸,1%~3%;泛酸钙,2%~5%;维生素 C,5%~10%等。

c. 计算各种维生素需要添加量:维生素实际添加量=维生素需要量+维生素保险系数

d. 计算维生素商品添加剂原料用量:将各种维生素的添加量换算成商品维生素添加剂原料用量。

商品维生素添加剂原料用量=维生素添加量÷维生素商品添加剂活性成分含量

e. 确定载体和载体用量:按照维生素预混料添加剂的预定使用剂量(0.1%~1.0%)计算载体用量。

② 影响维生素添加剂量的因素:主要是指维生素制剂的稳定性。维生素 A、维生素 D 制剂比其他维生素易于失去活性,常用饲料原料中维生素 A、维生素 D 含量很低,所以其添加量要比需要量略高。常用日粮饲料原粮中维生素 B_1、维生素 B_6 和生物素含量丰富,特别是生物素生物学价值较高,添加剂中可少加甚至不加。只是在训赛期、换羽期、育雏期与患病期间需大量补充。此外,氯化胆碱呈碱性,与其他维生素一起配合时,会影响到其他维生素效价,应单独添加。

3. 复合预混料添加剂配制技术

复合预混料添加剂是指将维生素、微量元素、氨基酸及其他非营养性添加剂与稀释剂按照一定配比混合制成的均匀预混物。

(1) 复合预混料添加剂设计原则 超量添加维生素,脂溶性维生素一般超量 50%~200%,水溶性维生素超量 10%~20%;选择稳定性强的原料,尽量选择经稳定处理的维生素原料、低结晶水或无结晶水的盐类,或微量元素的氧化物。

控制氯化胆碱在预混料中的配比,氯化胆碱可严重破坏脂溶性维生素,一般不超过 20%。

加入抗氧化剂,按配合饲料总量每吨加入 150 克抗氧化剂,可减少维生素损失;适当增加载体或稀释剂配比,降低预混料中微量组分的浓度,注意各种微量组分之间的相互影响。

(2) 复合预混料添加剂配方设计步骤

① 确定在饲料中的添加配比量。

② 计算每吨配合饲料中各种维生素的添加量。

③ 计算每吨配合饲料中各种微量元素的添加量。

④ 计算每吨配合饲料中各种氨基酸的添加量。

⑤ 计算每吨配合饲料中各种抗生素药物的添加量。

⑥ 计算每吨配合饲料中必须添加的抗氧化剂、防霉剂、调味增欲剂等添加量。

⑦ 确定载体和稀释剂的添加量。载体和稀释剂的添加量=设计添加量－营养与非营养性添加剂

4. 饲料添加剂的协同应用与拮抗

(1) 具有协同作用的饲料添加剂　常用的主要有以下几种。

① 维生素 B_1:它与维生素 B_2 有促进糖和脂肪代谢作用。

② 维生素 B_6:它与维生素 B_2、维生素 B_3、烟酸有协同作用。

③ 维生素 B_{12}:它与钴添加剂有协同作用。

④ 维生素 C:它与铁添加剂有协同作用。

⑤ 维生素 E:它与硒添加剂能保护机体组织免受氧化损害。

⑥ 钙:钙与磷的配比必须在 $(1.5\sim2):1$ 以上,最佳钙磷配比是 $Ca:P=4:1$。

⑦ 铁:铁与铜有利于红细胞成熟和血红蛋白的合成。

(2) 具有相互拮抗作用的饲料添加剂　常用的主要有以下几种。

① 维生素 C:它与维生素 B_1、维生素 B_2、维生素 B_{12}、叶酸,氧化还原反应增强;它与铜,使铜吸收下降;它与矿物质类添加剂配合在一起存放,会促使维生素 C 氧化。

② 胆碱:它与维生素 C、维生素 B_1、维生素 B_2、维生素 B_6、维生素 K,导致失效;在碱性情况下,胆碱使钙、磷吸收下降。

③ 铁:它与维生素 A、维生素 D、维生素 E 引起氧化破坏。

④ 铁、铜、碘、锰、锌:它们与维生素 A、维生素 B_1、维生素 B_6、叶酸、维生素 K_3 均有拮抗作用。

⑤ 氧化锰、硫酸亚铁、氯化钾、硫酸铜、硫酸锰、硫酸锌:它们与钙剂(石粉、贝壳、骨粉)会影响镁、铁、铜、碘、锌、锰的吸收。

⑥ 抗生素:尿素会破坏抗生素的作用。

（六）保 健 砂

指多种矿物质和微量元素的混合物。保健砂配比质量的优劣，是衡量其科学养鸽知识切实贯彻程度高低的标志，它将直接影响到鸽的健康状况、繁殖力、抗病力以及所繁殖后代的内涵素质高低。

1. 保健砂的制作及原料

（1）保健砂制作方法　把原料先制成粗粉或是自米粒到绿豆粒大小的小砾石粒（过6～8目筛），按照比例混匀，先行通过加热灭菌处理（用铁锅炒，也可用烘箱或微波炉），也可先行灭菌处理再混合，然后加水捏制成形，置阴凉处晾干备用。也可不加水直接供饲，不过不加水饲用存在盐粒难以渗入盐土而混饲不匀的问题。

（2）保健砂制作原料　按鸽特点配制，常用原料如下。

① 贝壳：含大量碳酸钙。用风化的熟贝壳、蛤壳制成小碎片，也可用新鲜贝壳、蛤壳洗净，用水煮沸消毒后干燥备用。用量20%～40%。

② 红土：或黄土。富含氧化铁。应以高山尚未开产地区的鲜净黏红土为好，取土前要先除去含草皮树根的上层浮土，取1米以下的深层土为佳，不得含腐殖质和鸟粪渍等渗入，不应带有放射性物质。

用量20%～30%。

③ 砂粒：细度为4～6目。用量约30%。

④ 骨粉：以新鲜动物骨经高温蒸煮或烘烤后粉碎而成。用量5%～10%。

⑤ 明矾：即钾矾、硫酸钾铝。补充钾。用量0.5%～1%。

⑥ 木炭粒：吸附来自饲料、肠毒素和肠道酵化代谢过程中产生的有害有毒物质。对烧制鸽用木炭的木材有一定要求，如杉树（含砷）、樟树（含萘）、桉树、椿树等所烧制的木炭、活性炭（粉末颗粒过细，会吸附于肠壁，影响肠道的吸收功能）等均不能使用。用量6%～8%。

⑦ 食盐：不可用工业盐。食盐（可用加碘盐）用量3%～6%。

⑧ 陈石灰：用量约5%。

⑨ 石膏：主要含硫酸钙，有促进羽毛生长，增加蛋壳光泽、润滑度的作用。用量约5%。

⑩ 蛋壳粉：含碳酸钙。蛋壳必须先漂洗干净，除去壳外杂物和内壳翳，可煮沸消毒，但煮沸消毒品不宜长期保存；高温干消毒蛋壳外杂物和壳翳会焦化而鸽不爱吃，也不宜使用微波炉消毒，以免发生自燃事故。用量约10%。

⑪ 氧红铁：主要是补充氧化铁，也可用铁黄粉。用量0.5%～1%。

⑫ 甘草粉：润肺化痰，保持气道畅通，和中解毒，即调和诸原料拌

和后产生协同功能和帮助肝脏分解并清除鸽体内的各种内毒素的功能。用量约 1%(不宜久存)。

⑬ 龙胆草:消炎杀菌,增进食欲。用量约 1%(不宜久存)。

⑭ 生长素:多种微量元素添加剂的主要成分之一。用量 0.5%~1%。

⑮ 多维素:多种维生素饲料添加剂。用量 0.1%~0.2%。

2. 保健砂的配制要求

保健砂的配制要求适口性好,生产成本低,取材方便,使用效果好。但必须注意控制(钠)盐的用量。盐用量最好控制在 3%,不宜超过 5%。

3. 保健砂的组成与配比

各类保健砂配方成分配比如下。

(1)钙、磷 钙、磷类包括贝壳粉、骨粉、陈石灰、熟石膏等,占保健砂的 30%~50%。

(2)红泥、河砂 红泥(含氧红高铁,没有红泥也可用黄泥替代,也有用海底泥或珊瑚砂)、河砂,占保健砂的 30%~50%。

(3)木炭 木炭粒等,占保健砂的 5%~7%。

(4)其他 食盐 3%~5%,复合维生素 1%~2%,多种微量元素 1%。

随着各种饲料添加剂产品的大量推出,已完全没有必要从保健砂中添加维生素、氨基酸及预防性药物途径来达到补充营养,预防疾病等目的。况且,在保健砂中添加维生素、氨基酸、药物等,容易造成维生素、氨基酸、药物的吸附、氧化、衰减甚至破坏,有效剂量不稳定。

保健砂虽可自己制作,但随着城市化发展,如今已很少有鸽友自己拌制了。况且,自制还受到制作原料的限制,以及获取净土和进行灭菌、杀灭虫卵等处理条件的限制。保健砂的日饲用量一般为 3 克/羽,育雏期 6 克/羽。用量增加会影响到日粮消耗,不利于鸽的健康生长发育。

4. 鸽用保健砂的配制与加工技术

保健砂的自行配制,仅适用于中、大型赛鸽、观赏鸽、肉用鸽繁殖场。

对于小型繁殖场、家庭鸽舍、赛鸽舍,建议使用商品保健砂为宜,然后按不同生理阶段、气候条件、训赛需要,采取饮水混饮或混饲法来添加各种保健品。

自行配制保健砂,可采取湿性配制法:用红土、河沙砾、木炭粒、贝壳粉,加 3%~5% 食盐水,不加入任何营养物质和药物,调匀,捏成各种形状泥块,晾干备用。

5. 关于保健砂添加抗生素的问题

赛鸽需要长期生存，保健砂中不宜添加抗生素和中草药抗菌类药物。

6. 关于保健砂添加营养添加剂的问题

保健砂主要作用是帮助消化，而主要成分是泥土和沙砾，如添加维生素和氨基酸，其道理和添加抗生素一样，会被吸附在泥土、木炭中，基本上都是穿肠而过，造成浪费，根本起不到营养补充作用，且泥土中成分复杂，很难保证不产生化学反应，反而会形成或产生新的有害化合物。维生素和氨基酸完全可采取饮水或混饲途径补给。

7. 保健砂的保质期和应用

保健砂要保持新鲜，最好能按照日需要量逐日添加，添加量以能当天吃完为宜。在非育雏期间，一般日均用量约3克，如日摄入量大于5克，往往会影响到鸽的日进饲量，有损于机体的健康。自配保健砂宜10天配一次，防潮、防晒。不添加任何有机类物质的保健砂，即可不受此限制，可长期保存。

8. 维他矿物粉协同应用的问题

维他矿物粉是一种以矿物微量元素为主体，螯合多种维生素配制而成的一种供鸽自行啄取的饲料添加剂。特点是被摄入体内后，能帮助机体进行自然调节，促使机体内体液、电解质、微量元素获得自然平衡。日需要量约3克，建议按日投放，雨淋受潮后效价下降，因而不宜与保健砂混合在一起使用，还需防止粪便污染。

9. 保健砂配方参考实例

赛鸽用保健砂配方参考实例如下：

① 美国农业部配方：蚝壳粉40%，粗砂35%，木炭10%，骨粉5%，石灰石5%，盐4%，红土1%。

② 美国鸽界配方：红黄泥11%，粗细砂35%，壳粉40%，木炭10%，食盐4%。

③ 香港九龙鸽场配方：蚝壳粉31%，细砂60%，木炭1.5%，牛骨粉1.4%，明矾0.5%，盐3.3%，二氧化铁0.3%、1%，龙胆草0.5%。

④ 香港九龙地区配方：细砂100份，蚝壳粉50份，海盐6份，牛骨粉1.5份，甘草1份，明矾1份，龙胆草1份，木炭2份，石膏1份，二氧化铁0.75份。

⑤ 台湾"盐猫"配方：红土1份，石灰渣半份，砂石1份，贝壳粉1份，木炭半份，大茴香(八角茴香)粉、芫荽粉、稀硫酸和食盐适量(台

湾鸽友有自制盐土的传统,即将上述配方的盐土加水拌匀,捏成一个类似于坐着的猫状土堆,供鸽自由啄饲,鸽友将其称"盐猫")。

⑥ 上海市农业科学院配方:红土30%,粗砂30%,陈石灰13%,砖粒10%,骨粉5%,木炭5%,食盐2%,贝壳粉2%,矿物元素2%,单飞粉1%。

⑦ 上海地区常用配方:砂粒35%,深层红土35%,贝壳粉(或蛋壳粉)12%,陈石灰6%,骨粉5%,木炭屑5%,食盐2%。

⑧ 昆明军鸽部队配方:红土20%,河砂20%,骨粉20%,食盐10%,蛋壳粉10%,砖末10%,木炭10%。

⑨ 广东地区鸽场配方:蚝壳片(粉)25%,中砂30%,木炭6%~8%,甘草粉1%~2%,骨粉5%,陈石灰5%,石膏1%,食盐4%~5%,明矾0.5%,红土25%,龙胆草1%~2%,另可加入红铁氧0.04%~0.08%,微量元素1%,禽用多种维生素0.1%~0.2%,小苏打0.5%~1%,大黄粉1%,酵母2%。此外,按需加入中草药粉(如金银花、穿心莲、黄芩等)。

⑩ 北方地区鸽场配方:细砂25%,黄土30%,骨粉13%,木炭5%,明矾1%,甘草1%,龙胆草1%,氧红铁1%,陈石灰5%,蛋壳15%,食盐3%。

10. 砾石类

砾石有帮助研磨消化谷实类等颗粒饲料,增进食欲,使粪便干燥成形,补充多种常量、微量元素等作用。按照其配方配比不同,还有调节新陈代谢,促进血液循环,增强抗缺氧耐力,抗御训赛疲劳,保持充沛精力,提高抗应激能力,净化体内代谢产物等直接或间接辅助功能。砾石配合维他矿物粉作为常备保健营养添加剂,全年放置在鸽舍里供自由啄取。

(1)具有药理作用的砾石 供鸽饲用且具有药理作用的砾石如下。

① 寒水石:清热泻火。

② 生石膏:清热泻火。

③ 滑石:清热解暑、利水渗湿。

④ 代赭石:理气止呕、定喘。

⑤ 自然铜:活血祛瘀。

⑥ 花蕊石:止血。

⑦ 青礞石:清热、化痰。

⑧ 海浮石:清热化痰、散结。

⑨ 海蛤壳:清热化痰。

⑩ 瓦楞子:化痰、软坚。

⑪ 钟乳石:温肺、止咳、平喘、助阳。

⑫ 石决明:平肝、熄风、明目。

⑬ 珍珠母:潜阳、清肝明目。

⑭ 紫贝齿:熄风解痉、清肝明目。

⑮ 灵磁石:纳气平喘、聪耳明目、平肝潜阳。

⑯ 龙骨：平肝安神、收敛固涩、收湿敛疮。

⑰ 牡蛎：镇惊、安神、平肝潜阳、收敛固涩。

⑱ 阳起石：温肾壮阳。

⑲ 海螵蛸：固精、收敛止血。

⑳ 白石英：镇静、安神、止咳、降逆一呕吐。

㉑ 紫石英：镇心、安神、温肺、暖宫。

㉒ 赤石脂：涩肠止泻、止血。

㉓ 白石脂：涩肠、止血、久痢、久泻。

㉔ 禹余粮：敛肠、止泻、止血。

㉕ 玄精石：清热、滋阴、目赤、咽喉红肿。

㉖ 无名异：活血、止血、消肿。

㉗ 鹅管石：补肺、壮阳。

㉘ 咸秋石：滋阴降火、咽喉口疮。

㉙ 红珊瑚石：镇心、止惊、退翳。

㉚ 蛇含石：安神、镇惊。

㉛ 白螺蛳壳：化痰散结。

以上砾石，基本上在中药店均可买到，不过买回后还得将它们敲碎成绿豆大小（6～8目），再放在桶或罐里摇晃，去除尖锐棱角，供鸽啄食。

此外，还有红砖石（即红啄石）、河沙砾、石英石、方解石、石灰石、麦饭石等。

（2）麦饭石　含钙、镁、钾、钠、氟、镍、铁、铜、锰、硅、硒、钴、钼、钒、铬、锡、锂、锗等几十种矿物元素。其中不少微量元素可被水解而逐渐溶解析出，常被用来作为改造水质和制造矿物饮料原料或滤材。

据介绍，麦饭石对污染水源中的铅、汞等重金属和有害微生物的水源有吸附净化作用；还有抗疲劳、抗缺氧、促进细胞生长发育等生物活性功能；可加速鸽机体创伤组织的再生修复；与机体的免疫功能和能量代谢等密切相关。可供作鸽场（舍）饮用水净化的滤材使用，也可加工成砾石供鸽自啄，或直接购买"中华麦饭石袋泡茶"使用。如在鸽的流动水沐浴池中放置一些麦饭石供浴，并定期添加或更换，这也可算是鸽的超级享受吧！

我国是麦饭石资源丰富的国家，只是并非所有麦饭石都可供食用，有的麦饭石含放射元素而不能开采，更不宜供人和鸽使用。

（七）饲料质量卫生安全

饲料质量卫生安全包含的内容极其广泛，不仅需要研究饲料对鸽所产生的健康影响，而且还需要研究对宏观生态和微观生态不同层次所产生的影响。

1. 饲料安全重要性

饲料安全在很大程度上直接影响到鸽群饲养的安全性，其还关系到人类生存环境和人类自身的安全。因而,安全饲料的生产越来越受到人们的重视。

影响饲料卫生安全的主要因素有饲料原料本身含的有害有毒物质,饲料原料在储存、加工和运输过程中可能造成的霉变和污染,饲料添加剂和药物的不合理使用等。这些都是可能造成饲料安全的严重问题,必须进行严格控制。

2. 饲料中有害有毒物质的危害

多种化学物质如有毒金属和非金属,某些有机或无机化合物均可污染饲料,严重影响饲料的安全性。其中危害较大的有铅、汞、砷、镉等金属元素及其化合物。

(1) 铅　当土壤被含铅较高的工业废水或废弃物污染后,饲料的含铅量随之增加,其程度因土壤中铅含量的高低而变化。

我国至今没有鸽用饲料中含铅量规定,可参照"鸡的混合饲料中,铅含量不超过 5 毫克/千克的国家规定"执行。鸽如长期喂含铅量过高的饲料,会引起鸽慢性铅中毒。

鸽舍要远离化工厂区、电池厂区、铅矿区;对高铅土壤地区的落地舍,用石灰、磷肥土表层覆盖或架空搭建,保证保健砂供应,防止外出打野;禁止用高铅区生产的饲料。

(2) 汞　汞对动物的毒性很大,鸽对汞十分敏感。中毒表现为神经症状,如运动不协调、盲目行走、呆滞、昏睡等。雏鸽消瘦、厌食、生长发育受阻,有的甚至脱毛。预防汞中毒的方法:大面积创面禁用含汞类消毒剂(硫柳汞、红汞等),选择饲料原料须严格按国家规定标准,配合饲料汞含量不得超过 0.1 毫克/千克。

(3) 砷　俗称砒霜。是饲料添加剂中所含有的,具刺激造血系统造血,促进机体血液循环,提高代谢率功能。用于禽类,使禽冠和肉髯鲜红。常用的 3 - 硝基 - 4 - 羟苯砷酸和 4 - 硝基苯砷酸中的"砷"易于在体内蓄积,无论是鸽误用或用禽鸟类矿物元素饲料添加剂来替代用于鸽群,均可产生砷慢性中毒,出现胃肠炎,生长发育受阻,羽毛粗乱易脱落,食欲反复无常,可见黏膜发红,皮肤感觉下降,四肢无力,甚至麻痹瘫痪。预防砷中毒的方法:用鸽专用饲料添加剂,勿替代用鸡用、禽鸟用矿物元素类饲料添加剂,作物收获前禁用含砷类农药,严格按国家规定标准选购日粮原料,使混合饲料、配合饲料砷含量低于 2 毫克/千克。

(4) 镉　在皮革蛋白粉生产过程中,必须有严格的去镉工艺,否则残留镉会严重污染混合饲料。镉对于动物和人类的毒性很强。游离态镉对鸽无毒害作用，但当其与含硫蛋白结合后会表现其毒害作用。急性中毒为呼吸困难，流鼻液，食欲下降，腹泻；慢性中毒为食欲降低，生长发育缓慢，羽毛缺乏光泽，骨质疏松或患软骨病，运动障碍，雌鸽繁殖率下降。预防镉中毒的方法：严格治理"三废"，控制排放，提高饲料中锌、铁配比含量，补充足量的维生素C和维生素 D_3，严格按国家规定选购日粮原料，使混合饲料、配合饲料中的镉含量低于 0.5 毫克/千克。

3. 天然饲料中有害有毒物质的危害

常用的日粮饲料中，常会混有一种或多种天然有害有毒物质，如植物性饲料中的生物碱、棉酚、单宁、蛋白酶抑制剂、植酸及有毒硝基化合物等，对鸽机体造成多种危害，轻者降低饲料营养价值，影响健康，重则引起急性或慢性中毒，诱发癌肿，甚至死亡。

4. 饲料生物污染的危害

饲料生物污染是由微生物（包括细菌如沙门氏菌、大肠杆菌、肉毒梭菌、葡萄球菌、魏氏梭菌和霉菌及病毒等）引起的污染。饲料在生产、收获、干燥（晒场）、储存、运输、贮藏、使用过程中，被来自水源、污水、粪便等排泄物、工具、容器等的人为污染。

饲料沾染的致病菌可直接进入消化道，引起消化道感染型中毒性疾病，如沙门氏菌中毒、肉毒梭菌中毒等。某些细菌在饲料中繁殖产生细菌毒素而引起细菌毒素型中毒，如由肉毒梭菌毒素引起的细菌外毒素中毒等。

另外，要严禁喂鸽霉变饲料。因鸽摄食受霉菌污染的饲料后，其肝、肾、肌肉及蛋均可检出霉菌毒素及其代谢产物，导致机体产生一系列亚健康损害。此外，黄曲霉毒素还有强烈的致癌作用。

预防霉菌污染的方法：严格控制饲料的水分含量，一般玉米低于12.5%，稻谷低于 13%，花生低于8%；培育抗菌、抗霉饲料；改善仓储条件，采用低温充氮储藏减少氧气含有量；防止购入或误用添加防霉剂饲料。

5. 农药污染的危害

(1) 有机磷农药污染　常见有乐果、敌百虫、敌敌畏等，加上以前使用的剧毒农药 1605、1059 等对环境的残留污染一时还难以消除，农作物在长期使用有机磷农药后，其日粮饲料中的有机磷含量增高，当含量超过规定允许残留量的日粮饲料被人、畜、禽鸟食用后，就可引起中毒。

(2) 有机氯农药污染　以前使用的六六六、DDT 等农药对环境的污染残留物至今仍难以消除，使日粮饲料仍含这些有毒物质。有机氯中毒，主要损害鸽神经系统、肝肾等脏器,对免疫器官也有损害,影响繁殖功能,并有致癌、致畸和致基因突变作用。

(3) 有机氟农药污染 有机氟农药如氟乙酸钠、氟乙酰胺,残效期长,鸽长期食用引起有机氟中毒,影响心脏和中枢神经系统。

6. 不合理使用药物的危害

(1) 抗生素 在饲料中滥用的抗生素有喹乙醇、氯霉素、金霉素、四环素、泰乐菌素等。控制抗生素药物残留的有效途径是寻求抗生素的替代品,开发绿色饲料添加剂。避免或减少应用兽药和化学饲料添加剂给畜禽带来的耐药性问题。我国研制生产的益生素、低聚糖、酶制剂及中草药添加剂等产品,可提高机体的非特异性免疫力,可替代抗生素和抗菌药物,促进生长,改善饲料利用率,具有广泛的应用前景。

(2) 激素 大量实验表明,大部分激素具有提高增长速度、增加肌(瘦)肉率、提高饲料利用率等作用。例如,雌激素包括雌烯二醇、黄体酮、睾丸酮等。国家已禁止动物(鸽)使用激素类添加剂。

(八) 四季、四期饲料

1. 四季饲料

冬春季节应增加玉米等能量饲料的用量配比;夏秋季节及换羽期间应增加豆类蛋白饲料的用量配比;暑期应增加 4% 的绿豆来替代豌豆的用量配比;寒冷冰冻期应增加 4% 的赤豆来替代豌豆的用量配比。暑用绿茶,寒用红茶,即暑期、换羽期饮用鸽绿茶;天寒地冻、养息期与育种前期饮用鸽红茶。

2. 四期饲料

(1) 繁殖期饲料

① 配对期饲料:种鸽配对准备工作,至少应从配对前 2 周开始进入程序。如从严要求,则应从精卵在体内育成周期算起,再加上精卵在体内的最长贮备周期来推算,至少需 42 天。那么,配对育雏期种鸽的营养供给应从配对前 42 天(至少 14 天)以前实施。在此期间,饲料供应的品种要求全面而平衡,尽量能丰富而杂一点,在数量上却不强求多,总之是要"求质不求量"。当然如能隔日或 2～3 天定期添加多种维生素、多种氨基酸、多种矿物元素类饲料添加剂是有益无害的。原则上要求量少而均衡,反复而多次,但也要防止过量而适得其反。

② 孵化期饲料:产蛋后亲鸽或保姆鸽进入孵化期,在孵化的第 9 天开始,双亲鸽(保姆鸽)在泌乳素的启动下,嗉囊壁的泌乳区血管网和淋巴网逐渐增粗,15 天就分泌鸽乳。此时是孵蛋亲鸽需大量贮备

营养,即将面临育雏、呕雏的重任。孵蛋期间,一般运动量不会太大,但孵蛋期的热量消耗量增加,因而能量饲料供应量要适中,也可偏重于多供应些豆类饲料,每天再适当添加少许脂肪饲料。因为鸽友们普遍希望每对种鸽、保姆鸽能在一年一度的繁殖季节,即春季短短几个月里,能连续孵蛋呕雏2～3窝。这也是为什么有的鸽舍育雏鸽越呕越强,长呕而不衰,而有的鸽舍育雏鸽却越呕越瘦,不妨在孵蛋后期在巢盆旁放置一个小食罐。

在产蛋后,即孵蛋刚开始前10天,饲料量不宜过多,以稍微清淡些为好,这样反而会有利于孵蛋后期育肥,产生的鸽乳质量也会更好些。

此期间如需用育雏类营养添加剂,也最好从孵蛋的第9天开始,隔日1次或每周2～3次;到雏出壳前3～6日,每天1次,直到雏出壳,进入呕雏期。

此期饲料参考配方:玉米32%,豌豆25%,小麦10%,大麦(去芒)10%,绿豆、赤豆或野豌豆12%,火麻仁3%,糙米8%。

③ 育雏期饲料:至乳鸽2周龄时,可额外在巢箱里放置一些饲料,以弥补亲鸽摄食之不足;到21天左右雌鸽将会产下第2窝蛋(夹窝蛋),它基本上已不再呕雏,呕雏的任务将基本上移交由雄鸽承担;到第3周乳鸽就会离开草窝,开始有

啄食行为,此时孵窝旁巢箱里放些饲料会有利于雏鸽早日断乳;直到第4周,乳鸽已羽毛丰满,一般5周就可断乳了。有的早熟鸽系在21天就断乳移棚了,多数鸽舍会选择在24～26天进行移棚断乳。

断乳后的雏鸽称幼鸽。可喂些小种子饲料和少量玉米、豌豆等颗粒较大的饲料,凡是那些食欲强盛的幼鸽,越是会吞颗粒较大的饲料,往后的健康状况也会越强健。幼鸽期间的饲料供应以粗杂而清淡为好,且适量补充维生素、蛋白质、矿物质是极其有利的,但不宜补得太足,以促进其机体内自然平衡机制的完善。

幼鸽期饲料参考配方:玉米25%,豌豆20%,小麦15%,绿豆、赤豆或野豌豆10%,葵花籽3%,菜籽2%,高粱10%,糙米15%。

(2)翔训参赛期饲料 在整个赛期,翔赛期能量饲料的需求量明显增加,这也需平时贮备和释放。

竞翔参赛期饲料参考配方:玉米40%,豌豆12%,小麦13%,绿豆、赤豆或野豌豆10%,花生5%,高粱5%,糙米或稻谷15%。

(3)换羽期饲料 深秋冬令来到前,鸽进入一年一度的换羽高峰期,必须要将所有营养集中到新羽的长成中去。换羽期间均衡而充足的营养比什么都重要,有的鸽友借鉴家禽的饲养方式,强行采取断水、

断食（或低劣饲料）和遮光求取统一脱羽。此方法并不适用于赛鸽。

换羽期饲料参考配方：玉米30%，豌豆20%，小麦13%，绿豆、赤豆或野豌豆10%，花生2%，糙米或稻谷20%，火麻仁3%，菜籽2%。

（4）冬令养息期饲料 鸽换羽结束就进入冬令养息期，此期竞翔活动基本停止，虽没有强训，但冬季气温低，对能量饲料的需求相对会稍高一些，晚上要求能让它吃饱喝足，且休息得好一些。为避免过于肥胖，每天清晨喂一餐清淡饲料，并适当控制其用饲量。

冬令养息期饲料参考配方：玉米20%，豌豆15%，小麦3%，大麦45%，绿豆、赤豆或野豌豆5%，葵花籽或花生2%，糙米或稻谷10%。

（九）饲　喂

1. 饲喂方式

（1）饲喂餐制 将配合好的原粮粒料或颗粒料定时放入食槽中任鸽采食。

① 一餐制：每天只供应一餐，可以是每天早晨，也可在傍晚，多数在傍晚赛鸽家飞归巢后饲喂。

② 二餐制：多数鸽舍采取的饲喂方法，即在每天清晨赛鸽家飞归巢后饲喂全天饲料量的1/4～1/3量，在傍晚放飞归巢后饲喂余量。

③ 通食制：即自由采食法。在鸽舍内放置自动落料食槽，任其不定时、不间断地自由啄取。缺点是鸽容易养成挑食恶习，且易造成体重过大，过于肥胖。大型种鸽繁殖场多采用。

（2）防止饲料浪费 必须防止饲料的浪费，节省饲料，降低成本。正常情况下，饲喂所浪费的饲料占2%～5%，但由于饲养不科学、管理不到位等，可使饲料的浪费达30%～40%。其原因：饲料搭配不合理，营养不平衡，适口性差异太大；食槽设计缺陷；一次加料太多；恶癖；麻雀等野鸟入舍；饲料虫蛀、霉烂变质等。

防止浪费的注意事项：选择货源充足、品质保证、合理搭配、价格低廉的日粮饲料；饲料营养成分按标准供给，既不缺少也勿余量过多；调整食槽设计结构缺陷，使每羽鸽都有一个进饲位，听令投饲，先投适口性较差和大颗粒料，后投其喜吃饲料，勤喂勤添，当有一两羽鸽走向水壶去喝水时，即大部分鸽只吃到七八成饱时停止投料，然后宁可酌情开小灶，喂一些它们喜吃的红花籽、火麻仁、花生、菜籽等。

2. 饲喂技巧

（1）饲喂调教技巧 传统的饲喂法是将粮食原粒按比例配合后

直接喂给。因此,培养鸽"听令进餐"很重要,即每次进餐前采取吹哨、敲打、摇动食罐等发出进餐号令,然后逐把向食槽中投入饲料,保证每羽鸽有一个进食位,这样能将每羽鸽喂得饱饱的,做到每次吃饱喝足。

(2) 采取稍"饿"的办法 配合饲料的适口性不同,鸽往往喜欢挑挑拣拣,造成饲料的大量浪费。对此可采取先喂适口性差的饲料,后喂适口性好的饲料,待它们吃到七八成饱(指稍"饿"状态)而还想再吃一点时,饲料投喂正好停止。这样调教出的鸽群,必然会是听令且充满活力。否则,让喂得过饱的鸽,老是躲在旮旯或栖架上,对饲主的投喂号令爱理不理,反应淡漠,这样的鸽是养不好的,因而鸽友说"鸽子是'饿'出来的"。

3. 混饲耦合剂

混饲耦合剂是指饲料添加剂(包括药物添加剂)与饲料混合时所使用的一种掺和黏合制剂,简称"混饲剂"。可分为油类混饲剂和液体混饲剂两大类。

(1) 油类混饲耦合剂

① 蒜油:使用得最多最广的是油类混饲耦合剂。它实际上应是"蒜香油",真正标准蒜油含大量蒜辣素,且有强烈的蒜刺激味,是不能直接食用的,即便是经高科技脱臭、

脱辣包囊等处理制成的蒜素或蒜油,也无法达到混饲或直接口服可杀灭肠道致病菌的治疗剂量,因而严格地说,"蒜油"只能作为一种调味为主的食用保健品,或增强食欲的"增欲剂"。

蒜油混饲用剂量,每千克饲料加 10~12 毫升,将蒜油倒入有饲料的容器中,待充分拌匀后,撒入饲料添加剂或药物添加剂,再充分拌和,放置片刻,待油稍微被饲料颗粒吸收,油性稍衰减后供饲。开始鸽可能会出现排斥现象或影响其饲用量,不过只要等它们适应了就会照常进饲。

② 食用油:可作为混饲耦合剂使用的食用油如下。

a. 橄榄油:富含天然维生素 A、维生素 D、维生素 E、维生素 K、β-胡萝卜素、亚油酸、α-亚麻酸、角鲨烯等,具有强化骨架、抗疲劳、抗细胞缺氧、抗心脑血管老化、提高免疫力、延缓衰老等功能。

b. 红花籽油:富含棕榈酸、花生四烯酸 AA(EPA、DHA)、油酸、亚油酸、亚麻酸等,具有通经络、活血脉、抗劳损、治瘀疗伤、养血、催精、排卵、提高繁育等功能。

c. 葵花籽油:富含亚油酸、磷脂、β-胡萝卜素、α-亚麻酸、天然维生素 E 等,具有延长赛鸽竞翔生涯、种鸽育种生涯等功能。

d. 玉米胚芽油:富含不饱和脂

肪酸、亚油酸、亚麻酸、花生四烯酸、谷固醇、磷脂、辅酶和丰富的维生素E等，具有增强赛鸽肌肉、心血管功能等功能。

此外，麻油、菜油、花生油、色拉油等均可替代使用，至于混合油、调和油与提取油，由于价格相对低廉，其质量虽不如压榨油，但供鸽混饲使用，且用量也极其有限，应该完全没有问题。

(2) 液体混饲耦合剂

① 维他肝精：常用水溶维生素类混饲耦合剂。使用剂量：每羽鸽1～2滴（每毫升20滴），用前需估计所需耦合剂总量，量不足时可先加少量清水稀释，然后倒入容器与饲料拌和，到饲料完全湿润，立即撒入添加剂粉料充分拌和，放置片刻随即供饲，由于溶液类混饲耦合剂黏合性不强，如放置时间过长会引起沾上的粉料脱落，因而配制后不宜放置过久，更不能放置过夜（变质）再使用。

② 康飞力：常用水溶氨基酸类混饲耦合剂。使用剂量：每羽鸽1～2滴，混饲方法等类同于维他肝精。

③ 食用醋：鸽友常用食品类混饲耦合剂。凡发酵类醋均可用，但白醋等配制醋不宜使用。食用醋耦合剂常规使用剂量：每千克饲料3～5毫升，按所需耦合剂的总量，将醋先加入清水中稀释，然后将含醋液分次逐渐倒入容器与饲料拌匀，撒入添加剂粉料充分拌和供饲。食用醋耦合剂只能用于"啤酒酵母"等耐酸性营养类饲料添加剂，用前需阅读该产品说明书，而不宜用于药物类添加剂。

此外，还有用蜂蜜、蜂乳（蜂皇浆）、酸奶、液态活菌液等作混饲耦合剂使用，名目繁多，恕不一一介绍。

（十）国内外赛鸽配合饲料配比实例

赛鸽用商品配合饲料中所常采用的主要原粮有：小金黄玉米、黄玉米、小麦、大麦（去芒）、红高粱、白高粱、黄豌豆、绿豌豆、野豌豆、枫豆、红花籽、粟米、西度（类似稗籽）、大麻籽、扁豆、茴香籽、油菜籽、亚麻籽、燕麦（去皮）等。

◇ 常规应用配合饲料配比

玉米 30%～40%，豌豆 20%～40%，稻谷 20%，糙米或大米 20%，小麦、绿豆 15%以下，红豆 8%～10%，高粱 8%，火麻仁 3%～6%。

◇ 配合饲料（实例）

［相关链接］ 比利时耐久能公司是欧洲最早设立，具有60多年历史的种鸽繁殖场、鸽用配合饲料生产企业，其产品远销世界各地。

a. 鸽用经济配合饲料：

［主要配方］ 法国玉米 34.0%，

黄豌豆 10.0%,青豌豆 9.0%,小麦 20.0%,大麦 7.0%,红高粱 20.0%。

营养成分

蛋白质	脂肪	碳水化合物	灰分	纤维素
16.04%	3.81%	49.81%	2.10%	4.96%

b. 赛鸽标准配合饲料:

[**主要配方**]　小麦 10.0%,荞麦 3.5%,红花籽 25.0%,白高粱 25.0%,红高粱 5.0%,稻米 25.0%,谷粒/小种子 3.5%,亚麻籽 1.0%,去皮燕麦 1.0%。

营养成分

蛋白质	脂肪	碳水化合物	灰分	纤维素
11.56%	11.29%	41.80%	2.57%	11.58%

c. 幼鸽移棚配合饲料:即供乳鸽停止呕哺,刚移入幼鸽棚时,供自行练习啄食使用。

[**主要配方**]　油菜籽 20.0%,碎米 20.0%,去皮燕麦 12.0%,大麻籽 10.0%,亚麻籽 10.0%,红花籽 10.0%,白粟 10.0%,雀粟 5.0%,黄粟 3.0%。

营养成分

蛋白质	脂肪	碳水化合物	灰分	纤维素
15.12%	20.50%	21.45%	2.53%	7.75%

d. 赛鸽幼鸽配合饲料:

[**主要配方**]　小麦 17.5%,小

黄豌豆 25.0%,枫豆 25.0%,野豌豆 5.0%,小扁豆 1.0%,白高粱 10.0%,红高粱 5.0%,红花籽 7.5%,小米/小种子 2.5%,大麻籽 1.0%,茴香籽 0.5%。

营养成分

蛋白质	脂肪	碳水化合物	灰分	纤维素
17.88%	5.75%	44.42%	2.46%	6.53%

e. 赛鸽幼鸽配合饲料:即赛鸽幼鸽(含玉米)配合饲料。

[**主要配方**]　小法国玉米 18.0%,黄豌豆 22.0%,青豌豆 10.0%,枫豆 10.0%,野豌豆 5.0%,小麦 15.0%,白高粱 5.0%,红高粱 10.0%,红花籽 5.0%。

营养成分(本配方营养成分与赛飞巅峰配合饲料一致)

蛋白质	脂肪	碳水化合物	灰分	纤维素
16.04%	3.81%	49.81%	2.10%	4.96%

f. 幼鸽准备期配合饲料:

[**主要配方**]　法国小玉米 20.0%,白高粱 15.0%,小青豌豆 10.0%,红高粱 10.0%,小麦 10.0%,红花籽 5.0%,红赤豆 5.0%,小黄豌豆 5.0%,烘焙黄豆 5.0%,野绿豆 5.0%,绿豆 2.5%,稻米 2.5%,谷粒/小种子 2.0%,荞麦 1.0%,亚麻籽 1.0%,去皮燕麦 1.0%。

营养成分

蛋白质	脂肪	碳水化合物	灰分	纤维素
16.11%	6.79%	48.15%	2.35%	5.41%

g. 幼鸽能量配合饲料:

[**主要配方**] 法国黄玉米20.0%,黄玉米5.0%,法国小玉米5.0%,小麦10.0%,黄豌豆5.0%,青豌豆10.0%,野豌豆2.5%,枫豆5.0%,红赤豆5.0%,小扁豆1.0%,红花籽10.0%,白高粱10.0%,红高粱7.5%,谷粒/小种子2.5%,大麻籽1.0%,茴香籽0.5%。

营养成分

蛋白质	脂肪	碳水化合物	灰分	纤维素
14.85%	6.98%	47.51%	2.15%	6.39%

h. 赛鸽赛飞准备期配合饲料:

[**主要配方**] 法国黄玉米20.0%,法国小玉米20.0%,白高粱10.0%,红高粱5.0%,小麦10.0%,荞麦1.0%,红花籽5.0%,稻米5.0%,烘焙黄豆5.0%,枫豆2.5%,红赤豆2.5%,小黄豌豆2.5%,小青豌豆2.5%,野豌豆2.5%,绿豆2.5%,谷粒/小种子2.0%,亚麻籽1.0%,去皮燕麦1.0%。

营养成分

蛋白质	脂肪	碳水化合物	灰分	纤维素
14.34%	7.60%	48.58%	2.20%	5.78%

i. 赛鸽赛飞配合饲料:

[**主要配方**] 法国黄玉米35.5%,小麦5.0%,稻米4.0%,黄豌豆5.0%,青豌豆5.0%,野豌豆5.0%,枫豆10.0%,红赤豆5.0%,白高粱7.5%,红高粱5.0%,红花籽10.0%,谷粒/小种子3.5%。

营养成分

蛋白质	脂肪	碳水化合物	灰分	纤维素
14.13%	6.55%	48.71%	2.11%	6.31%

j. 赛鸽赛飞配合饲料:即赛鸽赛飞基础配合饲料。

[**主要配方**] 法国黄玉米40.0%,小麦12.0%,黄豌豆10.0%,青豌豆5.0%,野豌豆5.0%,枫豆5.0%,白高粱8.0%,红高粱4.0%,红花籽7.0%,谷粒/小种子4.0%。

营养成分

蛋白质	脂肪	碳水化合物	灰分	纤维素
13.67%	6.02%	50.88%	1.92%	5.31%

k. 赛鸽赛飞能量配合饲料:即储能饲料。

[**主要配方**] 小麦5.0%,稻米5.0%,白高粱30.0%,红高粱5.0%,红花籽30.0%,荞麦5.0%,去皮燕麦5.0%,粟米5.0%,雀粟5.0%,亚麻籽5.0%。

营养成分

蛋白质	脂肪	碳水化合物	灰分	纤维素
12.66%	13.32%	37.77%	2.23%	11.59%

l. 赛鸽赛飞巅峰配合饲料：即英国特别配合饲料（SPECIAL UK-MIXTURE），又释为：顶级全能饲料或巅峰饲料。

［主要配方］ 枫豆 35.0%，法国玉米 25.0%，小麦 12.5%，黄豌豆 10.0%，白高粱 7.5%，红高粱 7.5%，红花籽 2.5%。

营养成分

蛋白质	脂肪	碳水化合物	灰分	纤维素
16.04%	3.81%	49.81%	2.10%	4.96%

m. 赛鸽（低蛋白）赛飞配合饲料：

［主要配方］ 法国黄玉米 10.0%，法国小玉米 20.0%，小麦 5.0%，稻米 15.0%，白高粱 17.5%，红高粱 5.0%，红花籽 20.0%，绿豆/小种子 2.5%，去皮燕麦 2.0%，荞麦 1.0%，亚麻籽 1.0%，谷粒/小种子 1.0%。

营养成分

蛋白质	脂肪	碳水化合物	灰分	纤维素
11.38%	9.64%	46.35%	2.16%	9.22%

n. 赛鸽育种配合饲料：即育种基础饲料。

［主要配方］ 法国黄玉米 25.0%，小麦 10.0%，黄豌豆 18.0%，枫豆 12.0%，蚕豆 6.0%，野豌豆 5.0%，红赤豆 6.0%，白高粱 4.0%，红高粱 4.0%，红花籽 6.0%，谷粒/小种子 4.0%。

营养成分

蛋白质	脂肪	碳水化合物	灰分	纤维素
16.41%	5.33%	47.20%	2.22%	5.99%

o. 赛鸽育种配合饲料：即育种准备期饲料。

［主要配方］ 法国黄玉米 10.0%，法国小玉米 10.0%，小麦 10.0%，荞麦 1.0%，白高粱 10.0%，红高粱 5.0%，烘焙黄豆 10.0%，野豌豆 5.0%，小黄豌豆 7.5%，小青豌豆 7.5%，枫豆 7.5%，红赤豆 5.0%，绿豆/小种子 2.5%，谷粒/小种子 2.0%，红花籽 5.0%，亚麻籽 1.0%，去皮燕麦 1.0%。

营养成分

蛋白质	脂肪	碳水化合物	灰分	纤维素
18.14%	7.58%	44.11%	2.55%	5.58%

p. 赛鸽育雏配合饲料：

［主要配方］ 法国黄玉米 17.5%，黄玉米 2.5%，小麦 10.0%，白高粱 10.0%，红高粱 5.0%，黄豌豆 10.0%，绿豌豆

10.0%，枫豆 5.0%，小扁豆 1.0%，野豌豆 5.0%，红赤豆 5.0%，绿豆/小种子 2.5%，小米/小种子 3.5%，红花籽 5.0%，大麻籽 1.0%，茴香籽 0.5%，油菜籽 0.5%，亚麻籽 0.5%，去皮燕麦 0.5%。

营养成分

蛋白质	脂肪	碳水化合物	灰分	纤维素
16.13%	6.34%	47.60%	2.29%	5.88%

q. 赛鸽清除配合饲料：

[**主要配方**] 大麦 40.0%，小麦 20.0%，白高粱 10.0%，红高粱 5.0%，红花籽 10.0%，稻谷/糙米 10.0%，小米/小种子 5.0%。

营养成分

蛋白质	脂肪	碳水化合物	灰分	纤维素
11.32%	6.93%	48.34%	2.23%	6.88%

r. 赛鸽换羽脱毛期配合饲料：

[**主要配方**] 法国小玉米 15.0%，法国黄玉米 10.0%，小青豌豆 7.5%，小黄豌豆 2.5%，烘焙黄豆 5.0%，野豌豆 2.5%，枫豆 2.5%，红赤豆 5.0%，绿豆 2.5%，白高粱 10.0%，红高粱 5.0%，小麦 10.0%，大麦 5.0%，红花籽 7.5%，稻米 2.5%，谷粒/小种子 5.0%，亚麻籽 2.5%。

营养成分

蛋白质	脂肪	碳水化合物	灰分	纤维素
16.11%	6.79%	48.15%	2.35%	5.41%

s. 赛鸽换羽配合饲料：

[**主要配方**] 法国黄玉米 15.0%，黄玉米 5.0%，黄豌豆 8.0%，青豌豆 8.0%，野豌豆 5.0%，枫豆 2.5%，红赤豆 2.5%，小麦 10.0%，大麦 5.0%，稻米 3.0%，白高粱 11.5%，红高粱 5%，红花籽 7.5%，谷粒/小种子 5.5%，促进换羽的籽粮 4.0%，绿豆/小种子 2.5%。

营养成分

蛋白质	脂肪	碳水化合物	灰分	纤维素
14.77%	7.73%	47.03%	2.29%	6.68%

t. 赛鸽换羽基础配合饲料：

[**主要配方**] 法国黄玉米 25.0%，小麦 10.0%，大麦 10.0%，黄豌豆 10.0%，青豌豆 8.0%，野豌豆 2.0%，红赤豆 5.0%，白高粱 6.5%，红高粱 5%，红花籽 3.5%，亚麻籽 2.0%，谷粒/小种子 13.0%。

营养成分

蛋白质	脂肪	碳水化合物	灰分	纤维素
14.24%	6.76%	48.83%	2.10%	5.24%

u. 种鸽休闲配合饲料：即赛鸽休闲经济配合饲料。

[主要配方] 法国黄玉米35.0%,小麦20.0%,黄豌豆15.0%,青豌豆10.0%,红高粱10.0%,枫豆5.0%,白高粱2.5%,红花籽2.5%。

营养成分

蛋白质	脂肪	碳水化合物	灰分	纤维素
13.14%	3.56%	54.64%	1.82%	3.58%

v. 赛鸽鳏居(寡居)基础配合饲料:

[主要配方] 法国黄玉米37.0%,小麦12.0%,枫豆14.0%,白高粱10.0%,红花籽6.0%,黄豌豆5.0%,野豌豆5.0%,青豌豆5.0%,绿豆/谷粒/小种子2.0%。

营养成分

蛋白质	脂肪	碳水化合物	灰分	纤维素
14.59%	5.05%	51.55%	1.99%	4.90%

w. 赛鸽鳏(寡)居配合饲料:

[主要配方] 法国黄玉米20.0%,黄玉米5.0%,法国小玉米5.0%,小麦10.0%,青豌豆5.0%,黄豌豆5.0%,枫豆5.0%,野豌豆2.5%,红赤豆5.0%,谷粒/稗子2.5%,白高粱7.5%,红高粱5%,稻米2.5%,红花籽10.0%,绿豆/小种子7.5%,小扁豆1%,大麻籽1%,茴香籽0.5%。

营养成分

蛋白质	脂肪	碳水化合物	灰分	纤维素
14.16%	8.47%	46.00%	2.16%	7.45%

x. 赛鸽小种子清膘配合饲料:即小种子落膘饲料,有释:青标饲料、绿标饲料。

[主要配方] 小麦30.0%,去皮燕麦5.0%,白高粱15.0%,红高粱30.0%,小扁豆5.0%,油菜籽3.0%,荞麦3.0%,稻米2.0%,绿豆/小种子2.0%,亚麻籽2.0%,红花籽3.0%。

营养成分

蛋白质	脂肪	碳水化合物	灰分	纤维素
12.22%	5.90%	54.74%	1.70%	3.57%

◇ 比利时耐久能公司赛鸽常用配合饲料参考汇总表

赛鸽常用配合饲料配比(实用)参考表

饲料种类	育雏饲料(%)	赛飞饲料(%)	幼鸽饲料(%)	小种子饲料(%)	清除减负饲料(%)	换羽饲料(%)	冬令养息饲料(%)	鳏居饲料(%)	老君王饲料(%)	种鸽标准饲料(%)	经济简化饲料(%)	经济育雏饲料(%)	清标饲料(%)
玉米	27	35				30	31	37		35	39.5	32	
小麦	18	19	25		30	17	14	12	20	20	22	21	30

(续表)

饲料种类	育雏饲料(%)	赛飞饲料(%)	幼鸽饲料(%)	小种子饲料(%)	清除减负饲料(%)	换羽饲料(%)	冬令养息饲料(%)	鳏居饲料(%)	老君王饲料(%)	种鸽标准饲料(%)	经济简化饲料(%)	经济育雏饲料(%)	清标饲料(%)
大麦					40	10	20				8		
荞麦													3
去皮燕麦				18									5
高粱	10	10	12		16	7.5	9	10	8	10	12	12	
红高粱													30
白高粱													15
豌豆	34	28	47.5			18	15	24	39	35	18.5	30	
白豌豆													
绿豌豆													
野豌豆	2		5			2	3	5	2.5				
小蚕豆	5	5				5	5		20	5		5	
小扁豆													5
黑豆								4					2
绿豆													
粟米				18	5	3	1	2	2.52				2
糙米													
油菜籽				9									
红花籽	2			24									
亚麻籽				9			1.5	1					
葵花籽								1					3
稷子				18									
大麻籽				4									2
小种子	2	3	8		9	3.5			6	8			3
其他						2.5							

  * 本资料由 NATURAL 10.93. 提供,与上述文字配方有所差异,属于配方调整。为了尊重维持原始配方资料,列表中凡未详细标明分类者均按原作统称(如豌豆未注明白豌豆、绿豌豆者仍标示为豌豆)。

  * * 老龄鸽饲料:又释:老君王(老郡主)饲料。

◇ 上海龙园、耐久能配合饲料（适合我国地方国情改良配方）

a. 赛鸽配合标准饲料：

玉米 35%，小麦 20%，白豌豆 8%，青豌豆 7%，麻豆 5%，白高粱 12%，红高粱 8%，粟米 1.5%，糙米 2%，麻籽 1.5%。

标准饲料营养成分表

名称	含量	粗蛋白（毫克）	粗脂肪（毫克）	粗纤维（毫克）	钙（毫克）	总磷（毫克）	蛋氨酸（毫克）	赖氨酸（毫克）	粗灰分（毫克）
玉 米	35%	30.10	12.25	7.00	0.14	0.735	0.455	0.945	—
小 麦	20%	25.80	3.60	5.00	0.18	0.62	0.22	0.66	—
白 豆	8%	18.08	1.20	4.72	0.104	0.312	0.08	1.288	—
青 豆	7%	15.82	1.05	4.13	0.091	0.273	0.07	1.127	—
麻 豆	5%	11.30	0.75	2.95	0.065	0.195	0.05	0.805	—
白高粱	12%	10.44	3.96	2.64	0.108	0.336	0.096	0.204	—
红高粱	8%	10.44	3.96	2.64	0.108	0.336	0.096	0.204	—
粟 谷	1.5%	1.46	0.39	1.11	0.009	0.039	0.033	0.027	—
糙 米	2%	1.76	0.40	0.14	0.008	0.05	0.016	0.058	—
麻 籽	1.5%	3.39	0.225	0.89	0.019 5	0.058 5	0.015	0.242	—
合计	100%	128.59 12.86%	27.785 2.78%	31.22 3.12%	0.832 5 0.08%	2.954 5 0.30%	1.131 0.10%	5.56 0.60%	—

b. 赛鸽幼鸽配合饲料：

小麦 18%，白豌豆 25%，枫豆 25%，野豌豆（黑）3%，野豌豆（白）2%，白高粱 11%，红高粱 5%，燕麦 1%，糙米 1.5%，红花籽 7%，麻籽 1%，油菜籽 0.5%。

幼鸽饲料营养成分表

名称	含量	粗蛋白（毫克）	粗脂肪（毫克）	粗纤维（毫克）	钙（毫克）	总磷（毫克）	蛋氨酸（毫克）	赖氨酸（毫克）	粗灰分（毫克）
小 麦	18%	23.22	3.24	4.50	0.16	0.558	0.198	0.594	—
白豌豆	25%	56.50	3.75	14.75	0.325	0.975	0.025	4.025	—
枫 豆	25%	56.50	3.75	14.75	0.325	0.975	0.025	4.025	—
黑野豌豆	3%	6.78	0.45	1.77	0.039	0.117	0.03	0.483	—
白野豌豆	2%	4.52	0.30	1.18	0.026	0.078	0.02	0.322	—

（续表）

名称	含量	粗蛋白（毫克）	粗脂肪（毫克）	粗纤维（毫克）	钙（毫克）	总磷（毫克）	蛋氨酸（毫克）	赖氨酸（毫克）	粗灰分（毫克）
白高粱	11%	9.57	3.3	2.42	0.099	0.308	0.088	0.187	—
红高粱	5%	4.35	1.65	1.10	0.045	0.14	0.04	0.085	—
燕 麦	1%	1.16	0.52	0.89	0.015	0.033	0.02	0.04	—
糙 米	1.5%	1.32	0.30	0.105	0.006	0.037 5	0.012	0.043 5	—
红花籽	7%	17.71	2.59	5.39	0.238	0.462	0.301	0.637	—
麻 籽	1%	2.53	0.37	0.77	0.034	0.066	0.043	0.091	—
油菜籽	0.5%	1.41	0.075	0.43	0.029	0.05	0.021	0.065 5	—
合 计	100%	185.57	20.295	48.055	1.341	3.799 5	0.823	10.598	—
		18.60%	2.00%	4.80%	0.10%	0.40%	0.10%	1.10%	

c. 赛鸽育种配合饲料：

玉米 25%，小麦 10%，白豌豆 18%，青豆 5%，枫豆 10%，麻豆 5%，野豌豆（黑）3%，野豌豆（白）3%，白高粱 8%，红高粱 5%，燕麦 0.5%，粟谷 0.5%，糙米 0.5%，红花籽 5%，麻籽 1%，亚麻籽 0.5%。

育种饲料营养成分表

名称	含量	粗蛋白（毫克）	粗脂肪（毫克）	粗纤维（毫克）	钙（毫克）	总磷（毫克）	蛋氨酸（毫克）	赖氨酸（毫克）	粗灰分（毫克）
玉 米	25%	21.50	8.75	0.50	0.10	0.525	0.325	0.675	—
小 麦	10%	12.90	1.80	2.50	0.09	0.31	0.11	0.33	—
白豌豆	18%	40.68	0.27	10.62	0.234	0.702	0.18	2.898	—
青 豆	5%	11.30	0.75	2.95	0.065	0.195	0.05	0.805	—
枫 豆	10%	22.60	1.50	5.90	0.13	0.39	0.10	1.61	—
麻 豆	5%	11.30	0.75	2.95	0.065	0.195	0.05	0.805	—
黑野豌豆	3%	6.78	0.45	1.77	0.039	0.117	0.03	0.483	—
白野豌豆	3%	6.78	0.45	1.77	0.039	0.117	0.03	0.483	—
白高粱	8%	6.96	2.64	1.76	0.072	0.224	0.064	0.136	—
红高粱	5%	4.35	1.65	1.10	0.045	0.14	0.04	0.085	—
燕 麦	0.50%	0.58	0.26	0.445	0.007 5	0.016 5	0.01	0.02	—
粟 谷	0.50%	0.485	0.13	0.37	0.003	0.013	0.011	0.009	—

（续表）

名称	含量	粗蛋白（毫克）	粗脂肪（毫克）	粗纤维（毫克）	钙（毫克）	总磷（毫克）	蛋氨酸（毫克）	赖氨酸（毫克）	粗灰分（毫克）
糙　米	0.50%	0.44	0.13	0.035	0.002	0.012 5	0.004	0.014 5	—
红花籽	5%	12.70	0.55	8.95	0.225	0.035	0.215	0.85	
麻　籽	1%	2.53	0.37	0.77	0.034	0.066	0.043	0.091	
亚麻籽	0.50%	1.265	0.185	0.385	0.017	0.033	0.021 5	0.045 5	
合计	100%	163.15 16.30%	20.635 2.10%	42.775 4.30%	1.167 5 0.12%	3.091 0.31%	1.283 5 0.13%	9.34 0.93%	—

d. 赛鸽赛飞配合饲料：

玉米 35%，小麦 10%，麻豆 10%，枫豆 5%，白豌豆 5%，青豆 5%，野豌豆（黑）3%，野豌豆（白）3%，白高粱 8%，红高粱 8%，糙米 2%，粟谷 1.5%，红花籽 4%，亚麻籽 0.5%。

赛飞饲料营养成分表

名称	含量	粗蛋白（毫克）	粗脂肪（毫克）	粗纤维（毫克）	钙（毫克）	总磷（毫克）	蛋氨酸（毫克）	赖氨酸（毫克）	粗灰分（毫克）
玉　米	35%	30.10	10.50	7.00	0.14	0.735	0.455	0.945	—
小　麦	10%	12.90	1.80	2.50	0.09	0.31	0.11	0.33	—
麻　豆	10%	22.60	1.50	5.90	0.13	0.39	0.10	0.161	—
枫　豆	5%	11.30	0.75	2.95	0.065	0.195	0.05	0.805	—
白豌豆	5%	11.30	0.75	2.95	0.065	0.195	0.05	0.805	—
青　豆	5%	11.30	0.75	2.95	0.065	0.195	0.05	0.805	—
黑野豌豆	3%	6.78	0.45	1.77	0.039	0.117	0.03	0.483	—
白野豌豆	3%	6.78	0.45	1.77	0.039	0.117	0.03	0.483	—
白高粱	8%	8.70	3.30	2.20	0.09	0.28	0.08	0.17	—
红高粱	8%	6.96	2.64	1.76	0.072	0.224	0.064	0.136	—
糙　米	2%	2.20	0.50	0.175	0.01	0.0625	0.02	0.0725	—
粟　谷	1.5%	1.455	0.39	1.11	0.009	0.039	0.033	0.027	—
红花籽	4%	10.16	0.44	1.76	0.18	0.28	0.172	0.588	—
亚麻籽	0.5%	1.265	0.185	0.385	0.017	0.033	0.021 5	0.045 5	—
合计	100%	143.8 14.40%	24.405 2.44%	35.18 3.52%	1.011 0.10%	3.172 5 0.32%	1.265 5 0.13%	5.856 0.59%	—

e. 赛鸽清除配合饲料：　　　　　　10％，白高粱 10％，红高粱 5％，粟
大麦 40％，小麦 20％，稻谷　　谷 5％，红花籽 10％。

清除饲料营养成分表

名称	含量	粗蛋白（毫克）	粗脂肪（毫克）	粗纤维（毫克）	钙（毫克）	总磷（毫克）	蛋氨酸（毫克）	赖氨酸（毫克）	粗灰分（毫克）
大　麦	40％	43.20	8.00	18.80	0.48	1.16	0.52	1.48	—
小　麦	20％	25.80	3.60	5.00	0.18	0.62	0.22	0.66	—
稻　谷	10％	8.30	1.50	8.50	0.07	0.28	0.10	0.31	—
白高粱	10％	8.70	3.30	2.20	0.09	0.28	0.08	0.17	—
红高粱	5％	4.35	1.65	1.10	0.045	0.14	0.04	0.085	—
粟　谷	5％	4.85	1.30	3.70	0.03	0.13	0.11	0.09	—
红花籽	10％	25.40	1.10	17.90	0.45	0.70	0.43	1.47	—
合计	100％	120.60 / 12％	20.45 / 2％	57.20 / 5.70％	1.345 / 0.10％	3.31 / 0.30％	1.50 / 0.15％	4.265 / 0.43％	— / —

六、疾病防治篇

近年来,随着世界养殖业的蓬勃发展,禽鸟疫病的发生率已明显呈现上升趋势,且已威胁到人类的健康安全。禽鸟疫病的存在,已不仅仅是动物养殖业发展的主要障碍,且已累及自然界的候鸟、野生禽鸟,成为家禽、家鸽疫病的传播导入源。

竞翔鸽必须天天训翔放飞,经常会与自然界的野生鸟类接触,以及与鸟类的排泄物接触;加上赛鸽训放交流活动频繁,反复多次集鸽挤笼,训放运输途中的相互密切接触,每年春、秋二度的幼鸽赛和常规大赛,全国范围内的大规模自近距到远程的逐站训翔比赛活动,我国已连续多年发生幼鸽训赛归巢后疫病集中流行发病的现象,造成出赛鸽减员和赛绩发挥优势下降。

此外,即便是在正常的饲养环境管理条件下,鸽的普通疾病也难免会时有发生,同样会影响鸽的繁殖率、成雏率、出赛率及赛绩发挥。因此,对待鸽的疾病应始终不懈地坚持"预防为主"的方针,贯彻防微杜渐的原则。一旦发现鸽出现患病先兆,要能正确而果断地作出早期处理,及时诊疗,对症下药,将疾病控制在发病初期阶段。

"治未病"是祖国医学的重要科学理念之一,尤其对传染病、慢性病和健康素质养护而言都是十分必要的。

"治未病"是针对机体功能状态(健康状态),在病前、病中、病后三个阶段,预防疾病"生、成、发、传、源、复"6个风险因素组成的风险群的发生、发展和变化,也即预防病前病、病中病、病后病和治疗已病。要防生病的风险;欲病(亚健康)之鸽,要防成病的风险;欲病高危之鸽,要防发病的风险;已病(疾病)鸽,要防"传"的风险。鉴于医源、药源性疾病还需防"源"的风险,康复之鸽,要防"旧病复发"的风险。

"治未病"的治则是"治病求本,三因制宜:扶正祛邪,调理脏腑、气血、阴阳等",以实现"未病先治,已病早治,既病防变,病后防复"的目标,从而达到祛病健鸽,不得病、少得病、迟得病、带病延年、提高生存质量的目的。

因而鸽病防治工作始终是鸽舍管理中必须严格执行,且不可偏废的重要学科管理内容之一。

（一）疾病综合防治技术

1. 传染病流行的基本条件

任何一种传染病的流行、传播和发病，都离不开传染源、传播途径和易感鸽群三个环节。这三个环节是相互关联而缺一不可的。因而能迅速切断这三个环节中的任何一个环节，传染病的流行发病也就能得到有效控制，只有全面而完整地掌握、控制和处理好这三个环节，才能将传染病控制在最小范围，将鸽群损失降到最低程度。

（1）传染源　指传染病病原体的携带者，受感染的病鸽和其他染病禽鸟，还包括那些无症状表现的隐性感染鸽。

① 患病鸽和病死鸽的尸体：重要的传染源。病鸽的排泄物和分泌物中含大量的病原体，要及时隔离或淘汰病鸽，鸽尸作无害化处理；病鸽所有的排泄物、分泌物实施严格消毒处理。

② 病原体携带鸽：指处于感染潜伏期的病原体携带鸽、恢复期的病原体携带鸽及没有症状表现的带菌、带毒鸽。要根据不同的病原体携带鸽，采取限制随意引进的措施，对可疑发病鸽进行及时有效隔离或淘汰，加强鸽舍定期消毒和随时消毒相结合，对引进鸽实施至少

14 天检疫期等不同程度的防病措施。特别对那些外表健康而终生带菌、带毒、带病原体鸽，那些通过种蛋而将病原体传给下一代的垂直带菌、带毒种鸽，那些常处于亚健康状态的可疑带菌鸽，必须进行定期检疫、定期清理，必要时及时淘汰。

（2）传播途径

① 空气气流-气溶胶传播：带菌的雾状气流即气溶胶的呼出、吸入所导致的病原体传播。

② 污染的饲料和饮水传播：指鸽舍外病原体通过饲料和饮水带入，或鸽舍内传染病初期发病阶段造成的病原体饲料、饮水污染，导致疫病的扩散和传播。

③ 脱落排泄物、工具传播：经由羽毛、皮屑、分泌物、排泄物污染巢盆、巢箱、清扫工具、用具等进行传播。

④ 交流引进传播：外来引进鸽或通过展览、集笼、运输、司放活动过程中鸽间相互接触传播及外界媒介野生雀鸟的排泄物接触传播。

⑤ 人员传播：外来人员、鸽友间相互交流、参观鉴赏鸽时，由双手、鞋底等导入鸽舍进行传播。

（3）易感鸽　鸽机体有一套完整的免疫系统，它主宰和执行机体的免疫功能，是机体发生免疫应答的物质基础，免疫系统是机体的防御系统。它由免疫器官、免疫细胞和免疫分子及免疫基因组成。机体的免疫

器官指含淋巴(淋巴细胞、浆细胞、巨噬细胞)的淋巴器官,按其在免疫中起的作用不同分为:中枢免疫器官和外周免疫器官,前者包括骨髓和胸腺,禽类还有腔上囊;后者包括脾脏、淋巴结和全身各处的淋巴组织。

凡有足够抗病免疫力的鸽,一般不被感染也不会发病。相反则就是体内并不具备或没有足够抗病免疫能力的鸽,就易成为感染发病鸽,即称易感鸽。对整个鸽舍都不具备有抗病免疫能力的鸽群体,称易感群体。鸽群对传染病的易感性决定于下列因素:

① 管理失当:如营养不良;鸽舍饲养密度过高;通风不良或通风过度受寒;卫生状况差等。

② 潜在病原体:鸽群中存在有多种潜伏隐匿病原体的携带鸽。

③ 鸽群抗病能力下降:如霉变低劣饲料的摄入;反复出赛、强应激、疲劳过度或反复训放,导致体能入不敷出,疲惫康复不良;尤其雏幼鸽的免疫系统尚未发育完全,抗病功能原本就比成年鸽薄弱而成为首当其冲的发病鸽,成为周围地区疫病的"首发暴发户"。

④ 鸽群免疫不全:如已进行过鸽群免疫接种而仍然继续发病,其原因有疫苗质量、接种技术、免疫干扰、新毒株导入或变异新毒株攻入、野毒或强毒的入侵等,均会造成"免疫接种失败"、"免疫不全",从而引起疫病的暴发流行。

2. 鸽传染性疫病的防疫工作

(1) 场舍环境与卫生防疫措施

① 改善鸽舍环境:鸽舍营建场地要因地制宜,鸽舍宽敞而合理,严格控制饲养密度;尽量朝南背北,要冬暖夏凉阳光充足;既通风又干燥,防止寒潮、暴风雨恶劣气候的侵袭,巢箱、栖架设置要求既没有对流风侵袭,又不闷热;鸽舍安置地点要既安静又有利于家飞;少噪声而有利于栖息。

② 保持鸽舍卫生:鸽舍要勤于打扫,空气清新而少污染,定期做好棚舍、用具等消毒。

③ 注意饲料、饮水卫生:提供优质饲料,注意饲料卫生和饮水卫生;定期做好饮水器、食具清洗消毒,巢盆必须天天清扫,定期置于阳光下暴晒,并及时更新。

④ 避免外来鸽引进接触:重点抓好新引进鸽健康观察检查、严格执行隔离观察期内的疫病检疫程序。在疫病高发流行期间,要尽可能减少大型群体集鸽训放次数,归巢鸽要认真做好疫病预防处理和疫病严密观察工作,尤其要重点注意观察当年幼鸽,特别是那些疲惫不堪、体能康复迟缓、亚健康、出现可疑体征鸽的病态表现。

⑤ 制止传染源导入:在疫病高发流行期间,不要去出现疫病和已发病鸽舍,尤其避免或回绝发病

鸽舍鸽友、疫区饲养人员的来访抓鸽,入舍前必须做到先消毒浸泡双手、更衣、换鞋。

⑥ 隔离可疑病鸽:及时隔离或尽可能地果断淘汰亚健康可疑病鸽。有条件的大型种鸽场、繁殖场,打扫鸽舍人员要做到专人划区分块包干,各司其职;制定合理而切实可行的规章制度。打扫和处理病鸽时,要先处理健康鸽,然后再处理患病鸽,处理患病鸽后要严格进行双手、鞋底消毒和隔离工作服的更换、消毒清洗。

(2)卫生清扫与消毒 鸽舍除每天进行一次鸽舍、运动场的清扫外,至少1~2周进行一次全面、彻底的大扫除,清除木板、缝隙间的粪便和污物,填塞纳污缝隙,巢盆要定

期更换或清扫消毒等。

每月选择天气晴朗的好天气,对鸽舍进行一次全面彻底消毒,门窗、巢格等用消毒水擦拭或冲刷干净,地面、墙壁和运动场可用10%~20%石灰水或烧碱水、漂白粉水喷刷一遍。食具、饮水器等用0.1%新洁尔灭或0.01%高锰酸钾溶液浸泡消毒半小时。笼具、草窝等可集中置于密闭房间、箱、室、库房等里面,用福尔马林熏蒸消毒。鸽舍带鸽喷雾消毒,要尽量避免选用含氯类带刺激性气体或带腐蚀性的消毒剂。消毒池、门垫可用澄清石灰水或烧碱水淋湿消毒。

(3)鸽舍消毒 鸽舍常用消毒药品配制见表6-1。

表6-1 鸽舍常用消毒药品配制

消毒药品	常用剂型	作用用途	用法用量
来苏儿(含煤酚5%)	溶液	鸽舍、用具、排泄物等消毒,洗手消毒	配制成3%~5%溶液
福尔马林(含40%甲醇)	溶液	鸽舍、用具,人工孵化种蛋孵化器消毒	每立方米用高锰酸钾20克,加福尔马林25毫升,熏蒸
克辽林	溶液	鸽舍、用具消毒	5%热溶液
烧碱(含94%苛性钠)	粉块	喷洒或涂刷器具、地面	2%~3%溶液
漂白粉	粉、块、片	鸽舍、排泄物消毒	5%乳剂
新洁尔灭	5%原液	洗手或种蛋表面消毒	0.1%溶液
双氧水	3%~5%原液	洗涤伤口,污秽、坏死的创面	3%溶液
石炭酸	溶液	鸽舍、用具消毒	3%~6%溶液
生石灰	块	鸽舍、墙壁、地面及排泄物	10%~20%石灰乳浆
碘甘油	溶液	黏膜消毒	5%碘甘油

(4) 棚舍消毒 棚舍消毒是一项重要且有效可靠的防疫措施。

① 预防性消毒：指没有明确传染源存在的情况下，对可能受到病原微生物或其他可疑有害微生物污染的场舍、物品进行的日常预防性消毒。如在进出种鸽繁殖场、公棚、棚舍门口时的常规双手、鞋底消毒或换鞋，集鸽前对集鸽笼、垫料和笼具的消毒，打扫鸽舍时对可疑排泄物、呕吐物、分泌物的局部清除消毒。

② 临时消毒：指鸽场、棚舍在发生疫病的情况下，对发生传染病的鸽舍或疫点、疫区进行的加强消毒，及时杀灭患病鸽排泄物、分泌物中的病原微生物，切断污染物造成的新病原体传播源，制止对易感鸽群继续造成侵害的消毒措施。

③ 终末消毒：是在患病鸽痊愈、解除隔离及死亡后，为彻底消灭场舍内传染病的病原体残留进行的最后消毒。

(5) 常用消毒方法

① 物理消毒法：指用物理方法杀灭或消除病原微生物及其他有害微生物的方法。其包括自然净化、机械除菌、热力灭菌和紫外线辐射等消毒法。

a. 自然净化：如通风、干燥、除尘、阳光暴晒等。这些方法在杀灭或清除病原微生物及其他有害微生物方面，具有非常重要的作用。

b. 机械除菌：是单纯使用机械的办法来去除病原体。如鸽舍打扫、器具洗涤、粪便铲除、沐浴等。其虽不能达到彻底消毒的目的，但可将大部分病原体及其他有害微生物清除。

c. 紫外线辐射消毒：紫外线有较强的消毒杀菌作用。紫外线能产生臭氧，臭氧分解氧(O_2)和新生氧(O)。新生氧有很强的氧化能力，杀菌作用是首先攻破细菌细胞壁破坏细菌外层的脂蛋白，接着破坏其里面的脂多糖层，使细胞渗透性改变而导致细菌细胞溶解死亡。缺点是对鸽眼睛的眼底视网膜、视团结构(杆状体)会有较强的聚焦灼伤损害，因而不宜带鸽消毒。此外，棚舍、巢箱结构复杂，即使采取多方位轮番照射，也仍然难以做到使紫外线直射到所有部位。此外，紫外线对尘埃的穿透力极差，尤其躲藏在缝隙里的病原体根本无法杀灭；且还由于鸽舍是完全开放或半开放广为通风的场所，紫外线产生的臭氧也极难在舍内弥漫滞留达到杀灭病原体的时效。因而紫外线只能用于鸽舍的预防性消毒。

② 化学消毒法：指用化学药品进行消毒的方法。它使用方便，不需要复杂的条件设备，是使用得最多、最普遍的消毒方法。注意某些消毒药品有一定的毒性和腐蚀性，为保证消毒效果，减少毒副作

用,用前必须详细阅读说明书,按照要求的条件和推荐的方法、配制浓度,正确安全使用。

③ 生物学消毒法:指利用某些生物技术进行消灭致病微生物的方法。如生物热消毒技术和生物氧化消毒技术等。此仅适合大规模场所大批量的排泄物和有害物质的卫生学处理。

(6) 常用的化学消毒方法

① 消毒池、消毒盆:在鸽场、鸽舍的进出口设置消毒池,池内放置按规定标准浓度配制而成一定比例的消毒液(常用漂白精粉和漂粉精片,配制方法和浓度请详细阅读产品使用说明书),以供人员进出时进行鞋底的消毒。同时还有浸手用消毒盆,供人员进出时进行双手浸泡消毒。此外,在鸽场的疾病诊疗室、可疑鸽观察区和病鸽隔离区的水池旁设有消毒盆,以供人员在进行检查、诊疗、观察可疑鸽和病鸽处理后双手浸泡消毒。在鸽舍、鸽场有疫病发生的情况下,在鸽场的每个鸽舍出入口要分别设置消毒垫、消毒盆,以避免鸽舍间不同病原体的相互交叉感染。注意使用的消毒剂要保持新鲜,并专人负责定时更换或加液。

② 雾化消毒:属湿性消毒。要求消毒剂必须对操作人员和鸽没有强烈的刺激和毒副作用;喷出的雾滴在 100 微米左右,水滴呈雾粒状,且雾粒能在空间停留短暂的时间,使每个消毒层面略有润湿为度,对鸽舍的空气、四壁、地面、巢格、栖架、笼具、缝隙等处,达到确切有效的消毒作用。喷雾消毒除特殊需要外,尽量能选择在阳光明媚充足时进行,喷雾保持一定时间后即开窗通风,待等鸽舍自然干燥,消毒剂气味散尽后,才能让鸽进棚。

此外,有一种现代超声雾化器,消毒剂通过超声雾化处理后,形成一种超微粒雾态的"气溶胶",微粒雾弥漫飘浮充满整个鸽舍空气中,对于空气消毒效果尤为显著,还可带鸽消毒。微粒气溶胶最后吸附在鸽舍的四壁和旮旯等处。不足之处是消毒容积不宜太大,对有强烈刺激性、腐蚀性消毒液不宜采用。

③ 熏蒸消毒:属干性消毒。常用甲醛(即福尔马林)配合高锰酸钾进行熏蒸消毒,作用是让甲醛气体弥散渗透到棚舍的每个旮旯,消毒效果全面显著。但它只能用在密闭空间,用得较多的是消毒病鸽舍、隔离舍、人工孵化室、清空的公棚及柜、箱、盒,也可事先将巢盆、草窝、书籍、衣被、织品、器皿、工具、手表、表具、部分精密仪器等集中放入较小空间进行熏蒸消毒。

棚舍消毒前,先将门窗和所有的通风口、缝隙全部封闭。棚舍消毒需密封 12~24 小时,然后全部打开进行通风 7～14 天（根据季节、气候、通风量有所不同），至少要等待 2 天以上直等到甲醛气味完全消散后，人员才能进入。消毒柜封闭熏蒸消毒需 6 小时以上，然后取出放置在通风处至少 20 分钟以上，等到甲醛气味完全消散后才能使用。此外，也可使用氨气来中和甲醛气体。

④ 火焰喷射消毒：即使用不同燃料的火焰喷射器，采取火焰的高温作用来消毒金属、笼具、砖墙、地表等。其表面消毒作用彻底，对不能接触到火焰的地方，如缝隙深处等往往留下死角隐患。

(7) 常用化学消毒剂　消毒剂的选用，首先要选择目前所应对的病原体，其消毒作用必须要强；要考虑到对人、鸽的安全；不能损害消毒物体；价廉和便于购买，使用方便。一般大多数消毒剂消毒时的浓度越高，消毒药物的作用时间越长，消毒效果也就越显著。

化学消毒剂按照其作用分为高、中、低效 3 类。可根据消毒目的选择合适的消毒剂。高效消毒剂：可杀灭一切微生物，包括细菌繁殖体、细菌芽孢、真菌、结核杆菌、亲水病毒、亲脂病毒等。如甲醛、戊二醛、过氧乙酸、环氧乙烷、有机氯化合物等。中效消毒剂：除不能杀灭细菌芽孢外，可杀灭其他各种微生物。如乙醇、酚、含氯消毒剂、碘制剂等。低效消毒剂：可杀灭细菌繁殖体、真菌和亲脂病毒，但不能杀灭细菌芽孢、结核杆菌和亲水病毒。如新洁尔灭、洗必泰等。

① 酚类消毒剂：属凝固蛋白类化学消毒剂。能使微生物原浆蛋白变性、沉淀而起到杀菌或抑菌作用。大多数为中效消毒剂，能杀灭繁殖体型微生物和一般细菌，但不能杀灭芽孢菌，对病毒与真菌无杀灭作用。常用的有：苯酚（酚、石炭酸）、煤酚（甲酚、甲酚皂、煤酚皂、来苏儿）、煤焦油皂（克辽林、臭药水）、松馏油、农福、复合酚（菌毒敌、农乐）、鱼石脂（依克度）等。常用于浸泡消毒、皮肤黏膜和创面消毒。

② 醇类消毒剂：应用最广泛的消毒剂。其中应用最多的是乙醇。消毒作用比较快，可杀灭繁殖体微生物，但不能杀灭芽孢菌，属中效消毒剂。其他有苯氧乙醇、三氯叔丁醇等。常用于皮肤和小件诊疗器械的涂擦消毒，具有刺激性，不能用于黏膜、开放性伤口消毒。

③ 醛类消毒剂：能使蛋白质变性，杀菌作用较强。其中以甲醛作用最强。为高效消毒剂，其气体和液体均具有较强的杀灭微生物作用，戊二醛杀菌能力比甲醛强 2～3 倍，杀菌速度快，刺激性、腐蚀性和毒性都较小。其他有聚甲醛（多聚甲醛）、露它净、乌洛托品（六亚甲基

四胺)等。

④ 碱类消毒剂：碱能溶解蛋白质，并能水解蛋白质与核酸，破坏微生物体，并损害其酶系统。其杀菌作用决定于它所离解的氢氧离子，对病毒和细菌都有很强的杀灭作用。常用的有氢氧化钠(苛性钠、烧碱)、氧化钙(生石灰)等。

⑤ 酸类和脂类消毒剂：酸类消毒剂解离出的氢离子能影响细菌的生理代谢，而起抗菌作用。这类化合物虽有杀菌或杀灭真菌的作用，但作用较弱，属低效消毒剂。其杀菌力与溶液中的氢离子浓度成正比。常用有硼酸、乳酸、醋酸、水杨酸(柳酸)、十一烯酸、苯甲酸等。

⑥ 过氧化物类消毒剂：一种含不稳定结合态氧的化合物，遇有机物或酶即释放出初生态氧，发挥其强大的氧化能力，从而破坏菌体蛋白或酶，呈现其杀菌作用，且易溶于水，在消毒过程中其有效成分为醋酸，为高效消毒剂。它在释放初生态氧的同时，也对机体组织细胞产生不同程度的腐蚀损伤作用。常用的有过氧乙酸(醋酸)、过氧化氢溶液(双氧水)和臭氧、高锰酸钾等。

⑦ 卤素类消毒剂：作为消毒防腐剂使用的卤素类消毒剂，主要能释放出氯、碘的化合物。它们能氧化细菌原浆蛋白活性基团，并和

蛋白质的氨基结合而使之变性。氯气使用极不方便，因而一般多用其含氯化合物。常用的有各种游离碘制剂(碘酒)、碘仿、碘伏(强力碘)、聚乙烯酮碘(吡咯烷酮碘)、复合碘溶液(雅好生)、百菌消(碘酸混合液)等。大多数为中效消毒剂，常用于皮肤、黏膜消毒。种类很多，如漂白粉(含氯石灰)、次氯酸钙、次氯酸钠、氯胺(氯亚明)、二氯异氰尿酸钠(优氯净)、三氯异氰尿酸(TCCA)抗毒威、除菌净等。为中效消毒剂，适用于水、排泄物的消毒。

⑧ 染料类消毒剂：分碱性和酸性染料两大类。它们的阳离子或阴离子能分别与菌体蛋白的羧基和氨基结合而影响细菌代谢，呈现其抗菌作用。常用的碱性染料消毒剂，对革兰阳性菌有效，而一般酸性染料消毒剂的抗菌作用微弱。常用的碱性染料消毒剂有甲紫(龙胆紫)、利凡诺尔(雷佛奴尔)、孔雀石绿、亚甲蓝(美蓝)、中性吖啶黄等。

⑨ 重金属盐类消毒剂：重金属如汞、银、锌的化合物能与细菌蛋白结合，而使之沉淀产生抗菌作用。作用强度取决于金属离子浓度、性质以及细菌特性。重金属离子易与某些酶的巯基结合，从而使其酶失去活性，继而抑制细菌的生长繁殖。常用的有汞盐、有机汞类、银制剂和铜盐等。如升汞(二

氯化汞)、红汞(汞溴红)、柳硫汞(硫汞柳酸钠)、黄氧化汞(黄降汞)、氯化氨基汞(白降汞)、硝甲酚汞(米他芬)、硝酸银、蛋白银、离子银、硫酸铜等。多用于皮肤黏膜的消毒和防腐。

⑩ 表面活性剂类消毒剂：又称除污剂或清洁剂。是日常生活中应用得最多的活性消毒剂。能降低表面张力,改变两种液体(通常是油和水)间的表面张力,有利于乳化去除油污,起到清洁消毒作用。这类药物能吸附于细菌表面,改变菌体细胞膜的通透性,使菌体内的酶、辅酶和中间代谢产物逸出,影响细菌的呼吸及糖酵解过程,使菌体蛋白变性而呈杀菌作用。分阳离子表面活性剂、阴离子表面活性剂和不游离表面活性剂3种。常用的有苯扎溴铵(新洁尔灭)、洗必泰(氯苯胍

啶)、消毒净、杜米芬(消毒宁)、创必克、百毒杀(癸甲溴氨溶液)等。

⑪ 烷基化气体消毒剂：常用的如环氧乙烷也是高效消毒剂,可杀灭各种微生物。烷基化气体消毒剂系可燃易爆气体,仅限于专业消毒机构,供特殊医疗用品消毒用。

⑫ 其他消毒防腐剂：有水杨酸苯酯(萨罗)、水杨酰苯胺、发癣退(癣退)、霉敌等。

(8) 消毒剂应用和注意事项每个鸽舍、种鸽繁殖场都可根据各自特点和疫情特点,选择合适消毒剂和消毒方法。而大多数寄生虫卵和球虫卵囊等对化学消毒剂都有一定的抵抗力,因而针对寄生虫卵、球虫卵囊等应选用高效消毒剂,或采用物理、生物学消毒方法来杀灭。微生物对各类化学消毒剂的敏感性如表6-2。

表6-2 微生物对各类化学消毒剂的敏感性

消毒剂种类	革兰阳性细菌	革兰阴性细菌	抗酸结核菌	亲脂性病毒	亲水性病毒	真菌	细菌芽孢
季铵盐类	++++	+++	—	++	—	—	—
洗必泰	++++	+++	—	++	—	—	—
醇类	++++	++++	++	++	—	—	—
酚类	++++	++++	++	++	—	+	—
含氯类	++++	++++	+++	++	++	+++	++
碘伏	++++	++++	++	++	++	++	++
过氧化类	++++	++++	++	++	++	++	++
环氧乙烷	++++	++++	++	++	++	++	++
醛类	++++	++++	+++	++	++	+++	++

注：++++高度敏感；+++中度敏感，++与+抑制或可杀灭；—抵抗无效。

3. 人畜(鸽)共患病

人畜共患病指脊椎动物和人类之间自然传播和感染的疾病，是由微生物和寄生虫等可在人畜间互相传播的病原体所引起的各种疾病的总称。人畜共患病分布广泛，可源自与人类密切接触的家畜、家禽(包括鸽)和宠物，还可源自远离人类的野生动物(鸟类)。可以是动物、鸽传给人类，也包括人类传染给动物、鸽的疾病。其中有人畜(鸽)共患病，也有人畜(哺乳动物)间共患病，而禽类(鸽)并不被感染的疾病。而人禽类(鸽)共患病，绝大多数都能感染人畜(哺乳动物)。即便是人禽共患病，其中也并不一定是鸽能被感染。而也有一些人鸽共患病，鸽自身并不感染发病，而鸽只是在其中担任了携带病原体的角色，如隐球菌病。

(1) 常见人畜(鸽)共患病

① 鸟疫(鹦鹉病)：病原是衣原体。通过吸入粪尘、接触而被感染。是鸽、鹦鹉等鸟类进口检疫必检的主要疫病之一。

② 支原体病：病原是支原体。能引起人患支原体肺炎。

③ 隐球菌病：病原是新型隐球菌。可从土壤、鸟类粪便(鸽粪)、水果及正常人的口腔黏膜分离得到。鸽可能会携带隐球菌病原体，但不是惟一隐球菌病原体的携带者，鸽自身不会得此病。

④ 梭状芽孢菌病：病原体是梭状芽孢杆菌(包括破伤风杆菌)。能感染所有哺乳动物、鸟类和所有鱼类。

⑤ 类丹毒：病原是红斑丹毒丝菌。能感染猪、火鸡、鸽、海洋哺乳动物和鱼。

⑥ 钩端螺旋体病：病原是钩端螺旋体。能感染家畜、家禽和野生动物，尤其多见于啮齿动物。人类接触被感染动物的粪便、尿液等排泄物，或被排泄物污染的水、工具和土壤(由皮肤抓伤、划伤处入侵)感染。

⑦ 沙门氏菌病：病原是沙门氏菌。能感染家禽、猪、牛、马、狗、猫、野生哺乳动物与鸟类及爬行、两栖与甲壳动物。通过摄入被排泄物污染的饲料、食物，或双手触摸患病或带菌动物(鸽)以及排泄物后，未经清洗、消毒双手而再污染食品而被感染。本病极为多见。

⑧ 李氏杆菌病：病原是单核细胞增多性李氏杆菌。能感染动物和鸟类。主要来自带有病菌的饲料。

⑨ 耶尔森菌病：病原是假结核耶尔森氏菌。能感染所有鸟类和动物。通过被污染的食物和水被感染。

⑩ 钱癣：病原是小孢子毛癣菌。能感染所有鸟类和动物。通过被污染的食物和被感染的水、破损的皮肤而感染。

⑪ 弓形虫病：病原是龚地弓形虫。能感染哺乳动物，尤其是猫、鸟类。人类是直接通过接触哺乳动物感染，而哺乳动物通过接触鸽而再间接传播感染人类。

⑫ 节肢动物引起或传播的疾病：人往往是由于接触或打扫处理疥螨、恙螨、虱、蚤、蜱等体外寄生虫时被感染寄生是常见的事。本病的最大危险并不在于节肢动物的寄生，而主要是在于通过节肢动物作为生物媒介传播的疾病。

⑬ 立克次体病：病原是立克次体。可能是由蜱、螨的叮咬而传播。本病通过气溶胶、蜱、螨而传播。

⑭ 流感和副流感：病原是正黏病毒。能感染猪、狗、啮齿类、禽鸟类。本病主要通过接触传播。而至今还未有鸽感染高致病性禽流感 H_5N_1 报道。

(2) 人畜（鸽）共患病分类及防治

① 人畜（鸽）共患病的分类：人畜共患病按病原储存宿主的性质可分为四类：一是以鸽为主的人畜共患病；二是以人为主的人畜共患病；三是人鸽并重的人畜共患病，则在人类和禽（鸽）都可带有同样的病原体，在自然界都可成为传染的储存宿主；四是真正的人畜（鸽）共患病，以动物（鸽）为中间宿主，而人为终存宿主。

此外，根据病原的不同，可把人畜共患病分为病毒性人畜共患病；螺旋体、立克次氏体、衣原体性人畜共患病；细菌性人畜共患病；真菌性人畜共患病和寄生虫性人畜共患病五大类。

② 人畜（鸽）共患病防治：加强人类自身保护。人畜（鸽）共患病的防病原则是普及科学防病知识，多措并举。一旦发生疫病，则需要在兽医防疫人员指导下，强化疾病免疫，接受疾病防控、扑灭措施。做到早发现、早处理，严防疾病的暴发传播流行。

加强鸽舍管理，保持鸽舍清洁，注意通风降低舍尘，及时清除排泄物；定期进行鸽舍、用具消毒。避免不必要的人鸽亲密接触（如口鼻相对、亲吻等）。及时隔离、治疗、处理发病鸽。

（二）免疫接种

免疫接种是指通过疫苗接种的方法，使被接种鸽体内产生一种对该传染病的免疫抗体，从而获得对该传染病的免疫能力，使易感鸽转化成为非易感鸽的一种免疫途径。

鸽群体随时随地可能会遭受到种种病原体的攻击。免疫接种是目前惟一能够提高鸽对传染性疾病的免疫力，摆脱传染病干扰，降低鸽群易感性的有效手段。尤其对种鸽、赛鸽公棚、大型鸽舍、赛鸽舍而言，有计划地对鸽群进行疫苗免疫接种，是行之有效而必不可少的预防几种主要常见传染性疾病侵袭的有效措施。

1. 免疫程序

疫苗是一种针对性极强的特殊商品，预防不同的传染病应使用不同的疫苗，制定不同的疫苗免疫程序。如鸽痘疫苗只能预防鸽痘，鸽新城疫疫苗只能预防鸽新城疫。但也可用鸡痘疫苗和鸡新城疫疫苗来预防鸽痘和鸽新城疫，这是因鸡感染的鸡痘病毒和鸡新城疫病毒都属Ⅰ型病毒。而鸽感染的鸽痘病毒和鸽新城疫病毒属Ⅱ型病毒。鸽接种Ⅰ型病毒疫苗后所产生的免疫抗体，对鸽Ⅱ型病毒也能产生免疫力（只是鸡新城疫Ⅰ型疫苗接种的接种反应要明显大于鸽新城疫Ⅱ型疫苗），此正如人接种牛痘苗来预防天花的道理是一样的，此种现象称为"交叉免疫"。

由于受鸽年龄、母源抗体水平和疫苗类型等因素的影响，因而在实施免疫接种前，必须通过对免疫接种对象（如幼鸽）实施免疫监测手段，根据不同情况，制定和执行正确的免疫程序，以达到有效预防传染病的目的。对实施此种免疫接种方案的程序或过程，则称"计划免疫"。另一种是应对某种传染病的流行而临时进行接种的加强免疫接种，即加强免疫，又称"强化免疫"。

2. 疫苗种类和免疫接种

（1）疫苗种类　疫苗按它是否含活的病原体而分为活疫苗与灭活疫苗两种。

① 活疫苗：又称弱毒疫苗。是一种具有生存活力，但已失去原有致病能力的微生物（它在一定条件下，能恢复其原有的致病性，称"复毒"），有良好抗原性的疫苗。

② 灭活疫苗：又称死疫苗。它不含活的致病菌、致病病毒，其中的主要成分是细菌或病毒的代谢产物、毒素等。接种后能使动物（鸽）机体对该致病菌、病毒的毒素产生耐受力，从而达到在免疫期内一旦被该致病菌、病毒所感染时，它的发病症状等均要轻得多，甚至未被觉察就已安全地度过了感染发病期，从而达到免疫作用。一般免疫期较短，往往需要定期反复接种。

（2）免疫接种　疫苗可通过饮水免疫、滴鼻或滴眼免疫、气雾（雾化）免疫与注射（包括刺种）免疫等多种途径实施免疫接种。鸽需要的是获得可靠的终生免疫，由于饮水免疫、滴鼻、滴眼、气雾免疫、生物疫制剂等对鸽的免疫效果，通过免疫效果观察尚不确切。目前免疫效果确切而稳定有效的免疫途径，还只停留在以皮下注射为主要途径的免疫接种方法。无论进行哪一种免疫接种,在接种前必须详细阅读产品的使用说明书,对接种部位、接种方法、接种途径等均需按接种规范要求严格执行,以期获得足够的免疫抗体,降低免疫接种的反应率和死亡率。

3. 免疫接种反应的预防和注意事项

疫苗接种是一种简捷、安全、有效的疫病预防方法。疫苗接种的目的是保护易感群体。疫苗接种在保护易感群体、抗衡细菌、病毒感染性疾病中,起到了无可替代强化机体免疫功能的作用。尤其对高致病性、死亡率极高的病毒性疾病而言,仍是目前能降低鸽群易感性、抗衡降低传染病感染发病率、降低患病死亡淘汰率的惟一有效途径。可是在实施疫苗接种的过程中,确实也发生不少令人颇为担忧的疫苗接种反应和接种死亡率问题。

(1) 疫苗生产的安全要素 任何一种疫苗的生产都必须要符合:安全性、免疫效果和价格这三个基本要素。而"常规疫苗"的最大问题是接种安全性的问题。

(2) 疫苗反应的严重程度 疫苗反应的严重程度与动物(鸽)的体格强健程度和健康素质方面并不存在必然的内在因果关系,而却与动物(鸽)自身敏感程度有关,也就是说与体质敏感程度密切相关;以及

疫苗的生产质量有关。在此特别需要注意和强调的是,疫苗接种时鸽机体的健康状况是十分重要的,尤其正处于潜伏期中即将发病的鸽和处于感染发病之中的患病鸽。

(3) 接种前健康状况 疫苗接种前的健康观察是十分重要的。如体质极度衰弱,患病期,孕卵期,腹泻、脱水、喉咙起痰、带蛋期等,都应属于暂缓接种或是不宜接种鸽。

4. 免疫接种失败的预防和处理

(1) 疫苗接种部位 鸽疫苗接种的部位应选择在颈后区皮下或颈背部到颈基部的皮肤皱褶区皮下进行注射。千万不能注入过深到颈椎间隙,或颈部肌肉群,颈侧(颈淋巴结区、淋巴导管区,避免刺伤颈动脉、颈静脉、颈神经、颈神经节区)。

(2) 疫苗差异 进行疫苗接种前一定要详细阅读该疫苗产品使用说明书,要按说明书标示的正确剂量接种,千万不可随意改变剂量,剂量过少会使接种后免疫抗体产生不足,失去了本项免疫接种的意义,超剂量接种会引起疫苗接种反应概率明显增高。

5. 疫苗接种反应的应对和处理

疫苗接种反应的症状与疫苗所应对的疾病有关,不同的疫苗出现不同的相应症状。一般常见症状

有:反复甩头、眼眶蓄泪、萎靡不振、鼻泡粉质减少、食欲不振、腹泻等。

① 一般症状轻微者无须处理，接种当天供应电解质维生素 C。症状明显者可口腔滴入生命口服液康飞力 2 滴，每天 2 次，直至症状完全消失。

② 注射维生素 B_{12} 针剂。0.1 毫克/支至 1 毫克/支，1 次即可，也可每天或隔天一次。

③ 核酸注射液 1 毫升/次，每天 1 次。

④ 疫苗接种日最好将鸽舍稍微遮暗，减少舍内飞翔等活动，让接种鸽好好休息，一般接种的当天最好不要放飞，绝对不要给予强制训练，避免不必要的进舍抓鸽、赏鸽、玩鸽，以减少应激。

⑤ 保证饮水供应要充足。可按标准浓度的 30%～60% 配制电解质维生素 C 溶液供饮，对接种反应严重鸽，脚爪冷凉、嗉囊空瘪鸽，可反复多次强行灌胃补液，直至它出现排出水便样尿液（起到排除体内毒素作用）。

⑥ 当天饲料宜清淡，减少豆类、稻谷、油类饲料，且不宜饲喂过饱，尤其避免注射前 1～2 小时喂食。

⑦ 延长夜间照明（不宜太亮，只要便于饮水即可）。

⑧ 尽量用鸽用疫苗，不用其他禽类疫苗替代鸽用疫苗进行免疫接种。

（三）鸽系统性疾病

鸽呼吸道感染性疾病

鸽呼吸道感染性疾病通常是一种多病原微生物诱发的混合感染。是鸽舍中最常见的疾病。

[病原] 有细菌、病毒、支原体、衣原体、寄生虫等多种。其中以鸽毛滴虫、支原体、衣原体感染最为普遍，平时它们潜伏在健康鸽体内呈菌群平衡状态，但遇到紧迫、疲劳、气候恶劣、抵抗力减弱、大量微生物入侵时，便会同时发病。它们可以是单一病原微生物感染发病，也可以是单一病原微生物先行发病，继而发生多种病原微生物混合感染；还可以是在外来病原微生物侵入发病的情况下，继发多病原体混合感染。

[传染途径] 直接接触感染。通常以含病原体气溶胶传播，威胁性最大。继而才是排泄物、粪便及污染的饮水或饲料和用具。

[症状] 除咽炎、鼻炎外，还有喉头炎、气管炎、支气管炎、肺炎和气囊炎等。

以当龄幼鸽，尤其幼龄选手鸽最易感染发病。先由个别鸽发病，然后蔓延到整个鸽舍，甚至邻近鸽舍群体。初期表现为流鼻涕，打喷嚏，鼻泡变脏，口腔发炎，气门红肿增厚,且可出现黏液柱(柱样黏液丝),肺部听诊有啰音,严重时喉咙里出现"咯咯"痰声、翔喘,甚至静止时也喘、张口呼吸等呼吸系统疾病症状。

[预防] 雏鸽3~4周龄、种鸽和育雏鸽配对前2周,各进行一次呼吸道清理,选手鸽3个月1次,气候恶劣时1个月1次。舍内有发病预兆时,随时进行呼吸道清理。平时供饮鸽绿茶,每周2次,有发病预兆时天天供饮。发病期间,鸽绿茶可提高到100克/60羽,饮用或煎药汁灌服。

群体防治:在疫病流行高发季节或可疑发病鸽出现疾病征兆,气候异常、环境恶劣、赛期反复应激、遭遇艰难赛程归巢,酌情进行毛滴虫清理和呼吸道清理。

[治疗] 泰乐菌素胶囊(喉清宝)蘸水塞入,每天1次,每次1粒,连用5天为一疗程。重症时剂量加倍,首次2粒,以后酌情每日2次,每次1~2粒,连用5天。在未能排除毛滴虫混合感染情况下,协同用抗毛滴虫药物。在衣(支)原体混合感染时要按衣(支)原体感染进行全程治疗。在病毒性疾病混合感染时,早期采取抗病毒治疗。

鸽消化道感染性疾病

鸽消化道感染性疾病,通常是先在某一种病原微生物感染发病的

情况下,导致肠道菌群平衡失调,然后继发多病原微生物混合感染。是鸽舍中最常见的疾病。

[病原] 有细菌(分致病菌和条件致病菌)、病毒、寄生虫等,其中以球虫(原虫)、沙门菌、致病性大肠杆菌感染最为普遍。平时它们以潜伏态在肠道内呈菌群平衡状态,但遇到紧迫、疲劳、霉菌、大量病原微生物入侵或抵抗力减弱时,就会发生肠道菌群平衡失调而发病。

[传染途径] 直接接触粪便、污染的饮水、饲料和用具。

[症状] 幼鸽与选手鸽最易感染发病。往往在集训后经潜伏期,先个别鸽发病,继而蔓延到整个群体。表现为腹泻、呕吐,继而很快脱水,急剧消瘦,甚至拒食,肠道消化吸收不良。病死、病残率高,如治疗不及时或剂量、疗程不足,往往遗留消化不良、肠道吸收不良、长年水节便(肾性多尿)等症状,影响赛鸽体能与赛绩。

[预防] 保证饲料品质。日常应用整肠剂(益生菌、益生酶、益生原)强健宝混饲,每周2次。训翔归巢,酌情进行肠道清理2~3天,可有效预防大肠杆菌病和沙门菌病暴发流行。

群体防治:舍内有发病预兆或在气候恶劣情况下,要随时进行肠道清理;恩诺沙星胶囊或4%氧氟沙星溶液连用5天。在未能排除球

虫混合感染情况下,最好与抗球虫药物协同使用。饮水供药时必须切断其他水源。疗程结束后3天,开始用"维他肝精"拌"强健宝"混饲,每周2次;有发病预兆时,天天供饲。

[治疗] 恩诺沙星胶囊蘸水塞入,每天1~2次,每次1粒,连续5天。重症剂量加倍,首次2粒,或每天2次、每次2粒,连用5天。在未能排除球虫混合感染时,需与抗球虫药物协同使用。并发嗉囊炎时,抽取"4%氧氟沙星溶液"0.125~0.25毫升,第1次0.25毫升,加水5~10毫升灌食(嗉囊),早晚各1次,直到症状缓解,继续灌食3天,以免停药复发。

腹泻脱水鸽要及时补充"电解质",大量失水时注射补液。电解质的浓度要按照治疗浓度配制,即甲袋+乙袋各1袋溶解于1升水中供饮。控制进饲甚至适当禁食,做到"食消供饲",待疗程结束、症状消失3天后,开始用"维他肝精"拌"强健宝"混饲。在病毒性疾病混合感染时,及早采取抗病毒治疗。

(四)鸽病毒感染性疾病

常见鸽病毒感染性疾病主要有鸽流行性感冒、鸽新城疫、鸽痘、鸽腺病毒感染、鸽圆环病毒感染、鸽冠状病毒感染等。

由于病毒寄生于机体细胞内,其繁殖依赖宿主细胞的生物合成进行转录增殖;组合病毒的核酸直接整合于机体细胞的基因上;再加上现有的抗病毒药物尚难以辨别瞄准病毒感染细胞(即靶细胞),而不伤害正常细胞。因而,当机体一旦出现病毒感染症状时,机体内的病毒已增殖达到相当强盛程度,此时病毒体产生的代谢毒素毒力强度已超越机体的抗病免疫力。此时再进行抗病毒治疗已"为时过晚"。此外,还因病毒一旦侵入机体,首先是摧毁机体防御免疫系统。所有病毒性疾病正因存在上述多种原因,至今对病毒性疾病的治疗,尚有大量难题有待于科学工作者的破译攻克。

传染途径是直接、间接接触传播,空气(气溶胶)、排泄物、饮水污染、饲料污染,以及人员与鸽舍用具均可成为传播途径。

疫苗接种至今仍是预防和控制病毒性疾病的最有效手段。只是鸽用疫苗的研制和生产尚处于起步阶段。

在病毒性疾病流行季节归巢鸽双眼双鼻各滴利巴韦林滴眼(鼻)液1滴,能将鼻咽腔黏膜表面的大部分病毒清除,而对已侵入机体的病毒就无能为力了。此外,集鸽与归巢鸽双鼻滴入复方鱼腥草滴鼻液各1滴,达到鼻咽腔清理作用。

治疗方面,目前无有效药物治

疗。临诊主要采取对症治疗、免疫治疗、控制并发症、支持疗法、中西医药物结合等综合治疗。常用药物如下。

① 病毒唑：又译利巴韦林。一种广谱抗病毒活性药物，能抑制病毒合成酶从而达到阻止病毒复制作用，为抗病毒首选药物。适用于病毒感染可疑症状出现前和发病早期，左右眼各 1 滴，同时左右鼻各 4 滴，每次单剂量 10 滴，每天 1～2 次，连用 5 天。也可每 1 升水加入十滴宝 10 毫升，供饮。可抑制发病和减轻发病，降低死亡率。

② 干扰素：一种广谱抗病毒活性蛋白，包括普通干扰素和聚乙二醇化干扰素-2a，以及口服核苷酸类似物，另有长效干扰素-2a（聚乙二醇化干扰素的俗称），改进后的第二代干扰素。干扰素兼有抑制病毒复制和免疫调节双重作用。但在鸽病毒性疾病的预防和治疗方面应用较少。有人认为由于动物种源不同，其效果不如哺乳动物。

③ 白细胞介素（IL）：有提高机体免疫功能和抗感染效果，且有多向脂质体的诱导作用。

④ 免疫血清：又称"高免血清"。疗效作用已得到临诊充分肯定，但其来源和应用仍受到相应条件的限制。

⑤ 鸽绿茶：在发病期，每包100 克水煎，供 60 羽鸽灌胃或饮用，对抑制病毒转录，促进机体免疫功能恢复，减轻症状有一定的辅助治疗作用。

⑥ 鸽红茶：其中黄芪有"扶正祛邪"作用；提高机体免疫力，调动和提高机体防卫功能，达到防治病毒性疾病作用；帮助或健全免疫系统功能恢复，加强抗病毒感染方面有无可替代作用。医学界目前对黄芪中提取的"黄芪多糖"抗病毒作用，已给予充分临诊肯定，并在扩大应用中，因而对鸽红茶在病毒性疾病防御功能和恢复期的应用功效方面毋庸置疑。

鸽 流 感

鸽流感，全称鸽流行性感冒。它不同于"单眼伤风"，也不同于鸽季节性感冒、鸽伤风。鸽流感属禽流感中的一个成员，却又不同于近年来流行的 H_5N_1、H_7N_9 高致病性禽流感。由 A 型流感病毒（即鸽正黏病毒）感染引起的极为常见的多发性接触传染性呼吸道传染病。以呼吸系统症状为特点，以严重的全身性败血症为主要临诊表现的综合征。

秋冬换季和春夏交替气候突变，寒流侵袭，鸽舍保暖欠佳，舍内外温差过大等情况下，易促使本病的流行。其发病率高而死亡率并不高。

[症状] 两眼或单眼肿胀，流

出胶状分泌物(本病易与支原体病的单眼伤风相互混淆,本病是双眼伤风,极少单眼流泪)。鼻泡呈粉红色,流涕,鼻塞,打喷嚏,不断甩头。怕冷蜷缩,精神萎靡,羽毛松乱,食欲减退或废绝,头下垂。呼吸道表现为气囊炎、鼻窦炎(鼻前窦饱满,头、面水肿)和有干酪样或水样渗出物,流鼻涕、咳嗽等,继而呼吸困难,气门喉头水肿,出现呼吸啰音(痰声),因缺氧出现黑舌,肌肉发绀。双眼结合膜炎症而肿胀流泪,分泌物增多,眼眶周围羽毛湿润,鼻前窦饱满,头面肿胀。消化道可能会伴随有拉稀,继而脱水、消瘦,窒息而死亡。或继发感染而死亡。

[诊断] 根据周围疫情、发病情况,有群体发病的流行病学史,出现典型的临诊症状,在排除其他呼吸道疾病情况下,即可确诊。

[鉴别诊断] 本病易与支原体病相混淆。由于两种疾病病原体不同,处理方案各异,要注意加以鉴别。此外,应与鸽新城疫、衣原体病、传染性支气管炎、肺炎等相鉴别。

[预防] 由于流感病毒的多型性和变异性大,因而一般流感疫苗接种价值并不大。对预防"H_5N_1高致病性禽流感"而言,H_5N_2禽流感疫苗接种,仍是目前控制本病流行的惟一有效的手段。

[治疗] 本病无特效治疗药物。对发病鸽主要是进行对症治疗,等待体内免疫力康复;注意鸽舍防寒保暖;早期应用抗病毒药物能起到减少发病率、减轻发病症状、缩短病程、降低死亡率作用;中草药鸽绿茶、黄芪多糖等对本病早期防治能起到无可替代的作用;抗生素药物的应用只能减少和预防并发症的产生,降低死亡率。

鸽新城疫

鸽新城疫,俗称"鸽瘟"。即鸽Ⅰ、Ⅱ型副黏病毒病。是由高致病性鸽Ⅰ、Ⅱ型副黏病毒高度接触性感染引起的败血性急性传染病。以颈部扭曲等神经症状为特征。对鸽群危害极大,以当年幼鸽发病死亡率最高,可达20%~80%。

[传染途径] 以接触传染为主,可通过空气、粪便、舍尘及污染的饲料、饮水、用具及其他禽鸟的导入或外出沾染带毒排泄物而感染流行发病。曾接触过病鸽的人员、被污染的鞋和衣服都可传播。

[症状] 潜伏期1~15天不等,平均4~7天。临诊表现与感染毒株的类型有关。主要症状是腹泻,震颤,单侧或双侧麻痹,慢性及发病后期出现扭颈歪头。有急性型、神经型、腹泻神经型、呼吸困难型。

[预防] 目前最有效的措施是为鸽群皮下注射新城疫疫苗。点眼、滴鼻、饮水、气雾等免疫手段仅适合

用于鸽群短期或临时加强免疫。

[治疗]　本病无特效治疗药物，主要是进行对症治疗。

鸽痘

鸽痘是由疱疹病毒中痘病毒感染引起的常见传染病。

[传染途径]　鸽痘是一种缓慢扩散型病毒性疾病。各种年龄的鸽均可发病。鸽感染痊愈后将获得终生免疫，因而本病以当年青年鸽和雏幼鸽发病最为多见。通过脱落的痘痂、唾液、鼻分泌物和泪液排出物污染传播有关，也可因接触含鸽痘病毒的颗粒、灰尘、被污染的饲料、饮水、鸽间接吻、育雏鸽呕雏而感染发病。以夏秋季发病流行较多。此外，还与气候湿热、蚊子等吸血昆虫叮咬有关，蚊带毒时间可达10～30天。

[症状]　潜伏期4～14天，如无并发症，病程为3～4周。病毒通过皮肤或黏膜伤口进入机体，在皮肤细胞内增殖，使细胞破坏、裂解，刺激淋巴液分泌，在被破损的皮肤黏膜表面出现大小不一的痘疹。

[预防]　最有效的措施是疫苗接种，在鸽痘弱毒苗紧缺时可用鸡痘弱毒苗替代，同样能起到交叉免疫作用。

[治疗]　本病无特效治疗药物。对受损皮肤和黏膜痘痂一般无须处理，待其自然干枯脱落，只有对感染发炎的痘痂需剪除或剥离后涂上碘酒；最好用电烙铁由浅到深逐层灼除，控制烧灼的范围和深度，不至于引起出血不止。

在痘疱成熟表皮开裂进入痘痂期时，将痘痂暴露在空气中，一旦用油或油膏将其封闭与空气阻隔，会很快脱落而痊愈。效果较好的有烟斗油、生菜籽油，阿昔洛韦软膏或眼膏。也可用10％冰醋酸、10％石炭酸、癣药水等化学烧灼法，不过只能用于后期痘疹。

鸽腺病毒感染

鸽腺病毒感染，又称"鸽腺病毒感染综合征"。系Ⅰ型、Ⅱ型腺病毒感染引起的常见经消化道传染的传染病。应激紧迫是本病诱发的主要因素。此外，毛滴虫感染和球虫感染产生的细胞壁破损和黏膜溃疡，成为腺病毒入侵的窗口和导致发病的突破口。

[症状]　潜伏期3～5天或更长。感染初期的临诊表现通常不很明显而易被疏漏，一旦传播蔓延往往已措手不及。由于Ⅰ型腺病毒感染出现的典型硬嗉囊，故又称"硬嗉囊病"。又因本病通常是在训放参赛后发生，故俗称"涨归病"。而Ⅱ型腺病毒感染出现的症状不一定是硬邦邦的硬嗉囊，而是类似于那种嗉囊软乎乎的，且有少量或中等量的嗉囊积食积水。

其他病原微生物感染能加强腺病毒的致病性和死亡率。其中常见的是,在大肠杆菌、沙门菌混合感染下产生的肠毒综合征,造成极高的死亡率。

[预防] 平时做好各种疾病的防治工作非常重要,定期进行毛滴虫、球虫清理,杜绝腺病毒侵入。

在翔训前滴上2滴鱼腥草畅爽滴液。出赛归巢,用十滴宝滴眼滴鼻,可以杀灭咽喉腔95%以上病毒,以减轻发病,降低死亡率(在发病潜伏期、早期可饮水口服);赛途归来,次日供饮氧氟沙星溶液3天。

[治疗] 参阅病毒感染性疾病综述。对嗉囊积食、积液的处理:将嗉囊内酸败物尽可能抽出,同时洗胃和按摩嗉囊,然后注入抗菌类药物溶液剂;在药液能吸收的情况下,再注入电解质溶液以纠正酸中毒。在嗉囊积食未消化的情况下停饲2天,供水不供饲;恢复期先从少量供饲开始,不给豆类、油类饲料和稻谷。发病期可用康飞力,而维他肝精必须在恢复期2~3天后才开始供应。整肠剂和其他药物的应用,要视其嗉囊能否吸收决定。

鸽圆环病毒感染

赛鸽和肉鸽圆环病毒感染在世界各国均有报道,我国也有此病的报道。本病毒感染2月龄至周岁的幼鸽。粪便中圆环病毒通过饲料、饮水摄入或呼吸道吸入传播;也可由经易感的带毒动物,被污染的鸽具、笼舍、人员等接触传播。

在本病毒感染期间,鸽机体内免疫系统功能受到严重抑制,体内那些原本受抑制处于平衡状态下的病原微生物趁机向机体发动进攻,使原本发病症状典型的疾病变得更加复杂化,这些都为本病的早期诊断、正确处理带来困难,成为导致本病死亡率居高不下的罪魁祸首。

[症状] 主要为贫血。眼砂变淡,喙、口咽黏膜颜色由红急骤转为苍白。另出现和鹦鹉喙羽病毒感染相类似的翅膀、尾、羽毛进行性营养不良、大量脱落和喙变形。

[防治] 参阅本部分病毒感染性疾病概述。

鸽轮状病毒感染

鸽轮状病毒感染,又称"鸽杯状病毒感染"。是轮状病毒感染引起的鸽肠道传染病。本病多发生于晚秋、冬季和早春季节。应激、寒冷、潮湿、卫生管理不良、饲料低劣及其他疾病的侵袭均可诱发和增加本病的死亡率。

[症状] 特征为腹泻、脱水和泄殖腔炎。精神委顿,食欲减退,消化功能紊乱,剧烈腹泻,排水样便,很快脱水衰竭死亡。

[防治] 参阅本部分病毒感染性疾病概述。

鸽冠状病毒感染

鸽冠状病毒感染，又称"鸽冠状病毒性肠炎"。近年来，本病已进入我们的鸽舍，仅因为本病的临诊诊断存在一定困难，因而鸽友还未能充分认识。鸽冠状病毒与多种动物和人的疾病有关。本病是由冠状病毒感染引起的急性高度接触传染病。病毒由经口、鼻进入易感鸽机体，攻击机体的淋巴细胞、网状内皮细胞、上皮细胞和实质细胞，呈现杀伤细胞，损害多器官功能衰竭的发病状态。

[症状] 潜伏期 1～5 天。各种年龄鸽都能感染，发病突然，以胃肠道、呼吸道和神经系统为主要临诊表现的症候群。精神不振，厌食或采食减少，嗉囊积食、积水，频繁呕吐，体温下降而肢翅冷凉；幼鸽继而出现腹泻、排绿色黏稠水便，急骤脱水而消瘦，出现"酸中毒"、"肠毒综合征"而急速死亡。此外，还有呼吸道等多器官损害衰竭症状。

[防治] 参阅本部分病毒感染性疾病概述。

鸽马立克病

鸽马立克氏病，俗称"鸽癌症"。为 B 群疱疹病毒引起的淋巴组织增生性传染病。以外周神经和组织脏器的淋巴肿瘤为特征。

[症状] 潜伏期较长，感染后几周出现症状，随后免疫功能受抑制，进行性衰弱，致零星死亡。

[预防] 禽马立克疫苗可保护不发病，但不能抵抗本病毒的感染，至今尚无本病鸽疫苗生产，本病疫苗接种的普及率不高。一旦发现病鸽，及时处理淘汰，鸽舍用具等要彻底消毒，死亡鸽尸体要焚烧、深埋等无害化处理。

[治疗] 参阅本部分病毒感染性疾病概述。本病尚无特殊药物治疗。

鸽喉头气管炎

本病全称"鸽传染性喉头气管炎"，又称"传染性咽喉炎"。是由 A 型疱疹病毒引起的急性接触性呼吸道传染病。以呼吸困难、咳嗽、咳出血样渗出物为特征。病毒以侵害喉头、气管、支气管、鼻腔和眼结膜部位，使气管黏膜肿胀水肿，导致糜烂出血而死亡。

[症状] 潜伏期 6～12 天。传播极快，感染率很高，发病轻重不一，病程长短不一，死亡率高低不等。

[防治] 参阅本部分病毒感染性疾病概述。

(五) 鸽细菌感染性疾病

1. 革兰阴性菌病

鸽沙门菌病

鸽沙门菌病，即"鸽副伤寒"。

为肠杆菌科沙门菌属感染引起的急性败血性肠道传染病,是鸽群中极为常见的急性或慢性细菌性疾病。包括鸽白痢、鸽伤寒和鸽副伤寒。对鸽群的危害性较大。

[症状] 潜伏期 12～18 小时。腹泻,各器官的局灶性坏死。根据症状特征和病理变化可分肠型、关节型、内脏型和神经型 4 种类型。

[预防] 沙门菌病呈世界范围内传播,是当前需要十分关注的人畜(禽)共患病之一。杜绝病鸽等病原导入,对新引进鸽进行严密观察和疾病清理后才能合棚。定期消毒,及时治疗发病鸽等是鸽舍中不可忽略的预防措施。

[治疗] 恩诺沙星胶囊,每日 2 次,每次 1 粒,连用 5 天。重症或急性感染,首次 2 粒,随后每日 2 次,每次 2 粒。

恩诺沙星可溶性粉,每 1 升水加入 5 克/袋,混饮,连饮 5 天。

4%氧氟沙星溶液,每 1 升水加入 5 毫升,混饮,连饮 5～7 天。重症与废饮鸽,用注射器抽取 0.125 毫升,首次 0.25 毫升,加水 5～10 毫升,灌食,早晚各 1 次,重症 4～6 小时 1 次,直到能自饮为止。

丁胺卡那霉素口服或注射,幼鸽 5 毫克/日/羽,成鸽 8～10 毫克/日/羽,连用 3～5 天;也可口服或注射庆大霉素,5 000 单位～1 万单位/日/羽;头孢唑啉注射,幼鸽 5 毫

克/日/羽,成鸽 10 毫克/日/羽,1 日 2 次,连用 3～5 天。

带菌鸽治疗,要求用药 5 天一个疗程,停药 2 天,随后进行第二个疗程,共需 5 天×3 个疗程。

鸽大肠杆菌病

鸽大肠杆菌病,即"鸽肠炎"。是鸽舍中最常见的条件致病性肠道传染病之一,也是导致继发感染减员的主要顽凶之一。为致病性埃希氏大肠杆菌感染引起的细菌性疾病。

大肠杆菌是肠道内不可缺少的正常菌群,在肠道内呈菌群平衡状态下生存、繁殖,并不致病。仅在紧迫、疲劳、强应激、免疫力下降及其他病原微生物入侵时,导致肠道菌群平衡失调下发病。

[症状] 潜伏期几小时至 3 天。以雏鸽、青年鸽呈急性败血症或成年鸽亚急性气囊炎和多发性浆膜炎为主要症状表现。分为急性败血型、肉芽肿型和其他型。

[预防] 保持鸽舍卫生;降低舍内带菌灰尘飞扬;调整饲养密度;定期鸽舍消毒。

大蒜对本病预防可能有一定帮助,一般供饮和混饲难以达到有效抑菌浓度。

[治疗] 恩诺沙星胶囊,每日 2 次,每次 1 粒,连用 5 天。重症或急性感染,首次 2 粒,随后每日 2 次,每次 2 粒。

恩诺沙星可溶性粉,每 1 升水加入 5 克/袋,混饮,连饮 5 天。

4%氧氟沙星溶液,每 1 升水加入 5 毫升,混饮,连饮 5～7 天。重症与废饮鸽,用注射器抽取 0.125 毫升,首次 0.25 毫升,加水 5～10 毫升,灌食,早晚各 1 次,重症 4～6 小时 1 次,直到能自饮为止。

庆大霉素,肌内注射,每羽每次 1 万单位(1 毫克),每天 2 次,连用 5 天。也可口服,每羽每次 1 万单位(1 毫克),每天 2 次,连用 5 天。

鸽巴氏杆菌病

鸽巴氏杆菌病,即"鸽霍乱"。为多杀性巴氏杆菌感染引起的以急性败血症为主要特征的细菌感染性传染病。

[症状] 潜伏期 2～10 天。急性发病往往无任何先兆症状,而突发多羽鸽死亡。急性发病鸽迅速出现败血病症状,伴有腹泻。慢性发病多发生在流行病后期,多数为急性转变而来,病程长达 1 个月以上,精神委顿,消瘦,鼻窦肿胀,鼻分泌物增多,持续腹泻,贫血,关节肿胀、跛行,翼翅下垂。

[预防] 加强鸽舍管理,定期消毒。本菌对外界环境抵抗力不强,一般消毒剂 1%甲醛、石炭酸、氢氧化钠等在 3～5 分钟即被杀灭。

在邻近鸽舍出现发病鸽时,可采取饮水、混饲等预防用药,药物选

用可参照治疗用药。

[治疗] 恩诺沙星,每日每羽 5 毫克,连用 5 天为一疗程。

复方磺胺喹噁啉片,每羽每次 1/4～1/5 片,每 12 小时口服 1 次,连用 4 天为一疗程。

青霉素、链霉素(或双氢链霉素),肌内注射,每次 5 万～10 万单位,每天 2 次,连用 3～4 天(链霉素或双氢链霉素仅宜观赏鸽、种鸽使用)。

鸽假单胞菌病

本病是一种少见却又不可忽视的传染病。各种年龄的鸽都可感染,以 1～90 日龄雏幼鸽更易感,且迅速发生败血症而死亡。

[症状] 体温升高,肢喙翼冷凉,精神沉郁,食欲减退或废绝;排绿色或黄白色稀便,肛门污秽;眼睑水肿、流泪,眼缘有脓性分泌物,有时有眼角膜炎或溃疡,严重致眼失明。多数死于衰竭。

[预防] 鸽舍定期消毒。正确处理患病鸽伤口、创面脓液,防止病原污染、扩散、传播。

[治疗] 庆大霉素注射液 1 万单位,肌内注射,每日 2 次或 8 小时 1 次。口服和局部用磺胺灭脓、磺胺银、杆菌肽、新霉素等。

鸽传染性鼻炎

鸽传染性鼻炎,又称"鸽嗜血杆菌病"。本病为副嗜血杆菌感染引

313

起的、常见细菌性急性呼吸道传染病。呼吸道感染症状特征为鼻腔炎和鼻窦炎，打喷嚏，脸面肿胀。

[症状] 本病发病猛、传播快，往往在3～5日内即可席卷全舍，严重时整个鸽群患病无一幸免。主要症状为流泪，眼睑水肿和结膜炎，眼垢黏着眼睑造成暂时失明；流涕、鼻腔、鼻窦有浆液性和黏液性炎性分泌物，频繁甩头，面部肿胀，有的双眼陷入肿胀的眼眶内，甚至肿胀延伸至颈部。继而发生支气管、下呼吸道炎症，气道不畅，呼吸困难，肺部有啰音；少数有腹泻和排绿色粪便。单纯性传染性鼻炎很少死亡。死亡主要是继发感染和混合感染，致使病情的复杂化和处理失当。

[预防] 强化鸽舍卫生管理，防止病原菌传入。

[治疗] 恩诺沙星胶囊，每日2次，每次1粒，连用5天。重症或急性感染，首次2粒，随后每日2次，每次2粒。

恩诺沙星可溶性粉，每1升水加入5克/袋，混饮，连饮5天。

泰乐菌素胶囊，蘸水塞入，每羽每日2次，每次1粒，连用7天，重症或急性感染，首次2粒。

发病时群体预防，泰乐菌素可溶性粉，每2升水加入5克/袋，混饮，连饮7天。

4%氧氟沙星溶液，每1升水加入5毫升，混饮，连饮5～7天。重症与废饮鸽，用注射器抽取0.125毫升，首次0.25毫升，加水5～10毫升，灌食，早晚各1次，重症4～6小时1次，直到能自饮为止。

链霉素100毫克/千克体重，或庆大霉素1万单位/千克体重，肌内注射，每天2次或6小时1次。

鸽肉毒梭菌中毒

鸽肉毒梭菌中毒，又称"软颈病"。是由肉毒梭菌的外毒素引起的中毒性疾病。是人畜(鸽)共患病。

[病原] 病原为C型肉毒梭菌。动物尸体是肉毒梭菌的最好培养基，鸽饮用了屋檐、雨槽、地沟、水沟中动物(鸟、鼠)腐烂尸体浸渍污染的积水而引起中毒。

[症状] 按摄入肉毒梭菌毒素量的多少而症状表现轻重不一，通常在1～2小时或1～2天后出现症状。表现为精神沉郁，食欲废绝，反应迟钝，口腔流涎；头颈软弱无力，腿部肌肉麻痹，双翅无力而下垂，头颈呈痉挛性抽搐或下垂于地。

[预防] 加强鸽舍管理，及时清理鸽舍周围积水和动物尸体。

[治疗] 口服或灌胃(嗉囊)电解质维生素C，促使消化道毒素稀释、排出体外。口服维生素E，促进神经末梢释放乙酰胆碱加强肌肉紧张性。

鸽溃疡性结肠炎

鸽溃疡性结肠炎即"鹌鹑病"，

又称"鸽肠梭状杆菌病"。为厌氧性大肠梭状芽孢杆菌感染引起的常见急性细菌性传染病。发病传播迅速,病原菌通过带菌鸽、病禽(鸟)粪便污染环境、饲料、饮水、草窝、用具等,直接或间接通过消化道侵入体内。本病常与球虫病合并感染,因而本病对鸽的自然感染发病率也较高。阴雨潮湿季节发病率明显增高。

[症状] 以消化道溃疡和局灶性或弥漫性肝坏死、坏死性肠炎为特征。精神萎靡,呆滞,羽毛松乱,饮水增多,腹部膨胀,粪便初期呈糊状,且带腥臭味,然后排白色水样稀粪,后变绿褐色,或胼红褐色乃至黑褐色煤焦油样稀便,此时病鸽多数食欲减退或废绝,腹泻而迅速脱水,胸肌萎缩,脚趾干瘪,趾节鼓起,异常消瘦,步态踉跄,急性病例发病后数天内迅速死亡。抗病力较强鸽和治疗及时者常可获得痊愈。

[预防] 同其他细菌性肠道传染病。

[治疗] 梭状芽孢杆菌对青霉素、链霉素、金霉素、杆菌肽、氯霉素和青霉素都敏感,有较好的疗效。而对磺胺类、呋喃类药物、多黏菌素等多数耐药。

链霉素加水供饮,预防剂量每毫升 1 000 单位,治疗剂量加倍,连饮 7～14 天。

青霉素,肌内注射,每羽每次 5 万单位,早晚各 1 次。也可用洁霉素等替代。

鸽坏死性肠炎

鸽坏死性肠炎,又称"鸽败血梭状杆菌病"。A 型产气荚膜梭状芽孢杆菌(魏氏梭菌)是鸽肠道内的寄居菌,平时可出现在粪便之中。当机体受到体内外各种应激因素的影响,如球虫感染、蛋白质饲料量的增加、消化道负荷过重、肠黏膜损伤、不适当口服抗生素、饲料饮水中的魏氏梭菌量增多,都可造成本病的发病。本病散发却并不少见。

[症状] 主要引起雏鸽、幼鸽的肠(空肠、回肠)黏膜坏死。表现为精神沉郁,食欲减退,厌飞而懒动,阵阵耸毛,数天内急性死亡。

[防治] 常用青霉素、四环素、土霉素、强力霉素、泰乐菌素对于产气荚膜梭状芽孢杆菌(魏氏梭菌)预防、治疗效果都很满意。

鸽坏疽性皮炎

鸽坏疽性皮炎,又称"鸽坏死性皮炎"、"鸽坏疽性蜂窝组织炎"、"鸽坏疽性肌炎"。本病散发却并不少见。且禽鸟、哺乳动物以至人等均可感染发病,因而也属人畜(鸽)共患病。病原有腐败梭菌(又称败血梭菌)、A 型魏氏梭菌。它们可单独感染或同时感染,在同时混合感染时,它的症状要严重得多。主要通过伤口或创面感染。

[症状] 发病突然,时间特短,死亡迅速,往往无典型的临诊症状。表现为体温剧升,精神萎靡,肢腿软弱,伏巢不起,也可出现共济失调或运动障碍。胸、腹、背、腿、翼尖等部位皮肤、皮下组织及肌肉呈紫色肿胀、坏死和溃疡。病程多在 24 小时内,出现黑色湿性坏疽,并散发出阵阵腐臭,病变处羽毛污秽不洁。患处皮下深部水肿,皮下可产有气体,肌肉呈灰褐色、肌束间水肿或水气肿。

[治疗] 腐败梭菌、A 型魏氏梭菌对青霉素、红霉素和泰乐菌素等药物敏感。可吸收磺胺类药物和庆大霉素、林可霉素、螺旋霉素等也可选择协同或单独使用。

四环素,每羽 8 万～10 万单位,分 2～3 次口服,连用 7 天。

泰乐菌素胶囊,蘸水塞入,每羽每日 2 次,每次 1 粒,连用 7 天,重症或急性感染,首次 2 粒。

群体预防:泰乐菌素可溶性粉,每 2 升水加入 5 克/袋,混饮,连饮 7 天。

鸽李氏杆菌病

鸽李氏杆菌病,全称"鸽单核细胞增生性李氏杆菌病"。李氏杆菌广泛分布于自然界中,尤其存在于两半球温带地区的土壤、动物粪便及植物饲料与种子饲料中。本菌为条件致病菌,且常与其他病原体一起共同致病,因而本病是以散发发病却以败血症为主要特征。有人认为鸽李氏杆菌病与人李氏杆菌病为同一病原,因此引起人们的重视。

[症状] 各种年龄的鸽都易感染发病,以雏鸽最为易感。败血型为本病特征。表现为精神萎靡,最常见的是类似斜颈和脑炎症状,并时伴有腹泻和消瘦。

[防治] 预防主要是改善鸽舍条件和加强鸽舍管理;提高鸽机体的抗病能力和控制其他病原体感染。治疗主要是及时应用抗生素,效果都较好,预后主要取决于及时而有效的控制并发症。

鸽结核病

鸽结核病,又称"鸽结核杆菌病"、"鸽耶尔森氏菌病"。为鸽和其他禽鸟被禽型结核分枝杆菌(即结核杆菌)感染引起的以顽固性腹泻、贫血、消瘦以及脏器出现大小不等的结核结节为主要特征的细菌性慢性消耗性传染病。

[症状] 潜伏期 2～12 个月。早期感染鸽并无明显症状表现,直到病情加重发展到一定程度时,才会出现一系列慢性消耗性疾病的症状,如精神萎靡,食欲减退,进行性消瘦,胸部肌肉萎瘪如刀或变形,皮肤干燥,贫血而致黏膜、肌肉、眼砂色泽变淡,羽毛粗乱等。多发生在

观赏鸽和老年种鸽群中,病鸽若不及时淘汰,最后全身衰竭而死亡。

[诊断] 病程进展缓慢,明显消瘦,剖检发现典型的结节状干酪样坏死灶可初步诊断。确诊需进行病理细菌学检查。

[预防] 杜绝病鸽病原菌导入,避免鸽群与其他病禽、病畜接触,尽可能减少人、鸽、其他禽、畜的呼吸道气流直接对流接触;及时淘汰亚健康、无育种价值的老龄种鸽。

[治疗] 发病鸽一般没有治疗价值,即使进行正规抗结核病疗程治疗,也由于疗程极长而疗效难以显现,且还成为鸽舍内的传播源,得不偿失。对经济价值特别高的名贵种鸽,可联合应用抗结核病药物治疗,具体如下。

① 利福平片(即甲哌力复霉素),本品毒性低且耐受性好。内服,每羽每次 30 毫克,每日 1 次;注射,每羽每次 10 毫克,每日 2 次。

② 异烟肼片(片剂:每片 50 毫克、100 毫克、300 毫克;糖浆剂:1克/100 毫升;注射剂 2 毫升/50 毫克、2 毫升/100 毫克),内服,每羽每次 10 毫克,每日 3 次,或每次 15 毫克,每日 2 次。加盐酸乙胺丁醇片(片剂:每片 100 毫克、200 毫克、250 毫克、400 毫克;胶囊剂:250毫克),内服,每羽每次 10 毫克,每日 3 次,或每次 15 毫克,每日 3 次。

2 次。

③ 4%氧氟沙星溶液,内服,每羽每次 0.125 毫升,每日 2 次。

鸽伪结核病

鸽伪结核病是由伪结核耶尔森氏菌感染引起的细菌性疾病。以腹泻和败血症变化为特征。

[症状] 潜伏期差异很大,从2～3 天到 2 周左右。病初表现为急性败血型,可无临诊症状突然死亡,或 1～2 天内死亡。慢性型为慢性消瘦,抵抗力下降,呼吸困难,腹泻等全身衰竭症状,最后呈败血症死亡。

[治疗] 注射和混饲、混饮口服给药,及时用抗革兰阴性菌药物能迅速而有效控制病情发展。

2. 革兰阳性菌病

鸽葡萄球菌病

鸽葡萄球菌病,又称"鸽葡萄球菌感染症"。为金黄色葡萄球菌感染引起的常见细菌性疾病。

[症状] 以幼鸽发病为多,主要症状是皮下水肿。由于感染部位不同而有急性败血症型、关节炎型、眼炎型、脐炎型、肺炎型等。

[预防] 葡萄球菌能被一般消毒剂所杀灭,因而鸽舍定期消毒非常重要。控制饲养密度。

[治疗] 葡萄球菌对青霉素、

红霉素和泰乐菌素等敏感。可吸收磺胺类药物和庆大霉素、林可霉素、螺旋霉素等可协同或单独使用。

四环素，每羽 8 万～10 万单位，分 2～3 次口服，连用 7 天。

泰乐菌素胶囊，蘸水塞入，每羽每日 2 次，每次 1 粒，连用 7 天，重症或急性感染，首次 2 粒。

发病时群体预防，泰乐菌素可溶性粉，每 2 升水加入 5 克，混饮，连饮 7 天。

近年来，由于葡萄球菌耐药菌株的增多，对本病的及时有效控制带来一定困难。

鸽链球菌病

鸽链球菌病是由兽疫链球菌或粪链球菌感染引起的常见急性或慢性传染病。

[症状] 潜伏期为数天至数周不等。表现为急性败血型、亚急性型和慢性型。急性型呈败血症特点，鸽群突然发病，体温升高，萎靡不振、蜷缩，食欲下降或废绝，口舌、胸肌发绀，腹泻，排黑色或黄绿色稀粪，有时出现咽喉水肿而很快死亡。亚急性型和慢性型表现为精神萎靡不振而嗜睡，故有"睡眠病"之称；跛行和头部震颤，腹泻，消瘦，头部发绀发黑。此外，还有局部型，表现为脚软组织炎症，跛行，爪垫皮肤组织坏死。或引起结合膜炎、纤维素眼炎和角膜炎，单眼或双眼肿胀

失明。

[防治] 同鸽葡萄球菌病。

鸽 丹 毒

鸽丹毒又称"鸽丹毒丝菌病"。本病是禽鸟和哺乳类脊椎动物（包括人）的世界分布性急性败血性传染病。病原是红斑丹毒丝菌，又称隐袭丹毒杆菌。

[症状] 以肌肉和浆膜下组织出血为主要症状。本病既可暴发，也可散发。急性败血性丹毒常在死亡之前数小时才出现症状；感染部位的皮肤呈不规则红斑和水肿，且局部灼热感是本病的特征。

[防治] 一旦发现发病，应立即选用高敏、速效、大剂量抗生素，如青霉素、庆大霉素、林可霉素、红霉素、泰乐菌素等。注射给药控制，对预防和非急性发病状态可群体饮水给药，一般需 4～5 天后病情才能得到有效控制。

在治疗的同时应加强隔离、消毒、及时清除病死鸽，消灭蚊、蝇和外寄生虫，在病情未能得到有效控制前，禁止群体沐浴，防止丹毒杆菌由疫水蔓延传播。

3. 真菌病

鸽念珠菌病

鸽念珠菌病俗称"鹅口疮"，又称"真菌性口炎"、"霉菌性口炎"、

"消化道真菌病"。是上消化道真菌感染引起的常见病。由白色念珠菌的酵母状真菌感染所引起的,以口腔、咽喉、食管、嗉囊和腺胃黏膜形成白色假膜和溃疡为特征。

[症状] 口腔、咽喉、食管、嗉囊黏膜增厚,黏膜粗糙呈绒毛状、颗粒状或有皱纹,也可呈白色假膜和溃疡,有时假膜和溃疡也可蔓延到肠黏膜。发病初期,在口咽部可见白点,继而融合成口咽糜烂,嘴角流黏胶状口液,有黄色坚硬痂皮,有酸臭味,口咽黏膜上皮常可见白色干酪样假膜,病变逐渐扩大蔓延到食管、嗉囊和腺胃,腺胃肿大,呈球形,病变部位肿胀出血和溃疡。厌食或绝食,有的伴有拉稀。全身症状:精神萎靡,嗉囊肿大,厌食甚至绝食,拉稀,耸毛,逐渐消瘦、衰弱而死亡。

[预防] 保持鸽舍通风干燥,合理使用抗生素药物。发病时加强鸽舍、笼具、用具消毒。

[治疗] 真菌是一种兼性厌氧菌,对龙胆紫、利凡诺尔、制霉菌素等抗真菌药物敏感。复方鱼腥草滴剂,滴鼻,每日2次。治疗前先除去口咽部白色假膜(注意防止脱落物吸入气道而窒息死亡),然后涂以碘甘油或龙胆紫。

嗉囊病变可用2%硼酸溶液灌胃冲洗,饮水按1:2 000比例加入硫酸铜,连用5天。

制霉菌素,口服,每羽每次3万单位,每天早晚各1次;也可选用其他抗真菌类药物。同时加喂维生素A或鱼肝油混饲,有利于康复。

鸽曲霉菌病

鸽曲霉菌病又称"鸽霉菌性肺炎"。为由真菌曲霉菌属中的黄曲霉菌、烟曲霉菌等引起的真菌感染性疾病。这两种霉菌归属嗜热真菌。其侵犯鸽肺及气囊等呼吸器官,偶尔也侵害眼、肝及脑等组织。

[传染途径] 主要通过鸽的呼吸道吸入含曲霉菌孢子的粉(粪)尘,或吞入含曲霉菌孢子发霉的饲料,通过消化道吸收发病,也可经皮肤、黏膜的伤口感染而发病。此外,真菌也能穿透蛋壳而进入蛋内,使新生雏感染发病;鸽舍内阴暗潮湿、通风不良、空气污秽、鸽舍拥挤,维生素缺乏等,均是本病发病流行的主要诱因。本病一年四季均可发生,但以梅雨季节多发。雏幼鸽的感染发病率高于成年鸽,死亡率也较高。

[症状] 潜伏期1~3天。多发于幼鸽,发病急,往往在2~3天内死亡。精神萎靡,食欲减退,眼半闭,呼吸困难,缩颈垂翅,体温升高,饮水量增加,懒于活动;继而呼吸困难,有时张口喘气,拉白色稀粪,肛门周围挂有黄白色粪便。个别幼鸽有全身痉挛、共济失调、双翅麻痹等

神经症状。发生曲霉菌眼炎时，瞬膜下形成黄色干酪样小球，眼睑鼓起，流浆液性泪液，严重者眼球中央出现溃疡，以致失明。急性多在出现症状后2~3天死亡。

[预防] 杜绝饲喂霉变饲料，草窝要常于阳光下暴晒或及时更新。保持鸽舍通风、干燥；定期消毒。

[治疗] 制霉菌素，每羽3万~5万单位，每天2次，连用5~7天。也可选用其他抗霉菌类药物。无论使用哪一种抗霉菌药物，几乎都会对肝脏（肝功能）产生一定影响，因此疗程结束后要进行2~3个疗程的保肝处理。

鸽黄癣菌病

鸽黄癣菌病。由毛癣菌、石膏样小孢子菌感染引起的疾病。具有传染性，但传播速度不快。本病常见，少数鸽散在发病。

[症状] 病初头面部出现白色斑点，以后融合成增厚的灰白色皱痂，继而病变很快延伸到颈部至全身，皮肤增厚，覆有鳞屑，羽毛脱落，羽毛毛囊周围形成帽状。凭这些肉眼观察特征即可确诊。

[防治] 严重病鸽尽可能淘汰。病鸽隔离，防止皮屑脱落物扩散。鸽舍进行彻底清扫，火焰消毒。对病灶进行清洗，然后涂抹抗真菌药物和口服抗霉菌药物。

鸽隐球菌病

鸽隐球菌病又称"欧洲芽生菌病"。是人畜（鸽）共患病。世界各地几乎都有发病。病原新型隐球菌，又称溶组织酵母菌。它可从土壤、鸽粪、水果及正常人的口腔黏膜分离得到。

鸽对于新型隐球菌并不敏感，至今也未曾有鸽患隐球菌病的报道，也就是说鸽不会患隐球菌病。其在人畜共患病中仅扮演病原体携带者的角色。

（六）鸽寄生虫感染性疾病

1. 体内寄生虫病

鸽蛔虫病

鸽蛔虫病，为肠道蠕虫蛔虫寄生于鸽小肠引起的线虫病。是鸽舍中极为常见的寄生虫病。

[症状] 轻度感染不表现任何症状，首先是蛔虫与鸽争夺肠道内营养物质，而产生营养素的缺乏。其次是蛔虫的排泄物和虫体是一种异体蛋白，其排泄物被肠道吸收成为一种生物有毒物质，造成体倦乏力，怠飞和飞行能力下降，消瘦，毒素吸收还能影响神经系统而产生神经质症状，以及造成雏（幼）鸽消化不良、生长发育迟滞；大量蛔虫寄生于小肠，遇刺激会引起相互打团，从而发生肠梗阻。此外，还常引起腹

泻、反复排虫等。

[预防] 保持鸽舍干燥、清洁，除高温明火消毒（务必注意安全）外，一般消毒剂对蛔虫卵均无效。建议不要在地上喂食；避免鸽外出打野；保健砂、红土须经灭虫卵处理。

[治疗] 复方吡喹酮胶囊克虫宝，1粒，1次顿服即可。

由于蛔虫的感染率极高，尤其对散养鸽群，最好在每年深秋至初冬换羽期结束，进行一次集体驱虫清理。对育种鸽、后备种鸽，在上笼配对前14～35天，进行一次育种前驱虫清理。在参赛前14～35天，进行一次赛前驱虫清理。

驱虫后次日，用维他肝精混饲或混饮，连用3天，随后每周2次，拌入强健宝粉进行保肝、护肝康复调理。

鸽毛细线虫病

鸽毛线虫病又称"鸽线虫病"、"鸽饰带线虫病"、"鸽华首线虫病"。为由淡黄色比棉纱线还细小的肠道蠕虫带线虫感染引起的常见寄生虫感染性疾病。

[症状] 鸽线虫主要寄生于鸽的食管、嗉囊或小肠的黏膜内。少量线虫感染症状并不明显，但它们却以大量寄生，数量众多而著称，且其大量寄生的虫体却深深地钻入肠壁的黏膜皱襞中，导致肠黏膜长期

处于慢性炎症状态，使鸽体重减轻而食欲不减，明显贫血消瘦而乏力，羽毛失去光泽，皮肤干燥，间歇性腹泻或腹泻和便秘交替，生长停滞，严重者常导致肠道出血。赛绩不能得到正常发挥。

[防治] 同鸽蛔虫病。

鸽眼线虫病

鸽眼线虫病又称"鸽孟氏尖旋线虫病"、"鸽孟氏眼线虫病"。本病是由孟氏尖旋尾线虫感染引起的眼寄生虫病。虫体吸附寄生在眼瞬膜下、眼结合膜囊和鼻泪管之中。多见于老龄鸽。

[症状] 表现为特殊的眼炎。病鸽不断搔抓眼部，常流泪，呈重度眼炎，眼瞬膜肿胀，并于眼角处突出于眼睑外。有时眼睑发生粘连，眼睑下积聚白色乳酪样分泌物。严重的眼炎导致眼球损坏或失明。

[预防] 消灭蟑螂，及时治疗病鸽。

[治疗] 复方吡喹酮胶囊克虫宝，1粒顿服即可。如出现眼炎、眼睑粘连、眼瞬膜肿胀时，用复方地塞米松滴眼液冲洗，滴眼。

鸽气管比翼线虫病

鸽气管比翼线虫病又称"鸽气管交合线虫病"、"鸽张口线虫病"，即"鸽呵欠虫病"、"鸽开口病"。为一种气管比翼线虫寄生于鸽气管、

支气管、细支气管内引起的寄生虫病。

[症状] 虫体主要侵害幼鸽,在体内有多条虫体时才会出现症状,对幼鸽出赛影响严重。暴发初期表现为突然死亡和虫体引起的肺炎。表现为口腔内充满泡沫样唾液,引颈张口呼吸,频繁甩头,力图排出黏液性分泌物,有时在甩出物中见有少量虫体,气喘、张口呼吸,常因呼吸困难、窒息而死亡。

[预防] 防止野禽、野鸟将病原导入而传播;防止和杜绝鸽外出打野;使用经灭虫卵无害化处理的保健砂产品。

[治疗] 赛鸽用复方吡喹酮、伊维菌素胶囊克虫宝,蘸水塞入,每次1粒,间隔1~2周再服1粒。同时用复方泰乐菌素胶囊,可明显提高本病的痊愈率。

鸽气囊螨病

鸽气囊螨病是由裸体舐氏胞螨、寡毛螨感染引起的寄生虫病。

[症状] 轻微感染时,通常不出现临诊症状。严重感染时,则引起气管、支气管、肺和气囊出现白点,渗出物增多。打喷嚏、咳嗽,喘鸣性呼吸困难(即高调管笛声和"咯咯"声),气喘、张口呼吸,呆立,消瘦。在遇到刺激、运动和应激时,症状加重,死亡率极高。

[治疗] 复方吡喹酮、伊维菌素胶囊克虫宝,蘸水塞入,每次1粒,间隔1~2周再服1粒。

鸽绦虫病

鸽绦虫病又称"鸽带虫病"。为肠道蠕虫带绦虫感染引起的极为常见的寄生虫病。

[症状] 绦虫主要寄生于十二指肠和小肠,由绦虫的头节吸盘长期吸附在肠壁上吸取营养。绦虫是大型肠道寄生虫,对鸽的体能和营养消耗较大。一羽鸽体内一般只寄生有1~2条绦虫,不过也见有报道寄生4~5条的。

本病对鸽的健康影响并不算十分严重,且一般无特殊典型的临诊症状表现。主要表现为有时排出黏液性泡沫样粪便,其次是影响体能和赛绩。严重感染时,消化道功能紊乱,体内营养的大量丧失而出现营养缺乏性消瘦,飞行能力下降。随之而来的是体能下降和精神不振,肠道功能紊乱及其他肠道疾病症状表现,个别鸽还可出现神经质。

[预防] 及时清理粪便,饲料仓库要防虫灭蚁,消灭蟑螂、苍蝇等中间宿主;避免鸽打野,使用灭卵无害化处理保健砂。每秋换羽期后进行预防性驱虫。

[治疗] 复方吡喹酮胶囊克虫宝,1粒,1次顿服即可。

赛前、育种前、换羽前后3周清

理 1 次,驱虫后 2 天用肝精调理 1 周。驱虫治疗,如仅见虫体节排出,不能说明驱虫成功,而须见有头节排出,方能说明驱虫成功。

鸽前殖吸虫病

鸽前殖吸虫病是由前殖科的前殖吸虫寄生于鸽输卵管、法氏囊、泄殖腔及直肠等引起的寄生虫病。鸽偶见有发病。

[症状] 产蛋异常,出现畸形蛋、薄壳蛋、软壳蛋或无壳蛋,甚至停止产蛋。时有排出蛋壳碎片或石灰水样液体,腹部膨大,肛门潮红,肛周羽毛脱落。后期体温升高,饮欲增加,衰竭而死亡。

[治疗] 复方吡喹酮胶囊克虫宝,1 粒,1 次顿服即可。

鸽毛滴虫病

鸽毛滴虫病又称"鸽口腔溃疡病",亦称"鸽癀"。为寄生于鸽消化道上段的寄生性原虫感染性疾病。

[症状] 特征为在口腔、咽喉部、食管、嗉囊部黏膜形成粗糙呈纽扣状黄色沉着物覆盖的溃疡。主要危害幼龄鸽,成鸽毛滴虫感染往往不产生明显的黏膜溃疡症状,而呈现带虫感染状态;而当幼鸽在初次感染和成鸽在大量虫体入侵的情况下,以及在其他病原体感染发病,机体抵抗力减弱情况下,可导致本病从感染状态进入发病状态,或呈现

混合感染,严重发病时可造成死亡。

本病分感染鸽和发病鸽两种状态。表现为精神萎靡,羽毛松乱,消化紊乱,食欲减退,饮水量增加,腹泻,消瘦。按发病状态可分为口咽型、脐型、内脏型 3 种类型。

雏鸽最易被感染,第一感染症状往往在 10~14 天出现,排泄物变得稀薄而带酸味。病鸽出现生长停滞,不停呻吟。雏鸽咽喉部及食管后方出现黄色斑点或干酪状硬块或结节。

[预防] 定期进行毛滴虫清理。对鸽群定期进行口咽部健康检查,是防止本病暴发流行的最有效措施。此外,饮水器勤消毒、勤清洗;在育种配对前、育雏前和赛前进行毛滴虫清理。

复方甲硝唑可溶性粉供饮,连饮 5 天,初次 7 天。以后每隔 28~35 天酌情清理一次。

[治疗] 抗原虫药物甲硝唑、二甲硝咪唑等。复方甲硝唑胶囊克滴宝,蘸水塞入,每天 1~2 次,每次 1 粒,连用 7 天。重症或急性感染,首次 2 粒,然后每 6 小时 1 次,每次 1~2 粒。

混合感染时,协同使用复方泰乐菌素胶囊。

鸽球虫病

球虫是一种消化道原虫,球虫病是球虫感染引起的鸽舍最常见的鸽寄生虫感染性疾病。

[症状] 球虫病分感染和感染发病两种感染状态。

成鸽轻度感染，通常机体内对球虫已有相应的免疫抵抗力，且还由于近年来整肠剂的普及应用，肠道内通常处于一种球虫限量繁殖，共同生存相互平衡，不出现症状的菌群平衡状态。球虫轻度感染时，也可毫无症状出现。但当幼鸽初次感染，尤其在舍内球虫孢子卵囊密度增高条件下，大量卵囊被鸽吞入，以及新品种球虫的导入，或在其他病原体侵入之下，会形成混合感染状态下发病。初期发作的表现为排水便，飞翔耐持力下降，易倦怠，腹泻，排带黏液水绿便，而临诊鸽真正出现血便的并不多见。继而机体失水，胸肌失去滋润而变暗、僵硬，机体失水加重而产生"削肉症"，产生一系列酸中毒、"肠毒综合征"，严重者在数天内至十余天内死亡。部分病鸽可耐过发病期而康复，成为带虫鸽。

[预防] 保持鸽舍通风干燥，控制饲养密度，定期酌情进行球虫清理。可用磺胺氯吡嗪钠、磺胺二甲基嘧啶、复方磺胺 5-甲氧嘧啶、复方磺胺甲基异噁唑、氨丙啉等供饮、混饲或喂服。磺胺氯吡嗪钠可溶性粉供饮，连饮 5 天为一疗程。以后按鸽舍情况，如个别鸽出现可疑症状或在气候潮湿环境恶劣情况下，酌情进行预防用药。

平时供应益生菌类、啤酒酵母等整肠类制剂，如强健宝混饲，每周 2 次，以保持肠道菌群平衡。

[治疗] 慎重选择抗球虫药物。按其药理作用分类选择，如聚醚类离子类、抗硫胺素类、吡啶类、酰胺类、磺胺类、均三嗪类、硝基咪唑类、植物碱类等多种抗球虫药物，进行合理组合，实施双抗全程治疗，对耐药虫株采取替换疗法或交替疗法。抗球虫药物的疗程制订要按球虫的生活史周期，一个疗程至少 7 天，一般投药治疗 3～5 天后症状或许有所改善，但切莫忽视坚持用药、全程治疗的重要性，以免复发成为更难治的耐药球虫感染。

对于严重患病鸽和治疗用药症状恢复缓慢者，需将疗程延长至 2 个疗程，剂量未到位或疗程不足，过早停药会导致球虫病复发，如此时再次用该药治疗，却往往由于该球虫对该药物产生耐药，只能采取替换疗法，需重新选择抗球虫药物。

磺胺氯吡嗪钠胶囊，每天 2 次，每次 1～2 粒，连用 5 天为一疗程。重症或急性感染，每天 2 次，每次 2 粒，连用 5 天为一疗程。

在混合感染时，需要抗微生物制剂恩诺沙星可溶性粉或 4% 氧氟沙星溶液协同应用。

鸽血变形原虫病

鸽血变形原虫病俗称"鸽疟

疾"。是由鸽血变形原虫引起的以贫血、衰弱为主要临诊表现的血液寄生虫病。

[症状] 发病症状并不明显，一般数天后即可自行恢复。周而复始反复发病，只有鸽主观察仔细而发现鸽屡次周期性犯病的情况下，才会考虑到本病存在的可能。通常它们会在几次发病后转变为慢性状态，表现为抗病力、繁殖率下降，甚至不愿孵化育雏。患病期数日不食或少食，有时只饮用些水，精神委顿，缩颈少动，进行性消瘦，贫血而衰弱。由于抗病力下降而易感染其他疾病，甚至衰竭鸽群连续死亡。尤其遇到不良刺激或强应激下突然死亡，赛绩下降和训赛减员增多。

[预防] 消灭鸽虱蝇、螨等吸血昆虫。发现可疑发病鸽及时采血送检，及时诊断早期治疗，杜绝传播扩散蔓延。

疫区可采用5%青蒿粉拌入保健砂或维他矿物粉内供自啄，对本病有预防作用。

[治疗] 磷酸伯氨喹啉(扑疟喹)7.5毫克/片,1/4片,每羽每日1次,连用7天,首次剂量加倍,3个月和1年后分别重复用一个疗程。

鸽组织滴虫病

鸽组织滴虫病又称"鸽盲肠肝炎"或"鸽黑头病"。是寄生于禽类的盲肠和肝脏引起的寄生原虫病。

以肝脏坏死和盲肠溃疡为主要特征。而鸽以肝脏坏死为本病的特征。鸽组织滴虫病与鸽毛滴虫病虽同属原虫类寄生虫病,两者可同时寄生于同一宿主鸽,但不是同一种疾病,且鸽组织滴虫病的症状要比鸽毛滴虫病严重得多。却好在两种原虫对于抗毛滴虫药物都十分敏感,因而凡常规进行毛滴虫清理的鸽舍,本病的发病不至于会太严重。

[症状] 本病称黑头病,但患病鸽不一定出现像火鸡、鸡患病那样典型的头部皮肤呈深黑色变化。病鸽一般症状并不典型,仅为精神不振,食欲减退,体质虚弱,翔力下降,常伴有腹泻,排黄色黏稀便。

[预防] 鸽舍不宜同时饲养或寄养鸡、火鸡等其他禽鸟。定期清理肠道寄生虫。

[治疗] 同鸽毛滴虫病。

鸽弓形虫病

鸽弓形虫病是由龚地弓形虫寄生于鸽组织细胞内引起的以中枢神经症状和肝脾肿大为特征的原虫病。是包括人在内的禽鸟、哺乳动物和爬行类动物的人、畜、禽(鸽)共患原虫病。

[症状] 急性型:精神沉郁,食欲减退,反应迟钝,步态不稳,消瘦,黏膜苍白,排白色稀粪,共济失调,贫血,后期出现麻痹,醉态;伴心肌炎。随病程延长,出现脑炎和中

枢神经症状,震颤,角弓反张,歪头和失明。慢性型:临诊症状不明显或症状极其轻微。

[预防] 控制啮齿类动物犬、猫亲密接触,消灭食粪节肢昆虫,切断传播源。

[治疗] 大多数抗生素对弓形虫无效,螺旋霉素、磺胺类药物敏感。

鸽隐孢子虫病

鸽隐孢子虫病是由禽隐孢子虫感染寄生于鸽的小肠、大肠、法氏囊和泄殖腔引起的原虫病。也可感染喉头、气管等引起消化道和呼吸道症状。鸽较常见。是人畜(鸽)共患病。

[症状] 轻微者仅表现翔欲下降,体重减轻;严重者产生顽固性腹泻,慢性脱水,消瘦,泄殖腔脱出等。

[防治] 鸽舍一旦导入隐孢子虫卵囊,就很难清除干净。本病目前尚无特殊有效治疗药物。

2. 鸽体外寄生虫病

鸽螨病

寄生鸽体外的常见寄生螨有红螨(鸡刺皮螨、血螨)、新棒恙螨、羽管螨、鳞足螨、气囊螨和体疥螨等。鸽是螨的终生宿主,螨虫的发育期包括卵、幼虫、若虫和成虫4个阶段。鸽螨寄生于羽毛的毛囊、皮下组织和脚(胫、趾部)角质层鳞片下面,以吸血、咬食组织或羽毛为生。

此外,有一种鸽螨眼病,是螨感染眼结膜引起的螨结膜炎,眼结膜肉芽样增生引起睑外翻,眼穹隆蓄脓、溢脓等,故此病俗称"烂眼皮"。

[症状] 鸽受到刺螨的夜间侵袭吸血,表现痒感,消瘦,贫血,皮肤时而出现小红疹,尤其胸部可见针尖样叮咬红疹。

鳞足螨引起胫部和脚趾部皮肤炎症、增厚、粗糙,并发生龟裂,渗出物干燥后形成白色痂皮,似涂上石灰般,故有"石灰脚"之称。螨在毛根部刺激皮肤而发痒,引起炎症,皮肤发红,上覆盖有鳞片和干燥痂皮,抚摸时有脓疱,羽毛变脆易脱落。

[预防] 用复方百部沐浴散,供浴,夏季每周2次,冬季每周1次。

[治疗] 用复方百部沐浴散反复浸浴,疗效满意,但治愈后仍需防止再感染。

患鳞足螨病者,可将病足浸泡于百部酊中,或先用温热水刷洗4～5分钟,除去痂皮后浸于百部酊中,每天2次,连用3～5天(清除舍内所有皮屑,以免再感染)。

患螨结合膜炎者需进行全身和局部(眼)综合治疗,口服复方吡喹酮伊维菌素胶囊,每天1粒,连用3天。氯霉素、林可霉素等滴眼,再加用金霉素眼膏、四环素眼膏等。地塞米松滴眼液对于消炎、退肿、抗过敏、促进愈合,减少瘢痕纤维化有一定辅助治疗作用,但维持时间短,作用不能持久,且不宜长期使用。

鸽软蜱病

鸽软蜱病是由波斯锐缘蜱或卷边锐缘蜱寄生于鸽体表的外寄生虫病。

[症状] 锐缘蜱多寄生于翅膀下或羽毛较少的部位。被蜱叮咬部位见小红点,且损伤部位能引起继发感染而形成小脓疱,患鸽痛痒不安,逐渐消瘦贫血。幼鸽遭大量蜱侵害时,严重贫血、失血、消瘦,生长发育受阻成为僵雏,甚至死亡。成鸽疼痒不安,急速用喙啄羽,踏脚引起脚麻痹,常有单侧脚爪蜷缩(神经炎),跛行。皮肤损伤处继发细菌感染而形成小脓疱。更重要的是蜱能通过吸血而传播多种疾病。

[预防] 鸽舍定期灭菌杀虫,填补板缝墙隙,定期更换草窝或置阳光下暴晒,巢盆撒百部沐浴散。

[治疗]

① 取复方百部沐浴散 40～50 克(1 平匙 5 克),冲水 10 升(千克)搅匀供药浴,每周 1～2 次,疗效满意,但治愈后仍需防止再感染。

② 取复方百部沐浴散 100 克,加沸水直接冲泡或清水煎煮微沸 10～20 分钟,稀释到 5 升,待凉后供浴,效果更佳。

③ 取复方百部沐浴散 100 克,加入 40％～75％乙醇或 42 度以上白酒 500 毫升,浸泡 2 周备用,用时用毛笔(或羽条)蘸取上清液涂于虫羽、虫患处。

取复方百部沐浴散匀撒于巢盆内,2～3 天添加或更换 1 次。

鸽壁虱病

鸽壁虱病又称"鸽吸血壁虱病"。是危害鸽健康的体外寄生虫病。

鸽壁虱成虫长 5～10 毫米,有 4 对足,其外形类似于蜘蛛。成虫白天藏身于草窝、木板的缝隙等处,夜晚吸附于鸽子尤其是雏鸽身上吸吮血液,一只成虱一天能吸鸽血约 0.3 毫升,待喝饱吸足后再回到藏身之处。鸽壁虱的幼虫则常吸附于鸽的颈下及翅膀下,通常肉眼在此处可以见到针头大小呈暗红色的球形物,则即是鸽壁虱的幼虫。防治方法同鸽软蜱病。

鸽羽虱病

鸽羽虱病又称"鸽食毛虱病"。是由寄生于鸽体表羽毛中的体外寄生虫病。鸽羽虱种类繁多,常见有以下几种。

① 鸽长羽虱:身长约 8 毫米,瘦长,寄生鸽翅膀内侧飞行羽的长羽下,在飞行羽羽枝上缓缓来回爬行,虫体长扁形,色黄红或黑。

② 鸽圆羽虱:个体小,一般仅

0.5毫米,只有将羽毛对着光源处才能清晰地见到小点状羽虱。寄生于鸽各部位体羽羽层下的基底部,虫体长圆形,灰白色,头淡黄色。

患羽虱病鸽间密切接触相互传播,或通过巢盆、草窝等间接传播。一年四季均可发生,秋冬季多发。

[症状] 轻微感染对鸽健康影响不大。严重时出现瘙痒不安,常啄理羽毛,羽毛蓬乱,部分羽毛易脱落,新生雏羽不整,表皮有叮咬红疹,继发湿丘疹、脓疱等,羽毛和羽质的受损终将直接影响赛鸽竞翔性能。

[防治] 同鸽软蜱病。

鸽蚤病

鸽蚤寄生在鸽的背部及臀尾部食取羽毛,吸吮血液,造成鸽休息不得安宁,反复地踢踏脚趾,称"踏脚症"。此外,鸽蚤能迅速弹跳而转移,因而为清除、消灭带来一定困难。

[防治] 同鸽软蜱病。

鸽虱蝇病

鸽虱蝇病即鸽吸血虱蝇病。是由鸽虱蝇寄生于鸽体表吸血引起的体外寄生虫病。

[症状] 鸽有痒感而骚动不安,反复用喙啄羽,雏鸽出现贫血、消瘦、发育受阻变僵鸽。

[防治] 复方百部沐浴散供浴,每周1~2次。注意:鸽虱蝇多数藏匿于颈背部,必须将鸽全身浸透,然后用百部沐浴散干粉直接趁湿撒上,用手搓透全部羽毛,任其自然干燥,粉末自然抖落即可。此法疗效满意,治愈后需防止再感染。

鸽疥癣

鸽疥癣又称"鸽脱毛疥癣虫病"。是严重的体外寄生虫病。

[症状] 鸽疥癣虫体极小,体长不超过0.3毫米。寄生在羽毛下方皮肤内,使嗉囊部、胸部、腹部和翅膀等处的羽毛枯朽、脱落,并大量出现片状皮屑等疥癣样病变。本病发展迅速,很快延及全身。受侵害的羽毛在毛根部残留有羽桩样残羽,在残桩处往往可找到疥癣虫。本病鸽间相互传染,也可为人或其他禽鸟和工具等间接带入。

[防治] 本病的预防和治疗较为麻烦,对个别没有留种价值的病鸽最好是淘汰。对患病鸽舍,首先彻底清除脱落的皮屑,保持鸽舍清洁,巢盆常更换,进行火焰消毒或药液消毒时要顾及墙角、板缝、旮旯,新引进鸽和集笼归来鸽,次日提供复方百部沐浴散自然沐浴。

(七)鸽营养性疾病

1. 鸽基本营养要素缺乏症

鸽蛋白质缺乏症

[病因] 多发生在迷途返归

鸽、意外伤害鸽和误入陷阱囚笼而侥幸逃脱鸽。偶见于饲料供应不足或饲料蛋白质品质低劣配比不合理等造成蛋白质缺乏症。

[症状]　贫血,消瘦,水肿,皮下脂肪减少等。幼鸽生长停滞,发育受阻,体弱畏寒,食欲不振,精神呆滞,翅膀下垂等。成年鸽表现进展缓慢,体重下降,消瘦,产蛋减少或停止。孵化成雏率下降,抗病力下降,引起低蛋白血症,易感染其他疾病。

[诊断]　根据疾病的发生和症状,病理改变,饲料结构调查,尤其供饲的营养成分分析,不难作出诊断。

[防治]　按不同生理生长需求,合理充足供应蛋白质饲料、补充氨基酸,供给足够的豆类饲料。一旦发现有类似发病鸽,及时补给氨基酸,并注意它们之间的相互平衡和相互制约关系,对初发病鸽治疗效果一般较显著,而对病程过长的病鸽,补充治疗的康复效果不太理想。

鸽脂肪缺乏症

鸽脂肪缺乏症,即鸽脂肪酸缺乏症。本病较少见。

[症状]　幼鸽生长发育不良,营养性肝肿大,脂肪缺失等。呼吸道抗病力下降。由于脂肪缺乏,维生素A、维生素D、维生素E等不能被溶解吸收,发生脂溶性维生素代

谢障碍,同时出现这些维生素的缺乏症。

[防治]　日粮中脂肪要丰富,饲料配比要合理,选用少量菜籽、花生、红花籽、麻籽等。

鸽水缺乏症

鸽水缺乏症,又称"鸽脱水综合征"。鸽缺水的后果要比缺乏饲料严重得多,鸽体在水分损失20%时就会造成死亡。在饮水不足而引起水缺乏症时,血液浓稠、体温上升,生长和产蛋都受到严重影响。表现为口渴、拒食不安等。本病仅见于长途运输失误引起的路途脱水及误入陷阱囚笼意外获救逃生鸽等。

2. 鸽维生素缺乏症

鸽维生素A缺乏症

[病因]　维生素A缺乏的原因主要有:配合饲料中维生素A缺乏,饲料贮存期过长,受潮霉变,日光暴晒,使饲料中维生素A和胡萝卜素破坏;鸽自身患有消化道疾病或肠道寄生虫病。

[症状]　影响机体新陈代谢,精神委顿,食欲不振,生长停滞,衰弱消瘦,羽毛失色而松乱等营养不良前期症状。典型症状是双目流泪,流鼻涕和眼睑紧闭,继而眼睑有白色干酪样脓性分泌物积聚(眼睑炎)、眼结膜炎、干眼症、角膜软化症

而引起失明。严重缺乏时可出现运动失调，肢体痉挛，麻痹，幼鸽生长发育迟缓；运动失调、肌体衰弱。先天性缺乏可引起出壳雏先天性双目失明，伴眼、鼻发炎。成鸽消瘦衰弱，精神不振；雌鸽产蛋下降，雄鸽性功能下降、精液品质降低，孵化成雏率下降等。

[**诊断**]　根据本病症状和剖检可初步诊断。必要时用维生素 AD 进行诊断性治疗试验可确诊。

[**防治**]　平时注意维生素 A 的补充。治疗原则在于尽快消除病因，及时补充维生素 A，且同时补充维生素 D、维生素 E，其合理配比量，如按照 1 单位相当于 1 毫克计算，应是 A∶D∶E＝4∶1∶20。

鸽维生素 D 缺乏症

[**病因**]　病因主要有：饲料中维生素 D 含量不足，主要是饲料中脂肪含量不足影响维生素 D 的溶解和吸收，或饲料变质，使饲料中维生素 D 遭到破坏；运动场地不足，鸽舍长期光照不足，尤其那些长期关棚（关笼）饲养的种鸽和死翅鸽；消化道疾病或其他疾病影响维生素 D 的吸收、转化和利用下降。

[**症状**]　成鸽精神委顿，食欲不振，生长换羽迟缓粗乱畸形，失去原有光泽；关节肥大，喙、爪、龙骨变软弯曲，腿部无力、步态不稳、行走困难，脚、趾麻痹卧巢不起，腿骨变形，站立困难，蹲地头向后仰呈"观星状"；雌鸽产软壳蛋、薄壳蛋或畸形蛋、死胚蛋。雏鸽生长发育不良，龙骨弯曲内陷，引起佝偻病——僵鸽，严重时成批死亡。

[**诊断**]　根据疾病症状和剖检可初步诊断，必要时用维生素 AD 进行诊断性治疗试验可确诊。

[**防治**]　注意维生素 AD 供给；出现可疑症状尽快消除病因，及时补充维生素 D，同时补充维生素 A、维生素 E，其合理配比量见鸽维生素 A 缺乏症。维生素 D 补充忌超量补给，超量补给会引起不可逆肾功能损害。

鸽维生素 E 缺乏症

[**病因**]　维生素 E 在日常饲料中并不缺乏，但由于维生素 E 的 α-生育酚活性很强，且很不稳定，若遇到某些矿物元素、高级脂肪酸时易被氧化而失效，这就是容易造成鸽维生素 E 缺乏的主要原因。还有，饲料中缺乏富含维生素 E 的植物种子或新鲜植物油；某些寄生虫及其他慢性肠道疾病，使维生素 E 吸收利用率降低。

[**症状**]　特征表现为脑软化、渗出性素质、肌营养不良，生殖器官的发育与生殖功能的改变；神经和肌肉的变性营养不良；内分泌功能障碍；脑软化而产生共济失调、痉挛、站立困难，最后全身衰竭死亡。

成年鸽轻度缺乏时,症状表现常不明显,只是表现为产蛋、孵化率下降,雄鸽睾丸退行性改变,性功能衰竭,不能交配。一般维生素E缺乏的同时常伴有微量元素硒的缺乏,出现脑软化症和渗出性素质,皮下水肿,尤其腹部皮下水肿最为明显,使两腿分腿站立等。

[防治] 注意日粮中火麻仁、红花籽和维生素E类营养饲料补充添加剂(如维他矿物粉、营养蒜油等)的日常补充;育雏期保姆鸽和雏幼鸽补充含维生素E和硒元素的育雏宝。此外,种鸽尤其老龄种鸽加强日常保健,补充育雏宝类育雏剂。

一旦出现症状应及时补充维生素E和硒元素制剂,其效果较好,但对已出现脑软化症状鸽,其治疗效果并不理想。

鸽维生素K缺乏症

[病因] 除饲料配比不合理,长期饲喂缺乏维生素K饲料外,由于维生素K能通过肠道正常菌群在体内自然合成,因而不一定完全需要由饲料中补充,但鸽的消化排空时间较短,不可能在肠道内大量合成,因而鸽尤其赛鸽更易发生维生素K的缺乏。此外,鸽球虫肠道内感染,致使消化道对维生素K的吸收率降低,长期慢性腹泻,或较长时间或大剂量用磺胺喹噁啉等药物,破坏了肠道内正常菌群生态平衡,致使肠道菌群平衡失调、肠功能紊乱,导致肠道内维生素K的合成长期受阻和合成不足。

[症状] 全身凝血功能的障碍;皮肤、黏膜出血(斑)点,胃肠道出血,排血样稀粪,或粪便发黑,严重贫血;蛋孵化成雏率下降。

[防治] 平时注意营养蒜油、康飞力、维他肝精等含维生素K制剂的定期添加,一旦出现可疑出血症状,要及时补充;维生素K_3 4毫克或维生素K_1 10毫克皮下或肌内、皮下注射,可使凝血功能及时恢复,但贫血症状的纠正和恢复需留待时日。

鸽维生素B_1缺乏症

[病因] 饲料贮存不当、时间过长,尤其当饲料发生虫蛀、霉变时,饲料中维生素B_1损失较多;长期喂单一高碳水化合物饲料;混合饲料中有拮抗或破坏维生素B_1的物质(如硫胺素酶、某些矿物质、碱性物质、硫化物及硫酸盐和防霉剂等);原发或继发性消化道疾病影响维生素B_1的直接吸收和降低了维生素B_1的合成功能,均可引起维生素B_1的缺乏。

[症状] 突然表现为精神委顿,食欲减退,贫血,生长发育不良,羽毛松乱无光泽,体重减轻,视力下降,体温下降(喙、爪冷凉),两腿软弱无力。严重时产生周围神经炎和多发性神经炎,站立困难,趾的屈肌

麻痹,进而腿、翅、颈的伸肌痉挛,甚至头仰向后背极度弯曲呈"观星状",最后瘫痪,倒地不起。在鸽维生素 B_1 缺乏或维生素 B_1 处于低水平运转时期产的精、卵,往往出现有死胚(死精)或出壳迟缓、困难等。

[诊断]　根据本病症状和剖检可初步诊断,必要时用维生素 B_1 进行诊断性治疗试验可确诊。

[预防]　注意日常日粮配比,杜绝霉变虫蛀饲料。平时添加富含维生素 B_1 的啤酒酵母复合制剂强健宝,每周 2 次;或添加营养性含维生素 B_1 类制剂维他肝精、康飞力,混饲,每周 2 次。

[治疗]　口服维生素 B_1 片,或肌内、皮下注射维生素 B_1 注射液,每日 2 次,每次 10～12.5 毫克。用维他肝精、康飞力滴口或按 20 羽鸽各 1 毫升配比,先混饲,再按每千克饲料加 2 匙(20 克)加入强健宝,混饲,连用 3 天,随后每周 2 次×3周。对食欲不振和已废食鸽,可用维他肝精、康飞力滴口,或用玉米粒蘸取维他肝精、康飞力,再蘸取强健宝塞食,各 4～5 粒,4～6 小时 1次,直至自行啄食康复为止。

鸽维生素 B_2 缺乏症

[病因]　饲料中缺乏维生素 B_2,如单纯喂给稻谷、白玉米等;饲料发霉变质;长期不当添加碱性营养添加剂或混合饲料中混入碱性物质;某些影响维生素 B_2 吸收的疾病等,均可导致维生素 B_2 缺乏。

[症状]　雏鸽生长迟缓,消瘦,眼、嘴和脚趾周围发炎,腿部瘫痪,常以双翼飞翅代步,展翅来维持平衡,腿部肌肉萎缩,皮肤干燥而粗糙。特征性症状是发生"卷爪"麻痹症,脚趾向内蜷曲或呈握拳状,中趾尤为严重。患病后期,双腿劈叉撑开卧地,或呈犬坐状,以跗关节着地移动困难,腿麻痹或瘫痪不能站立。严重缺乏时会造成鸽消化障碍,严重腹泻等,最后衰弱死亡。雌鸽产蛋减少,孵化率下降,出壳迟缓而胚胎死亡率高、弱雏率增高。

[诊断]　根据典型症状可初步诊断,必要时用维生素 B_2 进行诊断性治疗试验可确诊。

[预防]　日常日粮配比合理。杜绝霉变虫蛀饲料。平时添加富含维生素 B_2 啤酒酵母复合制剂强健宝,每周 2 次;或添加营养性含维生素 B_2 类制剂维他肝精、康飞力,混饲,每周 2 次。

[治疗]　口服维生素 B_2 片,或肌肉、皮下注射维生素 B_2 注射液,每日 2 次,每次 2～5 毫克。用维他肝精、康飞力滴口等。

对"卷爪"麻痹症,脚趾向内蜷曲或呈握拳状已久鸽,则不可能恢复。

鸽泛酸缺乏症

[症状]　泛酸缺乏时会产生消

化不良,生长减慢,关节炎,常口角生痂,脚趾肉垫产生硬裂。

[诊断] 根据典型症状可初步诊断,必要时用泛酸进行诊断性治疗试验可确诊。

[治疗] 口服复合维生素 B 片 1/4 片,或肌内、皮下注射复合维生素 B 针剂,0.5 毫升(每支 2 毫升);泛酸钙针剂 0.2 毫克,每日 2 次。用维他肝精、康飞力滴口或按 20 羽鸽各 1 毫升配比,混饲,连用 10 天,随后每周 2 次,连用 3 周。

鸽胆碱缺乏症

[病因] 鸽对胆碱的需求量比其他维生素要大得多,虽其在体内能合成,但并不能完全满足消耗。尤其在用玉米作为单一饲料时尤易发生;在饲喂低蛋白饲料的情况下,机体对胆碱的需要量将更大,饲料中缺乏叶酸或维生素 B_{12} 时,胆碱的需要量会显著增加。成年鸽一般不易引起胆碱缺乏,而雏鸽对胆碱的缺乏较为敏感;如幼鸽生长期添加过多的胆碱,会造成它自身胆碱合成能力的下降,使成年后对胆碱的缺乏也更为敏感。

[症状] 雏鸽厌食,生长迟缓,鸽脚(跖骨)发生扭转变形,生长弯曲,和出现与锰缺乏相似的"滑腱症"或爪麻痹。成年鸽精神不振,采食减少,脂肪肝,产蛋率下降。

[预防] 平时注意饲料要多样

化;供给富含蛋氨酸、胆碱类饲料,补充含蛋氨酸、胆碱的营养添加剂维他肝精、康飞力。

[治疗] 用维他肝精、康飞力滴口或按 20 羽鸽各 1 毫升配比,混饲,连用 10 天,随后每周 2 次,连用 3 周。

鸽生物素缺乏症

[症状] 雏鸽逐渐衰弱,发育缓慢成僵鸽,脚、喙及眼周围皮肤发炎,有时会出现骨软骨发育不良的骨短粗症,产蛋下降或停止,孵化出雏率低,死胚等。也可产生雏骨短粗畸形等。

[诊断] 根据典型症状可初步诊断,必要时补充生物素进行诊断性治疗试验可确诊。

[治疗] 用维他肝精、康飞力滴口或按 20 羽鸽各 1 毫升配比,混饲,连用 10 天。每周 2 次,连用 3 周。

鸽烟酸缺乏症

[病名] 鸽烟酸缺乏症,即"鸽维生素 PP 缺乏症"。由于烟酸在自然条件下极不稳定,故临诊上多数使用烟酰胺制剂,烟酰胺能在体内分解为烟酸发挥其治疗作用,故本病又称"鸽烟酰胺缺乏症"。

[病因] 长期单一饲喂以玉米为主粮的饲料,造成烟酸摄入量相应缺乏;加上营养添加剂补充不足而引起。

［症状］ 特征是舌或口腔炎、前食管上部炎症。舌炎特殊表现是会使舌发黑,故本病有"黑舌病"之称。舌、口、食管等普遍发生炎症,导致采食困难,腹泻。皮肤偶见皮炎,尤其暴露皮肤和足趾皮肤炎症,初期先出现红斑,表皮下含渗出,然后干燥结痂,结节状痂皮彼此融合,皮肤增厚呈鳞片状,特别粗糙等,故临诊上对此典型的皮肤病表现称"糙皮病"或"癞皮病"。

由于体内脂肪积累明显减少,而肝脏脂肪沉积过多,表现精神委顿,食欲下降,体重减轻,尤其幼鸽生长发育迟缓,羽毛发育不良;关节肿大和出现骨短粗症相似的腿骨弯曲,但极少会有踝骨腱滑脱。严重时发生抽搐或痉挛死亡。

［诊断］ 根据典型症状和特征性表现可初步诊断,可供给维生素PP进行诊断性治疗试验可确诊。

［预防］ 使用合理配比的混合料,避免饲料长期过于单一;合理使用营养添加剂。日常供给维他肝精、康飞力拌强健宝混饲,每周2次。

［治疗］ 口服烟酰胺片,或肌肉、皮下注射烟酰胺注射液,每日2次,每次5毫克。用维他肝精、康飞力滴口或按20羽鸽各1毫升配比,先混饲,再按每千克饲料加2匙(20克)配比加入强健宝,混饲,连用3天,随后每周2次×3周。

鸽维生素 B_6 缺乏症

［病因］ 鸽患病期、幼鸽期、赛期、繁育过度时会发生维生素 B_6 的缺乏或低水平运转,有人认为初出棚幼鸽游棚飞失(指神经质、异常兴奋型)除与遗传因子有关外,或许还与某些维生素尤其是维生素 B_6 的低水平运转有密切关联。

［症状］ 痉挛等异常兴奋(即神经质)状态,甚至两腿僵直,不能起立,食欲差,生长发育停止。

［诊断］ 根据典型症状可初步诊断,可供给维生素 B_6 进行诊断性治疗试验可确诊。

［治疗］ 见鸽维生素 B_2 缺乏症。

鸽叶酸缺乏症

［病因］ 长期喂给叶酸含量很低的玉米为主的饲料;饲料配比不合理;饲料存放不当,阳光暴晒,室温下贮存期过长而导致叶酸被破坏;较长期用磺胺类、抗生素药物致使肠道正常菌群干扰破坏,从而使体内不能继续自行合成叶酸;消化系统疾病叶酸吸收障碍等。

［症状］ 雏鸽羽毛生长缓慢,无光泽,羽毛色素缺乏、脆而易折;眼结膜、虹膜、喙、趾爪苍白贫血;出现骨短粗症;成鸽产蛋率、孵化率明显下降,胚胎死亡率高,成鸽哺育仔鸽等繁殖性能下降;或不能站立,翅膀麻痹下垂,软弱无力,共济失调;

颈麻痹僵硬,喙触于地,或蹲卧伏、侧躺于地等神经症状;严重时呼吸困难,饮饲废绝,排绿色稀粪,消瘦,最后衰竭死亡。

[诊断] 根据典型症状可初步诊断,可供给叶酸进行诊断性治疗试验可确诊。

[预防] 避免饲料过于长期单一。平时添加富含叶酸的啤酒酵母复合制剂强健宝,每周2次,或营养性含叶酸类制剂维他肝精、康飞力,混饲,每周2次。

[治疗] 口服叶酸片,每日2次,每次5毫克。用维他肝精、康飞力滴口或按20羽鸽各1毫升配比,先混饲,再按每千克饲料加2匙(20克)配比加入强健宝,混饲,连用3天,随后每周2次,连用3周。

鸽维生素 B_{12} 缺乏症

[病因] 饲料中维生素 B_{12} 补充不足,或合成维生素 B_{12} 原料摄入不足,造成维生素 B_{12} 缺乏症。

[症状] 雏鸽食欲不振,生长迟缓,成雏率下降;成鸽低血色素贫血,极度无力,产蛋、孵化率下降,甚至死胚,蛋形变小,脂肪肝等。

[预防] 避免饲料长期单一;选用正规配合饲料。日常供给维他肝精、康飞力拌强健宝,混饲,每周2次。

[治疗] 口服维生素 B_{12} 片,或肌肉、皮下注射维生素 B_{12} 注射

液,每日1次,每次0.2微克,连用3~5天。也可口服育雏宝胶囊。用维他肝精、康飞力滴口或按20羽鸽各1毫升配比,先混饲,再按每千克饲料加2匙(20克)配比加入强健宝,混饲,连用7天,随后维持量每周2次,连用3周。

鸽维生素C缺乏症

[病因] 鸽平时从饲料中摄取的维生素C基本上能满足正常生长发育的需要,因而在一般情况下并不会发生本病。而赛鸽由于常经受强训、放路等强应激,对维生素C的需求量骤增,从而造成维生素C缺乏。还有饲料加工过程中遇高温或暴晒,维生素C遭破坏等情况下,才有可能发生维生素C缺乏。

[症状] 精神委顿,食欲不振,口腔炎,进行性消瘦,贫血及关节炎;机体抗病力下降等。

[预防] 避免饲料单一化,平时可不定期供给剁碎的西瓜皮、韭菜末、蒜叶末等青饲料;提供电解质维生素C星期饮料,每周1~2次。

[治疗] 一般仅需补充对因治疗,供应电解质维生素C,暑期补充剁碎的西瓜皮、韭菜末、蒜叶末等。

3. 鸽矿物元素缺乏症

鸽钙磷缺乏症

[病因] 引起钙磷缺乏的原因

是维生素 D 缺乏；单纯用谷物饲喂；保健砂等钙磷矿物元素补充不足，以及钙磷供应比例不当，即含磷过多，影响机体对钙的吸收利用。严格地讲，鸽应与人和其他动物一样，是终生缺钙终生需补钙的动物之一。

[症状] 钙的缺乏和维生素 D 缺乏相似，雏鸽、幼鸽表现厌食，生长滞缓，骨骼发育不良，引起软骨病和佝偻病。雌鸽少产蛋或停蛋，蛋壳变薄，产软壳蛋、沙壳蛋，骨骼变形，易骨折，不能平稳站立。

[预防] 重在早期预防。饲料品种需多样化，平时注意保健砂和钙磷添加剂维他矿物粉的补充。在钙磷添加剂配制时，注意鸽的钙磷比是钙∶磷＝4∶1。

[治疗] 一旦病情加重，出现佝偻病或骨骼畸形等症状，即使及时补充钙，也难以完全康复。

鸽钾、钠、氯缺乏症

[病因] 鸽离不开盐，钠盐主要来自保健砂，而钾盐来自饲料。当钠盐摄入不能补偿排出时，就可能产生低钠综合征；而钾与钠供应不足也会导致低钠或低钾综合征。此外，某些药物的应用可导致体内钾、钠平衡失调。

[症状] 钾缺乏症：幼鸽生长受阻及夭折，繁殖力下降，蛋壳变厚。

钠缺乏症：精神萎靡，食欲不振，消化不良，生长发育不良，繁殖率下降；成年鸽产蛋量减少，蛋变小，孵化率下降，羽毛脱落和发生啄羽现象。严重时导致血压下降，虚脱或休克死亡。造成本病的原因，常是钾与钠供应量配比失调。

氯缺乏症：生长极度不良，体重下降，全身脱水，对声音过敏，还可出现两腿后伸，倒地等类似痉挛般的神经症状，死亡率极高。

[预防] 日常提供保健砂、维他矿物粉。提供星期饲料，供饮 20%～30%配比电解质，冬春季每周 1 次，夏秋季每周 2 次。

[治疗] 供给等渗电解质溶液，或嗉囊灌入 10 毫升/次，即可恢复。

鸽镁缺乏症

[病因] 镁缺乏或平衡失调。本病常是日粮中钾含量过高引起。

[症状] 幼鸽痉挛，先是短期惊厥，随后多数能自行恢复的昏迷，偶尔也有昏迷死亡。

[防治] 日常提供维他矿物粉。康飞力滴口或按 20 羽鸽各 1 毫升配比，先混饲，再按每千克饲料加 2 匙(20 克)配比加入强健宝，混饲，连用 3 天，随后每周 2 次，共用 3 周。

也可口服育雏宝胶囊，每日 1 次，每次 1 粒，连用 3 天，即可恢复。

鸽锰缺乏症

鸽锰缺乏症，又称"鸽滑腱症"。此病较常见。

[病因] 微量元素添加剂质量低劣，含锰不足；钙、磷补充过量而使锰利用率降低；胆碱、烟酸、生物素及维生素 D、维生素 B₂、维生素 B₁₂不足，使鸽对锰的需要量增加。

[症状] 幼鸽出现与维生素 H、胆碱缺乏症相类似的跟腱滑脱症；即单腿或双腿的跗关节肥大、扁平，跟腱从踝关节突上滑脱。跟腱滑脱引起跗趾骨及跗关节胫骨扭转，长骨变短、变厚。成鸽的蛋孵化率下降，胚胎呈软骨发育不良，腿翅变短，球形头，鹦鹉嘴，腹部突出，大多有明显的水肿，胚胎在出壳前1～2 天死亡，尤其补充钙磷过多时，可使症状加重。

[诊断] 根据典型症状和胚胎典型特殊病理改变，诊断并不困难。

[预防] 注意饲料品种多样化，日常补充自啄剂维他矿物粉，可防止锰缺乏症。

[治疗] 用1:20 000（0.02%）的高锰酸钾溶液供饮，连喂 2 天，停 2～3 天，再喂 2 天。或 1 千克饲料加维他矿物粉 10 克，混饲，连续 3 天，随后每周 2 次。已出现跟腱滑脱、骨畸形等，则不能恢复。

鸽锌缺乏症

[病因] 锌缺乏或平衡失调。正常情况下，鸽并不会缺锌。如饲料中含锌不足或微量元素添加剂质量过差，不能满足鸽某一阶段生命活动的需要，就会发生缺锌。

[症状] 幼雏生长发育迟缓而成僵雏；羽毛生长不良和产生紧迫纹，易折断或卷曲、无光泽，严重时角化不全；长骨变短，变厚，跗关节肿大及皮肤呈鳞片状。成鸽羽毛出现紧迫纹，繁殖力下降，雄鸽产精不足和精子畸形增多；雌鸽产软壳蛋、薄壳蛋，孵化率降低；胚胎骨骼发育不良而产生肢体缺少或体壁缺少，仅见脊椎骨缺失，头部和内脏完整等典型畸形胚胎，死胚增多。

[诊断] 根据典型症状表现和胚胎畸形，种鸽繁殖力下降、死胚增多时，不妨采取诊断性治疗试验可确诊。

[预防] 注意饲料品种多样化，增加小麦、糙米配比；日常补充维他矿物粉。

[治疗] 1 千克饲料加维他矿物粉 10 克，混饲，连续 3 天，随后每周 2 次。

种鸽、育雏鸽、雏鸽喂给复合维生素添加剂育雏宝胶囊，按不同生理阶段，每天 1 粒或每周 2 次。也可适量补充无机锌类制剂氧化锌、硫酸锌；有机锌类制剂赖氨酸锌、蛋氨酸锌、赖氨酸 B₁₂锌等。

但补充添加过多的锌，产生高锌症也会影响仔雏的生长发育。日粮中补充或日常添加的锌超出其正常需要量20～30倍,会使机体内部各项元素的平衡失调,影响铁和铜的吸收利用,导致继发性铁、铜缺乏,即产生继发性贫血、眼砂变淡,生长发育反而停止。若当锌摄入量长期超过机体的排泄能力时,同样会破坏体内原来的元素恒稳机制,产生平衡失调。因而日常应用中,必须掌握高锌饲料的合理补充和应用,严格控制投放的剂量和投放的时间。实验室试验证实:连续用含锌(Zn＞3 000 毫克/千克/天)2 周以上,育出的雏会羽管畸形,新生羽卷曲,甚至贫血、僵雏等。

鸽铁缺乏症

[病因]　铁缺乏或铁平衡失调。正常情况下不易发生铁的缺乏。但鸽生长发育期、哺乳期、产卵期或患寄生虫病、肠道吸收功能障碍时,铁摄入量减少而发生铁缺乏。锰在参与造血功能中起辅助作用,因而锰补充过量时,会引起铁缺乏造成的缺铁性贫血,也是平时最常见的造成铁缺乏症的主要原因。

[症状]　食欲下降,生长发育不良,贫血,皮粗毛乱。深羽色的羽毛褪色,无光泽,喙、爪等无毛裸区皮肤、肌肉、黏膜苍白。重症伴有呼吸困难,心率加快,抗病能力下降,因贫血而致死亡。

[预防]　注意饲料品种多样化,日常补充自啄剂维他矿物粉,可防止铁、铜缺乏症。

[治疗]　硫酸亚铁片,每片0.3克,每羽5毫克,每天1次,连用7天。或1千克饲料加维他矿物粉10克,混饲,连续3天,随后每周2次。

鸽铜缺乏症

[病因]　铜缺乏或平衡失调。

[症状]　鸽食欲下降,消化功能紊乱,啄癖,使铁在肝脏及其他组织中沉积,不能参与造血而导致贫血,生长发育不良,皮粗毛乱,肌肉苍白;深羽色的羽毛褪色,骨骼变形,产蛋减少,胚胎死亡率增加。

锰在铜参与造血功能中起辅助作用,而在锰过量时会引起缺铁性贫血。

[预防]　同鸽铁缺乏症。

[治疗]　0.05％硫酸铜溶液,供饮。或1千克饲料加维他矿物粉10克,混饲,连续3天,随后每周2次。

鸽碘缺乏症

[病因]　饲料含碘量不足,微量元素添加剂质量低劣、保存失当或过期失效,使机体内碘平衡失调,导致甲状腺功能紊乱。甲状腺分泌异常或抑制,造成缺碘症。

[症状]　鸽甲状腺肥大、增生,伴黏液性水肿(弹性水肿)。幼鸽生长减慢,骨骼发育不良;羽条生长不良,羽毛花边状;蛋白质、碳水化合

物、脂肪和矿物质代谢紊乱,抗病力下降。成鸽繁殖、配对欲、产精、产蛋、蛋重、孵化率下降或停止。

[预防] 注意饲料品种多样化,日常补充自啄剂维他矿物粉,可防止碘缺乏症。

[治疗] 1千克饲料加维他矿物粉10克,混饲,连续3天,随后每周2次。

种鸽、育雏鸽、雏鸽喂给复合维生素添加剂育雏宝胶囊,按不同生理阶段,每天1粒或每周2次。也可适量补充碘,每千克饲料加碘化钾0.4毫克,要拌匀。或用市售加碘食盐,按0.9%比例腌制西瓜皮或青菜等青饲料,隔日投放供饲。

鸽硒缺乏症

[病因] 硒缺乏或平衡失调。饲料本身硒含量不足,或微量元素添加剂质量低劣,维生素E缺乏时更易伴发硒缺乏症。

[症状] 雏鸽轻度缺硒为生长发育停滞,胸腹部皮下水肿、出血。严重缺硒,特别同时缺乏维生素E时,会发生繁殖功能紊乱等与维生素E缺乏症相类似的症状。特殊症状是渗出性素质和白肌病,胸、腹、翅膀下及腿部皮下呈蓝绿色浮肿。还会出现营养性肝坏死和营养性胰腺萎缩。

[预防] 选用优质微量元素添加剂产品。

[治疗] 1千克饲料加维他矿物粉10克,混饲,连续5~7天,随后每周2次。

种鸽、育雏鸽、雏鸽喂复合维生素添加剂育雏宝胶囊,按不同生理阶段,每天1粒或每周2次。

鸽钴缺乏症

钴是体内合成维生素 B_{12} 的重要原料,因而当钴缺乏时往往会伴随维生素 B_{12} 缺乏。

[症状] 食欲不振,精神萎靡,幼鸽生长发育停滞、消瘦;蛋孵化率和雏鸽存活率下降。肝脏中维生素 B_{12} 含量降低。

[诊断] 根据典型临诊症状可初步诊断,可供给维生素 B_{12} 进行诊断性治疗试验可确诊。

[防治] 避免饲料过于长期单一;合理使用营养添加剂。口服维生素 B_{12} 片,或肌内、皮下注射维生素 B_{12} 注射液,每日1次,每次0.2微克,连用3~5天。也可口服复合维生素添加剂育雏宝胶囊(参阅维生素 B_{12} 缺乏症)。

1千克饲料加维他矿物粉10克,混饲,连续5~7天,随后每周2次。或供自啄。

(八) 鸽代谢性疾病

鸽痛风病

鸽痛风病是由蛋白质代谢障碍

引起的高尿酸盐血症疾病。

[病因] 在缺水、营养物质缺乏、肾脏代谢功能受到损伤时可诱发本病,而主要是鸽机体内尿酸代谢异常引起。本病受鸽系家族基因显性遗传影响。而绝大多数是由其他疾病所引起,即"继发性痛风病"。

赛鸽飞翔运动代谢产生的废物尿酸过多蓄积,或尿酸排泄障碍,造成大量尿酸盐沉着在肾脏、心包膜、肝脏、腹膜等内脏器官表面和关节腔、滑膜囊等处,形成痛风病。

本病如呈现单独分散发病,往往是由于其个体因素引起,往往是有血缘关系的鸽系家族先后发病;也可以是某些疾病引起肾功能损伤,如大肠杆菌病、球虫病、组织滴虫病、腹泻等诱发引起的继发性痛风。本病成批、多羽发病,往往由于蛋白饲料配比过高,维生素 A、维生素 D 不足,供水不足,鸽舍阴湿,光照、运动不足,饲养密度过高等引起。

[症状] 特征是关节肿大和疼痛而跛行。分内脏型和关节型两种类型。以内脏型痛风为多见。突出的症状是排乳白色水样或糊状稀便;关节型痛风的症状是趾关节肿大,间歇性反复跛行或卧地难起。本病的预后主要决定于患病鸽的饮水采食影响程度,一般临诊表现仅仅为慢性衰竭和消瘦而死亡,也可发生在训赛期间,运动耐受力不足,

心包缩窄而突然死亡,或是运动后尿酸排泄困难大量积蓄而死亡。

[预防] 平时要充分保证供水。提供配比合理的赛鸽饲料。注意控制饲料中蛋白质的配比含量,尤其补充动物源性蛋白质饲料时,要慎选慎用且不宜盲目过量添加,饲料蛋白质总量不能超过 20%;适当补充维生素 A,但不要长期盲目过量补充维生素 A(鱼肝油丸=维生素 AD);慎用有损于肾脏功能的磺胺类等药物。全面均衡补充多种维生素添加剂,冬春季每周 1 次,夏秋季每周 2 次。关棚、笼养鸽定期饮用含碳酸氢钠的电解质星期饮料。

[治疗] 本病尚无特效治疗方法。况且本病几乎是通过剖检后才能明确诊断,因而对有家族血系发病鸽系宜选择淘汰为主方案。

鸽肥胖病

鸽肥胖病是由于鸽机体内脂肪代谢平衡失调引起的疾病。多见于肉鸽,偶见于观赏鸽,赛鸽很少见,一般指的赛鸽过于肥胖,只能算是轻度偏向肥胖,多见于赛鸽中的种用鸽,它们的肥胖与肉鸽、观赏鸽的肥胖病是不能相提并论的。

通常见到的鸽肥胖,应该说是属生理性的脂肪过多,造成体态的过于肥胖臃肿,而称鸽肥胖症。

[病因] 主要是油脂类饲料饲

喂过剩,或鸽运动量不足造成。

[症状] 体态臃肿,排卵减少甚至停蛋,受精困难,性欲减退,产蛋困难甚至发生秘卵。

[诊断] 本病诊断十分简单,只要察看其腹部,肥胖鸽的皮下可隐现黄色皮下脂肪,再检查胸部皮下脂肪过多即可断定过于肥胖。

[防治] 减少脂肪饲料配比,增加稻谷、小麦、大麦等谷实类饲料或适量提供清除饲料;增加家飞训飞时间和增加运动场地和运动量,或给它呕上几窝雏。

对于在同等饲养条件下,出现个别特别肥胖的鸽,而经采取上述措施又无效,如作为赛鸽应给予淘汰处理,或移作保姆鸽使用。

鸽软骨病

鸽软骨病,即"佝偻病",包括"鸽软脚病"和"鸽曲胸骨病"(又称"鸽胸骨歪曲病"或"龙骨歪曲病")。多见于僵雏鸽、病雏鸽和幼鸽。

[病因] 原因较为复杂。如饲料配比不当,饲料钙含量不足,以及钙磷配比失当或含钙量不足的劣质饲料添加剂、保健砂,导致机体供钙不足;长期笼养鸽或鸽舍阴暗潮湿、光照不足等引起维生素 D_3 合成不足,继而影响钙的吸收代谢;患慢性胃肠道疾病,影响肠道钙质补充吸收;摄入含霉菌和霉菌毒素的饲料,间接影响和干扰了机体钙代谢;雏鸽长时间孵伏于湿冷巢盆中,造成腿脚受寒,脚软弱而无力;接受孵性低劣亲鸽或亚健康亲鸽哺育,亲鸽过于偏食,孵性、呕性不良,影响雏鸽营养均衡,致使骨骼发育不良;有的认为巢盆盆底不平整或外伤等也会影响胸骨生长发育,导致鸽软骨病和曲胸骨病。

[症状] 发病过程缓慢。软脚病表现为脚软弱无力,站立不稳或不能站立,体质虚弱而常俯卧巢中,出现严重跛行或行走靠双翼支撑身体。曲胸骨病表现为胸骨歪曲畸形,骨质软化呈弯曲状。严重时见肋骨胸段与脊椎骨相接处关节肥大。

[诊断] 根据上述症状体征即可进行临诊诊断。

[防治] 对参赛病幼雏应果断淘汰。孕卵期和种亲鸽、育雏鸽补充含维生素 D_3 饲料或饲料添加剂,平时供应维他矿物粉。营养蒜油(含维生素 A、维生素 D_3)混饲,每周 2 次。自行配制保健砂时增加磷酸氢钙、磷酸二氢钙、碳酸钙、乳酸钙等配比含量。也可喂自制钙丸(碳酸钙 5 毫克、磷酸钙 3 毫克、硫酸钙 0.7 毫克,混匀制成小药丸);口服鱼肝油滴剂、鱼肝油丸。改进笼具和鸽舍结构,增加光照或补充人工光照。

(九)鸽器质性疾病

1. 呼吸系统疾病

鸽伤风

鸽伤风又称"鸽鼻炎"、"鸽季节性感冒"。多见于幼鸽和亚健康鸽。

[病因] 气温骤变,忽热忽冷,鸽舍管理失当,冷风袭击鸽舍;细菌、病毒侵入鼻黏膜;鸽舍通风不良或饲养密度过高;鸽舍堆积粪便清除不力,产生鸽舍内氨气、硫化氢气体积聚或甲醛与漂白粉等含氯消毒剂消毒后残存的氯气等刺激性气体,以及粪尘吸入等,都可成为本病的诱发因素。

[症状] 潜伏期1～3天。秋冬季易于流行。精神低落,进饲减少;鼻部肿胀,鼻泡潮红,一侧或双侧鼻腔流出黏性鼻液,鼻瘤湿润污秽变黑,失去原有色泽。因鼻涕干结堵塞鼻孔而反复抓鼻,打喷嚏,甩头,呼吸受阻而带有鼻呼吸音,常在肩膀上揩抹鼻液而肩背羽毛污秽。严重者波及眼睛而引起流泪和伴有眼结膜炎,鼻前窦饱满,脸面浮肿。急性鼻炎,一般1周左右自然康复,慢性或继发感染病程有所延长。单纯原发性鼻炎没有传染性,仅单羽发病,极少会有数羽鸽同时发病,也极少会发生死亡。对症治疗可明显加速疾病转归痊愈。

[预防] 鸽舍防寒保暖,保持良好通风;勤于清理粪便;降低饲养密度,保证充足阳光。

夏秋季,鸽绿茶供饮,每周2～3次,发病期每天饮用。冬春季,鸽红茶供饮,每周2～3次,发病期每天饮用。

[治疗] 鸽红茶冲饮,增强免疫功能。发病时冲饮鸽绿茶,连饮直至症状全部缓解后3天。

鱼腥草滴剂,滴鼻,双侧各1滴,每天2次,消炎退肿,清除痰液,清除鼻内干结分泌物和咽喉部致病菌。

利巴韦林滴眼液十滴宝,滴鼻,双侧各1滴,每天1次,清理咽喉部病毒,防止病毒入侵。

严重发病鸽和伴有眼结膜炎、鼻前窦饱满、面部浮肿鸽,可用地塞米松滴眼液,患侧滴眼、滴鼻,各1滴,每天2次,连用3天。

泰乐菌素胶囊口服,每次1粒,第1次2粒,每天2次,喂服3～5天用于控制混合感染;群体预防:用泰乐菌素可溶性粉,供饮3～5天。

鸽喉气管炎

[病因] 饲养管理条件恶劣,气温异常,温差变化过大过频,雨淋、受寒;吸入带有刺激性气体、灰尘、雾霾、烟雾、熏蚊杀虫剂刺激等;毛滴虫病、曲霉菌病的继发感染或并发症,尤其在强训、参赛等

强应激刺激下,会诱发鸽喉气管炎发病。本病极为常见,几乎遍及每个鸽舍。

[**症状**] 喉头和气管黏膜炎症,成鸽、幼鸽均可发生。病鸽食欲不振,缩头呆滞,咳嗽,先为干咳而后为带痰咳嗽,轻者呼吸频率增加,重者呼吸困难,出现啰音,流涕。咽喉充血,有黏稠分泌物,常伸颈张口呼吸,如蔓延到肺部则病情加重为肺炎。此时呼吸更困难,体温升高,如不及时治疗窒息而死亡。慢性发病鸽则长期咳嗽,间或呼吸有痰声,背部听诊有啰音,若无继发感染,一般病死率不高。

[**防治**] 做好防寒保暖;淘汰亚健康鸽,早期发现,及时处理,定期进行呼吸道清理。

泰乐菌素胶囊口服,每次1粒,第1次2粒,每天2次,喂服3～5天;群体预防:用泰乐菌素可溶性粉,供饮3～5天。

鸽支气管炎

[**病因**] 鸽舍狭小,饲养密度过高,空气混浊,长期阴雨潮湿污秽,在气温突变的情况下,支气管黏膜受刺激产生黏膜炎症而发病。亦可继发于鼻炎、鸽伤风,且多数是在鸽毛滴虫感染状态下继发感染。本病较常见。

[**症状**] 咳嗽,呼吸频率加快,有时随呼吸能听到粗水泡音,口鼻流出黏液。在并发肺炎时会出现呼吸困难,张口呼吸,且还可与气囊炎共同发病。

[**防治**] 保持鸽舍卫生,降低饲养密度,鸽舍防寒保暖。发病鸽注射青霉素,每羽2万单位,每天2次。

泰乐菌素胶囊口服,每次1粒,第1次2粒,每天2次,喂服3～5天;群体预防:用泰乐菌素可溶性粉,供饮3～5天。

鸽肺炎

[**病因**] 气温突变,营养不良,体质虚弱,抗病力下降。由感冒、支气管炎继发肺炎双球菌感染,或伴发于其他疾病。本病较常见。

[**症状**] 精神委顿,食欲不振,发热,流涕,口咽黏膜充血发红,饮水量增多,咳嗽、呼吸不畅,张口呼吸,出现啰音,逐渐消瘦,时有腹泻,严重时若不及时治疗,也能造成窒息死亡,病死率较高。

[**防治**] 预防同鸽支气管炎。治疗,除肌内注射青霉素外,也可肌内注射卡那霉素4万～5万单位,每天2次;或庆大霉素1万单位,每天2次。

泰乐菌素胶囊口服,每次1粒,第1次2粒,每天2次,喂服3～5天;群体预防:泰乐菌素可溶性粉,供饮3～5天,控制呼吸道继发感染。

鸽气囊炎

鸽气囊炎又称"鸽气囊破裂症"、"鸽哑声症"、"鸽皮下气肿病"。

[病因] 引起气囊炎的真正病因目前并不是十分清楚。其可以是由于外伤、暴力引起;有时却也并不完全是单纯性气囊的器质性疾病,可能是某些全身感染性疾病的局部症状表现。本病极为常见。

[病原] 临诊上最多见的是大肠杆菌感染引起的气囊炎;还有感染鸽新城疫病毒、传染性支气管炎病毒、传染性鼻炎嗜血杆菌、衣(支)原体、曲霉菌病等,都可引起鸽气囊炎。因而引起鸽气囊炎的病原体十分复杂,对本病的诊断、正确判断病原施治带来一定困难。

鸽体内共有9个气囊,且是肺脏的延伸部分,气囊又与骨骼、内脏相通;此外,鸽的胸腹腔是通过气囊间接隔开,因而鸽的消化道疾病也很容易造成气囊感染。

[症状] 突然出现颈胸部充气膨大,往往伴有咕噜声嘶哑或低沉,初期食欲正常而不出现消化道症状,一般给予适当处理后,多数能自然吸收缓解康复;而严重病鸽则出现翔欲停止,气囊压迫而出现饮水进饲困难,张口呼吸,出现体温升高、肢爪冷凉等败血症症状,很快衰竭死亡。

[诊断] 突然出现颈胸部气囊充气膨大,呈现皮下气肿即可诊断。

[预防] 控制饲养密度;加强鸽舍卫生管理,有效减少鸽舍氨气、灰尘飞扬;定期鸽舍消毒。

[治疗] 鸽气囊壁很薄,且血管少,一旦发生气囊炎,一般剂量药物很难达到有效抑菌浓度。因而最好能采取注射用药,有条件的同时进行气雾给药等综合治疗。

对个别发病鸽,如是参赛鸽,气囊壁已造成不可逆的病理损害,只能忍痛割爱。对身价非凡的病鸽,除进行全身用药外,还可用消毒针穿上线,经乙醇消毒后,直接贯通穿过鼓起的气囊,将线两端留在皮肤外面(打结),待气囊逐渐消瘪后3天就可拆除。

对原发性气囊炎多数为革兰阳性菌感染,选用青霉素、四环素、泰乐菌素类药物;对先出现其他感染症状,随后出现气囊炎继发感染,多数为革兰阴性菌感染,选用庆大霉素、链霉素、恩诺沙星类药物。

泰乐菌素胶囊,口服,每次1粒,第1次2粒,每天2次,喂服3～5天;群体预防:用泰乐菌素可溶性粉,供饮3～5天。

2. 消化系统疾病

鸽积食症

鸽积食症又称"鸽硬嗉病"。本病较常见,但需与腺病毒感染引起的病毒性嗉囊炎相鉴别,因而本病又称"非病毒性嗉囊炎"或"假性嗉囊炎"。

[病因] 吃了过多含粗纤维的食物，或难以消化的干硬谷粒、豆粒，或误食混在饲料中的羽毛、破布、金属丝、塑料薄膜、保鲜膜、泡沫塑料等不能消化的东西，引起嗉囊后食管堵塞；或饲料突然变换，极度饥饿时短时间内暴食过多，饮水量不足，都会导致本病的发生。

[症状] 精神不振，倦怠呆立，进食停止，且反复扭动嗉囊，嗉囊下垂而明显膨大、坚硬，并由于膨大的嗉囊压迫致使病鸽呼吸短促。

[诊断] 临诊症状典型，手触摸有大量嗉囊积食，病鸽口中有黏稠唾液，有酸臭味，即可诊断。本病属非传染性疾病，因而往往为单羽发病，极少会多羽鸽同时发病，且也不可能会出现延续发病。

[预防] 积食鸽及时发现，及时处理。保证饲料质量，提供充足饮水。

[治疗] 积食初期，用手将嗉囊内饲料推出少许后，使嗉囊内容物略有松动，然后用指腹将饲料颗粒向后食管内腔轻压推入，促使软化食物向下运转；或用导管插入嗉囊灌入少量清水或电解质，促使食物软化而向下运转；严重者行嗉囊切开术，取出食物，清理嗉囊后壁后食管开口，疏通后食管到腺胃，然后分层缝合，缝毕即注入电解质溶液，

以在检查缝合质量的同时补充消化液不足，再喂康飞力液或直接滴口，2 小时 1 次，每次 2 滴。术后喂给糙米、裸小麦、裸大麦、玉米等易消化饲料，一般 3 天后即恢复正常。

鸽嗉囊病

可分为软性嗉囊炎和硬性嗉囊炎。

① 软性嗉囊炎：又称"嗉囊乳炎"、"倒浆病"、"嗉囊卡他（渗出）软嗉病"。是一种嗉囊黏膜的表层炎症性疾病。本病极为常见。

[病因] 因嗉囊内容物发酵酸败刺激，嗉囊积食刺激，嗉囊损伤微生物感染，以及口腔食管炎症蔓延扩散引起的嗉囊渗出性炎症。常因摄入霉烂变质腐败的饲料或不洁饮水引起，患胃肠炎、鹅口疮、毛滴虫病等时，也会造成软性嗉囊炎。由于本病往往易在育雏期间，由于突然中断呕浆情况下发病，故又称"倒浆病"。育雏突然中断，嗉囊泌乳区分泌的乳糜大量郁积，产生细菌继发感染，引起嗉囊乳炎。本病有细菌性嗉囊炎、毛滴虫嗉囊炎和霉菌性嗉囊炎。

[症状] 嗉囊胀大而下垂是本病的典型体征。精神委顿，食欲减退或废绝，频频伸颈，吞咽困难，嗉囊内充满腐败液体或气体，手摸有软乎乎的温热波动感，时有嗳气，常自口中喷出酸臭味和黏稠的液体，

伴有呕吐或腹泻,特别喜好饮水,双翅下垂,不愿活动。严重者嗉囊糜烂,产生酸中毒、败血症而迅速死亡。鸽软性嗉囊炎的发病死亡率高于硬性嗉囊炎。

[治疗] 清除嗉囊积食,将病鸽头向下,进行按摩嗉囊,并将嗉囊内容物往外挤压,以挤到排空为止,然后洗胃。先将洗胃管插入嗉囊腔,然后继续抽吸嗉囊内容物,将酸败内容物、液体、气体全部清除干净,用电解质(甲袋,含碳酸氢钠)配制成等渗溶液,也可用1‰稀盐酸4滴,加入100毫升水中,或直接用通过稀释的消炎抗菌类药物溶液反复冲洗,直至冲洗到没有污秽物和酸败味为度;随后注入抗菌药物,可用4‰氧氟沙星溶液-嗉囊清0.25毫升,加水到10毫升,或用庆大霉素、林可霉素等溶液注入嗉囊腔。在进行嗉囊推注的同时注意边推注边按摩,尤其按摩嗉囊床的两侧。每天洗胃注入药物至少2次;嗉囊积液严重时,可每6小时1次,连用5天。洗胃后半小时检查嗉囊排空情况,嗉囊排空后,再注入等渗电解质溶液10毫升,以缓解酸中毒症状。在治疗期间,先禁食1天,单纯供饮电解质溶液(甲袋含电解质和碳酸氢钠,乙袋由于含葡萄糖需要待嗉囊症状缓解后才开始供给)。在嗉囊萎瘪饮水正常后,可试用玉米粒蘸取康飞力、强健宝,塞入4～5粒,

如能全部正常消化,才可逐步开放饮食。

② 硬性嗉囊炎:本病常见。

[病因] 除鸽积食症外,近年来,腺病毒感染引起的病毒性嗉囊炎发病病例逐年增多,其通常是参赛应激发病,因而将归巢后应激发病的嗉囊炎俗称"涨归病"。而Ⅱ型腺病毒感染的发病症状却有些类似于软性嗉囊炎,且易继发多病原混合感染,为本病的及时诊断处理带来困难,也提高了患病死亡率。

[症状] 嗉囊胀大而结实是本病的典型特征,手摸嗉囊其中充满着饲料而呈现硬邦邦的略显下垂,并出现频繁干性呕吐,呕出尚未软化饲料,有时也带有少许唾液和嗉囊黏稠的黏液,口气略带酸臭,饮水欲多数下降。数天后由于产生继发感染,而出现拉水样便或绿便等下消化道症状。由于本病多数是病毒感染引起,因而又称"病毒性嗉囊炎"。

[治疗] 清除嗉囊积食,将嗉囊内饲料尽可能挤出,嗉囊清空后洗胃(方法同软性嗉囊炎),推注抗菌药物,以防止细菌继发感染;在进行嗉囊推注药物的同时注意边推注边进行按摩,尤其按摩嗉囊床的两侧,用手指将嗉囊内容物向中央后食管、腺胃方向推挤压迫,促使已软化的食物、下行正常运转。也可将洗胃导管引导插入后食管、腺胃(需

一定的操作技巧）灌注入药物或电解质溶液，以刺激消化道正常运转；在供水禁食方面，硬性嗉囊炎的禁食原则是"食消给饲"。

鸽消化不良

鸽消化不良，又称"鸽肠道菌群平衡失调症"。本病极为常见。

[病因] 由于肠道菌群平衡失调引起饲料经软化后发酵不全，加上肠蠕动频率过快，饲料穿肠而过形成肠道消化不良，导致饲料原粒排出体外。鸽没有盲肠，饲料通过消化道的时限甚短，从而发生消化不良。还有长期使用抗生素药物，导致病原菌被消灭的同时，将肠道内正常生长、繁殖、生存的益生菌群同时杀灭，使肠道菌群平衡失调。

[症状] 产生完谷不化，即粪便中出现没经消化的小麦、高粱、菜籽等籽实类饲料。

[防治] 寻找病因，解除原发病因，合理使用抗生素药物。复合啤酒酵母制剂强健宝混饲，连喂3天，随后每周2～3次。粒粒成胶囊，蘸水塞入，每天2次，每次1粒，连用3天，随后隔天1粒或每周2～3次。

鸽胃肠炎

鸽胃肠炎是以腹泻为主要症状的常见病。各种年龄鸽均可发病，以雏幼鸽居多。本病极为常见。

[病因] 引起本病的因素较多，如饲料、饮水被粪便和病原微生物污染，吃了霉变饲料，饲料突然改变或配比不当，胃肠难以适应。此外，气候突变、鸽舍阴冷潮湿、受凉，抵抗力下降，引起条件致病性大肠杆菌增殖，消化道菌群平衡失调等导致胃肠炎的发生。

[症状] 主要是腹泻，排出灰白色或灰黄色、绿色稀便，精神萎靡，倦怠缩颈，食欲不振，饮水量增加，脱水消瘦，羽毛脏乱，腹部膨胀，最后因虚弱而死亡。雏幼鸽发病比成鸽严重得多，死亡率也高得多。

[预防] 寻找分析病因，纠正饲养管理中存在的问题。及时清扫粪便，定期进行食槽、饮水器及用具消毒；保证饲料品质新鲜，严禁饲喂发霉变质饲料。

[治疗] 群体供饮，恩诺沙星可溶性粉。口服恩诺沙星胶囊，每次2粒，每天2次，严重时6～8小时1次。脱水鸽同时供饮补充电解质，以纠正酸中毒和脱水。

鸽便秘症

[病因] 鸽舍温度偏高，饲喂不易消化劣质饲料，保健砂长期停止供应，饮水不足，饲料中维生素缺乏等均可引起本病。本病极为常见。

[症状] 食欲减量，饮欲下降，反复耸毛作努责（排便）动作，排便困难，粪便干燥呈较硬的团粒状。

[防治] 避免饲喂不易消化的劣质饲料;变更饲料配比时要加强观察;保证日常饮水充足,合理添加维生素营养添加剂,供应优质保健砂;提供电解质星期饮料;啤酒酵母、整肠剂强健宝混饲,每周2次。

鸽直肠、泄殖腔脱出症

鸽直肠、泄殖腔脱出症又称"鸽脱肛病"。重症者连同输卵管一起脱出者即称"输卵管脱垂症"。本病极为常见。是直接影响种鸽育种繁殖的主要器质性疾病,尤其对高价引进的优良品种鸽而言,会造成较大的经济损失。

[病因] 主要有:体质虚弱,或过于肥胖,产蛋期强应激、外伤、内分泌异常,光照不足等,以及维生素A、维生素E及微量元素缺乏。此外,还与卵巢功能衰退等多种诱因有关。发病诱因与产卵有关,故本病仅见于雌鸽。脱肛病的病名引自人和哺乳动物,鸽(禽)脱肛病实际上指的是泄殖腔脱出至肛门外面,严重时伴有输卵管下端的脱垂。

[症状] 症状并不复杂,且多发于初产雌鸽,产蛋时先见输卵管从肛门内突出,随后蛋初露,继而蛋逐渐推出,当蛋推出近乎一半时,方见蛋从黏滞的输卵管上缓缓剥离,随后在蛋排出后,肛门口仍留有一段鲜红似肠子般的输卵管及泄殖腔脱出于肛门口外,脱出的输卵管、泄殖腔随肛门的收缩与舒张(努责)而逐渐回纳上提退入肛门中,此时鸽才好似喘过一口气放松下来恢复常态。

[诊断] 脱肛的诊断并不困难。轻者仅在产蛋后出现,无须处理片刻即能自行回纳,尤其初产鸽及鸽产大蛋时也会有类似状况发生,但平时并不发病。重度是指生蛋后泄殖腔长时间脱出在外而不能自行回纳,须人工给予帮助后方能回纳,甚至经回纳后仍脱出在外,以至于排便时也会脱出努责,即可诊断为脱肛病。

[预防] 高蛋白精饲料不宜过高;保证正常供水;控制饲养密度,创造安静环境,避免意外强应激。病鸽要静养寡居,提供充分静养休息的栖息地,最好能拆对寡居静养,至下一繁殖季节再配对孕育。

[治疗] 本病一经发现须立即早期处理,如处理及时一般都不留后遗症。不然本病的复发率极高,因而对治疗恢复后的发病鸽,须密切关注下一轮产蛋是否会再次复发。

对于治疗后复发性脱肛鸽,忠言相劝以淘汰为上策。本病治疗的主要对象应是优良育种鸽,目的是多出良雏,多出健康鸽。本病不具有遗传性,更为重要的是要慎重挑选好每一枚种蛋,千万不要怜悯那些带粪蛋、脓血蛋。

直肠、泄殖腔脱出的清洗、处理:

① 检治：发现脱肛鸽正生蛋时，先仔细耐心观察，待脱肛鸽努责完成后，再慢慢地接近轻抓检治。检治后最好仍归还原巢，适当遮光，创造静养休息环境，窝格内只供电解质、鸽红茶，还可适当使用抗生素药物防止感染，少喂粗饲料，减少排便次数，避免反复努责。

② 清洗：根据脱出物清洁状况决定是否需要清洗。一般脱出物未受污染情况下可不必清洗，直接用药物后助推回纳。清洗液可用0.01％新洁尔灭溶液或 1∶1 000 高锰酸钾溶液、4％庆大霉素溶液、电解质溶液（甲袋）、温生理盐水等进行肛门泄殖腔脱出黏膜清洗。在特殊条件下可用饮用温水替代，清洗时动作要轻柔，要蘸洗而不可擦拭，沾染的污染物要待泡软后慢慢清理，切不可强撕扯拉。

③ 止血：泄殖腔出血极少发生，少量渗血一般不予处理自行会止。如发现血痂千万莫轻易触动，一旦出血可用明胶海绵、云南白药、止血散等止血。

④ 给药：一般用油膏剂，多用人用金霉素眼药膏、红霉素眼药膏、四环素眼药膏等替代。也可用抗生素药物蘸涂。结晶性粉剂和干粉剂使用时，一定要撒得匀而少。也可直接涂上龙胆紫。

⑤ 助纳：用食指指腹面将脱出物边揉边推送入肛门（当心指甲划伤脱出物）。助纳时尽量勿用干棉花。

⑥ 全身用药：本病一般不需要全身用药，当严重感染时才使用抗生素类药物。

鸽腹膜炎

[病因] 鸽的胸腔和腹腔相互连通，因此当大肠杆菌等病原微生物感染，一旦突破呼吸道黏膜屏障，会迅速通过气囊进入胸腔和腹腔，感染内部脏器。临诊上表现最多的是鸽心包炎、鸽心肌炎、鸽心内膜炎、鸽肝周炎、鸽胰腺炎和鸽卵黄性腹膜炎。本病多见。

[症状] 本病出现于各种细菌、病毒、霉菌等病原微生物感染状态下，病情严重，常被原发病症状所掩盖。

[诊断] 生前诊断存在一定困难。剖检可见腹膜充血、腹水，可以是局限性腹膜炎，也可以是全腹膜炎或卵黄性腹膜炎、肿瘤性腹膜炎。轻重程度不一。

[治疗] 本病治疗困难。发病早期使用大剂量抗生素，能及时有效缓解和控制感染。

鸽肝周炎

[病因] 鸽肝周炎是鸽腹膜炎中常见的一种类型。多伴随于各种细菌、病毒、霉菌等感染而引起腹膜炎。本病多见。

[症状] 病情严重，常被原发

病症状所掩盖。

[诊断] 生前诊断存在一定困难。

[防治] 本病治疗困难。发病早期用大剂量抗生素药物,反复多次投药,以期及时有效地控制感染。

鸽胰腺炎

[病因] 鸽胰腺炎是鸽腹膜炎中的一种类型。各种原因使胰腺分泌的胰液由胰腺管外溢与胰腺实质和周围组织接触;胰液激活,产生胰腺自体消化,引起胰腺水肿、出血和坏死;胆管感染、胆汁逆流至胰管促使胰酶活化;球虫等寄生虫等感染,肠道内压力增高,产生肠道内容物向胆管逆行感染引起胆管、胰管炎症、水肿、狭窄、逆流、阻力增大或压力增高等诱发急性胰腺炎;细菌、病毒等全身感染引起菌血症或病毒血症,通过血流、淋巴直接播散引起胰腺感染。本病多见。

[症状] 因不同病因,发生胰腺炎的种类、程度不同表现的症状轻重不一。水肿型胰腺炎,以水肿为主,胰腺表面充血;出血性胰腺炎以出血、水肿为主,胰腺呈深红色,腹腔有大量血性渗出液和"皂化斑";坏死性胰腺炎以胰腺高度水肿、出血和坏死,胰腺呈紫黑色,有混浊、恶臭的腹腔渗出液。

由于腹痛剧烈而阵发难忍,鸽可突然从巢箱或栖架上摔下,扑打着翅膀挣扎而勉强站起,趴地而喘气,张口呼吸,体温升高,肢翅冷凉,饮食欲废绝,衰竭而死。

[诊断] 生前极难诊断鉴别,多为剖检后才能明确诊断。

[预防] 饲喂要定量、定时、定质,严禁饲喂霉变、腐烂饲料;定期鸽舍消毒,预防控制病毒、细菌感染。

[治疗] 本病治疗困难。同鸽肝周炎。

3. 生殖系统疾病

鸽秘卵症

鸽秘卵症,又称"鸽难产"、"鸽卵秘症"。是指雌鸽在产蛋时不能将蛋顺利产出。本病极为多见,多见于肉用种鸽、观赏鸽,赛鸽亦时有发生。

[病因] 产巨形卵(蛋);雌鸽尚未发育成熟就开始产蛋;产蛋前雄鸽突然丢失;过度疲劳体力下降,雌鸽体质虚弱,子宫收缩无力造成难产;输卵管先天狭窄或产蛋前遭超强应激受惊引起输卵管痉挛;泄殖腔炎症、外伤和疾病等。

[症状] 雌鸽在产蛋日或超过产蛋期后,发生产蛋困难。神态不安,反复进窝久卧却不下蛋,反复进行产蛋时努责状态。

[诊断] 超过产蛋期,蛋日久不下,鸽腹部下垂,用手摸耻门(即蛋档)时,其内有蛋存留,即可诊断。

[防治] 对体质虚弱和过度疲

劳的雌鸽补充鸽红茶水,添加益母草膏或冲剂,喂赛复宝胶囊1粒;在雌鸽肛门泄殖腔上输卵管开口注入经消毒(可用微波炉消毒)的橄榄油、甘油、开塞露(也可用其他植物油或眼药膏替代),用1%新洁尔灭或0.5%高锰酸钾灌洗泄殖腔。

鸽卵石症

[病因] 是卵子发育成熟后,由于多种外来刺激等影响导致输卵管功能异常,卵子未能被吸纳进入输卵管而失落在腹腔内,经肌化、纤维化、钙化而形成卵石。

[症状] 症状表现决定于患病鸽的卵巢功能,如卵巢功能正常往往并不表现任何症状;如卵巢功能遭破坏,则停止产蛋。

[诊断] 生前诊断有一定困难。病鸽几乎均为剖检时发现,极少数是手术前误诊,而在手术中发现。

[预防] 提供安静而安定的环境,避免不必要的惊吓和干扰。

[治疗] 本病一旦形成,无特殊有效的治疗方法。

鸽卵黄性腹膜炎

[病因] 鸽卵黄性腹膜炎是腹膜炎中常见的一种类型。原因主要有:输卵管发育不全,过早配对产蛋,输卵管闭锁,雌鸽外貌似乎正常,但卵黄却排入腹腔;卵黄成熟即将吸纳进入输卵管时,骤然受惊、遭遇强应激而使卵黄落入腹腔;尚多见于各种病毒、细菌感染,如鸽新城疫、鸽大肠杆菌病,卵巢感染致使滤泡变形,卵黄变色呈绿色,卵黄膜破裂而流入腹腔,引起卵黄性腹膜炎、腹膜坏死、腹膜粘连等。本病多见。

[症状] 食欲不振,行动缓慢,产蛋停止,腹部膨大而下垂,腹腔内有大量黄色蛋黄积贮,有时还伴有腹水。

[治疗] 本病无治疗意义。

4. 循环系统疾病

鸽心包炎

[病因] 鸽心包炎是鸽腹膜炎中常见的一种类型。是心包膜脏层和壁层间的急性炎症。常由病毒、细菌、霉菌感染等引起的以心包膜炎症、渗出、粘连、增厚、缩窄等病理改变为主要损害的心包疾病。此外,心包炎也常伴发有心肌炎、心内膜炎。本病多见。

[症状] 心包积液表现为活动兴趣活力下降,不愿运动飞翔;心跳搏动感减弱,表浅而增快,呼吸短促,口舌发绀,胸肌瘀紫;心音低沉而遥远。纤维素性心包炎(即缩窄性心包炎)时,由于出现心包粘连、增厚、缩窄等,而可听到心包摩擦音。同时伴有菌血症时,常有体温升高等炎症感染症状。

[诊断] 生前诊断困难。

351

[预防]　保持鸽舍卫生，定期消毒。

[治疗]　本病治疗困难。发病早期，使用大剂量抗生素药物，及时有效控制感染。

鸽心肌炎

[病因]　鸽心肌炎是鸽腹膜炎中常见类型。是心肌纤维的炎症性变异损害。本病多见。

[症状]　本病出现于各种细菌、病毒、霉菌等病原微生物感染状态之下，由这些病原微生物产生的内毒素、外毒素直接侵犯心肌细胞、心肌纤维、心肌传导系统引起的病理损害。除此外，还同时伴有呼吸困难，喘息不停，心率加快，心律失常，心脏搏动增强，肺部听到啰音，有奔马率和出现第三心音或杂音。站立不稳，反应淡漠，衰竭而死亡。也有发生在家飞时，突然归巢进舍暴卒，甚至从空中翻滚跌落死亡。

[诊断]　生前诊断困难。

[防治]　本病治疗困难。同鸽心包炎。

鸽心内膜炎

[病因]　鸽心内膜炎是鸽腹膜炎中常见的类型。是病原微生物感染引起菌、毒血症、败血症，且病原微生物通过血液循环引起的急性和亚急性心内膜炎症。最常见的病原菌有链球菌、金黄色葡萄球菌、革兰阴性菌、真菌等致病微生物，为继发感染性疾病。本病多见。

[症状]　病情严重，常被原发病症状所掩盖，且可同时伴有心包炎、心肌炎症状。往往连同于败血症而死亡。

[诊断]　生前诊断困难。

[防治]　本病治疗困难。同鸽心包炎。

（十）鸽中毒性疾病

1. 药物中毒

鸽磺胺类药物中毒

[病因]　可吸收磺胺类药物种类繁多，都有一定的药物毒性和副作用，如滥用、超量或用药时间疗程过长，均会引起不良副作用，严重时引起中毒。

[症状]　主要是肝、肾损害。急性中毒为兴奋不安，摇头（震颤），厌食，贫血，眼睑出血，腹泻，惊厥，麻痹等；用药时间过长往往引起慢性中毒。雏鸽精神萎靡，食欲不振，口渴，体质虚弱，鼻瘤失色，呼吸急促，羽毛蓬乱，翼下有皮疹，腹泻或便秘，贫血；成鸽产蛋减少，产薄壳蛋、软壳蛋、毛壳蛋。有的呼吸困难，张口喘气，窒息而死。

[预防]　使用磺胺类药物严格掌握剂量，防止超量、超疗程使用；混饮、混饲供药拌匀，防止剂量

不匀个别鸽采食过量;投药期间饮水充足,同时喂电解质甲袋(含碳酸氢钠)解除酸血症、酸中毒,减少尿液中磺胺结晶形成,提高尿液中磺胺结晶溶解度,提高肾排泄量。

[治疗] 出现中毒立即停止用药,保证饮水充足,水中加饮电解质5～7天。也可用甘草水冲配,增加解毒功效。口服维生素 C 和维生素 K 3～5 天,肌内、皮下注射维生素 B_{12},每羽 0.001～0.1 微克和叶酸注射液,每羽 50 微克。

鸽高锰酸钾中毒

[病因] 使用高锰酸钾如若浓度过高,除对鸽消化道产生刺激和腐蚀作用外,还可引起中毒。当饮水中浓度超过 0.03% 时,就可引起轻度中毒,当含量达到 0.1% 时就会引起严重中毒。

[症状] 精神沉郁,食欲减退或废绝,口腔、舌、咽部黏膜红肿,呼吸困难,口流黏涎,水样腹泻。急性中毒者常可在 24 小时内死亡。

[诊断] 根据有饮用史和典型的症状表现,以及剖检诊断并不困难。

[预防] 正确配制、合理使用高锰酸钾溶液,饮水消毒严格控制在 0.01%～0.03%。

[治疗] 发现异常立即停用,更换清洁饮水,一般 3～5 天逐渐康复。饮水中添加鲜牛奶或奶粉、蛋清或口咽滴入鱼腥草滴剂,涂龙胆紫可起到黏膜保护收敛作用。

2. 营养添加剂中毒

鸽维生素 A 中毒

[病因] 长期过量补充或误用维生素 A 制品,包括类胡萝卜素或 β-胡萝卜素。

[症状] 食欲不振,体重减轻,皮肤瘙痒,甚至皮肤染黄、关节肿痛肥大等。

[治疗] 查明病因,一般停止供给 1 周后即可恢复。对骨骼变形、生长发育迟缓等将遗留终生。

鸽喹乙醇中毒

[病因] 赛鸽和观赏鸽极少应用,往往是错误选用或用禽用或非正规赛鸽、观赏鸽饲料添加剂,用法不当、混合不匀、经验不足、计算错误、重复添加、盲目超量等引起喹乙醇中毒。

[症状] 精神萎靡,食欲减退或废绝,羽毛蓬乱,口眼黏膜发绀,拉稀。严重者呼吸困难,从口内流出大量黏液。抽搐、窒息而死亡。

[防治] 谨慎选用保健品。喹乙醇中毒目前无特殊解毒方法。一旦发生立即停喂,可供饮电解质或 5% 葡萄糖水、维生素 C 加白糖水,对无法自饮和绝饮鸽采取灌胃促使

排泄,减少死亡,供给胆碱或含胆碱制剂康飞力、维他肝精可降低死亡率。

鸽盐中毒

[病因] 有的养鸽者采取在鸽舍内悬挂食盐的办法,而任其自由啄取,导致鸽摄入过量而中毒;也有喜爱在饮水中添加食盐长期供饮,导致慢性盐中毒。此外,配制保健砂时添加配比失误,以及非正规保健砂生产商为迎合养鸽者认为"鸽要吃的就是好"影响,在保健砂中添加过量的盐(一般不宜大于6%),导致慢性盐中毒。幼鸽比成年鸽更易发生中毒。在某些营养物质如维生素E、蛋氨酸等含硫氨基酸、钙镁缺乏时,也会引起鸽对食盐的敏感性增强而发病。本病极为常见。

[症状] 轻度中毒仅为饮水量增加,粪便稀薄或混有水节便,鸽舍地面潮湿。严重急性中毒为高度兴奋状态,出现神经质、震颤、食欲废绝,渴欲增强,无休止地饮水;嗉囊膨大,呼吸急促,水样腹泻,强直性抽搐,继而昏迷死亡。慢性中毒为精神委顿,垂头缩颈,流泪,肌肤干燥失水,羽毛粗乱,兴奋不安,呆立懒动,食欲废绝,极度渴饮而水便;两腿无力,头颈部皮下严重水肿,嗉囊扩张,口鼻流黏稠分泌物,腹泻便带血,呼吸困难,双翅下垂,阵发性

痉挛,仰卧挣扎,衰竭死亡。

[诊断] 根据饲喂情况,结合典型症状,可作出诊断。

[防治] 首先须阻断病因,充分保证饮水,有利于体内钠盐的排泄,一般在停止供盐后症状会逐渐自动消失而完全康复。维他矿物粉供自啄,经一个阶段的体内整合,通常能在6周内达到完全康复。

鸽棉籽中毒

[病因] 棉籽含棉酚,过量食用而产生棉酚中毒。

[症状] 刺激胃肠黏膜引起出血性炎症。食欲减退或废绝,排黑褐色稀粪,常混黏液、血液和脱落的肠黏膜;种鸽精子减少,活力下降,甚至无精种蛋,受精率、孵化率下降;严重急性中毒为两腿无力、抽搐,黑舌,肌肉发紫,呼吸、循环衰竭而死亡。

[防治] 饲料中严禁棉籽混入;棉籽饼、棉籽要妥善保管,晒场日当天停止放飞,收场清扫干净。一旦出现中毒症状,切开嗉囊将棉籽、棉籽饼取出,电解质洗胃;供饮电解质或直接灌胃;供给维生素。

鸽菜籽中毒

[病因] 菜籽中含芥子苷,能分解产生多种有毒物质,如一次饲喂过多会引起中毒。

[症状] 粪便干硬或稀薄、带血等异常变化,雌鸽出现软壳蛋等。

[防治] 菜籽（禽用菜籽饼）要妥善保管存放，容器要加盖，菜籽饲用要少量多次，配比合理。

3. 农用药物中毒

鸽有机磷中毒

[病因] 鸽对有机磷农药特别敏感。原因是训放途中误饮和误用被有机磷农药污染的饲料和饮水及被农药毒死的害虫或小昆虫，以及使用体外驱虫药时选择药物失当、用法失当或过量使用等。

[症状] 急性中毒系训放途中误饮而致立即死亡；在舍鸽通常无任何症状而突然死亡，消化道可闻到大蒜味磷臭气。亚急性中毒为运动失调，精神失常而盲目奔走或乱跑乱飞，体温正常，流泪流涕流涎，鼻腔、口腔流出多量黏液；瞳孔缩小是典型症状；翼下垂，食欲废绝，精神不振，颤抖不止，头颈向腹部弯曲，呼吸困难，频繁排便。后期体温下降，肌肉痉挛，抽搐卧地不起而昏迷死亡。

[预防] 寻找附近毒物来源，停用可疑饲料、饮水，进行紧急洗嗉囊或冲洗体表清除毒源。鸽舍附近禁止存放和使用此类农药，严防饲料、饮水沾染。鸽舍灭蚊绝对不准使用敌敌畏类杀虫剂，消灭鸽虱、螨等，避免使用敌百虫等杀虫剂。

[治疗] 急性中毒鸽往往突然大批死亡。如及时发现立即停用可疑饲料、饮水；灌服 1% 硫酸铜或 0.1% 高锰酸钾。忌服油类泻剂，停喂油脂类饲料。可喂 0.01～0.1 毫升颠茄酊。

使用 M 胆碱受体阻断剂：注射硫酸阿托品 0.1～0.2 毫升（每支 0.5 毫克/1 毫升，或 1 毫克/2 毫升）/0.1～0.2 毫克，必要时可半至 1 小时注射 1 次，反复注射至瞳孔由缩小恢复到略微散大即可。用硫酸阿托品解除有机磷中毒，越早越好，剂量可酌情加大或反复多次注射，直至口腔干燥、瞳孔散大、心跳加快，即"阿托品化"为止。对未出现症状鸽，可口服阿托品片防范发病。用药期间停止舍外放飞活动，以免失鸽。如缺硫酸阿托品，可用氢溴酸东莨菪碱或氢溴酸山莨菪碱（6542）替代。

使用胆碱酯酶复活剂（即有机磷解毒剂）：可用解磷定（派姆 PAM），每支含 2 克、1 克、0.4 克，用生理盐水稀释成 5% 溶液，供静脉注射，每次 5～10 毫克（不宜肌内注射）。25% 氯解磷定（氯磷定 PAM-CL）剂量、用法与解磷定相同，可肌内注射，每羽 1 毫升。急救时应与阿托品同时使用。

双复磷作用机制与用途与解磷定相同，对胆碱酯酶活性复能效果较好，且能通过血脑屏障，有阿托品样作用，并可消除 M 胆碱、N 胆碱

赛·鸽·全·书 SAIGE QUANSHU

及中枢神经系统症状。可静脉或肌内注射,30毫克/次。

增加多种维生素饲料添加剂,使用电解质(乙袋含维生素C和葡萄糖),有助于机体康复。

鸽有机氯中毒

[病因] 鸽对有机氯农药很敏感,中毒原因与有机磷相似。

[症状] 亚急性中毒先兴奋后抑制,双翅扇动角弓反张死亡。

[防治] 寻找毒源,停用可疑饲料、饮水,紧急中毒时用电解质或0.3%~1%石灰水洗嗉囊,随后供饮以迅速中和毒源。静脉、肌内或皮下注射硫酸阿托品、氯磷啶等,剂量、用法同有机磷中毒。

鸽有机汞中毒

[病因] 鸽误食用有机汞农药浸种或拌种的种子饲料,以及鸽外出打野或在司放途中误食这种种子而引起中毒。

[症状] 亚急性中毒流涎、震颤,共济失调,昏迷死亡。慢性中毒精神萎靡,食欲不振,消瘦、腹泻。

[防治] 杜绝毒源,停用可疑饲料,防止播种期间鸽群外出打野;播种期过后防止误购存仓拌药的多余种子饲料;紧急中毒时用活性炭或硫代硫酸钠洗嗉囊并灌服;二巯基丙硫酸钠肌内注射,1毫克/千克体重,每日2~3次,第三天起每日1次。或二巯基丙醇(巴尔 BAL)肌内注射,2~3毫克/千克体重,每日2~3次,疗程同前。

鸽砷及砷制剂中毒

[病因] 鸽食用或饮用含砷残留量高的饲料或饮水;啄食被砷制剂农药毒死的昆虫或喷过农药的谷物或误食灭鼠药中毒。

[症状] 亚急性中毒为心跳微弱,瞳孔放大,渴欲强烈,流涎,震颤,剧烈腹痛,血样或水样腹泻,并有恶臭味,体温正常,一般1~3天内死亡。慢性中毒为食欲不振,渴欲大增,运动失调,头部痉挛,口咽黏膜呈典型砖红色,顽固性便秘和腹泻交替,体质变弱,但体温正常。

[防治] 寻找毒源,立即停用可疑饲料和饮水。其余参照有机磷中毒。用2%氧化镁水溶液洗嗉囊和灌服,随喂1~2毫升的砷解毒剂(2份氧化镁,10份硫酸亚铁溶液,加60份水)或许有较好疗效。

也可用巯基类解毒剂注射救治。

鸽灭鼠药物中毒

[病因] 鸽误食或食用被毒饵沾染的饲料、水源引起中毒。

[症状] 急性灭鼠药称速效灭鼠药,毒性强、作用快,鸽误食后一般立即死亡。

① 鸽磷化锌中毒：

[症状]　磷化锌为急性灭鼠药。主要作用于神经系统,破坏机体新陈代谢而立即死亡;偶尔有发生食物链性二次中毒,即鸽误食被中毒鼠呕吐、排泄物污染的饲料而发生中毒。

[诊断]　在开展灭鼠活动期间,发现病鸽口腔内或呕吐物有灰黑色光泽粉末,且有特殊强烈的磷化锌味,即可诊断。

[防治]　加强灭鼠药管理,在集中灭鼠投饵期要控制放飞和注意棚舍周围清扫。一般未出现症状立即死亡者极难救治,轻度中毒可按照磷中毒处理。

② 敌鼠中毒：

[症状]　敌鼠即双苯杀鼠酮钠。为抗凝血类灭鼠药。鸽一般是一次性误食,极少发生多次误食中毒,且毒性发作过程十分缓慢,甚至可无特殊典型症状,贫血,消瘦,皮下(内脏)出血,死于全身衰竭。

[诊断]　根据误食史,在鸽舍附近地区正进行大规模灭鼠投饵期间,以及鸽参赛、训放归来出现可疑症状即可作出诊断。

[防治]　加强灭鼠药管理,在集中灭鼠投饵期控制放飞和注意棚舍周围清扫。对疑似中毒病鸽按每千克体重 0.5～1 毫克维生素 K,皮下注射,每天 1 次,连用 4～5 天,只要救治及时能取得较好

疗效。

4. 有害、有毒气体中毒

鸽一氧化碳中毒

[病因]　多发生在寒冷地区的供暖阶段,往往人鸽共室,室内通风不良,造成空气中一氧化碳浓度增高而中毒。鸽对一氧化碳特别敏感,往往是鸽先于人发生中毒。

[症状]　急性中毒为烦躁不安,流泪,呼吸困难,运动失调,头向后仰,昏迷而由栖架上跌落,发生痉挛、惊厥。

[诊断]　剖检可见血液、黏膜和内脏器官呈典型樱桃红色。

[防治]　立即开窗通风,将鸽笼移到空气新鲜处,会很快恢复。

5. 真菌毒素中毒

鸽黄曲霉毒素中毒

[病因]　各种黄曲霉毒素,以黄曲霉毒素 B_1 毒性最强,对免疫功能尚未发育健全的幼鸽,即使摄入极少量,也足以引起严重中毒症状,甚至死亡。

[症状]　慢性中毒为食欲下降,不思进食,体重明显减轻,衰弱,贫血,羽毛松乱,且极易脱落,精神状态低落,口渴而反复呕吐,常伴有拉稀,排黄白色或黄绿色稀便,站立不稳,裸区发绀,产蛋孵化率下降,

继而出现角弓反张抽搐而死亡。急性中毒表现往往不明显,或仅为突然不思进食,频繁渴饮,拉黄白色或黄绿色稀便,也可褐色带血便,迅速脱水而短期内死亡。

[防治] 加强饲料保管,防止饲料霉变,尤其防止误购已霉变而经抛光或拌入防霉剂、吸霉剂等处理过的饲料。停用可能被黄曲霉毒素污染过的饲料。

本病尚无特殊治疗方法。目前处理是进行对症治疗,促进肝脏对毒素的解毒、分解功能,以及促使肾脏对毒素分解代谢产物的排泄能力。给予营养丰富而易消化的饲料,多给新鲜清洁饮水。多补充 B 族维生素和维生素 C,可饮用电解质,保护肝、肾功能,有利于体内毒素的解除和排泄。

饲喂赛复宝胶囊蘸取康飞力溶液,胶囊塞入(也可用康飞力溶液滴口,每次 2 滴),每天 1 粒,2 周后隔天 1 粒。同时用鸽红茶加鸽绿茶混合(可用热水泡冷却后稀释)冲饮或交替饮用,连饮 6 周,以加速排解体内残留毒素。用维他肝精拌强健宝补充 B 族维生素与调节肠道菌群。

肌内或皮下注射维生素 B₁₂液,每支 0.1～1 毫克,每天 1 次,连续 3 天,然后隔日 1 次,连续 2 周后每周 2 次,到症状全部缓解后 3 周。

6. 霉变饲料中毒

鸽霉玉米中毒

[病因] 本病是霉变饲料中毒中最常见的一种。玉米一旦受潮、闷热通风不良就极易霉变而产生霉菌毒素。

[症状] 除黄曲霉毒素中毒症状外,还表现为震颤、视力明显减退和失明。流口涎,颈肌僵直弯向一侧,转圈运动至蹬腿死亡。

[防治] 同鸽黄曲霉毒素中毒。

7. 其他中毒

鸽亚硝酸盐中毒

[病因] 常发生于重大节日或喜庆后,鸽误食燃放焰火、爆竹后留下的填塞土中的有机亚硝酸盐类(火药)引起。此外,给鸽饲用加盐腌制过的含亚硝酸盐青饲料。亚硝酸盐进入机体后能迅速将血红蛋白中的二价低铁氧化成三价的高铁血红蛋白,使血液失去向组织携带氧的功能,从而引起机体组织缺氧而中毒。

[症状] 本病发病与中毒剂量有关。急性中毒时,并不出现明显症状而很快倒地死亡。亚急性者飞行异常,步态不稳,摇头转圈,严重者卧地难起,头面、口腔黏膜、舌发紫发绀,呼吸困难,口流涎,窒息而死亡。

[解救处理] 解救用特效还原剂,如亚甲蓝(美蓝)和维生素C(抗坏血酸)等,使变性血红蛋白还原为血红蛋白,以恢复其运送氧功能。亚甲蓝注射液,每支2毫升,0.02克,静脉注射2~5毫克/次,或可肌内注射,其效果不如静脉注射。

(十一) 鸽眼、鼻疾病

鸽眼外伤

[病因] 鸽眼外伤是因鸽间相互打斗、喙啄伤和翅膀击打所致。鸽舍中经常发生。由于鸽的自然修复能力较强,不易引起鸽友注意。

[症状] 轻度眼外伤,尤其眼睑、眼瞬膜、眼结膜损伤,只要没有组织缺损,一般数天内即可修复痊愈。而眼外伤中需人们关注的是角膜损伤引起的继发感染造成视觉功能障碍。

舍尘中的条件致病菌大肠杆菌感染引起的大肠杆菌性眼炎;其次是眼外伤创面接种沾染的葡萄球菌感染引起的葡萄球菌性眼炎,并由这两种感染性眼病引起的失明。此外,就是赛鸽眼角膜损伤引起的视觉功能障碍,导致参赛的失格。

[防治] 鸽舍营建设计合理,避免鸽间相互打斗,集训参赛时集笼要控制入笼数量。治疗用氯霉素滴眼液、洁霉素滴眼液、磺胺醋酰钠滴眼液等抗菌消炎滴眼液滴眼,控制继发感染。地塞米松滴眼液,能促使炎症迅速消退,有帮助角膜修复,减少瘢痕,促进愈合作用。维生素A、维生素B_2缺乏时,应补充口服鱼肝油、啤酒酵母。

鸽眼结膜炎

[病因] 多发生于换羽季节,秋冬干燥季节或饲养密度过高,当病原菌连同沙土、舍内尘埃等飞扬而侵入眼结膜,无法通过眨眼泪水冲洗等自行清除感染所致;成鸽、幼鸽混养成鸽欺侮或同龄鸽相互啄伤眼睛,感染而发生炎症;种鸽配对时未能正确使用配对笼,雄雌鸽感情培养未到位,人为强制并笼配对而引起的眼啄伤,继发感染;鸽眼遭遇刺激性气体,如消毒剂甲醛、过氧乙酸、漂白粉等刺激,驱蚊、杀虫剂熏蒸气体、烟雾的侵害;线虫、虫螨等寄生引起眼结膜炎;其他疾病,如维生素A、维生素B_2缺乏症、副伤寒、鸟疫、支原体病等都会引起眼结膜炎,但它们与单纯性眼结膜炎不同的是,都伴随有全身症状。

[症状] 幼鸽多见,常见为一侧性眼炎(单眼伤风),病鸽眼圈湿润,眼睑肿胀,结膜充血、潮红或见有伤痕,流泪,继而变成黏性或脓性分泌物,严重时引起眼睑粘连以至封闭,引起眼球脓包。如将眼睑翻开,即可见大量脓液溢出,并可见有黄色脓栓样块状分泌物。还表现为

因眼不适而在背部羽毛上反复摩擦，或用脚趾抓眼，造成眼附近羽毛脏湿，鼻瘤污秽。如治疗及时、恰当，则良性循环，数天可痊愈。

[预防] 寻找分析病因，采取相应措施。保持鸽舍环境卫生，早期发现及时治疗。

[治疗] 孟氏眼虫引起的眼结膜炎，应小心除去眼虫；传染病引起的眼结膜炎，要在全身治疗原发病得到有效控制的同时，进行眼结膜炎局部治疗。可用 0.9％生理盐水或 2％硼酸溶液洗眼。也可用眼药水替代洗眼液洗眼，清除眼内所有异物、分泌物，尤其隐藏在上下结合膜穹隆内的脓栓样分泌物。

氯霉素滴眼液、洁霉素滴眼液、磺胺醋酰钠滴眼液等抗菌消炎滴眼液均可选用。再选用金霉素眼膏、红霉素眼膏等抗菌消炎眼膏。眼膏对黏膜亲和性好，维持作用时间较长，尤其在处理眼睑粘连时，有防止眼睑再度粘连的作用，可弥补眼药水之不足。

对结膜、瞬膜充血水肿明显炎症严重时，可配合用地塞米松滴眼液，促使炎症迅速消退。

维生素 A、维生素 B_2 缺乏症引起的眼炎，应补充口服鱼肝油滴剂，每天 1 次，每次 2 滴，连用 3 天，随后隔日 1 次，同时用营养蒜油（含维生素 A）加啤酒酵母粉强健宝（含维生素 B_2）混饲。雏幼鸽喂育雏宝胶囊，每天 2 次，每次 1 粒，连用 7 天；也可用维他肝精滴口，每天 1～2 次，每次 1～2 滴，连用 3 天，随后用维他肝精加啤酒酵母粉强健宝混饲，每周 2 次。

鸽角膜炎

[病因] 同鸽眼结膜炎。

[症状] 在眼结膜发病时，如发现眼睑粘连以至封闭，引起眼球脓包就应警惕眼角膜炎发生的可能。如将眼睑翻开，见大量脓液溢出，清除黄色块状脓栓样分泌物，检查发现有不同程度的角膜混浊，即角膜表面有一层云雾状灰白色斑可明确本病诊断。眼角膜炎会影响鸽的视力，严重时角膜糜烂溃疡穿孔而形成不可逆失明，有时眼球突出，最后眼球穿孔萎瘪塌陷。

此外，当维生素 A 缺乏时，易产生维生素 A 缺乏性角膜炎，即角膜软化症；B 族维生素缺乏时，易发生以眼外伤等各种诱因引起的角膜溃疡长期不愈或迟缓愈合。

[防治] 同鸽眼结膜炎。在进行治疗角膜炎的同时，适当补充维生素 A 和 B 族维生素有利于提高治疗效果。对没有留种价值的参赛鸽，淘汰处理。

鸽眼瞬膜炎

鸽眼瞬膜炎，又称"鸽眼瞬膜水肿"。

[病因]　眼瞬膜炎是一种生理反应性症状，常出现在训赛归巢鸽中，由于赛程艰难、逆风飞行或短时间内奋力冲刺，眼瞬膜反复眨眼，眼瞬膜返折疲劳所引起。其也可伴随出现在眼结膜炎时。

[症状]　眼瞬膜水肿，使瞬膜不能自然回纳而外翻露出在眼睑外面，结膜可有轻度充血水肿，眼泪也略微增多，但泪液仍是清澈而透明的；如作为鸽眼结膜炎伴随症状出现的瞬膜水肿，眼分泌物却为脓性，对此需相互鉴别才能明确诊断。

[治疗]　症状轻微通过休息，瞬膜水肿会自行消退恢复常态；对瞬膜充血水肿明显，水肿严重的参赛鸽，尤其对还需继续参加下周多关赛鸽，用地塞米松滴眼液滴眼，一般可在 2～4 个小时内迅速消退恢复。对症状消退迟缓的鸽，应结合症状鉴别，需同时配合用抗菌消炎类滴眼液，促使炎症迅速有效控制。

鸽大肠杆菌性眼炎

[病因]　是由革兰阴性菌大肠杆菌直接侵入眼睛引起的眼球炎；也可是全身大肠杆菌感染时，大肠杆菌通过菌血症或分泌物沾染，引起眼睛的局部病理性损害——全眼球炎。是鸽舍中常见病。

[症状]　同眼结膜炎、角膜炎。

[治疗]　眼部用药，选用氯霉素滴眼液、氧氟沙星滴眼液、洁霉素滴眼液等抗革兰阴性菌消炎滴眼液滴眼，每 2 小时 1 次，直至眼分泌物渗出减少，症状有所逆转，才能逐渐减量，延长用药次数。用药间歇期用洁霉素眼膏、氧氟沙星眼膏等抗菌消炎类眼膏，每天至少 2 次。地塞米松滴眼液滴眼，每 2 小时 1 次，交替使用，促使炎症迅速消退，降低失明伤残率。

大肠杆菌眼球炎，属革兰阴性杆菌感染。全身治疗可选用喹诺酮类药物，如恩诺沙星胶囊首次剂量 2 粒，随后每天 2 次，每次 2 粒，直到炎症完全消失。同时补充维生素 A、维生素 B_2 有利于眼球炎康复。

鸽葡萄球菌性眼炎

[病因]　是由革兰阳性葡萄球菌直接侵入眼睛引起的眼球炎；也可是全身葡萄球菌感染时，葡萄球菌通过菌血症或分泌物沾染引起的眼睛局部病理性损害——全眼球炎。是鸽舍中的常见病。

[症状]　同眼结膜炎、眼角膜炎。

[治疗]　眼部用药，选用金霉素滴眼液、氧氟沙星滴眼液、洁霉素滴眼液、磺胺醋酰钠滴眼液等抗革兰阳性菌类消炎滴眼液滴眼，每 2 小时 1 次，直至眼分泌物渗出减少，症状有所逆转，才能逐渐减量，延长用药次数。用药间歇期用金霉素眼

膏、红霉素眼膏、四环素眼膏、洁霉素眼膏、氧氟沙星眼膏等抗菌消炎类眼膏，每天至少 2 次。地塞米松滴眼液滴眼，每 2 小时 1 次，交替使用，能促使炎症迅速消退，降低失明伤残率。

葡萄球菌眼球炎，属革兰阳性杆菌感染。可选用青霉素属、大环内酯类抗生素药物，如泰乐菌素胶囊首次剂量 2 粒，随后每天 2 次，每

次 2 粒，直到炎症完全消失。同时补充维生素 A、维生素 B$_2$ 有利于眼球炎康复。

由于鸽葡萄球菌眼炎属革兰阳性菌感染，而大肠杆菌眼炎却属革兰阴性菌感染，虽两种疾病的临诊症状十分相似，但两种疾病的病原属性不同，治疗方案取舍也就截然不同，为此将临诊鉴别要点列表 6-3。

表 6-3 鸽葡萄球菌眼炎与大肠杆菌眼炎临诊鉴别要点

致病菌	脓液	颜色	性质	脓栓	肿胀	眼睑粘连	腹泻
革兰阳性菌	黄色	黏稠	轻臭	不成块均匀	严重	经常伴有	不常有
革兰阴性菌	白色	稀薄	恶臭	成块不均匀	不太严重	不常发生	常伴有

在感染细菌属性不明的情况下，可选择广谱抗菌类如氧氟沙星滴眼液与氧氟沙星口服液联合应用，至于选择双联、多联几种抗生素联合应用问题，请阅读药物说明书或咨询兽医、兽药师。

（十二）鸽常见疾病综合征

鸽麻痹综合征

鸽麻痹综合征又称"鸽疲劳综合征"。是繁殖期种鸽或老龄育雏鸽发生的一种以神经麻痹为主要症状表现的疾病综合征。

[病因] 本病在肉（蛋）用鸽、观赏鸽群中多见，赛鸽仅为偶然发

生。多见于笼养鸽。

本病如发生在刚成年开产雌鸽出现一种以腿软无力，重则麻痹瘫痪，甚至死亡为特征的病症，则称"产蛋瘫痪综合征"。该综合征并不是独立的疾病，而是由多种因素引起的综合征候群。本病一年四季均可发生，主要集中在春夏季繁殖季节，过度繁殖的雌鸽易患本病，老龄雄鸽亦可患病，原因可能是育雏过于频繁，鸽体能下降，维生素、微量元素及其他营养物质消耗过多，平衡失调，难以满足育雏需求而导致发病。其中钙、磷补充不足和钙、磷丢失过多，引起钙磷比例失调，鸽无力站立或移动，因而本病又称"鸽软

腿病"，由于多见于笼养鸽，故又称"笼养鸽软腿病"。

雌鸽在蛋壳合成过程中，须动员骨钙，钙 60% 来自消化道吸收，40% 动员借用骨骼中钙，待蛋壳形成（每枚鸽蛋中还得补充 108 毫克，以提供胎雏成骨）后，再由消化道平时吸收偿还，使骨钙始终处于动态平衡之中。若钙供给不足，或钙代谢障碍，骨钙入不敷出时，使钙处于负平衡下，产软壳蛋、薄壳蛋。

此外，维生素 D_3 供给不足，维生素 E 缺乏可引发本病；肝功能不全，肾尿酸盐沉着（痛风病）、肾炎、肾病综合征时，或因脂肪代谢障碍时，干扰了维生素 D 的吸收和代谢，也会影响钙质的吸收利用而易诱发本病。

高温环境下呼吸频率增快，二氧化碳排出过多，血液中 pH 增高，机体的代偿功能致使肾脏排钠（Na^+）、排钾（K^-）来降低血液中 pH，使血液中 Na^+ 和 K^- 水平下降，血浆渗透压降低而刺激肾上腺皮质醛固酮激素大量分泌，血液中激素的成倍升高，加强机体保钠排钾而血清钠离子升高，钾离子下降，出现低血钾症，导致神经肌肉功能紊乱，肌松弛无力、麻痹等。

[症状] 腿脚肌无力，站立困难，时而颈弯曲，无目的地横向震颤，采食困难，或突然卧伏不起，呈瘫痪状；常伴脱水、体重下降；产软

壳蛋、薄壳蛋，孵化破损率增加，甚至蛋裆产道中夹一硬壳蛋或软壳蛋，频频努责，如蛋能帮助其产出，一般症状会逐步减轻，数小时后即恢复。一般体况越好，生长发育越快，产蛋过频的鸽，本病越易发生。

[防治] 选用优质配合饲料，提供充足阳光或辅助照明。做到计划育雏，防止育雏过于频繁，赛鸽一个繁殖季节勿超过 3 窝，种鸽尽可能用保姆鸽代孵育雏，种精雄鸽至多不得超越 1 配 6（在提供多种氨基酸复合制剂情况下），种用鸽育雏后尽可能采取寡（鲦）居制；日常提供维生素 A、维生素 D、维生素 E、氨基酸、微量元素类优质饲料添加剂。补充足够的钙、磷；多次适量提供油类饲料，有利于脂溶维生素的吸收。

维他肝精、康飞力加强健宝、维他矿物粉，混饲，每周 2 次。

发病鸽紧急救治口滴康飞力、维他肝精各 2 滴，随后用电解质 10 毫升灌胃，喂育雏宝胶囊 1 粒（内含维生素 B_1、维生素 B_6），通风保暖往往会自然缓解而恢复。

鸽肿头综合征

[病因] 支原体感染、传染性鼻炎、季节性流感、鸽痘等。肿头综合征是近年来出现的新名词，是指能引起头部水肿的疾病。

[症状] 一般发病急，可在几

小时后出现肿头、发烧的症状,这是针对禽流感典型症状命名而来。鸽虽至今尚未发生 H_5N_1 禽流感病例报道,但鸽也有不少疾病可引起肿头。支原体感染、鼻炎等引起的肿头发病较慢,多数出现在呼吸道症状出现后几天。头部鸽痘早期,当头肿出现后,初期是小而突起的丘疹,继而才出现溃疡结痂,当出现在眼部时同样表现流泪,眼睑肿胀发炎,然后眼睑被分泌物粘住而睁不开眼,眼内有多量炎性分泌物。

[防治]　见相关疾病。

鸽肠毒综合征

[病因]　是一种在肠道感染基础上,所表现的一系列以肠道毒素吸收为主要临诊表现的症候群。由多病因感染所引起。常出现于致病性大肠杆菌感染和球虫病发病感染,以及出现在所有病毒、细菌性肠炎、菌痢等感染,也是导致这些疾病发病死亡的主要原因。

[症状]　初期一般没有明显症状。偶尔表现为粪便变稀、变散,粪便含不消化饲料颗粒,赛绩表现忽优忽劣。随病程延续,临诊表现仍是拉稀;粪色变为浅黄色、黄白色,也可以是灰白色奶液样稀便;有时呈粪渣样带水散便。严重时见带有腐肉样、胡萝卜样粪便和凝血块样粪便;也有不少鸽有时粪便很干燥,所以极易被忽略而延误病情。

它们的渐进型共同症状是:食欲减退,采食量减少,不太抢食,常蜷缩于旮旯,精怠神疲,厌飞,最明显的是肌肉松软,渐而瘦弱、赛绩下降。还有不少鸽长期拉稀、产蛋不正常,或产带粪蛋,常出现不规则的停蛋,这也是球虫引起的肠毒综合征晚期典型症状之一。

[诊断]　根据临诊表现的一系列肠毒素吸收出现的毒性症状即可诊断。

[预防]　严格控制饲养密度;保持鸽舍通风干燥、空气新鲜;勤于打扫,定期消毒,尤其在疾病流行季节,每周1次。而最重要、有效的是随身常备1只小型喷雾消毒器,在日常打扫鸽舍时一旦发现可疑粪便,随即在粪便清除后的粪渍处喷雾消毒一下,将病原菌消灭在萌芽状态。

[治疗]　早期发现,早期处理,防微杜渐。一旦发病应针对本病多病因的原则,采取抗病毒、抗菌、抗球虫、调节肠道内环境、补充电解质、合理补充维生素等一系列综合治疗措施。具体见各类疾病介绍。

(十三) 其他常见疾病

鸽衣原体病

鸽衣原体病即鸟疫,又称"饲鸟病",过去称"鹦鹉热"、"鹦鹉病"、

"鸟瘟热",鸽界俗称"单眼伤风"。是由衣原体属鹦鹉热衣原体感染引起的常见呼吸道传染病。是能感染大多数禽鸟、哺乳动物和人类的人畜(鸽)共患病。

[**传染途径**] 健康鸽与患病鸽(病禽)接触传染,也可以是接触或沾染病鸽(病禽)的排泄物传染。鸽群中感染率较高,且传播极快,但病鸽死亡率并不高。一般均属隐性感染,在鸽群中长期传播蔓延,急性发病仅为5%～30%。在应激等情况之下,加上集鸽挤笼、运输、寒冷、卫生条件差、饮食饮水失常、生存环境恶劣或其他病原侵袭发病情况下,引起本病的暴发流行,严重时造成大批发病死亡。

本病一年四季均可发病,以每年的5月份开始,发病率随气温的上升而逐月增多,而以每年11月份发病率最高,1～4月份最低。

[**症状**] 潜伏期4～7天。本病对雏幼鸽的影响最为严重,成年鸽主要是慢性感染。轻度慢性感染可以毫无觉察,而幼龄鸽的易感发病较成年鸽要严重得多,尤其关棚饲养的死翅鸽,要比家飞放养鸽的发病情况严重得多。主要症状为眼结合膜炎、眼睑炎、鼻炎和体温升高、呼吸困难。还可伴有食欲减退、肠炎、腹泻、体重减轻等症状。本病分急性型和慢性型。

[**预防**] 控制传染源导入。对新引进鸽至少隔离观察一个月后方能合群;降低饲养密度;定期消毒;淘汰或隔离病鸽。可用泰乐菌素可溶性粉,每2升水加入5克/袋,混饮,连饮7天。

[**治疗**] 衣原体对青霉素和泰乐菌素等敏感,四环素类对衣原体有一定抑制作用。

四环素,预防用:每羽3万～5万单位,分2次,口服;治疗用:每羽8万～10万单位,分2～3次,口服,连用7天;病情严重时,停药2天后,再用一个疗程。由于任何药物都不能完全杀灭病鸽体内的所有病原微生物,因而还需进行周期性预防给药,以预防本病的复发和暴发流行。

衣原体对大环内酯类泰乐菌素(属动物专用抗生素)极其敏感,但须按剂量疗程给药,以及周期性预防用药,尤其对慢性型衣原体感染鸽和带菌鸽的治疗。

泰乐菌素,治疗用胶囊蘸水塞入,每羽每日2次,每次1粒,连用7天,重症或急性感染,首次2粒。

鸽支原体病

鸽支原体病,也称"鸽霉浆菌病"或"霉浆菌感染症"和"慢性呼吸道病"。是人畜(鸽)共患传染病。本病遍布世界各地,几乎存在于每个鸽舍。

[**传染途径**] 一般通过鸽之间直接接触传染,也可通过呼吸道吸入带菌的飞沫、气溶胶而感染;或通

过吸入带菌的尘埃、污染的饲料、饮水、容器和器具,接吻、育雏鸽的呕浆而传播。

本病一年四季均可发生,以寒冬早春和梅雨季节、阴冷潮湿时发病较严重,各种年龄鸽都能感染发病,尤以大型饲养群体的雏鸽发病率较高。训赛的应激超强、管理失当,饲料、饮水不足,原虫、寄生虫感染等促使疫病的暴发流行。

[症状] 潜伏期4~21天。单纯性感染仅出现轻微的鼻窦炎(鼻前窦肿胀而饱满),流清涕,继而为黏液脓性,口腔和咽喉充血肿胀、黏膜覆盖灰色沉积物,鼻瘤灰白。随病情发展,上呼吸道黏液的逐渐增多,出现气囊壁增厚和气道受阻,咳嗽,张口呼吸,早期背部听诊可听到水泡或捻发样啰音。病重者,喉咙出现"咯咯"痰声和喘鸣声,咽喉出现珠状小白点或片状干酪样渗出物。本病的死亡率虽不高(低于10%),但往往伴随其他并发症成为继发感染发病或隐性感染,使本病的病情变得更为复杂化;有的慢性发病鸽症状表现极其轻微,仅为飞翔性能下降,懒飞,赛绩表现不佳。

[预防] 搞好鸽舍卫生,减少饲养密度,定期消毒。支原体抵抗力不强,一般消毒剂能将它杀灭。此外,及时发现发病鸽,进行早期治疗和定期呼吸道清理。

[疫苗接种] 鸡F株鸡毒霉形体(MG)弱毒疫苗已在美国先灵葆雅动物保健(SPAH)公司注册成功生产,而鸽霉形体(MG)弱毒疫苗的产出还有待时日。

[治疗] 常以隐性发病形式存在,且病愈鸽多为带菌鸽,因而本病极难彻底清除干净。支原体对除青霉素外的链霉素、土霉素、金霉素、红霉素、强力霉素、泰乐菌素和螺旋霉素等均十分敏感,大多数支原体对泰乐菌素极其敏感。

泰乐菌素胶囊,蘸水塞入,每天1次,每次1粒,连用5天为一疗程。重症剂量加倍,首次2粒,或每日2次,每次1~2粒,连用5天。在毛滴虫混合感染时,应同时使用抗毛滴虫药物甲硝唑胶囊一个疗程。

疗程治疗:泰乐菌素胶囊,蘸水塞入,每天2次,每次1~2粒,连用7天为一疗程,用药后即使症状能很快消失,也须至少进行一个疗程(7天)的治疗。并按治疗康复情况,酌情将疗程延长至14天。停药期间用维他肝精调理7天,然后继续第2个疗程,症状严重和恢复延迟时,需连用1~3个以上疗程治疗,切勿过早停药,以免复发而耐药,且痊愈后仍要防止再感染,在定期进行呼吸道清理的同时,进行支原体清理。在毛滴虫混合感染时,第一个疗务必要与甲硝唑胶囊同时配合协同清理。

鸽螺旋体病

鸽螺旋体病是通过蚊、蜱、螨等节肢动物传播的，且易复发的传染性疾病。鸽锐喙蜱是传播本病的主要媒介。

[**症状**] 潜伏期3～12天。感染后体温迅速升高，精神萎靡，肢冷而耸毛蜷缩或闭眼伏巢。后期则渴饮停饲，排出绿色粪便，体重迅速减轻而衰竭，贫血，而进入昏迷状态，体温下降而死亡。幼鸽发病和暴发发病时死亡率很高。

[**预防**] 消灭传染媒介，如蚊、蜱、螨等节肢动物，定期进行药浴。

[**治疗**] 螺旋体对青霉素、链霉素、螺旋霉素、泰乐菌素等都很敏感，治疗效果也较好。

鸽包涵体病

鸽包涵体病又称"鸽包涵体肝炎"、"鸽腺病毒肝炎"或"鸽传染性贫血"、"鸽贫血综合征"。是由包涵体肝炎病原体引起的以严重贫血、黄疸、肝肿大出血及细胞核内包涵体为特征的急性传染病。急性发病并不常见，慢性发病却多见。主要传染源来自患病鸽和带病原体鸽，也可通过蛋、接触及污染鸽舍垂直或水平传播。多数鸽呈隐性感染而成为最危险的病原体传播者。

[**症状**] 急性发病潜伏期不超过4天，往往突然发病死亡。发病初期并没有明显的症状，随后出现精神委顿，食欲减退，体温升高，腹泻，呆立嗜睡等；皮肤黏膜黄染和贫血是本病的典型症状。

[**防治**] 本病尚无特殊有效治疗方法，病鸽处理类同于病毒感染性疾病综述。

鸽头皮啄伤

[**病因**] 雏鸽偶然由巢盆、巢箱中跌落在地，或幼鸽初出巢时还不会高飞，成、幼鸽混养，成鸽欺侮雏幼鸽或视为异己占巢而发生啄伤；雄雌鸽拆对配对时，配对笼（箱）设计不合理，或感情培养未到位，过早并笼强行配对，引起头皮啄伤。

[**症状**] 头部皮肤出血，或头部皮肤不同程度的撕裂伤。如未能及时处理往往因伤口污染感染或颅骨暴露过久死亡。

[**治疗**] 对小面积皮肤损伤，可涂少许红汞（大面积损伤，不可使用，以免汞吸收中毒），再敷撒少许云南白药；对皮肤撕裂伤，用2%～3%双氧水清洗，洗去所有沾染的污秽物，进行复位对齐缝合。对准备出赛的特比环鸽，建议忍痛割爱启用候补队员。

鸽嗉囊穿孔

[**病因**] 鸽除胸部撞击所致开放性复合伤，伴有嗉囊撕裂穿孔外，主要是鹰、隼、鸲攻击伤和动物咬伤，其次才是鸽舍周围铁钉、铁丝等

尖锐物致撕裂伤。

[症状] 嗉囊撕裂穿孔需及时修补处理,否则会因吞食的饲料和饮水从穿孔处漏出,造成无法进饲,最重要的是水分长时间无法补充导致机体很快衰竭死亡。

[治疗] 手术修补时须分层逐层缝合;缝合后进行嗉囊注水检查不可有水漏出;嗉囊黏膜层缝合时,黏膜面要尽可能对齐向里翻,中间不能嵌有其他软组织。

鸽腹腔内出血

[病因] 严重撞击伤,鹰击落,捕鸟夹弹击伤等,引起肝、肾脏等脏器震荡破裂而内出血;枪弹等致脏器贯穿伤致腹腔内出血。

[症状] 腹腔大量内出血鸽必然立即死亡,凡能存活的鸽几乎是少量包裹性出血。表现为胸部撞击处或腹部瘀肿、瘀血,有时可有波动感;有时有急性贫血症状,黏膜皮肤苍白,眼砂变淡,因失血而渴饮等。疼痛,精神委顿,活动量减少。

[治疗] 静养观察,减少活动量,防止再出血。口服云南白药或三七片。

鸽羽翼伤

[病因] 羽翼伤十分常见。一旦发生羽翼损伤,会直接影响赛鸽的飞行和运动生涯。原因是飞行撞击伤、鹰击伤、动物咬伤、中网抓捕伤逃脱鸽等。

[症状] 对撞击伤和中网抓捕伤可从外表体征进行判断,主要是羽毛和皮肤、羽翼的创伤,轻则翅翼下垂,重则翅膀飞翔功能丧失,甚至翼骨的骨折和部分断离。

[防治] 鸽舍营建选址尽可能远离电视塔、高压线,至少鸽舍的进出口方向要能避开架空缆绳、电线、高压线、高塔等。鸽羽翼伤的治疗类同于一般外伤和撕裂伤、撞击伤处理,对羽翼损伤的出赛鸽,应给予退役处理,对无留种价值鸽淘汰处理。

鸽腿外伤

[病因] 腿外伤十分常见。主要是飞行中电线、钢缆的撞击伤,参赛途中遇弹簧夹击打,集鸽装笼运输搬运中的人为意外损伤,鸽舍中意外伤害等。

[症状] 轻者仅跛行,腿部瘀血肿胀;重则骨折,以致双腿断离缺损者亦有之。

[治疗] 轻者通过静养休息一般能自行康复;重者给予功能复位夹板固定,对于有骨折按骨折固定原则处理;肢体已大部分断离的,如若远端残肢无存活保留可能的,要果断截肢包埋手术处理;对能留作育种用的种用雄鸽,则应充分预计考虑到它今后的种用价值和功能恢复程度和可能。

七、疾病诊疗篇

（一）疾病诊断技术

鸽的疾病诊断方法多样，如临诊诊断法、流行病学诊断法、病理剖检诊断法、微生物学诊断法、免疫学诊断法、动物试验诊断法以及其他物理、化学诊断法等。其中最常用、实用可靠的是病理剖检诊断法。

病理剖检诊断法通过病理剖检，采集病鸽的特征性病变标本或样本，再结合流行病学和临诊症状，进行综合分析，常常可作出正确或比较正确的诊断，从而为疾病的及时正确诊断作出可靠依据。

其次是通过采集病鸽活体标本，通过实验室检查，依赖各种实验检测方法与实验手段来进行明确诊断，按所出具的实验室化验报告结果，提供临诊参考，以期辅助临诊达到确诊的目的。

当然有时偶尔也会遇到由于临诊所采集的标本、样本差异，从而产生剖检、化验结果的不同结果。这就需要临诊兽医结合各种疾病的临诊病理、生理表现，根据剖检、实验结果、病理检验结果和检验化验数据报告进行综合分析，然后才能作出正确判断和确切诊断。

1. 流行病学调查和分析

流行病学调查是疾病诊断和防治工作的基础，尤其对大型繁殖场与赛鸽公棚而言，在传染病流行季节尤为重要。流行病学调查内容和范围十分广泛，凡是与疾病的发生发展相关的自然条件和社会因素都应包括在内，如地理地域（南方与北方地区、海洋性季风与大陆性、高原性、盆地性气候地区）、生物活动（训放、参赛应激期、育雏期、换羽期等）、环境、疫源、饲料、管理；疾病发生的季节、疾病发展趋势、发病率与病死率及各种防治方法的效果等。流行病学调查的方式多种多样，根据要求有所侧重。主要有：

（1）发病的时间和发病过程按照我国地域广阔，赛鸽活动的特点，传染病的发病流行高峰期往往随着赛鸽训放活动而发生，在初次集鸽挤笼后的 14 天左右，即经潜伏期而开始发病，因而传染病的流行发病规律是：春季先从南方开始，然后由南方向北方推移，而秋季是由北方向南方推移而收尾。

(2) 发病鸽的鸽龄或日龄 按照不同的鸽龄,对于传染性疾病的易感性存在明显的差异,基本上是当年幼龄鸽传染病的发病率要明显地高于成年鸽。

(3) 发病鸽的用药治疗情况 按照发病鸽发病前后用药情况,判断是否属原虫性疾病、细菌性疾病,还是病毒性疾病,了解所用药物的用药途径、用法用量、疗程正确与否,排除是否存在药物毒害或影响可能,以及是否耐药等。

(4) 发病鸽的防疫免疫措施 了解发病鸽疫苗接种情况,疫苗性质、程序、剂量、免疫接种途径和具体方法,是否定期进行原虫、寄生虫清理。

(5) 传染病的发病率和病死率 不同的传染病有不等的病死率,且其毒株毒性强弱、毒株类型、传播速度、发病情况、处理及时、治疗措施等的不同,及每年的发病率、发病情况、发病程度、对药物的敏感性不同,病死率有明显差异。

(6) 发病鸽舍的疫情信息 了解最近是否引进过鸽,或是否收留过游棚鸽,往年和最近鸽舍传染病的发病情况,以及周围鸽舍、当地传染病疫病信息等。

(7) 饲料的质量和营养水平 了解发病鸽群的饲料质量情况,是否曾饲用过霉变、种子饲料,使用单一饲料还是配合饲料,配合饲料品牌或自行配制,大致配比合理与否,饲料添加剂(保健品)使用情况。饮水水质与舍外水源情况。

(8) 饲养管理与卫生水平 了解饲养密度、鸽舍结构、通风情况、卫生条件、清扫程度、家飞、训放、参赛、归巢率、体能康复、配对育雏等。

2. 疾病诊疗病史记录

病史记录即病历卡。病史记录是对疾病的整个诊疗过程进行系统性记录,对其相关检查、检验记录进行集中保管,并进行系统性回顾追溯病史分析、疾病的鉴别诊断、诊疗全过程的讨论,修改依据、意见结论,然后通过综合分析作出最后诊断。

(1) 基本资料情况 病史记录编号,鸽主人姓名(繁殖场、公棚名称、棚舍号)、联系方式(电话、手机号、通信地址、邮编、电子邮箱等),足环号、羽色、性别、鸽龄(幼鸽月龄、雏鸽日龄),送检时状态,对死亡鸽必须记录死亡日期(以小时记录)、保存状态(冷藏或是冰冻状态)、送检日期、送检人(签名)、收鸽经手人(签名)、病史记录人等。

(2) 鸽舍基本情况 鸽舍性质(个体鸽舍、寄养鸽舍、大型鸽舍、公棚鸽、繁殖场),棚舍性质(落地棚、阳台棚、高空棚),饲养数量和群体大小等。

(3) 疾病免疫情况 患病鸽以往的患病史以及免疫接种情况,包括疫苗名称(弱毒苗、灭活苗)、生产厂家、免疫剂量、接种日龄;对疫病康复鸽,应考虑其本身已获得终生免疫力;通过免疫接种的鸽群患病,一般可排除该疫病的发生可能,不然的话就要考虑免疫接种失败的可能。这些对传染性疾病的诊断提供了非常重要的依据。

(4) 周围疫病情况 按照当令季节疾病流行病学情况,结合国内外传染病流行信息、疫情情报,结合鸽舍周围地区传染病的流行发病情况。

(5) 饲养饮食情况 食欲(正常、减退、废绝)与进饲状况,饲料添加剂(保健品)使用情况,是否曾误食霉变、变质饲料,饮水卫生状况,舍内卫生通风状况,饲养密度与棚舍结构、鸽舍周围的强噪声、鞭炮声、狂风暴雨雷鸣等强应激反应,训放参赛、育雏呕雏、引进、运输、参展、移棚、转群等,这些对疾病的诊断有一定的参考价值。

(6) 季节气候情况 结合近期气候异常特殊变化,当地气候温湿度变化,这些对季节性传染病的诊断具有参考价值。

(7) 发病过程情况 包括发病鸽的发病全过程、病程,鸽舍群体发病传播过程,疾病的处理过程和治疗用药等状况。

(8) 治疗处理情况 疾病治疗的全过程,包括用药记录(药物名称、用药途径、剂量、疗程天数)、疾病的转归以及药物的变更等情况。

3. 疾病诊疗设施

(1) 诊疗室 疾病诊断治疗的专用场所。对大型赛鸽、种鸽繁殖场和赛鸽公棚而言是必须配备的。当然还得按鸽舍实际情况,就地取材因陋就简,只要能满足一般诊疗工作和实施医疗操作就可以了。

诊疗室最好能有两间,一间供作书写和存放病史记录、药品和医疗器械;另一间仅供作医疗操作和简单手术治疗。当然如能另辟有一间供作隔离观察室,那是再好也不过的了。诊疗室须保持整洁、便于医疗操作、对病原体的消毒、清场,隔离室要求能达到防止病原体的扩散和杜绝疾病的进一步传播蔓延。

(2) 诊疗仪器设施 根据繁殖场大小和公棚的实际需要配备。一般有:手电筒、放大镜、畜禽用体温表、乙醇棉球、注射器、病料采样用棉签、生理盐水、采样玻璃片,解剖用器械手术镊、手术剪、血管钳等和诊疗用照明设备。有条件的可配备显微镜、天平、常用药物等。

此外,还得配备门前踏脚消毒垫,消毒泡水盆(双手消毒用)、消毒用喷雾器(喷雾壶)、消毒浸泡桶(容器)、消毒药物、洗手池、隔离观察笼等。

4. 鸽病理剖视诊断

在鸽疾病诊断中,通过对发病鸽或死亡鸽的剖检,根据肉眼所见的特征性病理变化,结合流行病学特点和生前症状,一般能作出初步诊断。同时有目的地采取病理标本(病料),供实验室检查以进一步确诊。

器官的病变是临诊剖检诊断的主要手段,尤其在实验室的配合检查下,对鸽病的明确诊断,应是不可缺少且非常重要的诊断依据。

在大型鸽舍、种鸽繁殖场,一旦发现某种同类疾病的发生,或出现某种可疑传染病迹象时,需当机立断将首先发病的病鸽进行剖检,以期早期明确诊断,争取早期处理,杜绝疾病的进一步传染和蔓延,这是丢卒保车、保全大局的必要措施和积极手段。当然实施病理剖检也须具备一定的条件和设备,至少具有相应丰富的临诊病理学基础和临诊实践经验的配合。从剖检中索取病料标本,进行特殊的病原微生物学或病理组织学检查。

(1)剖检室 为防止病原体的污染播散,剖检地点应选在有隔离设施、便于消毒的剖检室内进行,若无此条件也要注意远离鸽舍、水源和饲料堆放场地,可寻找一个较为僻静的场所,便于剖检工作完成后,

进行彻底消毒清理。

(2)仪器设备 剖检前应事先准备好消毒药物、乳胶手套、解剖刀具、解剖盘、污物桶、旧报纸、塑料袋、垫料等。如需采集病理标本,还要准备通过灭菌的采集工具和容器。

(3)剖检注意事项

① 病历和病史:剖检前应详细了解患病鸽的疾病史,按当令季节流行病学情况,结合国内外传染病流行信息、疫情情报,周围传染病情况,以及鸽舍群体发病过程,病鸽的病状和饲养管理状况,发病后的处理和用药治疗状况等。其目的是通过对被剖检鸽疾病的全过程有一个较系统而全面的了解,最好能在剖检前书写记录,建立剖检病史病历档案。内容包括:基本信息如鸽的主人姓名、棚号、联系方式,鸽足环号、羽色、性别、年龄,发病、免疫接种情况、治疗用药记录、送检时状态、死亡日期(或死亡时间,有时按小时计)、送检日期、送检人(签名)、收鸽经手人(签名)等。然后才能在剖检中进行既全面而又有侧重点的专项剖视检查。

② 剖检标本:要保持新鲜,送检鸽在群体发病时,要选症状典型、发病严重且对疾病有一定代表性的鸽。当然作为剖检工作者而言,最好是在病死前送检,这样有利于剖检操作和病理标本采集,以及剖视

观察效果最清晰。对已死亡的送检鸽,应尽可能在死亡后 6 小时内进行剖检,特别夏季,尸体极易腐败,因而要在冷藏条件下送检。经冰冻处理过的标本,以及已出现腐败变质的标本,由于其病原体已死亡,且组织形态结构已模糊,对剖检分离的进行会带来一定困难,对剖检观察和病理标本——病料的采集效果必然降低,使剖检的检出阳性率明显下降。此外,剖检工作最好能在白天进行,便于剖检时观察和送检病理标本和进行病原体培养等。

③ 送检样品要多源性:对群体发病和多羽鸽集中发病,尽可能多剖检几羽,以便于找出疾病的共同病理变化规律和寻找病死的共同原因,方能作出更为正确的判断。

④ 剖检工具、物品与尸体无害化处理:剖检前准备所需的工具和物品。运送尸体时应防止包装物渗漏和破损,解剖后立即将尸体与污染垫料连同包装物一起浸泡于消毒液中,并洒上消毒药深埋,有条件的进行焚烧等尸体无害化处理。

⑤ 消毒与清洗:处理完毕,还应做好剖检人员的双手、工具、器皿等的消毒和清洗工作。

⑥ 剖检记录:在剖检前记录的下面继续记录,尽可能详细记录整个剖检过程,包括外观检查和病理检查、标本采取部位等,必要时画示意图并圈出取样点表示。在收到剖检化验报告后,将剖检化验报告粘贴在剖检记录上。然后进行最后的剖检分析、鉴定和鉴别诊断,最后小结、剖检结论或印象、诊断。记录集中归档保管,建立一个完整的剖检病史档案,以便积累病史档案资料,有利于往后的查阅、统计、分析和考证。

⑦ 注意个人防护:在整个接诊剖检过程中,始终注意个人健康防护。特别在接诊处理疑诊为"人畜(鸽)共患病"时,重点注意双手、口鼻防护,戴口罩和手套,穿防护工作服,剖检结束还要注意双手的终末消毒、清洁。

(4) 剖检前检查

① 了解病史资料:剖检前应全面深入了解病死鸽生前前面所述的各种病史资料,做到剖检有的放矢。

② 处死:若是活鸽,先处死,尽可能取放血法。然后将鸽尸浸泡于消毒液中,将羽毛浸湿,将鸽仰放在解剖盘或塑料布上。

③ 体表检查:首先对尸体的皮肤、眼、鼻、口腔、肛门等体表器官进行详细检查。营养较好而死亡的往往是急性病,而消瘦的多数为慢性病。皮肤上有结节可能见于皮肤型马立克氏病。皮肤有出血、水肿、脱毛见于葡萄球菌病。黏膜苍白说明有贫血性疾病,胸部、头面发绀变黑,见于鸽霍乱、鸽流感、鸽瘟等。

有丘疹样结痂是鸽痘表现。头面肿胀常见于慢性巴氏杆菌病及支原体病。眼睑肿胀，多见于慢性呼吸道病。眼结膜潮红，并有结膜炎症、流泪、眼球混浊、失明等见于支原体病、传染性鼻炎、葡萄球菌病等。肛门口周围沾染有稀便，且有脱水的多为传染病引起的腹泻、沙门氏菌病、大肠杆菌病等。关节及脚趾肿胀常见于病毒性关节炎、支原体病、大肠杆菌病、葡萄球菌病等。

④ 测量体重：对送检尸鸽还需检查体重、体态正常者多数为急性感染。相反，如体重过低，特别消瘦，往往是严重急性脱水。或提示该鸽患病病程已较长，如患马立克氏病、严重体内寄生虫病、饲喂失当及其他营养消耗性疾病。体重过重者多数为后腹部体积增大，触摸腹部有波动或坚实感，提示有腹水症，或患肿瘤、囊肿病（积液）。

(5) 剖检步骤与操作技术

① 拓展视野：先将胸部裸区双侧羽毛分开，从胸骨（龙骨）末端开始将皮肤纵行切开，分离胸部皮下，直到双侧羽翼区，延长切口上至嗉囊区颈部皮下组织，下至肛门，充分暴露胸肌、大腿肌，检查皮下组织有无出血、水肿、变性坏死等病变。然后将大腿与身躯之间的疏松组织彻底分离，并将两侧大腿骨拉开至髋关节脱臼，将双侧带羽毛皮肤一起展开，褶塞嵌于和已分离的间隙

中，这样尸体的卧式就固定得很平稳，不会因转动而影响操作，视野也十分清晰。

② 打开体腔：在胸骨末端腹部横行切开腹壁进入腹腔，随后向上沿胸部两侧肋骨、锁骨全部剪断，将整个胸骨骨板翻起取下，才能使整个体腔完全暴露无遗。

③ 内脏器官检查观察：逐一检查观察内脏器官位置有无异常，体腔渗出物、积液和凝血块，依次检查肝脏、肌胃，沿肌胃分离出腺胃、后食管、分离嗉囊、前食管至口咽，从正中剪开喉。从上腭剪开鼻腔至鼻泡，剪开眶下窦，检查有无分泌物。剥离头部皮肤，剪开颅腔露出大脑和小脑。再沿口咽气门插入向下剪开气管，从气管延伸到肺部。拉出胃肠直至肛门。摘出肝、脾、生殖器官、心肺和肾脏，也可灵活掌握按需将脏器留在原位检查。在大腿内侧剪去内收肌，可见坐骨神经。此外，脊柱两侧、肾脏后面有腰间神经和骨盆神经丛。肩胛和脊椎间有臂（翼）神经，在颈椎两侧食管旁可找到迷走神经。按需要取下病料进行肉眼观察、记录后送检。

有时还需要放大镜、量尺、天平等。并细致解剖观察、测量、取材并客观记录描述，必要时进行摄影、视频录制，留作资料保存。

④ 病理标本的采集与送检：标本要有代表性，能显示病变的发

展过程,既要采集到病变严重处的标本,也要采集到正常组织交界部位的标本,并连同该器官的主要结构部分。标本采集后必须及时送检,以免标本干涸、变质,为检验诊断带来困难。一般组织标本取下后,立即浸泡在20%福尔马林固定液中,随后立即送检;细胞学涂片标本使用95%乙醇固定后送检;液体标本(腹水和嗉囊、胃、肠液)采集后置4℃冰箱中保存。对需长途快递专车运送的标本,一般组织标本用少量福尔马林固定液将标本完全置于浸泡之下,容器用塑料袋包装牢靠后送检;涂片固定后标本可用两片玻片中间的两头各夹上一根火柴梗或牙签,用纸包裹或用橡皮筋轻轻扎住即可送检。至于液体标本除专车专递运送外,一般就无法进行长途送检了。

送检病理标本时需附送标本送检单,送检单仔细详情填写:发病情况,病情经过和治疗过程,解剖观察所见,标本名称、采集部位、大小、数量(必要时用示意图标标示)、标本固定记录,送检人及地址(或单位)、联系方式等。

⑤ 病理检查的方法:主要有肉眼观察检查;显微镜检查等常规检查和病理石蜡切片检查;病理冰冻切片检查;病理脱落细胞检查,以及电子显微镜检查;免疫组织化学诊断;自动图像分析;流式细胞分析;原位多聚酶链式反应技术;核酸原位杂交等。

(6) 病理解剖观察与分析 这里仅选常见疾病作代表性叙述。

① 头部:有眼睑肿胀、头部发绀、黏膜苍白等。可考虑肿头综合征、大肠杆菌性眼球炎、葡萄球菌性眼球炎、支原体感染、传染性鼻炎、流感等。

② 胸腹腔:胸腹腔暴露后,在未摘出器官前,先观察胸腹腔大体病变。鸽没有横膈膜,胸腹腔间只有极薄的一层透明气囊膜分隔,因而不论来自胸腔或腹腔的疾病,由于分隔界限不清而易相互扩散。剖检时应注意下列病变:

a. 腹腔中有淡黄色积液。可能是腹水症。

b. 腹腔中有淡黄色积液,如还有大量黏稠的纤维素性渗出物附在各脏器表面,且各脏器粘在一起。多见于大肠杆菌病、沙门氏菌病。

c. 雏鸽腹腔有大量黄绿色渗出液。见于硒-维生素E缺乏症。

d. 腹腔中积有血液和血凝块。常见于急性肝破裂,可能为肝脾肿瘤性疾病、包涵体肝炎等。

e. 腹腔中器官表面,特别是肝、脾、肾、心包膜、肠系膜等表面有一种石灰样白色沉着物。这是痛风病的典型特征。

f. 腹腔脏器粘连,并有破裂的卵黄和坚硬的卵黄块。可能是大肠杆菌病、沙门氏菌病等引起的卵黄性腹膜炎、卵石症。

g. 胸腹膜有出血点。见于败血症。

③ 口咽、嗉囊和食管：剪开观察嗉囊腔和食管腔内部病变：

a. 口咽、食管黏膜表面有许多粟粒样大小不等黄白色脓疱状小结节。可能为维生素 A 缺乏症或毛滴虫病病灶。

b. 嗉囊内充满食物，说明为急性死亡，应根据具体情况分析判断，若为大批发病，可能为中毒或急性传染病。

c. 嗉囊膨胀并充满酸臭液体。可见于嗉囊卡他或鸽瘟。

d. 嗉囊黏膜增厚，附有多量白色黏性渗出物，可能有线虫寄生。若有假膜和溃疡，是鹅口疮的典型特征。

④ 腺胃和肌胃：肠道是很多疾病共有症状的表现器官，肠道常见的症状是腺胃乳头出血、腺胃壁肿胀、腺胃溃疡、腺胃与肌胃交界处出血、肠道出血、肠黏膜脱落、肠道坏死、肠道黏膜肿胀增厚、肠道有出血点、肠道浆膜肉芽增生、肠系膜肉芽样增生、肠系膜表面有白色结节等，剖检时应剪开观察腔内黏膜病变，肌胃应将角质层剥离后观察。

a. 腺胃肿大或炎症。可能是马立克氏病或寄生虫病。

b. 腺胃乳头充血、出血，腺胃与肌胃交界处黏膜出血。是鸽瘟的典型特征。

c. 腺胃和肌胃交界处有一条条出血痕。可能是一种鸽免疫器官受损的急性病毒性传染病。

d. 腺胃、肠道黏膜出血。可见于新城疫、霍乱、副伤寒、黄曲霉毒素中毒。

肌胃发生萎缩，多见于慢性疾病及饲料过精缺乏粗饲料，停止供应保健砂或保健砂砾石过细、维生素 B_1（硫胺素）缺乏症。

⑤ 小肠、大肠及胰腺：从十二指肠到泄殖腔都应剖开，检查腔道内容物和黏膜状态，有时也可挑选几段肠管剪开检查观察：

a. 肠道中有无寄生虫，在何段肠道，寄生虫数量多少。常见于肠道寄生虫病。

b. 小肠黏膜急性卡他性或出血性炎症，黏膜呈深红色有出血点，表面有较多黏液性渗出物。常见于鸽瘟、霍乱、急性肠炎等。

c. 小肠壁增厚、剖开肠管黏膜外翻。可能是慢性肠炎、沙门氏菌病。

d. 小肠黏膜出血，或黏膜上形成大量灰白色的小斑点，同时肠道发生卡他性或出血性炎症。多见于球虫病、新城疫、霍乱、流感、中毒等。

e. 雏鸽仅见十二指肠、空肠前段的肠黏膜出血，没有其他病变应考虑球虫病。

f. 肠壁结节,可见于鸽痘、沙门氏菌病、结核病。

g. 肠壁上形成大小不等的肿瘤状结节。可见于马立克氏病、淋巴细胞性白细胞增生症、恶性肿瘤、结核病及严重的绦虫病。

h. 肠浆膜上有肉芽肿。常见于慢性结核、大肠杆菌病、马立克氏病。

i. 胰腺有病变,体积缩小,较坚实,宽度变窄、厚度变薄等。可能是硒缺乏症或维生素E缺乏症。

j. 泄殖腔黏膜呈条状出血。是慢性或非典型鸽瘟的表现。

⑥ 肝脏和脾脏:肝脏常表现的是肿大、出血、变性、萎缩变硬、变黄、青铜色、肝包膜下出血、表面有针尖大小坏死灶、表面结节、被纤维素包裹、表面有凹陷性坏死、脂肪肝等,剖检时应注意肝脏和脾脏大小、颜色变化及有无病灶。

a. 肝脏的体积色泽正常,但表面和切面有数量不等的针尖样灰白或黄白色小坏死灶。是霍乱的特征病态,也见于沙门氏菌病、结核病。

b. 肝脾色泽变浅,呈弥漫状增生,可超过正常数倍。见于马立克氏病。

c. 肝稍肿大,表面形成许多界限分明大小不一的黄色类圆形坏死灶,边缘稍隆起。为传染性盲肠肝炎的特征病变。

d. 肝脏的硬度增加,呈黄色,表面粗糙不平,常有胆管增粗。见于黄曲霉素中毒。

e. 肝或脾出现多量灰白色或淡黄色珍珠状结节,切面呈干酪样坏死灶。见于结核病。

f. 肝脏郁血肿大,暗紫色,表面覆盖灰白、灰黄色纤维素蛋白膜。为大肠杆菌引起的肝周炎。

g. 肝包膜肥厚并有渗出物附着。可见于大肠杆菌病。

h. 肝脏显著肿大,上面有大的灰黄色或灰白色增生性结节。见于急性马立克氏病、结核病等。

i. 肝肿大,颜色为灰黄色或红黄色。为脂肪肝表现。

j. 脾肿大变圆,表面有灰白色结节或散在微细白点。可见于马立克氏病、沙门氏菌病、结核病等。

⑦ 肾脏和输尿管:常表现的症状是肾脏苍白肿大、肾表面有尿酸盐沉积、输尿管充盈有尿酸盐、输尿管结石、肾出血、肾肿大等。

a. 肾脏显著肿大,灰白色,并见有肿瘤。见于马立克氏病。

b. 肾脏肿大,肾小管和输尿管充满白色的细微结晶尿酸盐,输尿管膨大,肾表面有白色结石或石灰样尿酸盐沉着。多为痛风病的尿酸盐沉着症典型特征,还见于维生素A缺乏症、中毒性疾病。

⑧ 卵巢与输卵管、睾丸与输精管:常表现的症状是卵泡发育不

全、变性、出血、呈菜花状、破裂、输卵管萎缩、睾丸缺如、坏死、萎缩等。

a. 卵泡变性、出血、卵子形态不整,卵巢破裂、出血、坏死、皱缩(萎缩)、干燥和颜色变绿。多见于慢性沙门氏菌病、大肠杆菌病或慢性霍乱。

b. 卵巢体积增大,呈灰白色。见于马立克氏病或卵巢肿瘤。

c. 睾丸肿大增生。多见于马立克氏病。

⑨ 心脏和心包:心脏常出现的症状是心冠脂肪出血、心肌出血、心脏表面白色结节、心脏表面有纤维素样渗出物;心包常表现的症状是心包积液、心包增厚等。

a. 心外膜上有灰白坏死小点。见于沙门氏菌病。

b. 心外膜上有石灰样白色尿酸盐结晶。为内脏型痛风病。

c. 心包膜,心内膜或心冠脂肪上有出血点或出血斑。可见于许多急性传染病的败血症病变,如急性霍乱,流感、新城疫、副伤寒等。

d. 心包膜腔内有白色渗出物,心外膜有纤维素性渗出物附着,有时心外膜和心内膜粘连。可见于大肠杆菌病、沙门氏菌病、支原体病等。

e. 心肌肥大,心冠脂肪组织变成透明的胶冻样。是严重营养不良表现,也见于马立克氏病。

⑩ 呼吸道、气囊、气管和肺:气

囊常出现的症状是气囊混浊、气囊内有干酪样物。肺部常表现的症状是肺出血、瘀血、结节、水肿等。

正常气管由 C 型环状软骨组成,呈粉红色,气管内湿润而不应有或有微量分泌物,到肺部分成左右支气管。气管常表现的症状是气管黏膜出血、气管环出血、泡沫状痰液、血痰、气管壁增厚、喉头出血、支气管栓塞、气管赘生物增生等。

a. 鼻腔渗出物增多。见于传染性鼻炎、支原体病、霍乱、流感等。

b. 气管环充血。见于非典型鸽瘟。

c. 气管内有伪膜。见于黏膜型鸽痘。

d. 气管内有多量干酪样渗出物,或气管内黏液增多,气管壁增厚。可见于新城疫、传染性喉气管炎、传染性鼻炎、支原体病等。

e. 胸腹部气囊混浊,含灰白色干酪样渗出物。见于支原体病、大肠杆菌病。

f. 气囊变厚,混浊并有干酪样渗出物。可见于传染性喉气管炎、传染性鼻炎、传染性支气管炎、新城疫等。

g. 气囊上附有纤维素性渗出物。常见于大肠杆菌病。

h. 雏鸽的肺和气囊膜上生成灰白色或黄白色和小结节。常见于曲霉菌病。

i. 肺部大面积肿瘤性病变。可

能是马立克氏病。

⑪ 皮肤和肌肉：皮肤常表现的症状是皮下水肿、皮肤表面出血点等；肌肉常表现的症状是肌肉出血、肌肉苍白、肌肉萎缩等。

a. 皮下脂肪含量少，极度消瘦。见于慢性消耗性疾病。

b. 皮下脂肪有小出血点。可见于败血症。

c. 皮下水肿、出血、充血、坏死，羽毛脱落。见于葡萄球菌病。

d. 腹部皮下有绿色水肿液，多是缺硒的表现，有时也可出现皮下脂肪出血、肌肉出血、胸肌上有白色条纹等典型病变。此外，肌肉出血还常见于磺胺类药物中毒等。

⑫ 法氏囊：常表现的症状是肿大、出血、萎缩等。

法氏囊水肿、出血、坏死或萎缩，如泄殖腔黏膜充血、出血，多见于新城疫；如连同脾脏、胸腺等免疫系统器官萎缩，见于圆环病毒感染。

⑬ 神经系统：

a. 小脑软化、脑实质表面出血、液化。多见于幼雏的维生素 E 缺乏症。

b. 出现神经病症，坐骨神经和翼（臂）神经比对侧正常神经增粗2～3倍，颜色变黄。可能是马立克氏病。

以上是根据剖检肉眼所见病变特征而得出的诊断结论，在实际诊疗工作中，还得结合病史、流行病学特点、临诊症状及实验室检验结果、病理切片结果相结合，从而作出正确诊断。

（二）疾病诊疗操作技术

1. 口服给药法

（1）个体口服给药法　即经口投服药物，经消化道吸收而作用于全身，或停留在胃肠道发挥局部作用的给药方法。此法适合用于鸽舍一般疾病的发病治疗，是应用得最为普遍的用药途径。优点是操作比较简便，适合于大多数药物，给药剂量准确，药物疗效能得到充分保证。尤其治疗消化道疾病，能将药物直接作用于消化道发病器官。缺点是药物受胃肠道内容物的影响较大，还受到消化道各种消化酶、pH 的影响，尤其鸽的前食管结构特殊，口服给药时易引起呕吐反应，使药物吸收不规则。此外，相对而言口服给药要较注射给药吸收慢得多，药效出现较为迟缓，存在一个药物吸收的时间差问题，在遇到急症、重病鸽抢救时，不如注射给药那样快速，吸收完全。

口服给药且能在每次给药前，对施治鸽进行疾病康复检查，然后按每羽鸽的病情转归变化，给予治疗方案的调整，如药物的剂量调整、服用次数的增减。但口服给药法喂药费时费力,必须进行每羽鸽的抓捕,不适宜用于大型群体的疾病预防和治疗。

常用的药物剂型有:片剂、胶囊剂、丸剂、颗粒剂、粉剂、水剂和滴剂等。在口服喂药时要注意防止药物颗粒填塞进入气门引起窒息,尤其雏幼鸽,它们的气门开放频率高,且较浅开放得也相对比较大,而吞咽功能又相对较弱,尤其颗粒较小的固体制剂(片剂、丸剂)喂服时要特别当心;在使用胶囊剂药物时,因胶囊剂的外壳遇水后,会黏附在食管壁上难以吞咽,注意先将胶囊蘸水后立即塞入,然后再用手在咽喉部轻轻地往下助推一下,使胶囊迅速进入到嗉囊腔。

(2)群体口服给药法 又称集约化给药法。是鸽舍疾病防治时,应用得最为普遍的用药途径。群体口服给药具有快速简便,不需要似个体口服给药那样逐羽抓鸽喂药。不足之处在于:只能进行重点选择、随机抽样进行疾病检查观察;其次是每羽鸽的饮水量和采食量之间存在个体间差异,难以保证每羽鸽之间药物剂量均衡;再者是混饲给药难以做到混匀,赛鸽须天天放飞,而往往难以做到绝对切断外面的所有水源问题。群体口服给药常用方法如下。

① 饮水给药法:即混饮给药法。指将药物溶于饮水中,供鸽群自由饮用给药。此法常用于疾病的预防和群体发病鸽的治疗。特别适用于饲养数量多、群体大而无法做到逐羽个体喂药的情况下,以及患病鸽进饲量失常、而饮水量正常或增加的情况下。而对赛鸽,因它们要每天外出放飞,很难保证每羽鸽的饮水量,达到有效的药物治疗剂量。因此在进行发病鸽用药治疗时,要尽量采取片剂、胶囊剂、丸剂等固体剂型个体投药或通过灌胃途径给药。混饮给药需注意以下方面:

a. 溶解度:药物的一种物理性质。所用药物通常是作为溶质,溶剂是水。药物的近似溶解度常以极易溶解、易溶、溶解、略溶、微溶、极微溶解、几乎不溶或不溶来表示。供混饮用的药物须是极易溶解、易溶与可溶性物质组成的粉剂,对略溶、微溶、极微溶解物质组成的饮水剂,使用时须充分搅拌到全部溶解后,才能放入饮水器中供饮(也可放入饮水器中溶解),有的饮水剂须用热水冲泡溶解后,待冷却或加入冷水稀释后供饮。

对有的鸽友用固体片剂或胶囊剂(打开)直接放入水中供饮的做法,这是不科学的。例如,盐酸氧氟沙星可溶性粉或溶液剂是水溶性的可供饮用或灌胃用,而氧氟沙星片剂、氧氟沙星胶囊中的氧氟沙星由于不溶于水,也就不宜供作饮水中使用。一般易溶于水的药物采取混饮给药效果较好；而难溶于水的药物则不宜供作混饮给药，但可通过加热溶解、搅拌，添加助溶剂或混悬剂等，使药物微粒达到匀质状态而成混悬剂方能供饮。

对中草药制剂通常用"煎出法"，将中草药加冷水浸泡 20～30 分钟（高温季节不宜浸泡时间过久，寒冷季节浸泡时间略长一些），然后煮煎成药汁，稀释冷却后供饮。也可取浸出法，即按药物性质用沸水或冷水冲泡，将药汁析出，然后通过利用反扣式饮水器的特点，使药液自动混匀，供鸽饮用。此类药物主要用于保健品饮料类制剂中，而不适宜疾病治疗时使用。

b. 保证日饮水量：用饮水剂投药期间，务必切断其他所有水源，只有在保证每羽鸽日饮水量的条件下，才能确保投放药物的单羽剂量达到临诊疗效。

c. 防止饮水酸败、变性、变质：对放在水中一定时间易酸败、变性、变质和遭破坏的药物，要在规定时间内饮完，或定时补充更换，以充分保证药物的有效浓度和药物的疗效。也可投药前 2 小时鸽群关棚停水，再供药液；喂食后供饮或家飞归来供饮。

d. 防止阳光直射：饮水剂宜置阴凉处，饮水容器不要放在阳光直射处。否则，阳光中的紫外线会促使塑料饮水器的有害物质溶出，使添加的药物、营养保健品被氧化变质，无害变有害。

e. 饮水器具材质：投放药物、保健品用的饮水器，不宜用金属制品和再生塑料制品类，以免药物与饮水器材质产生化学反应和饮水器材质的有害物质微量溶出、析出。如四环素水溶液呈酸性，用镀锌铁皮、锡（含铅）、铁离子材质的饮水器，可影响四环素类的吸收。

f. 保持饮水剂清洁：使用饮水剂需保持饮水器清洁，每次用后要清洗。经消毒处理的饮水器，须用清水反复清洗至没有消毒剂残留气味，随后晾干备用。

g. 饮水宜勤更换：夏季一般每天 2 次，高温时最好 6 小时更换 1 次；冬季至少每天 1 次。

h. 夏季防污染：在夏季，营养性保健品最好改为混饲供给。因鸽在饮水时喜欢一口闷，水流在口腔、咽喉腔内呈现泵流样冲击且形成涡流，与此同时泵流也对咽喉腔黏膜表面进行了洗漱清洗，这些前鸽洗漱清洗所留下的含大量病原体的漱口水，在适宜的温度和营养丰富的饮水——培养基中大量繁殖，而后来的鸽饮用了这种富含病原体的水后，会导致鸽舍传染性疾病的传播和蔓延。

i. 饮水器消毒：以清水洗刷为主，正常情况下至少每月消毒 1 次，春秋疾病好发季节每周消毒 1 次，传染病流行期间每次消毒。

j. 注意饮水量：要注意每个鸽舍每天的饮水量，无论是发生饮水量增加或减量异常，都会与鸽群的健康状况和投药剂量有关，要寻找原因分析纠正。

k. 维持有效日剂量：凡饮水给药，药物的配制浓度和剂量，是按用药常规（惯例），以鸽每天的总饮水量 30～60 毫升，1 升水可供 15～30 羽鸽饮用进行计算拟定的。而鸽日饮水量与其体重大小、饲养方法、所供饲料、季节及气候等紧密相关，冬季饮水量减少到 30 毫升左右，而夏季饮水量增加到 60 毫升/日左右，平均 45 毫升/日，尤其高温季节与育雏期间的饮水量可能超越 60 毫升/日。因此配给药液必须充足。此外在整个饮水给药期间，必须全天候供应含药饮水。有的鸽友却误解为：每天仅供 1 次饮用，或放置几小时后，改为供饮清水的做法是错误的，除另有说明注明外，如此投药其所饮用的药物总剂量，肯定是难以达到其有效的防治剂量的。

l. 详细阅读产品说明书：使用前务必详细阅读产品说明书，按说明书[用法用量]项下正确配制使用。在特殊情况下，也可通过医疗咨询，在兽医师、兽药师指导下，进行药物配制浓度的调整或饮用方式

的改变，以及药物配伍协同饮用。

② 混饲给药法：简称混饲法。为预防或治疗疾病，尤其群体感染性疾病和群体保健等，常常将药物或营养添加剂均匀混合在饲料中供饲用。此法简单易行，疗效切实可靠，是平时普遍应用得较多的喂药方法。尤其对那些不溶于水、适口性差的药物，可用此方法供药。注意药物与饲料的混合须均匀，尤其剂量较小易产生不良反应的药物，更要注意将药物事先进行倍量稀释后，再和饲料混匀。具体操作及注意事项如下。

a. 日用饲量：混饲拌料需根据本舍每次投饲的用饲量，做到随伴随用，一次用完不宜保存再供下次使用。

b. 混饲均匀度：混饲一般采用单一饲料，较易做到混匀沾药；而混合饲料较难做到均匀沾药，因此最好先将大颗粒饲料筛出，充分混药后再将小颗粒饲料混入；或先喂混药的大颗粒饲料，后再喂筛下的小颗粒饲料。

c. 粉剂的倍量递增稀释：混饲剂一般为粉末剂。在粉料量较少时，先将粉料加 1 倍量的淀粉混匀后，然后再加 1 倍量淀粉混匀，以此倍量递增稀释至所需分量，随后才均匀分次撒入，边撒边拌直至混匀为止。也可用适量的混饲油（蒜油或植物油），也可用溶液剂（维他肝

精、康飞力)或将水、醋等先与药物混合,再和饲料混合,并充分拌匀,稍留置片刻待饲料将混合的药物充分吸附后,先少量投放供众鸽抢食,然后逐渐添加到全量饲用完毕。每次投药时的用饲量要比平时略少一些,这样才能保证每羽鸽摄入药物的剂量充足。

d. 拌饲容器大小要适宜:混饲容器不宜过小,不然难做到混匀。

e. 混饲耦合剂的选择:可用溶液剂,通常用维他肝精、康飞力等,先将两种液体单独或混合稀释后拌入。混饲油可用营养蒜油或其他食用植物油替代,先与饲料混匀后,再将药物(或保健品)均匀撒入拌匀。也可将药物(或保健品)先溶于水或混入混饲油中,然后再拌入饲料。

f. 注意用饲量:在用饲量减少时,不宜采取混饲给药。

g. 注意药饲的适应性:在初次混饲给药时,鸽可能会产生排斥现象,必须要有一个适应过程,因而对伴有食欲异常的发病鸽,还是选择个体给药法为好,以免延误治疗耽误病情。

h. 详细阅读产品说明书:使用前务必详细阅读产品说明书,按说明书[用法与用量]项下正确配制使用。在特殊情况下,也可通过医疗咨询,在兽医、兽药师指导下,进行与其他一种或几种药物配伍协同饲用;如用磺胺类药物宜与维生素

B_1 和维生素 K 佐合,而在用氨丙啉时如添加维生素 B_1 会降低抗球虫疗效。

③ 雾化给药法:将药物以气雾剂形式喷出,使分散成微粒飘浮于空气中,让鸽通过呼吸道吸入的给药方法。鸽的相对肺活量加上气囊和肺泡的表面积很大,且有极其丰富的毛细血管,雾化给药的药物吸收快,作用迅速,不仅能起到局部治疗作用,也能通过肺部吸收进入血液循环,发挥其更高疗效。由于药物从肺泡进入的速率会受周期性呼吸即肺部清除的影响,因此药物是以间断方式进入肺泡。肺泡也有一定的天然屏障作用,因而某些药物吸收较好,而有的药物仅能停留在肺泡而不易通过肺泡屏障,只能起到有限的局部药物作用。

a. 药物不能有刺激性:要求能溶于分泌物中吸收或随分泌物排出。否则不能吸收产生治疗作用,刺激性太大的药物不仅不能达到治疗作用,而且还可能引起药物刺激性炎症,引起肺泡严重充血、水肿反应而窒息死亡。

b. 控制雾化药物的微粒:微粒越细进入肺部气道越深,吸收疗效越好;过粗则大部分着落在上呼吸道大支气管表面,不能完全进入肺部深处吸收。研究认为进入肺部的微粒以 $0.5 \sim 5$ 微米为最

适合。

　　c. 正确控制药物的剂量：使用过程中要严密观察，正确控制药物剂量。

　　雾化给药法主要应用在有条件的诊疗室，使用雾化箱或供氧箱，在进行供氧的同时结合供药的超声雾化药物吸入，尤其应用于进行危重鸽的救治与抢救之中。此外，使用喷雾器喷雾或超声雾化器给药或熏蒸给药都类似于气雾给药，只是它的喷射动力装置中并不使用抛射剂而已。

　　2. 外用给药法

　　外用给药法目的在于局部治疗作用，因而又称局部用药法。多用于鸽的体表和创面、伤口治疗。方法有涂擦、撒布、喷洒、喷淋、喷雾、洗涤、药浴、熏蒸等。此外，还包括滴入（眼、鼻、口）等，属皮肤、黏膜局部用药。而鸽舍消毒、环境和用具消毒等，也该强附在外用给药法之列。

　　3. 注射给药法

　　属个体给药法。优点是给药剂量更为精确，且能快速直接吸收，且药物吸收更为完全，适宜于急病、重病救治；缺点是须配备注射器械和注射用针剂，需要基本的注射技巧。因而此法仅用于免疫接种、疾病预防注射和发病鸽的个体治疗。鸽常

用注射术部位如下。

　　（1）皮下注射术　多用于疫苗免疫接种。将药物注入颈部（颈枕部或颈基部）或腿内侧皮下疏松结缔组织中，经毛细血管吸收，一般10～15分钟后出现药效。刺激性药物及油类混悬剂等不宜皮下注射，否则易造成吸收不良、炎症性包块或硬结灶。

　　（2）胸部肌内注射术　将药物注入富含血管的胸部肌肉内，吸收速度比皮下注射快，一般经5～10分钟即可出现药效。肌内注射效果仅次于静脉注射。

　　鸽胸部肌肉丰满，靠前部和中部最为丰满，且血管丰富，药液吸收好，故注射部位选择在胸肌的中部，即龙骨近旁0.5～1厘米刺入，刺入不宜太深，刺入龙骨间隙，更要防止误将药物注入肝脏或体腔，以免造成死亡。注射时最好先将皮肤推移，将针头斜行刺入胸肌0.5～1厘米，尽可能固定针头，然后将药液推注完毕，随即将针头迅速拔出，使皮肤迅速复位按压片刻（切莫按揉，按揉会造成肌肉血肿），使针道快速闭合，且不在同一个平直线上，以减少注射后肌肉出血、血肿形成，尤其在治疗有出血倾向性疾病时，在注射后往往造成巨大血肿，引起失血衰竭而死亡。注射时动作要快速利落，扎针要稳、准、狠，千万不要迟疑不决，不然反而会加重注射损伤。

此外，须控制注射液的剂量，最好控制在 0.3～0.5 毫升之内，不宜超过 1 毫升。

胸肌注射常用于肉用鸽、观赏鸽和种鸽，而竞翔鸽参赛依赖于胸肌，如行胸肌注射会带来一定损害，故避免胸部肌注，宁可用腿部肌注。

(3) 腿部注射术　即腿部外侧肌肉处注射。注射方法同上。鸽腿部较细，要严格控制药物剂量，对刺激性较大的药液，不宜选择腿部注射，而要尽可能靠近腿根部外侧，以免误伤神经和药液渗透刺激鸽坐骨神经而引起跛行。

(4) 翼窝肌注射术　即翼根内侧肌注。将其一侧翅向外拉开，露出翼根部内侧肌，将针头斜行刺入肌肉深部（不能刺穿），然后将药液推入。对竞翔鸽极少采取翼窝肌注射。凡经翼窝肌注射后的鸽，也就不再放飞以免丢失。肌翼窝肌注射常用于组织液、细胞液的接种，免疫抗体、抗病因子注射、特种免疫接种、免疫类注射剂注射等。由于其药液能被邻近的胸腺、淋巴导管、淋巴组织所吸收，直接作用于淋巴免疫系统，发挥其更高的免疫效果。

此外，还有皮内注射、划痕接种气管注射、嗉囊注射、眼结膜下注射及关节腔注射术等应用较少。注意鸽和其他鸟类相同，不能进行胸腔和腹腔注射。

4. 输液术

指静脉注射给药法，又称静脉滴注或静脉点滴。将药物注射输入血液循环，直接作用于机体受体，因而药物作用发挥最快，适用于急救治疗和严重发病鸽治疗，以及使用注射量大、刺激性强的药物。但静脉注射的药物毒副反应与危险性也较大，可能会迅速出现剧烈而严重的不良反应。有的药物药液渗漏出血管外，可能会引起刺激反应或局部炎症。混悬液、油剂、易引起溶血或凝血的物质不可用静脉注射。凡药物使用说明书中没有标示供静脉注射的药物，也不能供静脉注射用。

静脉注射法是将鸽保定（即稳妥固定，可用尼龙袜、连裤袜、尼龙手套剪孔替代固定），在翅膀中部羽毛较少的凹陷处（称肱窝）、近体躯段较粗的翼根静脉，外侧翼下静脉或肱静脉，腿部外侧的大隐静脉，凡体表明显的静脉均可用于静脉注射。注射时先将注射部位皮肤消毒，用左手压住静脉根部，使静脉充盈增粗，然后将针头（4 号或 5 号头皮针头）斜行刺入静脉，见有回血，即将针头固定，将药液缓缓注入或滴入静脉，并用滴数计数。

静脉点滴的速度宜控制在每分钟 3～5 滴，开始时可稍微快一些。除严重失水鸽，按其失水的纠正程度，根据临诊症状观察适当调控外，一般每次输液总量不得超过鸽体重的 10％～12％,50～60 毫升。

静脉注射的优点是药效产生迅速,但要求较高熟练的医疗操作技术。尤其初次穿刺进入静脉时要防止将静脉刺穿,动作要准而轻柔,尽可能做到一针见血。如不慎将药物溢出或静脉刺穿,会明显地增加继续注射的难度,甚至注射失败。

5. 采血术

用于疾病诊断,以及鸽进出口时强制疫病检疫。采血部位取翼下静脉或肱静脉、大隐静脉。在紧急特殊情况下,静脉采血失败时,也可直接从心尖搏动最明显处垂直进针刺入心腔内,抽取定量的血液标本后迅速抽出。如今已有专用的采血器应市,待刺入心腔后自动抽取,至所需抽取量立即退出即可。

6. 灌洗嗉囊术

即灌饲法,又称灌食法。

(1) 双人操作法

① 辅助者:一手持鸽,另一手固定鸽头部,使头部向上并保持颈部平直。

② 操作者:取注射器接导管,并检查导管口应无毛糙,将导管蘸水轻轻由口咽插入通过食管到嗉囊(注意不可插入气门、气管),如系软性嗉囊炎则先要将嗉囊内容物尽量抽吸干净,然后用电解质溶液(甲袋1包溶于清水 1 000 毫升中)反复抽吸冲洗,直到抽出液体澄清无臭味,然后缓缓注入事先配制好的药液,灌饲完毕取出导管。每次灌饲量掌控在5～10毫升,不宜超过 20 毫升,特殊情况下可反复多次灌饲。

(2) 灌饲药液 分澄清液和混悬液。澄清液要求清澈透明、无沉淀物;混悬液要求颗粒均匀,使用前要摇匀或用注射器反复冲吸几次,随后抽取使用。

灌饲法操作全过程必须轻柔,切忌粗暴,防止食管损伤;一次灌饲量以嗉囊充盈达八成即可,宁可采取少量反复多次灌饲,如一次注入量过多,反而会导致呕吐;在插管过程中千万注意防止误入气道而引起窒息。

7. 清创缝合术

(1) 头皮清创、修补、整形缝合术 消毒创面和伤口周围的皮肤羽毛,消毒用 75％乙醇;不妨可稍微湿一些,以能充分浸润羽毛为度,皮肤消毒剂不可接触创面伤口;齐根剪除伤口周围影响视野的羽毛,同时仔细检查创面大小和伤口的深度、面积范围、损害程度等;清除伤口内沾染的羽毛、泥土、垃圾等污秽物,创面或伤口用 2％～3％双氧水或 0.05％新洁尔灭溶液等进行冲洗;同时试行对合伤口,尽可能使游离皮瓣能恢复到原位,对于无存活希望已发黑干枯的游离皮瓣及极度污秽的组织,在不影响修复的原则下进行适当修剪去除,对过于不规则的伤口,也可事先设计进行恰当修整移植。然后用经消毒的针线由里到外按解剖层次逐层对齐缝合,皮肤可逐针间隔外翻缝合,也可连续缝合。边缝合边进行伤口整理到满意为止,尽可能使伤口对合整齐恢复到原样。对无法修补的大面积缺损,可用"Z"形切开术,进行整形缝合。缝毕再进行一次皮肤消毒,手术鸽放入笼内静养休息,5 天后即可拆除皮肤外缝合线。缝合伤口一般不需覆盖纱布,擦伤等小面积暴露创面可涂些红汞(大面积不可用,以免引起汞中毒)。对易沾染污物部位的创面,可将附近经消毒处理的羽毛或油纱布沾贴覆盖在创面上,或直接连带外面缝合线一起结扎覆盖在创面上。

(2)嗉囊切开缝合术 暴露嗉囊切开部位,用乙醇消毒液浸渍手术区羽毛至湿润,也可齐根剪除部分手术区羽毛;于准备切开处的切口两侧先平行缝 4～6 对牵引缝线,也可将牵引缝线缝在纱布上,并覆盖切口两侧羽毛,作手术巾使用;切开皮肤,并提起,将皮肤与嗉囊间左右各分离 0.5～1 厘米(切开侧可稍微多一些);随后在嗉囊切开处两侧再做几道点状横向牵引线;切开嗉囊(切口不要太大,只要能将嗉囊内容物掏出即可),嗉囊与皮肤切口尽

可能不要选择在同一平面上;将嗉囊内容物清除干净;插入导管清洗嗉囊;嗉囊内容物、清洗液尽可能勿沾染切口创面;将嗉囊切口两侧牵引线打结(直接将牵引线移作缝合线用,正好黏膜面向里呈内翻缝合),若嗉囊缝合处感到还不够致密,可再加缝几针,直到完全致密不渗水为止;然后通过缝合处注入抗生素(庆大霉素 1 万单位,加水 5～10 毫升,)或其他药物,同时检查是否有药液渗漏,必要时在渗漏处再补缝几针,直到不再渗漏为止;缝合皮肤;其余处理同清创缝合术。

(3)嗉囊修补整合术 手术处理原则基本上同清创缝合术。嗉囊撕裂伤口一般极不规则,先要将嗉囊壁与皮肤进行分离,对于极为不规则处可整修切除;然后分层逐层缝合,切忌皮肤、嗉囊混在一起直达缝合,造成嗉囊壁的缺损;嗉囊黏膜层缝合时,黏膜面要尽可能对齐向内翻,中间不能有软组织嵌入。否则由于嗉囊壁缺损,造成鸽进食时嗉囊液侵蚀刺激组织而引起医源性溃疡。

8. 止翔术

止翔术是为防止引进鸽飞回自己原鸽舍,迫不得已采取的一种防止逃逸手段。但凡引进的鸽,均采取止翔或终生关棚饲养,有条件的大型鸽舍则建造一个大型运动场,

任其在大笼中飞翔运动，以免运动体能素质的下降，而更为重要的却是防止后天遗传基因的弱化。

止翔术主要用于动物园中供人们观赏的野生禽鸟，家舍养的观赏鸽等其分为暂时止翔术和永久止翔术两种。

(1) 暂时止翔术　用软绳或胶布带将单侧的初级飞羽捆扎住，或将初级飞羽上的羽片剪去，只留下羽轴。一般只需捆扎或修剪翅膀的一侧初级飞羽，以造成它两侧翅膀的不平衡，而制止其飞翔。捆扎或修剪后要常检查，防止捆扎绳带松脱，尤其成鸽的秋季换羽期间和幼鸽换羽期间，要常检查并继续修剪。此法较麻烦且有碍观赏，故仅作为临时措施已较少使用。

(2) 永久止翔术　一种长期限制其飞翔，使鸽永远失去飞翔能力的不可逆止翔手术。

① 断腱法：先固定鸽并展开翅膀腹面，清除前翅三分之一处羽毛，用乙醇消毒皮肤，用手术刀于前翅尺、桡骨间前端切开皮肤少许，挑出桡侧展腕（拇）肌肌腱，在牵拉此肌腱时，可伸展它的前翅（前臂）的初级飞羽使它展开，即可确认而将其剪去一小段（如只是单纯断离而不剪去一段，则很易产生肌腱粘连而导致手术失败）。然后在桡骨近端与肱骨远端关节连接处，寻找并挑出斜跨于两关节间，关节囊处的

肱桡肌，牵拉此肌时可使前翅前旋略外展，确认后依照前法剪除其肌腱部分一小段，肱桡肌在鸽起飞弹跳升空时，起到展翼拨风重要功能，因而切除肱桡肌可明显提高止翔术的手术效果。然后用丝线将皮肤缝合。断离该肌腱后既达到止翔目的，又不损害其美观和生理功能，是一种常用的止翔手术。止翔鸽只适用于田园场地宽广的落地棚舍或家舍，而对屋顶棚、露台棚则易造成高空跌落而失鸽。此外，鸽仍能扑翅跳跃，矮墙并不能阻止它的逃逸，因而本法只能用于归巢欲不太强的观赏鸽和已通过长期饲养而又不忍开家放弃的种鸽群；止翔鸽还得防止外来动物的入侵、抓捕对鸽造成的伤害。断腱法一般只需做单侧手术，使其双侧不平衡即可达到目的。

② 烧烙法：是破坏鸽一侧翅膀的初级飞羽毛囊，使飞羽不能再生的一种止翔法。手术时先将飞羽齐根剪断，再用电灼器（或电烙铁捆上一根粗铜丝替代）迅速插入羽根内，待羽轴烧焦后拔出，利用高温破坏毛囊，使其不能再生。此法会降低观赏鸽的观赏价值而极少采用。

9. 剖腹术

(1) 手术区准备　用75％乙醇消毒切口处皮肤、羽毛，可稍微湿润一些，使羽毛浸润湿透为度，随后齐根修剪部分手术区羽毛。

(2)浸润麻醉　用0.05%布比卡因或利多卡因2毫升于切口部位,分别于皮下、肌层逐层进行浸润麻醉(余下麻醉药液可供局部黏膜、腹腔黏膜涂布浸润麻醉用,每次手术总量不得超过5毫升)。

(3)缝手术巾　于手术切口处双侧分别缝上2片消毒手术巾。

(4)打开腹腔　于手术巾中间分层切开皮肤、腹部肌肉层,打开腹腔。

(5)关闭腹腔　按照正常解剖层次分层缝合;可间断缝合也可连续缝合。

整个手术中用的手术器械、手术巾、纱布、敷料等,须消毒处理(高压、浸泡、微波消毒),也可用一次性手术包。

10. 体表肿瘤摘除术

手术区准备、麻醉等同剖腹术:切开皮肤,暴露肿瘤,沿肿瘤周围逐层剥离;然后将肿瘤摘出,分层缝合,直缝至外层皮肤。需要注意的是,切口尽可能避开血管区,对出血点必须及时结扎止血或缝扎止血,手术时尽可能减少出血,对肿瘤蒂部或基底部处理,结扎止血必须牢靠,缝合时避免留有空隙或死腔。

11. 骨折整复固定术

骨折复位的手术方法如下:
① 引伸法:最简易复位法。即将骨折处牵拉引伸,然后用手指将骨折处抚顺撸平进行固定。

② 折角法:将骨折处先折成角,然后将骨折端对上原位,引伸拉直固定。

③ 牵引复位:对骨折面斜形的,复位后极不稳定,需牵引复位,将骨折上端(近端)先行固定,在夹板中间插入一根远端带钩铁丝或折成"U"形铁丝环,在骨折的远端裹上胶布或胶带,中间夹带一根橡皮筋,固定完毕后将橡皮筋套在铁丝环或带钩铁丝上,然后调节橡皮筋的拉力,直到肢体长度到位,骨折处会自动对合到位。注意只要求橡皮筋略有一些拉力,能使收缩痉挛的肌肉在橡皮筋持续牵引力之下,逐渐放松复原到肢体原有的长度,注意千万不可牵引过头而使骨折端分离,否则造成骨折愈合困难而产生骨不连。10～14天后将两端一起固定,剪除或折叠铁丝多余部,再固定7～10天即可解除所有固定。

固定材料,可用竹片、牙签、塑料片、硬纸板等替代。即将竹片、牙签等去除毛刺和毛边,削光或磨光不得带有棱角,再按需固定的部位截取不同的长度,用胶布或胶带固定。固定不能过紧,否则阻碍血液循环,引起肢体坏死。固定后1～2个小时再检查一下,将过紧处环形胶布或胶带剪开一些,随后补粘上胶布或胶带即可。

一般单纯性骨折，只要固定 2 周即可解除固定，也可分多次逐步解除固定。解除固定时不必强求一次完全解除，可单将固定的夹板取下，也可连同将粘住的毛片一起剪下，动作要轻柔。

凡骨折复原的鸽，基本上已丧失再参赛的资格，只能留作种鸽，或功勋鸽欣赏养老。

（三）鸽用药物常识与应用

药物是指用于治疗、预防及诊断疾病，有目的地调节动物生理功能并规定作用、用途、用法、用量的物质。可直接用于动物的药物制剂称制剂。制剂是根据药典、制剂规范或处方手册等收载的、比较稳定的处方制成的药物制品，具有较高的质量要求和一定的规格。

供配制各种制剂使用的药物称原料药。原料药不宜作为动物（鸽）药供作动物（鸽）直接使用。而必须通过制剂生产工艺制成不同的药物剂型使用。

我国所用的药物习惯上分"中药"和"西药"两大类。西药多数是用化学合成方法制成，因而也称"化学药物"，也有一部分是由天然药物加工提炼而成。中药大多数是天然药物，其中多以植物类为主，也有动物类药物和矿物类药物。在兽医

上，人们习惯将西药称为西兽药，将中药称为中兽药。

此外，还有用微生物或其毒素及动物血液、组织制成的药物称生物药品或生物制品，其中用得最多的是疫苗。也有兽医院、实验室、诊疗机构、临诊诊断用的免疫检测类试剂。它们都归属兽药之范畴。

1. 兽药相关常识

（1）兽药 指用于预防、治疗、诊断动物疾病或有目的地调节动物生理功能的物质（含药物饲料添加剂），包括：血清制品、疫苗、诊断制品、微生态制品、中药材、中成药、化学药品、抗生素、生化药品、放射性药品及外用杀虫剂、消毒剂等。

《中华人民共和国兽药典》（简称《中国兽药典》），是国家监督管理兽药质量的法定技术标准。《中国兽药典》（2010 年版）是我国兽药最新现行国家标准，是国家对兽药质量监督管理的技术法规，是兽药生产、经营、使用、检验和监督管理部门共同遵循的法定技术依据。

兽药质量不仅关系到畜禽等动物疾病的防治、关系到养殖业的持续稳定健康发展，还关系到人类的生存环境和人体健康。《兽药管理条例》对保证兽药质量，有效防治畜

禽等动物疾病,促进养殖业的发展和维护人体健康,发挥了重要的作用。但随着我国养殖业的快速发展和社会主义市场经济体制的逐步完善,兽药管理工作中也出现了一些新情况和新问题,如假、劣兽药时有出现;兽药的使用安全保障;兽药标准的制定不够统一;兽药的监督管理措施不够健全等。

（2）兽药《GMP》 GMP是Good Manufacturing Practice for Drugs 的缩写。是《药品生产质量管理规范》的简称,国际上对药品《GMP》的概念:包含人药和兽药。

《GMP》目的是"保证消费者获得高质量的药品",确保人（动物）的用药安全有效。

兽药《GMP》是对兽药生产全过程,实施严格的监督控制管理所采用的一系列法定技术规范;在兽药生产的全过程中,运用科学、合理、规范的产品生产工艺、生产条件、生产流程来确保产出优良兽药的一整套现代化国际科学管理体系。

（3）药品的外观识别常识 药物的外观性状是药物质量的重要保证,也是辨别其真伪纯杂的重要依据。在选购、使用与保存时必须详细检查鉴别。当然,药物质量的最终鉴别和鉴定,还需要通过药政管理部门的检验来确定。外观检查包括药物的包装、容器、标签和说明书。

① 包装:分为内包装与外包装。内包装指直接接触药品部分的包装材料;外包装指不直接接触药品的包装材料。包装应完整,必须粘有标签,注明"兽药"字样,并附有说明书。

② 容器:应密封。遇光易变质的药品应用避光容器盛装。瓶盖需紧盖不能松动或出现渗漏,针剂瓶塞、安瓿无裂缝、孔隙或渗漏等。

③ 标签、说明书:兽药说明书系指包含兽药有效成分、疗效、使用以及注意事项等基本信息的技术资料。按照《兽药管理条例》《兽药标签和说明书管理办法》规定,兽药标签、说明书的基本要求必须注明兽用标识、兽药名称（兽药通用名及进口兽药注册的正式品名。兽药商品名:系指某一兽药产品的专有商品名称）、主要成分、性状、药理作用、适应证（或功能与主治）、用法与用量、不良反应、注意事项、含量/包装规格、批准文号或《进口兽药登记许可证》证号、生产日期、生产批号、有效期、贮藏、包装数量、生产企业信息（包括企业名称、邮编、地址、电话、传真、电子邮址、网址）等内容。需逐一检查,内容应保持一致。

（4）兽药标准与批准文号 兽药生产企业生产兽药,应当取得国务院兽医行政管理部门核发的产品批准文号。兽药产品批准文号,是国务院兽医行政管理部门根据兽药国家标准、生产工艺和生产条件,批准兽药生产企业生产具体产品时核发的该兽药批准证明文件。产品批准文号统一由国务院兽医行政管理部门核发,产品批准文号的有效期为5年。

我国的兽药标准原来有国家标准、专业标准和地方标准,自2005年开始地方标准已不再核发,原有地方标准全部申报审核地方标准上升为国家标准。

(5) 药品的保质期与失效期

① 有效期:指药品在规定的贮藏条件下,能保证其质量的期限,即药品的使用有效期限。

② 失效期:指药品到此日期即超过安全有效范围。

凡购买和使用药物时,必须认清其有效期与失效期限。有效期不完全等同于保质期,而是指药品在规定的贮藏条件下,才能保证其质量的期限,即是在未能达到或超越其规定的贮藏条件下,药物的质量也就不能得到保证有效,因而在药物使用前不仅要检查其有效期,而更重要的是检查药物的外在质量,一旦出现性能改变、松散、潮解、变色、霉变、虫蛀等,仍不能使用。

(6) 药品的生产日期与批号 药品生产单位在药品生产过程中,将同一次投料、同一生产工艺生产的药品用同一个批号表示。批号表示生产日期和批次,可按批号推算出药品的有效期和存贮时间。

批号一般以6位数字表示,前两位数表示年份,中间两位数表示月份,最后两位数表示日期。如批号"160618",即2016年6月18日生产的药品。也可将批号直接定为8位数,即年份全列,如批号"20160618"。也有在6位数后面加一短线和数字,表示同一生产的批数,如"160618-3",即2016年6月18日生产的第三批药品。

此外,还有另一种批号表示法,如抗生素批号为"65-1016-15","65"为品种代号(也可是青霉素菌种的编码代号),"16"为2016年。"12"为12月份,"15"为第15批。

(7) 药物的贮藏和保存 指对兽药贮藏与保管的基本要求。药品应按兽药典中,该药品"贮藏"项下的规定和要求,制定药品说明书。除矿物药应置于干燥洁净处,不需要具体说明规定外,一般药物说明中,均以避光、密闭、密封、熔封或严封、阴凉处、凉暗处或常温下等标示注明。

① 避光:指用不透光的容器包装,如棕色容器或黑色包装材料包裹的无色透明或半透明及其他适宜容器。

② 密闭:指将容器密闭,以防止尘土和异物进入。

③ 密封：指将容器密封，以防止风化、吸潮、挥发或异物进入。

④ 熔封或严封：指将容器熔封或用适宜材料严封，以防止空气与水分的侵入和防止细菌污染。

⑤ 阴凉处：指不超过20℃。

⑥ 凉暗处：指避光且不超过20℃。

⑦ 冷处：指2～10℃。

⑧ 常温：指10～30℃。

⑨ 干燥处：指相对湿度在75%以下的通风干燥处。

药物的贮藏保存条件对确保药物的疗效非常重要，在有效期内的药物，却完全有可能因保管失当，而使药物变质，药效下降。

2. 药物的来源

(1) 天然药物　包括植物性药物，如人参、黄芪、薄荷、百部等；动物性药物，如鹿茸、胃蛋白酶、激素等；无机盐药物，如碘、锰、盐等；抗微生物药物，如青霉素、泰乐菌素等；此外，还有生物药品，如新城疫（鸽瘟）疫苗、抗毒血清、免疫血清等。

(2) 人工合成药物　又称化学合成药物。有磺胺类中的磺胺嘧啶、磺胺氯吡嗪钠等；有抗寄生虫药物左旋咪唑、吡喹酮等；有防腐消毒药新洁尔灭、高锰酸钾等。人工合成药物是当前鸽病防治中应用较多，也是目前药物发展的主流和方向。

3. 药物的作用

药物被吸收进入机体后，会对机体产生其特定的而具备应有的药理作用。因而在选择应用任何一种药物前，首先必须认识到药物的双重性，它既具有符合用药目的，达到防治对抗疾病的治疗作用，同时还可产生一些不符合用药目的，对治疗目的无益的副作用，甚至对机体有一定危害性和不良反应。因此，药物的作用可分为治疗作用与不良反应两部分来认识。

(1) 药物的治疗作用　在鸽病防治中，药物所能产生有利于鸽机体，促使健康恢复的作用称治疗作用。根据临诊应用的目的不同，治疗作用又分为以下两种。

① 对因治疗：指针对疾病产生的原因进行治疗，能解除发病原因的治疗作用称对因治疗。如使用抗生素、磺胺、抗寄生虫药等对细菌和寄生虫进行杀灭、抑制作用；解毒药物促进体内毒物消除；用维生素或微量元素等治疗鸽代谢性疾病等，属对因治疗，俗称"治本疗法"。

② 对症治疗：指针对疾病表现的症状进行治疗，解除症状。如消化不良应用助消化药，抗应激药物进行抗应激治疗等，属对症治疗，俗称"治标疗法"。

在临诊防治中，需按疾病的程

度不同,病情的轻重缓急,疾病的转归分清主次轻重,灵活运用对因治疗和对症治疗,以获得最佳治疗效果。

(2) 药物的不良反应　又称毒副作用。常见有副作用、毒性反应、过敏反应3种,还有不良后果,称继发反应。

① 药物副作用:在药物治疗剂量范围内进行治疗时,随同药物的治疗作用出现的一些与治疗目的无关的,或给机体带来不需要出现的药理作用不良影响,称副作用。如在应用某些抗生素的同时,药物在杀灭致病菌时,也杀灭了肠道益生菌株,从而造成肠道菌群平衡失调,引起消化不良等副作用。

② 药物毒性反应:在治疗时药物用量过大或用药时间过长,或鸽个体对该药物的敏感性较高,往往会产生一些超越鸽机体耐受能力的严重功能紊乱或病理损害作用,甚至导致死亡。这种药物对机体的损害性作用称毒性反应。这类药物绝大多数有一定毒性,毒性反应主要表现在对中枢神经、血液、呼吸、循环系统及肝、肾功能等损害,而这些毒性作用往往是其药理的延伸,是可预知和预防的,只要按其规定的药物剂量、疗程使用,一般可避免。也可在疗程结束后,采取保肝、护肾药物来中和、消除应用这些药物带来的影响损害。

③ 药物过敏反应:药物作用还存在个体差异,某些个体对某种药物的敏感程度比一般个体为高,所呈现的个体差异,这种病理反应称过敏反应。这种过敏性差异往往是由于遗传因素而引起的则称特异体质。在过敏反应中,其中有免疫机制参与的称变态反应,即首次接触药物致敏后,在再次给药时出现的过敏反应。如青霉素过敏反应就属此类反应。

④ 药物继发反应:药物治疗作用引起的不良后果,称继发反应。如长期应用抗生素引起的继发感染、二重感染。

(3) 药物动力学概念与药物作用　药物动力学简称药动学,就是"量"的概念下研究药物在机体内吸收、分布、生物转化和排泄过程的动态规律。这些过程综合表现为血液中药物浓度(简称血药浓度),随时间的延长而变化。这些药动学参数的变化以半衰期($t_{1/2}$)进行标示。

① 吸收:静脉注射时药物直接进入血液,故起效迅速。而其他给药途径用药时,药物首先需从用药部位,通过生物膜方能进入血液循环,这个过程称吸收。然后药物随血流分布到全身各器官、组织,发挥其药理作用。

影响药物吸收的因素较多。不同的给药途径,药物的吸收快慢会有明显的差异。按吸收快慢顺序排列：血液（静脉注射）＞肺部（吸入）＞肌内（注射）＞皮下（注射）＞直肠＞口服＞皮肤（涂、搽、擦、浸）。由于鸽体型太小，血液（静脉注射）需要一定的设备条件和操作技术，因而对外周循环衰竭（休克）的抢救急治往往难以实施；而平时用得最为普遍的是口服途径给药，药物需通过进入消化道，以扩散的方式透过胃肠黏膜吸收，且大多数药物是在小肠中吸收；胃肠道 pH 改变，会直接影响到药物的离解度，而影响吸收率。鸽肠道内对脂溶性非离子型药物就易于吸收。

②　分布：药物进入机体后对组织器官的作用强度与药物的分布也有较大差异。决定影响药物分布的因素有：药物与血浆蛋白的结合能力；药物与组织的亲和力；药物的理化特性和局部器官的血流量等因素有关。

③　代谢：肝脏是药物代谢（氧化、还原、水解、结合）的主要场所。肝功能不全时，药物代谢速率下降；药物易在体内蓄积而引起中毒，因而需适当减量或减量分次给药及减少给药的次数、总量和疗程。

④　排泄：肾脏是药物代谢后排泄的主要途径。多数药物经转化为极性较大和水溶性代谢产物而排出体外。当肾功能受损时，药物就会在体内蓄积造成中毒。

⑤　半衰期的概念及其应用：药物半衰期又称存留期。是指药物在血液（血浆）中衰减（存留）的浓度下降至一半的时间。它反映药物在体内消除的速度。这对维持控制该药物的有效血液浓度，掌握给药时间间隔有非常重要的参考价值。也是每位鸽友在实施疾病治疗前，详细阅读药物说明书时，所要理解和掌握的药理常识，并且按该药的半衰期（t1/2），结合鸽病的轻重缓急，进行恰当的调整增减药物的用法与用量，以及调节用药的时间（时限），以获得该药物的最佳疗效。

（4）影响药物作用的因素　药物作用的发挥受多方面复杂因素的影响。为合理正确地使用药物，就必须掌握影响药物作用的各种因素，以达到预期的疗效。

①　对症用药：每一种药物都有它的适应证，选用药时必须对症用药，否则属滥用药物，造成药物浪费，最重要的是延误病情。

②　选择最佳给药途径：按病情轻重缓急、用药目的及药物性质来确定最佳给药方法和用药途径。不过由于赛鸽饲养者多数缺乏鸽病医疗知识，医疗条件与医疗设备、医药配置不可能齐全，需要时可通过网络、电话等请教兽医或兽药师。有时也只好因地制宜，因陋就简，就地取材，尤其在紧急发病处于"缺医少药"的情况下，对鸽病的积极处治带来难以弥补挽回的影响。

③ 剂量、给药时限：药物的剂量指一日（24 小时计）的药物用量。为达到预期疗效，减少不良反应，投药和用药剂量要及时准确，尤其发病初期，为使药物及早吸收达到有效血药浓度，往往需要将二分之一日剂量，甚至一个日剂量，作为首次用药以期及时而有效地控制疾病转归，防止病情继续恶化。并按规定时限按时投药，保证按次给药，尤其晚间，有时为控制疾病的需要，要求能做到 24 小时按小时给药。

④ 药物因素：包括药物的理化性质与化学结构、药物的剂量、给药方法及药物在体内的代谢等。此外，联合用药也是重要因素。联合用药指同时使用两种或两种以上药物。联合用药会使药物的作用发生下列变化：

a. 无关作用：指两种以上药物联用时，其总的作用不超过联合中较强的一种药物单独应用的作用。如青霉素与磺胺类药物的联用。

b. 累加作用：指两种以上药物联用时，其结果相当于它们作用的相加。如土霉素与磺胺类药物联用。

c. 协同作用：又称增强作用。指两种以上药物联用时，其总作用比累加作用强。如磺胺类药物与甲氧苄胺联用时，其抗菌作用可增强至数倍至数十倍。

d. 拮抗作用：指两种以上药物联用时，其各种药物作用相反，而致使药物疗效降低或抵消，称拮抗作用。如阿托品与多潘立酮。

e. 配伍禁忌：指两种以上药物联用时，有的会产生理化性质的改变，使药物沉淀、分解、结块、变色，从而影响疗效，甚至失效或产生毒性。这种不能配合应用的药物称配伍禁忌。在处方与应用时应避免。如氨丙啉与呋喃硫胺，磺胺氯吡嗪钠与叶酸等。

⑤ 机体因素：机体是药物作用的对象，不同的机体，机体情况的多变，常会呈现出不同的药物作用。所以须按机体的具体情况正确用药。

a. 种属差异：不同种属的鸽因其组织结构、生理功能和生化反应方面的差异，对药物的敏感程度会有所不同。它常会发生在我们的周围，如在同一环境条件下饲养的鸽，在感染相同疾病的情况下，虽然它们的病因与发病程度相同，却对药物治疗的效果，有时会出现大相径庭的差异。

b. 个体差异：按理说同一种动物对同一种药物，多数有相似的敏感性和反应性。但个别机体会对药物出现特殊的敏感性和反应性。有的高敏性鸽，在使用小剂量时就会反应剧烈，甚至中毒死亡。有的却有较高耐受性，即使采取中毒量也未必引起中毒反应。这种现象多见于鸽舍驱蚊类制剂的使用及发生在驱虫类药物的使用过程中。

c. 性别、年龄差异：一般雄鸽个体比雌鸽大，对药物的耐受性较强，雄鸽用药的剂量应较雌鸽略大；而雌鸽对某些特殊药物的敏感性又较雄鸽要高，此时需要适当减少投药量；尤其处于产蛋高峰期的雌鸽，如用药不当，会刺激其生殖系统，使整个产蛋周期受到影响。

幼鸽用药务必更为慎重，因其组织器官尚未发育完善，而单位体重的含水量高，对药物的吸收利用率较低，虽它对药物的耐受性低，但它的代谢率却比成鸽高得多，对药物的解毒功能弱，排泄快，不但是剂量要适当减少，而且要慎用毒性反应大、刺激性强、大剂量药物。

对老龄鸽因代谢率下降，肝、肾解毒、排泄功能下降，对药物毒性的敏感性相对比成鸽高，易发生药物中毒，而疾病对药物的敏感程度下降，相对疾病的转归也慢，而疗效康复程度差得多，且易复发，故药用量就适当减少，投药宜反复多次，疗程需适当延长。

d. 体重与机体的功能状态差异：鸽体重大小是确定用药剂量的重要因素。体重大剂量必然要大；同时鸽的功能状态不同，对药物的敏感性也有所不同。尤其当肝、肾功能不全时，药物在体内的代谢和排泄发生障碍，可使药物作用显著加强或延长，有时会蓄积中毒。这

对于体型较大的鸽就需用普通鸽药物治疗剂量的 1.5 倍甚至 2 倍，或增加用药次数，即增加日单剂量。

⑥ 环境因素：环境条件能使鸽机体的功能状况发生改变，从而影响药物的敏感性。环境因素包括饲养管理条件的不同，外界环境的改变、季节气温的变化等。这些与机体的药物代谢率有关，代谢率越高药物代谢越快；反之天气越寒冷代谢率越低，药物的代谢率越慢。这会反映在饮水量上，代谢率越高饮水量越大，药物的代谢排泄越快；反之药物代谢排泄越慢。

4. 药物的保存

与药物质量的关系非常密切，是一项认真而细致的工作。药品往往保管不当而导致过早变质而失效不能使用。促使变质和失效的因素有：

(1) 空气　空气中含 1/5 的氧，氧的化学性质非常活泼，可使许多有还原性的药物氧化变质。

(2) 光线　日光可使许多药品直接发生或促使发生化学反应（氧化、还原、分解、聚合）而变质。其中主要是紫外线的光合作用。

(3) 温度　温度增高不仅使药品的挥发速度加快，更主要的是促进氧化、分解等化学反应而加速药品的变质。因而有的药品在室温下存放很易失效，需低温冷藏（注意并

非速冻。如速冻会促成药品变质或容器破裂)保存(如生物制品、疫苗等)。

(4)湿度 湿度随地区、季节、气温的变化而波动,对药品保存的影响较大。湿度过高,促使药品吸湿而发生潮解、稀释、变形、霉变;湿度过低,使含结晶水的药品风化(失结晶水)变质。一般需干燥保存的药品都会放置干燥剂。

(5)微生物与昆虫 微生物与昆虫侵入露置空气的药品而使其发生腐败、发酵、霉变与虫蛀等。

(6)时间 任何药品贮藏时间过久,均会发生变质,只是不同的药品发生变化的速度不同。因而所有药品都规定有其特定的保存期限,一般须在有效期限前使用。对于没按贮藏条件保存的药品,也可能提早失效,而能严格按贮藏条件保存的药品,则完全可延长其药品的失效期限,但最长期限不得超过包装标明的有效使用期限。

5. 药物的剂型与投药途径、使用方法

药物制剂的形态称剂型,一般分为液体剂型、半固体剂型、固体剂型和气雾剂型等。

(1)液体剂型

①注射剂:又称针剂。指分装灌封于特别容器中的灭菌制剂,专供注射给药的一种剂型。

应用各种注射液时,应根据鸽的剂量、药物的规格,计算出注射剂量,供注射使用。

水针剂如遇裂瓶、漏气、混浊、沉淀、澄明度不合规定、色泽改变、长霉、出现异物颗粒;粉针剂粘瓶、溶化、结块、裂瓶、漏气、变色、溶解后澄明度不符合规定;混悬注射液振摇后出现较快分层等现象,均不可供注射用。

②溶液剂:一种无挥发性可供内服或外用的透明液体。

溶液剂常用百分浓度表示溶液浓度。如药物主药原料为固体,按重量与体积的百分浓度表示,以"%"表示,即在100毫升溶液中含溶质(药物固体)的克数。如4%氧氟沙星溶液,指在100毫升的氧氟沙星溶液中含氧氟沙星4克。如药物主药原料为液体,就按体积与体积的百分浓度表示,即在100毫升溶液中含溶质(药物液体)的体积(容积)毫升数表示,例如5%新洁尔灭溶液,指在100毫升溶液中含新洁尔灭5毫升。

溶液剂如遇有分层、分解、氧化、沉淀、变色、混浊、霉变、不澄明、性状改变、出现泡沫、酸败、异物、渗漏、挥发、装量不一等现象时,均不可继续使用。

③滴眼剂:指直接用于眼的外用剂型。以水溶液为主,也有少数混悬液制剂。要求类似注射剂,

但对氢离子浓度（pH）、渗透压、无菌、澄明度等有其相应的特殊要求。如地塞米松滴眼液等。

④滴鼻剂：指直接用于滴鼻用的外用剂型。以水溶液为主，也有少数混悬液或油类制剂。质量要求仅次于滴眼剂，对氢离子浓度（pH）、渗透压等有其相应的特殊要求。如鱼腥草滴鼻液等。

一般情况下尽可能做到一剂一用，但在特殊环境条件下，尤其在医疗条件匮乏的地区和医药箱配备不齐的情况下，以及在救病（命）似救火的特定条件下，滴眼液可供滴鼻使用，滴眼（鼻）液可供内服或灌胃使用，内服液可供外用；而在特殊医疗条件下，注射剂也可供口服使用（注意计算核定其使用剂量），由于注射剂配制时的渗透压与滴眼液不同，因而注射剂一般不能供作滴眼剂用。相反则滴鼻液却不能供作滴眼剂用，内服液不能供作滴眼（鼻）剂用，依此类推。

⑤煎剂：指生药材加水煎煮一定时间后，滤过而得到的液体剂型。如绿色精煎剂等。而临诊使用最多的是中药（中草药）煎剂，煎剂如遇有霉变、发酵、酸败、性状改变等现象时不能使用。

⑥浸剂：指生药材的水性浸出制剂。可用沸水（冲泡）、温水或冷水等将药材浸泡一定时间后，滤过而得的液体剂型。如百部浸剂

等。其性能和使用要求类同于煎剂。

⑦酊剂：指用不同浓度乙醇浸制生药或溶解化学药物而制成的液体溶剂。如碘酊、龙胆酊等。绝大多数酊剂是专供外用的，仅少数酊剂是稀释后供鸽内服用的，其使用的剂量也极微，因而在使用时务必注意校对配制的浓度。酊剂如遇有严重挥发、发霉、变色、大量析出等现象时，均不能使用。

⑧醑剂：指挥发性有机药物的乙醇溶液。供内服或外用。如薄荷醑、丁香醑等。其性能和使用要求类同于酊剂。

（2）半固体剂型

①软膏剂：指药物用适宜的赋形剂（基质）进行均匀混合，而制成的易于涂布于皮肤、黏膜、创面或眼用的外用半固体剂型。如阿昔洛韦软膏和阿昔洛韦眼膏等。软膏剂如有油腐败、异味、析出变稀或变稠、变色、分层、明显颗粒、硬结、干缩、漏油等现象就不能续用。

②流浸膏与浸膏剂：指将生药材的浸出液，除去一部分溶媒的浓度较高的液体剂型为流浸膏制剂，而经浓缩后呈现为膏状的半固体或干粉状的固体剂型为浸膏制剂。如黄芪多糖浸膏、刺五茄干浸膏等。浸膏剂如遇异臭或酸败等现象时就不可使用。

(3) 固体剂型

① 胶囊剂：指一种或一种以上药物充填空胶囊中制成的固体剂型。如泰乐菌素胶囊、磺胺氯吡嗪钠胶囊等。另有一种是将药液密封装入软胶囊中的固体剂型，称软胶囊制剂，如鱼肝油丸、维生素 E 丸等。而将前者称硬胶囊。其空胶囊原以明胶为主要原料制成，因此又称明胶胶囊。胶囊剂如遇有胶囊吸潮、粘结、变形、漏粉、漏油、爆裂、变色、色斑、异臭、霉变、生虫等现象均不能使用。

② 微囊剂：即微型胶囊剂。系利用天然或合成的高分子材料（通称囊材），将固体或液体药物（通称囊芯物）包裹成直径 1～5 000 微米的微小胶囊。药物的微囊可根据临诊需要制成胶囊剂、粉剂、片剂以及软膏剂等多种剂型。微囊剂有提高药物稳定性、延缓或延长药物释放时限、掩盖不良气味、降低药物副作用、避免药物配伍禁忌等优点。微囊制剂有维生素 C 微囊、维生素 E 微囊等。

③ 片剂：指一种或一种以上药物经与赋形剂混合压制成片状的固体剂型。供内服或外用，如左旋咪唑片、四环素片等。片剂如遇有潮解、松散、粘瓶、霉变、生虫、变色、裂片、碎片、片重大小不一、色泽改变或出现色斑等现象时，不宜续用。

④ 丸剂：指一种或一种以上药物经与赋形剂混合或直接泛制成球形或椭圆形的丸状固体剂型制剂。其通常是由主药、赋形剂、黏合剂三部分组成，另有一种大丸剂剂型制剂，主要是供给大型动物使用，鸽一般适宜使用 4～5 毫米（豌豆般大小）或≤10 毫米丸剂，供内服或饲用。如大力丸、红土丸、蒜素丸等。丸剂如遇有潮解、松散、霉变、生虫、变色、裂解等现象时，则不宜续用。

⑤ 颗粒剂：指一种或一种以上药物经与赋形剂混合直接泛制或挤压膨化成颗粒状或圆柱状的固体剂型。供饲用，如营养颗粒饲料等。颗粒剂如遇有潮解、松散、霉变、生虫、变色等现象时，不宜续用。

⑥ 粉剂：指一种或一种以上的化学药品均匀混合而制成的干燥粉末状固体剂型。供（混饲）内服或外用。如复方氨丙啉、氯羟吡啶（克球粉）等。

⑦ 可溶性粉：指一种或几种化学药物（如药物饲料添加剂）与助剂、助悬剂等辅料（赋形剂）制成，供溶解于水用的干燥粉末状固体制剂型。供（混饮、混饲）内服。如甲硝唑可溶性粉、恩诺沙星可溶性粉等。此类粉剂往往有较强的吸潮性，需密闭干燥保存，如出现潮解、结块、霉变、虫蛀、变性、变色、装量不一等现象时，不宜续用。

⑧ 散剂：指一种或一种以上的中药药品经粉碎均匀混合制成的干燥粉末状固体剂型。供内服的如苍薄散，供外用的如复方百部沐浴散，还有专供混于饲料中的饲料添加剂等。散剂如出现潮解、结块、霉变、虫蛀、明显变性、变色等现象时，不宜续用。

⑨ 预混剂：指一种或几种药物与适宜的基质（赋形剂或吸附剂）均匀混合制成供添加于饲料中混饲（混饮）用的药物饲料添加剂。使用时将它均匀混合于饲料中，以能达到使药物微量成分均匀分散的目的。常用的赋形剂或吸附剂如碳酸钙、玉米淀粉、酵母粉等。

(4) 气雾剂型

① 凝聚气雾剂：指通过化学反应或加温而形成的药物过饱和蒸气制剂。如食用醋加热产生的蒸气，福尔马林加高锰酸钾产生高温形成的蒸气。

② 气雾剂：指药物与抛射剂密封装置于带有阀门的耐压容器中的液体药剂，使用时借助于抛射剂产生的压力，定量或非定量地将容器内药物以气雾状、糊状或泡沫状形式喷出的制剂。鸽药中多用于杀虫类制剂，也有空间消毒、除臭剂类制剂。

③ 喷雾剂：指借助于机械（喷雾器或雾化器）作用将药物溶液或药粉喷成雾状的制剂。药物喷出时呈现雾状微粒或微滴，以供鸽吸入给药，或供鸽舍、环境消毒时使用，如疫苗的超声雾化吸入剂等。

(5) 新剂型 随高分子技术和生物技术的融合发展，现代制剂技术的更新和发展，已有大量的新剂型不断推出，如有肛用栓剂、灌肠剂、灌胃剂、缓释剂、埋植剂、贴皮剂等。

药物的使用，一般尽量简化，能口服的尽量不采取注射给药，以将药物的副作用和风险降低至最低程度。从安全系数而言，同种药物不同的给药途径，口服用药的安全系数要大于肌肉注射用药，肌内注射用药的安全系数大于静脉用药，虽注射用药的作用和药效发挥速度要明显快得多，但它同时也对药物剂量的准确掌握提出更高的要求，此外，还由于每羽鸽对于药物的敏感程度和副作用截然不同，故而也增加了医疗风险。

6. 药物的剂量

药物的剂量是指药物对机体产生一定药理作用的量。通常指防治疾病所需药物的用量。药物剂量可决定药物与机体组织器官相互作用的浓度，任何药物的使用都须有一个合适的剂量范围，而这个剂量范围被机体吸收后，才能达到有效的药物浓度，只有在达到一定的药物浓度后，才能出现一定的药物药理作用,在此范围内,剂量愈大,药物浓度愈高,药物作用愈强;剂量愈小,作用就愈弱。如剂量过小,在体内就不能获得有效的药物浓度,药物就不能发挥其应有的药理作用。但如剂量过大,超过机体的限度,药物的药理作用可能就会出现质的变化,反而对机体产生不同程度的毒性。因此,使用药物的剂量范围,既要能发挥药物的有效药理功能,同时又必须避免其药物不良反应的产生,需要严格地掌握使用药物的剂量。

(1) 药物剂量的概念

① 最小有效量:药物达到开始出现药效的剂量。

② 极量:指安全用药的极限剂量。

③ 治疗量(常用量):指临诊常用的有效剂量范围。它高于最小有效量,而低于药物的极量。

④ 最小中毒量:指药物超越极量,使机体开始出现中毒的剂量。

⑤ 中毒量:指大于最小中毒量,使机体中毒的剂量。

⑥ 致死量:引起机体死亡的剂量。

⑦ 药物的安全剂量:指最小有效量与极量之间的剂量范围。安全范围广的药物,其安全性大;安全范围窄的药物,其安全性就小。

按照药物使用说明书管理规范规定,部分药物必须标示其药理作用与药代动力学,标示出引用该药物在实验研究过程中,经过统计学计算出来的半数致死量(LD_{50})及半数有效量(ED_{50})。

⑧ 半数致死量:指投给一定数量药物后,引起半数动物死亡的剂量。并以半数动物死亡为标准,作为测定药物急性毒性的指标。

⑨ 半数有效量:指药物在一群动物中引起半数动物阳性反应的剂量。半数致死量越小,则表明药物的安全度越高。因而 LD_{50}/LD_{50} 作为药物安全度的指标。其比值越大,则安全度越高;比值越小,则安全度也越小。这个比值常称为治疗指数。

(2) 药物剂量的表示 药物剂量指一日(24 小时计)的用量。

① 药物计量单位:一般固体药物用重量单位表示,液体药物用容量单位表示。按照 1984 年国务院关于在我国统一实行法定计量单位的命令,规定一律采用法定计量单位:千克(kg)、克(g)、毫克(mg),是固体、半固体剂型药物的常用剂量单位;升(L)、毫升(ml),是液体剂型药物的常用剂量单位;单位(U),是某些抗生素、激素和维生素的常用特定剂量单位;国际单位(IU)。

② 治疗剂量：

1次量	即1次使用的剂量，又称为单剂量
1日量	即1日内数次应用药物的总剂量
疗程治疗量	即持续数日、数周使用药物的总剂量

③ 个体给药剂量：即每羽鸽药物应用的1次剂量。表示个体给药时，其剂量常用剂量/羽表示，对其他禽鸟给药也可用剂量/千克体重表示。赛鸽、观赏鸽的体重，每羽一般在450～550克，除个别特殊药物外，一般常用药物的剂量估算，按照惯例以1千克体重的药物剂量作为每羽赛鸽、观赏鸽的常规剂量。

④ 给药次数、疗程、间隔时限：少数药物只需1次投药即可达到治疗目的，如肠道驱蠕虫药。但对大多数药物而言，则必须重复疗程给药才能奏效。为维持药物在体内的有效浓度获得疗效，而同时又不至于出现毒性反应，就需注意合理掌握给药次数与重复给药的间隔时间。对大多数普通药，1天可给药2～3次，直至达到完全治愈的目的。尤其对抗微生物药物必须在一定期限内连续定时给药，这个期限称疗程。当一个疗程不能控制时，应分析原因，决定是否需要再进行第二个疗程，或更换药物，调整治疗方案。

值得注意的是，给药的次数、疗程和间隔时限，可参照该药物的动力学原理和药理作用，也可参照人、动物、禽药，不过鸽体形较小，新陈代谢却快得多，疾病和转归变化也快得多，因而在吃不准的情况下，宁可采取小剂量、反复多次给药，根据临诊观察结果逐步调节，防止药物过量而发生医疗过失事故。

⑤ 群体给药剂量：在用混饲、混饮等群体给药法时，常用兆比率（ppm）即百万分率来表示饲料或饮水中所含药物的浓度。

百万分率与百分浓度互相换算，如将％换算成ppm，应将小数点向右移4位数，例如，600 ppm＝0.06％。

7. 常用药物药理常识和应用

药物不仅仅是单纯指发生疾病后才选用的，其还包括疾病预防、健康保健、鸽舍消毒等，日常应用的疫苗、营养饲料添加剂、赛期保健、消毒剂等。为正确地使用药物，达到有效防治鸽病的目的，掌握鸽病常用药物基础药理知识显得更为重要。

（1）鸽用药物的药理作用和应用特点　要做好鸽病防治工作，需注意以下几个方面。

① 药物的敏感性：鸽对某些药物产生不同的敏感性，在应用时务必谨慎。如鸽对除虫菊酯、有机

磷酯类药物非常敏感,畜类常规使用的敌百虫就不能供鸽作为内服驱虫药使用,即使外用也应特别注意,以免引起中毒。此外,鸽对呋喃类药物也非常敏感,剂量安全范围也较小,剂量稍大或连续使用,会引起毒性反应。

② 鸽生理、生化特点:鸽与其他动物不同,鸽舌黏膜的味觉乳头(味蕾)较少,食物在口腔内停留的时间很短,所以不宜用哺乳动物常用的苦味剂作为健胃药使用,苦味剂会引起鸽呕吐,不能起到反射性健胃作用;相反可选用大蒜、醋等作为健胃助消化剂使用。

a. 鸽的呕逆行为:与其他禽类的呕逆和哺乳动物有所不同,当禽鸟发生嗉囊积食或药物毒物中毒时,它们不能采取催吐类药物催吐,而须立即行嗉囊切开术,清除毒物和清洗嗉囊。鸽偶尔发生呕吐似乎算不了什么,且食管对固体药物的接受、适应能力和耐受性要强得多,所以有好多药物非常容易引起鸽的呕吐反应,且并非都是药物过敏反应所引起,且与药物性质无关,还得进一步加以分析鉴别。

b. 鸽的气囊特性:鸽的气体交换通过肺部循肺内导管道进出于气囊的特殊结构,促使药物进入呼吸道后,与呼吸道黏膜接触的表面积增大,药物的吸收量更完全,故喷雾法和雾化法更适应于鸽病防治

中应用。

c. 鸽用药物的转化代谢:药物的转化代谢过程需各种药物代谢酶的参与,而鸽体内缺乏羟化酶,因而不易氧化巴比妥类药物,在对鸽手术时,应慎用巴比妥类药物。这类药会产生持久的抑制功能,使鸽难以苏醒而长眠于世。

d. 鸽用药物代谢特性:鸽与人和其他哺乳动物、大型禽类不同,各种药物在体内的药物代谢过程中,其药物动力参数和衰减指数变化往往不同。通过药物代谢动力学研究,证明大多数药物的代谢参数比人和其他哺乳动物、大型禽类要高得多,某些在人体内为长效或中效药物,而在禽(鸽)体内却为中效或短效。如周效磺胺(SDM),在人体内的半衰期为 150 小时,而在鸡体内的半衰期仅 39.78 小时,已无周效特点,而鸽可能更低。因此需要根据药物代谢动力学要求掌握药物在鸽体内代谢的参数规律,确定各种药物的最佳剂量和有效给药方案,达到正确用药目的。

③ 药物的双重性:即对鸽病的治疗作用和对鸽体的毒副作用。如用抗生素、磺胺类、抗寄生虫药物等化学药物治疗时,药物对鸽体内的细菌和寄生虫有直接的抑制和杀灭作用。而另一方面却在使用药物的过程中,由于药物剂量过大或用药疗程过长等情况下,产生严重的

脏器损害,发生鸽之间的个体差异,个别鸽过敏反应,甚至对该药物的耐受性差而发生药物中毒死亡。如喹乙醇、痢特灵、磺胺类等可能会产生不等程度的药物毒副反应,尤其在机体严重脱水、电解质平衡失调、酸中毒未能得到纠正的情况下,会增加药物的毒副反应。因而在选用药物的同时,要充分了解该药物的药理作用特点,准确计算掌握运用药物的剂量、用药途径、首次投药剂量和每天用药次数、疗程,力求避免和减少药物对鸽的毒副作用。

④ 药物的安全与残留:用药前务必详细阅读药物说明书;在大型群体给药前,最好能先开展小群(小组)给药试验,以便确定更合理的用量;必要时还应咨询兽医、兽药师;至于药物残留,赛鸽和观赏鸽不涉及停药期问题。

⑤ 药物的可信度:高度警惕防止假药、伪劣药品导入,掌握药物真伪鉴别常识,尽可能选择正规厂家生产可信度高的药品,且注意药品的生产日期、批号、失效期等。

⑥ 注意赛鸽、观赏鸽与肉用商品鸽的区别:赛鸽、观赏鸽由于饲养的目标不同,因而无论在查阅资料和阅读药物使用说明书时,要注意分辨它们与肉用商品鸽之间存在着明显的区别。赛鸽、观赏鸽为非食用动物,因而无须考虑药物残留问题,而肉鸽须在屠宰前 15～20 天不宜使用抗生素,对不明确的药物,按规定需 30 天停药期,以免产生食物链残留危害人类健康。此外,尚有的肉用鸽繁殖场采取暗箱操作,长期添加使用抗生素,或抗生素类促生长剂,而这些对赛鸽、观赏鸽而言,是不允许模仿参照的。

(2) 抗生素、抗菌消炎类化学药物的应用原则　近年来,抗生素和抗菌消炎类药物,已为临诊普及应用,尤其它们在控制细菌和其他病原体感染性疾病方面,已成为难以替代的主要常规用药物。但这类药物的使用不当,也会产生许多不良的后果,值得引起足够的重视,在使用这些抗生素药物和抗菌消炎类药物的同时,应注意以下几个方面的问题。

① 严格掌握适应证:要根据临诊症状判断明确诊断,分析致病菌的归属分类和药物的抗菌谱,首先要判断明确大致是革兰阳性菌感染,还是革兰阴性菌感染,有条件的最好做药敏试验,以选择最敏感、最有效、抗菌谱广的药物,做到早期诊断、早期治疗。

② 掌握药物剂量和用法:详细阅读产品说明书,按说明书用量、用法、疗程、给药途径正确使用。剂量太小达不到治疗作用和预期效果,剂量太大会引起不必要的药物毒性反应。一般首次用药时剂量宜大,以使其在短时间内达到有效血

液体液抑菌浓度，及时有效控制病原体，并维持有效抑菌峰值(抑菌浓度)，不能让病原体有任何喘息机会，以在最短时期内消灭入侵机体的所有病原体；而对急性传染病和严重感染时，剂量也宜稍大；而在选择某些对肝、肾有损害的抗生素时，对肝、肾功能不良的鸽需酌情减量应用，或采取反复多次小剂量投药。

③ 根据病情按照疗程投药：要按不同病情，机体对药物敏感程度等合理调整，按说明书要求尽可能选择吸收更完全的用药途径，按投药的次数、疗程进行全程治疗。一般传染病与感染性疾患至少应连用药3~5天，直至症状消失后，再用维持剂量2~3天，切忌过早停药而导致疾病复发，否则反而会诱导病原体对该药物的耐药性产生。一般传染病与感染性疾病用的抗生素，在剂量充足的情况下，如用3天无效或作用不明显，就应考虑是否对该药物不敏感或已产生耐药性。

④ 给药途径方法的选择：严重感染、急症、病情恶化时均采取注射给药，一般感染和消化道感染以内服药物为宜，但严重消化道感染及有产生菌血症、败血症可能，或在出现危险症状先兆时，也应选择注射与内服药物并用。对发病鸽的治疗尽可能采取个体用药；对饮水量减少及无法正常饮水的病鸽，不宜混饮给药，同样对于进饲失常的病

鸽也不宜混饲给药。

⑤ 药物禁忌、不良反应和药物副作用：通过说明书掌握药物使用禁忌、不良反应和药物副作用，按使用说明根据自己临诊经验积累，必要时可请教兽医或兽药师，实施具体治疗方案，且还得按鸽的个性特点，疾病情况，以及对药物的敏感程度和对药物的耐受性，疾病的转归不同等，通过严密观察进行调整，灵活掌握应用。

⑥ 切忌滥用抗生素：长期滥用抗生素对鸽肯定有害无益，因而对参赛竞翔鸽要不用药少用药，要坚持淘汰没有参赛育种价值的亚健康鸽；在防治病毒性疾病时更要合理应用抗生素。

⑦ 防止产生耐药性：按抗生素的抗菌谱、适应证选择敏感的抗生素；投药时剂量要充足、到位；不要反复更换，随意停药，间断用药或中断疗程；在疗程治疗时，不能给予病原体有任何喘息的机会，以防止死灰复燃，导致疾病的复发和防止病原体对该药物的耐药性产生；必要时选择两种甚至两种以上抗生素联合、协同或交替使用。

⑧ 抗生素的联合应用：结合药理和临诊经验慎重选用，需要时通过联合应用相互协同增强疗效，如青霉素和链霉素，磺胺类药物与甲氧苄啶等。但也有两种药物相互间配伍禁忌产生拮抗而降低药物疗

效,如恩诺沙星与泰乐菌素等。此外,两种药物同时用会明显增加其药物毒性,尤其同一类药物一般不宜同时用,其非但不能增加抗菌作用,反而会增加机体负担,增加药物的毒性,如土霉素与四环素、氯霉素、金霉素,红霉素与螺旋霉素、泰乐菌素,庆大霉素与链霉素、卡那霉素等,前者增加肝脏负担引起肝功能损害,后者增加肾脏负担,以及引起听神经、前庭神经毒性损害。

⑨ 免疫干扰作用:某些抗生素在治疗疾病同时有抑制免疫功能作用,如庆大霉素、金霉素等。此外,抗生素对某些活菌苗的主动免疫过程有干扰作用,将接种菌苗的微生物抑制或杀灭,影响机体免疫抗体的产生。因此,在各种活菌苗预防接种同时不宜用抗生素。

一般抗生素主要从微生物的培养液中提取,目前已进入人工合成或半合成领域,突破了抗生素的生产瓶颈,同时为改善其抗菌性能,减少药物毒性及其副作用,扩大临诊应用范围开辟了广阔的前景。

(3) 抗寄生虫药物的应用原则
目前对鸽危害最大的寄生虫病是球虫病和毛滴虫病。在用抗寄生虫药物治疗同时需注意以下问题:

① 药物的耐药性:以球虫为例,在抗球虫治疗中,最大的困惑是产生耐药性问题,因而要求用药剂量准确、充足、到位,且定时、按疗程给药,按球虫生活史规律,首次疗程不得少于7天,以后不得少于5天。且用两种抑制不同生活周期的抗球虫药物组成复方抗球虫药物供联合应用;且每两年进行一次产品轮换,即换用另一种抗球虫药物。

② 强化饲养管理:寄生虫清理治疗后须加强管理,防止寄生虫再感染,无论蛔虫、绦虫、吸虫等都存在"再感染"问题。

③ 了解生活史:掌握每种寄生虫生活史规律,对疾病预防治疗都有较大帮助。

④ 药物的作用峰期:针对不同的寄生虫,选用不同的抗寄生虫药物,而药物有它发挥药理作用的峰期。如抗球虫药物作用的峰期是在第四天,因此疗程需延长至5~7天。

⑤ 药物的伤害作用:除左旋咪唑类药物外,大多数抗寄生虫药物或多或少会对机体有不利影响。其共同药理作用特点是:要能杀灭或将寄生虫驱除出体外,而不至于伤害鸽的健康为目的。因而近年来医学界已放弃过去那种常规定期周期性盲目驱虫做法,主张"有虫驱虫"的新理念。

⑥ 换羽期影响:详细阅读药物使用说明书,防止或减轻药物副作用的发生。有不少抗寄生虫药物会影响羽条血管床微循环,引起微血管痉挛或微循环障碍,产生血供不良,影响羽毛生长,使新生羽羽杆

产生紧迫纹,甚至影响新生羽生长,发生羽条干枯、羽条脱落、羽小枝结构不良等,因而对赛鸽、观赏鸽不主张换羽期驱虫。

(4) 中兽药在鸽病防治方面的应用 中兽药一般为天然药物,毒副作用小,具有平衡阴阳、祛邪扶正、标本兼治等特点。

① 中医中药临诊疗效肯定:在现代生物技术和现代药学理论的指导下,经体内实验证实,许多中草药对细菌病和病毒病有治疗作用。体外实验证实,清热解毒类、补虚类和泻下类等单味药、白头翁、黄连解毒汤等方剂药,有明显抑制细菌繁殖的作用。其抗菌作用虽不及抗生素,但其最大优点是不会产生耐药性,因此在治疗鸽病方面具有独特的优势。

近年来,国内外研究结果证实,如黄酮苷、生物碱、挥发油、多糖类等多种中草药活性成分有明显抗病毒作用,如黄芪多糖对传染性喉气管炎等有较明显抑制作用。中草药的抗病毒机制是,一方面直接抑制细菌和病毒繁殖,另一方面调节机体免疫力,从而增强抗病能力。很大程度上能达到修复鸽免疫器官功能,起到防病治病"未病先治"的效果。同时,中草药的合理使用,可达到临诊上一般西药无法替代的优异表现。如抗病毒、抗应激,增强免疫功能和免疫增强佐剂

等作用。

② 中草药的有效活性成分:中草药的活性成分较为丰富,如含蛋白质、氨基酸、维生素、油脂、树脂、糖类、植物色素、各种微量元素及大量有机酸类、酶、生物碱、多糖类、鞣质等。这些丰富的营养素有明显的促进生长保健作用。

③ 中草药的种类和使用:按《中药大辞典》中收载的中药大致有5 767味,其中植物药4 773味,动物药740味,矿物药82味,传统作为单味药使用的加工制成品(如谷麦芽、神曲)等172味。使用中草药要注意可以是,一种植(动)物可以有几个组成部分供药用,且各个部分有不同药理功用。

此外,中药材的名称较混乱,一种药物可以有几个名称,即有中药的正名、异名、原名、别名、地方名、土名、俗名、习用名及处方名等。也存在有一种名称却是两个甚至于多个不同药物。为避免药用应用时混淆,在处方用药、阅读医学、中兽医学参考书籍,以及药用产品交流申报和有效成分鉴定时,必须按照《中国药典》《中国兽药典》的正名进行命名。而在国际交流中,国际所通用的动、植物命名是以拉丁文学名表示,因而还需同时提供拉丁学名。

一种药物由于产地、采集季节的不同,或不同的炮制法,使其药物

成分的药理性能产生不同的改变。

④ 中药的剂量：中药的计量，在阅读参考书籍时，常常会遇到古代的十六两制和近代的十两制，市斤与千克等换算问题，国际通用公制以及过去的英制、美制相互换算的问题，公制与市制计量单位的折算表（见附录）。

⑤ 中药剂量的基本折算：

1 千克（kg）＝2 市斤＝1 000 克（g）。

1 克（g）＝1 000 毫克（mg）。

⑥ 十六进位市制与公制折算：

1 斤＝16 两＝500 克（g）。

1 两＝10 钱＝31.25 克（g）。

1 钱＝10 分＝3.125（g）。

1 分＝10 厘＝0.312 5（g）＝312.5 毫克（mg）。

1 厘＝10 毫＝0.031 25（g）＝31.25 毫克（mg）。

⑦ 十进位市制与公制折算：

1 斤＝10 两＝500 克（g）。

1 两＝10 钱＝50 克（g）。

1 钱＝10 分＝5 克（g）。

1 分＝10 厘＝0.5 克（g）＝500 毫克（mg）。

1 厘＝10 毫＝0.05 克（g）＝50 毫克（mg）。

8. 休药期

指停止治疗后的动物或其产品可供人类食用前的间隔期（即指肉用动物停药后的屠宰期）。赛鸽、观赏鸽均不受休药期限制。

主要参考文献

[1] 顾澄海,张朝德,张亮能主编. 信鸽手册. 上海：上海科学普及出版社,1988

[2] 顾澄海主编. 实用养鸽词典. 上海：上海辞书出版社,1995

[3] 顾澄海主编. 新编信鸽手册. 上海：上海科学技术出版社,1995

[4] 陈文广,梁晓茂主编. 养鸽指南. 昆明：云南人民出版社,1983

[5] 陈文广主编. 通信鸽. 北京：解放军出版社,1983

[6] 任忠芳主编. 养鸽大全. 武汉：湖北科学技术出版社,1988

[7] 任忠芳主编. 养鸽手册. 太原：山西科技出版社,1996

[8] 沈建忠主编. 实用养鸽大全. 北京：中国农业出版社,1997

[9] 程世鹏,单慧主编. 特种经济动物常用数据手册. 沈阳：辽宁科学技术出版社,2000

[10] 臧素敏主编. 特禽的营养与饲料配制. 北京：中国农业出版社,2003

附 录

（一）全国各省、自治区、直辖市足环代码

01	北京	09	上海	17	湖北	25	西藏
02	天津	10	江苏	18	湖南	26	陕西
03	河北	11	浙江	19	广东	27	甘肃
04	山西	12	安徽	20	广西	28	青海
05	内蒙古	13	福建	21	海南	29	宁夏
06	辽宁	14	江西	22	四川	30	新疆
07	吉林	15	山东	23	贵州	31	重庆
08	黑龙江	16	河南	24	云南	32	

（二）世界各国（地区）鸽环标识中英文对照

A. A. P. S.	澳大利亚	E. S. P.	西班牙
A. P. C.	美国养鸽总会	F. C. C.	古巴
A	泰国赛鸽会	F. R. P. A.	法国赛鸽会
A. R. P. U.	美国赛鸽会	France	法国赛鸽会
A. U.	美国赛鸽会	G. R. P. A.	德国
BELGE	比利时赛鸽会	GB	英国
Belge	比利时	Hb. N. BO	苏联
B. U. R. P.	英国赛鸽总会	H. K. P. A.	中国香港赛鸽会
C. H. N.	中国信鸽协会	HPF	泰国
C. R. P. A.	中国台湾赛鸽总会	H	荷兰
C. H. U.	加拿大赛鸽总会	Holland	荷兰赛鸽会
CU	加拿大赛鸽总会	H. L. R. U.	荷兰
CS	捷克	HunG	匈牙利赛鸽会
Dan	丹麦	IF	美国赛鸽爱好者联合会
DV	德国	IU	爱尔兰赛鸽总会

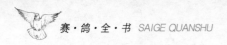

（续表）

L. U. V. F.	爱尔兰赛鸽会	Norge	挪威
Italia	意大利	Nippon	日本传书协会
Iea. R. P. U	意大利赛鸽总会	OKY	美国
Luxemburg	卢森堡	P	波兰
Luxem	卢森堡	PL	波兰
L. U. X.	卢森堡	Port	葡萄牙
INDO	印度尼西亚	R. O. C.	中国台湾信鸽协会
Japan	日本鸠鸽协会	ROMANIA	罗马尼亚
K. B. D. B	比利时皇家协会	RSR	罗马尼亚
KLPR	韩国	R	中国台湾
KOP	波兰	S. D. U.	英国短途赛鸽会
MALTR	马耳他	S. D. U.	苏格兰信鸽协会
N	荷兰赛鸽协会	SCF	澳大利亚
N. E. H. U.	英国北部赛鸽协会	Sui	瑞士
N. N. G.	英国皇家赛鸽协会	S. U. R. P.	苏格兰赛鸽联合会
N. P. A.	英国全国养鸽协会	S. H. U.	苏格兰赛鸽联合会
N. T. U	英国全国赛鸽总会	Suerge	瑞典
N. U. U	美国全国赛鸽总会	SVcrgo	瑞典
N. U. P. P	美国全国赛鸽总会	T	中国台湾
N. R. P.	美国全国赛鸽总会	T. H. P. A.	中国台湾信鸽协会
N. U. R. P.	美国全国赛鸽总会	U. I.	爱尔兰赛鸽会
N. U. H. U.	美国全国赛鸽总会	VHA	澳大利亚
N. U. H. P.	英国全国赛鸽总会	W. H. U.	威尔士赛鸽联合会
NL	荷兰赛鸽协会	+	瑞士

（三）鸽羽色中英文对照

中　　文	英　　文	缩　　写
白（纯白）	WHITE	W
灰	BLUE	B
黑	BLACK	BLK
红（绛）	RED	R
花	GRIZZLE	G
红楞	RED-BARRED	R. B

中　文	英　文	缩　写
深灰	DARK BLUE	D. B
中灰	SMOKY	SMOKY
银白	SILVER	S
雨点	CHECKER	C
灰雨点	BLUE CHECKER	B. C
深雨点	DARK-CHECKER	D. C
墨雨点	BLACK CHECK	BLKC(DC)
红雨点	RED CHECK	RC
灰白条	BLUE-WHITE FLIGHT	B. W(BWFT)
雨白条	CHECKER-WHITE FLIGHT	C. W
墨雨白条	DARK CHEEK WHITE FLIGHT	DCWFT
绛白条	RED-WHITE FLIGHT	R. W
黑白条	BLACK-WHITE FLIGHT	BLKW
杂白	MOSAIC	M
花(麒麟花)	GRIZZLE	G
石板	SLATE	SLATE

（四）赛鸽之"最"

最早的家鸽　记载早在 5 000 年前,埃及王朝的第 5 代已经将野生原鸽驯养成家鸽。

最初的鸽记载　世界上最初使用鸽的记载书籍,是巴比伦的《洪水的传说》和《旧约·创世说》。

最早的通讯鸽　是公元前 776～前 393 年,在古希腊举行的奥林匹克运动会上,就利用鸽作为通信工具传递消息。

最早的信鸽邮政　世界上最早建立起以通讯为主的邮政系统的国家,是公元 1150 年的巴格达苏丹。

最多的信鸽邮件　1810 年普鲁士军队进攻法国巴黎时,巴黎的通信机构瘫痪,于是就利用鸽作为通信工具,在 2 个月内传递邮件达 10 万件。

最早的军用鸽　1041 年,中国北宋庆历元年,西夏赵元吴兵进甘肃平凉,宋帅命令部将任福率兵出击。部队进军至宁夏西吉东南邻近处,发现路旁有几个银泥盒,宋军打开泥盒,飞出百余带哨鸽,盘旋在宋军上空,哨声响彻云霄。西夏伏兵得知宋军已进入埋伏,而发起围攻,宋军大败。

最早的鸽专著 中国的《鸽经》是世界上最早的一本鸽专著，作者张万钟（1592～1644 年），字扣之，山东邹平县人。内容分为：论鸽、花色、飞放、翻跳、典故、赋诗六个篇章。成书时间在 1604～1614 年。

最早的鸽小说 最早描写鸽的小说是中国的《聊斋志异》中的"鸽异"。作者蒲松龄（1640～1715 年），字留仙，一字剑臣，号柳泉居士，世称聊斋先生，山东淄博人。成书时间在 1700 年前后。

最早的信鸽协会 中国广东佛山镇的飞鸽会，是世界上最早的信鸽组织，始建于 16 世纪。此后，在比利时安法华市成立了信鸽协会，时间在 1825 年春季。

最早的信鸽国际组织 世界鸽界第一个跨国国际信鸽组织是国际信鸽协会（简称 F.C.L.）成立于 1948 年，成员国（地区）有比利时、荷兰、英国、法国等 37 个，总部设在比利时布鲁塞尔。每两年举行一次国际奥林匹克赛品评大会。

最早的品评规则 1912 年法国国家信鸽联盟制定的赛鸽品评规则，是世界上第一个品评规则。其规定赛鸽品评计分为 100 分。

最早的眼志论学者 比利时的鸽界名人吉果。他对眼志所下的定义是"眼志就是直接环绕瞳孔，而与第一彩虹（眼砂）接触的部位"。

飞得最远的鸽 1971 年 11 月 27 日，在澳大利亚昆士兰肯纳慕拉的地方，发现一羽飞得筋疲力尽的鸽，它戴着德国汉诺威环标，说明此鸽的飞程约 16 090 千米，是全世界飞得最远的鸽（当时还不存在有信鸽交流和引进的情况下）。

会员最多的国家 按国家人口平均计算，世界上信鸽协会会员最多的国家是比利时。比利时当时的全国人口 985 万人，会员数达 108 910 人，拥有信鸽 80 万羽，平均每人 812 羽之多。而信鸽协会会员最多的国家是我国，会员数达 33 万（未包括台湾、香港、澳门会员），年足环销售量达到 2 200 万枚，比赛 92 628 场次，参赛 39 万人次。

信鸽公棚最多的国家 2015 年中国信鸽公棚 632 家，收鸽 307 万羽，是世界上设有公棚最多的国家。

最长的赛程 1981 年 9 月美国举行了一次信鸽比赛，从大西洋沿岸一直飞到太平洋沿岸，赛程空距为 4 072 千米，是目前世界上最长的赛程。归巢的那羽赛鸽是肯特尔饲养的名叫"蓝巴龙"的雨点雄鸽，环号"1979VDS38"，血统是詹森×勃莱考克斯。

最短的赛程 印度尼西亚盛行

一种超短程信鸽比赛,全程却只有5千米左右。除要求参赛鸽具有归巢欲外,还需有从高空迅速俯冲而下的能力。比赛规定,由住在附近的两家鸽主,各自选出一羽正在发情追雌的雄鸽参赛。2羽选手鸽能在5千米外同时放飞,鸽主则手中握持一羽原配雌鸽,引诱空中的雄鸽俯冲而下,谁先到达鸽主之手者获胜。

最早的长程赛 世界上第一次长程赛是1871年在英国举行,赛鸽在伦敦水晶宫司放,赛程约1 000千米。

年龄最大的冠军鸽 比利时鲍斯汀的一羽名叫"比诺尼"赛鸽,生于1963年,连续8年获得国际性比赛的冠军。它从第一次参赛以来,越赛越棒,越老越勇,最后一次波城国际赛,获得冠军。惜乎"比诺尼"在一次赛前训飞时意外撞到了电线,只得受伤退役,如果没有那次意外受伤,肯定还能作出更高赛绩。

飞得最快的鸽 1965年5月8日,英国东英联合会在东阿格利亚举行一次信鸽竞赛,共司放1 428羽,最先到达的是维金父子饲养的鸽,每分钟飞了2 950米,等于每小时177千米。这是至今为止仍然是世界上飞得最快的鸽。

飞得最慢的鸽 英格兰利镇的赫特饲养的一羽名叫"超群"的鸽,在一次比赛中,从法国的朗黎司放后,历时7年2个月才飞完370千米的赛程,返回老巢,时速为0.948米,简直比蜗牛爬得还慢。

体重最大的鸽 法国的伦替鸽(Runt),是当今世界上体型最大的鸽,它虽然属于是一种肉用鸽,但仍然具有超强的飞翔能力和归巢本能,其体重可达到1 650克,甚至2 000~2 800克,是鸽中的"巨无霸"。

体重最小的鸽 我国的西藏雪鸽,是当今世界上发现体型最小的鸽,属一种玩赏鸽。原产于西藏,与麻雀相似,体重仅10克,军绿色的羽毛,背上配有白色点点雪花似的羽毛。

最长寿的鸽 日本有一羽外号称之为"老困柴"的军用鸽,是在抗日战争胜利后,从日本军鸽营收来的战利品。它的足环上印着昭和八年(1933年)字样,后交由昆明军鸽队饲养,它于1975年死去,算来竟活了43年。而一般鸽的寿命在15~20年,如此它可以算得上是鸽子中的"老寿星"。

功勋最高的鸽 在"二战"中,英国的一羽名叫"格久"通信鸽,在完成一项重要的通信任务中负伤拯救了上千人的生命。为此,"格久"获得了英国伦敦市长授予的掺金勋章,相当于维多利亚十字勋章。

育龄最高的鸽 荷兰W·罗连

斯鸽舍的雄鸽,23 岁时还能配对交尾,并育出幼鸽。雌鸽则是 J·史卡奥鸽舍的 H63 - 1347020,于 1978 年 4 月 27 日产下最后一枚蛋,时年 15 岁。

连续六代获得冠军的鸽　日本武陵联合会的白山正惠鸽舍的 57 - 103520,本身是 600 千米冠军,它的后代能连续 6 代获得冠军;第二代 59 - 006014 获 700 千米冠军;第三代 63 - 63987,获 1 000 千米冠军;第四代 69 - K80909,获 800 千米冠军;第五代 71 - KE - 1547,获 700 千米冠军;第六代 75 - KV5046,获 600 千米冠军,同时另一羽 78 - KV -3320 获 800 千米冠军。

中程赛放飞数量最多的比赛　荷兰主办的 300～500 千米国际幼鸽赛,同一地点同一时间一次放飞 20 万羽。

远程赛放飞数量最多的比赛　1993 年巴塞罗那国际赛,共有 6 个国家参加,放飞总数达 33 194 羽。

超远程赛放飞数量最多的比赛　1992 年中国上海市信鸽协会举办放飞甘肃武威市,空距 1 900 千米比赛,放飞总数达 12 178 羽。

获得冠军次数最多的鸽　荷兰 B·汉斯鸽舍的 B63 - 61110,一生获得过 65 次冠军,参赛平均羽数为 218 羽。

身价最昂贵的鸽　1986 年比利时出售给英国的一羽价格为 4 100 英镑的优良信鸽,此价按照当时的黄金价格,可买 10 只同等重量的纯金鸽,可以说是世界上最昂贵的鸽子。近代还有 1990 年比利时戈马利·佛布鲁根出售给中国台湾林云达的一羽名“军校生”的雄鸽,价格是 10 万美元。

(五) 欧洲国际长程赛查考

欧洲国际长程赛每年举行一次,参加国家 3～6 个。赛程有:

巴塞罗那国际赛　1 000 千米左右。

马赛国际赛　850～1 000 千米。

波城国际赛　840～1 000 千米。

波品纳国际赛　900～1 000 千米。

劳迪斯国际赛　860～1 000 千米。

国际马拉松赛　参加的国家有比利时、荷兰、德国、法国、英国和卢森堡等。比赛的方法是以参加巴塞罗那国际赛、波城国际赛、马赛国际赛、波品纳国际赛的 4 次赛绩的总和计算名次。一羽赛鸽要参加过 4 次 1 000 千米级的竞赛,总飞程在 4 000 千米左右。由于这 4 条赛线都是南北方向,其等同于重复飞行过 4 次赛程。国际马拉松赛特点是为了夺取国际马拉松赛的冠军,而使得鸽主不满足于一次国际赛的成绩,而敦促他们将第一次国际赛中取得优良赛绩的鸽,继续投入到下次赛事中去,对弘扬投入更多的优良参赛鸽参赛,提高赛绩竞翔水平的确起到非常有效的积极作用。

巴塞罗那是西班牙的一个边缘城市,紧靠法国南部边境。自1951年始,每年一度的巴塞罗那国际大赛就在这里开始,是欧洲五大长程赛中规模最大、最为引人注目、最具有权威性的国际信鸽主要大赛事之一。

每年春季各参赛国的鸽友,都要选送最优秀的赛鸽参加该项比赛。竞赛程距在1 000千米上下,每次的司放羽数基本上都高达18 000羽左右,真可谓是强手如林。但凡是欧洲的养鸽名家无不都想在巴塞罗那大赛中一显身手。

巴塞罗那赛线是欧洲最理想的一条黄金赛线,其赛绩也往往要比其他几个赛线为好。尽管法国在地理位置方面具有得天独厚的优势,但是50多年来却始终与冠军无缘,法国苦等了55年漫长岁月,终于在2005年由夏司科·希利尔首次夺冠,实现法国巴塞罗那总冠军零的突破。英国的赛鸽在赛程中,除飞完欧洲大陆后,还要向英吉利海峡冲刺,每年都会有不少的选手鸽葬送大海,而能飞越英吉利海峡的,都是那些个体较大,而有耐力型的鸽,

因此久而久之形成英国赛鸽的特殊体质和外形。由于大海的阻挡,英国赛鸽在历届大赛中往往是问鼎渺茫。

而在赛事中竞争最激烈的却总是在比利时与荷兰两国中进行,而往往是比利时鸽友占有绝对优势,荷兰鸽友就略微相形见绌。于是历年来每当巴塞罗那大赛刚刚结束,世界各国鸽友便蜂拥而至,前往访问优胜鸽舍,引进参赛优秀种赛鸽。

(六)鸽生理学常数

鸽平均体重 轻型250～300克,中型450～500克,重型(肉用鸽)1 000～1 500克,甚至2 000～2 800克。

赛鸽平均体重 450～550克。

观赏鸽平均体重 550～650克。

肉用鸽平均体重 600～700克。

羽毛重量 约40克,约占体重的8%～10%。

骨骼重量 约35克,仅占体重的8%,其中胸骨(龙骨)5～6克,占骨总重量的17%,翼骨约12克,几乎占骨总重量的1/2。

眼球重量 约2.4克。视轴角:145°;视野:300°。

肝脏平均重量 约25克。

换初生羽期　出生时初生绒羽,1.5～2 月龄开始由里向外换羽,以后 15～20 天,双翅各换一根主翼羽。

换羽期　每年 8 月底至 10 月底(有的地区 7 月份开始零星落羽),总共约 60 天。

性成熟期　5～6 个月,雄鸽 3 月龄开始出现雄性象征。6 月龄配对。早熟青年鸽配对后 1～2 个月才能产蛋。

产蛋期　成鸽配对后,10～15 天产蛋,第一个蛋下午 3～5 时产出,然后隔一天 44～46 小时产出二蛋,进入孵化状态。

孵化期　蛋的孵化期为 17～18 天,出雏后 15～20 天,产第二窝隔窝蛋,二窝蛋间隔 35～45 天。

鸽乳期　孵化第 8～9 天开始上浆,至第 16 天开始分泌鸽乳,持续到雏鸽出壳后 2 周。如所孵雏未能按时出壳,孵性好的鸽最长可继续孵化保留延迟到 22～24 天。

幼雏体重　出壳重 18～31 克,1 周龄 200～250 克,3 周龄 450～500 克,4 周龄 500～600 克。

日用饲量　体重的 1/10,为 20～100 克,平均 30～45 克,育雏期加倍。

日饮水量　秋、冬季 20～30 毫升,春、夏季 30～40 毫升,高温期≥60 毫升,哺乳期 50～60 毫升(饮水量与饲料配方有关)。

鸽正常生理常值

体温(℃)	40.5～42℃,±1℃/日,平均 41.8℃	
呼吸次数(次/分)	30～40	
心率—心跳次数(次/分)	140～160≤180,运动时达到 400±	
血液总量	8 毫升/100 克体重	
血红蛋白(克/毫升)	雄 0.157 2	雌 0.149 7
白细胞(个/立方厘米)	雄 13.5～103	雌 18.55～103
红细胞(百万/立方毫米)	雄 3.23	雌 3.10
白细胞分类(%)		
淋巴(淋巴细胞)	雄 65.8	雌 47.8
中性(异嗜细胞)	雄 23.4	雌 42.8
单核(单核细胞)	雄 6.0	雌 5.1
嗜酸(嗜酸性粒细胞)	雄 2.2	雌 1.9
嗜碱(嗜碱性粒细胞)	雄 2.6	雌 2.4

（七）二十四节气鸽舍饲养管理表（以 2008 年为例）

节气	公 历 农 历	农 时	鸽舍饲养管理
春 季			
立春	2 月 4 日 十二月廿七	立是开始的意思，立春就是春季的开始	孵蛋、育雏正当时令
雨水	2 月 19 日 正月十三	降雨开始，雨量渐增	出壳、呕雏繁忙注意饲料质量营养平衡
惊蛰	3 月 5 日 正月廿八	蛰是藏的意思。惊蛰是指春雷乍动，惊醒了蛰伏在土中冬眠的动物	幼鸽开家，注意防止飞失游棚；也正是幼鸽免疫空缺期，进行免疫疫苗接种；淘汰僵鸽、免疫缺陷鸽
春分	3 月 20 日 二月十三	分是平分的意思。春分表示昼夜平分	幼鸽开始换羽，进行家飞训练，准备春赛；也正是鸽群最为庞大的时期，控制饲养密度；淘汰那些不合格的幼鸽
清明	4 月 5 日 二月廿八	清明时节雨纷纷，草木繁茂	群体防治毛滴虫病、球虫病；加强幼鸽管理，淘汰那些亚健康的幼鸽
谷雨	4 月 20 日 三月十五	雨生百谷。雨量充足而及时，谷类作物能苗壮成长	群体防治体外寄生虫。注意鸽舍内外卫生，清除积水防止蚊子孳生
夏 季			
立夏	5 月 5 日 四月初一	夏季的开始	强训，春赛开始。新粮尚未上市，青黄不接，注意陈粮防霉、防蛀
小满	5 月 21 日 四月十七	麦类等夏熟作物籽粒开始饱满	赛事频繁，防止传染病病原体导入，做好疾病预防控制

（续表）

节气	公历 农历	农时	鸽舍饲养管理
夏 季			
芒种	6月5日 五月初二	麦类等有芒作物成熟	入梅雨季来临，注意鸽舍防潮，做好鸽舍日常消毒；防治毛滴虫病、球虫病
夏至	6月21日 五月十八	炎热的夏天来临	赛事进入决赛高峰期，做好赛前体能调整；赛后体能康复
小暑	7月7日 六月初五	暑是炎热的意思。小暑就是气候开始炎热	春赛基本结束；台风频频光顾，做好棚舍加固
大暑	7月22日 六月廿十	一年中最热的时候	做好防暑降温；注意饮水卫生。增加维生素供应，降低饲料能量；部分地区已经开始脱羽
秋 季			
立秋	8月7日 八月初七	秋季的开始	进入大量换羽期，全部停止育雏；勤沐浴，全面补充维生素、氨基酸为新羽萌生进行物质储备
处暑	8月23日 七月廿三	处是终止、躲藏的意思。处暑是表示炎热的暑天即将结束。"一场秋雨一场寒"；气温逐渐下降	换羽进入高峰期，体质正当虚弱时期，病毒性疾病开始流行，注意通风，防治感冒
白露	9月7日 八月初八	天气转凉，露凝而白	灭蚊防痘；秋季训赛开始
秋分	9月23日 八月廿四	昼夜平分	幼鸽秋赛进入强训期
寒露	10月8日 九月初十	露水似寒，将要结冰	新羽长齐，进入秋赛期，幼鸽秋赛进入决赛

节气	公 历 农 历	农 时	鸽舍饲养管理
		秋 季	
霜降	10月23日 九月廿五	天气渐冷,开始有霜	总结交流赛事心得,交流引进种鸽,补充调整种群阵营
		冬 季	
立冬	11月7日 十月初十	冬季的开始	修理鸽舍,调整鸽舍布局;幼鸽归并进入成鸽舍,实行寡居制、鳏居制的鸽舍进行拆对,分别进入鳏寡舍
小雪	11月22日 十月廿五	开始下雪	新羽长齐,进入冬令养息期,正是鸽群进行清除体内寄生虫的最适宜时节
大雪	12月7日 十一月初十	降雪量增多,地面可能积雪	遮风挡雪,防止寒潮突袭,增加维生素、脂肪、蛋白质饲料,防止过于肥胖
冬至	12月21日 十一月廿四	寒冷的冬天来临	进行育种前清理。增加维生素、脂肪、蛋白质饲料,防止过于肥胖
小寒	翌年1月5日 十二月初十	气候开始进入寒冷	制定明春配对计划;准备配对笼;部分地区已可进行拆对
大寒	翌年1月20 十二月廿五	三九严寒,三九不冷四九冷;是一年中最冷的时候	做好抗寒保暖;制订明春参赛计划;部分地区已进入配对前期感情培养

注:二十四节气起源于黄河流域。远在春秋时代,就定出仲春、仲夏、仲秋和仲冬等四个节气。二十四节气反映了太阳的周年运动,所以节气在现行的公历中日期基本固定,上半年在6日、21日,下半年在8日、23日,前后相差1~2天。

(八) 赛程分速查询表

空距\时间	800 m/分	900 m/分	1 000 m/分	1 100 m/分	1 200 m/分	1 300 m/分	1 400 m/分	1 500 m/分	1 600 m/分	1 700 m/分	1 800 m/分
80 km	1.40.00	1.28.53	1.20.00	1.12.43	1.06.40	1.01.32	0.57.08	0.53.20	0.50.00	0.47.03	0.44.27
100 km	2.05.00	1.51.06	1.40.00	1.30.54	1.23.20	1.16.56	1.11.25	1.06.40	1.02.30	0.58.48	0.55.33
120 km	2.30.00	2.13.20	2.00.00	1.49.05	1.40.00	1.32.19	1.25.42	1.20.00	1.15.00	1.10.34	1.06.40
150 km	3.07.30	2.46.40	2.30.00	2.16.22	2.05.00	1.55.23	1.47.09	1.40.00	1.33.45	1.28.13	1.23.20
180 km	3.45.00	3.20.00	3.00.00	2.43.38	2.30.00	2.18.26	2.08.33	2.00.00	1.52.30	1.45.51	1.40.00
200 km	4.10.00	3.42.13	3.20.00	3.01.49	2.46.40	2.33.50	2.22.49	2.13.20	2.05.00	1.57.37	1.51.06
250 km	5.12.30	4.37.46	4.10.00	3.47.16	3.28.20	3.12.18	2.58.34	2.46.40	2.36.15	2.27.00	2.18.53
300 km	6.15.00	5.33.17	5.00.00	4.32.43	4.10.00	3.50.46	3.34.17	3.20.00	3.07.30	2.56.26	2.46.39
350 km	7.17.30	6.28.50	5.50.00	5.18.11	4.51.40	4.29.13	4.10.00	3.53.20	3.38.45	3.25.52	3.14.27
400 km	8.20.00	7.24.24	6.40.00	6.03.38	5.33.20	5.07.41	4.45.42	4.26.40	4.10.00	3.55.17	3.42.13
500 km	10.25.00	9.15.33	8.20.00	7.34.32	6.56.40	6.24.36	5.57.08	5.33.20	5.12.30	4.54.00	4.37.47
550 km	11.27.30	10.11.06	9.10.00	8.20.00	7.38.20	7.03.04	6.32.51	6.06.40	5.43.45	5.23.25	5.05.33
600 km	12.30.00	11.06.40	10.00.00	9.05.27	8.20.00	7.41.32	7.08.34	6.40.00	6.15.00	5.52.48	5.33.18
650 km	13.32.30	12.02.13	10.50.00	9.50.54	9.01.40	8.20.00	7.44.17	7.13.20	6.46.15	6.22.12	6.01.06
700 km	14.35.00	12.57.46	11.40.00	10.36.21	9.43.20	8.58.26	8.20.00	7.46.40	7.17.30	6.51.36	6.28.53
800 km	16.40.00	14.48.46	13.20.00	12.07.16	11.06.40	10.15.22	9.31.24	8.53.20	8.20.00	7.50.34	7.24.26
900 km	18.45.00	16.40.00	15.00.00	13.38.06	12.30.00	11.32.18	10.42.50	10.00.00	9.22.30	8.49.22	8.20.00
1 000 km	20.50.00	18.31.06	17.40.00	15.09.04	13.53.20	12.49.12	11.54.16	11.06.40	10.25.00	9.48.15	9.15.34
1 500 km	31.15.00	27.46.34	25.00.00	22.43.37	20.50.00	19.13.48	17.51.24	16.40.00	15.37.30	14.42.10	13.53.19
2 000 km	41.20.00	37.02.12	35.20.00	30.18.02	27.46.40	25.38.24	23.48.32	22.13.20	20.50.00	19.36.30	18.31.08